U0223784

国家出版基金资助项目

材料与器件辐射效应及加固技术研究著作

空间辐射环境及效应数值模拟方法

NUMERICAL SIMULATION METHODS FOR SPACE ENVIRONMENTS AND RADIATION EFFECTS

李兴冀 刘中利 魏亚东 骆吉洲 等编著

欧阳晓平 主审

哈尔滨工业大学出版社
HARBIN INSTITUTE OF TECHNOLOGY PRESS

内 容 简 介

本书详细介绍了空间辐射环境的物理状态和基本属性,以及航天器、电子元器件在轨环境下,各种辐射环境效应数值模拟的建模思想、实现途径、模拟方法和典型案例,并结合国际上空间辐射效应模型的最新进展,对粒子与物质相互作用的物理机制及其产生的损伤效应进行了详细的阐述。

本书可作为材料和航天工程相关专业本科生及研究生教材,也可供从事计算材料学、电子器件和空间辐射环境效应研究的科技工作者参考。

图书在版编目(CIP)数据

空间辐射环境及效应数值模拟方法/李兴冀等编著
. —哈尔滨:哈尔滨工业大学出版社,2023.7
(材料与器件辐射效应及加固技术研究著作)
ISBN 978 - 7 - 5767 - 0543 - 0

Ⅰ.①空… Ⅱ.①李… Ⅲ.①辐射环境-数值模拟
Ⅳ.①X21

中国国家版本馆 CIP 数据核字(2023)第 024398 号

空间辐射环境及效应数值模拟方法
KONGJIAN FUSHE HUANJING JI XIAOYING SHUZHI MONI FANGFA

策划编辑 许雅莹 杨 桦
责任编辑 宋晓翠 庞亭亭
封面设计 卞秉利 刘 乐
出版发行 哈尔滨工业大学出版社
社 址 哈尔滨市南岗区复华四道街 10 号 邮编 150006
传 真 0451-86414749
网 址 http://hitpress.hit.edu.cn
印 刷 辽宁新华印务有限公司
开 本 720 mm×1 000 mm 1/16 印张 31 字数 607 千字
版 次 2023 年 7 月第 1 版 2023 年 7 月第 1 次印刷
书 号 ISBN 978 - 7 - 5767 - 0543 - 0
定 价 158.00 元

(如因印装质量问题影响阅读,我社负责调换)

前　言

　　随着宇宙空间探索活动的进行,人类对空间环境的研究越来越深入。航天实践表明,空间环境会对航天器在轨服役行为产生显著影响,特别是空间辐射环境中的粒子辐射,会使航天器用关键材料和器件受到损伤,进而出现故障和事故,影响其服役可靠性及寿命。空间辐射环境与航天器及其所用材料和器件相互作用的评价表征,涉及空间环境学、材料学、物理学、化学、工程学和微电子学等诸多学科的交叉融合。空间环境地面模拟试验与在轨飞行搭载试验具有成本高、风险高和难度高的特点,实际运用受到一定程度的限制。借助一系列相关理论模型和计算机模拟技术,通过计算机模拟仿真能够得到与空间辐射等实际环境作用等效的结果,清晰直观的物理图解有助于对辐射损伤机制的分析和理解,为空间辐射环境效应评价提供技术支撑。

　　目前国内外专门介绍电子器件辐射效应数值仿真方法的著作有限,且缺乏从微观到宏观、从材料到器件辐射效应仿真知识体系的贯通。作者结合多年从事空间辐射效应软件开发及应用的经验,以电子器件空间辐射效应模拟仿真为切入点,从纳观、微观、宏观不同尺度模拟方法的基本概念和原理出发,较为系统地介绍了空间辐射数值模拟所涉及的典型物理模型、数值求解技术、相关程序及功能、关键参数和典型实例;特别是作者结合团队自主研发的极端环境半导体器件模拟仿真软件(ERETCAD)进行相关计算实例的讲解,能够为从事材料研究、电子器件设计及其空间辐射效应研究的读者提供学习指导和有益参考。

本书共分为 4 章:第 1 章在介绍计算机模拟仿真技术的基础上阐述了空间辐射环境及效应计算模拟的基本思路;第 2 章介绍适用于空间辐射环境效应的从纳观至微观尺度的模拟方法;第 3 章介绍可用于表征空间辐射环境效应的从纳观至宏观尺度的模拟方法;第 4 章以电子器件空间辐射效应模拟仿真为例,展示了计算机模拟仿真技术在航天器及其所用关键材料和器件空间辐射效应评价表征中的应用效能与发展潜力。

本书第 1 章由李兴冀、骆吉洲撰写;第 2 章由刘中利、魏亚东撰写;第 3 章由李兴冀、魏亚东、荆宇航撰写;第 4 章由李兴冀、刘中利、骆吉洲、崔秀海撰写。本书在撰写过程中得到了董尚利教授、李伟奇教授、刘勇副教授以及作者课题组学生的支持和帮助,在此表示衷心的感谢。

特别感谢欧阳晓平院士在百忙中对本书的悉心指导与认真审查。

空间辐射效应是一个复杂而开放的交叉研究领域,正处于快速的发展过程中,由于作者学识和水平有限,书中不足之处在所难免,敬请读者批评指正。

作　者
2023 年 4 月

目　录

第 1 章

计算机模拟仿真技术

1.1 引　　言

　　过去半个多世纪以来,计算机模拟仿真技术已渗透到空间科学与技术的各个方面,是空间科学与技术研究的一个重要分支,既与理论、试验有着密切联系,又保持着自己相对的独立性,是一门新兴的交叉技术领域,它是数学、物理学、化学、材料学、力学、电子学、核科学、计算机科学等相结合的产物。空间环境效应主要研究空间环境作用下的物质状态和性能演化,涉及复杂体系的物理规律和物理性质。计算机模拟仿真技术为复杂体系的物理规律、物理性质的研究提供了重要手段,对空间环境效应的发展起着极大的推动作用。空间环境效应计算机模拟仿真技术是以计算机为工具、计算仿真技术为手段,运用数学物理模型,解决空间环境效应复杂问题的一门应用科学。

　　空间环境效应的研究起源于物理学。19 世纪中叶以前,物理学基本是一门基于试验的科学。1862 年,麦克斯韦(Maxwell)将电磁规律总结为麦克斯韦方程,进而在理论上预言了电磁波的存在,这使人们看到了物理理论思维的重要性,从此理论物理开始成为一门相对独立的物理学分支。到了 20 世纪初,物理学理论经历了两次重大突破,相继诞生了量子力学和相对论,理论物理开始成为一门成熟的学科。至此,传统意义上的物理学便具有了理论物理和试验物理两大支柱,物理学成为试验物理和理论物理密切结合的学科。正是物理学这样的"理论与实践相结合"的探索方式,大大促进了该学科的发展,并引发了20世纪科学技术的重大革命,其中一个重要方面就是电子计算机的发明和应用。

物理学研究与计算机科学和技术紧密结合起始于20世纪40年代。当时正值第二次世界大战时期,美国在研制核武器的工作中,要求准确地计算出与热核爆炸有关的一切数据,迫切需要了解在短时间内发生的复杂物理过程。然而,这是采用传统的解析方法求解或手工数值计算无法实现的,因此就需要将计算机应用于物理学研究中,使计算机模拟仿真技术得以产生。第二次世界大战之后,计算机技术的迅速发展又为计算机模拟仿真技术的发展奠定了坚实的基础,增强了人们从事科学研究的能力,促进了各个学科之间的交叉渗透,使计算机模拟仿真技术得以蓬勃发展。

理论物理是从一系列的基本物理原理出发,列出数学方程,再用传统的数学分析方法求出解析解。通过这种解析解所得到的结论与试验观测结果进行对比分析,能够更好地解释已知的试验现象并预测未来的发展。试验物理是以试验和观测为基本手段来揭示新的物理现象,奠定理论物理对物理现象做进一步研究的基础,从而为发现新的理论提供依据,或者检验理论物理推论的正确性及应用范围。计算机模拟仿真技术则是涉及计算机科学、数学和物理学等学科的新兴交叉学科,是物理计算科学的基础,是研究物理学中与数学求解相关的基本计算问题的学科。它研究的主要内容是如何以高速计算机为工具,解决物理学研究中极其复杂的计算问题。计算机模拟仿真技术在解决复杂物理学问题方面的巨大能力,使它在空间科学与技术研究中占有重要的位置。

计算机模拟仿真技术与理论物理和试验物理有着密切的联系。计算机模拟仿真技术的研究内容可应用于空间环境效应研究的各个领域。一方面,计算机模拟仿真技术所依据的理论原理和数学方程是由理论物理提供的,其结论还需要理论物理来分析检验;另一方面,计算机模拟仿真技术所依赖的数据是由试验物理提供的,其结果还要由试验来检验。对试验物理而言,计算机模拟仿真技术可以帮助解决试验数据的分析、控制试验设备、自动化获取数据以及模拟试验过程等问题;对理论物理而言,计算机模拟仿真技术可以为理论物理研究提供计算数据,为理论计算提供进行复杂的数值和解析运算的方法。总之,计算机模拟仿真技术是与理论物理和试验物理互相联系、互相依赖、相辅相成的,它为理论物理研究开辟了一个新的途径,也对试验物理研究的发展起到巨大的推动作用。

1.2　计算机技术发展

世界上第一台计算机于 1945 年在美国宾夕法尼亚大学诞生。这台计算机的运算速度只有 5 000 次每秒，造价却高达 40 万美元。然而，这台计算机的诞生却标志着一个新时代的到来，人类社会由此进入到了数字时代和信息时代。数十年来，计算机技术经历了迅速的发展和普及，计算机已经成为人们工作和生活中不可缺少的工具。

1.2.1　计算机的发展

计算机的发展，迄今为止经历了四代。第一代电子计算机采用电子管作为基本的逻辑元件，不但体积庞大、耗电较多、成本高昂，而且计算速度慢，存储容量也很小。编程使用机器语言或者汇编语言，主要用于科学计算。第二代计算机则是采用晶体管作为逻辑元件，体积大大缩小。内存采用磁芯存储器，并且开始使用磁盘作为外部存储介质。同时计算机软件也发展起来，出现了以批处理为主的操作系统，以及 FORTRAN 等高级编程语言及其编译程序。这时的电子计算机已经可以进行事务处理和工业控制等工作。第三代计算机开始采用半导体集成电路作为逻辑元件，内存也变成了半导体存储器。集成电路具有体积小、耗电少、寿命长等优点，很大地提高了计算机的整体性能。计算机产品也走向了标准化和通用化。计算机开始应用在文字和图形图像处理等领域。自 20 世纪70 年代以来，发展至逻辑元件和主存储器都采用大规模集成电路的第四代计算机，计算机的成本进一步大大降低，应用领域得以迅速拓宽，计算机开始向着微型化方向发展。

1971 年末，第一台微处理器和微型计算机在美国旧金山南部的硅谷诞生，微型机时代就此来临。到了 20 世纪 80 年代，个人计算机迅速从军事部门、大型科研单位或商业部门来到一般单位和普通家庭。现在的计算机呈现两极化发展趋势，一极是向巨型化和高性能方向发展，仍然是面向军事、科学计算等应用。现在世界上最强大的超级计算机的浮点计算性能已经超过了百亿亿次每秒浮点运算。另一极是往微、小、价格低廉的方向发展，进入个人家庭和日常生活。计算机同时又向着网络化和人工智能化方向前进。网络技术和多媒体技术使得个人计算机已经应用到人们工作和生活的方方面面，成为不可或缺的工具。目前便携式计算机、平板电脑，以及包含了嵌入式计算机的智能手机等已经被广泛使用，还出现了智能眼镜、智能手表等，这些都是计算机技术与通信、传感技术发展的结果。现实生活中到处都有计算机的应用，我们周围的各种电器、电子产品、工业设备中都设计有嵌入式计算机,即把运算器、控制器,以及存储器、输入输出接口电路等都集成在一块芯片上的计算机,也称单片计算机。实际上现在世界上 90％的计算机(微处理器)都以嵌入方式在各种设备里运行,有的嵌入式计算机的计算能力甚至可能超过普通商用个人计算机。

1.2.2　计算机技术

计算机技术包括硬件技术和软件技术两部分。除了硬件的发展,在软件方面,几十年来也有飞速的进步。计算机软件包括系统软件、支撑软件和应用软件。系统软件是指管理、监控和维护计算机资源,并提供用户与计算机之间的交互界面等工具的软件。常见的系统软件有操作系统,各种程序语言,用于程序诊断、调试、编辑等用途的工具软件,以及用于杀毒、备份、联网等增强计算机系统服务功能的实用程序等。支撑软件又称软件开发环境,是支撑各种软件开发与维护的软件。应用软件则是指利用计算机软、硬件资源,为某一应用领域解决某个实际问题而专门开发的软件。应用软件又分为通用应用软件和专用应用软件。通用应用软件支持最基本的应用,广泛用于几乎所有的专业领域,如办公写字处理软件、各种图形图像处理软件、财务管理软件、游戏软件等;专用应用软件则是为某一个专业领域、行业、单位特定需求而专门开发的软件,如企业的人事信息管理系统、工资管理系统、学校的教学管理系统、海关报关申报软件等。

软件技术的进步总是会受计算机应用和计算机硬件技术发展的推动和制约。计算机软件的发展大概经历了如下几个阶段。

第一个阶段是从 1946 年出现第一条用机器语言编写的程序,到 20 世纪 50 年代高级程序设计语言的出现。这期间计算机的应用领域基本限于科学与工程领域的数值计算,所用的程序设计语言为机器语言和汇编语言。机器语言只包含由"0"和"1"组成的二进制编码,汇编语言则是用一些简单的英文字符串来替代特定的二进制命令。

1954 年 IBM 公司发明了第一种用于科学与工程计算的 FORTRAN 语言,这也是世界上第一种计算机高级语言,标志着计算机软件进入到第二个发展阶段。此后其他高级语言如 COBOL、BASIC 等被陆续开发出来,并且出现了计算机操作系统。使用高级语言编程的人不需要懂得机器语言和汇编语言,降低了对应用程序开发人员在硬件知识及对机器指令方面掌握程度的要求,使得这个时期有更多的应用领域而不是计算机专业领域的人员参与程序设计。同时,随着计算机应用领域的扩大,出现了大量涉及非数值计算领域的程序和软件。

软件发展的第三个阶段大约开始于 1968 年提出的软件工程的概念。随着计算机程序规模的扩大以及大型软件的出现,软件开发的难度越来越大,成本越来越高,软件维护也越来越困难。此前的个体化编程方式和个体化程序已经不能满足应用的需求,只有采用工程方法才能适应,即把软件开发视为类似工程的任务。在软件工程阶段,出现了结构化程序设计技术,PASCAL 语言就是采用结构化程序设计规则制定的,BASIC 语言也被升级为具有结构化的版本,以及出现了灵活且功能强大的 C 语言。运用这些高级语言的结构化程序设计在数值计算领域取得了优异成绩。此外更强大的操作系统被开发出来。贝尔实验室开发了多用户、多任务的分时操作系统 Unix,而为 IBM PC 开发的 PC－DOS 和为兼容机开发的 MS－DOS 则成了微型计算机的标准操作系统,引入了鼠标的概念和点击式的图形界面,彻底改变了人机交互的方式。

20 世纪 80 年代,随着微电子和数字化声像技术的发展,在计算机应用程序中开始使用图像、声音等多媒体信息,并出现了多媒体计算机,使计算机的应用进入了一个新阶段。此外还出现了多用途的应用程序,这些应用程序面向没有任何计算机经验的用户。

20 世纪 90 年代以来,随着在计算机软件业具有主导地位的 Microsoft 公司的崛起、面向对象的程序设计方法的出现,以及计算机网络的普及,计算机软件的发展进入到了一个新的飞速发展的阶段。

现在计算机软件,不论是在程序语言设计、计算技术和计算方法方面,还是在各种应用软件的开发和更新方面,都在快速发展。目前软件产业的发展速度已超过硬件产业,给人类社会带来翻天覆地的变化。如今的计算机软件产业已经成为整个信息产业中成长极快且极具营利性的领域,是后工业时代规模最大、最成熟、研究最深入的产业之一。美国对外贸易中将近 80% 是知识产权贸易,其中软件贸易是最为重要的部分。

1.3　空间辐射效应计算模拟仿真技术中常用的计算机技术

计算机软、硬件技术是在许多学科和各类工业技术的基础上产生和发展起来的。计算机的发展与材料科学、电子工程、应用物理、机械工程、现代通信技术和数学等学科的发展是紧密结合在一起并且互相渗透的。计算机技术的发展和进步离不开这些相关技术领域的发展,而且计算机技术已经在几乎所有科学技术和国民经济领域中得到广泛应用,极大地促进了这些相关领域的发展和进步。就空间环境效应研究而言,空间科学与技术有一个很重要的属性,就是多学科交叉,它不但与航天应用所涉及的学科有密切的联系,而且与许多基础学科密不可分,如固体物理和固体化学、量子化学、电子学、声学、光学、液态物理、数学、计算机科学等,空间科学与技术是这些基础学科和许多应用学科相互融合与交叉的结果。同时,空间科学与技术是一个正在发展的学科,不像物理学、化学等已经有一个相当成熟的体系,空间科学与技术正随着各有关学科的发展而不断充实和完善。目前空间科学与技术研究在很大程度上还依赖于事实和经验的积累,系统的空间科学与技术研究还有很长的路要走,应用计算机科学进行空间科学与技术研究是未来空间科学与技术发展的必然趋势。

本书所介绍的计算机技术指的是计算机应用技术,即计算机软硬件知识的应用,主要是各种软件的应用技术。空间科学与技术中常用的计算机技术主要包括以下几类。

1.3.1 计算机检测与控制技术

计算机检测与控制技术是指在科学试验、工业生产等过程中应用计算机来进行数据检测和操作控制的技术。利用计算机进行自动检测与控制,可以控制机器操作的精度,提高产品的质量和产量,并降低原材料和能源的消耗,同时还可以改善劳动条件,提高工作效率并保证操作安全。计算机控制与人工系统的控制一样,一般由两部分组成,即获取信息的部分和判断并实现控制的部分。在试验和生产过程中,首先通过各种传感器等信息采集系统获得受控对象与环境的基本数据。传感器采集产生的数据大多是电流或电压等信号,各传感器输出信号的形式和幅度并不一致,要用信号调节器将它们转化至统一的形式和适当的幅度范围。信号调节器为传感器提供激励源,并具有放大、平衡、补偿、滤波、校验等功能。多路转接器在计算机控制下按一定的次序将输入数据通路逐个与模数转换器接通,将各通路的模拟量数据转换成数字量送入计算机。多路转换器的转换开关常由继电器或场效应晶体管构成。在自动化程度较高的系统中,检测和控制通过计算机建立相互的实时联系。

在一般的计算机检测与控制系统中,被测试和控制的某一参量(如温度、压力、流量等)首先通过传感器采集,并将这些非电物理量转换成电信号,再将信号放大,满足模数转换器(A/D)的要求;放大后把电信号传递给 A/D,由 A/D 将电信号转换成数字信号,经输入输出(I/O)接口输入计算机,再由计算机按事先编好的检测和控制程序进行运算、逻辑判断、比较,将结果由 I/O 接口输出。输出的数字信号经数模转换器(D/A)转为模拟信号(如电压、电流信号),经放大器放大后,用于带动相应的执行设备,从而实现对生产过程中的各种参数的实时检测与控制。

计算机过程检测与控制已经在工程领域中得到了广泛的应用。各种材料加工过程都可以采用计算机进行自动控制,从而提高加工效率,改善工作条件,并大幅度提高产品的加工精度和质量。例如,连铸连轧过程的计算机控制、化学热处理过程的计算机控制、全自动焊机,以及自动控制的热处理炉、烧结炉等,这些都可以利用微型机和可编程控制器来实现。其基本控制原理与上述类似,即根据材料加工的尺寸或性能要求向计算机输入相关数据,将得到的信息经过 A/D 转换成数字信号输入计算机,计算机经过程序处理,最后将处理的数字信号经 D/A 转换成模拟信息,进而将模拟信息传输到相应的执行设备以达到自动控制效果。

随着计算机技术及其应用水平的提高,为满足日益复杂的、大规模的、高速和高精度的测试要求,在检测与控制方面已经逐渐兴起了一门新型综合性学科,即计算机辅助测试(Computer Aided Testing,CAT)。CAT 所涉及的范围包括微型计算机技术、测试技术、数字信号处理、现代控制理论、软件工程、可靠性理论等诸多门类。计算机辅助测试系统是制造加工研究的重要手段,计算机灵活的编程方式、强大的数据处理能力和很高的运算速度,使得 CAT 系统可以实现手动方式不能完成的许多测试工作,提高了制造加工研究的水平和测试的精度。

计算机辅助测试在检测中的应用主要集中于物相及成分分析与检测、组织结构检测、力学性能和物理性能测试,以及材料和器件的无损检测等方面。材料检测的基本方法是使用某种探测装置将探测到的信号转化为数字信号,经由计算机软件程序的处理和分析,得到相应的结果。现在材料研究中经常使用的大型分析设备有扫描电子显微镜、透射电子显微镜、扫描探针显微镜等。在元素成分分析中常用的方法有光谱分析、电子探针等,在物相分析中应用最广泛的则是 X 射线衍射分析。现在的材料检测分析设备基本上都是由计算机控制运行的,各种设备的计算机系统提供了不同的设备控制软件、功能强大的数据和图像处理分析软件,以及计算模拟软件等,可以实现过去采用人工分析方法很难做到的高精度和高准确度分析。此外,计算机测控系统的使用已经使一些设备成功地用于工程现场的在线测试分析。

在显微组织测试和性能测试方面,计算机的应用也已经非常广泛。比较典型的如金相定量分析,早期的金相分析都是人工进行,采用的方法有称重法、网格法等,不但工作效率低,而且准确性较差,数据重现性不好。所以一直以来金相组织难以实现定量测量,多是定性分析。而随着模式识别技术发展起来的计算机金相图像分析系统则可以对灰度反差较大的金相组织实现较高精度的定量分析和测量。图像分析系统可连接金相显微镜、数码相机和扫描电镜等设备,有丰富的图像编辑、增强、变换和切割功能,可对特征物自动完成测量,所以图像分析系统在金相定量检测方面得到了广泛的应用。目前开发了许多符合国家标准的金相定量检测专用软件,如金属平均晶粒度测定软件包、球墨铸铁球化率评级软件包、汽车渗碳晶粒度测定软件包等,满足了材料检测、科学研究和部分金相定量评级的要求。在材料力学性能和物理性能研究中,各种测试手段如拉伸试验、冲击试验、疲劳试验,以及声、电、热、磁等各方面的性能测试,都有多种测试方法和测试设备。这些测试设备中,设备动作的控制、被测参数的测量,以及测试数据的处理,都可以通过计算机来完成。

1.3.2　计算机数据与图像处理技术

计算机一直有三大主要应用领域,即科学计算、数据处理和过程控制。数据处理是计算机应用的主要方面。随着计算机图形学的发展,网络和多媒体的广泛应用,以及计算机辅助设计和制造等领域的需求发展,图形与图像处理也日益成为计算机应用的重要领域。

数据和图像是科学和工程上用于表达和交流的基本元素。计算机是非常理想的图形可视化以及数据存储和处理的工具。在空间科学与技术及其他学科的研究和工程实践过程中,会产生大量实测数据和计算数据,如何高效地处理和分析这些数据,从中总结规律性的知识点,是每个科研工作者和工程技术人员都要面临的问题。同时,随着计算机技术的发展,计算机图形处理也已成为科研工作者和工程技术人员必须掌握的技能。计算机图形处理的主要应用领域既包括前述的计算机辅助设计与制造、过程控制等,又包括运用多媒体的计算机辅助教学,以及科学计算可视化等。本书所说的数据处理,主要是指试验和计算数据的整理、拟合、分析,以及图形表达;而这里所说的图像处理技术,主要是指与数据处理相关的交互式图形系统,以及科学计算可视化技术,包括科学研究中的图形与图表绘制、化学分子式的图形表达、化合物与分子结构模型的三维显示、各种试验(如光学显微镜和电子显微技术等)所得的关于材料组织和结构的二维图像结果的分析处理等。在这些方面已经出现了不少的软件,有些功能相当强大,用途比较广泛,有些则专业针对性较强,功能相对简单。

1.3.3　计算机信息系统

随着全球以信息技术为主导的科技革命进程的加快,人类社会逐步由工业社会进入信息社会。信息资源是经济和社会发展的重要战略资源,一个国家的信息化程度已成为衡量其现代化水平和综合实力的重要标志。"信息"一词的含义非常广泛,并没有一个统一的确定的概念。本节所说的信息,主要是指以适合于存储、通信等的方式来表示和处理的知识或消息。计算机信息系统,是指由计算机及其相关的配套设备和设施(包括网络)构成的,按照一定的应用目标和规则对信息进行采集、加工、存储、传输、检索等处理的人机系统。计算机信息系统通常主要由支持环境(如计算机硬件、操作系统和网络系统)、数据库系统以及应用软件等几部分组成。用户可以通过人机交互界面来实现数据的维护(补充及修改)、查询、统计分析,以及规划、决策等功能。

计算机信息系统技术在空间科学与技术中的应用主要反映在材料数据库及专家系统的建立和应用。数据是计算机技术中发展最快的重要分支之一,它已成为计算机信息系统和计算机应用系统的重要技术基础和支柱。计算机最重要的应用是数据处理,数据处理的中心则是数据管理,数据库是计算机管理数据的主要方式。将空间环境效应理论和试验成果进行分类,并把各种成果的信息搜集在一起,建立起数据库,同时建立可以完成各种事务性操作(如比较、判断和推理等)并具有决策功能的专家系统,这是非常有必要的工作,对于空间环境效应的研究有重要的意义。

长期以来,航天器在轨可靠性及寿命面临的设计问题,大都依靠工程设计者的经验或者通过已有目录进行筛选,工程设计和选材往往跟不上新技术的开发。数据库最主要的应用就是协助工程技术人员方便地选用最合适的方案,为研究与开发人员提供已有的结果和数据。现在世界各国都开发了很多空间环境效应数据库。例如,美国国家航空航天局(NASA)和欧洲航天局(ESA)针对航天器用材料和器件建立了很多数据库,如材料和器件辐射效应数据库、原子氧剥蚀数据库、二次电子发生系数数据库等,具有相当高的权威性。我国在相关的研究院所及高校也建立了一些数据库,如航天材料数据库、电子器件数据库等。

各种数据库已经在科研领域中获得广泛的应用。随着现代网络技术的发展,科研工作者可以很方便地实现文献、数据和软件程序等资源的共享。数据库已经走向网络化和商业化,在理论研究、理化测试、产品设计和决策咨询中得到了广泛的应用。数据库的特点是数据量庞大,种类非常多,构成了极为庞大的信息体系,而且这一体系正在不断地更新和扩充。另外,用户对于数据库应用的需求也在不断发展,不断提出更高的要求,比如,数据库不但要满足存储数据信息量大的要求,还应查询方便,满足智能化搜索的要求,能够通过不同的搜索方式得到所要的信息。同时数据库不但要能够查找数据,还应能构建模型,与知识库和人工智能相结合,建立专家系统,实现分析预测功能。因此数据库还将会随着计算机信息技术的发展而继续发展,不断满足人们的各种需求。

1.3.4　计算机辅助设计与制造

计算机辅助设计(Computer Aided Design,CAD)是技术人员利用计算机软、硬件系统,对产品或者工程进行设计、绘图、分析以及技术文档编制等设计活动的总称,其主要是通过向计算机输入设计资料,由计算机完成设计方案的优化并绘制出产品或零件图,也就是利用计算机和图形设备来进行设计工作。计算机负担的是数值运算、数据分析与存取,以及绘图等工作。CAD 的基本技术主要包括交互技术、图形变换技术、曲面造型和实体造型技术等。CAD 的发展开始于 20 世纪 50 年代计算机图形学的诞生。CAD 技术最早主要是用来开发交互式图形系统,即利用计算机绘图来代替人工制图,绘制机械和工程图样。随着计算机技术的进步,CAD 历经了二维平面图形设计、三维线框模型设计、三维实体造型设计、自由曲面造型设计、参数化设计、特征造型设计等发展过程,现已在各个工程技术领域得到了广泛的应用。

计算机辅助制造（Computer Aided Manufacture，CAM）广义的定义是，通过直接或者间接的计算机与企业的物质资源或人力资源的连接界面，把计算机技术有效地应用于企业的管理、控制和加工操作。因此，CAM 包括企业生产信息管理、CAD 和计算机辅助生产制造三个部分。其中计算机辅助生产制造又包括连续生产过程控制和离散零件自动制造两种控制方式。而现在一般所说的计算机辅助制造则主要是指利用计算机通过各种数值控制设备完成离散产品的加工、装配、检测和包装等制造过程，其核心是计算机数值控制（数控）和程序控制（程控），其中最重要的环节是编制零件加工程序。20 世纪 50 年代，美国麻省理工学院开发了数控机床的零件加工编程语言 APT，其中包括几何定义、刀具运动控制等语句，从而形成了早期的 CAM 系统。现在的 CAM 技术则可以在 CAD 系统上建立起来的参数化、全相关的三维几何模型（实体＋曲面）上直接进行加工编程，生成正确的加工轨迹。

计算机辅助设计与制造（CAD/CAM）系统包括特征造型、参数化设计、变量化设计、变量装配设计、工程数据库等关键技术。常用的 CAD/CAM 系统有 Unigraphics NX（UG）、Pro/Engineer（ProE）和 SolidWorks 等。利用 CAD/CAM 系统不但可以减轻人工劳动，而且可以大大增加设计方案的可靠性，提高设计、制造的一次成功率，从而缩短生产准备时间，加快产品更新换代。目前 CAD/CAM 技术在空间科学与技术等领域有非常广泛的应用。比如材料加工过程中所使用的模具的设计和制造，就是 CAD/CAM 最为典型的应用。传统的模具设计，往往有太多的经验成分和人为因素，经常要反复试模和返修，设计周期长，成本高。而应用模具 CAD/CAM，可以直接生成模具的三维空间造型，而且可以生成和分析真实实体的各种物理性质和力学特性，如密度、热导、比热容、硬度、弹性模量等，还能对模具的工作情况进行动态模拟与仿真，并且可以通过数控编程实现高效率和高精度的模具制造与加工。

20 世纪 90 年代开始兴起、目前正蓬勃发展的三维打印（3D 打印）技术，就是典型的 CAD/CAM 技术，也可以把它看成是 CAD/CAM 技术的最新应用和发展。三维打印技术实际上是一种快速成型技术，即是一种依据工件的三维 CAD 模型，在由计算机控制的快速成型机上直接形成三维工件而不需要采用传统的加工机床和加工模具等工具的技术，也称自由成形。自由成形工艺只需要传统加工方法 30%～50% 的工时和 20%～35% 的成本就能制作复杂的三维工件。自由成形的发展只是近 20 年来的事情，目前已经实现三维自由成形工艺的商业化机器产品有激光固化、激光切纸、激光烧结、三维打印和熔融挤压等快速成型机。近年来已经将熔融挤压式快速成型机归并入三维打印机，称其为熔融挤压式三维打印机，以区别于喷墨黏粉式三维打印机。喷墨黏粉式三维打印机是基于喷墨打印原理,借助热泡式喷头喷射黏结剂来使粉材选择性黏结成形,这种热泡式喷头能喷射的黏结剂有限,很难喷射黏度较大的黏结剂以及非水溶液性黏结剂。而熔融挤压喷头只能使用一定直径的可熔融塑料丝材。这种情况使得这两种三维打印机的可用原材料("墨水")的范围很受限制,难以满足新材料成形的要求。为突破这些限制,目前已经开发了一些新型的喷头,从而研制出一些先进三维打印机,如采用压电喷墨式喷头的压电喷墨式打印机、采用气压驱动式或气动雾化式等气动喷头的气动式三维打印机、采用电磁阀操控式喷头或者电动微注射器式喷头的电动式三维打印机,以及电流体动力喷射式三维打印机等,还有可以混合使用几种不同喷头的混合式三维打印机。这些新出现的三维打印机,连同它们所使用的原材料和相关工艺,被统称为"先进三维打印技术"。目前的三维打印机可以将多种材料,包括金属、陶瓷、聚合物等,喷印成三维工件。先进三维打印技术可以成功解决生物医学和机电制造等领域的新材料(特别是微纳米材料)的复杂功能器件的成形难题,正在成为发达国家争先发展的一项高新技术。三维打印技术在材料领域中的应用主要包括陶瓷构件、金属器件、金属焊料、铸造蜡模等的三维打印成形。近年来出现的三维打印折叠成形工艺,可以使打印成形的面片通过折叠技术构成复杂的三维形体,然后经过热处理使其成为三维金属件、陶瓷件等。

1.3.5　计算机模拟技术

计算机模拟或仿真是理论研究与真实的试验研究之外的"第三类研究方法",它是理论与真实试验之间的桥梁。计算机模拟仿真技术是指在已知的科学规律的基础上,针对所研究的对象建立解析模型,由计算机完成相关的计算、分析和可视化等工作,从而可以利用模型来再现实际系统(或者假想系统)中所发生的本质过程。

随着各种新型算法和模拟技术的涌现,以及计算机运算功能越来越强大,现在人们已经可以相当细致和精确地分析所研究的物质内部的状况以及所研究的过程的细节,并且可以突破试验上的困难,在诸如超高温、超高压、高速冲击、粒子辐射等极端条件下实现经济而高效的"计算机试验"。这使得计算机模拟与仿真在空间科学与技术中的应用越来越广泛,成为一种非常重要的研究方法,由此产生了一门新的科学分支,覆盖了物理、化学、制造加工等多个学科领域,在结构与性能的研究、制备加工过程研究、服役行为研究,以及设计开发等方面都有非常重要和广泛的应用。

空间科学与技术中有很多模拟方法,这些方法一般按照模拟对象的空间和时间尺度来分类。空间科学与技术模拟仿真在空间和时间上有很大的分布范围,例如,原子团簇分布在纳米尺度范围,亚晶粒、晶粒尺寸大约在微米以上尺度,试验样品则在毫米以上尺度。同时,观察和描述各种物质的运动和弛豫的时间尺度也不相同。晶格振动、缺陷运动要在纳秒以内的时间尺度上描述;在原子级别上理解空间极端环境下物质的损伤过程,相应的时间尺度在 $10^{-9} \sim 10^{-5}$ s;描述材料和器件的形成工艺,相应的时间尺度一般在毫秒至秒级;宏观尺度上涉及物质性能及服役行为的研究,相应的时间尺度可能长达数年甚至数十年。计算机模拟仿真技术的核心实际上就是对应于各种空间和时间尺度的多尺度模拟方法的发展及其应用。

在原子尺度(或称纳观尺度)上的模拟方法有第一性原理计算、经典分子动力学方法及蒙特卡洛方法等。其中经典分子动力学方法应用非常普遍,它是根据粒子间相互作用力模型,用经典力学方法计算多粒子系统的结构和动力学过程,可以模拟和计算各种物系的结构和性质。近年来随着计算机计算能力的提高,运用第一性原理而不依靠原子间相互作用的经验模型的从头计算分子动力学方法的应用也越来越多。目前分子动力学方法所模拟的时间尺度一般在纳秒范围以内,最多可以模拟数千万至上亿个原子。

在微观尺度至介观尺度上的模拟方法有动力学方法和元胞自动机方法等。其中,位错动力学是在微观至介观层次上模拟位错运动的方法,它把时间和每个缺陷的即时位置作为自变量,进行单个位错动力学的离散模拟,而后在牛顿位错动力学的框架下,对于由单个位错线的偏微分方程随机耦合而得到的方程组进行时间和空间上的离散求解。该方法可以用于材料的塑性变形等过程的研究。相场动力学方法在材料研究中的应用较为常见,它是以扩散相变理论为基础,在同时考虑浓度场、晶体场、结构场的时间和空间变化的情况下以离散化形式处理固态和液态相变动力学。近年来还发展了微观相场方法,可以处理原子层次的问题。相场方法在材料研究中的应用包括晶粒生长、亚稳分解、凝固与枝晶生长、沉淀析出等过程的模拟。元胞自动机方法则是一种时间和空间都离散的动力学系统研究方法,其中散布在规则网格中的每一个元胞依照同样的规则做同步更新,大量元胞通过简单的相互作用构成动态系统的演化过程。元胞自动机方法可以用于研究很多一般现象,包括通信、生长、复制、竞争与进化等,广泛应用于社会、经济、军事和科学研究的各个领域,在材料研究领域则可用来模拟再结晶、晶粒生长和相变等演化现象。

在介观至宏观尺度上的模拟方法主要是各种基于连续性介质的流体力学、弹塑性力学模型,断裂力学方法,以及有限差分和有限元模拟方法等。有限元或者有限差分法实际上是一些用来求解数理方程的数值计算方法,或者称数值分析技术。它们一般用于研究"场"问题,包括位移场、应力场、电磁场、温度场、流场、振动特性等,就是在给定条件下求解其控制方程的问题的数值解。而控制方程通常是根据研究对象的特性和相应的原理建立起来的一组常微分或偏微分方程,这些方程描述的对象通常处于多场耦合状态下,并有不规则的几何形状和比较复杂的边界条件,难以获得解析解。其中有限元法在工程上应用非常广泛,目前有很多专门的有限元计算软件,可用于材料的热学、力学分析,或者流场、温度场、磁场等条件下及多场耦合条件下的材料及过程的模拟计算,从而可提供不同工艺条件下的材料制备成形过程、材料加工过程,以及材料服役过程的模拟结果。

计算机模拟仿真技术与计算机模拟方法所模拟的直接对象是给定条件下材料的结构和性能,以及材料的结构和性能在一定条件下随时间的演变过程,或随外部条件的改变而发生变化的过程。通过对这些对象或问题的模拟研究,可以了解材料内部结构和性能及其变化的各种细节,深化对于材料的理解。在此基础上,更进一步的目标是发展材料设计方法。材料设计指的是应用已知的知识和信息,通过理论和计算的方法来预报具有特定成分和结构的材料的性能,或者预报具有特定性能的新材料的成分与结构,并且提出新材料的优化制备加工方法,简单说就是通过理论分析与计算,实现按需制备和加工满足特定要求的新材料。空间科学与技术长期以来都是以经验为基础的学科,设计主要是依据大量的试验。开发一种型号航天器所产生的经验往往不能照搬进另一种型号的开发,这些情况都使得新型号的开发要消耗大量的人力和时间成本,并且制约着相关应用领域的发展。目前还不能完全离开试验来进行纯理论的设计,但是可以把计算机模拟技术与试验验证相结合,更多地运用计算机模拟来代替真实试验,并且通过计算机模拟来发展空间科学与技术的基础理论,渐渐发展到以更丰富和更加定量化的理论为指导,结合计算机模拟和少量真实试验来实现航天器设计与选材。

对应于计算机模拟的尺度划分,空间环境效应模拟也可分为纳观到微观尺度、微观至介观尺度,以及介观至宏观尺度等。将不同结构层次和不同性质间的理论和模拟结果互相沟通并形成有机的联系,就构成了空间环境效应跨尺度模拟仿真方法。

1.4　空间环境效应中的模型化与模拟

1.4.1　基础概念

模型化(modeling)和模拟(simulation)常被人为地区分开来,这带有一定随意性。因此,明确这两个词的定义,减少关于两者在概念上的模糊认识,对建立在计算机模拟仿真技术领域的统一描述语言是有帮助的。

从现行科学意义上理解,模型化(其词根来源于拉丁语和意大利语的 model (模型),model 的含义有复制品(copy),摹本(replica),样品、典型(exemplar))一词常含有两个完全不同的词义,即模型公式化和数值模型化,后者经常被当作数值模拟(simulation 的词根来源于拉丁语的 simulare,其中 simulare 的词义有赝品(fake)、副本(duplicate)、模仿(mimic)、仿造(imitate))的同义词使用。对此,除采用这些具有相同含义的概念之外,还将从空间环境效应模拟的角度给出相关的一些定义。

1.4.2　模型化的基本思想

Rosenblueth 和 Wiener 在 1945 年指出,科学研究的根本目的在于认识世界,改造世界。

科学抽象意味着借助模型来研究现实世界某一方面的规律。设计和建立模型的过程被认为是模型化中的基本步骤和最重要的环节。模型化作为经典的科学研究方法,是将真实情况简单化处理,建立一个反映真实情况本质特性的模型,并进行公式化描述。换句话说,模型就是用非常相似而简单的结构描述所研究的现实系统。所以,抽象化建立模型可以被认为是提出理论的开始。这里应该指出,就模型的建立而言,不存在严格而统一的方法,尤其在空间科学与技术研究领域,我们所处理的是各种不同的尺度范围和不同的物理过程。

广义态变量方法是 Argon 和 Kocks 等人在 1975 年处理本构塑性模型化的过程中引入的。从态变量的意义上讲,建立模型就是建立相应的状态及其演化方程。状态方程的概念作为一个工具,可用于在不同尺度范围内设计模型的基本结构。

关于模型化和模拟,尽管已有很多论文和著作,但只有很少几位作者涉及了模型化的基本概念和本质特征,例如,Rosenblueth 和 Wiener 于 1945 年在这方面做出了引人注目的贡献;1986 年,Koonin 对模型化的哲学问题进行了讨论;1995 年,Bellomo 和 Preziosi 对模型化概念给出了一个简明的数学定义。

1.4.3　广义态变量

1.大于原子尺度的模型化概念

由上述关于模型化特点的广义讨论可以看出,模型化确实是一个令人信服的科学概念。但当这一简明扼要的概念应用于空间科学与技术时,较大的尺度跨度使其变得含糊不清。就建立微观结构(尤其是微观缺陷结构)演化模型来说,最好的方法可能就是分别求解所研究的所有原子的运动方程,这一方法能给出所有原子在任一时刻的位置坐标和速度,也就是说,由此可预测微观结构的时间演化。在这种模拟方法中,构造模型所需要的附加经验性条件越少,其对原子之间相互作用力的描述就越详尽。然而,当所研究的尺度必须含有求平均的连续体近似时,与在原子尺度上的从头计算方法相比,其模型在本质上包含唯象理论的成分,并且超出原子尺度越远,其模型中的唯象成分越多。

原子论方法主要用于纳米尺度范围的微观结构模拟,而对介观和宏观系统,由于含有 10^{23} 个以上原子数目,要应用原子论方法进行处理是非常困难的。就目前而言,即使采用球对称型原子对势,原子论模拟方法也只能处理到最多 10^8 个原子。因此,对大于纳观尺度的微观结构进行模型化时,必须摒弃预测单个原子运动的想法,而代之为考虑连续体模型。由于实际微观结构的情况高度复杂,因此要在连续体尺度上,从许多可观察量中挑选出能够准确刻画微观结构特征的那些态变量,这是一项艰巨而重要的任务。

为了获得关于微观结构的合理而简单的模型,首先要对所研究的真实系统进行试验观察,由此推导出合乎逻辑的、富有启发性的假说,或者据此推出理论上进行从头计算的依据。根据已获得的物理图像,通过包括主要物理机制在内的唯象本构性质,就可以在大于原子尺度的层次上对系统特性进行描述。

唯象构想只有转换成数学模型才有实用价值。采用基于“广义态变量概念”的方法,这一转换过程要求定义或恰当选择相应的自变量(也称为独立变量(independent variable))和态变量(tate variable)(有时也称因变量(dependent variable)),并进而确立运动方程、状态方程、演化方程、物理参数、边界条件和初值条件,以及对应的恰当算法(表 1.1)。关于变量和方程的这样一个唯象理论的基本框架,构成了众多微观结构模型的基础。

表 1.1　对数学模型进行公式化的基本步骤

步骤	内容
1	定义自变量,例如时间和空间
2	定义态变量,即强度和广延因变量或隐含和显含因变量,例如,温度、位错密度、位移及浓度等
3	建立运动学方程,即在不考虑实际作用力时,确定描述质点坐标变化的函数关系。例如,在一定约束条件下,建立根据位移梯度计算应变和转动的方程
4	建立状态方程,即从因变量的取值出发,确定描述实际状态且与路径无关的函数
5	建立演化方程,即根据因变量值的变化,给出描述微观结构演化的且与路径有关的函数关系
6	确定相关物理参数
7	确定边界条件和初始条件
8	确定用于求解步骤 1～7 所建立方程组的数值算法或解析方法

2. 自变量

根据定义,自变量可以自由选取。在近些年发展起来的高级微观结构模型中,一般把时间 t 和空间坐标 $x=(x_1,x_2,x_3)$ 作为自变量。例如,通过计算系统中所有 i 原子在每一时刻的位置 X_i 和速度 $\dot{x}_i$,就可根据分子动力学方法模拟预测系统在相空间中的确定性演变轨迹。在离散位错动力学模拟方法中,把原子之间的直接相互作用简化为线性连续体弹性问题,采用对材料中的原子性质求平均值的方法,计算所有位错(对二维情况而言)或位错节(对三维情况而言)j 在每一时刻的准确位置 X_j 和速度 $\dot{x}_j$,这样就可以描述材料的行为和特性。通过离散化的时间和空间,用高级的晶体塑性有限元法可以模拟跟踪材料各部分的应力应变状态,在这里,材料的各组成部分是根据晶体的不同取向和不同的本征特性划分的。

3. 态变量(因变量)

态变量是自变量的函数,若不考虑它们过去时刻的取值,态变量的取值决定了系统在任一时刻所处的状态。在经典热力学中,态变量分为广延变量(与质量成正比)和强度变量(与质量无关)。

在微观结构力学中,还经常将态变量做进一步的区分,例如分为显含态变量和隐含态变量。这时,显含态变量是表示占有空间的微观结构性质的一类量,如粒子或晶粒大小;隐含态变量则表示了介观平均值或宏观平均值。在用有限元法计算微观结构的性质时,后一类态变量具有特别的实用性。

材料模型中的态变量常被看作是依赖于时间和空间的张量变量,例如,位移 $u=(u_1,u_2,u_3)=u(x,t)$ 就是一阶张量(即矢量),而应变 $\varepsilon=\varepsilon(x,t)$ 就是二阶张量。此外,标量态参数也是必须考虑在内的,例如,Kocks-Mecking 塑性模型中的位错密度,Cahn-Hilliard 模拟方法中的化学组成浓度,以及 Ginzburg-Landau 模型中的玻色子密度等。

在对复杂的商用合金、聚合物及复合材料的行为特性进行预测时,唯象模型常需要采用大量的态变量。例如,在对金属基复合材料或高温合金的屈服应力进行描述时,可能要考虑各组分的浓度、各相中的位错密度、界面厚度以及粒子大小和分布。这种为给出详细唯象描述而必须考虑众多变量的做法带来了诸多弊端,从根本上背离了寻找简明物理模型的原意。换句话说,由于使用了太多的态变量,因此一个物理模型变成了一个其态变量仅仅作为各种拟合参数的经验性的多项式模型。增加态变量的数目常会损害这些态变量的物理意义。然而,在工业方面,材料种类及其制造过程是如此复杂,以至于难以找到简明的描述方式,可见在工业模型化领域多变量方法是很有用的。尽管如此,多变量方法对于从物理角度研究微观结构模型是一种不可取的方法。由此,本构模型化的关键问题,就是在可调参数和具有明确物理意义的态变量之间找到一种"平衡"。

4.运动学方程

对固体来说,运动学方程常用于计算一些相关参数。例如,应变、应变率、刚体自转,以及在考虑到外部与内部约束条件时的晶体重新取向率。运动学约束条件常常是由样品制造过程和研究时的试验过程所施加的。例如,在旋转时,材料中任何近表面的部分不容许有垂直于旋转平面的位移。

5.状态方程

通过状态方程可以把物性与态变量的实际取值联系起来(表1.2),如电阻、屈服应力、自由熵等。由于态变量通常是自变量的函数,因此状态方程的值也依赖于自变量。在离散化的材料模拟方法中,材料的状态可以通过求解自变量来加以描述。总体来说,状态方程是与路径无关的函数。这就意味着,在不计态变量初值和演化历史时,由状态方程提供根据恰当的态变量值计算材料性质的基本方法。由此还可以看出,关于状态方程的基本参数值可以通过模拟和试验推导得出。通常,微观结构状态方程可以把材料关于态变量取值引起的内部和外部变化的响应定量化。这就是说,不同的状态方程表示了材料的不同特性。例如,对于液体、弹塑性刚体(an elastic－rigid－plastic body)、黏塑性材料和蠕变固体来说,其屈服应力对位移的依赖关系是完全不同的。状态方程的典型例子有:分子动力学中互作用原子间的势函数,位错动力学中的弹性胡克定律,聚合物力学中的非线性弹性定律,本征塑性定律中的屈服应力与位错密度之间的关系,以及 Ginzburg－Landau 模型和与其相关的微观结构相场模型中的自由能函数。

表 1.2　计算机模拟仿真技术中状态方程的典型例子

状态参数	态变量	状态方程
应力	应变或位移	胡克定律
屈服应力	均匀位错密度,Taylor 因子	Kocks－Mecking 模型中的 Taylor 方程
	在元胞壁和元胞内的位错密度	高级双参数和三参数塑性统计模型
互作用原子势	互作用原子间距	球对称互作用原子对势函数
	原子间距和角位置	紧束缚势
自由能	原子或玻色子浓度	Ginzburg－Landau 模型中的 Landau 形式自由能

6. 结构演化方程

要达到预测微观结构演化的目的,要么按顺序测得各自变量对应的态变量值,要么建立模型方程并进而计算态变量的变化。这种表述可归属于上述提到的"演化方程"或"结构演化方程"。对这些方程,可以不断地更新其态变量作为自变量函数的值,实现对结构演化的模拟。微观结构有一个基本性质:当其处于热力学非平衡态时,决定演化方程的因素是与路径有关的,因而不可能是状态方程支配着演化方程,这就是说,演化方程通常不能写成全微分形式。典型的结构演化方程有:分子动力学和位错动力学中的牛顿运动定律,以及经典速率方程,诸如热方程和扩散方程。

7. 各种参数

状态方程的态变量具有以各种参数为基础的加权平均性质,并要求具有一定的物理意义和经得起试验或理论的检验。

无论哪一种模拟方法,要确定各种恰当的参数并具体给出它们的正确取值都是非常艰难的事情。尤其是对于介观尺度上的材料模拟来说,更是如此。在介观尺度上,各参数的取值还将依赖于其他参量,并且与态变量本身有关。这就意味着,在构成状态方程的要素中包含非线性因素,并与其他状态方程组成耦合方程组。此外,许多材料参数对状态方程都具有较强的直接影响,例如,在热激活的情况下,其参数与变量之间的关系是指数函数。再如,晶(粒边)界运动的活化能出现于指数项中,并强烈地依赖于近邻晶粒之间的取向偏差、晶界平面的倾角和晶界处杂质原子的浓度。

根据所要求的精度,可以把各种参数合并为较为明确而详细的形式。例如,对于各向同性介质,其弹性常数可表示为标量型拉梅(Lamé)常数;对于各向异性介质,其弹性常数可表示为依赖于各温度系数的四阶弹性张量,扩散系数可以用标量体积参数形式给出,也可表示为张量形式,这时其张量分量因平行于不同晶轴而有不同的取值。

8. 唯象模型化举例

运动学方程、状态方程、演化方程等在形式上可以以代数的、微分的或积分的形式建立起来,这取决于所选择的态变量、自变量以及所确立的态变量数学模型。所有方程和各种参数一起,共同刻画了材料和器件在空间极端环境下的响应特性,这就是本构方程,或称为本构定律。

理论、模拟与试验之间的关系如图 1.1 所示,图 1.2~1.4 给出了不同的模型化过程方框图,它们定义了模型化和模拟的概念,从图中比较发现,它们之间有部分重叠。广义态变量方法给出的模型化与模拟过程方框图如图 1.5 所示。

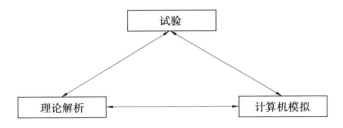

图 1.1　理论、模拟与试验之间的关系

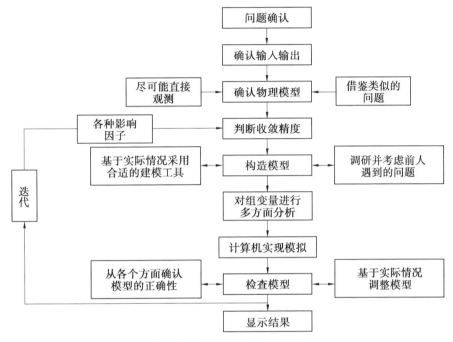

图 1.2　模型化过程方框图(1)

9.解析模型与数值模型

前面讨论模型化概念时并没有涉及关于求解各类控制方程组的技术细节。因为在不使用数值方法的情况下,可以采用大量较为简单的统计模型进行处理(表 1.1)。最近提出的微观结构动力学离散化模型,大多数都含有大量的耦合微分方程组,以至于在实际应用中必须使用数值方法这一工具。从这个意义上说,最本质的、几乎全部为解析式的数学模型并不严格地等于其数值模型。根据构成解析表达式的基础问题可以推知,与之对应的数值解法的精确性依赖于一系列参数,如截断误差、级数展开误差、离散化(积分、微分)与统计处理、各态历经假说,以及程序设计等引入的误差。此外,即使对于复合模型,有时也可能在简单情况下获得解析解,进而应用这些解析结果去检验与之对应的数值预测结果。

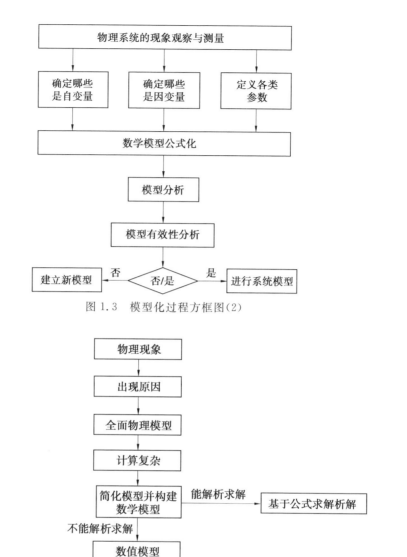

图 1.3　模型化过程方框图(2)

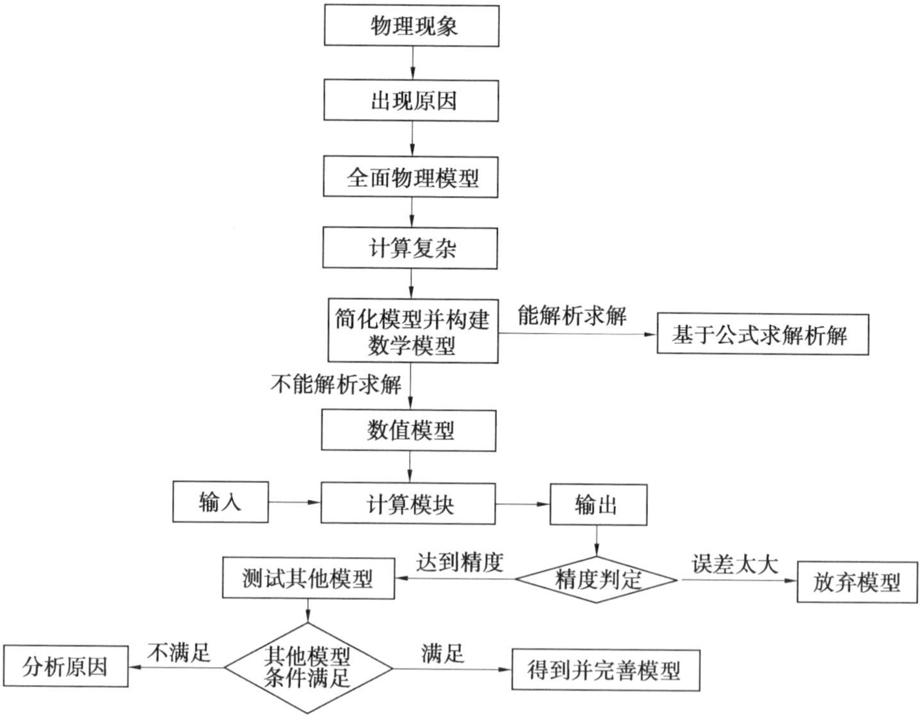

图 1.4　模型化过程方框图(3)

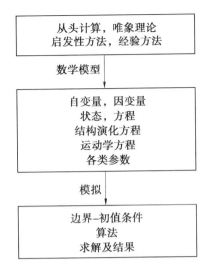

图 1.5　广义态变量方法给出的模型化与模拟过程方框图

1.4.4　数值模型化与模拟

前面讨论的一些方法都属于模型构造(或模型设计)的范畴。经常遇到的模型化的第二层意思,就是与模型相联系的有关控制方程的数值解法。这一过程常被定义为数值模型化,或称之为模拟。这两个术语的含义都是指"关于一系列数学表达式的求解",即通过一系列路径相关函数和路径无关函数,以及恰当的边界条件和初值条件,可以把构造模型的基础要素定量化。尽管数值模型化和模拟从根本上说的是同一件事情,但是在使用中二者常常会以稍有区别的方式出现。

一般而言,常把数值模型化的概念理解为建立模型和构造程序编码的全过程,而模拟一词则常用于描述数值化试验。根据这样的理解,数值模型化是由唯象理论及程序设计的所有工作步骤构成;而模拟所描述的则仅仅是在一定条件下的程序应用,这里的条件是指包括全部实际过程中所需参数的条件,也可以指不同的边界条件和初值条件。这种表述与 Ashby 在 1992 年所给的定义是一致的。Ashby 指出:模拟就是根据实际问题所建立的模型。对其模型化体系动态响应的研究如图 1.2 所示。

另外,为区别数值模型化和模拟两个术语,要涉及前面提到的"尺度"概念。数值模型化一词主要用于描述宏观或介观尺度上的数值解法,而不涉及微观尺度上的模型问题;微观体系中的模型计算通常称为模拟。例如,一般倾向把分子动力学(微观体系,单个原子的情况)所描述的原子位置和速度说成是由模拟方法获得的,而不说成是由模型化方法获得的。另外,如果说运动学 Kocks—

Mecking 方法是用于流变曲线的计算,这通常说的是数值模型化(宏观体系,总位错密度);然而,如果这样的流变曲线是用空间和时间离散化模型计算来描述的,并包括了单个位错甚至位错段(节)的处理,这时则称为模拟(微观-介观体系,离散型位错)。

数值模型化和模拟之间明显的差别是,许多经典模型不需要使用计算机,但可以表达成严格形式而给出解析解。然而,可以用解析方法进行求解的模型通常在空间上不是离散化的,如许多用于预测位错密度和应力且不包括单个位错度准确位置的塑性模型。

模拟方法也经常用于与上述不同的情况,即起支配作用的解析表达式通常是对单个缺陷或单个粒子而言,而不针对整个系综。例如,对于运动中的大角晶界来说,不存在用于预测其所有原子准确位置和速度的可以进行严格求解的解析表达式。这一问题只有通过求解大量原子的牛顿运动方程来解决。这就意味着,模拟方法通常是在把所求解问题转化为大量的个体微观事件的情况下,提供一种数值解法。所以,模拟这一概念常常是和多体问题的空间离散化解法结合在一起的(例如,多体可以是多个原子、多个空位、多个分子、多个位错、多个位错度,或有限个元素)。下面的定义可以帮助我们把模拟与数值模型化区别开来。

微观结构模拟,是通过求解在空间和时间高度离散化条件下反映所考虑的基本晶格缺陷(真实的物理缺陷)或准晶格缺陷(人工微观系统组元)行为特性的代数型、微分型或积分型方程式,给出关于微观或介观尺度上多体问题公式化模型的数值解。因此,微观结构模拟可以解释为是在晶格缺陷或准晶格缺陷(quasi-lattice-defect)层次上对微观结构演化进行数值预测的工具。

微观结构数值(或解析)模型化是指通过在时间高度离散化而空间离散化程度低的情况下,关于整个晶格缺陷系统的代数型、微分型和积分型控制方程式的求解,给出宏观模型的数值(或解析)解。

基于上述内容可知,当在同一尺度层次上应用模拟和数值模型化处理同一物理问题时,数值模型化一般要比模拟速度快。这就是说,数值模型化可以包括更大的空间尺度和时间尺度。数值模型化的这一优势是非常重要的,尤其在工业应用方面更为突出。然而,由于数值模型化通常在空间上离散化程度较低,因此在定域尺度上其预测能力较差。

1.4.5　模型的基本范畴

根据不同的近似精度,可以对微观结构模型进行分类(表 1.3)。通常,把模型简单地按照其所使用的特征尺度来划分。

表 1.3　微观结构模型的分类

分类的依据	模型种类
空间尺度	宏观,介观,微观,纳观
空间维度(数)	一维,二维,三维
空间离散化	连续体,原子论
预测性特征	确定性的,随机性/概率性的,统计学的
描述性特征	第一性原理,唯象的,经验性的
路径相关性	动态的,静态的

1. 空间尺度

若按照比较粗的空间分法,可把模型分为四类,即宏观模型、介观模型、微观模型和纳观模型。宏观一词与材料样品的几何形状及尺寸相联系,介观对应于晶粒尺度上的晶格缺陷系统,微观则相当于晶粒尺度以下的晶格缺陷系统,而纳观是指原子层次。当然,这种关于空间的划分及其定义具有随意性。例如,也可以选择三种划分法代替这里的四种划分法,即分别对应于宏观尺度、介观尺度和原子论尺度。

2. 空间维度(数)

关于模型分类的第二个可行的方法,就是根据模型的空间维度(即一维、二维和三维)来划分。在计算模型中,二维和三维模型较为流行。它们之间的差异对其结果的合理解释是至关重要的。例如,对于包含滑移且具有一定几何形状的系统,以及位错相互作用系统,不能用二维模拟方法进行处理,而只能采用三维模拟方法。这一点在 Taylor 模拟和较为复杂的晶体塑性有限元法中是非常重要的。即使是常规的有限元模拟方法,分别由二维和三维模型获得的预测结果间的差别也是不可忽略的。例如,在对轧制过程的二维有限元法模拟中,板材的横向增宽一般可以忽略不计。当把位错动力学从二维推广到三维时,能够正确描述位错增殖效应,即弗兰克－里德位错源(Frank－Read dislocation source)的激活机制,而这在二维模拟中是不可能的。在包括界面时,对由介观和原子论模拟给出的晶粒结构的讨论也存在类似的情况。

3. 空间离散化

与空间的离散化程度有关的情况,可以分成两类以示区别,即连续体模型和原子论模型。连续体模型是在考虑了唯象和经验本构方程及平衡性、相容性和守恒定律所附加的约束条件下,建立起通常宏观情况下描述极端条件下材料和器件响应特性的微分方程,并由此微分方程求出单个原子的平均性质。连续体模型的典型例子有:经典有限元模型、多晶体模型、自洽方法、确定性元胞自动机、位错动力学方法、拓扑顶点模型,以及相场模型。

近年来,各种改进型方法的引入尤其丰富了含微观结构成分的大尺度连续体模型。这些高级方法的典型例子有:用于处理晶体塑性的各向异性有限元模型、结晶结构模型,以及微观结构的拓扑学和形态学方法。

高级多晶体模型的典型例子有:考虑统计学或局域晶粒相互作用的弛豫约束 Taylor 方法、形变带模型,以及晶粒碎裂模型。按照范豪特(Van Houtte)的理论,这些模型有一个共同点,就是能够从统计学上以补偿形式把应变弛豫程度和晶粒之间的局域相互作用定量化。这可以以几何角度提供位错或更多地考虑连续体模型为基础而推导出来。在高级自洽方法体系中,可以考虑处理晶粒形状和位错元胞结构。

若考虑把时间和单个缺陷的实际位置看作自变量,则高级连续体塑性模型具有对单个位错动力学进行分别模拟的能力。连续体模拟方法可以分为二维(2D)和三维(3D)两种。借助被约束在滑移面上的挠性位错或者考虑可以离开其滑移面的非挠性无限直位错,均可以实现 2D 计算模拟。同时,2D 模拟的第一类方法给出了研究滑移面的最佳方案;2D 模拟的第二类方法则提供了关于平行于位错切面的横向景象。然而,3D 模拟与这些几何约束条件无关。

拓扑网格模型、拓扑顶点模型和晶界动力学模型,都是基于把亚晶粒壁和大角晶界的动态特性作为形成缺陷的基础条件建立起的模型,它们越来越多地被用于再结晶的早期平台、低周疲劳和晶粒生长的模拟。

对于模拟扩散相变和竞争性粒子催熟过程的较为复杂的模拟方法,则是基于金兹堡—朗道型动态相场模型,通过引入改进的确定性元胞自动机,在关于再结晶现象的连续体描述方面取得了实质性进展。

如果要获得微观结构性质更为详细的预测信息,则将连续体模型代之为原子论模型。原子论模型可给出更好的空间分辨率,与连续体模型相比,原子论模型包含较少的唯象假说。

原子论模型的典型例子有经典分子动力学和蒙特卡洛方法。与经典分子动力学方法相比,现代原子论方法由于更多地采用真实势函数,以及计算机能力的显著提高,其发展势头非常强劲。实际上,基于第一性原理的从头计算模型的主要目的在于对有限数目的原子的薛定谔方程给出近似解。通过分子动力学与紧束缚近似或者局域密度泛函理论相结合,可以演绎出各种不同的从头计算方法。就微观结构演化的计算来讲,大多数基于第一性原理的模型在数值处理方面仍然非常慢。然而,它们在关于材料和器件的基本物性、基本结构及简单晶格缺陷行为特性的预测方面的重要性在逐渐增加。

4. 预测性特征

关于模型的另一种可行的分类方法就是基于其预测性特征。确定性模型就是基于把一些代数方程或微分方程作为静态方程和演化方程，以明确严格的模拟方式描述微观结构的演化；随机性模型就是使用概率方法对微观结构的演化进行模拟描述。

建立随机性模型的最初目的在于采用一系列随机数去完成大量的计算机试验，从而实现对正则系综的模拟。随着把对磁畴计算的伊辛模型扩展为可以采用等自旋磁畴来模拟界面的多态波茨模型，随机性模型在微观结构空间离散化模拟方面的推广应用有了很大发展。波茨模型、蒙特卡洛方法和概率性元胞自动机都是常规随机性模型的典型例子。

近年来，人们提出了各种改进型方法，并在空间离散化微观结构模拟方法中引入了微观随机性概念。空间离散化随机性方法的典型例子有：研究扩散和短程有序的蒙特卡洛模型，模拟微观结构非平衡相变现象的动态波茨模型，改进的概率性元胞自动机，研究正常电流和超导电流路径、微区塑性、扩散、断裂力学和多孔介质性质的随机性逾渗模型，以及通过朗之万力来处理热激活过程的位错动力学高级模拟方法。

统计模型最典型的特征之一就是空间非离散化。最有名的塑性统计运动学模型是由 Argon、Kocks 和 Ashby 等人在 1975 年建立的。高级微观结构本征模型的典型例子是属于运动学理论范畴的现代方法，它包括了更为复杂的演化机理和带有各相关微观结构参数的状态动力学方程。人们就经典运动学理论扩展到关于第 IV 级和第 V 级应变硬化的描述，也做了相应努力。

此外，人们还提出了一些关于非线性和随机性结构演化的新理论，赋予原来的模型以更多的物理意义，同时也显示了与塑性不稳定性的试验结果有更好的一致性。

经典冶金动力学概念主要是用来描述不连续相变现象。例如，采用统计方法处理再结晶过程。在非平衡相变动力学中，这些经典统计学方法被扩展为更广泛的微观结构路径模型。

5. 描述性特征

通过区分第一性原理、唯象和经验等几个概念，可以给出关于模型分类的另一种方案。

第一性原理模型，其目的在于通过最少的假说与唯象定律，获得构成所研究系统的根本特性和机理。其典型例子就是基于局域密度泛函理论的模拟方法。显然，即使是第一性原理模型，也一定含有一些既无法说清其根源也无法证明其正确性的假说。例如，在通常原子尺度上，基于局域密度泛函理论的模拟方法，其中暗含着使用了绝热玻恩－奥本海默近似（Born － Oppenheimer approximation）。然而，对这类唯象成分要尽可能多地加以限制。

计算仿真过程中的大多数模拟方法都是唯象的，即它们使用了必须与某些物理现象相符合的状态方程及其演化方程。在这些方法中，大多数原子的详细信息诸如电子结构（电子在原子、分子或固体中的排列，由电子的波函数确定），通常是在考虑了晶格缺陷的情况下平均给出的。

经验性方法可以在要求的精度范围内，从数学角度给出与试验结果相吻合的结论。因此，它们一般不含有晶格缺陷的行为特性。然而，唯象模型公式化的过程可以看作是一个基本的步骤，在其中必须确定哪些态变量对系统性能有较强的影响，哪些态变量对系统的影响较弱，但在经验性模型中不区分重要的和不重要的贡献。

因此，唯象模型具备一定的预测能力，而经验性方法在实际的预测中没有什么实用价值，则作为模型的一个类别从中划分出纯经验性的方法是没有意义的。引入模糊集合理论和人工神经网络方法使经验性方法的应用情况得到了改善。

6. 路径相关性

模型可以集中考虑静态方面，也可以集中考虑动态方面，或者将动态和静态两方面都考虑在内。就静态模拟而言，其主要目的就是对某些广延态变量和强度态变量函数的路径无关的性质进行计算。纯粹静态计算只能就具有确定微观结构的材料和器件给出其性能的单一信息。这种单纯静态计算，既不能预测任何与路径相关的行为特性，也不能提供态变量取值随时间的更新。这种限制表明，静态模拟通常只与状态方程有关而与结构演化方程无关。例如，热力学量的模拟或在位错理论中采用改进型力学状态方程的预测，都可以在不考虑时间标定（即不考虑微观结构演化）的情况下由静态模拟完成。与此相反，动态模拟既能预测与路径有关的微结构演化，也能预测在任意时刻的材料和器件性能演化。

1.4.6　模型有效性检验法

除了关于模型化和模拟的许多技术和物理的问题之外，还有一个与之相关的、非常重要的非科学问题，那就是由一些研究者提出的关于接受模型有效性的心理障碍。在计算模拟仿真中，确实存在一个典型情况，即对同一物理现象的处理，人们引入了越来越多的模型，而且模型或方法之间缺乏认真的比较。这里的"比较"一词，不仅仅是罗列一些不同模型之间的共同点和不同点，同时还要定量地比较在相同输入数据的条件下其预测结果是怎样的。各个模型或方法与试验数据的比较已经很好地建立起来，但综合各模拟方法与试验结果的横向比较在计算中却很少见到。

尽管已有工作引进了洛斯阿拉莫斯小组所采用的洛斯阿拉莫斯塑性(LAP)数码的随意分布,并在考虑到不同方法的情况下制作出了模型数码标准,但是定量化系列检验法的使用仍是对现模拟工作的一种必要而合理的补充。例如,作为比较多晶塑性模型的系列检验法,它应当涵盖以下方面:

(1)模拟方法必须处理同一种标准材料,这种标准材料应具有严格定义的冶金学特性,如化学性质、晶粒大小、晶粒形状、强度、沉淀粒子大小和分布等。

(2)如果所考察的模型需要输入拉伸、压缩或多轴力学试验参数,则它们必须采用同样的数据。

(3)所有预测必须同一组试验结果相比较,所用试验结果必须是在严格定义的条件下获得的。

(4)输入数据中必须包含一组等同的离散取向数据。

(5)从输出数据中获得的取向分布函数必须使用同样的方法进行计算推断。

(6)对所描述或提交的数据必须采用同一方式。

(7)对比较结果应该进行详细讨论,并且公开发表。

1.5　微分方程原理及其解法

1.5.1　微分方程导论

空间环境效应模拟仿真中,尤其是辐射效应模拟仿真中所遇到的定律,多数可以采用相应的微分方程的形式来表示。因此,在模型化空间环境效应研究领域,其微分方程的获得和求解就成了最基本的任务。

凡是表示未知函数、未知函数的导函数或微分,以及自变量之间关系的方程就称为微分方程。如果微分方程中出现的未知函数只含有一个自变量,这种方程就称为常微分方程;如果微分方程中出现的未知函数含有一个以上的自变量,这种方程被称为偏微分方程。微分方程的"阶"是指在方程中出现的关于未知函数各阶导数的最高阶数。微分方程含有二阶导数的就称为二阶微分方程,以此类推。二阶或高阶微分方程,例如

$$\frac{\mathrm{d}^2 u(t)}{\mathrm{d}t^2} = f(u, t) \qquad (1.1)$$

可以用低阶耦合微分方程组来代替,即

$$\frac{\mathrm{d}v(t)}{\mathrm{d}t} = f(u, t), \quad v = \frac{\mathrm{d}u(t)}{\mathrm{d}t} \qquad (1.2)$$

式中,u 为态变量,是时间自变量的函数;v 为 u 对时间 t 的一阶导数;f 为 u 和 t

的函数。

例如，一个有效质量为 m 的粒子或位错节，在力场 $f(x,t)$ 作用下沿 x 方向的运动问题（一维的情况），可以用如下的二阶微分方程来描述：

$$m\frac{\mathrm{d}^2 x(t)}{\mathrm{d}t^2}=f(x,t) \tag{1.3}$$

如果定义粒子的动量为

$$p(x,t)=m\frac{\mathrm{d}x(t)}{\mathrm{d}t} \tag{1.4}$$

则式(1.3)变成由两个一阶微分方程组成的方程组（哈密顿方程），即

$$\begin{cases} \dfrac{\mathrm{d}x(t)}{\mathrm{d}t}=\dfrac{p}{m} \\[2mm] \dfrac{\mathrm{d}p(x,t)}{\mathrm{d}t}=f(x,t) \end{cases} \tag{1.5}$$

若微分方程仅含有关于自变量的线性函数，这种方程就称为线性微分方程。对这样的线性微分方程，可以使用叠加原理。这就是说，满足某种边界条件的解的线性组合，也是满足同样边界条件的微分方程的解。如果微分方程含有关于自变量的非线性函数，这种方程被称为非线性微分方程。对这样的非线性微分方程，叠加原理不成立。

在空间环境效应模拟仿真中，许多问题的数学表现形式，是含有把空间和时间作为自变量的偏微分方程。通常，只对偏微分方程的特解感兴趣。所谓特解，就是在自变量的特定取值范围内满足某种初值条件和边界条件的微分方程的解。从这个意义上讲，获得微分方程和边界条件适应的形式并用其表述所研究的问题是很重要的事情。这意味着只要给出特定的初值和边界条件，就可以把偏微分方程转变为可以求解的问题。

按照公式化适定问题所必须附加条件的类型，可以对偏微分方程进行分类。这种分类模式，将在下面含有两个自变量 x_1 和 x_2 的二阶线性偏微分方程中进行描述。这类方程的一般形式为

$$A\frac{\partial^2 u}{\partial x_1^2}+B\frac{\partial^2 u}{\partial x_1 \partial x_2}+C\frac{\partial^2 u}{\partial x_2^2}+D\frac{\partial u}{\partial x_1}+E\frac{\partial u}{\partial x_2}+Fu+G=0 \tag{1.6}$$

式中，$A=A(x_1,x_2)$，$B=B(x_1,x_2)$，$C=C(x_1,x_2)$，$D=D(x_1,x_2)$，$E=E(x_1,x_2)$，$F=F(x_1,x_2)$，$G=G(x_1,x_2)$，它们都是自变量 x_1 和 x_2 的给定函数；规定在点 (x_1,x_2)，函数 $A(x_1,x_2)$、$B(x_1,x_2)$ 和 $C(x_1,x_2)$ 不能同时为零。

类比解析几何中关于高次曲线的分类方法，式(1.6)可以写为

$$ax_1^2+bx_1 x_2+cx_2^2+dx_1+ex_2+f=0, \quad a^2+b^2+c^2\neq 0 \tag{1.7}$$

对于 x_1 和 x_2 给定的值 $\hat{x}_1$ 和 $\hat{x}_2$，可以设想式(1.6)具有双曲型、抛物型或椭圆型的特征。简单地讲，双曲型微分方程在所有项都放到方程同一边时，含有符

号相反的二阶导数项;抛物型微分方程只含有一元一阶导数和一个其他变量的二阶导数;而椭圆型微分方程则在所有项归移到方程同一边时含有每一个自变量所对应的二阶导数,且符号相同。

若 $4A(\hat{x}_1, \hat{x}_2)C(\hat{x}_1, \hat{x}_2) < B^2(\hat{x}_1, \hat{x}_2)$,则为双曲型偏微分方程;

若 $4A(\hat{x}_1, \hat{x}_2)C(\hat{x}_1, \hat{x}_2) = B^2(\hat{x}_1, \hat{x}_2)$,则为抛物型偏微分方程;

若 $4A(\hat{x}_1, \hat{x}_2)C(\hat{x}_1, \hat{x}_2) > B^2(\hat{x}_1, \hat{x}_2)$,则为椭圆型偏微分方程。

从上面讨论可以看出,由于 $A(x_1, x_2)$、$B(x_1, x_2)$ 和 $C(x_1, x_2)$ 均依赖于自变量,所以微分方程在每一点的性质都是不同的。按照其判别式($4AC - B^2$)的性质对微分方程进行分类的方法,其重要意义在于用新的自变量代替了混合导数项。这里介绍的关于二阶偏微分方程的基本分类方法,可以推广到含有两个以上自变量的非线性高阶偏微分方程耦合方程。

上述三种微分方程的经典例子有:属于双曲型的波动方程,属于抛物型的热方程、扩散方程以及含时薛定谔方程,属于椭圆型的拉普拉斯方程和不含时间的薛定谔方程。在三维直角坐标系中,这三类方程可以分别写成如下形式:

波动方程
$$\frac{\partial^2 u}{\partial t^2} - c^2 \left(\frac{\partial^2 u}{\partial x_1^2} + \frac{\partial^2 u}{\partial x_2^2} + \frac{\partial^2 u}{\partial x_3^2} \right) = 0$$

扩散方程
$$\frac{\partial u}{\partial t} - D \left(\frac{\partial^2 u}{\partial x_1^2} + \frac{\partial^2 u}{\partial x_2^2} + \frac{\partial^2 u}{\partial x_3^2} \right) = 0$$

拉普拉斯方程
$$\frac{\partial^2 u}{\partial x_1^2} + \frac{\partial^2 u}{\partial x_2^2} + \frac{\partial^2 u}{\partial x_3^2} = 0$$

式中,x_1、x_2 和 x_3 为空间变量;t 为时间变量;u 为状态变量;D 为扩散系数,并假定 D 为正的且与浓度无关;c 为波的传播速度。

值得指出的是,对于稳定过程有 $\partial u / \partial t = 0$,这时扩散(或热)方程变为拉普拉斯方程。在稳定条件下某一体积内考虑问题时,若涉及汇和源,则扩散方程就变为泊松(Poisson)方程,即

泊松方程
$$\frac{\partial^2 u}{\partial x_1^2} + \frac{\partial^2 u}{\partial x_2^2} + \frac{\partial^2 u}{\partial x_3^2} - f(x_1, x_2, x_3) = 0$$

在二维情况下,上式就等于描述薄膜横向位移的微分方程。还有一种与泊松方程相似的方程——亥姆霍兹(Helmholtz)方程,其也是一类重要的微分方程。亥姆霍兹方程含有自相关函数及其二阶坐标导数,即

亥姆霍兹方程
$$\frac{\partial^2 u}{\partial x_1^2} + \frac{\partial^2 u}{\partial x_2^2} + \frac{\partial^2 u}{\partial x_3^2} + \alpha u = 0 \quad (\alpha \text{ 为常数})$$

引入常用的拉普拉斯算子 $\Delta = \nabla^2$,用于代替直角坐标的导数;同时,采用 $\dot{u}$ 和 $\ddot{u}$ 分别表示对时间的一阶和二阶导数。这时,上述各方程就可改写为更为紧凑的形式,有

波动方程	$\ddot{u}-c^2\Delta u=0$
扩散方程	$\dot{u}-D\Delta u=0$
拉普拉斯方程	$\Delta u=0$
泊松方程	$\Delta u-f=0$
亥姆霍兹方程	$\Delta u+\alpha u=0$

双曲型和抛物型偏微分方程通常描述的是非稳态,即时间相关问题。这可以在相应方程中显含时间这一自变量 t 来表明,在解非稳态问题时必须定义初始条件。所谓初始条件,就是在起始时间给定的态变量值及其导数值。对波动方程而言,这些初始条件相当于 $u(x_1,x_2,x_3,t_0)$ 和 $\dot{u}(x_1,x_2,x_3,t_0)$;而对于扩散方程或热方程而言,初始条件则相当于 $u(x_1,x_2,x_3,t_0)$。如果没有给定约束条件把解限制在某个特定的空间坐标范围,也就是 $-\infty<(x_1,x_2,x_3,t_0)<+\infty$,这种情况就是纯粹的初值问题。

在一些场合,需要附加空间坐标条件。例如,对于波动方程有 $u(x_{10},x_{20},x_{30},t_0)$,对于扩散方程有 $u(x_{10},x_{20},x_{30},t_0)$ 和 $(\partial u/\partial x_1)(x_{10},x_{20},x_{30},t_0)$、$(\partial u/\partial x_2)(x_{10},x_{20},x_{30},t_0)$、$(\partial u/\partial x_3)(x_{10},x_{20},x_{30},t_0)$。或者把时间和空间结合起来,这时称之为"边值-初值问题"。

在数学上以椭圆型偏微分方程表述的模型通常是与时间无关的,因而可以用来描述稳定的情况,这些方程的解只依赖于边界条件,也就是说它们表示的是纯粹的边值问题。对于拉普拉斯方程、稳定的热和扩散方程 $\Delta u=0$,恰当的边界条件就是能够表示为狄利克雷(Dirichlet)边界条件(即第一类边界条件)或诺依曼(Neumann)边界条件(即第二类边界条件)的条件。狄利克雷边界条件是指给出态变量 u 在系统边界上各点的函数值;诺依曼边界条件是指给定 u 在系统边界上各点的法向一阶导数值 $\partial u/\partial x_n$。如果函数 u 及其法向导数在边界上均是已知的,这样的边界条件被称为柯西(Cauchy)边界条件。

1.5.2　偏微分方程的解法

只有在某些有限的特定场合下,才可以用解析方法对偏微分方程进行求解,因此,通常要求助于数值方法。用数值方法求解复杂的初值和边值问题,都存在自变量的离散化(通常为时间和空间)以及把连续导数转变为其相应离散值的问题,即有限差商的问题。这里的离散化步骤相当于把含有无限个未知量的微分方程所表达的连续性问题进行重新设计和计算,比如函数值,可以改写成含有有限个未知参数的离散型代数式,其中的未知参数可用近似方法计算得到。

利用数值方法对微分方程进行求解,最重要的限定是通过初值而不是边值,也就是它们是与时间导数有关的,对此通常称为有限差分法(Finite Difference Method,FDM)。在本书中提到的有限差分法,其中大多数不但在时间上是离散的,而且在空间上也是离散的。有限差分法近似于把微分方程中出现的导数转变为与其相对应的有限差商,这可以用于关于时间和空间的导数。在有限差分法中,不能用多项式表示近似函数。

目前已给出不少重要的有限差分法。由于对任何模拟方法,都必须在最佳计算速度和数值精度之间寻找到平衡点,因此要在各种可能的有限差分求解方法中找到一种统一适用于计算空间环境效应领域的理想方法是不现实的。例如,对于抛物型大尺度体扩散或热输运问题可以采用单中心差分欧拉(Euler)方法进行求解;而关于分子动力学中粒子运动方程的求解,可以采用沃雷特(Verlet)方法或戈尔(Gear)预测—校正方法。在大多数情况下,结合基本微分方程的性质来选择离散化方法是很有用的,尤其是对出现的最高阶导数。

作为求解微分方程的第二类数值方法,包括各种有限元法(Finite Element Method,FEM),既可以用于求解复杂的边值问题,也可以用于求解复杂的初值问题。这些方法都是通过空间离散化将所研究的区域变成一系列有限元素。在时间相关问题中还要进行时间离散化,以及通过多项式试探函数给出在各元素中真实空间解的近似形式。这些特点暗示了把它们称为有限元法的原因。

尽管有限差分和有限元法都能用于处理空间和时间导数,但是后一种近似方法由于使用试探函数和最小化方案而显得更为复杂。因而,有限差分法可以被看作一般的有限元近似方法集合的子集。

对于许多有限差分法,尤其是大多数有限元法,人们常会直接将其与大尺度问题的求解联想在一起。虽然这种联想对在计算空间环境效应中处理介观和宏观尺度边值问题的有限元法通常是真实的,但应该指出,从广义上讲这种联想是不恰当的。有限差分法和有限元法就是数学近似方法,它们通常没有关于物理长度或时间尺度的标定。标定参数是由所涉及问题的物理学方面引入的,而不是由求解微分方程的数值方法引入的。基于这一事实,有限差分法和有限元法的基本原理不是连同宏观、介观、微观和纳观尺度上的模拟方法一起给出,而是在本章中单独介绍。

1.5.3　有限差分法的基本原理

1. 时间离散化

有限元法和有限差分法互有关联,它们都可以使偏微分方程离散,并在合适的初值和边值条件下给出这些微分方程的解。然而,由于有限差分法不需要多项式试探函数和最小化过程,因此把它的相关内容首先放在这里讨论,以期给出关于数值近似方法求解微分方程的大致轮廓。以前,有限差分法主要用于求解初值问题,在本节中将着重讨论有关函数的数值近似法,这里的函数是由含时间导数的微分方程描述的。

在数值求解初值问题时,必须考虑计算机不能处理的两个基本问题:第一个是对时间作为自变量的表述,因为时间是连续的而不是离散的;第二个是由极限过程定义的导数的计算。因而,每一种有限差分法都是以下面两个最主要的数值近似为基础,即将时间的连续计量离散化为 $h = \Delta t$ 的微小时间间隔(亦称步长),以及把微分方程用与之对应的差分方程代替。函数 $u(t)$ 的一阶导数 $\mathrm{d}u/\mathrm{d}t$ 是通过在 t_0 时刻差商的极限来定义的,即

$$\frac{\Delta u}{h}\bigg|_{t=t_0} = \lim_{h=0}\frac{u(t_0+h)-u(t_0)}{h} \tag{1.8}$$

这种将连续导数转变为它的有限差分的方法,就是一种离散方法,因为它的目的就是限定为离散地而非连续地满足控制方程(governing equation)。下面给出的例子属于线性有限差分一步离散化方法的范畴,因为它仅包含了两个时间顺序点:

$$\frac{\Delta u}{h} = \lim_{\Delta t=h\neq 0}\frac{u(t_0+h)-u(t_0)}{h} \tag{1.9}$$

2. 有限差分法的数值误差

任何有限差分法都会存在两个固有的简化程序,即时间离散化和以差商代替微商,从而带来了不同类型的数值误差。

截断误差是指连续微分方程的严格解不能满足近似方程所带来的误差,由连续微分方程与离散差分方程两个解之间的差,除以在数值算法中采用的时间间隔,由此得到的平均数就是所要计算的截断误差。

很显然,连续微分方程所给出的解析解和由近似方程得到的数值解之间存在的偏差,将随着计算时所取时间步的逐步细化而减小,这种性质被称为近似方法的相容性(consistency)。如果截断误差随着时间间隔趋于零而同时趋于零,就称有限差分近似与其对应微分方程是相容的。如果所有近似解对于给定的微分方程都是相容的,则这种数值解法就称为"收敛"方法。

对某些研究领域,还应该考虑增加空间离散的有限差分模拟方法,如位错动力学、扩散相变及再结晶。对此必须考虑由空间离散所引起的剩余误差(亦称残差),这种误差与时间间隔的选择无关。

由于计算机有限的精度而引入的另一种数值误差,即舍入误差,也是必须考虑的。这种误差不等同于截断误差,因为后者起源于差商变为微商所受到的限制;而前者则是由时间的离散化所引起的。截断误差总是随着时间间隔的减小而减小,与之相反,舍入误差则随着时间间隔的减小而增大。关于这一点,通过一个简单的例子可以看得更清楚:假定用一系列实数表示物理上的时间步,单位为 s,并记为 1.3、1.6、1.9、2.2 等,但由于某种原因它们在数值上减小为相应的

整数,即 1、1、1、2 等。显然,对于非常小的时间步(相当于选取非常小的步长),这种舍入误差将在求解结果中引起大的积累误差。为了使这种舍入误差尽可能小,一般要求有限差分计算机数码必须在双倍精度下运行。

在判断一个有限差分法的优劣时,有一个更为重要的标准,就是它的稳定性。通过对解的稳定性的研究,可以确定在计算过程中上述讨论的各种误差是否无限地积累和放大。

3. 欧拉(Euler)方法

在讨论各种不同的有限差分法之前,先来回顾简单初值问题。

$$\frac{\mathrm{d}u}{\mathrm{d}t} = f(u,t) \tag{1.10}$$

式中,态变量 u 只依赖于时间自变量 t。

当初始条件由 $u(t_0) = u_0$ 给出时,式(1.10)可以写成如下积分形式:

$$u(t) = u_0 + \int_{t_0}^{t_n} f[s, u(s)]\mathrm{d}s \tag{1.11}$$

求解式(1.11)积分的一般方法是,把时间区间 $[t_0, t_n]$ 划分为 n 个子区间,这里 n 是一个很大的正整数,每个子区间的长度为 $h = (t_n - t_0)/n$。这样,把上述积分中的时间分割成 n 个离散区间,即

$$[t_0, t_n] = [t_0, t_1] \bigcup [t_1, t_2] \bigcup \cdots \bigcup [t_{n-1}, t_n] \tag{1.12}$$

从而式(1.11)等价于下列离散的形式:

$$u(t) = u_0 + \sum_{j=0}^{n-1} \int_{t_j}^{t_{j+1}} f[s, u(s)]\mathrm{d}s \tag{1.13}$$

为了近似求出在 t_i 时的时间导数 $\mathrm{d}u/\mathrm{d}t$,最简单的方法就是确定在点 t_i 处局域切线的斜率。这一斜率可由两个相邻态变量值 $u_i = u(t_i)$ 和 $u_{i+1} = u(t_{i+1})$ 以及时间间隔 $h = t_{i+1} - t_i$ 给出(图 1.6),即

$$\frac{\mathrm{d}u}{\mathrm{d}t}(t_i) \approx \frac{u_{i+1} - u_i}{h} \tag{1.14}$$

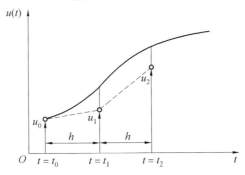

图 1.6　显式欧拉方法示意图(向前差分)

定量截断误差计算表明,截断误差与所选取的时间间隔 h 呈线性比例关系。这意味着式(1.14)可以改写为

$$\frac{\mathrm{d}u}{\mathrm{d}t}(t_i) = \frac{u_{i+1} - u_i}{h} + O(h) \tag{1.15}$$

综合式(1.14)和式(1.10),并对时间 t_i 改写式(1.10),则有

$$\frac{\mathrm{d}u}{\mathrm{d}t}(t_i) = f(u_i, t_i) \tag{1.16}$$

可推导出

$$u_{i+1} = u_i + hf(u_i, t_i) \tag{1.17}$$

由于 u_{i+1} 的值可由前一步计算的态变量值 u_i 直接计算得到,所以称这种方法为向前差分方法或显式欧拉方法。

向后差分方法或隐式欧拉方法不同于显式欧拉方法,其 f 是在 (u_{i+1}, t_{i+1}) 处取值而非在 (u_i, t_i) 处(图 1.7)。比第 $i+1$ 步退后一步的态变量 u 的值满足

$$u_{i+1} = u_i + hf(u_{i+1}, t_{i+1}) \tag{1.18}$$

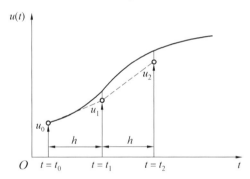

图 1.7　隐式欧拉方法示意图(向后差分)

隐式欧拉方法通常给出一个类似截断误差的公式,以此可作为显式欧拉方法的截断误差,也就是

$$\frac{\mathrm{d}u}{\mathrm{d}t}(t_i) = \frac{u_i - u_{i-1}}{h} + O(h) \tag{1.19}$$

虽然隐式欧拉方法看起来与显式欧拉方法非常相似,但它在实际计算方面没有多少价值。这一点从式(1.18)可以看得很清楚,待解的 u_{i+1} 出现在方程式的两边,即该方程式在求解时必须进行变换。显式欧拉方法则不同,因为在式(1.17)中 u_i 的值已知,所以可以直接求解。但是,隐式欧拉方法比显式欧拉方法稳定,因而,尽管隐式欧拉方法效率很低,在某些研究中还是受欢迎的方法。

各种欧拉方法也可以由泰勒公式得到。通过泰勒公式,可以把态变量的变化量 $u(t_0 + h) - u(t_0)$ 表示成级数展开,即

$$u(t_0 + h) - u(t_0) = \sum_{j=1}^{n-1} \frac{h^j}{j!} \frac{\mathrm{d}^j u(t_0)}{\mathrm{d}t^j} + \eta_n \qquad (1.20)$$

式中，η_n 是展开式在 $n < \infty$ 情况下的剩余误差。

把三个相邻等间隔点 $t_{i-1} = t_i - h$、t_i、$t_{i+1} = t_i + h$ 的泰勒展开依次组合衔接，得到下列三个方程：

$$\begin{cases} u_{i-1} - u_i = -h \dfrac{\mathrm{d}u_i}{\mathrm{d}t} + \dfrac{h^2}{2!} \dfrac{\mathrm{d}^2 u_i}{\mathrm{d}t^2} - \dfrac{h^3}{3!} \dfrac{\mathrm{d}^3 u_i}{\mathrm{d}t^3} + \dfrac{h^4}{4!} \dfrac{\mathrm{d}^4 u_i}{\mathrm{d}t^4} - \cdots \\[2mm] u_i - u_i = 0 \\[2mm] u_{i+1} - u_i = h \dfrac{\mathrm{d}u_i}{\mathrm{d}t} + \dfrac{h^2}{2!} \dfrac{\mathrm{d}^2 u_i}{\mathrm{d}t^2} + \dfrac{h^3}{3!} \dfrac{\mathrm{d}^3 u_i}{\mathrm{d}t^3} + \dfrac{h^4}{4!} \dfrac{\mathrm{d}^4 u_i}{\mathrm{d}t^4} + \cdots \end{cases} \qquad (1.21)$$

例如，用 h 去除这些方程中的最后一个，可以推导出类似向前差分方法中得到的方程式（1.15）的方程，即

$$\frac{\mathrm{d}u_i}{\mathrm{d}t} = \frac{u_{i+1} - u_i}{h} - \frac{h}{2} \frac{\mathrm{d}^2 u_i}{\mathrm{d}t^2} - \frac{h^2}{6} \frac{\mathrm{d}^3 u_i}{\mathrm{d}t^3} - \frac{h^3}{12} \frac{\mathrm{d}^4 u_i}{\mathrm{d}t^4} - \cdots \qquad (1.22)$$

这一展开式的截断误差可以用 h 最低次项来表示。对于向后差分方法和中心差商同样可以推出其等价的泰勒型偏差。

4. 跳步（Leap－Frog）法

同一阶显式和隐式欧拉方法相比，采用更为对称的二阶"中心差分"或"跳步"法，可以使其截断误差明显减小，有

$$\frac{\mathrm{d}u}{\mathrm{d}t}(t_i) = \frac{u_i - u_{i-1}}{2h} + O(h^2) \qquad (1.23)$$

在这种有限差分法中，变量 u 在时间 t_{i+1} 时的值可由下式计算：

$$u_{i+1} = u_i + 2hf(u_i, t_i) \qquad (1.24)$$

根据所要求的计算精度，较高阶的中心差分算法的公式也可以推导出来。

5. 预测－校正法

预测－校正法也是有限差分法。其最简单的形式包含被称为"预测"的向前差分方法和随后对预测结果进行修正补值的"校正"方法。这种方法的步骤可以应用于迭代方法。它与 Verlet 算法结合在一起就是在分子动力学中积分求解运动方程的最常用方法。

预测－校正法是由显式欧拉公式给出态变量 u 在时间 t_{i+1} 时的第一个预测值，之后一步一步地向前计算，即

$$u_{i+1}^{\in} = u_i + hf(u_i, t_i) \qquad (1.25)$$

这一步称为预测步，因为它给出了 u 在 t_{i+1} 处的第一个预测值，并记为 $u_{i+1}^{\in}$。第二步就是用隐式欧拉方法对这一预测值进行修正，有

$$u_{i+1} = u_i + hf(u_{i+1}^{\in}, t_{i+1}) \qquad (1.26)$$

这一步称为校正步，因为它改变了 u_{i+1} 的初始显式预测值。经反复多次的使用第

二步,即式(1.26),则预测－校正法就变成了迭代计算。这一并不改变有限差分法阶数的过程就称为收敛校正,有

$$u_{i+1}^{\in} = u_i + hf(u_i, t_i)$$

$$\text{重复 } n \text{ 次} \begin{cases} u_{i+1} = u_i + hf(u_{i+1}^{\in}, t_{i+1}) \\ u_{i+1}^{\in} = u_{i+1} \end{cases} \quad (1.27)$$

迭代预测－校正法作为有限差分法,广泛地应用于分子动力学、流体动力学以及扩散模拟等研究领域。

6. 克兰克－尼科尔森(Crank－Nicholson)法

克兰克－尼科尔森法是一种二阶有限差分法,它是对 t_i 和 t_{i+1} 的 f 函数值求平均。态变量 u 在时间 t_{i+1} 时的值为

$$u_{i+1} = u_i + \frac{h}{2}[f(u_i, t_i) + f(u_{i+1}, t_{i+1})] \quad (1.28)$$

这一方法相当于一半时间间隔在时间 t_i 处确定出的导数上,另一半时间间隔则在时间 t_{i+1} 处确定出的导数上。在数学上,这一计算法相当于梯形法则(trapezoidal rule)。截断误差有一个衰减比例项,即 h^2(图 1.8)。

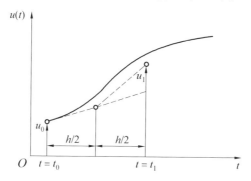

图 1.8　克兰克－尼科尔森法示意图

克兰克－尼科尔森法也可以变化为预测－校正法。其中,$u_{i+1}^{\in}$ 的第一个预测值可由向前欧拉方法求出,第二个预测值可利用克兰克－尼科尔森法的平均化得到,即

$$u_{i+1}^{\in} = u_i + hf(u_i, t_i)$$

$$\text{重复 } n \text{ 次} \begin{cases} u_{i+1} = u_i + \frac{h}{2}[f(u_i, t_i) + f(u_{i+1}^{\in}, t_{i+1})] \\ u_{i+1}^{\in} = u_{i+1} \end{cases} \quad (1.29)$$

由显式欧拉方法和克兰克－尼科尔森法组合而成的迭代预测－校正法,也被称为龙格－库塔法。

7. 龙格－库塔(Runge－Kutta)法

克兰克－尼科尔森法主要以改进的欧拉算法为基础,可以看作是广义龙格－

库塔法的一种特殊的二阶情况。事实上,以前讨论的所有方法都是以不同时间计算出的导数来表示方程的解。因此,所有以欧拉方法为基础的方法经常归类为推广的龙格－库塔法。对于克兰克－尼科尔森法的龙格－库塔公式(1.29),可以改写为

$$
\begin{cases}
u_{i+1} = u_i + \dfrac{h}{2}(F_1 + F_2) \\
F_1 = f(u_i, t_i) \\
F_2 = f(u_i + hF_1, t_i + h)
\end{cases}
\tag{1.30}
$$

在不同时刻,其函数通式为

$$
\begin{cases}
F_n = f[u_i + h(A_{n1}F_1 + A_{n2}F_2 + \cdots + A_{nn-1}F_{n-1}), t_i + a_n h] \\
n = 1, \cdots, \theta
\end{cases}
\tag{1.31}
$$

式中,a_n 和 A_{nn} 为系数;θ 为龙格－库塔近似的阶数。

式(1.31)与泰勒公式具有一定的相似性,从而可以把因变量的改变 $u(t_0 + h) - u(t_0)$ 表示成类似式(1.20)的级数展开形式。同时,泰勒展开式只是在某一个点上成立,而龙格－库塔法所使用的是在各种不同点上的导数。此外,式(1.31)中的系数 a_n 和 A_{nn} 可以通过用泰勒级数展开式代替其中的函数式而导出,通过比较这两种形式的系数给出一个线性方程组,然后求解线性方程组。因此,从这个意义上讲,泰勒展开式的最高阶数决定着龙格－库塔法的阶数。按照这一操作程序,四阶龙格－库塔公式中的系数满足下式:

$$
\begin{cases}
u_{i+1} = u_i + \dfrac{h}{6}(F_1 + 2F_2 + 2F_3 + F_4) \\
F_1 = f(u_i, t_i) \\
F_2 = f\left(u_i + \dfrac{h}{2}F_1, t_i + \dfrac{h}{2}\right) \\
F_3 = f\left(u_i + \dfrac{h}{2}F_2, t_i + \dfrac{h}{2}\right)
\end{cases}
\tag{1.32}
$$

1.5.4　有限元法的基本原理

1. 离散化和有限元法的基本步骤

有限元法是一种常规数值解法。采用该方法可以对空间上的边值和初值问题进行近似求解。该方法的出发点是由恰当的插值函数对态变量进行近似代换,之后利用变分公式建立关于所研究问题的控制微分方程以及相应的离散代数型控制差分方程(图1.9)。

就常规的解析变分法而言,其目的在于通过一个在所考虑的整个区域(研究的样品)上均有效的单一多项式寻找到特定问题的解。有限元法可以用于样品

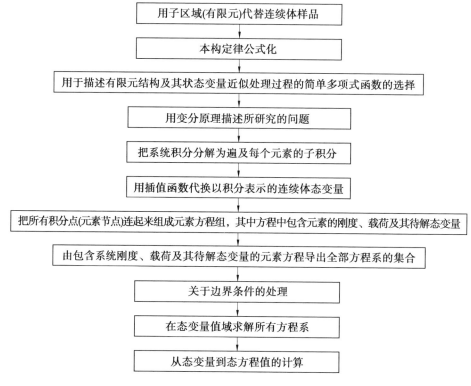

图 1.9　有限元法的基本步骤

形状较复杂的情况,其目的就是通过在每一个被称为"有限元"的子区域上构造近似值,从而给出所研究问题的解。因此,有限元法就是把所感兴趣的整个区域(这个区域也许是任意的几何形状)空间离散化为一系列具有相对简单形状的元素,这些元素能完全填充整个区域且不存在间隙和重叠。子区域相互连接的接头处被称为节点,有限元素的形态、大小及取向与一系列参数有关,如样品的形状。

　　插值函数是以分段的形式定义的,它可以由各种系数甚至是各种函数(通常为线性函数或简单多项式)给出。这就相当于在所考虑的整个区域上假设一个分段线性的或多项式的解。插值函数也被称为试探函数或拟设函数,它通常描述了用节点处态变量值表示每一元素中态变量的过程。大多数有限元法是用这些函数对所谓等参数元素的结构形态和态变量进行表述。所以,对于等参数元来说,试探函数也被称为形状函数或形态函数。

　　由于有限元法是对采用多项式函数代换各有限元态变量实际过程的近似,因此有限元越小这些函数就越简单。通常,所使用的多项式次数越高,则所允许使用的子区域就越大。因此,有限元的大小也依赖于选择的多项式插值函数。

依据所研究的区域,通常采用线性或多项式函数;其次数选用二次的或三次的;最后,在那些态变量具有很大梯度的区域必须减小有限元的尺寸。为了减少计算时间,操作网格的临界区域越少越有利。初始离散化过程和网格更新都依赖于程序编制员的经验,并且由于这些人员对模拟过程的唯象认识,可能因初始离散化和网格更新而带来偏差。例如,在对大应变塑性变形过程的模拟中,与有限元网格更新相关的坐标转换,常被看作一个有限元解法是否成功的最重要的因素。

在二维情况下,一个简单二次插值函数可以表示为

$$u = a_{00} + a_{10}x_1 + a_{01}x_2 + a_{11}x_1^2 + a_{12}x_1x_2 + a_{22}x_2^2 \tag{1.33}$$

一般情况而言,系数 a_{00}、a_{10}、a_{01}、a_{11}、a_{12}、a_{22} 对每一个有限元素是不同的,这意味着近似解是分段的。

第一步,由于有限元边界上的点 $(\hat{x}_1, \hat{x}_2)$ 同时属于两个相邻有限元 i 和 j,因此为了获得连续性近似过程,必须使两个有限元的 u 值在这一特殊点上相等,也就是 $u^i(\hat{x}_1, \hat{x}_2) = u^j(\hat{x}_1, \hat{x}_2)$。在有限元边界上,$u$ 的一阶导数的连续性并不总是必需的。为了获得较好的近似解,必须采用较高次的多项式或减小有限元尺寸。

第二步根据其在单个有限元中的坐标确定一系列节点。节点位于有限元边界并至少为两个有限元所共有。每一个有限元节点的数目等于所选择的插值函数中系数的数目。因此,使用根据式(1.33)确定的二次拟设多项式,需要确定每一个子区域中的六个节点。

由此看出,拟设函数的待定系数 a_{00}、a_{10}、a_{01}、a_{11}、a_{12} 及 a_{22},可以分别用态变量 u 在六个节点 u_1、u_2、u_3、u_4、u_5 和 u_6 的值来表示,即

$$u = f_1(u_1, u_2, u_3, u_4, u_5, u_6) + f_2(u_1, u_2, u_3, u_4, u_5, u_6)x_1 +$$
$$f_3(u_1, u_2, u_3, u_4, u_5, u_6)x_2 + f_4(u_1, u_2, u_3, u_4, u_5, u_6)x_1^2 +$$
$$f_5(u_1, u_2, u_3, u_4, u_5, u_6)x_1x_2 + f_6(u_1, u_2, u_3, u_4, u_5, u_6)x_2^2 \tag{1.34}$$

式中,$u_\alpha = u_\alpha^i(x_1, x_2)$,$\alpha = 1, 2, \cdots, 6$ 为在元素 i 中处于位置 (x_1, x_2) 的节点编号,以此定义则有 $u_1 = u_1^i(x_1, x_2)$,$u_2 = u_2^i(x_1, x_2)$,$u_3 = u_3^i(x_1, x_2)$,$u_4 = u_4^i(x_1, x_2)$,$u_5 = u_5^i(x_1, x_2)$,以及 $u_6 = u_6^i(x_1, x_2)$。

第三步是根据变分原理,将描述所研究问题的原有微分方程转变为等价的积分形式。这一任务来源于变分计算中的逆问题。然而,原来意义的变分问题相当于寻找一个函数,若记这个函数为 $u(x)$,则令 $u(x)$ 使由下式定义的泛函取极小或极大值:

$$l(u) = \int_{x_0}^{x_1} f\left(x, u, \frac{\mathrm{d}u}{\mathrm{d}x}\right) \tag{1.35}$$

变分逆问题就是针对给定的微分方程构造这样一个泛函,使得它的欧拉 — 拉格朗日(Euler — Lagrange)函数就是 $u(x)$。

为获得近似解,作为待解态变量的多项式试探函数,应该用它们相应的积分形式代换。由于用拟设多项式获得的近似解一般并不等于正确的解析解,因此需要引入某些判据或原则以使导数取极小值。对于求解大尺度材料问题而言,作为获得近似解的基础条件,其大多数是由求解某一能量泛函的极小值而给出的。把拟设函数插入这些泛函之中,将会得到一个方程系,它们就是原来的连续型偏微分方程所对应的离散型方程,这些方程的解在节点是离散解。

在固体力学领域广泛使用两个能量判据,即变分虚功原理和虚位移原理。后者常用于材料非线性响应特性,而最小势能原理常用于材料线性响应特性(图 1.10)。

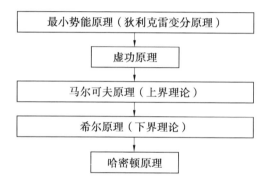

图 1.10　广义变分原理的典型例子

上述后一种方法常被表示为狄利克雷变分原理。作为首先引入的较为简单的最小化方法,自然会想到最小二乘拟合法。不论哪种情况,首先要把微分方程变换为与其对应的积分形式,即式(1.35),并用试探函数或插值函数代替待解函数,例如,用微分方程表示待解一维边值问题,则有

$$\frac{\mathrm{d}^2 u}{\mathrm{d}x^2} = u \tag{1.36}$$

其边值为 $u(x=a)=u_a$ 和 $u(x=b)=u_b$,这就等于对定积分寻找一个函数 $u(x)$,使其满足边界条件,同时使下式取极小值:

$$\int_a^b \left[u^2 + \left(\frac{\mathrm{d}u}{\mathrm{d}x} \right)^2 \right] \mathrm{d}x \tag{1.37}$$

这种问题就是"变分"问题,已由欧拉和拉格朗日给予了详细研究和讨论。里茨(Ritz)为解决这一问题,用一系列待定系数 $c_0, c_1, c_2, \cdots, c_n$ 和一组给定函数 $\Phi_1(x), \Phi_2(x), \cdots, \Phi_n(x)$ 进行组合并以下式形式表示 u:

$$u = c_0 + c_1 \Phi_1(x) + c_2 \Phi_2(x) + \cdots + c_n \Phi_n(x) \tag{1.38}$$

通过把原始微分方程变换为积分表达式(式(1.36)和式(1.37)),可以求得

积分值,其值是各系数的函数。通过计算就可以确定积分值的极小值。

原始方法是由里茨引入的,目的在于使正确解和近似解之间的偏差在整个所研究的区域上达到最小。因而,原始里茨方法主要着眼于在整个系统上最大可能地在每一步都使正确解和近似解一致。这种方法在处理二维和三维区域时有较大缺点,因为分别用 $\Phi_i(x_1, x_2)$ 和 $\Phi_i(x_1, x_2, x_3)$ 代替 $\Phi_i(x_1)$,对不规则边界条件的处理是很困难的。因此要把原始里茨方法加以修正,以便可以分段求解,这就相当于把式(1.37)的积分转变成遍及子区域积分的总和,即

$$\int_a^b \left[u^2 + \left(\frac{\mathrm{d}u}{\mathrm{d}x} \right)^2 \right] \mathrm{d}x = \int_{a=a_0}^{a_1} \left[u^2 + \left(\frac{\mathrm{d}u}{\mathrm{d}x} \right)^2 \right] \mathrm{d}x +$$

$$\int_{a_1}^{a_2} \left[u^2 + \left(\frac{\mathrm{d}u}{\mathrm{d}x} \right)^2 \right] \mathrm{d}x + \cdots + \int_{a_{n-1}}^{b=a_n} \left[u^2 + \left(\frac{\mathrm{d}u}{\mathrm{d}x} \right)^2 \right] \mathrm{d}x$$

$$(a = a_0 < a_1 < a_2 < \cdots < a_n = b) \tag{1.39}$$

对于每一个区间 $a_{i-1} < x < a_i$,可以理解为是第 i 个有限元,其作为待定态变量的多项式插值函数可以用相应的积分代替。这种方法使得在节点处的分段式误差达到最小,而不是使整个误差最小(即其积分偏差每一步都遍及整个区域)。

有限元法中的里茨变分算法,原来是以相对简单的最小化手续进行计算。现在如果把正确解与近似解之间的偏差相乘一个权重函数,然后求极小值,就可以改进这种方法。

2. 里茨变分法

前面介绍了变分算法和有限元法的基本思想,在讨论有限元模拟方法应用于介观和宏观尺度之前,先了解有关变分算法的基本步骤是很有帮助的。下面通过一个简单的解析例子,加深对一些基本原理的理解。

现要对一个有限元采用经典里茨方法就简单边值问题进行近似解析求解。首先,考虑一维普通二阶微分方程,这是对所描述的空间环境效应问题进行公式化后建立起来的,并假定这一微分方程的解析解是不清楚的,则有

$$\frac{\mathrm{d}^2 u}{\mathrm{d}x^2} = 12Kx^2 \tag{1.40}$$

式中,函数 u 可以当作态变量或因变量看待,并依赖于自变量 x;K 是参数,如材料常数等。

对微分方程补充两个边界条件,即

$$\begin{cases} u(x=0) = 0 \\ u(x=1) = K \end{cases} \tag{1.41}$$

选择一个简单多项式试探函数 $a(x)$,尽管对于选择合适拟函数并无通用规则,但是采用反映材料特性的函数,一般可以给出一个好的估算结果,至少在唯

象理论基础上可以这么做。为保证近似求解尽可能简单，可以选用二次形式。例如

$$a(x) = Ax^2 + Bx + C \tag{1.42}$$

式中，A、B、C 为常数。

考虑由式(1.41)给定的边界条件，即

$$\begin{cases} a(x=0) = Ax^2 + Bx + C = 0 \Rightarrow C = 0 \\ a(x=1) = Ax^2 + Bx + C = 0 \Rightarrow C = K - A \end{cases} \tag{1.43}$$

因此，综合式(1.41)和式(1.42)可得

$$a(x) = Ax^2 + (K - A)x \tag{1.44}$$

对于原始微分方程的近似解，必须运用拟设函数，即

$$\frac{\mathrm{d}^2 u}{\mathrm{d}x^2} - 12Kx^2 = 0 \tag{1.45}$$

则有

$$\frac{\mathrm{d}^2 a}{\mathrm{d}x^2} - 12Kx^2 = 2A - 12Kx^2 \neq 0 \tag{1.46}$$

显然，这个解是不正确的，因为式(1.46)右边并不等于零，其偏差是 $2A - 12Kx^2$，这就是所求近似解的误差，记为 $\varepsilon(x)$。

按照里茨方法的步骤，下一步就是近似解的修正，即对误差 $\varepsilon(x)$ 求极小值。因为没有材料特性的任何详细信息，也没有所描述过程类型的信息，只有式(1.40)和式(1.41)所给出的方程，所以在计算误差 $\varepsilon(x)$ 平方的积分后，将积分关于 A 求极小值。这是最简单的近似方法。对此，用公式表示为

$$Q = \int_0^1 \varepsilon^2(x)\mathrm{d}x \tag{1.47}$$

在边界条件描述的间隔内求极小值，则有

$$\frac{\partial Q}{\partial A} = 2\int_0^1 \varepsilon(x)\frac{\partial\varepsilon(x)}{\partial A}\mathrm{d}x = 2\int_0^1 (2A - 12Kx^2)2\mathrm{d}x = 0 \tag{1.48}$$

通过对式(1.48)求积分，可得 $A = 2K$。因而，原始多项式拟设函数(式(1.42))等于由平方误差在 $x=0$ 到 $x=1$ 范围内求极小值得到的优化形式，即

$$a(x) = 2Kx^2 - Kx \tag{1.49}$$

正如从这个例子所看到的，可以通过使用更高阶多项式拟设函数或把原始元素再分成更小的元素，达到改进近似方法的目的。更进一步的改善可以通过改变极小化过程来实现。代替使用对平方误差求极小值的方法，可以引入某个权重函数 $w(x)$，把式(1.48)变为

$$\int_{x_0}^{x_1} \varepsilon(x)w(x)\mathrm{d}x = 0 \tag{1.50}$$

特殊权重函数的使用使得从中导出了 Galerkin 的方法。

本章参考文献

[1] PAUL R J, NEELAMKAVIL F. Computer simulation and modelling[J]. Journal of the Operational Research Society, 1987, 38(11): 1092.

[2] SZEKELY J, WAHNSIEDLER W E. Mathematical modeling strategies in materials processing[M]. New Jersey: John Wiley, 1988.

[3] BELLOMO N, PREZIOSI L. Modelling mathematical methods and scientific computation[M]. Boca Raton: CRC Press, 1995.

[4] ARGON A S, HARTLEY C S. Constitutive equations in plasticity[J]. Journal of Applied Mechanics, 1977, 44(4): 801.

[5] RAABE D. Microstructure simulation in materials science[M]. Aachen: Shaker Verlag, 1997.

[6] ZIENKIEWICZ O C, MORGAN K. Finite elements and approximation [M]. New Jersey: Wiley, 1983.

[7] LIVESLEY R K. Finite elements: an introduction for engineers[M]. Oxford: The Cambridge University Press, 1983.

[8] KIRCHNER H O, PONTIKIS V, KUBIN L P. Computer simulation in materials science-nano/meso/macroscopic space and time scales: proceedings of the NATO advanced study institute[M]. Dordrecht: Kluwer Academic Publishers, 1995.

[9] WULF J, SCHMAUDER S, FISCHMEISTER H F. Finite element modelling of crack propagation in ductile fracture[J]. Computational Materials Science, 1993, 1(3): 297-301.

[10] MCHUGH P E, ASARO R J, SHIH C F. Computational modeling of metal matrix composite materials. I. Isothermal deformation patterns in ideal microstructures[J]. Acta Metallurgica et Materialia, 1993, 41(5): 1461-1476.

[11] SARMA G B, DAWSON P R. Effects of interactions among crystals on the inhomogeneous deformations of polycrystals[J]. Acta Materialia, 1996, 44(5): 1937-1953.

[12] LEE C S, DUGGAN B J. Deformation banding and copper-type rolling textures[J]. Acta Metallurgica et Materialia, 1993, 41(9): 2691-2699.

[13] TIEM S, BERVEILLER M, CANOVA G R. Grain shape effects on the slip system activity and on the lattice rotations[J]. Acta Metallurgica, 1986, 34(11): 2139-2149.

[14] FOREMAN A J E, MAKIN M J. Dislocation movement through random arrays of obstacles[J]. Canadian Journal of Physics, 2011, 45 (2): 511-517.

[15] RAABE D, ROTERS F, MARX V. Experimental investigation and numerical simulation of the correlation of recovery and texture in BCC metals and alloys[J]. Textures and Microstructures, 1996, 26: 611-635.

[16] ZACHAROPOULOS N, SROLOVITZ D J, LESAR R. Dynamic simulation of dislocation microstructures in Mode Ⅲ cracking[J]. Acta Materialia, 1997, 45(9): 3745-3763.

[17] POTTS R B, DOMB C. Mathematical proceedings of thecambridge philosophical society some generalized order-disorder transformations some generalized order-disorder transformations [J]. Proceedings of the Cambridge Philosophical Society, 1952, 48(1): 106.

[18] KINZEL W. Phase transitions of cellular automata[J]. Zeitschrift Für Physik B Condensed Matter, 1985, 58(3): 229-244.

[19] GRASSBERGER P, KRAUSE F, TWER T V D. A new type of kinetic critical phenomenon[J]. Journal of Physics A General Physics, 1999, 17 (3): L105.

[20] BINDER K. Topics in applied physics: v. 71. : The montecarlo method in condensed matter physics[M]. Berlin: Springer-Verlag, 1994.

[21] ROLLETT A D, SROLOVITZ D J, ANDERSON M P, et al. Computer simulation of recrystallization-Ⅲ. Influence of a dispersion of fine particles [J]. Acta Metallurgica, 1992, 40: 43.

[22] RIVIER N. Introduction to percolation theory[M]. Oxford: Taylor & Francis, 1987.

[23] RNNPAGEL D, STREIT T, PRETORIUS T. Including thermal activation in simulation calculations of dislocation glide[J]. Physica Status Solidi (a), 1993, 135: 445.

[24] MUGHRABI H, UNGAR T, WILKENS M. Gitter parameter aenderungen durch weitreichende innere spannungen in verformten metallkristallen[J]. Philosophical Magazine Letters, 1986, A 53: 793.

[25] ANONGBA P, BONNEVILLE J, MARTIN J L. Hardening stages of copper single crystals at intermediate and high temperatures-Ⅱ. Slip systems and microstructures[J]. Acta Metallurgica et Materialia, 1993, 41(10): 2897-2906.

［26］ARGON A S，HAASEN P. A new mechanism of work hardening in the late stages of large strain plastic flow in B. C. C. and diamond cubic crystals［J］. Acta Metallurgica et Materialia，1993，41(11)：3289-3306.

［27］ZEHETBAUER M，SEURMER V. Cold work hardening in stages Ⅳ and Ⅴ of F. C. C. metals. I. Experiments and interpretation［J］. Acta Metallurgica et Materialia，1993，41：577-588.

［28］KUBIN L P. Dislocation patterning during multiple slip of F. C. C. Crystals. A simulation approach［J］. Physica Status Solidi (a)，1993，135(2)：433-443.

［29］SCHLIPF J. Dislocation dynamics in strain aging alloys［J］. Acta Metallurgica et Materialia，1992，40(9)：2075-2084.

［30］AVRAMI M. Kinetics of phase change 2［J］. Journal of Chemical Physics，1939，8(12)：1103-1112.

［31］KOLMOGOROV A N. A statistical theory for the recrystallization of metals［J］. Izvestiia Akademii Nauk Sssr Seriia Geograficheskaia，1937，1：355.

［32］ROYER F，NADARI A，YALA F，et al. Plastic deformation of B. C. C. Polycrystals：Comparison between experimental datas and results of several modelling codes［J］. Textures & Microstructures，1991，14：1129-1134.

［33］ABRAMOWITZ M，STEGUN I. Handbook of mathematical functions with tables［M］. Washington：U. S. Government Printing Office，1964.

［34］ARROWSMITH D K，PLACE C P. Ordnary differential equctions［M］. London：Chapman and Hall，1982.

［35］HABERMAN R. Elementary applied partial differential equations［M］. Upper Saddle River：Prentice-Hall，1987.

［36］ANDRONOV A A，LEONTOVIVCH E A，GORDON I I，et al. Nonlinear differential equations［M］. New Jersey：John Wiley，1973.

［37］刘金远,段萍,鄂鹏. 计算物理学［M］.北京:科学出版社,2012.

［38］侯怀宇,张新平. 材料科学与工程中的计算机应用［M］.北京:国防工业出版社，2015.

［39］坚增运,刘翠霞,吕志刚. 计算材料学［M］.北京:化学工业出版社,2012.

［40］D. 罗伯.计算材料学［M］.项金钟,吴兴惠,译. 北京:化学工业出版社,2002.

第 2 章

纳观至微观尺度的模拟方法

2.1 引　言

在原子尺度上实现微观结构的预测，需要求解和处理大约 10^{23} 个原子核及其电子壳层的薛定谔方程。这些微分方程含有用于描述所有粒子之间可能相互作用的哈密顿量（Hamiltonian）。对于一个质量为 m、坐标为 r 且在势场 $U(r)$ 中运动的粒子，若令其波函数为 $\Psi(r,t)$，则其含时薛定谔方程可表示成如下形式：

$$-\frac{\hbar^2}{2m}\nabla^2\Psi(r,t)+U(r)\Psi(r,t)=\mathrm{i}\hbar\frac{\partial\Psi(r,t)}{\partial t} \tag{2.1}$$

式中，$\hbar=h/2\pi$，h 为普朗克（Planck）常数；$\Psi(r,t)$ 可理解为 $|\Psi(r,t)|^2\mathrm{d}r_x\mathrm{d}r_y\mathrm{d}r_z$，表示粒子在体积元 $\mathrm{d}r_x\mathrm{d}r_y\mathrm{d}r_z$ 内任一时刻所出现的概率。

对于处在能量为 E_k 的本征态上的束缚粒子，式(2.1)可以分成时间相关及时间无关两部分，即

$$\Psi(r,t)=\psi_k(r)\mathrm{e}^{-\mathrm{i}\frac{E_k t}{\hbar}} \tag{2.2}$$

不含时薛定谔方程为

$$-\frac{\hbar^2}{2m}\nabla^2\psi_k(r)+U(r)\psi_k(r)=E_k\psi_k(r) \tag{2.3}$$

类似于经典能量方程。这一不含时间表达式可以看作是一个算符方程，且用 $\mathrm{i}\hbar\nabla$ 代替动能 $p^2/2m$ 中的经典动量 p，则有

$$\hat{H}\psi_k(r) = E_k\psi_k(r) \tag{2.4}$$

式中，$\hat{H}$ 是哈密顿算符。

类比经典描述，可以把式(2.3)推广到含有 N 个粒子的情况，并考虑到粒子之间的相互作用，则有

$$-\frac{\hbar^2}{2m}\left(\sum_i \frac{1}{m_i}\nabla_i^2\right)\psi_k(r_1,r_2,\cdots,r_n) + U(r_1,r_2,\cdots,r_n)\psi_k(r_1,r_2,\cdots,r_n)$$
$$= E_k\psi_k(r_1,r_2,\cdots,r_n) \tag{2.5}$$

例如，设某种材料中含有质量为 m_e 的 i 个电子，其带单位负电荷 $q_e = -e$，空间坐标为 r_{ei}；以及 j 个质量为 m_n 的原子核，其带正电荷 $q_n = z_n e$，空间坐标为 r_{nj}，则这个系统的本征值方程为

$$-\frac{\hbar^2}{2}\sum_j \nabla_j^2\psi_k(r_{e1},r_{e2},\cdots,r_{ei},r_{n1},r_{n2},\cdots,r_{nj}) +$$
$$\left(\sum_{\substack{i_1,i_2 \\ i_1 \neq i_2}} \frac{e^2}{|r_{e1}-r_{e2}|} + \sum_{i,j} \frac{z_j e^2}{|r_{ei}-r_{nj}|} + \sum_{\substack{j_1,j_2 \\ j_1 \neq j_2}} \frac{z_{j1} z_{j2} e^2}{|r_{nj_1}-r_{nj_2}|}\right) \times \tag{2.6}$$
$$\psi_k(r_{e1},r_{e2},\cdots,r_{ei},r_{n1},r_{n2},\cdots,r_{nj}) =$$
$$E_k\psi_k(r_{e1},r_{e2},\cdots,r_{ei},r_{n1},r_{n2},\cdots,r_{nj})$$

在上述哈密顿算符中出现的各项，表明了由晶格动力学（r_{nj}，$\hbar^2/2m_{nj}$）决定的材料性质与电子体系（r_{ei}，$\hbar^2/2m_{ei}$）决定的材料性质之间存在的差别。例如，由晶格动力学决定的性质包括声传播、热膨胀、比热容的非电子贡献部分、半导体及陶瓷的热导率、结构缺陷；由电子体系决定的材料性质包含电导率、金属热导率以及超导电性。初看起来，这些想法似乎不够准确，因为决定原子核位置的是电子波函数及其电荷密度。而且，由于电子演化到稳态的弛豫时间比原子核小三个数量级，可以把"轻"的电子的运动同"重"的原子核的运动分离开来考虑。也就是说，不论原子核的位置如何，电子体系实际上都保留在基态。这一思想就是"绝热近似"或"玻恩－奥本海默近似"。

根据绝热近似，可以把式(2.6)中的严格波函数 ψ 分成两个独立的波函数，一个是描述电子运动状态的 φ，另一个是描述原子核运动状态的 ϕ。$\psi_k(r_{e1},r_{e2},\cdots,r_{ei},r_{n1},r_{n2},\cdots,r_{nj}) = \varphi(r_{e1},r_{e2},\cdots,r_{ei})\phi(r_{n1},r_{n2},\cdots,r_{nj})$。这一近似方法相当于把重的部分（核）的运动同轻的部分（电子）的运动分离开来，能量为 E_{ke} 的电子满足以下薛定谔方程：

$$\left(\frac{\hbar^2}{2m_e}\sum_i \nabla_i^2 + \sum_{\substack{i_1,i_2 \\ i_1 \neq i_2}} \frac{e^2}{|r_{e1}-r_{e2}|} + \sum_{i,j} \frac{z_j e^2}{|r_{ei}-r_{nj}|}\right) \cdot$$
$$\varphi_{ke}(r_{e1},r_{e2},\cdots,r_{ei}) = E_{ke}^e\varphi_{ke}(r_{e1},r_{e2},\cdots,r_{ei}) \tag{2.7}$$

能量为 E_{kn} 的原子核满足以下薛定谔方程：

$$\left(\frac{\hbar^2}{2} \sum_j \frac{1}{m_n} \nabla_j^2 + \sum_{\substack{i_1,i_2 \\ i_1 \neq i_2}} \frac{z_{j_1} z_{j_2} e^2}{|r_{nj_1} - r_{nj_2}|} + \sum_{i,j} \frac{z_j e^2}{|r_{ei} - r_{nj}|} \right) \cdot$$

$$\phi_{kn}(r_{n1}, r_{n2}, \cdots, r_{nj}) = E_{kn}^n \phi_{kn}(r_{n1}, r_{n2}, \cdots, r_{nj}) \tag{2.8}$$

对于原子核，其本征值为 E_{kn}。

利用哈特里－福克（Hartree－Fock）近似或局域电子密度泛函理论关于式(2.7)的近似求解，构成了在固定原子核坐标时对电子基态进行计算的基础。由于严格的基态函数对应的能量比其他任何可容许波函数对应的能量都低，因而可直接用变分形式表述这些理论。式(2.8)是关于瞬间平衡原子组态预测的基础。

从纳观到微观角度处理原子的结构与分布函数的模拟问题，就是对式(2.8)进行近似处理，并求出其离散的或统计的数值解。方程的解法可以分成随机性方法和确定性方法两大类。同时，常把第一类方法称为蒙特卡洛方法，而把第二类方法称为分子动力学方法。在空间环境效应分析中，蒙特卡洛方法被广泛地应用于计算已知分布函数情况下的平衡态，或对运动方程的积分形式进行直接求解。

把蒙特卡洛方法应用于统计学领域，可以通过采用无相关随机数组成的马尔可夫链来完成一系列随机计算机试验，就可以在合理的计算时间内对相空间大量的状态进行研究。大多数蒙特卡洛方法都要用到权重的概念，也就是说，在所考察组态之间的转移概率取决于状态之间固有的统计相关性。根据系统的各态历经假说，可以得到在相空间沿运动轨迹的伪时间平均值。在恰当哈密顿量选定以后，蒙特卡洛方法对计算态函数值及关联函数特别有用。

应该明确指出，各种不同的蒙特卡洛近似的初衷就是解决数值积分问题。蒙特卡洛方法并不仅局限于对平衡问题的预测，还可以用于求解任何可变为积分形式的微分方程。因此，统计蒙特卡洛积分形式不仅是预测平衡态的经典方法，而且可用于研究正则系综的与路径无关的性质。也能够研究路径相关特性的模拟时系统的瞬态行为，如在微观结构动力学领域对路径相关性的研究。从广义上讲，它们在原子层次上没有内禀标度，可以用于任何尺度，也可以应用于合适的概率模型。

在输运和相变现象研究领域，有许多非原子论蒙特卡洛方法应用的典型例子。蒙特卡洛预测方法在微观结构模拟领域的推广和应用获得了很大进步，这归功于把用于磁畴模拟的伊辛晶格模型改进完善为可以进行广义畴模拟的多态波茨（Potts）模型。这种近似方法采用广义自旋代替微观自旋数，常被称为 q 态波茨模型。这样，通过引入等自旋区域的概念，就可以离散地描述各种类型的畴。类比于磁畴,在微观结构模拟中,畴的概念可以理解为有相同取向的材料区域,这时忽略了相同畴邻接之间的作用能,而只考虑不同畴邻接之间的相互作用。不同畴邻接之间的作用能可以用于研究界面的状态。q 态波茨模型,已经发展为模拟路径相关微观结构演化的一个方便方法。在波茨晶格模型中,每一个模拟步骤都是用常规蒙特卡洛算法完成的,这时使用 δ 型哈密顿量表示不同晶格邻接的情况。当采用一个内部动力学量,如蒙特卡洛步数或把格点位置计算在内时,能够模拟畴的大小及形状在介观尺度上的演化,这被称为系统的瞬变特性,结构演化可由系统的瞬变特性表现出来。因此,畴生长和收缩的动力学波茨型模拟常用于在介观尺度上预测微观结构演化。描述结构演化的伊辛型和波茨型蒙特卡洛模型,也被称为动力学蒙特卡洛模型。

本节只介绍各种蒙特卡洛方法在原子尺度应用方面的一些特殊考虑。

大多数分子动力学方法是基于把式(2.8)变换为经典形式,也就是用经典动量表达的动能项代替其在量子力学中的表达式,即

$$\frac{1}{2}\sum_j \frac{p_j^2}{m_j} + U = \frac{1}{2}\sum_j m_j v_j^2 + U = E \tag{2.9}$$

利用下式牛顿运动定律可求解上述方程关于一个原子核在势场 U 作用下的运动:

$$m\frac{\partial v}{\partial t} = -\nabla U \tag{2.10}$$

蒙特卡洛方法常用于对平衡态的模拟,而分子动力学方法则主要用于离散化求解运动方程。因而它们在对晶格缺陷动力学特性的预测中特别重要。与蒙特卡洛方法的随机本性截然不同,分子动力学方法是确定性的。

根据系统的各态历经假说,热力学量可以作为模拟的时间平均值而计算出来。因此,利用分子动力学方法,可以在原子尺度上模拟多体相互作用的热力学特性及其与路径相关的动力学特性。初看分子动力学模拟的确定性特征似乎优于随机性的蒙特卡洛方法,然而,分子动力学方法在统计学方面也存在其局限性,蒙特卡洛和分子动力学两种方法均可在状态空间沿各自轨迹计算其平均值。而且,对自由度数为 6N 的多维系统,与分子动力学模拟沿其确定性轨迹相比,蒙特卡洛积分沿其随机轨迹可考虑更多的状态。这就是说,与蒙特卡洛方法相比,分子动力学方法实际可进入的状态要少。此外,各态历经假说关于通过时间积分求得平均值的正确性也没有给出明确的证明。

尽管如此,分子动力学方法的巨大价值表现在:对那些经过大量努力也未能给出经得起试验检验结果的尺度范围,它能够给出关于微观结构动力学方面的预测。在原子论层次上,它是唯一能够对微观结构演化路径提供确定性深入理解的模拟方法。

2.2　第一性原理计算

第一性原理也称第一原理,就是运用量子力学理论,根据原子核和电子相互作用的原理及其基本运动规律,在纳观尺度(原子尺度)上计算分子或原子体系的结构和性质的计算方法。这种方法的主要计算对象是电子,而不是像基于经典力学的方法一样把原子作为质点来计算,经典的牛顿运动定律不再适用。第一性原理方法也常称为"从头计算"方法,从凝聚态物理和材料科学的角度来说,一般不把第一性原理与从头计算这两个概念加以仔细区分。从头计算是完全不用任何经验参数,只需要一些基本的物理常量,并利用模型的基本近似,就可以得到体系基态的基本性质。这些物理常量包括光速、普朗克常数、玻尔兹曼常数、电子质量和电子电量,以及元素的原子核质量和原子核电荷数。基本近似包括非相对论近似、绝热近似和单电子近似。

第一性原理方法主要包括两大类:一类是指以 Hartree－Fock 自洽场计算为基础的方法;另一类是指密度泛函理论(Density Functional Theory,DFT,也称密度函数理论)计算。最初的从头计算方法就是指 Hartree－Fork 自洽场方法。而 Hartree－Fock 自洽场方法与 DFT 方法的区别在于,前者是通过体系的波函数获得体系的性质,而后者是通过电荷密度来得到体系的性质。相对于 Hartree－Fock 方法,DFT 方法的计算量较小,可以处理较大的体系,而且在含有过渡金属原子的体系的计算中有明显的优势,在材料计算中应用更为广泛。本节主要介绍 DFT 方法的基本原理、计算方法及相关的软件。

2.2.1　波函数与薛定谔方程

在经典力学当中,可以使用微观粒子在相空间中的位置和动量来描述微观状态,进而运用统计力学原理来确定对应的宏观状态。而在量子力学当中,有一个重要的概念就是波粒二象性。由于粒子的波粒二象性,微观粒子在空间的运动并没有确定的轨迹,只有与它的波强度大小成正比的概率分布规律,而且根据海森堡测不准原理,粒子在任一时刻的位置和动量不能同时准确确定。因此在量子力学中,对于微观体系的状态是用波函数来描述的。波函数一般记为 $\Psi(x,y,z,t)$ 或 $\Psi(r,t)$,它是体系的状态函数,是体系中所有粒子的位置和时间的函数。

多数情况下我们计算的是定态波函数,这种波函数不含时间,描述的是微观体系不随时间变化的稳定态,用 $\psi(x,y,z)$ 或 $\psi(r)$ 表示。波函数一般是复数形式,它的共轭复数记作 $\psi^*\psi$,显然 $\psi^*\psi$ 是正实数,有时也用 ψ^2 来表示。空间上某

个点的波强度与 $\psi^*\psi$ 成正比,也就是说,在该点附近找到粒子的概率正比于 $\psi^*\psi$,在空间某点附近体积元 $\mathrm{d}\tau$ 中电子出现的概率就是 $\psi^*\psi\mathrm{d}\tau$。这就是为什么通常把用波函数 ψ 描述的波称为概率波。波函数必须是单值的、连续的(包括对 x、y、z 的一阶微商也连续)、平方可积的。符合这三个条件的波函数称为品优波函数或合格波函数。在原子、分子等体系中,把 $\psi(r)$ 也称为原子轨道或分子轨道,把 $|\psi(r)|^2$ 称为概率密度,它就是通常说的电子云。

有了波函数的概念之后,就可以通过求解波函数的薛定谔方程来获得关于体系的各个力学量取值的概率分布及其随时间的变化情况。在势场 $V(r)$ 中运动的微观粒子的含时薛定谔方程的形式为

$$\left[-\frac{h^2}{8\pi^2 m}\nabla^2 + V(r)\right]\Psi(r,t) = \frac{ih}{2\pi}\frac{\partial}{\partial t}\Psi(r,t) \tag{2.11}$$

式中,h 为普朗克常数;m 为粒子的质量;∇^2 为拉普拉斯算符。

薛定谔方程反映了描述微观粒子的状态随时间变化的规律,它在量子力学中的地位相当于牛顿定律对于经典力学一样,是量子力学的基本假设之一。定态波函数满足不含时的定态薛定谔方程,其形式为

$$\left[-\frac{\hbar^2}{2m}\nabla^2 + V(r)\right]\psi(r) = E\psi(r) \tag{2.12}$$

式中,$\hbar$ 称为约化普朗克常数,$\hbar = h/2\pi$。

这一定态方程在数学上称为本征方程。式中的定态波函数 $\psi(r)$ 就称为该算符的本征态或者本征波函数,这个本征态对应的概率密度不随时间改变,就称为定态。式(2.12)中的 E 就是哈密顿算符的本征值,即这个定态状态所对应的能量值。要说明的是,薛定谔方程是一个非相对论的波动方程,仅适用于速度不太大的非相对论粒子,其中也没有包含关于粒子自旋的描述。当计及相对论效应时,薛定谔方程由相对论量子力学方程所取代,其中包含了粒子的自旋。

式(2.11)和式(2.12)中左边中括号内的式子称为哈密顿算符,即能量算符,通常用 $\hat{H}$ 表示。含有拉普拉斯算符的那一项是动能项,势场 $V(r)$ 是指粒子间的相互作用,或称粒子势能。比如对于单电子原子,电子势能为核与电子间的库仑势能,即

$$V(r) = -Ze^2/4\pi\varepsilon_0 r \tag{2.13}$$

式中,ε_0 是真空介电常数;Z 是电荷数;e 是电子电量;r 是电子离核的距离。

哈密顿算符就是

$$\hat{H} = -\frac{\hbar^2}{2\mu}\nabla^2 - \frac{Ze^2}{4\pi\varepsilon_0 r} \tag{2.14}$$

式中,μ 为折合质量,$\mu = m_e m_n/(m_e + m_n)$,$m_e$ 和 m_n 分别为电子和原子核的质量。用折合质量 μ 代替电子质量,就相当于把原子核放在坐标原点并认为是不动

的,而质量为 μ 的电子在绕核运动。这样单电子原子体系的薛定谔方程就改写为

$$\left(-\frac{\hbar^2}{2\mu}\nabla^2 - \frac{Ze^2}{4\pi\varepsilon_0 r}\right)\psi(r) = E\psi(r) \tag{2.15}$$

单电子原子的薛定谔方程是原子体系中最简单的情形,上述方程可以用分离变量法求得解析解,从而可获得氢原子和类氢原子(如氦离子)的波函数。但求解的过程及解的形式比较复杂,这里不做详述。对于多电子原子以及多原子体系(称为多粒子系统),其薛定谔方程,一般无法得到解析解,只能设法获得数值解。

总之,量子力学中求解粒子问题一般就归结为解薛定谔方程或定态薛定谔方程。在给定初始条件和边界条件以及波函数所满足的单值、有限、连续的条件下,可以把波函数解出来,也就获得了体系的微观状态。但多粒子系统的薛定谔方程求解非常困难,为了应用量子力学原理,Hartree 和 Fock 提出了自洽场(Self-Consistent Field,SCF)方法。

2.2.2　Hartree-Fock 自洽场方法

对于多粒子体系,薛定谔方程中哈密顿算符的动能部分要包括原子核动能和电子动能,势场当中则要包括原子核之间的相互作用、电子之间的相互作用,以及核与电子之间的相互作用。这样的薛定谔方程相当复杂,必须要采用一些合理的简化和近似才能够进行处理和计算。Hartree-Fock 自洽场方法采用了三个近似。除了非相对论近似(电子质量等于其静止质量且光速接近无穷大,忽略了相对论效应)之外,还有绝热近似和单电子近似。

绝热近似也称为玻恩-奥本海默近似。因为电子与原子核的质量相差非常大,与原子核相比电子的质量太小,所以电子的运动速度比原子核高很多,电子处于高速运动中,而原子核只是在它们的平衡位置附近热振动,当核的位置发生微小变化时,电子能迅速调整自己的运动状态使之与变化后的库仑场相适应。这就是说,电子是绝热于原子核的运动的。那么就可以把电子与原子核的运动分开处理,或者说考虑电子运动的时候可把核看成不动的,而考虑核的运动时可以不管电子的空间分布。

采用绝热近似之后,前述的原子核的动能以及核与核之间的相互作用就可以从薛定谔方程中分离出去单独处理,剩下的薛定谔方程中就只包含电子动能、电子与电子之间的作用以及核与电子之间的作用了,写成方程形式就是

$$\left[-\sum_i \nabla^2 + \frac{1}{2}\sum_{\substack{i,j \\ i\neq j}} \frac{1}{|r_i - r_j|} + \sum_i V(r_i)\right]\Phi = E\Phi \tag{2.16}$$

在式(2.16)中,用 Φ 表示电子的总波函数,并且已经应用了原子单位,比如令 $e^2=1$,$\hbar=1$,以及 $2m=1$ 等,从而去掉了一些常数。此式中,左边第一项和第三

项的求和遍及所有电子 i，第二项的求和则是遍及所有的电子对 $i-j$。另外用 $V(r)$ 来表示电子与核之间相互作用的形式，即核所产生的势场。式（2.16）实际上还是很难求解的，最难之处显然在于第二项，即电子与电子之间的相互作用项的处理，假如去掉这一项，方程变成

$$\Big[-\sum_i \nabla^2 + \sum_i V(r_i)\Big]\Phi = E\Phi \tag{2.17}$$

写成算符形式就是

$$\sum_i \hat{H}_i\Phi = E\Phi \tag{2.18}$$

这时，多电子问题就可以变成单电子问题。Hartree 指出，如果像这样把电子与电子的相互作用忽略掉，并把每个电子的状态分别用单电子波函数 φ_i 来表示，那么可以把 N 个电子体系的总波函数 Φ 写成单个电子波函数的乘积，即

$$\Phi(r_1, r_2, \cdots, r_N) = \varphi(r_1)\varphi(r_2)\cdots\varphi(r_N) \tag{2.19}$$

这称为 Hartree 近似，也称单电子近似。注意式（2.19）实际是式（2.16）的近似解，其中每个单电子波函数只与一个电子的坐标有关，而独立于其他电子。将其代入多电子薛定谔方程，可以得到如下形式的 Hartree 方程：

$$\Big[-\nabla^2 + V(r) + \sum_{j\neq i}\int \frac{|\varphi_j(r')|^2}{|r'-r|}\,\mathrm{d}r'\Big]\varphi_i(r) = E_i\varphi_i(r) \tag{2.20}$$

式中，左边括号内第三项求和部分称为 Hartree 项，它是个势场算符，表示其他电子共同产生的总的一个平均场；右边的 E_i 称为拉格朗日乘子，它具有单电子能量的意义。

由以上内容可以看出，单电子近似或者 Hartree 近似，就是把电子所受其他电子的库仑作用，看成是一个等效的平均势场，每个电子都是在平均势场中运动的，这样把多电子问题处理成了单电子问题。Hartree 近似没有考虑到电子波函数的交换反对称性，Fock 的处理方法是，不用乘积形式，而用单电子波函数的Slater 行列式代替多电子总波函数，即

$$\Phi = \frac{1}{\sqrt{N!}}\begin{vmatrix} \varphi_1(q_1) & \varphi_2(q_1) & \cdots & \varphi_N(q_1) \\ \varphi_1(q_2) & \varphi_2(q_2) & \cdots & \varphi_N(q_2) \\ & & \vdots & \\ \varphi_1(q_N) & \varphi_2(q_N) & \cdots & \varphi_N(q_N) \end{vmatrix} \tag{2.21}$$

式中，q 为电子坐标，表示坐标里包含了位置和自旋；$\varphi_i(q_i)$ 为第 i 个电子在坐标为 r_i 处的归一化波函数。由式（2.21）可以看出，如果两个电子的状态相同，即有相同的坐标，则电子波函数 $\Phi=0$。如果交换任意两个电子，就相当于交换行列式的两行，则行列式相差一个负号。上述近似方法称为 Fock 近似，采用 Fock 近似，波函数既满足泡利不相容原理又满足交换反对称性。Fock 近似的实质是用归一化的单电子函数的乘积线性组合成具有交换反对称性的函数，将其作为多电子

体系的波函数。

采用上述 Hartree 近似和 Fock 近似(或称为 Hartree－Fock 近似),由变分原理可以得到单电子波函数的 Hartree－Fock 方程为

$$\left[-\nabla^2+V(r)+\sum_{j\neq i}\int\frac{\mid\varphi_j(r')\mid^2}{\mid r'-r\mid}\mathrm{d}r'+\sum_{j\neq i,\mid\mid}\int\frac{\mid\varphi_j^*(r')\varphi_i(r')\mid}{\mid r'-r\mid}\mathrm{d}r'\right]\varphi_i(r)=E_i\varphi_i(r)$$

(2.22)

式中,等式左边括号内前两项分别表示单电子动能和原子核对单电子的作用,第三项表示电子间库仑作用,第四项则表示电子交换相互作用,其中求和符号下面的"∥"表示自旋平行,即求和只包含自旋平行的电子之间的交换作用。上述动能之外的三项合起来构成 Hartree－Fock 近似下的电子所处的总的有效势场。

Hartree－Fock 方程只能用迭代法求解,先假设一组近似的单电子波函数,得到左边的有效势之后再求解方程从而得到更好的一组解,然后再这样重复,一直到结果满足一定的精度,即上一组解与这一组解在设定的精度范围内不再变化时,就说由单电子态决定的势场与势场决定的单电子态之间达到了自洽。这就是 Hartree－Fock 自洽场方法。

Hartree－Fock 在量子化学计算领域中的应用非常广泛。量子化学中的研究对象通常是分子系统,借用经典力学中的轨道概念,把分子中的单电子波函数称为分子轨道(Molecular Orbital,MO),分子轨道理论是一种处理双原子分子及多原子分子结构的方法,是化学键理论的重要内容。常用的方法是通过对原子轨道(即原子中的单电子波函数)进行线性叠加来构造分子轨道,称为原子轨道线性组合(Linear Combination of Atomic Orbitals,LCAO)分子轨道法(LCAO－MO)。Hartree－Fock 自洽场方法是分子轨道理论的基础。从上述介绍可以看到,在用 Hartree－Fock 自洽场方法求解薛定谔方程的过程中,除了引入上述几个近似和一些基本物理量之外,没有采用任何经验参数,所以说它是严格的从头计算方法。上述介绍的 Hartree－Fock 近似中虽然包含了电子交换相互作用,但并没有考虑电子关联相互作用,另外,Hartree－Fock 自洽场方法的计算量随着电子数目的增多而呈指数性增加。计算量太大是该方法的一个很大的问题,假如体系中含有较多电子数的原子,比如过渡金属原子,或者计算原子个数较多的周期性结构体系,在目前一般的计算条件下采用 Hartree－Fock 自洽场方法进行计算是很难实现的。所以这种方法一般用于轻元素的计算,如 C、H、O、N 等,因而多用于化学计算。如果要计算过渡金属体系,或者原子数较多的周期性结构(晶体)体系,目前通常采用密度泛函理论。

2.2.3　密度泛函理论

密度泛函理论源自 1927 年 Thomas 和 Fermi 的工作。泛函简单说就是函数

的函数。密度泛函的基本思想是用粒子密度函数来描述分子（原子）系统的基态物理性质，也就是说，系统的物理性质是粒子的密度函数的函数。

1. Hohenberg－Kohn 定理

1964 年，Hohenberg 和 Kohn 发表了 Hohenberg－Kohn 定理，其内容为：

① 不计自旋的全同费米子系统的基态能量是粒子数密度 $\rho(r)$ 的唯一泛函（除了一附加常数之外）。

② 能量泛函 $E[\rho]$ 在粒子数保持不变的条件下，对正确的粒子数密度函数取极小值且等于基态能量 E_0，即在条件 $\rho(r) > 0$ 以及 $\int \rho(r)\mathrm{d}r = N$ 下，满足 $\delta E[\rho] = 0$ 时为基态密度泛函，此时的能量等于基态能量 E_0。

费米子就是自旋为半整数（$1/2, 3/2, \cdots$）的粒子，服从费米－狄拉克统计并且满足泡利不相容原理，两个以上的费米子不能出现在相同的量子态中。像电子、质子、中子等，以及其反粒子，这些都是费米子。与之相对的是玻色子，像光子、介子、胶子等，它们是自旋为整数的粒子，服从玻色－爱因斯坦统计，不满足泡利不相容原理。

Hohenberg－Kohn 定理说明，对于分子（原子）体系，粒子数密度是确定系统基态物理量的基本变量，如果得到粒子数密度，就可以确定能量泛函的极小值，而且该极小值等于系统的基态能量。

对于处在外势场 $V(r)$ 中的相互作用的多电子系统，其能量泛函可以写作

$$E[\rho] = F[\rho] + E_{\text{ext}}[\rho] + E_{N-N} \tag{2.23}$$

式中，$F[\rho]$ 是一个与外场无关的泛函；$E_{\text{ext}}[\rho]$ 是外场对电子的作用能；E_{N-N} 则是原子核之间的排斥能。后面两项可分别写作

$$E_{\text{ext}}[\rho] = \int V(r)\rho(r)\mathrm{d}r \tag{2.24}$$

$$E_{N-N} = \sum_{i<j} \frac{Z_i Z_j}{|R_i - R_j|} \tag{2.25}$$

而在 $F[\rho]$ 当中，要包括电子动能和电子之间的相互作用能两个部分，将其写作

$$F[\rho] = T[\rho] + \frac{1}{2}\iint \frac{\rho(r_i)\rho(r_j)}{|r_i - r_j|}\mathrm{d}r_i\mathrm{d}r_j + E_{\text{xc}}[\rho] \tag{2.26}$$

式中，等式右侧的第一项代表动能项；第二项代表各粒子相互独立的模型中库仑能，有些书中第二项也写作 E_{Hartree} 或 E_{Coul}；第三项 $E_{\text{xc}}[\rho]$ 代表电子间的交换－关联能。这里说的相互独立是指一个电子的存在对其他电子没有影响，但实际上电子间除了库仑作用之外，还存在自旋平行电子之间的交换相互作用和自旋反平行电子之间的关联相互作用。交换－关联能 $E_{\text{xc}}[\rho]$ 就反映了这两部分的相互作用。

2. Kohn—Sham 方程

从前面的介绍可以看出，要想得到能量泛函 $E[\rho]$，关键是确定电子数密度 $\rho(r)$、动能项 $T[\rho]$，以及交换－关联能，对于电子数密度和动能项，可以由 Kohn 和 Sham 提出的方法来解决。

Kohn 和 Sham 指出，可以用已经相互独立的电子系统的动能泛函 $T_s[\rho]$ 来代替动能泛函 $T[\rho]$，并且可以用多个单电子波函数 $\varphi_i(r)$ 构成密度函数 $\rho(r)$，也就是令

$$\rho(r) = \sum_{i=1}^{N} |\varphi_i(r)|^2 \tag{2.27}$$

然后可以导出 Kohn—Sham 单电子薛定谔方程，即

$$\left\{ -\frac{1}{2} \nabla^2 + V_{KS}[\rho(r)] \right\} \varphi_i(r) = E_i \varphi_i(r) \tag{2.28}$$

这个方程形式上有点像前述的 Hartree 方程，与 Hartree 方程中的有效势相对应的势场是 V_{KS}，它可以写作

$$\begin{aligned} V_{KS}[\rho(r)] &= V(r) + V_{coul}[\rho(r)] + V_{xc}[\rho(r)] \\ &= V(r) + \int \frac{\rho(r)}{|r-r'|} \mathrm{d}r' + \frac{\delta E_{xc}[\rho(r)]}{\delta \rho(r)} \end{aligned} \tag{2.29}$$

等式右边三项分别为外场势、库仑势和交换－关联势。电子动能泛函为

$$T[\rho] = T_s[\rho] = \sum_{i=1}^{N} \int \mathrm{d}r \varphi^*(r) \left(-\frac{1}{2} \nabla^2 \right) \varphi_i(r) \tag{2.30}$$

式 $(2.28) \sim (2.30)$ 称为 Kohn—Sham 方程。Hartree—Fock 方程中只包含了电子的交换相互作用，却没有包含电子的关联相互作用，而 Kohn—Sham 方程中既包含了电子的交换相互作用，又包含了电子的关联相互作用，它们都反映在交换－关联能 $E_{xc}[\rho]$ 中。如前所述，交换能 E_x 是指自旋平行电子之间的交换相互作用，它实际上来自于因多电子体系的波函数具有反对称性而导致的体系能量的减少，这一部分在 Hartree—Fock 理论中是可以精确计算的；而关联能 E_c 是自旋反平行电子之间的关联相互作用，里面包括了多种多体相互作用，比较复杂，实际上所有未知的多体作用都包括在这部分能量中。所以说，Kohn—Sham 方程在理论上严格地把多电子系统的基态问题转化成了等效单电子问题，相当于把问题的复杂性推到了交换－关联能 $E_{xc}[\rho]$ 当中，而交换－关联能 $E_{xc}[\rho]$ 却是很难严格获得的，这就又需要做些近似处理或者引入一些经验参数。这样，密度泛函理论计算结果的精确程度就取决于交换－关联势是否合适。

3. LDA 和 GGA

Kohn 和 Sham 采用的确定交换－关联势的方法是，假设空间一点的交换－关联能只与该点的密度有关，且等于和该点有相同电子密度的均匀电子气的交

换 — 关联能,也就是用均匀电子气的交换 — 关联能密度来表示非均匀电子气的交换 — 关联能密度。这种方法就是基于均匀电子气模型的局域密度近似(Local Density Approximation,LDA)。LDA 是实际应用中的最简单有效的近似。对于非自旋极化的体系,LDA 的交换 — 关联能泛函可以写作

$$E_{xc}^{LDA}[\rho] = \int \varepsilon_{xc}(\rho)\rho(r)\,dr \qquad (2.31)$$

式中,$\varepsilon_{xc}(\rho)$ 称为交换 — 关联能密度,它是每个电子在密度为 ρ 的均匀电子气中的交换能和关联能之和。

由此可以得到式(2.29)中的交换 — 关联势为

$$V_{xc}[\rho(r)] = \frac{\delta E_{xc}[\rho(r)]}{\delta\rho(r)} = \varepsilon_{xc}(\rho) + \rho\frac{d\varepsilon_{xc}(\rho)}{d\rho} \qquad (2.32)$$

如果考虑电子的自旋极化,交换 — 关联势就与自旋密度有关,这时称为局域自旋密度近似(Local Spin Density Approximation,LSDA)。可以认为 LDA 是 LSDA 的特殊情形。

均匀电子气模型的交换能量密度有着精确的解析解,把它推广到非均匀电子气(电子密度不为常数)的情形,将其解析表达式应用于空间的每一点上,并对全空间积分就得到 LDA 下的交换能。对于关联能部分来说,均匀电子气模型的关联能量密度表达式是未知的,但是知道高密度极限与低密度极限下(分别对应弱相关与强相关条件)的表达式。

Ceperley 和 Alder 对均匀电子气模型进行量子蒙特卡洛模拟,得到了中等密度时的相关能量密度,使用该结果来建立交换 — 关联势,就称为 Ceperley — Alder(CA)形式的 LDA,或表示为 LDA — CA。用不同方法对这些密度值进行内插或参数化拟合,可以得到各种不同的交换 — 关联能 LDA 泛函,比如 Vosko — Wilk — Nusair(VWN)、Perdew — Zunger(PZ81)、Cole — Perdew(CP)、Perdew — Wang(PW92) 等。

基于 LDA 的泛函是其他更复杂的泛函的基础。一般来说,所提出的泛函应该能够正确地处理均匀电子气模型,因此所有的泛函中实际上都包含了 LDA。LDA 在很多材料研究中都有成功的应用,对于很多分子体系、半导体和简单金属的结构和物理性质,如分子键长、分子离解能、晶格常数、晶体结合能、弹性常数、体模量等,都能很好地描述。但是 LDA 也有一些缺点,比如处理半导体材料的电子结构时,得到的带隙值总是比试验值偏小,在描述富电子体系(如负离子)时也往往表现不佳。

LDA 认为交换 — 关联能函数完全是局域的,忽略了某点附近电荷密度的非均匀性所带来的影响,因而只在空间处处电子密度都变化不太大时才能得到比较精确的结果。通常情况下,LDA 会低估晶格常数而高估键能,相应地也会高估

固体的体模量。目前也有一些方案来改进 LDA 方法,其中最常用的是广义梯度近似(Generalized Gradient Approximation,GGA)。GGA 的基本思想是,考虑电子密度的非均匀性,认为交换－关联能不仅仅与空间一点的粒子数密度有关,而且还和该点附近的密度有关,也就是与电子密度的梯度有关。GGA 对 LDA 的改进就是在交换－关联泛函中加入一个非局域的梯度项,这样就从原理上使得GGA 更适合处理非均匀电子气。GGA 泛函的构建方法有两个主要的方向:一个方向是尽量不引入或少引入经验参数,而是通过已知形式中的参数或者在其他准确理论帮助下得到优化的泛函形式;另一个方向则是主张采用经验方法,利用试验数据或者对原子和分子性质的精确模拟计算结果,通过拟合方法得到泛函参数。目前最常用的 GGA 泛函是 Perdew、Burke 和 Emzerhof 于 1996 年构造的泛函,称为 PBE 泛函,此外还有 Perdew－Wang(PW91)以及 Becke88 等泛函形式也比较常用。在量子化学计算中经常采用的泛函形式是 Becke－Lee－Yang－Parr(BLYP)。GGA 相对于 LDA 来说,对一些材料的计算结果有所改善,但对所有材料来说,GGA 也并非总是优于 LDA。GGA 经常高估晶格常数而低估晶格能,同时 GGA 相对 LDA 的计算量要大一些。因此 GGA 和 LDA 两种交换－关联能近似并没有优劣之分,只能根据实际计算的结果来判定。

此外,在对于分子体系进行的量子化学计算中,还常常用杂化密度泛函,即在密度泛函理论中混合进一部分 Hartree－Fock 交换能,如 B3LYP 杂化泛函等。因为 Hartree－Fock 中交换能部分是精确的,所以这样做对于提高计算精度有所帮助,但在固体体系里面很少用到。

对于强关联体系,即电子关联作用较强的体系,如一些过渡金属氧化物和某些磁性材料,高温超导材料,含有 4f 和 5f 电子的镧系、锕系稀土元素及其化合物等,用 LDA(LSDA)或 GGA 处理起来往往是失效的。为解决相关联电子体系的计算问题,又提出来很多新方法,如 LDA＋U、LDA 结合自相互作用修正,以及LDA＋DMFT(动力学平均场理论)方法等,我国的方忠和戴希等将GVA(Gutzwiller 变分方法)与密度泛函理论结合,提出并发展了 LDA＋Gutzwiller 方法。

2.2.4　DFT 计算的主要方法

Kohn－Sham 方程一般无法求得解析解,只能用数值方法,通过自洽计算来求解。一个完整的自洽计算的流程大致包括以下几个步骤:

(1)预设初始的波函数和初始电子密度。

(2)计算电子相互作用势 $V_{KS}[\rho(r)]$,并构造其哈密顿量。

(3)求解单电子 Kohn－Sham 薛定谔方程,得到新的波函数。

(4)得到新的能量值并构建新的电子密度分布。

（5）如果计算收敛（新、旧总能量差值小于设定值），则完成计算；否则用新的波函数和电子密度取代旧的，转入步骤（1）。

此处不叙述具体的数值计算方法和原理。主要的计算问题在于单电子波函数的求解过程，以及由波函数和电子密度函数求解电荷密度和能量。通常来说，一个 DFT 计算程序一般还会输出态密度、能带结构、费米面等信息，并且可能包括晶体几何结构的优化（如原子位置的优化以及晶格常数的优化），以及磁性、光学性质等物理性质的计算等。在求解固体的单电子 Kohn－Sham 薛定谔方程中，核心的问题就是如何选择基函数，或者用什么样的基函数来进行波函数的展开，以及如何对势场做出近似的和有效的处理，这就形成了各种不同的计算方法。如果假设固体中的电子态与其组成的自由原子态的差别不大，则可以用原子轨道的线性组合来作为基函数，这就是基于原子轨道线性组合思想的紧束缚（Tight Binding，TB）方法。根据 Bloch 定理，周期体系中电子波函数可以表述为调幅平面波的形式，平面波是最简单的正交完备集，显然，用平面波来展开单电子波函数是一个自然的选择，这称为平面波（Plane Wave，PW）方法。并且由此提出了正交化平面波（Orhoogonalized Plane Wave，OPW）和赝势平面波（Pseudopential Plane Wave，PPW）等方法。通过原子球近似，引入糕模（Muffin－tin）势场模型，发展出了缀加平面波（Augmented Plane Wave，APW）和格林函数（Korring 1947，Kohn Rostoker 1954，KKR）方法，这些方法是与 Muffin－tin 势相关的全电子方法，而后又在此基础上分别发展出来线性缀加平面波（Linearized Augmented Plane Wave，LAPW）、全势线性缀加平面波（Full－Potential Linearized Augmented Plane Wave，FP－LAPW）方法，以及线性 Muffin－tin 轨道（Linear Muffin－tin Orbitals，LMTO）、全势线性 Muffin－tin 轨道（Full－Potential Linear Muffin－tin Orbitals，FP－LMTO）、精确 Muffin－tin 轨道（Exact Muffin－tin Orbitals，EMTO）等方法，此外还有缀加球面波（Augmented Spherical Wave，ASW）和线性缀加球面波（Linear Augmented Spherical Wave，LASW）等方法，这里主要介绍赝势平面波方法。

根据 Bloch 定理，固体中的单电子波函数可以用平面波展开，即

$$\varphi(\boldsymbol{k},\boldsymbol{r})=\frac{1}{\sqrt{N\Omega}}\sum_{m}a(\boldsymbol{G}_m)\mathrm{e}^{\mathrm{i}(\boldsymbol{k}+\boldsymbol{G}_m)\cdot\boldsymbol{r}} \tag{2.33}$$

式中，$\boldsymbol{G}_m$ 是倒格子矢量；$\boldsymbol{k}$ 是第一布里渊区波矢；$\boldsymbol{r}$ 为位置矢量；$a(\boldsymbol{G}_m)$ 是平面波展开系数；$\frac{1}{\sqrt{N\Omega}}$ 是归一化因子；N 是晶体中原胞个数；Ω 是原胞体积。

固体波函数占有的动量范围很宽，靠近原子核处的电子动量很大，波函数振荡幅度也很大；远离核的地方，电子动量小，波函数相对来说就变化小。要想准确地描述电子的运动，就需要很多的平面波来展开波函数，计算量也就非常

大,而且收敛速度慢。为了解决这个问题,提出了正交化平面波方法,其基本思想是单电子波函数展开式中的基函数不仅含有动量较小的平面波成分,还有在原子核附近具有较大动量的孤立原子波函数的成分,并且基函数与孤立原子芯态波函数组成的 Bloch 函数正交。这样的基函数称为正交化平面波。在正交化平面波的构建过程中可以看出,正交化平面波就是平面波除去其在芯电子态的投影,与芯电子波函数正交。固体体系可以分成离子实和外层电子两个部分。离子实也称为芯区,包括原子核及芯电子,芯区波函数由紧束缚的芯电子波函数组成,而与近邻原子的波函数的相互作用很小。而外层电子即价电子区,与近邻函数的函数之间有较强的相互作用。研究表明,尽管芯区的势对价电子的吸引作用很强,但是正交化平面波方法中对价态和芯态正交的要求产生了很大的动能,这在很大程度上抵消了这种吸引,相当于产生了排斥的效果,所以只需要用较少的正交化平面波就可以得到满意的计算结果。由此启发了赝势方法的产生:正交化平面波实际上相当于在芯区的吸引势之外加上一个排斥势,那么可以提出一个假想的有效势,用它来描述芯区对价电子的吸引作用的同时,把波函数的正交要求也概括进来,这样的有效势称为赝势。利用赝势求出的价电子波函数称为赝波函数,满足波动方程

$$\left(-\frac{\hbar^2}{2m}\nabla^2 + V^{ps}\right)\varphi_V^{ps} = E_V\varphi_V^{ps} \tag{2.34}$$

式中,V^{ps} 即赝势;φ_V^{ps} 是价电子的赝波函数。

式(2.34)又称为赝势方程。将式(2.34)与式(2.28)相比,就是用赝势代替了 Kohn-Sham 有效势,而电子波函数变成了赝波函数,电子密度由赝波函数来计算。但是赝波函数并不改变电子能量本征值,式(2.34)中的能量 E_V 对应于真实晶体波函数真实价态的本征能量。因为所构建的赝势中既包含了芯区作用又包含了价电子作用,所以赝势比芯区势要弱,比较平坦,对于这样的赝势系统,用平面波展开赝波函数可以较快地收敛,而且所需平面波数目也大为减少。要注意的是,一个较弱的势和较强的势描述的一般不会是同一个体系,但是赝势方法的目标并不是描述芯电子,而是希望在芯区外赝波函数与真实的波函数相等、势场相同,从而有相同的电荷密度。

DFT 计算中所用的赝势有经验赝势、模型赝势和从头计算赝势。经验赝势就是通过将所计算出来的能带、态密度等计算结果与试验数据进行对比和修正构造出来的赝势。模型赝势就是半经验势,是先有一个假设的赝势表达式,其中包含一些待定参数,针对不同的体系,将计算结果与试验数据进行拟合来确定这些参数。从头计算赝势就是不使用试验数据和经验参数而构造出来的赝势。常用的从头计算赝势方法有三类,分别为:

(1) 模守恒赝势(Norm Conserving Pseudopotential, NCPP),或称范数不变

赝势。

（2）超软赝势（Ultrasoft Pseudopotential，USPP）。

（3）投影缀加波（Projection of Augmentation Wave，PAW）。

考虑单电子波函数的展开式（2.33），对于真实系统，第一布里渊区 k 矢量的个数实际上应该是无限的，但是波函数随 k 点的变化在 k 点附近是可以忽略的，所以可以通过 k 点取样（或者称为 k 点网格划分）用有限个 k 点来计算。常用的 k 点取样方法为 Monkhorst－Pack（MP）取点法，一般软件都提供这种取点方法。另外，G 矢量的个数本来也应该是无限的，但是对有限个数的 G 矢量的求和可以收敛到足够精确，所以对 G 点的求和可以设置一个截断。在赝势方法中，设置截断的做法一般是设一个截止能，即

$$E_{cut} = \frac{\hbar(\boldsymbol{k}+\boldsymbol{G})^2}{2m} \tag{2.35}$$

这样，平面波基的多少就由截止能量来控制。至于 k 取样应该取到多么紧密的程度，以及截止能量应该设置到多大范围，在具体计算时，要先进行一个能量的收敛性测试。这里收敛是指，取更多的 k 点和更大的截止能量在一定精度意义上不再影响能量计算的结果。如果使用一种赝势时，只需要较小的截止能量就能够满足收敛条件，则称所使用的赝势是比较"软"的赝势。超软赝势就是一种很软的势，不需要很大的截止能量，即所需的平面波基的数目更少。Hamann 等人提出的模守恒赝势是最早发展出的一类赝势，它一直以来都得到了广泛的应用，目前常用的有 HSC 势、Kerker 势、TM 势和 Optimised 势等。模守恒势中的 TM 势和 Optimised 势已经相当"软"了，但是在处理一些具有强局域性轨道的体系（如 3d 过渡元素以及元素周期表中第一行的有 2p 价电子的元素）时仍比较困难，所需的截止能仍然很高，由此产生了 Vanderbilt 所提出的超软赝势，它是通过定义附加电荷来达到模守恒条件的。超软赝势把芯内赝波函数改造得相当平滑，所以变得更"软"，这在计算上是有优越性的。投影缀加波方法是近年来使用越来越多的一种方法，它把从电子有效势出发的赝势方法与从电子波函数入手的线性展开方法综合在了一起，与传统的赝势方法相比，投影缀加波方法更接近一种全电子方法，它也是一种很软的势，而且在处理强局域性的电子体系时更加精确。

2.2.5　第一性原理计算常用软件

第一性原理计算的过程还是相当复杂的，编写一个完整、实用、运行效率高的第一性原理计算程序要涉及很多计算技术方面的问题，对于一般的研究人员来说是很难做到的。现在国际上有不少研究开发小组专门从事软件开发方面的工作，已有多种软件可供研究人员来使用。不同的软件有类似的或不同的功能，

并提供了各种各样的算法,普通的软件用户只需要根据自己所研究的问题的特性去选用合适的软件。这些软件有两种,一种是商业软件,即付费软件。另一种是免费的软件,免费软件又有两类:一类只提供可执行程序而不提供源代码;另一类是开源软件,或称自由软件,开放提供源代码,用户不但可以下载使用这些软件,而且可以自行对其进行修改补充,也可将自己修改和补充后的程序反馈给原开发者并且发布给其他用户,使用户可以共同维护和开发这些软件。

赝势方法是目前最为常用的能带计算方法。使用赝势的软件也非常多,最著名的有 VASP、CASTEP、ABINIT、Quantum ESPRESSO、SIESTA 等。

VASP 全名为 Vienna Ab − initio Simulation Package,它是维也纳大学 Hafner 小组开发的进行第一性原理计算软件,这是一款商业软件,不是免费的。VASP 可能是目前材料模拟计算中最为流行的商业软件之一。在 DFT 框架内是用赝势平面波方法求解 Kohn − Sham 方程。VASP 可以使用 USPP,也可以用 PAW。此外 VASP 也实现了杂化泛函计算。前面说过,USPP 和 PAW 两种势都很软,因而所需基组非常小,多数情况下每个原子几十个平面波就可以得到可靠的结果。尤其值得一提的是 VASP 是较早实现 PAW 方法的软件,并且提供了元素周期表中所有元素的 PAW 势。能够提供较为完善的赝势库,这可能是 VASP 软件如此流行的主要原因。VASP 对晶体、准晶及无定性材料,或者分子、团簇、纳米管、薄膜,以及表面体系等进行计算,可以用于求算材料的原子排列结构、电子结构、力学性质、光学性质、磁学性质、晶格动力学性质等,此外 VASP 还可以进行分子动力学模拟。

CASTEP 为 Cambridge Sequential Total Energy Package 的缩写,这也是一个商业软件,它始于剑桥大学卡文迪许实验室凝聚态理论研究组开发的一系列基于 DFT 方法的计算程序。这个软件对英国国内的研究者是免费的,欧洲其他国家的研究单位需要付费使用,其他国家的科研工作者以及商业用户则要通过 Accelry 公司,将 CASTEP 作为其开发的商业软件 Materials Studio 的一部分来购买。CASTEP 是固体物理领域当中开发较早的具有广泛影响的软件。它基于赝势平面波方法,可以计算材料的许多性质,包括能量、结构和晶格动力学、电子响应性质等。CASTEP 中可供选择的赝势方法是 NCPP 和 USPP。目前 CASTEP 是 Materials Studio 软件包的一部分。Materials Studio 简称 MS,是一个具有可视化界面(visualizer)并集成了一系列计算软件的大型软件包。作为 MS 的一部分的 CASTEP 最大的特色就是可以利用 MS 提供的 Visualizer 来方便地建立图形化的模型,比如建立原胞和超晶胞模型,构造晶体缺陷等,同时可以方便地进行计算结果的可视化,比如观察能带图、态密度图等,而不需要再借助别的可视化软件。另外在 MS 提供的用户界面中可以方便地进行各种设置,如 k 点选取、计算方法的选择、赝势的选择等,都是通过菜单和对话框等来选择的,不用自己按照固定格式去写输入文件。在计算功能上，CASTEP 除了可以进行一般的谱学性质计算之外，还可以提供拉曼强度的计算。

ABINIT、Quantum ESPRESSO 和 SIESTA 都是免费的软件。ABINIT 可以用 NCPP 方法和 PAW 方法，PWSCF 可以选择 NCPP 方法、USPP 方法或者 PAW 方法，而 SIESTA 目前只能用 NCPP 方法。

ABINIT 是由比利时、日本、法国和美国的几个研究小组合作开发的免费开源软件，它利用赝势方法和平面波基组，计算体系的能量、电子结构等。它提供多种模守恒势，如 TM、HGH、GTH 及 HGH 等，交换 — 关联能可选择 LDA(LSDA) 或者 GGAO。ABINIT 软件可以计算很多物理性质，并提供不少应用工具程序，该软件功能比较强大，而且发展很快，经常会更新版本。另外它针对不同的操作系统分别有串行和并行程序，适应面很广。对于周期表中的各种元素，ABINIT 提供了较全的模守恒势，但 PAW 提供较少。ABINIT 网站上提供一个超软赝势生成器和格式转化程序 USPP2abinit，可以生成 USPP 并转化成 ABINIT 软件所要求的 PAW 格式。更方便的方法是使用美国 Wake Fores 大学 N. Holzwarth 教授编写的 PAW 生成器 AtomPAW 来直接生成 ABINIT 软件所要求的 PAW 格式。ABINIT 功能比较多，需要设置的各种参数也很多，初学起来会稍感复杂，但它的官网上提供了很详细的使用说明、教程和实例等文档。

Quantum — ESPRESSO 是应用赝势方法和平面波基组，由意大利理论物理研究中心开发的第一性原理计算软件，该软件遵守 GNU 自由软件的协议，是自由开源软件。Quantum — ESPRESSO 包括多个模块，其中最主要的是 PWSCF 和 CP，分别用于平面波自洽场计算和 Car — Parrinello 分子动力学计算。另外还有使用各种方法、用于不同目的的各种模拟，例如用于计算不同状态间能垒和反应路径的 PWneb(NEB) 模块，用于声子计算的 Phonon 模块，利用含时密度泛函方法计算谱学行为的 TDDFPT 模块，用于数据后继处理的工具 PostProc 模拟等。Quantum — ESPRESSO 的功能也比较全面，而且一个很大的优点就是使用起来比较简单。由于它分成了几个独立模块，使用的时候是分别使用的，每一个模块所包含的输入命令都显得不太多，这样比较方便初学者学习和掌握。但它有个缺点，就是它目前提供的赝势库还不够完善，对于包括几种元素的化合物体系，有时候无法从它的赝势库里凑齐同一类型的赝势。

SIESTA 全名为 Spanish Initiative for Electronic Simulations with Thousands of Atoms，它是由西班牙 Autónoma 大学、英国剑桥大学以及其他大学的一些研究人员共同开发的软件，由 Autónoma 大学负责维护。最早的 SIESTA 0.8 版本于 1997 年发布。SIESTA 使用模守恒赝势，它提供了一个赝势生成器，同时它也可以使用 ABINIT 的赝势库中的赝势。SIESTA 的特点是，它基组采用的是数值化的原子轨道线性组合(LCAO)。用这种方法处理固体和分子体系,其计算量和体系原子数目相关,而一般的使用赝势平面波方法的软件,计算量大致与体系原子数的三次方成正比。因此 SIESTA 可用于模拟较多原子数目的体系,在普通的工作站上也能对上百个原子的体系进行计算。SIESTA 的这种处理方法也称为 SIESTA 方法。

2.2.6　计算实例

就目前的计算机硬件水平而言,这些软件基本功能的测试和演示都可以在个人计算机上运行,但是要实现某些物理性质的精确计算,或者在体系涉及原子数比较多的时候,还是要在有并行计算环境的工作站、服务器或者集群上运行。另外,这些软件,尤其是免费软件,大多数要求在 Unix 或者 Linux 操作系统中运行,因此用户应该学习一下 Linux 系统下的基本操作命令。以下通过一些 DFT 计算实例,介绍一些最基本的计算方法和软件操作方法。

半导体缺陷性质仿真分析软件 ERETCAD_DEF 是哈尔滨工业大学空间环境行为与评价国家级重点实验室研发,针对半导体缺陷性质的第一性原理计算开发的软件,能够实现半导体单晶建模、电子结构、缺陷性质和宏观性质的一键自动计算。软件包含位于跨操作系统平台(Windows/Linux)的用户界面,以及部署于 Linux 系统内的数据处理部分。下面将通过一些 DFT 计算实例介绍一些最基本的计算方法和软件操作方法。

1. 半导体的基态计算方法

以 ERETCAD_DEF 为例,介绍图形化设置计算参数和提交仿真计算的方法。ERETCAD_DEF 的安装和配置方法可以参考有关资料。

例 2.1　计算 Si 半导体 8 原子单胞的基态能量

第一步:打开软件,进入图形操作主界面。

鼠标左键双击 ERETCAD_DEF 软件的快捷键图标,即可打开软件,并进入该软件的图形操作主界面,弹出选择新建项目或打开已有项目的对话框,如图 2.1 所示。

第二步:新建或打开已有项目文件。

首先,在软件上方的选项列表中找到"项目文件"选项(左上方第一个选项);然后,鼠标左键单击"项目文件"选项,此时显示包含新建项目、打开项目及选项等项目文件选项卡;最后,单击"新建项目或打开已有项目"后,会弹出输入创建项目名称或选择打开项目的对话框,项目命名或已有项目选择完成后,单击"确定 / 保存"按钮即可,此时在软件的左侧会出现创建的项目文件目录。至此,项目文件创建或打开项目完成,如图 2.2 所示。

第三步:创建晶胞模型。

图 2.1　选择新建 / 打开已有项目

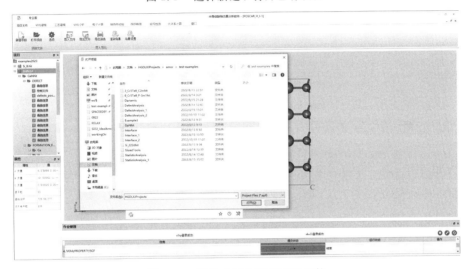

图 2.2　新建 / 打开已有项目文件

结构建模中的单晶图标用于快速创建该软件数据库中预存的单晶结构模型。首先,鼠标左键选中软件菜单列表中的"结构建模"模块(左上方第二个选项),此时显示出结构建模的选项列表;然后,单击选项列表中"单晶"图标的下拉菜单,此时会弹出构建单晶结构模型的材料体系列表;最后,选其中的 Si 材料,即可快速创建 Si 材料的单晶结构模型,单晶结构建模如图 2.3 所示。

第四步:电子结构计算设置。

电子计算菜单包含 HSE 计算、PBE 计算等计算泛函及参数设置选项,以及分析、结构优化、能带、态密度、电子密度、差分电荷、局域函数、费米面、有效质量、迁移率等电子性质分析功能,如图 2.4 所示。

电子计算模块包含了多种泛函(如 PBE、HSE)组合的形式,以便在保证计算精度的基础上达到提高计算效率的目的。电子计算菜单中的 PBE 或 HSE 计算可实现对材料体系的电子性质进行求解计算,如弛豫、自洽、能带及态密度等电子性质,其中 PBE 或 HSE 计算则代表进行自洽(SCF)计算时所使用的泛函类型

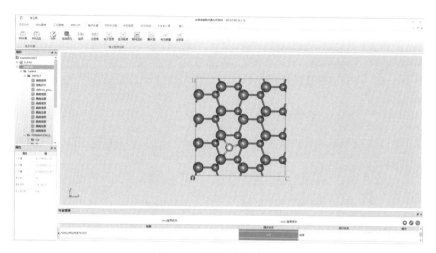

图 2.3　单晶结构建模

图 2.4　ERETCAD_DEF 软件菜单栏中的"电子计算"功能

及计算精度,HSE计算精度优于PBE计算精度。在这里,要在主窗口存在晶格结构时选择左侧第二个选项,即"PBE泛函",即可弹出选择电子计算任务及参数设置的对话框,如图2.5所示,然后单击选择相应的计算任务并设置其计算参数即可。

计算的设置窗口包含三个选项卡:计算功能、基础设置和高级设置。下面分别介绍:

计算功能选项卡左侧的列表将本软件的"可计算属性"列出,当前版本支持"结构弛豫""自洽计算""态密度"和"能带计算"四种性质计算。可以双击需要的计算任务。

本例中,在"可计算属性"中双击"自洽计算"项,此时在中间"选择计算"选项卡中将出现"结构弛豫"和"自洽计算"两项。再在中间"选择计算"选项卡中双击"结构弛豫"项,取消这一性质的计算。

自洽选项的右侧对应功能组包含"势能类型""记录电子波函数""记录电荷密度"和"记录电子局域函数"四项。分别代表在计算结束后可输出的波函数的空间分布,包含局域势函数、静电势函数、电子波函数、电荷密度和电子局域函数。可在这里选择"势能类型"中的"局域势函数"及"记录电荷密度"。

第二个选项卡为"基础设置",其内部包含较为详细的计算参数。本例中可调节的参数如下,设置完成后的参数如图2.6所示。

图 2.5 电子计算任务及参数设置对话框 —— 计算功能

图 2.6 电子计算任务及参数设置对话框 —— 基础设置

(1)"展宽类型"设置为 0(高斯展宽)。

(2)"展宽宽度"设置为 0.05 eV。

(3) 自旋类型中,"自旋极化"项和"自旋轨道耦合"项保持未选状态。

(4)K 点网格选择以 Gamma 点为中心均匀划分,n1、n2、n3 为根据晶格大小自动进行的设置,保持不变。

(5) 精度设置中,"精度标准"为"N(正常精度)",截断能是根据原子类型自动取值的,可以通过选中"截断能设置"复选框,并设置为用户自定义的值。

(6) 泛函类型中,"赝势目录"选择"PAW_PBE",并设置"交换关联"下拉列表中的"PBE泛函"。

(7)"赝势类型设置"选项组中,元素名称和赝势类型可以自主选择,在这里保持不变。

第三个选项卡为"高级设置",其内部包含电子计算加速的方法。本例中设置如图 2.7 所示。

图 2.7　电子计算任务及参数设置对话框 —— 高级设置

(1) 点击左上"电子自洽算法",在其中选择"正常",即保持默认设置。

(2) 右上为"收敛判据"选项组,选择该选项卡,并设置"能量收敛标准"为1E − 06 eV。"最大电子自洽步数"为 1 000。

(3)"修正项设置"保持为未选择状态。

(4) 在"自定义选项"栏下点击"添加"按钮,并手动输入"NPAR = 8",设置计算的并行参数。

至此,就完成了对电子计算的详细设置。点击"生成文件"按钮,会在左侧显示产生了 PROPERTY 节点,双击节点下产生的 SCF 目录,即可看到产生的输入文件。

由于工程中设置了第一性原理软件接口为 VASP,因此设置的输入文件具备VASP 输入文件的格式。VASP 输入文件以如下形式保存:INCAR 为计算配置、

POSCAR 为晶格结构、POTCAR 为原子模型信息、KPOINTS 为 K 点设置。这些配置均可以在设置窗口中随时进行预览。

第五步:提交或运行电子计算任务。

鼠标右键单击左侧项目文件列表中的"SCF"文件目录,并在弹出的对话框中选择"运行",此时将显示作业的提交脚本。根据实际运行环境进行自定义设置,可以从计算机管理员获取提交任务脚本文件。再点击提交任务,将完成作业提交。作业管理菜单中会依次显示"提交 → 排队 → 运行 → 结束"的任务进度状态。当任务状态显示为"结束"时,即在左侧项目文件列表中自动下载相关文件。一个包含势函数计算的计算实例如图 2.8 所示。

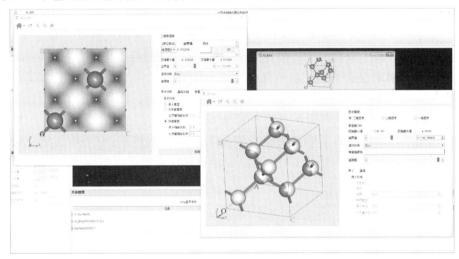

图 2.8　查看电子计算过程

第六步:查看或导出总能计算结果。

首先,要查看软件界面下方的任务进度状态是否显示为"结束";然后,查看左侧项目文件列表的"SCF"文件目录中是否输出"OUTCAR"文件;最后,利用鼠标右键单击"OUTCAR"文件,会弹出分析的选项列表对话框,选中其中的"显示文件内容"选项,用系统记事本打开 OUTCAR 文件,查找"FREE ENERGY TOTEN"即可找到系统总能。

2.结构优化及结合能的计算

能量计算是第一性原理计算中最基本的计算。而体系中原子位置一般和手动构建晶胞时的位置不同,因此,体系的结构优化是第一性原理方法计算其他性质的基础。

对于晶体,结构优化有两层含义:一是晶格中原子位置的弛豫;二是晶格常数的确定。一般的计算软件都会提供晶格内的原子位置弛豫,但不一定提供改变晶胞本身的大小和形状的优化计算。对于晶格中包含对称性较低的一般位置的晶体及有空位等缺陷的超晶胞等结构来说，晶格内原子位置的弛豫是很重要的优化步骤。

但对于 C3V 之类的只含有高对称性的特殊位置的完整晶体来说，则主要是确定其晶格常数。确定晶格常数的方法有两种：一种是确定晶体中原子位置之后，改变晶格常数，然后把能量－体积关系按照某个状态方程来拟合，得到优化的晶格常数；另一种方法是采用程序所提供的某种优化计算方法，在优化原子位置的同时或者在优化原子位置之后，让程序自动优化原胞的体积和形状。前一种方法适于立方晶格，可以直接给出晶格常数。如果是四方或六方晶系，有固定的轴角，但是不固定轴长比 $\xi = c/a$ 的情况，可以取不同的几个体积和几个轴比 ξ 计算能量 $E(V, \xi)$。对于每个体积 V_i，将对应于不同 ξ 的能量值拟合为关于 ξ 的三次多项式。该多项式的最小值对应于该体积 V_i 下的最小化能量值 E，极小值点对应的 ξ_i 值就是该体积下的最优轴比 ξ_i。再拟合 $E_i - V_i$ 关系，就得到了全局最小化能量值 E_{min}，E_{min} 所对应的体积就是最后所得的优化的体积 V_{opt}。最后再拟合 $\xi_i - V_i$ 关系，找到对应 V_{opt} 的 ξ 值，这就是最后得到的优化的轴比。这种方法可以处理四方或六方晶系晶胞参数中有两个变量的体系，但是计算量会比立方晶系大大增加。下面通过 ERETCAD_DEF 软件首先进行单晶的缺陷构造，然后对 GaN 单晶的缺陷结构进行结构优化计算。

例 2.2 单晶点缺陷结构的自动构建

人们经常通过扩胞－增删原子的手动方式构建单晶的点缺陷结构。然而，这类结构具有较高的对称性，使得其等效原子以及等效的空间位置较多。并且可以根据晶格的对称性批量生成缺陷结构，这里介绍采用 ERETCAD_DEF 软件构建单晶 GaN 不同类型缺陷结构的方法。

第一步：创建无缺陷的单晶及界面结构模型。

与例 2.1 中构建单晶结构的方法相同。

第二步：选择单缺陷结构建模及参数设置。

首先，鼠标左键选中软件菜单列表中的"结构建模"模块，此时显示出结构建模的选项列表；然后，单击选项列表中的"缺陷"选项，此时会弹出参数设置的对话框，并设置其相应缺陷信息参数（如超胞大小、缺陷类型及缺陷元素）。在本示例中，在 $2 \times 2 \times 2$ 超胞上构架全部可能的点缺陷类型，包括 Ga 空位、N 空位、H 间隙、C 取代 Ga 和 C 取代 N 共五种情况，如图 2.9 所示。

第三步：生成单晶缺陷结构建模的计算文件。

缺陷信息设置完成后单击"生成文件"按钮即可在左侧的项目文件中生成创建缺陷结构的输入文件（如 POSCAR、defect.input 等文件）。最后，鼠标右键单击左侧项目文件列表中的"DEFECT"文件目录，并在弹出的对话框中选择"运

图 2.9　GaN 单晶点缺陷结构自动构建设置

行",此时作业管理菜单中会依次显示"提交 → 排队 → 运行 → 结束"的任务进度
状态。当任务状态显示为"结束"时,即在左侧项目文件列表中生成了相应的缺
陷结构文件(如 defect_input.txt、POSCAR_supercell 及 POSCAR_V_Ga 等),并
在右侧窗口界面显示其超胞缺陷结构模型,如图 2.10 所示。

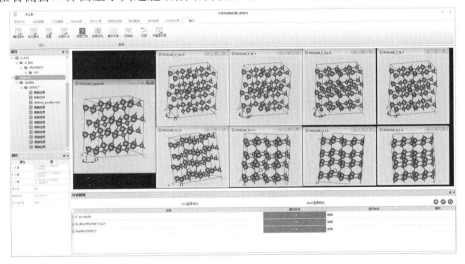

图 2.10　生成超胞单晶缺陷结构示意图

例 2.3　晶格常数的优化。

第一步:将缺陷结构输出成独立文件。

选择一个超胞单晶窗口,点击输出文件,将结构保存为 V0.hit 文件。

第二步:将文件再次导入软件中。

点击窗口中的输入文件按钮,选择 V0.hit 文件,将自动导入到软件中。

第三步:设置结构优化参数。

电子计算菜单包含结构优化选项,在本示例中点击结构优化选项,弹出的电子计算对话框中将自动选择结构优化功能,如图 2.11 所示。相比自洽计算,结构优化功能包含以下针对性设置。

(1)离子弛豫。设置最大的迭代步数,默认为 60,这里设置为 1 000。

(2)弛豫收敛标准。设置优化结构中施加在每个离子的最大受力,这里设置为 0.05 eV/Å。

(3)自由度。设置晶格优化的约束条件,设置为 2 保持晶格常数不变。

图 2.11　晶格优化的参数设置

完成结构优化设置后,对"基础设置"和"高级设置"中的参数进行和例 2.1 相同的设置。这里不再赘述。

第四步:提交计算任务。

点击"生成文件"按钮,会在左侧显示产生了 PROPERTY 节点,右击节点下产生的 RELAX 目录并点击"在文件夹中显示",即可看到产生的输入文件。在这里,点击"运行"启动任务提交窗口,并点击"运行"按钮,完成任务的提交。

第五步:优化结果的显示。

当任务完成时,将自动下载 OUTCAR 和 CONTCAR 文件。CONTCAR 文件中包含结构优化后的结果信息,可以直接显示。右击目录树中的 CONTCAR 文件,点击"显示",即可在主窗口中打开优化后的结构,如图 2.12 所示。

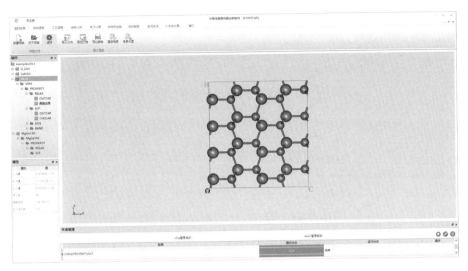

图 2.12　优化后的晶格结构

3.晶体能带结构和态密度的计算

能带结构和态密度是固体最重要的电子性质,是固体其他性质的基础。能带计算是材料科学和固体物理研究中常见的计算,一般的 DFT 软件都有计算固体能带的功能。下面给出一个计算 Si 晶体能带结构的例子。

例 2.4　单晶体系的能带计算。

第一步:准备计算文件。

打开工程,点击结构建模—单晶—Si 按钮,导入单晶结构。保持活动窗口为 Si_8.hit,在主界面中点击"电子计算"选项卡,在弹出的选项卡栏中选择"PBE 计算"按钮,出现"计算功能"窗口(图 2.13)。

第二步:设置计算参数。

在"可计算属性"栏目下,按顺序双击"结构弛豫""自洽计算"和"能带计算",添加以上计算任务。

在"选择计算"栏目下,单击"结构弛豫"选项,设置右侧"迭代步数"为 600,"离子受力"为 0.05,"优化限制条件"选择 2。

在"选择计算"栏目下,单击"自洽计算"选项,设置右侧"势能类型"选项打开,右侧选择局域势函数;设置"记录电子波函数""记录电荷密度"打开,"记录电子局域函数"关闭。

在"选择计算"栏目下,单击"能带计算"选项,设置右侧"区间插点数"为 10,"能带投影"选择"True(实空间投影)",其他设置为默认。

选择"基础设置"选项卡,按顺序调整展宽设置为 0 高斯展宽,展宽宽度为 0.05 eV,自旋类型,默认自旋极化和自旋轨道耦合均关闭;K 点网格设置"以

图 2.13　晶格能带结构的计算设置窗口,包含多个步骤的参数设置

Gamma 点为中心均匀划分",n1、n2、n3 值设置为 4、4、4;精度设置中,精度标准设为"A(精确)",截断能设置选项关闭;泛函中"赝势目录"选择"PAW_PBE",交换关联选择"PBE 泛函";+U 修正保持关闭。

　　选择"高级设置"选项卡,选择右侧"收敛判据"选项,设置能量收敛标准为 1E−05,最大电子自洽步数为 3 000;选择投影方式可用,并在右侧下拉列表中选择"Auto(自动设置)";在自定义选项窗格下方,点击"添加"按钮,双击窗格内部出现的方框,保持大小写的情况下输入"NPAR = 8"及"LORBIT = 11",点击"生成文件"。此时就完成了能带计算全部参数的设置,设置窗口如图 2.13 所示。

　　第三步:提交计算。

　　在左侧项目栏中,依次在 RELAX/SCF 和 BAND 目录下右击并选择提交按钮,在弹出的提交对话框中设置好空余的节点信息,并点击提交。

　　第四步:结果收集和分析。

　　等待任务全部结束后,在 SCF 中将增加 CHGCAR 和 LOCPOT 文件,在 BAND 目录下将新增"能带信息"文件。

　　双击"能带信息"文件,打开能带分析窗口,即可对能带进行可视化和分析。如图 2.14 所示。

　　能带窗口右侧为编辑面板,可以控制 X 轴和 Y 轴的极值,能带线的颜色和宽度、设计图表标题,X 轴和 Y 轴的文字和字体。可以用鼠标滚轮放大或缩小能带

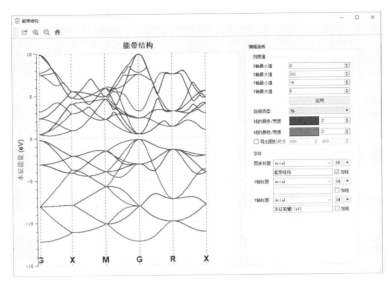

图 2.14　晶格能带结构分析(彩图见附录)

结构,得到在 Gamma 点处的带隙大小。

例 2.5　有缺陷体系的态密度计算

这里采用之前计算过结构优化的 V0 结构作为研究对象,计算其投影态密度。

第一步:设置计算参数。

保持活动窗口为 V0.hit,在主界面中点击"电子计算"选项卡,在弹出的选项卡栏中选择"态密度"按钮,出现"计算功能"窗口。

此时在"选择计算"栏目下,将自动选择"结构弛豫""自洽计算"和"态密度"共三个计算任务,双击"选择计算"下的"结构弛豫"按钮,去掉该计算任务。在"选择计算"栏目下,单击"自洽计算"选项,设置右侧"势能类型"选项打开,右侧选择局域势函数;设置"记录电子波函数""记录电荷密度"打开,"记录电子局域函数"关闭;在"选择计算"栏目下,单击"态密度"选项,设置右侧"K 点网格"内,n1、n2、n3 均为 1,"能量范围"输入"$-10,10$","能量点数量"输入 2001,"展宽类型"选择 0(高斯展宽),"展宽宽度"选择 0.05,"能带投影"选择 False(倒空间投影),其他设置为默认。

选择"基础设置"选项卡,按顺序,调整展宽设置为 0 高斯展宽,"展宽宽度"为 0.05 eV,自旋类型,默认自旋极化和自旋轨道耦合均关闭;K 点网格设置"以 Gamma 点为中心均匀划分",n1、n2、n3 值设置为 1、1、1;精度设置中,精度标准设为"A(精确)",截断能设置选项关闭;泛函中"赝势目录"选择"PAW_PBE",交换关联选择"PBE 泛函";+U 修正保持关闭。

选择"高级设置"选项卡,选择右侧"收敛判据"选项,设置能量收敛标准为

$1E-05$，最大电子自洽步数为3000；选择投影方式可用，并在右侧下拉列表中选择"Auto(自动设置)"；在自定义选项窗格下方，点击"添加"按钮，双击窗格内部出现的方框，保持大小写的情况下输入"NPAR＝8"及"LORBIT＝11"，点击"生成文件"。此时完成了能带计算全部参数的设置，设置窗口如图2.15所示。

图2.15　态密度的计算设置窗口，包含多个步骤的参数设置

第二步：提交计算任务。

在左侧项目栏中依次在 RELAX/SCF 和 DOS 目录下右击并选择运行按钮，在弹出的提交对话框中设置好空余的节点信息，并点击运行。

第三步：计算结果分析。

等待任务全部结束后，在 SCF 中将增加 CHGCAR 和 LOCPOT 文件，在 DOS 目录下将新增"DOSCAR"文件。

双击"DOSCAR"文件，打开态密度分析窗口，即可对态密度进行可视化和分析，如图2.16所示。

态密度窗口右侧为编辑面板，可以控制 X 轴和 Y 轴的极值，能带线的颜色和宽度、设计图表标题，X 轴和 Y 轴的文字和字体。

4. 弹性常数的计算

二阶弹性常数（简称弹性常数）也是固体研究中经常计算的性质。

弹性常数 C_{ij} 可以由声子色散关系求出，但计算过程比较复杂，而且弹性常数的计算结果对于声子计算的细节比较敏感。目前弹性常数多用应力－应变能关系来求取。在给定温度下，体系的总能量是体积和应变的函数。对于立方晶系的晶体来说，它有三个独立的弹性常数：C_{11}、C_{12} 和 C_{44}。如果对优化后（不受力的平衡状态）的立方系晶体施加一个应变，它的应变张量写作

$$\boldsymbol{\varepsilon} = \begin{bmatrix} e_1 & 0 & 0 \\ 0 & e_1 & 0 \\ 0 & 0 & (1+e_1)-2-1 \end{bmatrix} \tag{2.36}$$

这时晶格矢量就变成

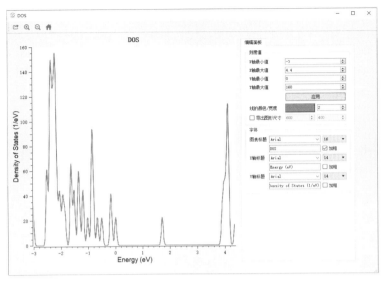

图 2.16　态密度的计算结果分析

$$a' = (I + \varepsilon) \cdot a \qquad (2.37)$$

式中, a 和 a' 是施加应变前和施加应变之后的晶矢矩阵; I 是 3×3 的单位矩阵。

对应的能量变化为

$$\Delta E = 3V(C_{11} - C_{12})e_1^2 + O(e_1^3) \qquad (2.38)$$

式中, V 是晶胞体积。

也可以施加如下形式的应变:

$$\varepsilon = \begin{pmatrix} e_1 & 0 & 0 \\ 0 & -e_1 & 0 \\ 0 & 0 & e_1^1/(1-e_1^2) \end{pmatrix} \qquad (2.39)$$

它产生的能量变化为

$$\Delta E = V(C_{11} - C_{12})e_1^2 + O(e_1^4) \qquad (2.40)$$

这样,通过对晶体施加一个应变,计算变形后的晶体能量以及它与变形前的晶体能量之差,代入对应的能量变化公式,就可以算出 $C_{11} - C_{12}$ 。更好一点的算法是用几个不同的变形量 e_1 来计算,然后通过拟合公式(2.38)或式(2.40)得到 $C_{11} - C_{12}$ 。类似地还可以计算 C_{44} ,采用的应变张量是

$$\varepsilon = \begin{pmatrix} 0 & \dfrac{1}{2}e_6 & 0 \\ \dfrac{1}{2}e_6 & 0 & 0 \\ 0 & 0 & e_6^2/(4-e_6^2) \end{pmatrix} \qquad (2.41)$$

相应的能量差应为

$$\Delta E = \frac{1}{2} V C_{44} e_6^2 + O(e_6^4) \tag{2.42}$$

前面介绍过,对不同体积的晶体进行一系列单点能计算,然后拟合状态方程后,可以得到优化后的晶胞体积和体模量 B。对于立方晶格的晶体,体模量与弹性常数有如下关系:

$$B = \frac{1}{3}(C_{11} + 2C_{22}) \tag{2.43}$$

利用这个关系,就可以求出立方晶体的三个弹性常数 C_{11}、C_{22} 和 C_{44}。由此可知,用这种方法计算晶体弹性常数实际上就是进行一系列单点能量的计算。

以上介绍的是立方晶系的弹性常数的计算方法。

弹性常数是固体的一个相当重要的性质,因为它与晶格振动相联系。算出弹性常数后,进一步可以求取晶体的很多其他性质。以立方晶体为例,对于各向同性的立方晶系的单晶,可以定义剪切模量 C_s 为

$$C_s = \frac{C_{11} - C_{12}}{2} \tag{2.44}$$

但是试验上用的样品是多晶。Voigt 和 Reuss 分别提出了立方晶系的多晶的剪切模量 G 的公式,即

$$G_V = \frac{1}{5}(2C_s + 3C_{44}) \tag{2.45}$$

$$G_R = \left[\frac{1}{5}\left(\frac{2}{C_s} + \frac{3}{C_{44}}\right)\right]^{-1} = \frac{5C_s C_{44}}{2C_{44} + 3C_s} \tag{2.46}$$

Hill 提出来的公式则是上述二者的平均,即

$$G_H = \frac{1}{2}(G_V + G_R) \tag{2.47}$$

利用剪切模量 G 和体模量 B,可以计算固体的杨氏模量 E 和泊松比 ν:

$$E = \frac{9BG}{3B + G} \tag{2.48}$$

$$\nu = \frac{3B - 2G}{2(3B + G)} \tag{2.49}$$

剪切模量 G、杨氏模量 E 和泊松比 ν,这三个量之间的关系为

$$G = \frac{E}{2(1 + \nu)} \tag{2.50}$$

得到这几个物理量,就可以求声速。

压缩波声速(纵波波速)为

$$v_p = \sqrt{\frac{E(1 - \nu)}{\rho(1 + \nu)(1 - 2\nu)}} = \sqrt{\frac{3(1 - \nu)B}{(1 + \nu)\rho}} = \sqrt{\frac{B + \frac{4}{3}G}{\rho}} \tag{2.51}$$

剪切波声速(横波波速)为

$$v_{\mathrm{s}} = \sqrt{\frac{E}{2\rho(1+\nu)}} = \sqrt{\frac{3(1-2\nu)B}{2(1+\nu)\rho}} = \sqrt{\frac{G}{\rho}} \qquad (2.52)$$

体声速(bulk sound speed)为

$$v_{\mathrm{B}} = \sqrt{v_{\mathrm{p}}^2 - \frac{4}{3}v_{\mathrm{s}}^2} = \sqrt{\frac{B}{\rho}} \qquad (2.53)$$

此外还可以计算德拜声速(Debye sound velocity)v_{D},对于低温下各向同性的弹性介质,v_{D} 与 v_{p} 和 v_{s} 有如下关系:

$$\frac{3}{v_{\mathrm{D}}^3} = \frac{1}{v_{\mathrm{p}}^3} + \frac{2}{v_{\mathrm{s}}^3} \qquad (2.54)$$

于是可以计算德拜温度为

$$\Theta = \frac{h}{2\pi k_{\mathrm{B}}}\left(\frac{6\pi^2 N}{V}\right)^3 v_{\mathrm{D}} \qquad (2.55)$$

算出德拜温度,就可以按照固体物理中的有关理论求算固体热容以及热膨胀系数等相关的热力学量,有兴趣的读者可以参阅相关文献。

5. 硅晶体缺陷

硅原子为金刚石结构以共价键结合,每一个硅原子周围都有 4 个按照正四面体分布的硅原子。这种结构可以看成是两套面心立方的布拉菲格子沿着单胞立方体对角线的方向移动 1/4 距离套构而成。每个原胞有两个不等价的硅原子,每个晶体学单包含有 8 个硅原子。本节计算利用了 216 个原子,1.63 nm × 1.63 nm × 1.63 nm 超胞,原子结构如图 2.17 所示。

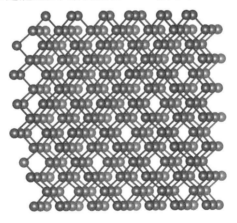

图 2.17　216 个硅原子的超胞模型

本节计算了硅双空位结构以及 H、O、P、Si、B 等常见杂质原子的替代和间隙缺陷结构。该计算采用半导体缺陷仿真分析软件 ERETCAD_DEF 进行计算,该软件能够对缺陷性质进行流程化和自动化计算。利用 HSE06 泛函进行计算，75% 的 Perdew−Burke−Ernzerhof(PBE)−GGA 半局部交换与 25% 的非局部 Fock 交换能量混合，以实现计算带隙和实验带隙值之间的匹配。在所有计算中都明确考虑了自旋(自旋不受限制)。最后，使用 400 eV 的截止能量，仅使用 Γ 点进行计算。在构造不同缺陷的结构后，首先在获得不同构型总能量的结构优化过程中允许原子位置发生变化，直到最大力分量小于 0.01 eV/Å，再进行缺陷能量计算。电荷状态 q 下特定缺陷组态 D 的形成能由以下方程给出：

$$E_f(D^q) = E_{tot}(D^q) - E_{tot}(bulk) + qE_F - \sum_a \Delta n_a \mu_a + \Delta V \tag{2.56}$$

式中，$E_f(D^q)$ 和 $E_{tot}(D^q)$ 分别是具有缺陷结构和无缺陷结构超胞的总能；qE_F 是向缺陷添加电荷 q 的能量，这里假设缺陷和主体材料之间的电子交换发生在费米能级 E_F；Δn_a 为从超胞中移除或添加到超胞中的 α 型原子数；μ_a 是 α 原子的元素化学势，化学势取决于生长条件，在这里取不同元素常温常压下稳定单质的能量；C 元素使用金刚石结构计算化学势；H 元素则使用氢气计算化学势；剩余项 ΔV 校正静电误差。

计算得到不同杂质单原子替代缺陷形成能曲线如图 2.18 所示。

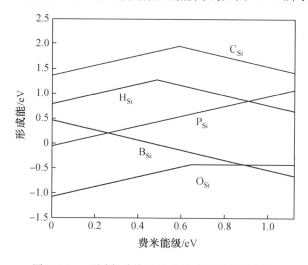

图 2.18　不同杂质单原子替代缺陷形成能曲线

计算得到不同杂质单原子间隙缺陷，C_i、P_i、B_i 和 Si_i 结构的形成能曲线如图 2.19 所示，H_i 和 O_i 结构的形成能曲线如图 2.20 所示。从形成能大小可以看出，C_i、P_i、B_i 和 Si_i 间隙缺陷通常比替代缺陷更难形成。O 和 H 间隙原子具有非常低的形成能，这意味着 O 原子和 H 原子间隙在硅晶体中可能具有相当高的饱和浓度。H 间隙原子结构是一个深能级缺陷，在 N 型 Si 中带负电而 P 型 Si 带正电。O 间隙原子则更容易形成中性结构。

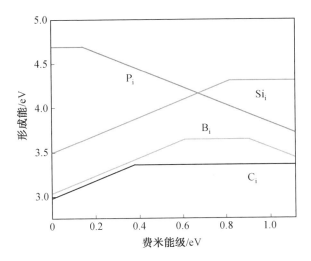

图 2.19　C_i、P_i、B_i 和 Si_i 结构的形成能曲线

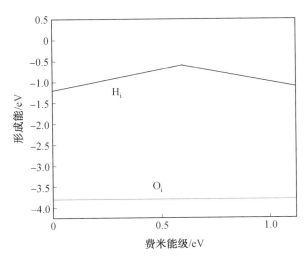

图 2.20　H_i 和 O_i 结构的形成能曲线

6. 氮化镓晶体缺陷

氮化镓缺陷作为一种化合物半导体材料，其中产生的缺陷种类远比硅中要丰富。由于其较大的禁带宽度，传统的 DLTS、$1/f$ 噪声等缺陷检测设备的探测能力受到限制。因此，利用模拟计算的方法研究氮化镓中的缺陷结构是一种很好的途径。以氮化镓中常见的本征缺陷为例对氮化镓晶体缺陷进行介绍。

图 2.21 和图 2.22 分别给出了镓空位（V_{Ga}）、氮空位（V_N）和与氢结合的空位（$V_{Ga}-H_i$，V_N-H_i）的形成能。随着费米能级的变化，V_{Ga} 有五个不同的电荷态，而 V_N 只有两个不同的电荷态。当费米能级接近价带顶时，V_{Ga} 捕获一个空穴

形成正电荷态 V_{Ga}^{+1}；而接近导带底时，捕获三个电子形成负电荷态 V_{Ga}^{-3}。V_N 在所有情况下都是正电荷态，在接近价带的时候是 $+3$ 电荷态，其他情况下是 $+1$ 电荷态。

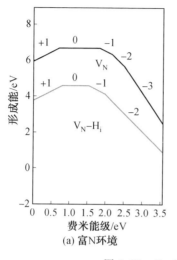
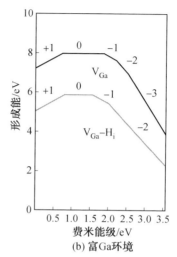

(a) 富N环境   (b) 富Ga环境

图 2.21　Ga 空位的缺陷形成能

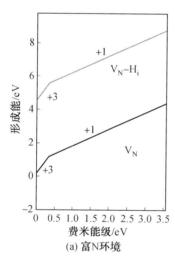
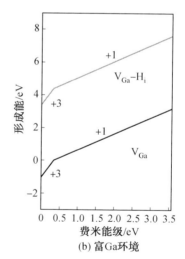

(a) 富N环境   (b) 富Ga环境

图 2.22　N 空位的缺陷形成能

除了单空位，GaN 中还有 Ga 空位和 N 空位形成的双空位缺陷，考虑到双空位缺陷种类繁多，这里只讨论其中的一部分结构。图 2.23 是双空位 $V_{Ga}-V_{Ga}$ 的结构，共研究了两种构型，同一个 N 原子最近邻的两个 Ga 原子空位（图 2.23(a)）和不在同一个 N 原子周围的两个 Ga 空位（图 2.23(b)）。它们的形成能如图 2.24 所示，相比两个结构，在 $+1$ 和 0 电荷态时形成能比较相近，而在 -1 和 -2 出现了差异,连在同一个 N 原子上的两个 Ga 空位形成能较低。由于其更高的形成能,在材料生长中 $V_{Ga} - V_{Ga}$ 的浓度要比 V_{Ga} 低很多,但它在极端条件下仍然会出现。

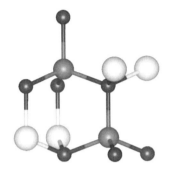

(a) 两个Ga空位连在同一个N原子上

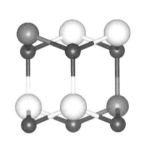

(b) 两个Ga不共享一个N原子

图 2.23　V_{Ga} 双空位结构

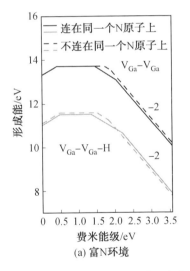

(a) 富N环境

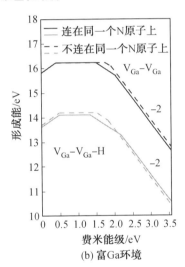

(b) 富Ga环境

图 2.24　$V_{Ga} - V_{Ga}$ 和 $V_{Ga} - V_{Ga} - H$ 的缺陷形成能

7. 氧化镓晶体缺陷

使用 Heyd－Scuseria－Ernzerhof(HSE06) 混合函数来求解 Kohn－Sham 方程。结构弛豫的能量收敛标准和力收敛标准分别为 $0.001\ eV/Å$ 和 $10^{-6}\ eV$。网格截断能设置为 $400\ eV$。筛选 Hartree－Fock 交换的比例设置为 32%,以重现 $4.9\ eV$ 的实验带隙。构建了 160 原子的超胞用于缺陷建模,并使用一个特殊的 k 点(1/4、1/4、1/4)进行自洽计算。

使用课题组开发的代码进行的缺陷计算主要强调对缺陷形成能 E^f 和电荷

跃迁能级 $\varepsilon(q_1/q_2)$ 的分析。可以通过形成能推导出不同电荷态的稳定性和相关的跃迁能级。

形成能将随着超胞中缺陷涉及元素的化学势而变化。化学势受限于 $\beta-\mathrm{Ga_2O_3}$ 的生成焓 $\Delta H^{\mathrm{f}}(\mathrm{Ga_2O_3})$，计算结果为 $-10.4~\mathrm{eV}$。

$$H^{\mathrm{f}}(\mathrm{Ga_2O_3}) = 2\Delta\mu_{\mathrm{Ga}} + 3\Delta\mu_{\mathrm{O}} \tag{2.57}$$

$$\Delta\mu_{\mathrm{Ga}} = \mu_{\mathrm{Ga}} - \mu_{\mathrm{Ga}}^{0}, \quad \Delta\mu_{\mathrm{O}} = \mu_{\mathrm{O}} - \mu_{\mathrm{O}}^{0} \tag{2.58}$$

式中，μ_{O}^{0} 是立方体中 $\mathrm{O_2}$ 分子能量的一半；μ_{Ga}^{0} 是纯金属中 Ga 的能量。以 O 的化学势为例，它有两个限制条件：$\mathrm{O-poor}(\mu_{\mathrm{Ga}} = \mu_{\mathrm{Ga}}^{0}, \Delta\mu_{\mathrm{Ga}} = 0)$ 和 $\mathrm{O-rich}(\mu_{\mathrm{O}} = \mu_{\mathrm{O}}^{0}, \Delta\mu_{\mathrm{O}} = 0)$。

跃迁能级 $\varepsilon(q_1/q_2)$ 对应于电荷态 q_1 和 q_2 具有相等 E^{f} 时的费米能级，可以根据下式确定：

$$\varepsilon(q_1/q_2) = \frac{E^{\mathrm{f}}(X^{q_1}; E_{\mathrm{F}} = 0) - E^{\mathrm{f}}(X^{q_2}; E_{\mathrm{F}} = 0)}{q_2 - q_1} \tag{2.59}$$

式中，$E^{\mathrm{f}}(X^{q}; E_{\mathrm{F}} = 0)$ 是当费米能级处于价带最大值时，电荷态为 q 的缺陷 X 超胞的形成能。

缺陷复合物的另一个关键量是它们的结合能 E_{b}，为其孤立成分的形成能之和与缺陷复合物形成能的差，即

$$E_{\mathrm{b}} = E^{\mathrm{f}}(A) + E^{\mathrm{f}}(B) - E^{\mathrm{f}}(AB) \tag{2.60}$$

缺陷复合物热力学稳定性的标准是 E_{b} 为正。

对氧化镓中空位缺陷和间隙缺陷等本征缺陷进行了缺陷性质计算，得到结果如图 2.25、图 2.26 所示。

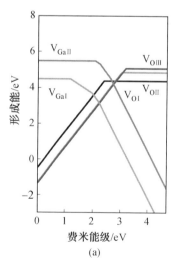
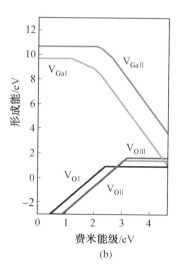

图 2.25　$\beta-\mathrm{Ga_2O_3}$ 中空位缺陷形成能随费米能级的变化

在整个禁带宽度内,氧空位在富 Ga 极限下的形成能远低于富 O 极限下的形成能,如图 2.25 所示。高浓度的氧空位可以通过提供电子来补偿受体,这可能是难以获得性能良好的 P 型 $\beta-Ga_2O_3$ 的原因。预测其具有两个稳定的带电状态,相比之下,中性态时 V_{OI} 的形成能低于 V_{OII} 和 V_{OIII} 的形成能,而在 +2 电荷态下则相反。当费米能级接近价带最大值(VBM)时,其优选的电荷态为 +2,并随着费米能级的升高变为中性。V_{OI}、V_{OII} 和 V_{OIII} 的 $\varepsilon(+2/0)$ 跃迁能级被确定为比 VBM 高 2.40 eV、3.06 eV 和 3.20 eV,暗示它们俘获空穴的能力不同。作为"负 U"中心的典型例子,它们的 +1 电荷态在热力学上不稳定,$U=\varepsilon(+1/0)-\varepsilon(+2/+1)$,分别为 -0.53 eV、-0.36 eV、-0.49 eV。相反,镓空位更容易在富 O 极限下形成。相比之下,V_{GaI} 的形成能低于 V_{GaII},表明在实验中优先生成 V_{GaI}。它们的 0、-1、-2 和 -3 电荷态在带隙内是稳定的,对于 V_{GaI},跃迁能级 $\varepsilon(0/-1)$、$\varepsilon(-1/-2)$、$\varepsilon(-2/-3)$ 比导带最小值(CBM)低 2.62 eV、2.45 eV 和 2.05 eV。V_{GaII} 的相应能级分别比 CBM 低 3.51 eV、2.74 eV 和 2.46 eV。由于配位结构不同,它们的跃迁能级位置差异很大,表明俘获电子的能力存在差异。作为深能级缺陷,氧空位和镓空位理论上可以作为电子－空穴复合中心产生补偿效应,这可以通过光致发光(PL)和深能级光谱(DLOS)进行实验证实。

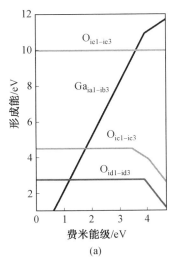

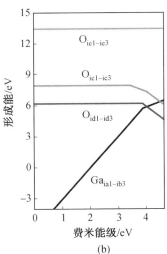

图 2.26　$\beta-Ga_2O_3$ 中三个不等价间隙缺陷形成能随费米能级的变化

　　计算得到 $\beta-Ga_2O_3$ 中间隙缺陷的形成能和跃迁能级如图 2.26 所示。可以发现,在 [010] 晶向上,每个不等价位点处三个位置的形成能是相同的。O_i 具有对应于不等价位点的不同形成能和跃迁能级。其中,中性 O_{id} 的形成能远低于 O_{ic} 和 O_{ie},在富 O 条件下更容易形成。O_{id} 的 $\varepsilon(0/-2)$ 和 O_{ic} 中的 $\varepsilon(0/-1)$、$\varepsilon(-1/-2)$ 过渡态分别比 CBM 低 0.79 eV、1.24 eV 和 0.64 eV,意味着它们可以产生空穴来补偿具有 N 型掺杂的额外载流子。另外，它们在 VBM 附近是中性的，因此不会触发本征 P 型掺杂。O_{ie} 几乎不发生电离并且具有极高的形成能，因此预计其有极低的平衡浓度并且不太可能与 $\beta-Ga_2O_3$ 的性质相关。不等价位点 Ga_i 的形成能和跃迁能级完全相同。它们的 $\varepsilon(+3/+1)$ 能级位于 VBM 上方 3.93 eV 处，在富 Ga 条件下往往具有较高的平衡浓度。由该结果还发现 $O_{i1-}(O_{id}$ 位点) 和 Ga_{i2+} 是亚稳态的，会立即转变为其他电荷状态，表明 O_{i1-} 和 Ga_{i2+} 表现出负 U 特性，U 分别为 -0.48 eV、-0.89 eV。

2.2.7　原子尺度模拟的统计力学

原子尺度模拟可以用来预测平衡态和瞬变热力学态、关联函数，以及原子动力学特性，这可以通过对多体相互作用问题的离散或统计的数值计算来实现。所涉及的粒子之间的相互作用，通常采用合适的哈密顿量表示。

通常，我们感兴趣的是如何从这样的原子尺度模拟中推断出宏观性质的相关数据。为此，需要借助恰当的统计学方法。本节将讨论详细微观信息的转换，也就是把从原子尺度模拟中获得的微观信息转换为宏观信息，在这一过程中的定量(分析)工具是由统计力学提供的。

统计力学一般被分为两个主要学科分支：平衡统计力学和非平衡统计力学。前者主要研究热力学定律的起源、热力学态函数值的计算以及用其原子论性质表述的系统的其他平衡特性；后者主要研究近热力学平衡系统、宏观输运方程的本质及其各种系数以及用其原子论性质表述的系统的其他非平衡性质。第一个研究领域被称为"统计热力学"，第二个研究领域被称为"统计动力学"。

本节将以麦克斯韦(Maxwell)、玻尔兹曼(Boltzmann)及吉布斯(Gibbs)的工作为基础，对用公式表述和分析原子尺度模拟所需的平衡统计力学原理进行复习和讨论。同时，还将涉及非平衡统计力学的一些方面。

经典的微观热力学态，也就是由 N 个平移运动的粒子组成的非量子化原子气体，可以由其粒子矢量 $r_1,r_2,\cdots,r_N$ 的三个分量和粒子速度或与之对应的动量 $p_1,p_2,\cdots,p_N$ 的三个分量来描述。在现实体系中所考虑的原子数是 10^{23} 量级。因此，从原子论的角度看，必须处理至少 6×10^{23} 数目的巨大微观数据集合，方能完全确定一个系统的宏观状态。位置和动量矢量的这 6N 个分量或自由度(Degree of Freedom，DOF)，可以看作是在被称为相空间的多维空间中的坐标。按照所规定的宏观系统参数，即基于构成态函数的基础，一般可以处理吉布斯相空间或亥姆霍兹相空间。在其时间演化过程中的任一时刻，系统可以用相空间中一些数据点(速度和位置)的特殊集合来表征(图 2.27)。这一矢量集可以组合构成一个 6N 维量 $\Gamma(t)$，有

$$\Gamma(t)=\{r_1(t),\cdots,r_N(t),p_1(t),\cdots,p_N(t)\} \qquad (2.61)$$

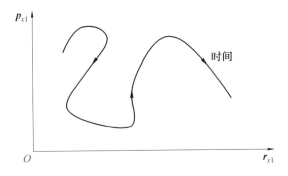

图 2.27　二维相空间中点的运动轨迹

相空间中的每一个点表示了在任一特定时刻的一个典型系统。鉴于 $6N$ 个可能存在的坐标,有时将经典粒子的相空间记为 Γ。在非经典哈密顿量中出现的微观自由度(如粒子自旋)是进一步要考虑的。将 $\Gamma(t)$ 以微分形式表示,有

$$\Gamma(t) = \{ \boldsymbol{r}_1(t), \cdots, \boldsymbol{r}_N(t), \boldsymbol{p}_1(t), \cdots, \boldsymbol{p}_N(t) \}$$

$$
\begin{aligned}
\mathrm{d}\Gamma(t) = &\mathrm{d}r_{x1}(t) \cdot \mathrm{d}r_{y1}(t) \cdot \mathrm{d}r_{z1}(t) \cdot \mathrm{d}r_{x2}(t) \cdot \mathrm{d}r_{y2}(t) \cdot \cdots \cdot \\
&\mathrm{d}r_{xN}(t) \cdot \mathrm{d}r_{yN}(t) \cdot \mathrm{d}r_{zN}(t) \cdot \mathrm{d}r_{p1}(t) \cdot \mathrm{d}r_{py1}(t) \cdot \mathrm{d}r_{pz1}(t) \cdot \\
&\mathrm{d}r_{px2}(t) \cdot \mathrm{d}r_{py2}(t) \cdot \mathrm{d}r_{pz2}(t) \cdot \cdots \cdot \mathrm{d}r_{pxN}(t) \cdot \mathrm{d}r_{pyN}(t) \cdot \mathrm{d}r_{pzN}(t)
\end{aligned}
$$
$$(2.62)$$

式中,$r_{x1}(t)$、$r_{y1}(t)$、$r_{z1}(t)$ 分别表示粒子"1"的位置矢量 $\boldsymbol{r}$ 的 x 分量、y 分量和 z 分量,它们都是时间 t 的函数。p_{x1} 是粒子"1"的动量矢量 $\boldsymbol{p}$ 的分量,它是时间 t 的函数。

式(2.62)可以改写为更紧凑的形式,即

$$\mathrm{d}\Gamma(t) = \mathrm{d}\boldsymbol{r}^{3N}(t)\mathrm{d}\boldsymbol{p}^{3N}(t) \tag{2.63}$$

量 $\mathrm{d}\Gamma(t)$ 可认为是相空间中在 $\Gamma(t)$ 点附近的一个体积元。一个系统的时间演化,可以用相空间中 $\Gamma(t)$ 的时间轨迹来表征。动力学蒙特卡洛模拟可给出沿重要抽样法(即权重抽样法)随机轨迹的点的状态;而分子动力学模拟可以得出沿确定性轨迹的点的状态,这时的轨迹通过求解所有粒子的经典运动方程给出。

针对由 10^{23} 个粒子组成的系统,就获得宏观性质的有关信息而言,对所有分子的坐标、速度取向以及角速度进行求解处理既不容易也不必要。由此来说,统计力学的中心思想就是,用几个宏观参量(如粒子数 N、体积 V、温度 T、能量 E、化学势 μ、热容 C 或压强 P)代替描述热力学态的 $6N$ 个微观参量。对所描述的宏观参量,可以通过对所有粒子的微观参量的涨落求平均值而得到。

之所以计算平均值,是因为微观状态的数目要比宏观状态的数目多得多。换句话说,一个宏观状态可以由许多微观状态来实现。也就是说,粒子必须满足相同的宏观约束条件,但在其微观状态可以有差别。从而通过平均值得到这样

一个结论：由大量存在相互作用的粒子组成的系统，其宏观性质对微观细节（原子性、状态）并不敏感。

此外，平均值$\langle q \rangle$的计算，反映了可以把粒子与平均性质联系在一起这样一个重要实践经验，即有平均性质的粒子的出现概率大于没有平均性质的粒子。这意味着宏观可观测量q_{exp}可对应并且等于系综平均$\langle q \rangle$。

综合分析平均值和原子论模拟，可以正确地理解外部施加的宏观约束条件（如压强或体积）以及考察态变量值预测结果的一致性。这表明，在微结构模拟方面，统计力学补充完善并决定着关于位置和速度的预测。

相空间所有点的集合与其各自概率一起规定着一个系综（表2.1）。换言之，系综描述了在某种宏观约束条件下所有允许微观状态的概率，其约束条件可以由一组外加宏观参量来表示。在平衡统计力学范畴下，可以处理稳定系综。根据所规定的一系列宏观条件，可以把系综分别称为宏观正则稳定系综（或简称为正则系综，具有确定的N、V、T）、微正则系综（具有确定的N、V、E）、巨正则系综（具有确定的V、T、μ），以及等压等温系综（具有确定的N、P、T）。在正则系综、微正则系综和等压等温系综中，其基本组分浓度是固定不变的，而在巨正则系综中则依赖于所确定的化学势。

表2.1 蒙特卡洛和分子动力学中的系综类型

系综	确定的参量	系综	确定的参量
宏观正则	粒子数、体积、温度	巨正则	体积、温度、化学势
微观正则	粒子数、体积、能量	等压等温	粒子数、压强、温度

宏观正则系综是蒙特卡洛方法模拟处理的典型代表。这里，假定N个粒子处在体积为V的盒子内，并将其埋入温度恒为T的热浴中。此时，总能量和系统压强可能在某一平均值附近起伏变化。正则系综的特征函数就是亥姆霍兹自由能$F(N, V, T)$。

把N个粒子放入体积为V的盒子，并固定总能量E，这样的微正则系综被广泛应用在分子动力学模拟中。这时，系统温度和压强可能在某一平均值附近起伏变化。微正则系综的特征函数就是熵$S(N, V, E)$。

巨正则系综具有确定温度T、给定化学势以及恒定体积V，通常是蒙特卡洛模拟的对象。这时，系统能量、压强以及粒子数会在某一平均值附近有一个起伏。巨正则系综的特征函数就是马休（Massieu）函数$J(\mu, V, T)$。

等压等温系综具有给定的温度T、压强P和粒子数N，一般是在蒙特卡洛模拟中加以实现。其总能量和系统体积可能存在起伏。等压等温系综的特征函数就是吉布斯自由能$G(N, P, T)$（图2.28）。

通过计算时间平均或系综平均，可以从微观粒子体系中获得统计数据。这

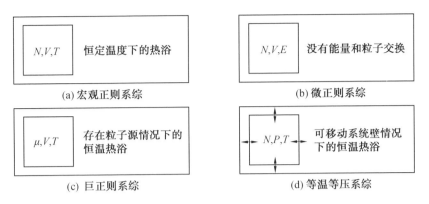

图 2.28　在原子尺度蒙特卡洛和分子动力学模拟中的典型系综

些平均值的等价性就是各态历经理论的依据。使用时间平均 $\langle q \rangle_{\text{time}}$ 是宏观可观测量 q_{exp} 对微观状态时间涨落不敏感这一假说的必然结果。

$$\langle q \rangle_{\text{time}} = q_{\text{exp}} = \langle q[\Gamma(t)] \rangle_{\text{time}} = \lim_{t_{\text{exp}} \to \infty} \frac{1}{t_{\text{exp}}} \int_{t_0}^{t_0 + t_{\text{exp}}} q[\Gamma(t)] \mathrm{d}t \qquad (2.64)$$

相应地,系综平均 $\langle q \rangle_{\text{ens}}$ 的正确性,是基于宏观可观测 q_{exp} 对微观状态的相空间涨落不敏感。换言之,系综平均可以通过用遍及所有系综的平均(这时,状态在给定时间 $t = t_{\text{fix}}$ 被冻结)代替式(2.64)给出的时间平均 $\langle q \rangle_{\text{time}}$ 而得到。

$$\langle q \rangle_{\text{ens}} = q_{\text{exp}} = \langle q[\Gamma(t = t_{\text{fix}})] \rangle_{\text{ens}} = \int_\Gamma q(\Gamma) \rho(\Gamma) \mathrm{d}\Gamma \qquad (2.65)$$

式中,$\rho(\Gamma) = \rho(\boldsymbol{r}_1, \boldsymbol{r}_2, \cdots, \boldsymbol{r}_N, \boldsymbol{p}_1, \boldsymbol{p}_2, \cdots, \boldsymbol{p}_N)$ 是概率分布函数,有时,它也被称为相空间分布函数或简称为分布函数。在给定宏观状态下,$\mathrm{d}\Gamma$ 表示在相空间点 Γ 附近的体积元,则 $\rho(\Gamma)$ 正比于在时刻 $t = t_0$ 系综的微观状态处在 $\mathrm{d}\Gamma$ 内的概率。由于微观状态必须确实存在于相空间的某一个地方,因此分布函数对整个相空间的积分应等于 1,即

$$\int_\Gamma \rho(\Gamma) \mathrm{d}\Gamma = 1 \qquad (2.66)$$

从刘维尔(Liouville)方程的经典表达式可知,如果 $f(\Gamma)$ 表示平衡系综,则它与时间完全无关,即它仅是运动守恒量的函数,有

$$\frac{\partial \rho(\Gamma)}{\partial t} = 0 \qquad (2.67)$$

刘维尔定理可以作为概率密度守恒定律。这就意味着,任何用恒量 $\rho(\Gamma)$ 表征的平衡系综都是稳定系综。

相空间的密度函数依赖于系统的哈密顿量,即

$$\rho(\Gamma) = f[H(\Gamma)] \qquad (2.68)$$

而且

$$H(\Gamma) = E_{\text{pot}}(\boldsymbol{r}_1, \boldsymbol{r}_2, \cdots, \boldsymbol{r}_N) + E_{\text{kin}}(\boldsymbol{p}_1, \boldsymbol{p}_2, \cdots, \boldsymbol{p}_N) \tag{2.69}$$

式中，$E_{\text{pot}}(\boldsymbol{r}_1, \boldsymbol{r}_2, \cdots, \boldsymbol{r}_N)$ 表示势能；$E_{\text{kin}}(\boldsymbol{p}_1, \boldsymbol{p}_2, \cdots, \boldsymbol{p}_N)$ 表示动能项。

利用概率 $W(\Gamma)$，并注意到粒子的能量 $H(\Gamma)$ 和正则配分函数 (canonical partition function)Z_{nvt}，则正则系综的相空间密度函数 $\rho_{\text{NVT}}(\Gamma)$ 可以方便地给以描述。

统计力学中的一个基本假设就是：系统中具有相同能量的各个微观状态出现的概率是相等的。在经典正则表述中，这种概率可以用玻尔兹曼因子表示。对于处于热平衡的正则相空间组态 Γ，概率密度 $W_{\text{NVT}}(\Gamma)$ 描述了非归一化统计权重，其表达式可写为

$$W_{\text{NVT}}(\Gamma) = \frac{1}{N!} \frac{1}{h^{3N}} \exp[-\beta H(\Gamma)] \tag{2.70}$$

式中，$\beta = 1/k_{\text{B}}T$，k_{B} 为玻尔兹曼常数；$1/N!$ 是归一化因子，它是基于在 N 个全同粒子系统中交换两个全同粒子并不改变系统量子态的考虑而引入的；因子 $1/h^{3N}$ 是考虑到海森堡测不准关系而引入的，h^{3N} 可看成是在相空间中的微小单元的体积，在这一体积以下，位置矢量和动量矢量不再能同时被确定。

正则配分函数 Z_{NVT} 作为权重对所有状态的积分，相当于一个归一化因子，即

$$Z_{\text{NVT}} = \int_{\Gamma} W_{\text{NVT}}(\Gamma) \mathrm{d}\Gamma = \frac{1}{N!} \frac{1}{h^{3N}} \int_{\Gamma} \exp[-\beta H(\Gamma)] \mathrm{d}\Gamma \tag{2.71}$$

正则系综的相空间密度函数 $\rho_{\text{NVT}}(\Gamma)$ 可看作归一化权重配分函数，即

$$\rho_{\text{NVT}} = \frac{W_{\text{NVT}}(\Gamma)}{Z_{\text{NVT}}} = \frac{\exp[-\beta H(\Gamma)]}{\int_{\Gamma} \exp[-\beta H(\Gamma)] \mathrm{d}\Gamma} \tag{2.72}$$

在离散能量 $H(\Gamma)$ 和可分辨非量子粒子（即经典粒子）的情况下，归一化权重配分函数服从麦克斯韦－玻尔兹曼分布，这时用求和代替积分就可写出其正则配分函数，有

$$Z_{\text{NVT}} = \sum_{\Gamma} \exp[-\beta H(\Gamma)] \mathrm{d}\Gamma \tag{2.73}$$

对于特性参量 q，其正则系综平均可写为

$$\langle q \rangle_{\text{NVT}} = \langle q[\Gamma(t = t_{\text{fix}})] \rangle_{\text{NVT}} = \sum_{\Gamma} \rho_{\text{NVT}}(\Gamma) q(\Gamma)$$

$$= \frac{\sum\limits_{\Gamma} W(\Gamma) q(\Gamma)}{\sum\limits_{\Gamma} W(\Gamma)} \tag{2.74}$$

对于处于热平衡的微正则相空间组态 Γ，微正则概率密度 $W_{\text{NVT}}(\Gamma)$ 描述了非归一化统计权重，其表达式为

$$W_{\text{NVT}}(\Gamma) = \frac{1}{N!} \frac{1}{h^{3N}} \delta[H(\Gamma) - E] \tag{2.75}$$

式中,E 为系统能量;δ 为狄拉克 δ 函数。

微正则配分函数为

$$Z_{NVT} = \int_{\Gamma} W_{NVT}(\Gamma)\mathrm{d}\Gamma = \frac{1}{N!}\frac{1}{h^{3N}}\int_{\Gamma}\delta[H(\Gamma)-E]\mathrm{d}\Gamma \tag{2.76}$$

在离散能量的情况下,微正则配分函数可写成求和的形式,即

$$Z_{NVT} = \sum_{\Gamma}\delta[H(\Gamma)-E] \tag{2.77}$$

巨正则系综的概率密度 $W_{\mu VT}(\Gamma)$ 可表达为

$$W_{\mu VT}(\Gamma) = \frac{1}{N!}\frac{1}{h^{3N}}\exp\{-\beta[H(\Gamma)-\mu N]\} \tag{2.78}$$

式中,μ 为规定的化学势;N 为粒子数。

巨正则配分函数 $Z_{\mu VT}$ 为

$$Z_{\mu VT} = \int_{\Gamma} W_{NVT}(\Gamma)\mathrm{d}\Gamma = \frac{1}{N!}\frac{1}{h^{3N}}\int_{\Gamma}\exp\{-\beta[H(\Gamma)-\mu N]\}\mathrm{d}\Gamma \tag{2.79}$$

对于离散能量,巨正则配分函数可以写成求和形式,即

$$Z_{\mu VT} = \sum_{\Gamma}\sum_{N}\exp\{-\beta[H(\Gamma)-\mu N]\} = \sum_{N}\exp(\beta\mu N)Z_{NVT} \tag{2.80}$$

等压等温系综的概率密度 $W_{NPT}(\Gamma)$ 为

$$W_{NPT}(\Gamma) = \frac{1}{N!}\frac{1}{h^{3N}\Omega_0}\exp\{-\beta[H(\Gamma)+PV]\} \tag{2.81}$$

式中,Ω_0 为体积常数;P 为压强;V 为体积。

等压等温配分函数 Z_{NPT} 为

$$Z_{NPT} = \int_{V}\int_{\Gamma} W_{NPT}(\Gamma)\mathrm{d}\Gamma\mathrm{d}V$$

$$= \frac{1}{N!}\frac{1}{h^{3N}\Omega_0}\int_{V}\int_{\Gamma}\exp\{-\beta[H(\Gamma)+PV]\}\mathrm{d}\Gamma\mathrm{d}V \tag{2.82}$$

在离散能量情况下,等压等温配分函数可以写成求和形式,即

$$Z_{NPT} = \sum_{\Gamma}\sum_{V}\exp\{-\beta[H(\Gamma)+PV]\} = \sum_{V}\exp(-\beta PV)Z_{NVT} \tag{2.83}$$

在热力学平衡情况下,配分函数是计算各种热力学状态函数的基础。例如,亥姆霍兹自由能 F 与正则配分函数的对数成比例关系,即

$$F = -k_B T\ln Z_{NVT} = -k_B T\ln\sum_{\Gamma}\exp[-\beta H(\Gamma)] \tag{2.84}$$

吉布斯自由能与等压等温配分函数的对数成比例关系,即

$$G = -k_B T\ln Z_{NPT} = -k_B T\sum_{\Gamma}\sum_{V}\exp\{-\beta[H(\Gamma)+PV]\} \tag{2.85}$$

从上述这两个主要的状态函数出发,可进一步推导出一些有用的热力学关系。例如,内能 U 可以写成正则配分函数的导数(准确讲应为偏导数),即

$$U = -\frac{\partial \ln Z_{\mathrm{NVT}}}{\partial \beta} \tag{2.86}$$

另外,熵 S 和压强 P 可表示成自由能的导数,即

$$\begin{cases} S = -\left(\dfrac{\partial \ln F}{\partial T}\right)_V \\[2mm] P = -\left(\dfrac{\partial \ln F}{\partial V}\right)_T \end{cases} \tag{2.87}$$

式中, V 是体积。

在微正则系综(N,V,E)平均与正则系综(N,V,T)平均之间的关系中,存在一个重要定理,通常被称为热力学极限。这个定理指出,在这两种系综中,若不考虑相转变,则当粒子数 N 和体积 V 均变为无穷大时,两者的系综平均相等。然而,计算机模拟只能处理有限大小的系统,无限系统与有限系统之间,其系综平均之差随 N 值的增大将以 $\dfrac{1}{N}$ 的形式减小(这里 N 为所考察的粒子数)。

2.3　蒙特卡洛方法

2.3.1　方法基础

蒙特卡洛(Monte Carlo,MC)方法是在简单的理论准则基础上(如简单的物质与物质以及物质与环境相互作用),采用反复随机抽样的方法,解决复杂系统的问题。该方法采用随机抽样,可以模拟对象的概率与统计问题。通过设计适当的概率模型,该方法还可以解决确定性问题,如定积分等。随着计算机的迅速发展,MC 方法已在应用物理、原子能、固体物理、化学、材料、生物、生态学、社会学以及经济学等领域得到了广泛的应用。

1. MC 方法及其历史

蒙特卡洛是地中海沿岸国家摩纳哥的一个城市,是世界闻名的赌城,用这个名字命名一个计算方法,表明该算法与随机、概率有着密切的联系。事实上,MC 方法也称为随机模拟(random simulation)方法、随机抽样(random sampling)技术或统计试验(statistical testing)方法。

随机抽样方法可以追溯到 18 世纪后半叶的蒲丰(Buffon)随机投针试验,蒲丰发现了随机投针的概率与 π 之间的关系。但是一般是将 Metropolis 和 Ulam 在 1949 年发表的论文作为 MC 方法诞生的标志。20 世纪 40 年代是电子计算机问世的年代,也是研制原子弹的年代。原子弹的研制过程涉及大量复杂的理论

和技术问题,如中子运输和辐射运输等物理过程。科学家们在解决中子运输等问题时,将随机抽样方法与计算机技术相结合,从而产生了 MC 方法。

MC 方法与传统数学方法相比,具有直观性强、简便易行的优点。该方法能处理一些其他方法无法解决的复杂问题,并且容易在计算机上实现,特别是在计算机高度发展的今天,该方法能够解决很多理论和应用科学问题,在很大程度上可以代替许多大型的、难以实现的复杂试验或社会行为过程。

2. MC 方法的基本思想

MC 方法的基本思想是:为了求解某个问题,建立一个恰当的概率模型或随机过程,使得其参量(如事件的概率、随机变量的数学期望等)等于所求问题的解,然后对模型或过程进行反复多次的随机抽样试验,并对结果进行统计分析,最后计算所求参量,得到问题的近似解。

MC 方法是随机模拟方法,它不仅限于模拟随机性问题,还可以解决确定性的数学问题。对随机性问题,可以根据实际问题的概率法则,直接进行随机抽样试验,即直接模拟方法。对于确定性问题采用间接模拟方法,即通过统计分析随机抽样的结果获得确定性问题的解。

用 MC 方法解决确定性的问题主要是在数学领域,如计算重积分、求逆矩阵、解线性代数方程组、解积分方程、解偏微分方程边界问题和计算微分算子的特征值等;用 MC 方法解决随机性问题则在众多的科学及应用技术领域得到广泛的应用,如中子在介质中的扩散问题、库存问题、随机服务系统中的排队问题、动物的生态竞争、传染病的蔓延等。MC 方法在材料空间环境效应领域的应用也主要是解决随机性问题。

下面用一个简单的例子来说明如何使用 MC 方法求解确定性问题。如要求解一个定积分:

$$I = \int_a^b f(x)\,\mathrm{d}x \tag{2.88}$$

首先,对积分进行变换,构造新的被积函数 $g(x)$,使得该函数满足下列条件:

(1) $g(x) \geqslant 0$;

(2) $\int_{-\infty}^{\infty} g(x)\,\mathrm{d}x = 1$。

显然,$g(x)$ 是连续随机变量 ξ 的概率密度函数,因此式(2.88)成为一个概率积分,其积分值等于概率 $P_r(a \leqslant \xi \leqslant b)$,即

$$I = P_r(a \leqslant \xi \leqslant b)$$

这个步骤就是将一个积分转化为一个概率模型的过程,反复多次地随机抽样试验,以抽样结果的统计平均作为所求概率的近似值,从而求得该积分。具体

试验步骤如下：

① 产生服从给定分布函数 $g(x)$ 的随机变量值 x_i；

② 检查 x_i 是否落入积分区域 $(a \leqslant x \leqslant b)$，如果满足条件，则记录一次。

反复进行上述试验。假设在 N 次试验后，x_i 落入积分区域的总次数为 m，那么，积分值近似表示为

$$I \approx \frac{m}{N}$$

对于随机性问题，可直接将实际的随机问题抽象为概率数学模型，然后与求解确定性问题一样进行抽样试验和统计计算。

综上所述，应用 MC 方法解决实际问题主要有以下几个内容：

① 建立简单而又便于实现的概率统计模型，使所求的解是该模型的某一事件的概率或数学期望，或该模型能够直接描述实际的随机过程。

② 根据概率统计模型的特点和计算的需求，改进模型，以便减小方差和减低费用，提高计算效率。

③ 建立随机变量的抽样方法，包括伪随机数和服从特定分布的随机变量的产生方法。

④ 给出统计估计值及其方差或标准误差。

3. MC 方法的收敛性和基本特点

设所求的量 x 是随机变量 ξ 的数学期望 $E(x)$，那么，MC 方法通常使用随机变量 ξ 的简单子样 $\xi_1, \xi_2, \cdots, \xi_N$ 的算术平均值

$$\overline{\xi_N} \approx \frac{1}{N} \sum_{i=1}^{N} \xi_i \tag{2.89}$$

作为所求量 x 的近似值。由柯尔莫哥罗夫（Kolmogorov）大数定理可知

$$P(\lim_{N \to \infty} \overline{\xi_N} = x) = 1 \tag{2.90}$$

即当 N 充分大时

$$\overline{\xi_N} \approx E(\xi) = x \tag{2.91}$$

成立的概率等于 1，即可以用 $\overline{\xi_N}$ 作为所求量 x 的估计值。

根据中心极限定理，如果随机变量 ξ 的标准差 σ 不为零，那么 MC 方法的误差 ε 为

$$\varepsilon = \frac{\lambda_a \sigma}{\sqrt{N}} \tag{2.92}$$

式中，λ_a 为正态差，是与置信水平有关的常量。

由式（2.92）可知，MC 方法的收敛速度的阶为 $o(N^{-\frac{1}{2}})$，误差是由随机变量的标准差 s 和抽样次数 N 决定的。提高精度一位数，抽样次数要增加 100 倍；减

小随机变量的标准差,可以减小误差。但是,减小随机变量的标准差将提高产生一个随机变量的平均费用(计算时间)。因此,提高计算精度时,要综合考虑计算费用。

MC 方法具有以下四个重要特征:

① 由于 MC 方法是通过大量简单的重复抽样来实现的,因此,方法和程序的结构十分简单;

② 收敛速度比较慢,较适用于求解精度要求不高的问题;

③ 收敛速度与问题的维数无关,较适用于求解多维问题;

④ 问题的求解过程取决于所构造的概率模型,受问题条件限制的影响较小,对各种问题的适应性很强。

2.3.2　随机数的产生

1. 随机数与伪随机数

MC 方法的核心是随机抽样。在该过程中需要各种各样分布的随机变量,其中最简单、最基本的是在 $[0,1]$ 区间上均匀分布的随机变量。在该随机变量总体中抽取的子样 $\xi_1, \xi_2, \cdots, \xi_N$ 称为随机数序列,其中每个个体称为随机数。

在电子计算机中可以用随机数表和物理的方法产生随机数;但是这两种方法占用大量的存储单元和计算时间,费用昂贵并且不可重复,因而都不可取。用数学的方法产生随机数是目前广泛使用的方法。该方法的基本思想是利用如下递推公式:

$$\xi_{i+1} = T(\xi_i) \tag{2.93}$$

对于给定的初始值 ξ_1,逐个地产生 $\xi_2, \cdots, \xi_N$。

这种数学方法产生的随机数存在两个问题:

① 整个随机数序列是完全由递推函数形式和初始值唯一确定的,严格地说不满足随机数相互独立的要求;

② 存在周期现象。

基于这两个原因,将用数学方法所产生的随机数称为伪随机数。伪随机数的优点是适用于计算机,产生速度快,费用低廉。目前,多数计算机均附带有"随机数发生器"。

通过适当选择递推函数,伪随机数是可以满足 MC 方法的要求的。选择递推函数必须注意以下几点:

① 随机性好;

② 在计算机上容易实现;

③ 省时;

④ 伪随机数的周期长。

2. 伪随机数的产生方法

最基本的伪随机数是均匀分布的伪随机数。最早产生伪随机数的方法是
Von Neumann 和 Metropolis 提出的平方取中法。该方法是首先给一个 $2r$ 位的
数,取其中间的 r 位数码作为第一个伪随机数,然后将这个数平方,构成一个新的
$2r$ 位的数,再取中间的 r 位数作为第二个伪随机数。如此循环可得到一个伪随机
数序列。该方法的递推公式为

$$x_{n+1} = [10^{-r} x_n^2](\text{Mod } 10^{2r}) \tag{2.94}$$

$$\xi_n = x_n / 10^{2r} \tag{2.95}$$

式中,$[x]$ 表示对 x 取整;运算 $B(\text{Mod } M)$ 表示 B 被 M 整除后的余数;数列 $\{\xi_i\}$ 是
分布在 $[0,1]$ 上的。该方法由于效率较低,有时周期较短,甚至会出现零。

目前伪随机数产生的方法主要是同余法。同余法是一类方法的总称。该方
法也是由选定的初始值出发,通过递推产生伪随机数序列。由于该递推公式可
写成数论中的同余式,故称同余法。该方法的递推公式为

$$x_{n+1} = [a x_n + c](\text{Mod } m) \tag{2.96}$$

$$\xi_n = x_n / m \tag{2.97}$$

式中,a、c、m 分别称作倍数(multiplier)、增值(Increment) 和模(modulus),均为
正整数;x_0 称为种子或初值,也为正整数。该方法所产生伪随机数的质量,如周
期的长度、独立性和均匀性都与式中三个参数有关,参数一般是通过定性分析和
计算试验进行选取。例如,当 $m = 2^{35}$,$a = 7$,$c = 1$,$x_0 = 1$ 时,可获得较满意的伪随
机数数列。

上式是同余法的一般形式,根据参数 a 和 c 的特殊取值,该方法可分成下述
三种形式:

(1)$a \neq 1$;$c \neq 0$。

这是该方法的一般形式,也称为混合同余法。该方法能实现最大的周期,但
所产生的伪随机数的特性不好,随机数的产生效率低。

(2)$a \neq 1$;$c = 0$。

一般递推公式简化成 $x_{n+1} = a x_n(\text{Mod } m)$。这种情况下该方法称为乘同余
法。由于减少了一个加法,伪随机数的产生效率会提高。乘同余法指令少、省
时,所产生的伪随机数随机性好、周期长。

(3)$a = 1$;$c \neq 0$。

一般递推公式简化成 $x_{n+1} = [x_n + c](\text{Mod } m)$。这种情况下该方法称为加同
余法。由于加法的运算速度比乘法快,因此加同余法比乘同余法更省时,但伪随
机数的质量不如乘同余法。

3. 伪随机数的统计检验

伪随机数的特性好坏将直接影响到 MC 模拟的计算结果,因此要对所产生的伪随机数序列进行随机性检验。随机性检验主要包括均匀性检验、独立性检验、组合规律性检验和无连贯性检验。χ^2 检验是伪随机数检验最常用的方法。有关 χ^2 检验的基本知识请参考统计学方面的相关书籍。

均匀性就是伪随机数列的 N 个数是否均匀分布在 $[0,1]$ 区间上。将 $[0,1]$ 区间分成 k 个相等的子区间(一般 $k=8,16,32$),若所得伪随机数在 $[0,1]$ 区间上是均匀分布的,则假设 H_0 应为"每个伪随机数属于 i 组的概率为 $p_k = \dfrac{1}{k}$($\sum\limits_{i=1}^{k} p_i = 1$),而频率检验在于检验每组观测频数 n_i 与理论频数 $m_i = N\dfrac{1}{k}$ 之间差距的显著性。

独立性就是按先后顺序排列的 N 个伪随机数中,每个数的出现是否与其前后各个数独立无关。对于两组伪随机数来说,独立性就是指它们不相关。

组合规律性就是将 N 个伪随机数按一定的规律组合起来,则各种组合的出现具有一定的概率。

无连贯性就是将一次出现的 N 个伪随机数,按其大小分为两类或 k 类,则各类数的出现没有连贯现象。

随着计算机软硬件技术的发展,高级计算机语言中的伪随机数的产生函数能够产生质量较好的伪随机数,能够满足一般 MC 模拟的需要。如 Matlab 中的 rand 函数所产生的伪随机数的周期能够达到 $2^{1\,492}$。

2.3.3　随机变量抽样

1. 随机变量

随机变量抽样就是从已知分布的总体中产生简单子样。设 $F(x)$ 为某一已知的分布函数,随机变量抽样就是产生相互独立、具有相同分布函数 $F(x)$ 的随机序列 $\xi_1, \xi_2, \cdots, \xi_N$。这里,$N$ 称为容量。一般用 ξ_F 表示具有分布函数 $F(x)$ 的简单子样。对于连续型分布常用分布密度函数 $f(x)$ 表示总体的已知分布,这时将用 ξ_f 表示由已知分布 $f(x)$ 所产生的简单子样。

随机数实际上是从均匀分布总体中产生的简单子样,因此,产生随机数属于随机变量抽样的一个特殊情况。由于随机变量抽样是在假设随机数已知的情况下进行的,因此两者的产生方法有本质上的区别。一般情况下,随机变量抽样具有严格的理论根据,只要所用的随机数序列满足均匀且相互独立的要求,那么所产生的已知分布的简单子样,严格满足具有相同的总体分布且相互独立。

2. 随机变量的直接抽样法

对于任意给定的分布函数 $F(x)$，直接抽样法的一般形式为

$$\xi_n = \inf_{F(t) \geqslant r_n} t, \quad n = 1, 2, \cdots, N \tag{2.98}$$

式中，$r_1, r_2, \cdots, r_N$ 为随机数序列。也就是说，对于一组随机数 r_N，取能够使得累积分布函数值 $F(t)$ 大于该随机数的最小随机变量值 t 所构成的序列，就是满足已知分布 $F(x)$ 的随机变量抽样。

根据直接抽样方法的一般公式，离散型分布的直接抽样方法如下：

$$\xi_n = x_n, \quad \sum_{i=1}^{n-1} P_i < r \leqslant \sum_{i=1}^{n} P_i \tag{2.99}$$

式中，x_i 为离散型随机变量的跳跃点；P_i 为相应的概率。以图 2.29 所示离散型分布为例，对于一个随机数 $r_i = 0.5$，该值落在累积分布函数值 $F(x_{n-1} = 7) = 0.32$ 和 $F(x_n = 8) = 0.62$ 之间，由式（2.101）可知，$x_n = 8$ 是一个满足该分布的随机变量 ξ 的抽样结果。

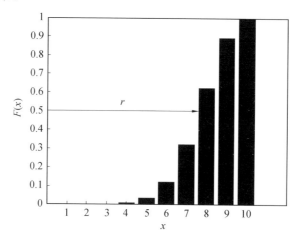

图 2.29　离散型分布随机变量抽样示意图

直接抽样方法是离散型分布随机变量抽样非常理想的基本方法。

对于连续型分布，其分布函数如下：

$$F(x) = \int_{-\infty}^{x} f(t) \mathrm{d}t \tag{2.100}$$

式中，$f(x)$ 为密度函数。

根据直接抽样方法的一般公式，如果分布函数的反函数 $F^{-1}(x)$ 存在，则连续型分布的直接抽样法可表示为

$$\xi_F = F^{-1}(r) \tag{2.101}$$

式中，r 是 $[0, 1]$ 均匀分布的随机数。

实际抽样步骤是将一组伪随机数 r_n 代入到分布函数的反函数中,可直接获得一组符合该给定分布的随机变量序列 ξ_n。

例如,指数分布的分布函数为

$$F(x) = \begin{cases} 0, & x < 0 \\ 1 - \exp(-\lambda x), & x \geqslant 0 \end{cases} \qquad (2.102)$$

式中,$\lambda > 0$。

按照分布函数的反函数,指数分布随机变量的直接抽样如下:

$$\xi = -\frac{1}{\lambda} \ln(1 - r) \qquad (2.103)$$

由一组伪随机数序列 r_n 代入式(2.103)即可得到指数分布的随机变量抽样 ξ_n。

在实际问题中,连续型分布是很复杂的。有的只能给出分布函数的解析表达式,但不能给出其反函数的解析表达式,如 β 分布;有的则连分布函数的解析表达式都不能给出,如正态分布只有分布密度函数,而没有分布函数的解析表达式。因此,对于相当多的连续型分布难以采用直接抽样方法进行随机变量抽样。

3. 随机变量的舍选抽样法

对于连续型分布采用直接抽样法,首先必须获得该分布函数的反函数的解析表达式。而实际许多分布由于无法获得该反函数的解析式,甚至连分布函数自身的解析式都不存在,因此无法采用上述的直接抽样法。另外,即使可以给出分布函数的反函数,但由于该反函数的计算量很大,从抽样效率的角度考虑,这种情况下也不适合采用直接抽样法。

为了克服直接抽样方法的上述困难,Von Neumann 提出了舍选抽样的方法,该方法如图 2.30 所示。$f(x)$ 为已知分布密度函数,该密度函数在有限区域 $[a, b]$ 上有界,即

$$0 \leqslant f(x) \leqslant M$$

舍选抽样就是在图中产生一个随机点 (x_i, y_i),如果该点落入 $f(x)$ 以下的区域,则 x_i 取作抽样的取值;否则舍去重取。反复上述过程可产生分布密度为 $f(x)$ 的随机抽样序列 $\{x_i\}$。由图 2.30 可见,密度函数值 $f(x_i)$ 越高,抽样值 x_i 抽取的可能性越大。

舍选抽样法的具体步骤是:首先产生二元随机数 (ξ, η),令 $x_i = a + \xi(b - a)$,$y_i = M\eta$;如果 $y_i \leqslant f(x_i)$,则取 x_i 作为抽样值,否则舍去;反复抽样可得所求抽样序列 $\{x_i\}$。

舍选抽样法可用于所有已知分布密度函数的随机抽样,具有较广的适用性。但是,如果 $f(x)$ 以下的区域较小,则抽样过程中被舍去的概率较大。因此,

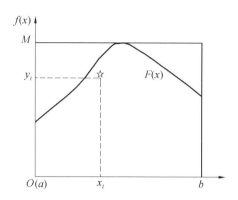

图 2.30   舍选抽样法示意图

抽样效率低,抽样费用高。为了提高抽样效率,还有一些改良的方法,如乘抽样法等,在此就不一一介绍。

4. 随机抽样在 Matlab 中的实现

以上介绍了随机抽样的一般方法,实际计算时,可以借助 Matlab 等强大的概率统计工具,直接调用相应的函数,而不必自己编程。以下简单介绍随机抽样在 Matlab 中的实现方法。

Matlab 的统计工具箱提供了包括离散型和连续型的 20 余种分布函数,对各种分布类型提供了五类函数:概率密度函数(pdf)、(累计)分布函数(cdf)、逆(累计)分布函数(inv)、随机数发生器(rnd)、均值和方差(stat)。只要已知分布类型及其参数,直接调用相应的函数即可直接计算出各函数值。

随机抽样可以调用相关分布的随机数发生器直接产生随机抽样序列。各种类型分布的随机抽样函数调用格式见表 2.2。既可以产生一个随机数,也可以一次产生一个 $m \times n$ 的随机矩阵。

表 2.2   Matlab 中各种类型分布的随机抽样函数调用格式

分布名称	函数名称	调用形式
β 分布	betarnd	R = betarnd(A,B[,m,n])
二项分布	binornd	R = binornd(N,P[,m,n])
χ^2 分布	chi2rnd	R = chi2nd(V[,m,n])
指数分布	exprnd	R = exprnd(MU,[m,n])
F 分布	frnd	R = frnd(V1,V2[,m,n])
γ 分布	gamrnd	R = gamrnd(A,B[,m,n])
几何分布	geornd	R = geornd(P[,m,n])

续表2.2

分布名称	函数名称	调用形式
超几何分布	hygernd	$R = hygernd(M,K,N[,m,n])$
正态分布	normrnd	$R = normrnd(MU,SIGMA[,m,n])$
对数正态分布	lognrnd	$R = lognrnd(MU,SIGMA[,m,n])$
负二项分布	nbinrnd	$R = nbinrnd(R,P[,m,n])$
非中心 F 分布	ncfrnd	$R = ncfrnd(NU1,NU1[,m,n])$
非中心 t 分布	nctrnd	$R = nctrnd(V,DELTA[,m,n])$
非中心 χ^2 分布	ncx2rnd	$R = ncx2rnd(V,DELTA[,m,n])$
泊松分布	poissrnd	$R = poissrnd(LAMBDA[,m,n])$
Rayleigh 分布	raylrnd	$R = raylrnd(B[,m,n])$
t 分布	trnd	$R = trnd(V[,m,n])$
离散均匀分布	unidrnd	$R = unidrnd(N[m,n])$
连续均匀分布	unifrnd	$R = unifrnd(A,B[,m,n])$
Weibull 分布	weibrnd	$R = weibrnd(A,B[m,n])$

2.3.4　确定性问题的 MC 方法求解

MC 方法所能解决的问题可以分为两大类,即确定性问题和随机性问题。本节介绍解决确定性问题的方法,下一节介绍解决随机性问题的方法。

这里所说的确定性问题主要包括求解线性和非线性方程组、逆矩阵、椭圆型差分方程的边值、积分方程以及多重积分等。用 MC 方法求解确定性问题的基本思想是:对于给定的确定性问题,设计一个概率统计模型(或随机过程模型),然后采用一定的抽样方法,按照所设计的概率统计模型进行抽样,最后把这个模型产生的一个数字特征作为该确定性问题的近似解。从这一点来看,MC 方法是统计抽样与计算数学相结合的方法,或者说,它是应用统计抽样与计算数学的一种方法。

1. 蒲丰试验

虽然 MC 方法的系统发展始于 20 世纪 40 年代,但是,早在 1777 年法国著名学者蒲丰(Buffon)就发表了采用随机抽样法计算圆周率的论文。这就是蒲丰随机投针试验,即著名的蒲丰问题。虽然蒲丰试验只是 MC 方法的雏形,但是蒲丰试验这一古老的问题有助于了解 MC 方法解决确定性问题的过程。

圆周率的求解是一个确定性的问题,但是,蒲丰设计了一个概率模型,将概率与所要求解的圆周率建立起联系,通过大量的随机试验先求得概率值,从而算出圆周率。蒲丰概率模型是,在平面上画相距均为 $2a$ 的平行线束,向该平面上随机投置一枚长为 $2l$ 的针。为了避免针同时与两条平行线相交的复杂情况,设定 $0 < l < a$。如图 2.31 所示,M 为针的中点,y 为针的中点 M 到与之最近的平行线的距离,φ 为针与平行线的夹角。显然,$0 \leqslant y \leqslant a$,$0 \leqslant \varphi \leqslant \pi$。该随机试验所有可能的集为

$$\int_0^\pi \mathrm{d}\varphi \int_0^a \mathrm{d}y = \pi a \tag{2.104}$$

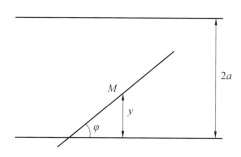

图 2.31 蒲丰投针试验示意图

针与平行线相交的充分必要条件是 $y \leqslant l\sin\varphi$,因此,针与平行线相交事件的集为

$$\int_0^p \mathrm{d}\varphi \int_0^{l\sin\varphi} \mathrm{d}y = \int_0^p l\sin\varphi\,\mathrm{d}\varphi = 2l \tag{2.105}$$

则针与平行线相交的概率为

$$p = \frac{2l}{\pi a} \tag{2.106}$$

由于 l 和 a 均为已知常数,只要通过大量抽样试验求得该概率 p,由式 (2.106) 即可算出圆周率。设投针总次数为 N,其中针与平行线相交次数为 v,由伯努利(Bernoulli)定理可知,当 N 充分大时,该事件出现的频率接近于其概率,即

$$p \approx \frac{v}{N} \tag{2.107}$$

则

$$p \approx \frac{2lN}{av} \tag{2.108}$$

这就是蒲丰试验求圆周率的过程。虽然该方法要想获得较高的精确度,需要数以百万次的抽样试验,效率很低,但蒲丰试验具有 MC 方法解决确定性问题的基本思想。

2. 定积分计算

定积分计算是 MC 方法进入计算数学的开端。从应用方面来看，使用 MC 方法计算定积分，尤其是计算多重积分有着更为重要的意义。多重积分的计算在许多领域一直是人们关心的重要课题。用传统数值计算方法往往计算费用很大，而且，可能因不收敛而无法计算。尽管 MC 方法计算积分的精度不是很高，但是由于该方法的误差与积分维数无关，因此该方法能够经济、快速地计算多重积分。

用 MC 方法求解积分的基本原则是：任何一个定积分都能看作是某个随机变量的数学期望，只要能实现该随机变量的抽样，就能获得该积分的近似解。

设欲求多重积分

$$I = \int_{V_s} g(X) dX \tag{2.109}$$

式中，被积函数 $g(X)$ 在 V_s 区域内可积；$X = X(x_1, \cdots, x_s)$ 表示 s 维空间的点；V_s 表示 s 维空间的积分区域。

任意选取一个由简单方法可以进行抽样的概率密度函数 $f(X)$，使其满足下列条件：

① 当 $g(X) \neq 0$ 时 $f(X) \neq 0 (X \in V_s)$；

② $\int_{V_s} f(X) dX = 1$。

如果令

$$g^*(X) = \begin{cases} \dfrac{g(X)}{f(X)}, & f(X) \neq 0 \\ 0, & f(X) = 0 \end{cases} \tag{2.110}$$

那么积分可以写为

$$I = \int_{V_s} g^*(X) f(X) dX = E[g^*(X)] \tag{2.111}$$

即所求积分成为随机变量 $g^*(X)$ 的数学期望。因而求积过程如下：

(1) 产生服从分布 $f(X)$ 的随机变量 $X_i (i = 1, 2, \cdots, N)$；

(2) 计算均值

$$\overline{I} = \frac{1}{N} \sum_{i=1}^{N} g^*(X_i) \tag{2.112}$$

用 $\overline{I}$ 作为积分 I 的近似值，即 $I \approx \overline{I}$。这就是平均值法。

选取分布密度函数 $f(X)$ 最简单的方法是取多维空间区域 V_s 上的均匀分布，即

$$f(X) = \begin{cases} 1/|V_s|, & X \in V_s \\ 0, & \text{其他} \end{cases} \tag{2.113}$$

式中，$|V_s|$ 表示区域 V_s 的体积，因而有

$$g^*(X) = |V_s| g(X) \tag{2.114}$$

下面以一个一维积分为例做进一步的说明。

例 2.6 求积分值

$$I = \int_a^b e^{x-1} dx$$

积分函数 $g(x) = e^{x-1}$，如果取一维平均分布，则

$$f(X) = \begin{cases} \dfrac{1}{b-a}, & a \leqslant x \leqslant b \\ 0, & \text{其他} \end{cases}$$

$$g^*(X) = (b-a)e^{x-1}$$

如果在区域 $[a,b]$ 上进行 N 次均匀抽样 x_i，则积分值近似为

$$I \approx \bar{I} = \frac{1}{N} \sum_{i=1}^{N} (b-a) e^{x_i - 1} \tag{2.115}$$

采用均匀分布抽样的方法称为简单抽样（simple sampling），简单抽样是在全区域完全随机地进行抽样，每次抽样是独立的，与被积函数无关。即抽样是通过随机数（伪随机数）及其现行变换获得的。对于较为平坦的被积函数积分，这种简单抽样方法具有较高的精度和效率（图 2.32）。

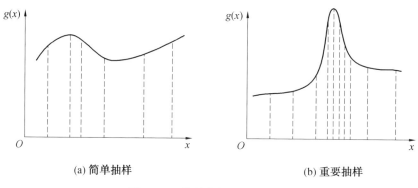

(a) 简单抽样　　　　　　　　　　(b) 重要抽样

图 2.32　简单抽样和重要抽样

对于变化很快的被积函数积分来说，简单抽样方法的精度往往难以满足要求。因此，需要在变化大的领域多抽样，以提高计算精度。这就是重要抽样（importance sampling）方法，即以一个权重函数 $w(X)$ 为分布密度函数，抽取符合该分布的随机变量 X_i，则

$$I \approx \bar{I} = \frac{1}{N} \sum_{i=1}^{N} \frac{g(X_i)}{w(X_i)} \tag{2.116}$$

如果适当地选取权重函数 $w(X)$，使之与原积分函数变化形势相近，则 $\dfrac{g(X_i)}{w(X_i)}$ 近

似为一常量,该计算具有很高的精度。例如,对于被积函数 $g(x) = e^{-\frac{x}{2}}$,可以选用该函数的级数展开式 $1 - x/3 + x^2/2 - x^3/6 + \cdots$ 的一级近似 $1 - x/2$ 作为权重函数 $w(x)$。

关于重要抽样方法在正则系综和巨正则系综 MC 模拟中的应用将在下一节中介绍。

3. 椭圆偏微分方程的求解

在材料相关领域,经常会遇到椭圆偏微分方程的求解问题。如波动方程、扩散方程、拉普拉斯方程、泊松方程、亥姆霍兹方程等。在多数情况下由于边界条件的复杂性,这些方程往往不能获得解析解,而需要采用数值计算方法进行求解。一般是将该偏微分方程及其边界条件转化为相应的差分方程和相应的边界条件,然后进行迭代求解。这种差分迭代的方法是将时间和空间离散化,计算全部离散点(包括时间和空间)上的值,因此计算量大,需要大量的计算资源,对于高维问题尤为突出。而很多实际情况是,只需要知道个别点或区域的解,如航天飞机的鼻端和机翼前沿、汽轮机叶片的尖端等部位的温度、应力状况等。对于这样的问题,差分迭代方法的效率很低。

像解决其他确定性问题一样,MC 方法可以通过设计一个随机过程使得其随机变量的数学期望就是所求偏微分方程的解。MC 方法求解偏微分方程的主要特点是可以在不计算全域的解的情况下对某一点进行求解,因此,该方法对于只需要计算个别点或区域的解的问题来说是非常适用的。

这里通过介绍二维泊松方程第一边界值问题的 MC 求解过程,了解椭圆微分方程的 MC 计算方法。

设二维泊松方程和边界条件如下:

$$\begin{cases} \Delta u(P) = q(P), & P \in D \\ u(Q) = f(Q), & Q \in \Gamma \end{cases} \tag{2.117}$$

式中,D 是二维域,Γ 是 D 的边界;P 是域 D 内的点;Q 是边界 Γ 上的点。首先将二维域 D 以步长 h 为边长的正方形网格离散化(图 2.33)。位于 D 内的网格点可以分为两类:一类是具有四个第一近邻的节点,这类节点称为内部节点 D';另一类是第一近邻节点数少于四个的节点,这类节点称为边界节点 Γ'。离散化后该微分方程及其边界条件转化成相应的差分方程,即

$$\begin{cases} u(P_i) = \frac{1}{4} \sum_{j=1}^{4} u(P_{ij}) - \frac{h^2}{4} q(P_i), & P_i \in D' \\ u(Q) = f(Q), & Q \in \Gamma' \end{cases} \tag{2.118}$$

式中,P_i 是 D' 内的节点;$P_{ij}(j = 1, 2, 3, 4)$ 是与节点 P_i 相邻的四个节点;Q 是边界 Γ' 上的节点。设该差分方程有唯一解。

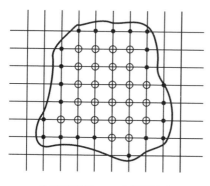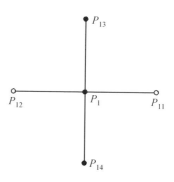

● 边界网格点　○ 内部网格点

图 2.33　椭圆微分方程的 MC 计算方法示意图

为了求解函数 u 在域 D 内节点 P_i 处的值 $u(P_i)$，建立一个随机行走过程：设想一个质点自 P_1 点出发，以等概率 $1/4$ 向与 P_1 相邻接的四个节点 P_{11}、P_{12}、P_{13}、P_{14} 处随机行走一步，然后以同样的方式自新的位置向与之邻接的四点随机行走一步，如此继续下去，直到质点到达边界 Γ' 上的一个节点时，随机行走结束。设某次随机行走的路线 ρ_P 是 $P_1 \rightarrow P_2 \rightarrow \cdots \rightarrow P_k \rightarrow Q$，与行走线路相应的随机变量定义为

$$\xi = v(\rho_P) = f(Q) - \frac{h^2}{4} \sum_{i=1}^{k} q(P_i) \tag{2.119}$$

可以证明该随机变量的期望值 $E(\xi)$ 是所求函数 $U(P)$ 在随机行走出发点 P_1 的值，即

$$E(\xi) = u(P_1) \tag{2.120}$$

建立了以上随机行走模型后，就可以采用随机抽样的方法，从 P_1 点出发进行 N 次随机行走试验，获得随机变量集合 $\{\xi_i\}$，计算其平均值 $\bar{\xi}$ 作为该随机变量的期望值，则该微分方程在 P_1 点的解为

$$u(P_i) \approx \bar{\xi} = \frac{1}{N} \sum_{i=1}^{N} \xi_i \tag{2.121}$$

由此可见，MC 方法求解椭圆偏微分方程过程如下：

① 将问题离散化，微分方程转化为差分方程；

② 离散空间建立随机行走模型，选取与随机行走路经有关的随机变量，使该随机变量的期望值等于所求微分方程在随机行走出发点的解；

③ 从所求点出发进行随机行走试验，获得随机变量集；

④ 计算随机变量的平均值，获得出发点处的解。

2.3.5　随机性问题的 MC 模拟

上一节介绍了 MC 随机抽样方法在解决一些确定性问题中的应用。该过程是先建立一个随机过程模型,使得该过程的随机变量的数学期望等于所要求解确定问题的解。这种计算方法称为间接模拟方法。另外,采用随机试验的方法直接模拟随机过程,解决随机问题,这就是直接 MC 模拟,如模拟布朗运动、扩散过程、有机高分子形态、晶粒生长等随机问题的模拟。

1. 随机行走模拟

随机行走(random walk)是 MC 方法中重要的内容,无论是直接模拟还是间接模拟。

随机行走是一种典型的简单抽样方法,可用以模拟扩散、溶液中长而柔性的大分子的性质等。随机行走主要有三种类型:无限制的随机行走(Unrestricted Random Walk,URW)、不退行走(Nonreversal Random Walk,NRRW)和自回避行走(Self — avoiding Walk,SAW)。无限制随机行走是指某一个质点的每一次行走都没有任何限制,既与前一次行走无关,也与以前任何一步所到的位置无关。这种模型可以用于模拟质点的扩散等过程,但是不能用于模拟高分子的位形。因为用随机行走方法模拟高分子位形是用随机行走的轨迹代表高分子的位形,行走过的位置代表的是构成分子的原子或官能团,所以无限制随机行走忽略了体斥效应。不退行走就是禁止在每一步行走后立即倒退,可以解决刚走的一步与上一步重叠的问题。但不退行走没有完全解决高分子的体斥效应问题。自回避行走就是所有已走过的位置不能再走,这样就完全解决了体斥效应问题。

图 2.34 显示了二维方格上的三种随机行走的示意图。可以用四个矢量描述从某个节点向邻近节点的行走方向(设格子间距为 1),即

$$\begin{cases} \boldsymbol{v}(1) = (1,0) \\ \boldsymbol{v}(2) = (0,1) \\ \boldsymbol{v}(3) = (-1,0) \\ \boldsymbol{v}(4) = (0,-1) \end{cases} \quad (2.122)$$

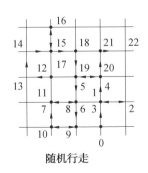
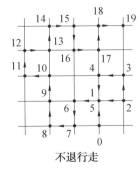

随机行走　　　　　　　　　不退行走　　　　　　　　　自回避行走

图 2.34　随机行走示意图

N 步无限制随机行走的算法如下：

① 取 $r_0 = (0,0)$（坐标原点），并令 $k=0$；

② 取一个在 1 和 4 之间的随机整数 v_k；

③ $k = k+1$，$r_k = r_{k-1} + v(v_{k-1})$；

④ 若 $k=N$，行走结束，否则回到第 ② 步。

对于配位数为 z 的格点的 N 步随机行走来说，不同的随机行走总数为

$$Z_N^{\mathrm{RW}} = z^N \tag{2.123}$$

如果这种随机行走作为一个高分子链的模型，那么 Z_N 就是高分子的配分函数。

对于不退行走，可选择的行走方向不再是 4，而是 3。禁止在每一步行走后立即倒退，即第 k 步的方向矢量不能与第 $k-1$ 步的方向矢量相逆。由式（2.122）可以看出方向矢量 $v(1)$、$v(3)$ 互为逆方向，$v(2)$、$v(4)$ 互为逆方向。因此，采用以下方法可以实现不退行走。

为了算法的需要，将方向矢量建成周期函数 $v(v\pm4)=v(v)$。然后，将无限制行走算法的第 ② 步加一个判断：如果所产生的 $v(v_k)=v(v_{k-1}+2)$，则弃用，重新抽选。还有一种方法是将原来的第 ② 步改为：从一组三个数 $\{v_{k-1}-1, v_{k-1}, v_{k-1}+1\}$ 中随机选取一个作为该步的方向矢量 v_k。

2. 马尔可夫链

对于简单抽样，每一次的抽样都是独立的。如上述的随机行走过程，每行走一步都与前一步无关，更与初始位置无关。重要抽样 MC 方法的实质是每次抽样试验不是完全独立的，而是与前一次或者与以前的所有抽样结果具有一定的概率关系，如不退随机行走和自回避随机行走。

设一个系统的状态序列（随机变量序列）为 $x_0, x_1, \cdots, x_n, \cdots$，如果对于任何一个状态 x_n，其只与前一个状态 x_{n-1} 有关，而与初始状态无关，即状态 n 的概率为

$$p(x_n \mid x_{n-1}, \cdots, x_1, x_0) = p(x_n \mid x_{n-1}) \tag{2.124}$$

则称此序列为马尔可夫（Markov）链。马尔可夫链是一种随机行走状态，从状态 i 单步行走到状态 j 的概率称为转移概率或跃迁概率，即

$$p_{ij} = p(x_j \mid x_i) = p(x_i \rightarrow x_j) \tag{2.125}$$

设所有可能的状态数为 N，由 p_{ij} 构成的 $N \times N$ 矩阵称为转移矩阵 p，该矩阵的每一行元素的和等于 1。马尔可夫链的重要性质是，无论初始状态如何，最终状态（足够多的时间步长次数）会遵从某一个唯一的分布，该分布称为极限分布 $x_{\lim}$，即

$$x_{\lim} = x_{\lim} p \tag{2.126}$$

也就是说,极限状态乘转移概率后状态不再发生变化,即系统达到一个平衡状态。因此,马尔可夫链在平衡态 MC 模拟中具有重要的意义。

例如,对于正则系综来说,温度一定,系统的状态相应于热平衡分布,即马尔可夫链的极限概率与玻尔兹曼因子成正比,有

$$p(\boldsymbol{x}_i) \propto \exp\left[-\frac{H(\boldsymbol{x}_i)}{kT}\right] \tag{2.127}$$

式中,H 为系统的哈密顿量。这表明系统各状态出现的概率取决于系统的温度和哈密顿量,这是 Metropolis 蒙特卡洛(Metropolis Monte Carlo, MMC)方法的核心。

以下举例说明马尔可夫链。考虑一个二能级系统,其能量的玻尔兹曼因子比为 2∶1。因此,该系统的极限分布应为(2/3　1/3),该极限分布可以由下列转移矩阵达到:

$$\boldsymbol{p} = \begin{pmatrix} 0.5 & 0.5 \\ 1 & 0 \end{pmatrix} \tag{2.128}$$

设取初始状态为 $\boldsymbol{x}_1 = (1 \quad 0)$,则状态 2 为

$$\boldsymbol{x}_2 = (1 \quad 0)\begin{pmatrix} 0.5 & 0.5 \\ 1 & 0 \end{pmatrix} = (0.5 \quad 0.5) \tag{2.129}$$

同理,由状态 2 与转移矩阵的乘积可以获得状态 $\boldsymbol{x}_3 = (0.75 \quad 0.25)$,如此递推可以得到极限状态 $\boldsymbol{x}_{\lim} = (2/3 \quad 1/3)$,则

$$(2/3 \quad 1/3)\begin{pmatrix} 0.5 & 0.5 \\ 1 & 0 \end{pmatrix} = (2/3 \quad 1/3) \tag{2.130}$$

该结果表明(2/3　1/3)是极限状态,序列$(\boldsymbol{x}_1, \boldsymbol{x}_2, \cdots, \boldsymbol{x}_{\lim})$为马尔可夫链。可以证明初始状态(0　1)由该转移矩阵同样能够达到该极限状态,即马尔可夫链的极限分布与初始状态无关。

3. MMC 法

MC 方法主要分为简单随机抽样方法和重要随机抽样方法。简单随机抽样就是以平均分布进行抽样,每次抽样是完全独立的。正如前面积分问题中所述,很多问题难以用简单随机抽样方法解决,而通过重要随机抽样能够获得很好的结果。

MMC 方法是一种重要随机抽样方法,是由 Metropolis 等人提出的一种基于建立一个 Markov 过程的方法。该方法的实质是:系统的各状态不是彼此独立无关地选取,而是建造一个 Markov 过程,过程中每一个状态 $\boldsymbol{x}_{i+1}$ 是由前一个状态 $\boldsymbol{x}_i$ 通过一个适当的跃迁概率 $W(\boldsymbol{x}_i \rightarrow \boldsymbol{x}_{i+1})$ 得到的,并且该概率能够使得在 $M \rightarrow \infty$ 的极限下,马尔可夫过程产生的状态分布函数 $P(\boldsymbol{x}_i)$ 趋于所要的平衡分布,即

$$P_{eq} = \frac{1}{Z} \exp\left[-\frac{H(\boldsymbol{x}_i)}{k_B T}\right] \tag{2.131}$$

满足上述要求的充分条件为

$$P_{eq}(\boldsymbol{x}_i) W(\boldsymbol{x}_i \to \boldsymbol{x}_j) = P_{eq}(\boldsymbol{x}_j) W(\boldsymbol{x}_j \to \boldsymbol{x}_i) \tag{2.132}$$

即

$$\frac{W(\boldsymbol{x}_i \to \boldsymbol{x}_j)}{W(\boldsymbol{x}_j \to \boldsymbol{x}_i)} = \exp\left(-\frac{\mathrm{d}H}{k_B T}\right) \tag{2.133}$$

也就是说,两个状态正向与反向的跃迁概率之比只依赖于两者的能量差 $\mathrm{d}H = H(\boldsymbol{x}_j) - H(\boldsymbol{x}_i)$。但是满足该条件的跃迁概率 W 的形式并不是唯一的。通常采用以下两种形式:

$$①W(\boldsymbol{x}_i \to \boldsymbol{x}_j) = \frac{1}{t_s} \frac{\exp(-\mathrm{d}H/k_B T)}{1 + \exp(-\mathrm{d}H/k_B T)} \tag{2.134}$$

$$②W(\boldsymbol{x}_i \to \boldsymbol{x}_j) = \begin{cases} \dfrac{1}{t_s} \exp(-\mathrm{d}H/k_B T), & \mathrm{d}H > 0 \\ \dfrac{1}{t_s}, & \text{其他} \end{cases} \tag{2.135}$$

式中,t_s 是一个任意因子,不考虑动力学过程时,t_s 可取为 1。在探讨动力学问题时,t_s 为蒙特卡洛时间的单位,并将 W 称为单位时间的跃迁概率。

MMC 方法的具体步骤如下:

(1)建立体系状态与能量的关系模型。

(2)由初始状态出发,通过简单抽样设立新状态。

(3)根据新旧状态的哈密顿量 $\mathrm{d}H$,判断新状态的舍选,判断舍选有以下情况:

①$\mathrm{d}H < 0$,接受新状态,并在该状态基础上进一步进行步骤(2)。

②$\mathrm{d}H > 0$,不是直接否决,而是进一步判断,抽取一个随机数 ξ,若 $\xi \leqslant \exp(-\mathrm{d}H/k_B T)$,接受新状态;若 $\xi > \exp(-\mathrm{d}H/k_B T)$,拒绝新状态。如果新状态被拒绝,则把原来的状态作为新状态,重复进行步骤(2),并记录一次。

如果系统的粒子数为 M,每次新状态的抽样均随机抽选一个粒子,并不是每个粒子逐一地进行。只要伪随机数的质量足够高,各粒子被抽样的概率是均等的。当抽样次数达到系统粒子总数 M 时,该过程称为一个蒙特卡洛步长(Monte Carlo Step,MCS)。

MMC 方法在状态抽样时虽然采用简单抽样,但是可以通过新旧状态的能量判断,实现新状态的舍选,建立 Markov 过程。对于恒定组成的正则和微正则系综,系统的能量用哈密顿量表示。对于变化组成的巨正则系综,随机选取一个粒子并通过改变粒子的种类得到一个新的组态,系统的能量用混合能及混合物化学位之和表示。

系统组态与能量的关系是 MC 方法进行随机性模拟的重要环节。

4. MC 方法的能量模型

MC 方法首先根据所要模拟的过程，建立适当的系统组态与能量的关系模型，通过随机选取系统的新组态，计算系统组态变化前后的能量变化，以此判断新组态的舍选。系统组态与能量的关系模型对于 MC 方法来说有重要的作用。MC 方法主要是模拟系统的状态，不是过程，因此该能量关系与分子动力学的势函数不同。势函数是粒子间相对距离与能量的关系，而 MC 方法中的组态与能量的关系只是粒子状态的函数，有时该关系只是一个定性的描述，能量的绝对值不重要，只要能够定性描述两个组态能量差即可。

一般 MC 方法的组态与能量的关系应尽量简单，便于计算；要能较好地反映关心的组态变化所产生的能量变化。以下简单介绍一些经典的能量模型。

(1)Ising 模型。

在该模型中，系统由规则的晶格格点构成，每一个格点上有一个粒子(原子或分子)，每一个粒子的状态只有两种，而且，这两种状态对系统能量的贡献大小相等，但符号相反。则系统能量与状态的关系为

$$H_{\text{Ising}} = -J \sum_{\langle i,j \rangle} S_i S_j - B \sum_i S_i, \quad S_i = \pm 1 \tag{2.136}$$

式中，J 为粒子两两有效相互作用能；S_i 为粒子 i 的状态值；B 为某个强度热力学场对粒子 i 作用所产生的能量。

由式(2.136)可以看出，系统的能量是由两部分构成的，一是粒子两两相互作用的贡献，二是外场对粒子的作用。这两部分均与粒子的状态值 S_i 有关。

Ising 模型最典型的应用是固体中磁矩模拟模型，格点的状态 S_i 为 ± 1，分别代表自旋向上和自旋向下。该能量模型的第一项表示各磁矩之间的相互作用能，第二项表示外磁场对各磁矩的作用。

另外，该模型还可以用以描述二元合金的占位状况，计算该合金的混合能。该模型还可以扩展到用于三元合金体系，其哈密顿量为

$$H_{ABC} = \sum_k \frac{1}{2} \big[N_{AB}^k (2V_{AB}^k - V_{AA}^k - V_{BB}^k) + N_{AC}^k (2V_{AC}^k - V_{AA}^k - V_{CC}^k) +$$

$$N_{BC}^k (2V_{BC}^k - V_{BB}^k - V_{CC}^k) \big] + N_A \sum_k \frac{z^k}{2} V_{AA}^k +$$

$$N_B \sum_k \frac{z^k}{2} V_{BB}^k + N_C \sum_k \frac{z^k}{2} V_{CC}^k \tag{2.137}$$

式中，N_{AB}^k 为 k 球内 AB 原子对的数目；z^k 为 k 球内同类原子的数目；V_{ij} 为原子 i 和 j 之间的相互作用能；N_A 为 A 原子的总数，有

$$N_A = \frac{1}{z^k} (2N_{AA}^k + N_{AB}^k + N_{AC}^k) \tag{2.138}$$

由式(2.137)可以计算出三元合金的混合能。

(2)Heisenberg 模型。

由式(2.138)可以看出,Ising 模型只能考虑单纯的二值问题,如自旋平行与反平行、占据格点位置的粒子 A 或 B 等。但是格点位置上的粒子的某些属性具有方向性且这些粒子的方向性不能用简单的二值进行描述时,其粒子的相互作用就不能用 Ising 模型。这时粒子间的相互作用应考虑其矢量关系,能量模型必须能够考虑任意矢量夹角的问题。对于一个各向异性很高的系统来说,自旋方向主要是平行与反平行。而实际系统中,自旋偏离量子化轴的涨落总是在一定程度上存在的。为此,Hersenberg 提出了对 Ising 模型的修正,即

$$H_{\text{Heis}} = -J_{\parallel} \sum_{\langle i,j \rangle} S_i^z S_j^z - J_{\perp} \sum_{\langle i,j \rangle} (S_i^x S_j^x + S_i^y S_j^y) - B \sum_i S_i^z, \quad S_i = \pm 1$$

(2.139)

式中,S^x、S^y、S^z 分别为自旋在三个笛卡儿坐标轴的分量;J_i 表示两自旋之间平行或垂直方向的各向异性作用能;B 为外场。如果 $J_{\perp} = 0$,则 Heisenberg 模型返回到经典的 Ising 模型。

(3)晶格气(Lattice gas)模型。

Ising 模型和 Heisenberg 模型所考虑的晶格节点上都必须有所考虑的粒子存在,但无法考虑空位,或者虽然有粒子占据该节点,但是该粒子不与周围粒子发生相互作用,如不具有磁性等情况。晶格气体模型很好地解决了这一问题,有

$$H_{\text{gas}} = -J_{\text{int}} \sum_{\langle i,j \rangle} t_i t_j - \mu_{\text{int}} \sum_i t_i, \quad t_i = 0,1$$

(2.140)

式中,J_{int} 为最近邻相互作用能,它只包含近邻格点被占据的情况;μ_{int} 是化学势,它决定着每个格点上的原子数。晶格气体哈密顿量是一个常规的双态算符,所以晶格气体模型可以转换成通常的 Ising 模型。

(4)q 态波茨模型。

虽然 Heisenberg 模型可以考虑相互作用方向性的问题,但是,上述三种模型均为二状态模型,状态参量只能取(+1,−1)或(0,1)。因此,多状态间的能量无法解决。多状态模型不仅在自旋模拟中十分好用,还在磁畴、电畴、相变、晶粒生长等介观尺度的模拟中具有特别重要的意义和作用。q 态波茨模型是一种重要的多状态能量模型。

波茨模型的基本思想是:采用广义自旋变量 S_i,该状态量的取值不是 Ising 模型中的二值(−1,1),而是可以描述 q 种状态的(1,2,…,q)值。波茨模型的特点是同状态粒子对系统的能量没有贡献,而只考虑不同状态粒子间的相互作用。波茨模型的哈密顿量为

$$H_{\text{波茨}} = -J_{\text{int}} \sum_{\langle i,j \rangle} (dS_i S_j - 1), \quad S_i = 1,2,\cdots,q$$

(2.141)

5. 格子类型

MC 方法进行直接模拟时,对于空间的处理分为两种形式:一种是连续空间;另一种是离散空间。连续空间就是指所考虑的粒子可以处在空间的任意位置。而更多情况下,在进行 MC 模拟时,将空间离散化,粒子只能占据事先已离散化的规则空间网格的节点上。所采用的格子类型有很多,图 2.35 列举了一些常用的二维规则格子类型。格子类型的选用要根据具体的模拟对象来确定。格子类型的重要参数是各节点的配位数,即与各节点相连的最近邻的节点的数目,节点配位数决定了计算系统能量是最近邻粒子数,还决定了随机行走时的行走概率等。由图 2.35 可以看出,对于二维格子来说,格子配位数可以为 3 ～ 6,配位数越高粒子相互作用也越大,随机行走所产生的构象越复杂。

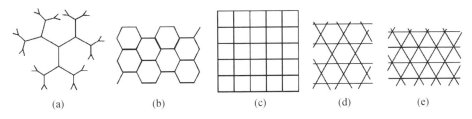

(a)　　　　　(b)　　　　　(c)　　　　　(d)　　　　　(e)

图 2.35　常用的二维规则格子类型

MC 方法的本质是解决问题的一种数学方法。首先,将所要求解的问题建立一个概率模型,然后反复进行随机抽样试验,并对抽样结果进行统计分析,最终得到计算结果。MC 模拟的手法虽然是随机的,但是大量的随机抽样结果的统计特征参量是确定的。因此,MC 方法不仅能够直接模拟随机过程,还能通过建立一个概率统计模型间接地求解确定性的问题。

MC 方法可以通过简单的均匀分布的随机抽样来实现,也可以根据实际问题按照某种特定的分布进行随机抽样来实现,即重要抽样。重要抽样能够提高计算效率和精度。

MC 方法一般是建立在较简单的准则之上,如能量最低原理等,只是通过随机抽样来实现目标,而不对实现过程进行严格的模拟,即只考虑状态,不介意过程。因此,计算方法和程序结构十分简单,受复杂条件的限制较小,适应性强。由于 MC 方法的收敛速度及精度与问题的维数无关,因此该方法的特长是求解多维问题,但是 MC 方法的计算效率较低。

MMC 方法通过建立马尔可夫过程将系统的各状态建立一种联系,而不是完全独立的,每一个状态都是由前一个状态通过一个适当的跃迁概率得到的。因此,MMC 方法不仅能够使体系向能量降低的方向变化,还可以以适当的概率使体系能量增高,从而克服势垒使体系向能量更低处发展,而不是停留在能量局域极小值处。MMC 是极为重要的 MC 模拟方法。

MC 能量模型与 MD 的势函数有很大的区别,MC 能量模型只考虑状态变化导致的能量变化,而 MD 势函数能够描述粒子位置与受力大小的关系,进而能够计算粒子的运动方向和速度。

2.3.6 粒子输运基本过程及物理方程

1. 粒子输运基本过程

(1) 基本解析过程。

用概率语言来说,MC 方法就是构造一个概率空间 (Ω, A, P)。其中,Ω 是事件的集合;A 是集合 Ω 的子集的 σ 体;P 是在 A 上建立的某概率测度。在该概率空间上,选取一个随机变量 $\theta(\omega)$,$\omega \in \Omega$,使得该随机变量的数学期望

$$I = \int_{\Omega} \theta(\omega) P(\mathrm{d}\omega) \tag{2.142}$$

为所求的最大值。用 $\theta(\omega)$ 的简单子样的算术平均值作为 I 的近似估计值。

为弄清粒子输运的全部物理过程,具体来说就是:所考虑的系统是什么形状,如平板、圆柱、球、球壳等;系统中的介质是由哪些原子核组成的,粒子的源分布是什么;粒子由源出发后,输运到下一个碰撞点的分布是什么;粒子在碰撞点发生碰撞时,与每一种原子核发生碰撞的概率是什么;粒子与每一种原子核发生各种反应的概率是什么;粒子发生每种反应(除吸收以外)后,其能量分布和角分布是什么;粒子运动历史结束的条件是什么;所求量的物理意义是什么等。对于非随机性的问题,用 MC 方法求解时,必须人为地构造一个概率空间,将非随机性的问题化为随机性问题。比如计算定积分时,必须选择好分布密度函数与估计函数。

顺便指出,在考虑系统的形状、介质的种类及反应类型时,要注意简化,将那些对所求量影响很小的因素去掉,以便使问题简化,节省计算时间。在计算所求量时,选用适当的蒙特卡洛技巧是非常重要的。方法选得好,计算结果稳定较快,方差(或误差)小、效率高;方法选得不好,计算结果统计涨落大,稳定性差,甚至结果无法使用。

选择哪一种方法好,应根据具体情况而定。选用的蒙特卡洛技巧不同,粒子的模拟过程也不同,对于相同的粒子的模拟过程,也可采用不同的记录方法。

粒子在介质中的运动状态可用一组参数描述,这些参数称为状态参数。其通常包括粒子的空间位置 r、能量 E 和运动方向 Ω,以 $S = (r, E, \Omega)$ 表示。有时还需要其他的参数,如粒子的寿命 t、权重 W。在使用群截面的情况下,还需要表示粒子能量的能群编号 i_1,在多层介质中,还需要表示粒子所在的区域编号 i_2 等。

状态参数的确定与所考虑的问题及系统有关。在选择状态参数时,要恰如

其分。参数少了,不能确定粒子的运动状态;参数多了,会增加不必要的麻烦和计算量。一般来说,对某一参数而言,如果在其他参数确定的情况下,使用该参数的不同值对所求的贡献相同,该参数就是不必要的;否则就是不可缺少的。比如,粒子穿透平板屏蔽问题,如果平板屏幕的长度和宽度无限,描述粒子位置的参数只需用 Z 表示(Z 轴垂直平板平面)。

粒子的位置 r 和运动方向 Ω 在一般情况下取直角坐标系,坐标原点的选择以方便计算为原则,位置用 x、y、z 表示,运动方向用方向余弦 u、v、w 表示。对于平面几何位置只需用 x、y 表示,运动方向用 u、v 表示。对于长、宽无限的平板,取

$$S = (Z, E, \cos \alpha) \tag{2.143}$$

其中,α 为粒子的运动方向与 Z 轴的夹角。

对于球对称几何,取

$$S = (r, E, \cos \theta) \tag{2.144}$$

其中,r 表示粒子所在位置到球心的距离;M 为粒子的运动方向与其所在位置的径向夹角。

粒子第 m 次碰撞后的状态参数为

$$S_m = (r_m, E_m, \Omega_m) \tag{2.145}$$

或者

$$S'_m = (r_m, E_m, \Omega_m, t_m, w_m) \tag{2.146}$$

它表示一个由源发出的粒子,在介质中经过 m 次碰撞后的状态。其中,r_m 为粒子第 m 次碰撞点的位置;E_m 为粒子第 m 次碰撞后的能量;Ω_m 为粒子第 m 次碰撞后的运动方向;t_m 为粒子到第 m 次碰撞时的寿命;w_m 为粒子到第 m 次碰撞后的权重。

有时,S_m(或 S'_m)也可选为粒子进入第 m 次碰撞时的状态参数。

一个由源发出的粒子在介质中运动,经过若干次碰撞后,其运动历史结束(如逃出系统或被吸收等)。假定(不带电)粒子在两次碰撞之间按直线运动,其运动方向与能量均不改变,则粒子在介质中的运动过程可用以下状态序列描述:

$$S_0, S_1, \cdots, S_M$$

或者更详细些,用

$$\begin{bmatrix} r_0 & \cdots & r_M \\ E_0 & \cdots & E_M \\ \Omega_0 & \cdots & \Omega_M \end{bmatrix} \tag{2.147}$$

来描述。其中,S_0 为粒子由源出发的状态,称为初态;S_M 为粒子的终止状态;M 称为粒子运动的链长。这样的序列称为粒子随机运动的历史,模拟一个粒子的运动过程就变成确定状态序列的过程了。

在确定状态序列过程中,非常重要的问题是由已知分布抽样的问题。具体

来说,由已知的粒子源分布中抽取源粒子的初态,$S_0 = (r_0, E_0, \Omega_0)$,由已知状态 S_m 确定 S_{m+1},$m = 0, 1, \cdots, M-1$ 时,要从已知分布中抽取输运长度,确定碰撞点的位置,抽样确定碰撞核的种类及反应类型,如粒子不被吸收,还要从已知能量分布和角分布中抽样确定碰撞后的能量和散射角,进而转换成碰撞后的运动方向等。由已知分布的抽样,要选取适当的抽样方法。选择抽样方法以容易实现、所用计算时间少为标准。模拟粒子运动的过程,其核心是一个由已知分布抽样的问题,从这个意义上讲,MC 方法也称为随机抽样技巧。

(2)粒子输运基础理论。

具有一定能量的带电粒子入射到靶材料时,可能产生以下四种作用:① 与靶材料核外电子发生弹性碰撞;② 与靶材料原子核发生弹性碰撞;③ 与靶材料核外电子发生非弹性碰撞;④ 与靶材料原子核发生非弹性碰撞。碰撞通常是入射带电粒子与靶原子核或核外电子之间的静电库仑作用,而只有在能量很高时才会与靶材原子核发生类似刚性球体之间的直接碰撞。入射带电粒子与靶材料原子核发生弹性碰撞可使后者发生位移,而与核外壳层电子之间的非弹性碰撞会导致原子的电离和激发。一般认为,韧致辐射的产生主要是高能电子与靶材料原子核非弹性碰撞的结果。入射带电粒子与靶原子核或核外电子发生弹性碰撞会引起带电粒子运动方向的改变,即发生散射现象。极高能量带电粒子与靶原子核直接碰撞可能产生核反应。

空间带电粒子对航天器材料和器件的辐射损伤效应,主要是通过电离与原子位移两种方式产生。这两种作用都可由质子和重离子产生,而能量电子主要产生电离和韧致辐射效应。空间辐射对材料和器件的损伤常表现为累积效应。在高能带电粒子作用下所产生的单粒子事件,实际上是特殊条件下快速的电离效应。带有多电荷的高能重离子在其传输路径上可造成强烈的电离效应,从而导致出现单粒子事件。

空间带电粒子主要是电子与质子,以及少量重离子。电子和质子(或重离子)在材料中的传输特点有明显不同。电子易在材料中产生电离效应,只有在高能量时才引起位移效应。电子的质量小,在材料中的传输易发生大角度散射,使传输路径变得曲折。这会使电子射程计算遇到困难,难于有唯一性的射程值,而只能有条件地计算入射电子在材料中的射程。相比之下,质子在材料中的传输路径比较平直,具有明确的射程与能量关系。而且,与电子辐射不同的是质子能量越高,越易引起电离效应,而能量较低时产生位移效应。重离子的质量大,在材料中的射程小,但具有较多正电荷与产生快速电离效应的能力。在高能重离子作用下,易产生单粒子效应。高能质子及重离子在材料中传输时,均可能通过核反应产生二次粒子,包括二次质子、二次中子及靶原子核碎片等。

高能带电粒子在材料中传输时,会逐渐损失能量,并将能量传递给靶材料。

这是导致靶材料受到辐射损伤的根源。入射粒子在传输路径上的能量损失率 $(-\mathrm{d}E/\mathrm{d}x)$ 称为靶材料的阻止本领（stopping power）。粒子的能量损失可分成核外电子所致能量损失与核致能量损失两部分。电子所致能量损失是入射粒子与靶原子核外电子相互作用所产生的；核致能量损失是入射粒子与靶原子核作用所致。带电粒子与靶材料原子核的弹性碰撞一般通过静电库仑作用实现。只有在粒子能量足够高时，才会直接与靶材料原子核发生非弹性碰撞而引起核反应。在电离辐射情况下，带电粒子在单位长度路径上所损失的能量 $(-\mathrm{d}E/\mathrm{d}x)$ 又常称为线性能量传递（Linear Energy Transfer，LET）。工程上，常将 LET 除以靶材料密度 ρ，即 $\dfrac{1}{\rho}\left(-\dfrac{\mathrm{d}E}{\mathrm{d}x}\right)$，单位为 $\mathrm{MeV}\cdot\mathrm{cm}^2/\mathrm{g}$。这样做的好处是在带电粒子的种类和能量相同条件下，不同材料的 LET 值近似相同。当入射粒子在材料中的射程以质量厚度（单位为 $\mathrm{g}\cdot\mathrm{cm}^{-2}$）表征时，相同种类和能量的带电粒子在不同材料中的射程也大致相近。在位移辐射条件下，常将 $\dfrac{1}{\rho}\left(-\dfrac{\mathrm{d}E}{\mathrm{d}x}\right)$ 称为非电离能量损失（Non－Ionizing Energy Loss，NIEL）。

2. 粒子输运基本方程

（1）电离辐射能量损失。

按照经典原子模型，带正电荷或负电荷的入射粒子从靶材料原子附近掠过时，靶原子的核外电子因库仑作用而受到吸引或排斥，从而获得一定能量。当核外电子获得的能量大于其与原子轨道的结合能时，就会脱离原子核的束缚而逸出成为自由电子，并使剩下的原子成为正离子。在实际材料中，这种电离过程表现为使价带中的电子获得能量进入导带，并在价带中留下空穴，即形成电子－空穴对。通常，空间带电粒子对航天器材料和器件的辐射效应主要表现为电离损伤。电离辐射能量损失是指入射带电粒子与靶材料原子核外电子发生非弹性碰撞所引起的能量损失，又称电离损失或靶材料对入射粒子的"电子阻止"。入射电子和重带电粒子时，由于两者的特性不同，相应的电离辐射能量损失计算公式也不同。相关文献上有关电离辐射能量损失计算公式较多，尚未形成统一表达式。随着辐射物理研究的不断深入，计算公式的修正与参数选择逐渐更趋合理，但仍需进行深入研究。本节只给出最基本的计算公式，以供参考。

① 带电重粒子电离辐射能量损失。带电重粒子是指质量比电子大得多的带电粒子，如质子与 α 粒子等。考虑相对论和其他校正因子，根据量子理论推导出带电重粒子在靶材料中产生电离碰撞阻止本领，通常用 Bethe － Bloch 公式计算，即

$$\left(-\frac{\mathrm{d}E}{\mathrm{d}x}\bigg|_{E_0}\right)_{\text{电离}}\approx\frac{4\pi\;z^2e^4NZ}{m_e v^2}\left(\ln\frac{2m_e v^2}{I}+\ln\frac{1}{1-\beta^2}-\beta^2-\frac{C}{Z}-\frac{\delta}{2}\right)$$

$$(2.148)$$

式中,z 和 v 分别是带电重粒子的电荷数和运动速度(cm·s^{-1});e 是电子的电荷
(C);m_e 是电子的静止质量(g);N 是每立方厘米靶材料中的原子数目(又称原子
密度);Z 是靶材料的原子序数;$\beta = v/c$,c 是光速;δ 是靶材料电子密度效应校正
因子;I 是靶材料原子的平均电离能(eV);C 是靶材料电子壳层效应校正因子。
计算所得 $\left(-\dfrac{\mathrm{d}E}{\mathrm{d}x}\right)$ 的单位为 erg/cm。

　　式(2.148)中有三个校正项。一是相对论校正项,包括式右括号中的第二、
三项;二是 C/Z 校正项,该校正项是考虑到入射粒子速度低于靶材料原子芯电子
轨道速度时,被束缚的芯电子不能被电离和激发,即 K、L 及 M 等芯电子不参与阻
止入射粒子;三是 $\delta/2$ 修正项,它是入射粒子能量很高(如质子能量在几百 MeV
以上)时,由于介质的极化而加进的一项负的校正项。靶原子的平均电离能 I(单
位为 eV)可通过下式求出:

$$I = \begin{cases} 9.76Z + 58.8/Z^{0.19}, & Z \geqslant 13 \\ 11.5 \times Z, & Z < 13 \end{cases} \tag{2.149}$$

Bethe $-$ Bloch 公式在入射粒子能量大于 $500I$ 时适用。若能量小于 $500I$,带
电重粒子辐射的能量损失需要通过位移阻止本领计算。

　　② 电子电离辐射能量损失。入射电子穿入靶物质时,与靶原子的核外电子
发生非弹性库仑碰撞,能够将一部分能量传递给核外电子,使靶原子电离或激
发。这与重带电粒子的电离辐射能量损失机制类似。电子电离辐射能量损失是
入射电子在靶物质中损失能量的一种重要方式。与重带电粒子不同的是,入射
电子与靶原子的核外电子发生库仑相互作用时,一次碰撞便有可能损失较多的
能量,最多时可将其本身能量的一半转移给靶原子的核外电子。一般情况下,单
次碰撞的平均能量转移约为几 keV。因此,一次碰撞后入射电子的运动方向会
有较大改变。

　　在能量较低时,速度为 v 的入射电子与靶原子核外电子非弹性碰撞所引起的
能量损失表达式如下:

$$\left(-\left.\frac{\mathrm{d}E}{\mathrm{d}x}\right|_{E_0}\right)_{\text{电离}} = \frac{4\pi e^4 NZ}{m_e v^2}\left(\ln \frac{2m_e v^2}{I} + 1.232\,9\right) \tag{2.150}$$

式中,各物理量的定义与式(2.148)相同。

　　入射电子能量较高时,应考虑相对论效应。修正后的电子阻止本领表达
式为

$$\left(-\left.\frac{\mathrm{d}E}{\mathrm{d}x}\right|_{E_0}\right)_{\text{电离}} = \frac{2\pi e^4 NZ}{m_e v^2}\left[\ln \frac{m_e v^2 E}{2I^2(1-\beta^2)} - \ln 2(2\sqrt{1-\beta^2} - 1 + \beta^2) + \right.$$
$$\left. (1-\beta^2) + \frac{(1-\sqrt{1-\beta^2})^2}{8} \right] \tag{2.151}$$

式中，E 为入射电子的动能，即总能量与静止能量之差；其余各物理量的定义同前。

（2）轫致辐射能量损失。

当具有一定能量的带电粒子到达靶原子核的库仑场时，可通过库仑引力或斥力使入射粒子的速度和方向发生明显变化。这时运动着的带电粒子与靶原子核发生非弹性碰撞。伴随着粒子运动状态的改变，会产生高能电磁辐射，称为轫致辐射（bremsstrahlung）。质子或重离子由于质量较大，受靶原子核库仑场的制动作用较小，难于诱发较强的轫致辐射效应。空间高能电子辐射是诱发轫致辐射的主要机制。入射的高能电子在靶材料中被吸收时，所产生的轫致辐射光子具有很强的穿透能力，能够继续产生辐射损伤。靶材料的原子序数越高，轫致辐射效应的影响越大。轫致辐射光子的能量不同，对靶材料的作用机制不同。轫致辐射光子能量小于 0.1 MeV 时，可与靶原子内壳层电子发生非弹性碰撞，形成光电子。能量约为 1 MeV 时，轫致辐射光子可与靶原子外壳层电子发生弹性碰撞成为散射光子，并形成二次反冲电子，称为康普顿效应。轫致辐射光子能量达到 10 MeV 后，可与靶原子核发生非弹性碰撞，形成正、负电子对。这三种使轫致辐射光子能量衰降的过程都涉及二次电子的形成。通常，将轫致辐射对入射高能电子所造成的能量损失称为轫致辐射能量损失 $\left(-\dfrac{\mathrm{d}E}{\mathrm{d}x}\right)_{\text{辐射}}$。轫致辐射能量损失或阻止本领的计算公式有不同的表达形式，下面给出一种常用的形式。

带电粒子产生轫致辐射所引起的辐射能量损失或阻止本领可如下式所示：

$$\left(-\frac{\mathrm{d}E}{\mathrm{d}X}\right)_{\text{辐射}} \propto \frac{z^2 Z^2}{m^2} N E \tag{2.152}$$

式中，E、m 和 z 分别为入射粒子的动能、静止质量和原子序数；Z 和 N 分别为靶材料的原子序数和原子数密度。

对于入射的高能电子，轫致辐射能量损失的基本表达式如下：

$$\left(-\frac{\mathrm{d}E}{\mathrm{d}X}\right)_{\text{辐射}} = \frac{E N Z(Z+1)e^4}{137 m_e^2 c^4}\left(4\ln\frac{2E}{m_e c^2} - \frac{4}{3}\right) \tag{2.153}$$

式中，$m_e c^2$ 为电子静止能量；其余各物理量的定义同前。

由式（2.153）可见，轫致辐射能量损失与粒子能量 E 成正比。入射电子能量越高，轫致辐射能量损失越大。在靶材料中，入射电子的能量损失应为电离碰撞能量损失与轫致辐射能量损失之和。因此，入射电子能量低时，电离辐射能量损失占优势；入射电子能量高时，轫致辐射能量损失占主导。当电子的能量小于 100 keV 时，轫致辐射能量损失可以忽略不计。入射电子能量增加到 $10 \sim 100$ MeV 时，轫致辐射能量损失将可能大于电离碰撞能量损失。入射电子产生轫致辐射所引起的能量损失与电离辐射能量损失之比，可由下式计算：

$$\frac{\left(-\dfrac{\mathrm{d}E}{\mathrm{d}x}\right)_{辐射}}{\left(-\dfrac{\mathrm{d}E}{\mathrm{d}x}\right)_{电离}} \approx \frac{EZ}{700} \tag{2.154}$$

式中，E 为入射电子能量（MeV）；Z 为靶原子序数。

由于入射带电粒子轫致辐射的阻止本领与粒子静止质量 m 的平方成反比，因此较重的粒子（如质子、α 粒子等）产生轫致辐射的概率很小。

（3）位移辐射能量损失。

带电粒子与靶材料原子发生库仑相互作用时，会改变各自的运动速度和方向。在这个过程中不辐射光量子，也不激发原子核，碰撞前后保持动量守恒和总动能守恒。位移碰撞后，入射带电粒子损失能量（散射），被撞靶原子反冲，分别称为散射粒子和反冲粒子。入射带电粒子可以多次与靶材料原子发生弹性碰撞，使其能量逐渐损失。同时，反冲的靶材料原子获得的能量较高时，也可以与其他原子碰撞，产生二次、三次和更高次的反冲原子（级联碰撞）。这种级联碰撞过程是造成靶材料位移辐射损伤的重要原因。位移辐射损伤实际上是入射粒子与靶物质原子核发生弹性碰撞所致。靶物质原子核对入射带电粒子的阻止作用称为"核阻止"。核阻止作用在入射带电粒子能量较低，或入射粒子质量较大时，会对辐射能量损失有重要贡献。

位移辐射能量损失又称核阻止本领，即粒子在单位长度路程上与靶物质原子核弹性碰撞所产生的能量损失。随着入射粒子速度的减小，靶物质的核阻止本领逐渐增大。在入射粒子速度 $V \ll V_0$（$V_0 = 2.2 \times 10^8 \, \mathrm{cm/s}$，称为玻尔速度）时，核阻止本领在入射粒子的能量损失中占主导地位。位移辐射能量损失通常以非电离能量损失（NIEL）表征，单位为 $\mathrm{MeV \cdot cm^{-1}}$ 或 $\mathrm{MeV \cdot cm^2 \cdot g^{-1}}$。

在计算入射电子及离子（质子及其他重离子）的 NIEL 时，需要给定相应的原子位移微分散射截面，用于表征局域位移碰撞概率。在空间带电粒子能谱范围内，入射电子与靶原子核主要发生库仑相互作用（Rutherford 弹性散射）。对于质子及其他重离子，能量较低（$< 10 \, \mathrm{MeV}$）时，采用 Rutherford 散射表征其弹性碰撞；能量较高（$> 10 \, \mathrm{MeV}$）时，尚需在 Rutherford 散射的基础上，适当考虑其与靶原子核直接碰撞的影响；当质子或重离子的能量很高（如质子能量 $> 100 \, \mathrm{MeV}$）时，需要考虑核反应并通过经验数据给定 NIEL 的具体数值。

空间高能带电粒子的 NIEL 基本计算公式如下：

$$\mathrm{NIEL}(E) = \frac{N}{A} \int_{T_\mathrm{d}}^{T_{\max}} \left(\frac{\mathrm{d}\sigma}{\mathrm{d}T}\right)_E \cdot Q(T) \cdot T(E) \mathrm{d}T \tag{2.155}$$

式中，N 为 Avogadro 常数；A 为靶原子质量；E 为入射粒子能量；$T(E)$ 为一个能量 E 的粒子传递给靶原子的能量，即产生反冲原子的能量；$\mathrm{d}\sigma$ 为粒子传递给靶原子能量 $\mathrm{d}T$ 时总的微分散射截面（弹性散射＋非弹性散射）；T_d 为靶原子位移阈值能量；T_{max} 为粒子对靶原子的最大传递能量；$Q(T)$ 为 Lindhard 能量分配函数（在低能时尤为重要），表征电离与位移两种碰撞传输能量的分配比例。

在式（2.155）中引入 $Q(T)$ 函数项，用于界定入射粒子对靶原子传递能量 T 中沉积于弹性碰撞的能量份额。

当入射粒子能量足够高时，反冲原子将发生核反应。此时，需要考虑靶原子的各反冲核子对 NIEL 的贡献，可由下式计算 NIEL：

$$\text{NIEL}_{nuc}(E) = \frac{N}{A} \cdot \sum_i \int_{T_d}^{T_{max}} \left(\frac{d\sigma_i}{dT}\right)_E \cdot Q_i(T) \cdot T_i(E) dT \qquad (2.156)$$

式中，指数 i 表示靶原子核反应产生的某种反冲核子；$d\sigma_i$ 为 i 种反冲核子的微分散射截面；$Q_i(T)$ 为 i 种反冲核子的能量分配函数，用于界定电离与核反应传递入射能量的比例；$T_i(E)$ 为能量 E 粒子作用下 i 种反冲核子的动能；其余各物理量的定义同前。

每种反冲核子的微分散射截面和能量分配函数可基于 GEANT4 模拟软件和数据库计算。

2.3.7　计算实例

1. 电子输运模拟

空间带电粒子的种类主要为质子和电子。通常，采用 MC 方法模拟入射质子和电子在材料中的输运过程。质子的传输路径比较平直，而电子在输运过程中易发生大角度散射乃至背散射。入射电子在材料中传输路径曲折，难于有确定的沿入射方向的投影射程。

入射电子在材料中的随机游走过程，可以看成是一组状态集合的序列（即单个电子的"历史"）：

$$
\begin{array}{ccccccc}
E_0 & \Lambda_0 & \theta_0 & \lambda_0 & x_0 & y_0 & z_0 \\
E_1 & \Lambda_1 & \theta_1 & \lambda_1 & x_1 & y_1 & z_1 \\
\vdots & \vdots & \vdots & \vdots & \vdots & \vdots & \vdots \\
E_n & \Lambda_n & \theta_n & \lambda_n & x_n & y_n & z_n
\end{array}
$$

其中，E 表示电子能量；Λ 表示电子游走步长；θ 表示电子沿运动方向散射的极角；λ 表示电子沿运动方向散射的方位角；x、y 及 z 表示电子在直角坐标系的坐标。如图 2.36 所示，图中以电子垂直入射方向为 z 轴正方向，y 轴正方向垂直纸面并指向外，x、y 和 z 轴组成右手坐标系，坐标原点为入射电子与材料上表面的交点。

MC 模拟是通过跟踪大量单个电子在材料中输运的"历史"来实现的。每个入射电子的"历史"开始于某一特定的能量、位置和运动方向。电子的运动被认为是在两体弹性碰撞下改变运动方向，而在两体弹性碰撞之间是直线自由飞行，

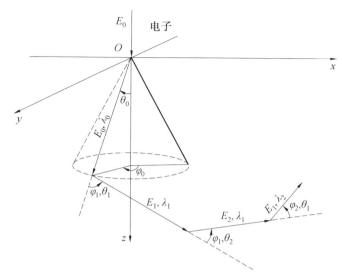

图 2.36　坐标系定义与电子在材料中的游走过程

角度偏转和能量损失都归结到自由程（即游走步长）的端点处。当电子的能量减小到某一最低阈值或其位置跑到靶材之外时，电子的游走"历史"终止。

　　入射电子在靶材料中容易受到静电库仑力的作用，使其游走"历史"比中性粒子（如 γ 光量子和中子）要复杂得多。在电子游走轨迹长度内，碰撞次数相当多。如一个电子由能量 0.5 MeV 减小到 0.25 MeV 时，在 Al 中所走路程约需经过 2.9×10^4 次碰撞；而 γ 光量子只要经过 20 ～ 30 次康普顿散射，其能量就可从几 MeV 降到 50 keV。中子在氢中经过约 18 次碰撞可使能量从 2 MeV 降到热能水平。通过 MC 方法计算一个电子的游走"历史"要比 γ 光量子或中子的计算量大上千倍。为了减小计算量，可以采用 Berger 提出的"浓缩历史"的方法。这是把真实的物理上的随机游走过程划分为若干"历史"阶段。每一"历史"阶段包含多次游走，即把许多次随机碰撞合并成一次碰撞，并作为一步游走过程来处理。在这一步游走过程中电子能量和飞行方向的转移概率分布可由近似的多次散射理论给出。

　　模拟入射电子在材料中输运过程时，所需考虑的主要问题如下：

　　（1）"浓缩历史"分割方法。

　　通常，采用能量对数分割法对电子的游走过程进行模拟，即按照电子的能量划分其在材料中的"浓缩历史"。入射电子每走一步，能量按照对数关系减小，即

$$E_{n+1} = kE_n \tag{2.157}$$

式中，$k = \left(\dfrac{1}{2}\right)^m$，$m$ 为设定的游走步数，电子游走 m 步时能量减小一半。这种划分方法的优点是电子游走到下一步时，散射偏转角变化不大。

根据 Blanchard 等人推导的结果,多次散射偏转角余弦的平均值可由下式给出:

$$(\cos \omega)_{\text{average}} = \left(\frac{E_{n+1}}{E_n} \frac{E_n + mc^2}{E_{n+1} + 2mc^2} \right)^{0.3Z} \tag{2.158}$$

式中,ω 为电子多次散射偏转角;Z 是材料的原子序数;mc^2 为电子的静止能量。当电子的动能 E_n 和 E_{n+1} 远低于 $2mc^2$ 时,散射偏转角主要由 E_{n+1}/E_n 决定,而与 E_n 和 E_{n+1} 的大小无关。因此,E_{n+1}/E_n 比值确定后,电子游走由第 n 次步到第 $n+1$ 次步的偏转角度变化不大。

为了使电子游走步长划分得更细,可在式(2.158)划分的主栅格内再划分子栅格。子栅格的能量间距可为

$$\Delta E = \frac{E_n - E_{n+1}}{\text{ISB}} \tag{2.159}$$

式中,ISB 是在 1 个主栅格内划分的子栅格数。当取 $m = 8$ 时,ISB 按如下经验公式取值:

$$\text{ISB} = -0.000\,460\,11Z^2 + 0.236\,75Z + 1.01 \tag{2.160}$$

(2)电子运动方向确定。

为了准确模拟电子在靶材料中的随机游走过程,必须确定电子每一步游走的运动方向。电子在输运 ΔS 的路程中,要与靶材料原子核及核外电子多次碰撞,使运动方向不断变化。这种变化通过极坐标系,由散射极角 θ 和方位角 λ 表示电子径进方向的偏转。经 Bethe 修正的 Moliere 多次散射极角分布解析式如下:

$$A(\theta)\theta\mathrm{d}\theta = \sqrt{\frac{\sin \theta}{\theta}} \vartheta \mathrm{d}\vartheta \left[2\exp(-\vartheta^2) + \frac{f^{(1)}(\vartheta)}{B} + \frac{f^{(2)}(\vartheta)}{B^2} \right] \tag{2.161}$$

式中,$f^{(1)}$ 和 $f^{(2)}$ 为一阶导数函数;θ 为散射极角;ϑ 为约化角度,$\vartheta = \frac{\omega}{\chi_c}\sqrt{B}$,$\chi_c^2 = 4\pi \frac{N}{A} Z(Z+1)\Delta S r_e^2 \frac{1-\beta_0^2}{\beta_0^4}$,$\Delta S$ 为电子游走步长($\mathrm{g/cm^2}$);B 满足超越方程,即 $B - \ln B = \ln\left(\frac{\chi_a}{\chi_a'}\right)^2 + F$,$(\chi_a')^2 = 1.167\,\chi_a^2$,$\chi_a^2 = \chi_0^2 \left[1.13 + 3.76\left(\frac{Z}{137\beta_0}\right)^2 \right]$,$\chi_0^2 = \frac{\lambda}{(0.885a_0)^2} Z^{\frac{2}{3}}$,$\lambda = 3.86 \times 10^{-11} \sqrt{1-\beta_0}/\beta_0$,$a_0 = 0.53 \times 10^{-8}$,$F = (Z+1) - 1\left(\ln\left\{ 0.16Z^{\frac{2}{3}} \left[1 + 3.33\left(\frac{Z}{137\beta_0}\right)^2 \right] \right\} - C_F \right)$,$C_F$ 为常数。

对于多次散射极角 θ 的分布,可以采用如下抽样方法:

① 将整个积分区间 $[0, \pi]$ 均分成 N 份,计算每个子区间散射极角分布概率 P_i 的积分值,即

$$P_i = \int_{\frac{i\pi}{N}}^{\frac{(i+1)\pi}{N}} A(\theta)\theta \mathrm{d}\theta , \quad i = 0,1,\cdots,N-1 \tag{2.162}$$

② 按 $[0,1]$ 均匀分布,生成随机数 r(可由计算机随机生成)。

③ 从 $P_0,P_1,\cdots,P_{N-1}$ 中找到 k,使得下式成立:

$$\sum_{i=0}^{k-1} P_i \leqslant r \leqslant \sum_{i=0}^{k} P_i \tag{2.163}$$

④ 按下式计算 θ 角:

$$\theta = \frac{\pi}{N}\left[1 + \left(r - \sum_{i=0}^{k-1} P_i\right)/P_k\right] \tag{2.164}$$

散射方位角 λ 表示电子在空间切平面上的偏转,可按 $[0,2\pi]$ 区间均匀分布抽样,即 $\lambda = 2\pi r'$。其中,r' 为满足 $[0,1]$ 均匀分布的随机数,可由计算机的随机数发生器生成。

若电子原来运动方向为 θ_n 和 λ_n,下一步运动方向为 θ_{n+1} 和 λ_{n+1},则可由游走步长 ΔS 末端的 θ 和 λ 通过下式给定电子每次运动前后散射角度的关系:

$$\begin{bmatrix} \sin\theta_{n+1}\cos\lambda_{n+1} \\ \sin\theta_{n+1}\sin\lambda_{n+1} \\ \cos\theta_{n+1} \end{bmatrix} = \begin{bmatrix} \cos\theta_n\cos\lambda_n & -\sin\lambda_n & \sin\theta_n\cos\lambda_n \\ \cos\theta_n\sin\lambda_n & \cos\lambda_n & \sin\theta_n\sin\lambda_n \\ -\sin\theta_n & 0 & \cos\theta_n \end{bmatrix} \begin{bmatrix} \sin\theta\cos\lambda \\ \sin\theta\sin\lambda \\ \cos\theta \end{bmatrix}$$

$$\tag{2.165}$$

$$\cos\theta_{n+1} = \cos\theta_n\cos\theta - \sin\theta_n\sin\theta\cos\lambda \tag{2.166}$$

$$\sin(\lambda_{n+1} - \lambda_n) = \frac{\sin\theta\sin\lambda}{\sin\theta_{n+1}} \tag{2.167}$$

$$\cos(\lambda_{n+1} - \lambda_n) = \frac{\cos\lambda - \cos\theta_n\cos\theta_{n+1}}{\sin\theta_n\sin\theta_{n+1}} \tag{2.168}$$

当 $\sin\theta_n\sin\theta_{n+1} = 0$ 时,$\lambda_{n+1} - \lambda_n = \lambda$。

(3) 步长与空间位置计算。

按照上述"浓缩历史"输运方法,电子在靶材料中每游走一步,能量从 E_n 变为 E_{n+1}。其间所经过的轨迹长度 Λ_{n+1} 可由下式表示:

$$\Lambda_{n+1} = \int_{E_n}^{E_{n+1}} \frac{1}{-\dfrac{\mathrm{d}E}{\mathrm{d}s}}\mathrm{d}E \approx \frac{E_n - E_{n+1}}{\dfrac{\mathrm{d}E}{\mathrm{d}s}E_n} \tag{2.169}$$

式中,s 为电子输运路径距离;$-\dfrac{\mathrm{d}E}{\mathrm{d}s}$ 为电子在靶材料中的能量损失或线性能量传递。于是,对应于图 2.36 所定义的直角坐标系,可求得电子游走后的新位置坐标如下:

$$x_{n+1} = x_n + \sin\theta_{n+1}\cos\lambda_{n+1}\Lambda_{n+1}$$

$$y_{n+1} = y_n + \sin\theta_{n+1}\sin\lambda_{n+1}\Lambda_{n+1}$$

$$z_{n+1} = z_n + \cos \theta_{n+1} \Lambda_{n+1}$$

由式（2.169）可见，电子在靶材料中的线性能量传递是影响游走步长的重要参量。入射电子的能量损失涉及电离碰撞和轫致辐射两部分。为了简化计算，假设电离碰撞能量损失和轫致辐射能量损失相互独立。电子在靶材中的能量损失是许多次分立的电离能量损失和轫致辐射能量损失之和。电子能量较低时，电离能量损失占主导；而高能时，以轫致辐射能量损失为主。电子输运过程中，在空间栅格长度 Δx 上的线性能量传递可按下式计算：

$$L(E,x) = \frac{\mathrm{d}E}{\mathrm{d}x}\Big|_{(E,x)} = \frac{\Delta E\,|_{(E,x/\Delta x)}}{\Delta x} \tag{2.170}$$

式中，$\Delta E\,|_{(E,x/\Delta x)}$ 表示入射能量为 E 的电子在 x 处沉积的能量。

（4）计算步骤。

应用上述"浓缩历史"跟踪电子输运时，可按以下步骤进行计算：

① 根据给定电子的能量上限，按照能量对数分割法确定能量栅格，以数组的形式存放。

② 分别计算电子的游走步长及相应步长内的散射极角分布概率，均以数组形式存放。

③ 给定入射电子的初始状态（或按分布抽样确定），包括能量 E_0、极角 θ_0、方位角 λ_0 以及位置坐标 (x_0, y_0, z_0)。

④ 按划定的步长和栅格跟踪入射电子，包括：

a. 计算新运动方向的 θ 角和 λ 角。

b. 计算新的位置坐标 (x, y, z)。

c. 根据切断条件判断是否继续跟踪，切断条件有两个：一是是否达到切断能量（$E < E_c$？）；二是是否跳出边界，即新位置 (x, y, z) 是否跳出靶材之外。

d. 如果满足切断条件，结束跟踪，并开始一个新的历史，对新的入射电子进行跟踪，从步骤 ③ 开始。

e. 如果不满足切断条件，令 $x_0 = x$、$y_0 = y$ 及 $z_0 = z$，并按线性分配关系计算入射电子在每个空间栅格内的能量沉积，即

$$\Delta E_i = \frac{\Delta x_i}{\Delta s}\Delta E \tag{2.171}$$

式中，Δx_i 为电子在第 i 个栅格内穿过的长度；Δs 为电子的步长；ΔE_i 为电子在第 i 个空间栅格内沉积的能量。转到步骤 ④ 继续跟踪。

以上是采用 MC 方法，模拟入射电子在材料中输运过程的基本思路。已有多种用于模拟电子在材料中输运过程的 MC 软件，如 ETRAN、ITS 及 MCNP 等。这些软件功能齐全，通用性强，应用范围广，涉及电子与光子和中子的耦合输运问题，但程序过于繁杂，计算耗时，应用较为困难。

2. 入射质子和离子输运模拟

采用 MC 方法模拟入射质子或离子在材料中输运的基本思路和计算过程与上述电子入射的情况相类似,需要通过构建概率模型与随机抽样,实现入射粒子在材料中随机碰撞过程的统计学分析。所不同的是质子或离子的质量较大,与靶原子碰撞时交互作用较强。质子或离子与靶材料原子碰撞时不易发生大角度散射,输运路径相对比较平直,输运历史较短,比较易于跟踪计算。经与质子或离子碰撞后,靶材料原子能够获得较高能量,成为反冲原子并产生级联碰撞效应。这会导致靶材料原子重新分布,而间接影响入射质子或离子的输运历史。入射质子或离子与靶材料原子碰撞时,一部分能量用于克服核外电子壳层的库仑屏蔽作用,激发靶原子内部自由度(电子激发与电离),称为库仑屏蔽碰撞;另一部分能量用于靶原子的整体位移,称为核碰撞。前者属于长程交互作用,可通过靶材料的集约式电子结构和原子键结构加以描述。入射质子或离子在靶材料内的电荷状态可以用"有效电荷"概念表征,包括与速度相关的电荷状态和由靶材料的集约式电子结构所产生的屏蔽作用。库仑屏蔽碰撞所引起的能量损失又常称为非弹性能量损失或电子阻止本领$(-\mathrm{d}E/\mathrm{d}X)_e$。核碰撞引起的能量损失称为弹性能量损失或核阻止本领$(-\mathrm{d}E/\mathrm{d}X)_n$。总的阻止本领为两者之和。

SRIM 程序是模拟入射质子或离子在材料中输运过程的一种常用的 MC 程序。模拟粒子在材料中输运过程的关键是如何准确计算粒子的能量损失或阻止本领。考虑到上述质子或离子在材料输运过程中的特点,SRIM 程序采用试验拟合的方法,建立了一套适用的计算质子及离子在材料中输运时能量损失或阻止本领的公式,取得了良好效果。下面分别介绍 SRIM 程序针对靶材料的电子阻止截面和核阻止截面所采用的计算公式。这是建立 SRIM 程序的基础。阻止截面$S(E)$可视为单位体积内单个靶材料原子的阻止本领,即

$$-\frac{\mathrm{d}E}{\mathrm{d}X} = N \cdot S(E)$$

式中,N为靶材料原子数密度;$S(E)$的单位为 $\mathrm{eV} \cdot \mathrm{cm}^2$。

(1)电子阻止截面计算。

SRIM 程序按照入射离子的电荷数不同,分为质子、He 离子及重离子三种情况计算电子阻止截面。

① 质子的电子阻止截面。当入射的带电粒子在固体中穿行时,可将固体中的诸电子看作电子气。入射粒子在电子气中运动并通过与所遇到的电子发生碰撞而损失能量。Ziegle 等人是在 Lindhard 的带电粒子(离子)在电子气中慢化模型框架内,利用局域电子密度近似计算入射质子的电子阻止截面S_e。根据有效电荷理论及试验数据分析,质子在固体中的有效电荷数Z_{H}^*等于 1。计算入射质子的电子阻止截面S_e时,所需要的固体中原子的电荷分布是在孤立原子模型基

础上,通过计算固体点阵结构的影响而得到的。

动能为 E 的质子在原子序数 Z_2 靶材料中的电子阻止截面 S_{ep},可用下式计算(E 的单位为 keV/amu):

$$S_{ep} = \begin{cases} \dfrac{S_L S_H}{S_L + S_H}\left(\dfrac{E}{10}\right)^p, & E \leqslant 10 \text{ keV} \\[3mm] \dfrac{S_L S_H}{S_L + S_H}, & 10 \text{ keV} < E \leqslant 10^4\,\text{keV} \\[3mm] i + j\,\dfrac{\ln E}{E} + k\left(\dfrac{\ln E}{E}\right)^2 + l\,\dfrac{E}{\ln E}, & E > 10^4 \text{ keV} \end{cases} \tag{2.172}$$

式中

$$S_L = aE^b + cE^d \tag{2.173}$$

$$S_H = eE^f \ln\left(\dfrac{g}{E} + hE\right) \tag{2.174}$$

$$p = \begin{cases} 0.45, & Z_2 \geqslant 7 \\ 0.35, & Z_2 < 7 \end{cases} \tag{2.175}$$

上述公式中,系数 $a \sim l$ 均为拟和系数。此外,程序中还涉及一些其他参数,如靶材料密度、费米速度等。

②He 离子的电子阻止截面。

根据带电粒子(离子)在电子气中产生微扰的观点,电子阻止截面 S_e 与入射离子的有效电荷数 Z^* 的平方成正比。有效电荷的概念是考虑到入射离子在固体中的实际电荷状态会受到其运动速度和靶材料电子屏蔽作用的影响,而使离子的有效电荷数与原子序数不相等。速度相同时,He 离子(α 粒子)和 H 离子(质子)在原子序数 Z_2 靶材料中的电子阻止截面之比可以写成

$$\dfrac{S_{e\alpha}(v_1, Z_2)}{S_{ep}(v_1, Z_2)} = \left[\dfrac{Z_{He}^*(v_1)}{Z_H^*(v_1)}\right]^2 \tag{2.176}$$

式中,$S_{e\alpha}$ 和 S_{ep} 分别为 He 离子和质子的电子阻止截面。这里假定有效电荷数 Z_{He}^* 和 Z_H^* 仅为入射速度 v_1 的函数,而与靶材物质无关。如果定义入射离子的有效电荷比为

$$\gamma_1 \equiv \dfrac{Z_1^*(v_1)}{Z_1(v_1)} \tag{2.177}$$

则得 $Z_{He}^* = \gamma_{He} Z_{He}$ 和 $Z_H^* = \gamma_H Z_H$。式(2.177)中的 Z_1^* 和 Z_1 分别为入射离子的有效电荷数与原子序数。按照有效电荷理论,$Z_H^* = 1$,因而 $\gamma_H = 1$。于是,根据式(2.176),在求得 He 离子的有效电荷比 γ_{He} 后,其电子阻止截面可由同样速度的 H 离子的电子阻止截面计算得到,即

$$S_{e\alpha}(v_1, Z_2) = S_{ep}(v_1, Z_2) Z_{He}^2(v_1) \gamma_{He}^2 \tag{2.178}$$

由于有效电荷数是公式中唯一不能由理论来确定的量,Ziegler 等人采用试验数据内插拟合方法得到 γ_{He}^2 的公式为

$$\gamma_{He}^2 = 1 - \exp\left[-\sum_{i=0}^{5} a_i (\ln E)^i\right] \tag{2.179}$$

式中,a_i 为拟合系数,可分别取为 0.286 5、0.126 6、$-$ 0.001 429、0.024 02、$-$ 0.011 35 及 0.001 475。

根据入射能量 E 的不同,计算 He 离子的电子阻止截面分以下两种情况:

a. $E \leqslant 1$ keV/amu 时,有

$$S_{e\alpha} = 4E^{0.5} S_{ep}(1.0) Z_{He}^* \tag{2.180}$$

式中,$S_{ep}(1.0)$ 表示能量 1.0 keV 时质子的电子阻止本领;He 离子的有效电荷数 Z_{He}^* 可以表示为

$$Z_{He}^* = \gamma^2 [1 - \exp(-A)] \tag{2.181}$$

式中,$A = 0.286\ 5$;$\gamma = 1 + (0.007 + 0.000\ 05Z_2)e^{-7.6^2}$。

b. $E > 1$ keV/amu 时,有

$$S_{e\alpha} = 4S_{ep} Z_{He}^* \tag{2.182}$$

$$Z_{He}^* = \gamma^2 [1 - \exp(-A)] \tag{2.183}$$

式中

$$\gamma = 1 + (0.07 + 0.000\ 05Z_2)e^{-(7.6-\ln E)^2}$$

$$A = \min(30, 0.286\ 5 + 0.126\ 6B - 0.001\ 429B^2 + 0.024\ 02B^3 -$$

$$0.011\ 35B^4 + 0.001\ 475B^5)$$

$$B = \ln E$$

③ 重离子的电子阻止截面。

在速度相同的条件下,重离子和 H 离子在原子序数 Z_2 靶物质中的电子阻止截面之比可以写成

$$\frac{S_{eion}(v_1, Z_2)}{S_{ep}(v_1, Z_2)} = \left[\frac{Z_{ion}^*(v_1)}{Z_H^*(v_1)}\right]^2 \tag{2.184}$$

同样地,根据有效电荷比 γ_1 的定义(式(2.177)),因 $Z_H^* = 1$ 和 $\gamma_H = 1$,则有

$$S_{eion}(v_1, Z_2) = S_{ep}(v_1, Z_2) Z_{ion}^2(v_1) \gamma_{ion}^2 \tag{2.185}$$

在实际程序中,对式中的 γ_{ion} 采用拟合公式。

为了计算重离子的电子阻止截面,首先需要计算有效电荷数。定义 $v = v_1/v_F$,v_F 为靶材料原子核外电子的费米(Fermi)速度。在计算程序中,v_F 从存储数据文件中取值。费米速度的理论计算公式为

$$v_F = \frac{h}{m}(3\pi^2 \rho)\frac{1}{3} \tag{2.186}$$

式中,ρ 为电子数密度;h 为普朗克常数除以 2π;m 为电子质量。在计算程序中,

费米速度 v_F 是以玻尔速度 v_0 为单位，即取值为 $\dfrac{v_F}{v_0}$。玻尔速度为 $v_0 = \dfrac{e^2}{\hbar} = 2.8 \times 10^8$ cm/s。

按照有效电荷理论，与电子轨道速度相比较的应是入射离子和靶材料电子的相对速度 $v_r = |v_1 - v_e|$，而非离子速度本身。经对靶材料电子各运动方向的速度求平均后，可得到如下表达式：

$$v_r = \begin{cases} \dfrac{3}{4}v_F\left(1 + \dfrac{2}{3}v^2 - \dfrac{1}{15}v^4\right), & v < 1 \\[3mm] v \cdot v_F\left(1 + \dfrac{1}{5}v^{-2}\right), & v \geqslant 1 \end{cases} \tag{2.187}$$

离子的电离度定义为

$$Q = (Z_1 - N)/Z_1$$

式中，Z_1 为原子序数；N 为离子的剩余电子数。

入射离子在固体中的电离度可取为 $Q = \max(1 - e^{-A}, 0)$，其中参数 A 由如下两式给出：

$$A = \min(-0.803y_r^{0.3} + 1.316\,7y_r^{0.6} + 0.381\,57y_r, 50) \tag{2.188}$$

$$y_r = \max(v_r Z_1^{-\frac{2}{3}}, Z_1^{-\frac{2}{3}}, 0.13) \tag{2.189}$$

式中，y_r 称为有效离子速度，$y_r = v_r/v_0 z_1^{\frac{2}{3}}$（$v_0$ 为玻尔速度）。由此，可进一步求得入射离子的有效电荷数。

离子有效电荷数的表达式为

$$\zeta = \zeta_0\left[1 + Z_1^{-2}(0.08 + 0.001\,5Z_2)e^{-(7.6-B)^2}\right] \tag{2.190}$$

式中，$\zeta_0 = Q + 0.5v_r^{-2}(1 - Q)\ln\left[1 + \left(\dfrac{4\lambda v_F}{1.919}\right)^2\right]$；$\lambda$ 为离子的屏蔽距离（用于描述离子的尺度），可以从数据文件中查得；$B = \max(0, \ln E)$；Z_1 和 Z_2 分别为入射离子与靶材料的原子序数。

下面将根据 y_r 的不同，分两种情况计算重离子的电子阻止截面。

a. 若 $y_r = v_r Z_1^{-\frac{2}{3}}$，则有

$$S_{\text{eion}} = S_{\text{ep}}(\zeta Z_1)^2 v_{\text{FCorr}} \tag{2.191}$$

式中，S_{eion} 为重离子的电子阻止截面；v_{FCorr} 为费米速度修正项，可以由数据文件查得。

b. 若 $y_r = \max(0.13, Z_1^{-\frac{2}{3}})$，可取 $E' = 25v_{\text{min}}^2$，$v_{\text{min}} = 0.5(v_{\text{rmin}} + C^{\frac{1}{2}})$，$v_{\text{rmin}} = \max(0.13Z_1^{-\frac{2}{3}}, 1)$ 及 $C = \max(v_{\text{rmin}}^2 - 0.8v_F^2, 0)$。将 E' 代入式（2.172）计算 H 离子的电子阻止截面 S_{ep}，并按下式进行费米修正：

$$S'_{\text{ep}} = S_{\text{ep}}v_{\text{FCorr}} \tag{2.192}$$

然后，按下式计算入射重离子的电子阻止截面：

$$S_{eion} = S'_{ep} \cdot (\zeta Z_1)^2 \left(\frac{E}{E'}\right)^P \tag{2.193}$$

式中

$$p = \begin{cases} 0.55, & Z_1 = 3 \\ 0.375, & Z_2 < 7 \\ 0.375, & Z_1 < 18 \text{ 且 } Z_2 = 14 \text{ 或 } 32 \\ 0.47, & \text{其他} \end{cases} \tag{2.194}$$

（2）核阻止截面计算。

核阻止截面是表征入射离子与靶材料原子核碰撞引起能量损失的重要参量。在 SRIM 程序中，应用 Biersack 普适势计算得到核阻止截面表达式。首先，将入射离子的能量转化为约化形式。约化能 ε 由下式计算：

$$\varepsilon = \frac{32.53 M_2 E}{Z_1 Z_2 (M_1 + M_2)(Z_1^{0.23} + Z_2^{0.23})} \tag{2.195}$$

式中，E 为入射离子能量，以 keV/amu 为单位；各符号的下标 1 和 2 分别表示入射离子与靶物质；M、E 及 Z 分别表示原子质量、能量与原子序数。

通过 Biersack 普适势计算，得到核阻止截面表达式如下：

$$S_n(E_0) = \left(-\frac{dE}{dx}\right)_n = \frac{8.462 Z_1 Z_2 M_1}{(M_1 + M_2)(Z_1^{0.23} + Z_2^{0.23})} S_n(\varepsilon) \tag{2.196}$$

式中，$S_n(\varepsilon)$ 为约化核阻止截面。按照约化能 ε 的不同，$S_n(\varepsilon)$ 可有以下两种表述形式：

当 $\varepsilon \geqslant 30$ 时，有

$$S_n(\varepsilon) = \frac{\ln \varepsilon}{2\varepsilon} \tag{2.197}$$

当 $\varepsilon < 30$ 时，有

$$S_n(\varepsilon) = \frac{\ln (1 + 1.138\,3\varepsilon)}{2(\varepsilon + 0.013\,21\varepsilon^{0.212\,26} + 0.195\,93\varepsilon^{0.5})} \tag{2.198}$$

以上分别给出了 SRIM 程序中计算入射质子或离子的电子阻止截面 S_e 和核阻止截面 S_n 的表达式。总的阻止截面应为两者之和。SRIM 程序已经获得广泛应用。这说明尽管带电粒子辐射能量损失或阻止本领的计算公式有多种形式，通过必要的理论分析与试验拟合方法建立计算模型也不失为一种有效的方式。

3. 介质体充电数值模拟方法

介质体充电过程的有效分析方法是计算机模拟，可以通过 GEANT4 程序进行分析。该程序是基于 MC 方法，统计描述复杂的非均匀结构在受到电子辐照过程中粒子的运输过程。GEANT4 程序的物理模型和数据库可在空间带电粒子与航天器相互作用的能量范围内，描述粒子与物质的交互作用，包括一次粒子和

二次粒子。介质可以是原子序数为 $Z=1\sim100$ 的单质,也可以是以原子混合物组成的复杂材料。GEANT4 程序具有非均质三维几何体描述体系。

通过 MC 方法模拟高能电子作用下介质体充电过程时,应用"大粒子"近似方法。每个具有给定能量和角分布特性的初始"大粒子"与 Δt 时间内落向目标的粒子通量 ΔN 相对应。在描述带电粒子穿过物质输运过程时,考虑电离能量的连续损耗以及形成二次电子和光子的离散化过程。其中,起主导作用的是能量为 10 keV 以上的 $\delta-$电子从原子分离。介质内部的电荷密度 $p(r)$ 由制动的热化电子和原子电离所形成的空穴两者的分布状态共同决定。此时,需要考虑所形成电荷自洽电场 $E(r)$ 的影响。该电场决定着注入介质中的电荷制动及沿深度分布,并影响从原子分离的 $\delta-$电子的分布。

在模拟每个事件("大粒子"落向目标)与跟踪一次和二次粒子在靶材内的级联碰撞后,计算体电荷密度分布函数的增量 $\Delta\rho(r)$。根据所形成的体电荷密度分布 $\rho(r)$,继续计算新的电场强度值 $E(r)$ 和电位值 $U(r)$,并在模拟下一个事件的过程中加以使用。因此,通过多次事件问答,可对介质的内充电过程进行动态计算。同时,计算自洽电场,并考虑其对介质中一次和二次粒子输运的影响。介质体电荷的累积过程具有时间渐近的性质,计算时为达到必要的精度宜逐渐适当调整时间步长 Δt 和粒子通量值 ΔN。在计算上述电场和体电荷分布的同时,还要计算从靶材通过与反射的一次和二次粒子的角度及能量分布。该方法可将辐照粒子的任意能量和角分布作为原始条件进行分析,能够模拟定向单能粒子束辐照试验条件以及地球辐射带电子与航天器相互作用的实际情况。

2.4　分子动力学

2.4.1　分子动力学的概念

1.研究范畴

在原子层次上,对于多体问题的求解,除了各种 MC 算法,第二类重要的模拟方法就是分子动力学(Molecular Dynamics,MD)方法。MC 方法作为一种统计学的概率性方法,可以深入到相空间研究 Markov 链的随机行为;而 MD 方法则是一种确定性方法,它是跟踪每个粒子的个体运动。经典的路径不相关 MC 算法被局限于平衡热力学量的计算,它不能预测纳米尺度的材料动力学特性。相反地,根据 MD 得到的系综平均预测,其有效性将因为统计学和系统的各态历经假说而受到限制。

  MD 模拟就是用计算机方法来表示统计力学,作为试验的一个辅助手段。MD 模拟用来研究不能用解析方法解决的复合体系的平衡性质和力学性质,用来搭建理论和试验的一个桥梁,在数学、生物、化学、物理学、材料科学和计算机科学交叉学科占据重要地位。对 MD 使用者来说,牢固掌握经典统计力学、热力学系综、时间关联函数以及基本模拟技术是非常必要的。MD 模拟方法是一种确定性方法,是按照该体系内部的内禀动力学规律来确定位形的转变,跟踪系统中每个粒子的个体运动,然后根据统计物理规律,给出微观量(分子的坐标、速度)与宏观可观测量(温度、压力、比热容、弹性模量等)的关系来研究性能和演化规律的一种方法。

  MD 方法首先需要建立系统内一组分子的运动方程,通过求解所有粒子(分子)的运动方程来研究该体系与微观量相关的基本过程。这种多体问题的严格求解,需要建立并求解体系的薛定谔方程。根据玻恩 — 奥本海默近似,将电子的运动与原子核的运动分开处理,电子的运动用量子力学的方法处理,而原子核的运动用经典动力学方法处理。此时原子核(粒子)的运动满足经典力学规律,用牛顿定律来描述,这对于大多数材料来说是一个很好的近似。只有处理一些较轻的原子和分子的平动、转动或振动频率 γ 满足 $h\gamma > k_B T$ 时,考虑量子效应才是必不可少的。

  这就是说,若采用在其基态瞬时平衡电子来模拟原子组态,仅要一个合理的含有原子间相互作用的力,这个力可由经验势函数的导数给出。若取时间步长 $10^{-14} \sim 10^{-15}$ s,对离散形式的运动方程求积分,可以得到系统随时间的演化。这一方法包括对每一个原子的现时及稍后的位置和速度的计算。MD 模拟的典型标定参数为:原子间距从零点几纳米到数纳米,原子振动周期为 $10^{-5} \sim 10^{-3}$ ps,所能包括的粒子数目为 $10^3 \sim 10^9$ 个。值得指出的是,大多数 MC 模拟实际进行的时间都在 1 ns 以下。所能处理的原子或分子的最大数目取决于所考虑原子间作用力的复杂性。

  构成势函数的基础是原子之间的相互作用,一般可由两个或多个原子之间的相对位置来定量确定出相互作用势,其中可以包括一系列参数,如电荷、离子极化率、局域原子密度等。在每一个基本计算步,其作用力可由目标原子在截断半径以内与其周围其他原子之间的相互作用势的导数求出。对于简单对势,仅考虑两个原子之间的直接作用,并在其半径相当于四个原子大小的某一球体内求和;在现代多体势中,近邻原子密度的影响还将以附加的吸引力表示。根据所采用的作用势和粒子数,通过分子动力学优化得到的计算机编码可以在个人计算机、微型计算机以及主机上使用,并已能处理的粒子数达到 $10^8 \sim 10^9$ 个。

MD 模拟方法与真实的试验非常相似。进行试验时,需要三个步骤:准备试样;将试样放入测试仪器中进行测量;测量结果的分析。而 MD 模拟应遵从与试验相似的过程进行:首先"准备试样",即建立一个由 N 个粒子(分子)组成的模型体系;"将试样放入测试仪器中进行测量",解 N 个粒子(分子)组成的模型体系的牛顿运动方程直至平衡,平衡后,进行性能的计算;最后进行"测量结果的分析",对模拟结果进行分析。

2.发展历史

经典的 MD 方法是 Alder 和 Wainwright 于 1957 年和 1959 年提出并应用于理想"硬球"液体模型,发现了由 Kirkwood 在 1939 年根据统计力学预言的"刚性球组成的集合系统会发生由液相到结晶相的转变"。后来人们称这种相变为 Alder 相变。Rahman 于 1963 年采用连续势模型研究了液体的 MD 模拟。Verlet 于 1967 年给出了著名的 Verlet 算法,即在 MD 模拟中对粒子运动的位移、速度和加速度的逐步计算法。这种算法后来被广泛应用,为 MD 模拟做出了很大贡献。1980 年 Anderson 做了恒压状态下的 MD 研究,提出了等压 MD 模型。同年,Hoover 对非平衡态的 MD 进行了研究。1981 年,Parrinello 和 Rahman 给出了恒定压强的 MD 模型,将等压 MD 推广到元胞的形状可以随其中粒子运动而改变的范围,对 MD 的发展起到了里程碑式的作用。Nose 于 1984 年提出了恒温 MD 方法。1985 年 Car 和 Parrinello 提出了将电子运动与原子核运动一起考虑的第一性原理 MD 方法。近几十年,随着计算机和计算数学算法的迅速发展,MD 方法得到了长足的发展,已经成为物理学、化学、材料科学、生物学与制药研究必不可少的工具。

2.4.2　分子动力学的基本思想

1.经典力学定律

MD 模拟是一种用来计算经典多体体系的平衡和传递性质的一种确定性方法。经典是指组成体系的粒子的运动遵从经典力学定律。简单来说,MD 模拟中所处理的体系粒子的运动遵从牛顿方程,即

$$F_i(t) = m_i a_i(t) \qquad (2.199)$$

式中,$F_i(t)$ 为粒子所受的力;m_i 为粒子的质量;$a_i(t)$ 为原子 i 的加速度。

原子所受的力 $F_i(t)$ 可以直接用势能函数对坐标 r_i 的一阶导数表示,即 $F_i = -\dfrac{\partial U}{\partial r_i}$,其中,$U$ 为势能函数。

因此对 N 个粒子体系的每个粒子有

$$\begin{cases} m_i \dfrac{\partial \boldsymbol{v}_i}{\partial t} = \boldsymbol{F} = -\dfrac{\partial U}{\partial \boldsymbol{r}_i} + \cdots \\ \dot{\boldsymbol{r}}(t) = \boldsymbol{v}(t) \end{cases} \tag{2.200}$$

在这些方程中，v 为速度矢量，m_i 为粒子的质量。这些方程的求解一般来说需要通过数值方法进行（解析方法只能求解最简单的势函数形式，在实际模拟中没有意义），这些数值解产生一系列的位置与速度对 $\{x^n, v^n\}$，n 表示一系列的离散时间，$t = n\Delta t$，Δt 表示时间间隔（时间步长）。要求解此方程组，必须要给出体系中的每个粒子的初始坐标和速度。

经典运动方程是确定性方程，即一旦原子的初始坐标和初始速度给出，则以后任意时刻的坐标和速度都可以确定。MD 整个运行过程中的坐标和速度称为轨迹（trajectory）。数值解普通微分方程的标准方法为有限差分法。

2. 分子动力学方法工作框图

给定 t 时刻的坐标和速度以及其他动力学信息，就可计算出 $t + \Delta t$ 时刻的坐标和速度。Δt 为时间步长，它与积分方法以及体系有关。图 2.37 所示为 MD 方法工作方框图。信息（参数）输入就是要设定表示作用于原子间或分子间相互作用力的势函数，若还要特别考虑热力学平衡状态的性质，则需要设定温度和压力等物理环境条件。在此条件下，由于花很长时间求解多粒子体系的运动方程，因此可以认为在此系统中实现了近似于所期望的在热平衡状态下的分布。若此时对得到各时刻的原子位置坐标进行统计计算，则可得到有关的热力学性质（热力学能、比热容等）；而若同时统计处理各时刻的原子位置坐标和速度，就可得到动力学性质（扩散系数、黏滞系数等）。

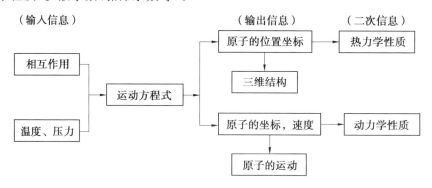

图 2.37 MD 方法工作方框图

分子动力学中一个好的积分算法的判据主要包括：

① 计算速度快；

② 需要较小的计算机内存；

③ 允许使用较长的时间步长；

④ 表现出较好的能量守恒。

为了对 MD 有一个清楚的了解，现给出一个简单的程序来说明 MD 的结构。

简单的分子动力学程序

```
################################
Program md
Call init
t = 0
do while(t. lt. tmax)
    call force(f,en)

    call integrate(f,en)
    t = t + delt
    call sample
end do
stop end
################################
```

分子动力学的初始化程序

```
################################
subroutine init
    sumv = 0
    sumv2 = 0
do i = 1,npart
    x(i) = lattice − pos(i)
    v(i) = (ranf( ) − 0.5)
    sumv = sumv + v(i)
    sumv2 = sumv2 + v(i) * * 2
end do
sum = sumv /npart
sumv2 = sumv2 /npart
fs = sqrt(3 * temp/sumv2)
do i = 1,npart
    v(i) = (v(i) − sumv) * fs
    xm(i) = x(i) − v(i) * dt
    end do
```

return

end

＃＃＃＃＃＃＃＃＃＃＃＃＃＃＃＃＃＃＃＃＃＃＃＃＃＃＃＃＃＃＃＃

程序构成方式如下：

① 输入指定运算条件的参数(初始温度,粒子数,密度,时间步长)；

② 体系初始化(选定初始坐标和初始速度)；

③ 计算作用在所有粒子上的力；

④ 解牛顿运动方程(第③步和第④步构成了模拟的核心,重复这两步,直到体系演化到指定的时间)；

⑤ 计算并输出物理量的平均值,完成模拟。

3. 分子动力学的适用范围

MD 方法只考虑多体系统中原子核的运动,而电子的运动不予考虑,量子效应忽略。经典近似在很宽的材料体系都较精确；但对于涉及电荷重新分布的化学反应、键的形成与断裂、解离、极化以及金属离子的化学键都不适用,此时需要使用量子力学方法。经典 MD 方法也不适用于低温,因为量子物理给出的离散能级之间的能隙比体系的热能大,体系被限制在一个或几个低能态中。当温度升高或与运动相关的频率降低(有较长的时间标度)时,离散的能级描述变得不重要,在这样的条件下,更高的能级可以用热激发描述。

对牛顿物理特征运动频率的粗略估计可以根据简谐分析进行。对简谐振动来讲,量子化的能量为 $h\gamma$(h 为普朗克常数,γ 为振动频率)。显然,经典方法对相对的高频率的运动不适用。

$\gamma \gg \dfrac{k_{B}T}{h}$ 或 $\dfrac{h\gamma}{k_{B}T} \gg 1$ 时,对经典运动不适用。这是因为体系处于基态的概率很高,$\dfrac{h\gamma}{k_{B}T}$ 的比率越大,概率也越大。

相反地,经典物理适用的范围为

$$\frac{h\gamma}{k_{B}T} \ll 1$$

在 300 K 时,$k_{B}T = 2.5\ \text{J/mol}$,从表 2.3 可以看出,高频率的振动模的比值远大于 1,这些问题不能用经典理论来处理。临界频率 $\gamma = 6.25 \times 10^{12}\ \text{s}^{-1}$ 或 6 ps^{-1},相应的吸收波长为 208 cm^{-1}(160 ps),特征时间标度为 ps 或更长,可用经典物理处理。电子运动具有更高的特征频率,必须用量子力学以及量子/经典理论联合处理。这些技术近年来取得了很大进步。在这些方法中,体系中化学反应部分用量子理论处理,而其他部分用经典模型处理。

表 2.3　$T = 300$ K 时的高频振动模及其比值

振动模	波数 $\dfrac{1}{\lambda}/cm^{-1}$	频率 γ	比值 $\dfrac{h\gamma}{k_B T}$
O—H 伸长	3 600	1.1×10^{14}	17
C—H 伸长	3 000	9.0×10^{13}	14
O—C—O 不对称伸长	2 400	7.2×10^{13}	12
C=O(羰基) 伸长	1 700	5.1×10^{13}	8
C—N 伸长(胺类)	1 250	3.8×10^{13}	6
O—C—O 弯曲	700	2.1×10^{13}	3

2.4.3　分子动力学概述

1. 分子动力学运行流程图

尽管 MD 的基本思想非常简单,而实际上 MD 模拟的方法具有挑战性。实际应用中有各种各样的困难,如初始条件的设定,为保证可靠性要进行各种模拟方案,要使用合适的数值积分方法,应考虑到运动轨迹对初始条件及其他选择的敏感性,要满足大计算量的要求,还需图形显示和数据分析等。

MD 运行的流程图如图 2.38 所示,图中 R_i 表示位置,由图可知,要进行 MD 运算,必须首先建立计算模型,设定计算模型的初始坐标和初始速度;选定合适的时间步长;选取合适的原子间相互作用势函数,以便进行力的计算;选择合适的算法、边界条件和外界条件;计算;对计算数据进行统计处理。

2. 初始体系的设置

体系对初始条件和其他计算条件具有敏感性。MD 由三个主要部分组成:初始化、平衡和结果分析。初始化要求给每个粒子指定初始坐标和速度,即使初始坐标和速度可以从实验(晶体结构)中得到,指定的开始矢量也不一定对应于所使用的势函数的最小值,需要进一步最小化来弛豫应力。当实验结构未知时,需要根据已知结构来搭建一个结构,这时需要进行最小化过程。初始速度矢量根据伪随机数进行设置,使体系的总动能与目标温度对应,根据经典的能量均分定理,在热平衡时,每个自由度的能量为 $k_B T/2$,则

$$\langle E_k \rangle = \frac{1}{2} \sum_{i=1}^{3N} m_i \boldsymbol{v}_i^2 = N_F k_B T/2 \qquad (2.201)$$

式中,N_F 为体系总的自由度数。这样可以通过给某个速度分量设置麦克斯韦分布来实现。

当体系的初始坐标和初始速度设置以后,在进行模拟体系的性质以前,首先

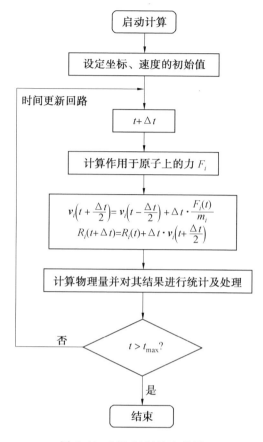

图 2.38 MD 运行的流程图

必须使体系进行趋于平衡的过程。在这个过程中,动能、势能相互转化,当动能、势能、总能量只在平均值附近涨落时,体系就达到平衡了(对微正则系综)。

单个 MD 轨迹的无序性是经常出现的,在分析复杂体系、多体体系的数据时要特别注意这点。简单地说,无序行为意味着初始条件的一个微小的变化就会导致在很短时间内指数偏离正常轨迹。初始条件变化越大或时间步长越长,不稳定性发生得越快。图 2.39 给出了原子坐标的均方根偏差随时间的变化。

原子坐标的均方根偏差(Root Mean Square Error,RMSE)定义为

$$e(t) = \left\{ \sum_{i=1}^{3N} \left[x_i(t) - x'_i \right]^2 \right\}^{\frac{1}{2}} \tag{2.202}$$

图 2.39 中的每条曲线中,初始坐标与参考轨迹的坐标只差 $\pm \varepsilon$($\varepsilon = 10^{-9}\,\mathrm{nm}$,$10^{-7}\,\mathrm{nm}$,$10^{-5}\,\mathrm{nm}$),时间步长取 0.1 fs,1 fs,偏差 $e(t)$ 每 20 fs 取一个值。从图 2.39 中可以看出几个有趣的特征:在短时间内,偏差为指数增加,接下来是线性绕阈值振动。大多数 MD 模拟需要很长的时间步(几万到几十万时间步),这样

138 Numerical Simulation Methods for Space Environments and Radiation Effects

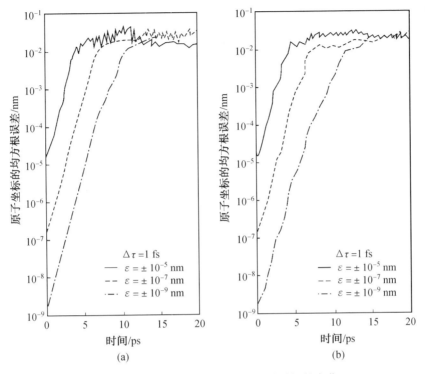

图 2.39　原子坐标的均方根偏差随时间的变化

误差就会趋于一致。

3. 时间步长和势函数

时间步长 Δt 的选取是非常重要的,不合适的时间步长可能会导致模拟的失败或结果的错误,或者造成模拟的效率太低。时间步长的选取参考原子或分子特征运动频率。

势函数是描述原子(分子)间相互作用的函数。原子间相互作用控制着原子间的相互作用行为,从根本上决定材料的所有性质,这种作用具体由势函数来描述。在 MD 模拟中,势函数的选取对模拟的结果起着决定性的作用。在选取势函数时,不可盲目选取,不能任意选取一个函数就进行模拟,要认真考察势函数是否合适,通过文献调研查明它的出处、应用范围,还要通过模拟材料一些已知的性质来验证势函数的好坏,然后再进行使用。

4. 力的计算方法

在 MD 模拟中所花费的计算时间,其中 90% 以上是用来计算作用在原子上的力,所用时间大致正比于原子数目的平方。一般 MD 模拟的原子数目较大(几万、几十万甚至更大),因此对原子作用力进行简化求解是非常必要而有意义的。对于短程力，采用截断半径法，即只计算力程以内的作用力就可以，这样大大减少了计算量；而对于像库仑力这样的长程力，需要找到近似处理办法来减少计算量，其中 Ewald 求和法就是常用的一种。

（1）截断半径法。

截断半径法是为了克服计算繁杂、耗费机时而引入的一种处理方法。其特点是预先选定一个截断半径 r_c，只计算以截断半径为球体内的粒子间的作用力，而与粒子之间的距离超过截断半径时，则不考虑它们的作用。在选择截断半径 r_c 时，应注意使 $L > 2r_c$（L 为分子动力学的周期性盒子的长度），同时，当系统中粒子数量很大时，还可以利用邻域列表法判断粒子的分布情况，进一步节省机时。Verlet 算法的邻域列表法如图 2.40 所示。

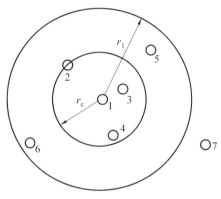

图 2.40　邻域列表法

对系统中的每个粒子都可以建立如图 2.40 的邻域表。图 2.40 中 r_c 为截断半径，r_l 为邻域半径。计算粒子 1 受力时，只计算截断半径以内的 2、3、4 三个粒子对粒子 1 的作用力之和，其他粒子的作用忽略不计。计算过程中，每隔一定步数需要更新此表。具体办法是：

① 在模拟开始阶段，固定更新邻域表的步数为 10 ～ 20 步；

② 此后采用自动调整方法，即计算每次更新后邻域半径以内的粒子与粒子 1 间距的变化；

③ 当粒子 5、6 与粒子 1 的距离小于 r_c 或者粒子 7 与粒子 1 的距离小于 r_l 时，则需要更新邻域表。

（2）Ewald 加和法。

Ewald 加和法是 Ewald 于 1921 年在研究离子晶体的能量时发展的。在这个方法中，一个粒子与模拟的盒子中所有其他原子以及周期性元胞中的镜像粒子作用。电荷之间的库仑势为

$$U = \frac{1}{2} \sum_{i=1}^{N} \sum_{j=1}^{N} \frac{q_i q_j}{4\pi\varepsilon_0 r_{ij}} \qquad (2.203)$$

式中，r_{ij} 是电荷 i 和电荷 j 之间的距离。距中心盒子为 L 处有 6 个盒子，因此有

$$U = \frac{1}{2} \sum_{n_{box}=1}^{6} \sum_{i=1}^{N} \sum_{j=1}^{N} \frac{q_i q_j}{4\pi\varepsilon_0 \mid r_{ij} + r_{box} \mid} \qquad (2.204)$$

总之，一个位于晶格点 $n(n = (n_x L, n_y L, n_z L), n_x, n_y, n_z$ 是整数) 的电荷所受势能为

$$U = \frac{1}{2} \sum_{n} \sum_{i=1}^{N} \sum_{j=1}^{N} \frac{q_i q_j}{4\pi\varepsilon_0 \mid r_{ij} + n \mid} \qquad (2.205)$$

通常将盒子中心电荷的势能写为

$$U = \frac{1}{2} \sum_{|n|=0}^{\infty}{}' \sum_{i=1}^{N} \sum_{j=1}^{N} \frac{q_i q_j}{4\pi\varepsilon_0 \mid r_{ij} + n \mid} \qquad (2.206)$$

现在存在的问题是：式(2.206)的求和收敛得非常慢，事实上它是条件收敛的。Ewald 在求和时采用了一个技巧，即将式(2.206)转变为两个收敛很快的级数。每个点电荷周围用两个大小相等、符号相反的电荷分布包围，如图 2.41 所示。

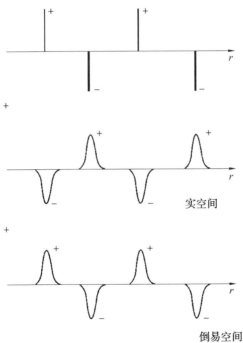

实空间

倒易空间

图 2.41　Ewald 加和法中的电荷分布

通常这个电荷分布函数用高斯分布表示为

$$\rho(r) = \frac{q_i \alpha^3}{\pi^{\frac{3}{2}}} \exp(-\alpha^2 r^2) \tag{2.207}$$

实空间求和由下式给出：

$$U = \frac{1}{2} \sum_{i=1}^{N} \sum_{j=1}^{N} \sum_{|n|=0}^{\infty}{}' \frac{q_i q_j}{4\pi\varepsilon_0} \frac{\mathrm{erfc}(|r_{ij}+n|)}{|r_{ij}+n|} \tag{2.208}$$

式中，erfc 是余误差函数，有

$$\mathrm{erfc}(x) = \frac{2}{\sqrt{\pi}} \int_x^{\infty} \exp(-t^2)\mathrm{d}t$$

新的包含误差函数的求和可以很快收敛，收敛的速度取决于高斯函数的宽度。高斯分布函数越宽，级数收敛越快。

第二项电荷分布函数产生的势函数为

$$U_2 = \frac{1}{2} \sum_{k\neq0} \sum_{i=1}^{N} \sum_{j=1}^{N} \frac{1}{\pi L^3} \frac{q_i q_j}{4\pi\varepsilon_0} \frac{4\pi^2}{k^2} \exp\left(-\frac{k^2}{4\alpha^2}\right) \cos(k\cdot r_{ij}) \tag{2.209}$$

计算需要在倒易空间进行，倒逆矢量 $k = \dfrac{2\pi n}{L^2}$，在倒逆空间求和也比原来点电荷在实空间求和收敛得要快。求和包括的项数随高斯宽度的增加而增加，此时要注意平衡实空间与倒易空间所花费的时间。α 越大，实空间积分收敛越快，而倒逆空间积分的收敛越慢。一般设置 α 为 $5/L$ 或 $100 \sim 200$ 倍的倒逆 k 矢量。

实空间的势还应该包括第三项——高斯电荷分布自身的相互作用，即

$$U_3 = -\frac{\alpha}{\sqrt{\pi}} \sum_{k=1}^{N} \frac{q_k^2}{4\pi\varepsilon_0} \tag{2.210}$$

另外，还须加上模拟盒子的周围的球形介质产生的势。如果介质具有无限大的相对磁导率（导体），则无须加修正项，即

$$U_{\mathrm{correction}} = \frac{2\pi}{3L^3} \left| \sum_{i=1}^{N} \frac{q_i}{4\pi\varepsilon_0} r_i \right|^2 \tag{2.211}$$

这样，总的表达式为

$$U = \frac{1}{2} \sum_{i=1}^{N} \sum_{j=1}^{N} \left[\sum_{|n|=0}^{\infty}{}' \frac{q_i q_j}{4\pi\varepsilon_0} \frac{\mathrm{erfc}(|r_{ij}+n|)}{|r_{ij}+n|} + \right.$$
$$\frac{1}{2} \sum_{k\neq0} \frac{1}{\pi L^3} \frac{q_i q_j}{4\pi\varepsilon_0} \frac{4\pi^2}{k^2} \exp\left(-\frac{k^2}{4\alpha^2}\right) \cos(k\cdot r_{ij}) -$$
$$\left. \frac{\alpha}{\sqrt{\pi}} \sum_{k=1}^{N} \frac{q_k^2}{4\pi\varepsilon_0} + \frac{2\pi}{3L^3} \left| \sum_{i=1}^{N} \frac{q_i}{4\pi\varepsilon_0} r_i \right|^2 \right] \tag{2.212}$$

5. 算法的选取

在分子动力学的发展过程中，人们发展了很多算法，常见的方法有 Verlet 算法、Leap frog 和 Velocity Verlet 算法、Gear 算法、Tucterman 和 Berne 多时间步长算法。在这些算法中，哪种最适合模拟？选取的准则是什么？其评判标准

中最重要的一点是能量守恒。图 2.42 给出了动能、势能、总能量与时间的关系曲线。

　　动能和势能的涨落总是大小相等、符号相反。随着时间的增加,总能均方根偏差(RMSD)能量涨落也增加。 图 2.42 氩的模拟中,RMSD 涨落大约为 0.025 J/mol,动能和势能的 RMSD 涨落大约为 10.45 J/mol;当时间步长达到 25 ps 时,总能 RMSD 涨落达到 0.16 J/mol;当时间步长为 5 ps 时,RMSD 涨落为0.008 J/mol。

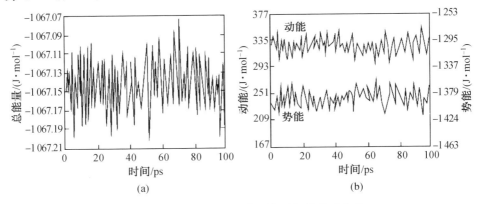

图 2.42　动能、势能、总能量与时间的关系曲线

2.4.4　分子运动方程的数值求解

　　多粒子体系的牛顿方程无法求解析解,需要通过数值积分方法求解,在这种情况下,运动方程可以采用有限差分法来求解。有限差分技术的基本思想是将积分分成很多小步,每一小步的时间固定为 δt,在 t 时刻,作用在每个粒子的力的总和等于它与其他所有粒子的相互作用力的矢量和。根据力的矢量和可以得到粒子的加速度,结合 t 时刻的位置与速度,可以得到 $t+\delta t$ 时刻的位置与速度。作用在粒子上的力的总和在此时间间隔期间假定为常数。作用在新位置上的粒子的力可以求出,然后可以导出 $t+2\delta t$ 时刻的位置与速度等与此类似。常见的方法有 Verlet 算法、Leapfrog 和 Velocity Verlet 算法、Gear 算法、Tucterman 和 Berne 多时间步长算法。

1. Verlet 算法

　　在分子动力学中,Verlet 于 1967 年提出的 Verlet 算法是积分运动方程运用最广泛的方法。这种算法运用 t 时刻的位置和速度及 $t-\delta t$ 时刻的位置,计算出 $t+\delta t$ 时刻的位置 $r(t+\delta t)$。Verlet 算法的推导可通过泰勒级数展开进行,即

$$r_i(t+\delta t)=r_i(t)+\delta t v_i(t)+\frac{1}{2}\delta t^2 a_i(t)+\cdots \qquad (2.213)$$

$$r_i(t - \delta t) = r_i(t) - \delta t v_i(t) + \frac{1}{2}\delta t^2 a_i(t) - \cdots \tag{2.214}$$

将以上两式相加得

$$r_i(t + \delta t) = 2r_i(t) - r_i(t - \delta t) + \delta t^2 \frac{F_i(t)}{m_i} \tag{2.215}$$

其中应用到 $a_i(t) = F_i(t)/m_i$。

差分方程中的误差为 $(\Delta t)^4$ 的量级，速度并没有出现在 Verlet 算法中。计算速度有很多种方法，一个简单的方法是用 $t + \delta t$ 时刻与 $t - \delta t$ 时刻的位置差除以 $2\delta t$，即

$$v(t) = [r(t + \delta t) - r(t - \delta t)]/2\delta t \tag{2.216}$$

另外，半时间步 $t + 0.5\delta t$ 时刻的速度也可以表示为

$$v\left(t + \frac{1}{2}\delta t\right) = [r(t + \delta t) - r(t)]/\delta t \tag{2.217}$$

速度的误差在 $(\Delta t)^3$ 的量级。Verlet 算法简单，存储要求适度，但它的一个缺点是位置 $r(t + \delta t)$ 要通过小项以及非常大的两项 $2r(t)$ 与 $r(t - \delta t)$ 的差得到，这容易造成精度损失。Verlet 算法还有其他的缺点，比如方程中没有显式速度项，在下一步的位置没得到之前，难以得到速度项。另外，它不是一个自启动算法，新位置必须由 t 时刻与前一时刻 $t - \delta t$ 的位置得到。在 $t = 0$ 时刻，只有一组位置，所以必须通过其他方法得到 $t - \delta t$ 的位置。

2. Leap－frog 算法

Hockney 在 1970 年提出 Leap－frog 算法。首先将速度的微分用 $t + \delta t$ 和 $t - \delta t$ 时刻的速度的差分来表示，即

$$\frac{v_i(t + \delta t/2) - v_i(t - \delta t/2)}{\delta t} = \frac{F_i(t)}{m_i} \tag{2.218}$$

则在 $t + \delta t$ 时刻的速度为

$$v_i\left(t + \frac{1}{2}\delta t\right) = v_i\left(t - \frac{1}{2}\delta t\right) + \frac{\delta t}{m_i}F_i(t) \tag{2.219}$$

另外，原子坐标的微分可以表述为

$$\frac{r_i(t + \delta t) - r_i(t)}{\delta t} = v_i\left(t + \frac{1}{2}\delta t\right) \tag{2.220}$$

所以有

$$r(t + \delta t) = r(t) + \delta t v\left(t + \frac{1}{2}\delta t\right) \tag{2.221}$$

为了执行 Leap－frog 算法，首先必须由 $t - 0.5\delta t$ 时刻的速度与 t 时刻的加速度计算出速度 $v(t + 0.5\delta t)$。然后由式(2.221)计算出位置 $r(t + \delta t)$。t 时刻的速度可以由下式得出：

$$v(t) = \frac{1}{2}\left[v\left(t + \frac{1}{2}\delta t\right) + v\left(t - \frac{1}{2}\delta t\right) \right] \tag{2.222}$$

速度"蛙跳"过此 t 时刻的位置而得到 $t - 0.5\delta t$ 时刻的速度值,而位置跳过速度值给出了 $t + \delta t$ 时刻的位置值,为计算 $t + 1.5\delta t$ 时刻的速度做准备,依此类推。Leap$-$frog 算法相比 Verlet 算法有两个优点:它包括显速度项,并且计算量稍小。它也有明显的缺陷:位置与速度不是同步的,这意味着在位置一定时,不可能同时计算动能对总能量的贡献。

3. 速度 Verlet 算法

Swope 在 1982 年提出的速度 Verlet 算法可以同时给出位置、速度与加速度,并且不牺牲精度,即

$$r_i(t + \delta t) = r(t) + \delta t v_i(t) + \frac{1}{2m}F_i(t)\delta t^2 \tag{2.223}$$

$$v_i(t + \delta t) = v_i(t) + \frac{1}{2m}\left[F_i(t + \delta t) + F_i(t)\right]\delta t^2 \tag{2.224}$$

该算法需要储存每个时间步的坐标、速度和力。该方法的每个时间步涉及两个时间步,需要计算坐标更新以后和速度更新前的力。相比于 Verlet 算法和 Leap$-$frog 算法,速度 Verlet 算法的精度最高、稳定性最好。力的计算很费机时,如果内存不是问题,高阶方法可以使用较大的时间步长,这对计算是非常有利的。

4. 预测校正算法

在 MD 模拟中,在微正则系综中保持能量守恒的前提下,应该使用尽可能大的时间步长。为了使用尽可能大的时间步长,或者在相同的时间步长时获得较高的精度,可以储存和使用前一步的力,并使用预测校正算法更新位置和速度。Gear 于 1971 年提出了基于预测校正积分方法的 Gear 算法,这种方法可分为以下三步:

① 根据泰勒展开式预测新的位置、速度与加速度,即

$$\begin{cases} r_i^p(t + \delta t) = r_i(t) + \delta t v_i(t) + \frac{1}{2}\delta t^2 a_i(t) + \frac{1}{6}\delta t^3 b_i(t) + \cdots \\ v_i^p(t + \delta t) = a_i(t) + \delta t b_i(t) + \cdots \\ b_i^p(t + \delta t) = b_i(t) + \cdots \\ r_i^p(t + \delta t) \end{cases} \tag{2.225}$$

式中,v 是速度(位置对时间的一阶导数);a 是加速度(位置对时间的二阶导数);b 是位置对时间的三阶导数。

② 根据新预测的位置 $r_i^p(t + \delta t)$,计算 $t + \delta t$ 时刻的力 $F(t + \delta t)$,然后计算加速度 $a_i^c(t + \delta t)$。将此加速度与由泰勒级数展开式预测的加速度 $a_i^p(t + \delta t)$ 进行

比较,两者之差在校正步里用来校正位置与速度项。通过这种校正方法,可以估算预测的加速度的误差为

$$\Delta a_i(t+\delta t) = a_i^c(t+\delta t) - a_i^p(t+\delta t) \tag{2.226}$$

③ 假定预测的量与校正后的量的差很小,就可以说它们互相成正比,这样校正后的量为

$$\begin{cases} r_i^c(t+\delta t) = r_i^p(t+\delta t) + c_0 \Delta a_i(t+\delta t) \\ v_i^c(t+\delta t) = v_i^p(t+\delta t) + c_1 \Delta a_i(t+\delta t) \\ a_i^c(t+\delta t) = a_i^p(t+\delta t) + c_2 \Delta a_i(t+\delta t) \\ b_i^c(t+\delta t) = b_i^p(t+\delta t) + c_3 \Delta a_i(t+\delta t) \end{cases} \tag{2.227}$$

Gear 确定了一系列系数 $c_0, c_1, \cdots$,展开式在三阶微分 $b(t)$ 后被截断。采用的系数的近似值为 $c_0 = 1/6, c_1 = 5/6, c_2 = 1$ 和 $c_3 = 1/3$。

Gear 的预测校正算法需要的存储量为 $3(O+1)N, O$ 是应用的最高阶微分数,N 是原子数目。

2.4.5　边界条件与初值

1.边界条件

由于计算机的运算能力有限,模拟系统的粒子数不可能很大,这就会导致模拟系统粒子数少于真实系统,即尺寸效应问题。

为了减小尺寸效应而又不使计算工作量过大,对平衡态分子动力学模拟采用周期边界条件。对周期性边界条件可以分为一维、二维及三维的情况。

对于 MD 模拟来说,合适的边界条件的选取需要考虑两个方面的问题。第一,为减小计算量,模拟的单元应尽可能小,同时模拟原胞还应足够大,以排除任何可能的动力学扰动而造成对结果的影响,此外模拟的原胞必须足够大以满足统计学处理的可靠性要求;第二,还要从物理角度考虑体积变化、应变相容性及环境的应力平衡等实际耦合问题。

(1)三维周期边界条件。

周期性边界条件的选取,如要模拟大块固体或液体,必需选取三维周期边界条件,如图 2.43 所示。

应当指出,在计算粒子受力时,由于考虑作用势截断半径及以内粒子的相互作用,同时采样区的边长应当至少大于两倍的 r_c,使粒子 i 不能同时与粒子 j 和它的镜像粒子相作用。

(2)二维周期边界条件。

在处理物质表面、界面时,对其周期边界条件问题的考虑非常必要。

对于薄膜情况,可使用二维周期边界条件,如图 2.44 所示。可以认为薄膜在

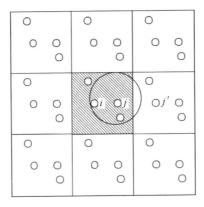

图 2.43　三维周期边界条件

$x-y$ 平面内无限扩展(存在周期边界条件),而在 z 方向受到限制(不赋予周期边界条件)。

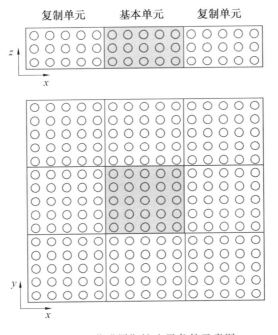

图 2.44　薄膜周期性边界条件示意图

MD方法恰好适用于在原子尺度上详尽地研究界面的结构。这时只在 $x-y$ 平面配置基本单元的复制品,使用周期边界条件;同时在 z 方向不赋予周期边界条件,固定两端的数层原子。由于采用了这样的人工边界条件,所以在 z 轴方向上的原子层数要有适当的数目,一般考虑的标准线度为 $4 \sim 5$ nm。

（3）非周期性边界条件。

周期性边界条件并不总是被应用于计算机模拟中。有些系统，比如液滴或原子团簇，本身就含有界面。当模拟非均匀系统或处在非平衡的系统，周期性边界条件也可能引起许多困难。有时，仅对系统的一部分感兴趣，比如表面的性质。在这种情况下，可以把系统分为两个部分：表面部分应用自由边界条件，而另一部分可以应用周期性边界条件。有时，又需要用到固定边界条件，比如在有些单向加载的模拟中。有时还要采用以上介绍的几种边界条件的结合应用，这就是混合边界条件。在具体的应用中要根据模拟的对象和目的来选定合适的边界条件。

2. 初值问题

为了进行 MD 模拟，建立系统的初始构形是必要的。初始构形可以通过实验数据，或理论模型，或两者的结合来获得。除此之外，给每个原子赋初速度也是必要的，它可以从模拟温度下的 Maxwell－Boltzmann 分布来任意选取，即

$$p(v_{ix}) = \left(\frac{m_i}{2\pi k_B T}\right)^{\frac{1}{2}} \exp\left(-\frac{1}{2}\frac{m_i v_{ix}^2}{k_B T}\right) \tag{2.228}$$

Maxwell－Boltzmann 方程给出了质量为 m_i 的原子 i 在温度 T 下沿 x 方向速度为 v_{ix} 的概率。Maxwell－Boltzmann 分布是一种 Gaussian 分布，它可以用随机数发生器得到。大多数随机数发生器产生的随机数均匀分布在 $0 \sim 1$ 之间，但是可以通过变换得到 Gaussian 分布。均值为 $\langle x \rangle$ 和波动值为 σ^2 的 Gaussian 分布的概率为

$$p(x) = \frac{1}{\sqrt{2\pi\sigma^2}} \exp\left[\frac{(x - \langle x \rangle)^2}{2\sigma^2}\right] \tag{2.229}$$

一种方法是首先产生两个在 $0 \sim 1$ 之间的随机数 ξ_1 和 ξ_2，再运用下式产生两个数：

$$x_1 = \sqrt{(-2\ln \xi_1)}\cos(2\pi\xi_2) \tag{2.230}$$

$$x_2 = \sqrt{(-2\ln \xi_2)}\cos(\pi\xi_1) \tag{2.231}$$

另一种方法是先产生 12 个随机数 $\xi_1, \xi_2, \cdots, \xi_{12}$，然后计算

$$x = \sum_{i=1}^{12} \xi_i - 6 \tag{2.232}$$

这两种方法产生的随机数都服从均值为零、偏差为一个单位的正态分布。初始速度经常被校正以满足总动量为零。为了使初动量为零，分别计算沿三方向的动量总和，然后用每一方向的总动量除以总质量，得到一速度值。用每个原子的速度减去此速度值，即保持总动量为零。

在建立了系统的初始位形和赋予初始速度后，就具备 MD 模拟的初步条

件。在每一步中,原子所受的力通过对势函数的微分可以得到。然后根据牛顿第二定律,计算加速度,再由以上提供的算法即可进行连续的模拟计算。

2.4.6　物质的势函数

势函数是表示原子(分子)间相互作用的函数,也称力场。原子间相互作用控制着原子间的相互作用行为,从根本上决定材料的所有性质,这种作用具体由势函数来描述。势函数的研究和开发是分子动力学发展的最重要的任务之一。本节主要介绍势函数及其分类、主要的势函数以及势函数的建立。

1. 势函数及其分类

早在 1903 年 G. Mie 就研究了两个粒子的互作用势,指出势函数应该由两项组成:原子间的排斥作用和原子间的吸引作用。1924 年 J. E. Lennard－Jones 发表了著名的负幂指数的 Lennard－Jones 势函数的解析式。1929 年 P. M. Morse 发表了指数的 Morse 势。1931 年 M. Born 和 J. E. Mayer 发表了描述离子晶体的 Born－Mayer 势函数。随着计算机的发展,20 世纪 50 年代末至 60 年代初 MD 在科学研究中开始应用,其中原子间相互作用的选取是 MD 模拟的关键。Alder 和 Wainwright 在 1957 年首次将硬球模型用于凝聚态系统的分子动力学模拟。在这个模型中,硬球做匀速直线运动,所有的碰撞都是完全弹性的,碰撞是在当两球的中心之间的距离等于球直径时发生。势函数有如图 2.45(a) 所示的形式。一些早期的模拟也用了矩形势,如图 2.45(b) 所示,两粒子的作用能大于截断距离 σ^2 时为零,小于截断距离 σ^1 时为无穷大,在两者之间时为常数。

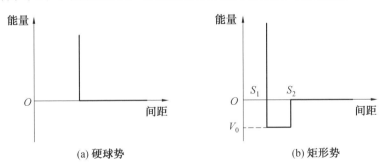

图 2.45　硬球势与矩形势函数

在硬球模型中,模拟计算的步骤如下:

① 确定将要发生碰撞的下一对球,计算碰撞发生的时间;

② 计算在碰撞时所有球的位置;

③ 确定碰撞后两个相碰球的新速度;

④ 回到第一步直到结束。

通过应用动量守恒原理，可以计算两个相碰球的新速度。像硬球模型这样简单的相互作用模型，虽然有许多不足，但其启发人们在研究物质的微观性质时进行了许多有益的尝试与探索。

原子间相互作用势的现实模型是作用在粒子上的力将随着此粒子的位置或和它有相互作用的粒子位置的变化而改变。应用连续势的首次模拟是 Rahman 在 1964 年将连续势应用于氩，他也和 Stillinger 在 1971 年首次模拟了液体 H_2O 分子，并对 MD 方法做出了许多重要的贡献。但是，原子之间的相互作用势一直发展得很缓慢，从一定程度上制约了 MD 在实际研究中的应用。因为相互作用势描述了粒子之间的相互作用，从而决定了粒子间的受力状况，所以采用的势函数准确与否，将直接影响到模拟结果的精确度。

原子间相互作用势根据来源可分为经典势和第一性原理势，经典势又可根据使用范围分为原子间相互作用势和分子间相互作用势；原子间相互作用势根据势函数的形式又可分为对势、对泛函势、组合势、组合泛函势，如图 2.46 所示。

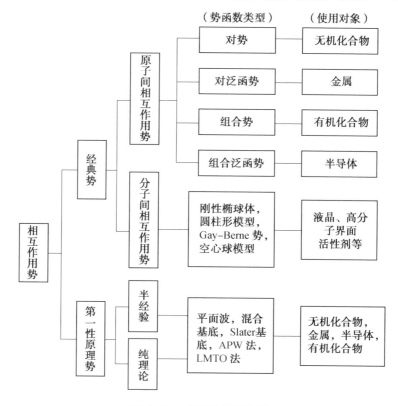

图 2.46　相互作用势分类

2. 对势

对势是仅由两个原子的坐标决定的相互作用,这类相互作用势可以较充分地描述除半导体、金属以外的所有的无机化合物中的相互作用。在分子动力学模拟的初期,人们经常采用的是对势。此势认为原子之间的相互作用是两两之间的作用,与其他粒子无关。因此在计算两粒子之间的作用力时,不考虑其他粒子的影响。比较常见的对势有以下几种:

(1)Lennard—Jones(L—J)势。

$$U_{ij}(r) = \frac{A_{ij}}{r^n} - \frac{B_{ij}}{r^6} \tag{2.233}$$

通常 n 取 $9 \sim 15$,特别是基于量子力学微扰理论的极化效应产生的相互作用,可导出 $n=12$,系数 A、B 可由晶格常数和升华热确定,式(2.233)可以改写为

$$U_{ij}(r) = 4\varepsilon_{ij}\left[\left(\frac{\sigma_{ij}}{r}\right)^{12} - \left(\frac{\sigma_{ij}}{r}\right)^6\right] \tag{2.234}$$

式中,ε_{ij} 是表示原子大小的参数,$\varepsilon_{ij} = \dfrac{B_{ij}^2}{4A_{ij}}$;$\sigma_{ij}$ 是表示力的强度的参数,$\sigma_{ij} = \left(\dfrac{A_{ij}}{B_{ij}}\right)^{\frac{1}{6}}$。

这个形式的势适合惰性气体原子的固体和液体,是为描述惰性气体分子之间相互作用力而建立的,它表达的作用力较弱,描述的材料的行为也就比较柔韧,也有人用它来描述铬、钼、钨等体心立方过渡族金属。

(2)Born—Maye—Huggins 势。

Born—Maye—Huggins 势主要用于处理离子晶体的模拟计算。Born 在提出这个势模型时,设想离子间存在两种作用力,即离子间的长程库仑力和短程排斥力。因此晶体势可以写成

$$E_i = \sum_{\substack{i,j=1 \\ i \neq j}}^{N-1} U_{ij} \tag{2.235}$$

其中任意两个离子间的势为

$$U_{ij}(r_{ij}) = \frac{1}{2}\frac{Z_i Z_j}{r_{ij}} + \varphi(r_{ij}) \tag{2.236}$$

式中,$\dfrac{1}{2}\dfrac{Z_i Z_j}{r_{ij}}$ 为长程库仑势,Z_i、Z_j 为离子的电荷数,r_{ij} 为离子的间距;$\varphi(r_{ij})$ 为短程排斥势,没有固定的解析表达式,Born—Maye—Huggins 势将这一项写成

$$\varphi_{ij}(r_{ij}) = -A_n(r_{ij} - B_n)^3 + C_n r_{ij} - D_n \tag{2.237}$$

其中,A、C、n 通过计算或实验值的拟合来确定。

（3）Morse 势。

$$\varphi(r_{ij}) = A_{ij}\exp\left(-\frac{r_{ij}}{\rho}\right) - \frac{C}{r_{ij}^{n}} \tag{2.238}$$

（4）Johnson 势。

$$\varphi_{ij}(r_{ij}) = A\left[e^{-2a(r_{ij}-r_0)} - 2e^{-a(r_{ij}-r_0)}\right] \tag{2.239}$$

Morse 势与 Johnson 势经常用来描述金属固体，前者多用于 Cu，后者多用于 α—Fe。Morse 势的势阱大于 Johnson 势的势阱，因此前者描述的作用力比后者强，并且由于前者的作用力范围比后者长，因此 Morse 势固体的延性比 Johnson 势固体好。

3. 适应金属、合金的多体势——EAM 和 MEAM

1982 年以前人们的注意力主要集中在"对势"的开发和应用上，这是因为对势简单，模拟容易进行，得到的结果也基本符合宏观的物理规律。但其固有的缺点无法取得根本性的突破，对势保证了 Cauchy 关系成立，即 $C_{12} = C_{44}$，而一般金属晶体并不满足 Cauchy 关系，因此对势不能准确地描述晶体的弹性性质，其模拟结果只能是定性的。人们在实际的研究中，研究的对象常常是具有较强相互作用的多粒子体系，其中一个粒子状态的变化将会影响到其他粒子的变化，不是简单的两两作用，而是多体相互作用。针对对势固有的缺陷，人们探索新的势函数来克服这些缺陷。20 世纪 80 年代初期多体势开始出现。Daw 和 Baskes 首次提出了嵌入原子法（Embedded Atom Method，EAM）。与此同时，Finnis 和 Sinclair 根据密度函数提出了与 EAM 基本一样的 Finnis—Sinclair 势，并详细阐述了从实验数据建立该势的方法。

（1）EAM 势。

EAM 势的基本思想是把晶体的总势能分成两部分：一部分是位于晶格点阵上的原子之间的相互作用对势；另一部分是原子镶嵌在电子云背景中的嵌入能，它代表多体相互作用。构成 EAM 势的对势与镶嵌势的函数形式都是根据经验选取的。

在嵌入原子法中，晶体的总势能可以表示为

$$U = \sum_i F_i(\rho_i) + \frac{1}{2}\sum_{j\neq i}\varphi_{ij}(r_{ij}) \tag{2.240}$$

式中，F_i 是嵌入能；等式右侧第二项是对势项，根据需要可以取不同的形式；ρ_i 是除第 i 个原子以外的所有其他原子的核外电子在第 i 个原子处产生的电子云密度之和，可以表示为

$$\rho_i = \sum_{j\neq i} f_j(r_{ij}) \tag{2.241}$$

其中，$f_j(r_{ij})$ 是第 j 个原子的核外电子在第 i 个原子处贡献的电荷密度；r_{ij} 是第 i

个原子与第 j 个原子之间的距离。

对于不同的金属,嵌入能函数和对势函数需要通过拟合金属的宏观参数来确定。

(2)Finnis－Sinclair 势。

1984 年 Finnis 和 Sinclair 根据金属能带的紧束缚理论,发展了一种在数学上等同于 EAM 的势函数,并给出了多体相互作用势的函数形式,即将嵌入能函数设为平方根形式。Ackland 等人在此基础上通过拟合金属的弹性常数、点阵常数、空位形成能、聚合能及压强体积关系给出了 Cu、Al、Ni、Ag 的多体势函数。其中式(2.240)中的多体项及对势项分别为

$$F_i(\rho_i) = \sqrt{\rho_i} \tag{2.242}$$

$$\varphi_{ij}(r) = \begin{cases} (r-c)^2(c_0 + c_1 r + c_2 r^2), & r \leqslant c \\ 0, & r > c \end{cases} \tag{2.243}$$

式中,c 为截断距离参数;c_0、c_1、c_2 必须通过具体材料的实验参数拟合得到。

基于 EAM 势的势函数还有很多种,这些多体势大都用于金属的微观模拟。

(3)Johnson 的分析型 EAM 势。

Johnson 在 Baskes 等的基础上,将电子密度用一个经验函数来表示,给出了对势和嵌入能的函数形式,通过拟合金属的物理性能参数,建立起势参数与物理参数对应关系的解析表达式,由此导出了特定结构金属及其合金的分析型 EAM 势。

根据 EAM 势的形式,原子系统的总能量为

$$U = \sum_i F_i(\rho_i) + \frac{1}{2}\sum_{j \neq i} \varphi_{ij}(r_{ij}) \tag{2.244}$$

式中,ρ_i 表示 i 处除了原子 i 以外所有原子在原子 i 处产生的电荷密度,$\rho_i = \sum_{j,j \neq i} f_j(r_{ij})$;$f(r)$ 是原子的电子密度的分布函数。

要确定 EAM 势需要确定三个函数:嵌入函数 $F(\rho)$、对势函数 $\varphi(r)$ 和原子电子密度分布函数 $f(r)$。Johnson 对特定结构金属设定了具体的函数形式,通过拟合金属的结合能、弹性常数、单空位形成能来确定函数中的待定常数,从而给出了金属与合金的 EAM 势的解析形式,即

$$F(\rho) = -F_0 \left(1 - n\ln\frac{\rho}{\rho_0}\right)\left(\frac{\rho}{\rho_0}\right)^n \tag{2.245}$$

式中,n 可以通过拟合能量－距离关系曲线得到。

对于势函数和电子密度函数,不同的金属则采用不同的函数形式。对 FCC 和 HCP 金属,有

$$\varphi(r) = \varphi_e \exp\left[-\gamma\left(\frac{r}{r_e} - 1\right)\right] \tag{2.246}$$

$$f(r) = f_e \exp\left[-\beta\left(\frac{r}{r_e} - 1\right)\right] \tag{2.247}$$

对于 BCC 金属,有

$$\varphi(r) = k_3\left(\frac{r}{r_e} - 1\right)^3 + k_2\left(\frac{r}{r_e} - 1\right)^2 + k_1\left(\frac{r}{r_e} - 1\right) - k_0 \tag{2.248}$$

$$f(r) = f_e\left(\frac{r}{r_e}\right)^\beta \tag{2.249}$$

势函数中的所有参数可以由与其对应的物理性质的解析关系式计算出。特别需要指出的是,知道纯金属的势函数后,就可以得到合金体系的势函数,即

$$\varphi^{ab}(r) = \frac{1}{2}\left[\frac{f^b(r)}{f^a(r)}\varphi^{aa}(r) - \frac{f^a(r)}{f^b(r)}\varphi^{bb}(r)\right] \tag{2.250}$$

此方法已用于合金的分子动力学研究中。

(4) 修正型嵌入原子法(MEAM)。

在 EAM 势框架中,电子密度球对称分布的假设在一些情形下已严重偏离实际情况,如 d 电子轨道不满的过渡族(Fe、Co、Ni) 元素,金刚石结构的半导体元素及轨道杂化的体系,所得结果与实际差别很大,同时嵌入函数也无法处理像 Cr、Cs 等具有 Cauchy 负压的金属和合金。为了将 EAM 势推广到共价键、过渡金属材料,就需要考虑到电子云的非球形对称。于是,Baskes 等人提出了修正型嵌入原子法。Baskes 和 Johnson 对原来 EAM 势的改进是保持原来的理论框架不变,针对原子的电荷密度呈球形对称的假设进行改进,在基体电子密度求和中引入原子电子密度分布的角度依赖因素,对 s、p、d 态电子的分布密度分别进行计算,但电子总密度仍然等于各种电子密度的线性叠加。此外,Jacobsen 等人在等效介质原理的基础上提出了另一种多体势函数形式,由于其简单、有效,也得到了广泛的应用。

4. 共价晶体的作用势

1982 年以前,人们的注意力主要集中在"对势"上,研究已经发现:在一些情况下,对势不能很好地描述原子间的相互作用势,特别是过渡金属、半导体、离子晶体等需要发展新的相互作用势。

(1)Stillinger－Weber(S－W) 势。

对于 Si、Ge 等半导体,其键合强度依赖于周围原子的配置,S－W 势的表达形式之一为

$$U(r,\theta) = \frac{1}{2}\left[\sum_{i,j}V_2(r_{ij}) + \sum_{i,j,k}V_3(r_{ij},r_{ik},\theta_{ijk})\right] \tag{2.251}$$

式(2.251) 中的二体势的具体形式为

$$V_2(r_{ij}) = \begin{cases} A\varepsilon(Br^{-p} - r^{-q})\exp\left(\dfrac{1}{r-a}\right), & r < a \\ 0, & r \geqslant a \end{cases} \tag{2.252}$$

式中的三体势由三个原子间的距离和角度关系构成,具体形式为

$$V_3(r_{ij}, r_{ik}, \theta_{ijk}) = \varepsilon \left[h(r_{ij}, r_{ik}, \theta_{ijk}) + h(r_{ji}, r_{jk}, \theta_{ijk}) + h(r_{ki}, r_{kj}, \theta_{ijk}) \right]$$

$$(2.253)$$

以等式右侧括号中第一项为例,函数形式为

$$h(r_{ij}, r_{ik}, \theta_{ijk}) = \lambda \exp \left[\gamma \left(\frac{1}{r_{ij} - a} + \frac{1}{r_{ik} - a} \right) \right] \left(\cos \theta_{jik} + \frac{1}{3} \right)^2 \cdot H \left[(a - r_{ij})(a - r_{ik}) \right]$$

$$(2.254)$$

式中,$H\left[(a - r_{ij})(a - r_{ik})\right]$ 是阶跃函数,即只有当 $r < a$ 时式(2.254)成立,否则 $h = 0$。

(2)Abell － Tersoff 势。

Abell 根据赝势理论提出了共价键结合的原子间作用势,它的基本函数为 Morse 势,根据键合强度与配位数的关系来构造,此函数可表示为

$$U = \sum_{i < j} \sum f_c(r_{ij}) \left[A_{ij} \exp(-\lambda_{ij} r_{ij}) - b_{ij} \exp(-\mu_{ij} r_{ij}) \right] \quad (2.255)$$

式中,r_{ij} 为原子 i 和原子 j 的距离,$f_c(r_{ij})$ 是相互作用中断函数,可表示为

$$f_c(r_{ij}) = \begin{cases} 1, & r_{ij} < R_{ij} \\ 0.5 + 0.5 \cos \dfrac{\pi(r_{ij} - R_{ij})}{S_{ij} - R_{ij}}, & R_{ij} \leqslant r_{ij} \leqslant S_{ij} \\ 0, & r_{ij} > S_{ij} \end{cases} \quad (2.256)$$

b_{ij} 是键合强度,是表现多体效应的因子,由下式表示:

$$b_{ij} = B_{ij} \chi_{ij} (1 + \beta_{ij}^{n_i} \xi_{ij}^{n_i}) - \frac{1}{2n_i} \quad (2.257)$$

$$\xi_{ij} = \sum_{k \neq ij} f_c(r_{ik}) g(\theta_{ijk}) \quad (2.258)$$

$$g(\theta_{ijk}) = 1 + \left(\frac{c_i}{d_i} \right)^2 - \frac{c_i^2}{d_i^2 + (h_i - \cos \theta_{ijk})^2} \quad (2.259)$$

式中,θ_{ijk} 是 $(i - j)$ 键与 $(i - k)$ 键之间的键角;β_i、n_i、c_i、d_i、h_i 均是待定系数。C、Ge、Si 的相应参数值见表 2.4。

表 2.4　Abell － Tersoff 势参数

参数	碳(C)	硅(Si)	锗(Ge)
A/eV	$1.393\ 6 \times 10^3$	$1.830\ 8 \times 10^8$	1.769×10^8
B/eV	$3.467\ 0 \times 10^3$	$4.711\ 8 \times 10^8$	$4.192\ 3 \times 10^8$
$\lambda/\text{Å}^{-1}$	$3.487\ 9$	$2.479\ 9$	$2.445\ 1$
$\mu/\text{Å}^{-1}$	$2.211\ 9$	$1.738\ 2$	$1.704\ 7$
β	$1.572\ 4 \times 10^{-7}$	1.100×10^{-6}	$9.016\ 6 \times 10^{-7}$

续表2.4

参数	碳（C）	硅（Si）	锗（Ge）
n	7.2751×10^{-1}	7.8734×10^{-1}	7.5627×10^{-1}
c	3.8049×10^{4}	1.0039×10^{5}	1.0643×10^{5}
d	4.384	16.217	15.652
h	-0.57058	-0.59825	-0.43884
$R/\text{Å}$	1.8	2.7	2.8
$S/\text{Å}$	2.1	3.0	3.1
χ	$\chi_{\text{C-Si}} = 0.9776$		$\chi_{\text{Si-Ge}} = 1.00061$

5. 有机分子中的作用势（力场）

势函数（在分子力学中常称为力场）是分子力学和分子动力学中非常重要的量，分子模拟的结果与力场的形式有关。选取合适的力场对于获得准确的结果是非常必要的。分子的总能量为分子的动能与势能的和，分子的势能可以表示为原子核坐标的函数。如可以将双原子的分子 AB 的振动势能表示为 A 与 B 之间键长的函数，即

$$U(r) = \frac{1}{2}k(r - r_0) \tag{2.260}$$

式中，k 为弹力常数；r 为键长；r_0 为平衡键长。

这样以简单数学形式表示的势能函数称为力场。经典力学的分子模拟以力场为依据，力场的准确与否决定模拟的结果正确与否。对复杂的分子体系，总势能包括各种类型势能的和，一般地，可以将体系的势能表示为分子内的作用能和分子间的作用能之和。分子内的作用能包括键伸缩势能、键角弯曲势能、双面角扭曲势能。分子间的作用能包括库仑静电势能和范德瓦耳斯非键势能。一般来说，引入的各种相互作用势成分越多，越能精确地与实验结果符合，但会给各参数的确定带来困难。

总势能＝键伸缩势能＋键角弯曲势能＋双面角扭曲势能＋离平面振动势能＋库仑静电势能＋范德瓦耳斯非键势能，用符号可表示为

$$U = U_b + U_\theta + U_\varphi + U_\chi + U_{el} + U_{nb} \tag{2.261}$$

式中，U_b 为键伸缩势能；U_θ 为键角弯曲势能；U_φ 为双面角扭曲势能；U_χ 为离平面振动势能；U_{el} 为库仑静电势能；U_{nb} 为范德瓦耳斯非键势能。分子中连接相邻原子的相互作用称为化学键，化学键的键长并非固定不变，而是在其平衡位置附近振动，描述这种作用的势能称为键伸缩势能。键伸缩势能的一般表达式为

$$U_b = \frac{1}{2} \sum_i k_b \left(r_i - r_i^0 \right)^2 \tag{2.262}$$

式中，k_b 为键伸缩的弹力常数；r_i、r_i^0 分别表示第 i 个键长及其平衡键长。

分子中连续键结的三原子形成键角，但键角也不是固定不变的，而是在平衡值附近呈小幅度的振荡，描述这种作用的势能称为键角弯曲势能。键角弯曲势能的一般表达式为

$$U_\theta = \frac{1}{2} \sum_i k_\theta \left(\theta_i - \theta_i^0 \right)^2 \tag{2.263}$$

式中，k_θ 为键角弯曲的弹力常数；θ_i、θ_i^0 分别表示第 i 个键的键角及其平衡键角的角度。

分子中连续键结的四个原子形成双面角，一般分子中的双面角易扭曲，描述双面角扭转的势能称为双面角扭曲势能。双面角扭曲势能的一般表达式为

$$U_\varphi = \frac{1}{2} \sum_i \left[V_1 (1 + \cos \varphi) + V_2 (1 + \cos 2\varphi) + V_3 (1 + \cos 3\varphi) \right] \tag{2.264}$$

式中，V_1、V_2、V_3 为双面角扭曲项的弹力常数；φ 为二面角的角度。

分子中的部分原子有共平面的倾向，通常共平面的原子会离开平面做小幅度的振动，描述这种振动的势能称离平面振动势能。离平面振动势能的一般表达式为

$$U_\chi = \frac{1}{2} \sum_i k_\chi \chi^2 \tag{2.265}$$

式中，k_χ 为离平面振动项的弹力常数；χ 为离平面振动的位移。

分子中的原子若带有部分电荷，则原子与原子间存在静电吸引或排斥作用，描述这种作用的势能项为库仑静电势能。库仑静电势能的一般表达式为

$$U_d = \frac{1}{2} \sum_{i,j} \frac{q_i q_j}{4 \pi \varepsilon r_{ij}} \tag{2.266}$$

式中，q_i、q_j 为分子中第 i 个和第 j 个离子所带的电荷；r_{ij} 表示第 i 个和第 j 个离子的距离；ε 为有效介电常数。

在分子力场中若 A、B 两原子属于同一分子但其间隔多于两个连接的化学键，或者两原子属于两个不同的分子，则这两个原子间的作用力的势能为范德瓦耳斯非键势能。一般力场中所有距离相隔两个键长以上的原子对，或者属于不同分子的原子对间都需要考虑范德瓦耳斯作用。单原子、分子对间一般用 Lenard−Jones(L−J) 势能，即

$$U(r) = 4\varepsilon \left[\left(\frac{\sigma}{r} \right)^{12} - \left(\frac{\sigma}{r} \right)^6 \right] \tag{2.267}$$

式中，r 为原子对间的距离；ε、σ 为势能参数。

不论力场为何种形式,包含有多少参数,重要的是力场中的参数和形式具有可传递性,即不同的分子如果包含相同的键结形式,则这些键的势能具有相同的势能形式和参数。要拟合力场,不仅需要确定函数的形式,而且需要确定函数中的参数。然而使用相同的函数形式、不同参数的力场与使用不同函数形式的力场可以给出可比拟的精度。力场应该是一个整体,不能够严格划分为几个独立的部分。分子模拟中所使用的力场主要为结构特性所设计,但可以用来预测分子的其他性质,一般的力场很难准确预测分子谱。

(1)MM 力场。

MM 力场为 Allinger 等人所发展的,依其发展的先后顺序分别称为 MM2、MM3、MM4、MM$^+$ 等。MM 力场将一些常见的原子细分,如将碳原子细分为 sp^3、sp^2、sp、酮基碳、环丙烷碳、碳自由基、碳阳离子等。这些不同形态的碳原子具有不同形式的力场常数。MM 力场适用于各种有机化合物、自由基、离子,可以得到精确的构型、构型能,各种热力学性质,振动光谱等。

$$U_{nb} = U_b + U_\theta + U_\varphi + U_\chi + U_{el} + U_{cross} \tag{2.268}$$

式中

$$U_{nb}(r) = a\varepsilon \cdot e^{-\omega/r} - b\varepsilon \left(\frac{\sigma}{r}\right)^6 \tag{2.269}$$

$$U_b(r) = \frac{k}{2}(r-r_0)^2 [1 - k'(r-r_0) - k''(r-r_0)^2 - k'''(r-r_0)^3] \tag{2.270}$$

$$U_\theta(\theta) = \frac{k_\theta}{2}(\theta-\theta_0)^2 [1 - k'_\theta(\theta-\theta_0) - k''_\theta(\theta-\theta_0)^2 - k'''_\theta(\theta-\theta_0)^3] \tag{2.271}$$

$$U_\varphi(\varphi) = \sum_{n=1}^{3} \frac{V_n}{2}(1 + \cos n\varphi) \tag{2.272}$$

$$U_\chi(\chi) = \sum_{i,j} k(1 - \cos 2\chi) \tag{2.273}$$

$$U_{el} = \sum_{i,j} \frac{q_i q_j}{4\pi\varepsilon r_{ij}} \tag{2.274}$$

U_{cross} 为交叉作用项。

(2)AMBER 力场。

AMBER 力场适用于较小的蛋白质、核酸、多糖等生化分子。该力场可以得到合理的气态分子的几何结构、构形能和振动频率。参数来自于计算结果和实验值的对比,此力场的标准形式为

$$U = \sum_i k_{bi}(r_i-r_0)^2 + \sum_i k_{\theta i}(\theta_i-\theta_0)^2 + \sum_i \frac{1}{2}V_0[1 + \cos(n\varphi_i - \varphi_0)] +$$

$$\sum_i \varepsilon \left[\left(\frac{\sigma}{r_i} \right)^{12} - 2 \left(\frac{\sigma}{r_i} \right)^{6} \right] + \sum_{i,j} \frac{q_i q_j}{4 \pi \varepsilon r_{ij}} + \sum_{i,j} \left(\frac{c_{ij}}{r_{ij}^{12}} - \frac{D_{ij}}{r_{ij}^{10}} \right) \qquad (2.275)$$

式中，r、θ、φ 分别为键长、键角与双面角；等式右侧第四项为范德瓦耳斯作用项；等式右侧第五项为静电作用项；等式右侧第六项为氢键作用项。

（3）CHARM 力场。

CHARM 力场由哈佛大学发展的，此力场参数来自计算结果和实验值的比较，适用于小的有机分子、溶液、聚合物、生化分子等，除了有机金属分子外，大都可以得到与实验相近的结构、作用能、振动频率和自由能。

（4）CVFF 力场。

CVFF 力场由 Dauber Osguthope 等人发展起来。此力场最初以生化分子为主，后来经过不断发展，此力场可适用于多肽、蛋白质和大量的有机分子，可以准确地计算体系的结构和结合能，能够给出合理的构型能和振动频率。

（5）第二代力场。

第二代力场的形式比以上力场的形式复杂，需要大量的力常数。其目的是能够精确计算分子的各种性质，如结构、光谱、热力学性质、晶体特性等。其力常数的导出除了引用了大量的实验数据外，还参照了精确的量子计算结果。适用于有机分子，或不含过渡金属元素的分子体系。第二代力场因其参数的不同分为 CFF91 力场、CFF95 力场、PCFF 力场与 MMFF93 力场等。其中，CFF91 力场、CFF95 力场、PCFF 力场称为一致性力场。

CFF91 力场适用于碳氢化合物、蛋白质、蛋白质配位基的相互作用，也可用于研究小分子的气态结构、振动频率、构形能、晶体结构。CFF91 力场包含 H、Na、Ca、C、Si、N、P、O、S、F、Cl、Br、I、Ar 等原子的参数。PCFF 力场由 CFF91 力场衍生而出，适用于聚合物和有机物。除了 CFF91 力场的参数外，PCFF 力场还包含 He、Ne、Kr、Xe 等惰性气体原子和 Li、K、Cr、Mo、W、Fe、Ni、Pd、Pt、Cu、Ag、Au、Al、Sn、Pb 等金属原子的力场参数。

CFF95 力场由 CFF91 力场扩展而来，特殊针对如多糖类、聚碳酸酯等生化分子与有机聚合物所设计，比较适合于生命科学。此力场包含卤素原子和 Li、Na、K、Rb、Cs、Mg、Ca、Fe、Cu、Zn 等金属原子的力场参数。

MMFF93 力场为美国的 Merck 公司针对有机药物设计并发展的，此力场引用大量的量子计算结果为依据，采用 MM2、MM3 力场的形式，主要应用于计算固态或液态的小型分子体系，可以得到准确的几何结构、振动频率和各种热力学性质。

（6）内容广泛的力场。

为使力场能广泛适用于整个周期表元素，发展了从原子角度出发的力场，其原子的参数来自实验或理论的计算，具有明确的物理意义。以原子为基础的力场包括可扩展系统力场(Extensible Systematic Force Field,ESFF)、全域力场(Universal Force Field,UFF)和 Dreiding 力场等。ESFF 力场可用于预测气态和凝聚态的有机分子、无机分子、有机金属分子系统的结构。Dreiding 力场可以计算分子的结构和各种性质,但其力场未包含周期表中的所有元素。UFF 力场可用于周期表中所有的元素,即适用于任何分子和原子体系。

6. 分子间作用势

关于液晶、界面活性剂、有机高分子等科学的研究,在基础和应用方面都引起了科学家的兴趣。若用分子动力学来模拟这些"软"物质,就要处理几万个甚至几十万个原子之间的相互作用,这样计算量就会非常大。为了解决这些困难,人们提出了分子间模型势,将分子整体看作一个刚性椭圆体或者柱型模型,把分子作为由若干个联合原子构成的空心颗粒模型。在刚性椭圆体的情况下,假设分子内的原子数目为 M 个,则使用分子间模型势使得计算速度提高 M^2 倍。而在空心模型的情况下,若用 L 个空心颗粒来代替由 M 个原子构成的分子,其计算速度将提高 $(M/L)^2$ 倍。

(1)Gay—Berne 势。

Gay—Berne 势采用旋转椭球体表示分子,其势函数形式具有 L—J 势的形式,参数具有各向异性,其势函数为

$$U_{ij}(r_{ij}, \boldsymbol{e}_i, \boldsymbol{e}_j) = 4\varepsilon \left[\left(\frac{\sigma_0}{r_{ij} - \sigma + \sigma_0} \right)^{12} - \left(\frac{\sigma_0}{r_{ij} - \sigma + \sigma_0} \right)^6 \right] \tag{2.276}$$

式中,σ、ε 分别为对应分子大小和力强度的参数,即

$$\sigma = \sigma_0 \left\{ 1 - \frac{1}{2} \chi \left[\frac{(\boldsymbol{r}_{ij} \cdot \boldsymbol{e}_i + \boldsymbol{r}_{ij} \cdot \boldsymbol{e}_j)^2}{1 + \chi(\boldsymbol{e}_i \cdot \boldsymbol{e}_j)} + \frac{(\boldsymbol{r}_{ij} \cdot \boldsymbol{e}_i - \boldsymbol{r}_{ij} \cdot \boldsymbol{e}_j)^2}{1 - \chi(\boldsymbol{e}_i \cdot \boldsymbol{e}_j)} \right] \right\}^{-\frac{1}{2}} \tag{2.277}$$

$$\varepsilon = \varepsilon_0 \sqrt{1 + \chi^2 (\boldsymbol{e}_i \cdot \boldsymbol{e}_j)^2} \left\{ 1 - \frac{1}{2} \eta \left[\frac{(\boldsymbol{r}_{ij} \cdot \boldsymbol{e}_i + \boldsymbol{r}_{ij} \cdot \boldsymbol{e}_j)^2}{1 + \eta(\boldsymbol{e}_i \cdot \boldsymbol{e}_j)} + \frac{(\boldsymbol{r}_{ij} \cdot \boldsymbol{e}_i - \boldsymbol{r}_{ij} \cdot \boldsymbol{e}_j)^2}{1 - \eta(\boldsymbol{e}_i \cdot \boldsymbol{e}_j)} \right] \right\}$$

$$\tag{2.278}$$

式中,r_{ij} 为分子重心之间的距离;$\boldsymbol{e}_i$ 和 $\boldsymbol{e}_j$ 分别为描述分子 i 和 j 取向的单位矢量;$\boldsymbol{r}_{ij}$ 为连接分子 i、j 中心连线方向的单位矢量;χ 为形状各向异性参数,有

$$\chi = \frac{(\sigma_e/\sigma_s)^2 - 1}{(\sigma_e/\sigma_s)^2 + 1} \tag{2.279}$$

对球形粒子 $\chi = 0$,对无限长的棒 $\chi = 1$,对无限薄的盘 $\chi = -1$。典型的 σ_0 设置为等于 σ_s,σ_e 为长轴的长度,σ_s 为短轴的长度。

$$\eta = \frac{\sqrt{V_{s-s}} - \sqrt{V_{e-e}}}{\sqrt{V_{s-s}} + \sqrt{V_{e-e}}} \tag{2.280}$$

式中,V_{s-s} 为分子并排时的相互作用强度;V_{e-e} 为分子纵排时的相互作用强度。

G－B 分子间势模型的示意图如图 2.47 所示。

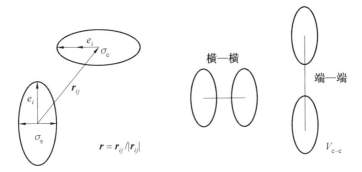

图 2.47　G－B 分子间势模型的示意图

（2）空心颗粒模型。

空心颗粒模型有两种情况：一是使用内部自由度冻结的刚体空心颗粒模型（图 2.48（a））；二是用弹簧连接联合原子的弹簧空心颗粒模型（图 2.48（b））。

连接联合原子之间的弹簧势函数为

$$V = \frac{1}{2} k (r - r_0)^2 \tag{2.281}$$

式中，k 为弹性系数；r_0 为平衡距离。

空心颗粒之间的相互作用势可采用 L－J 势和库仑势。

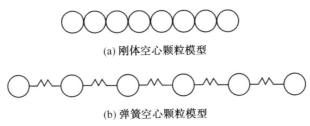

(a) 刚体空心颗粒模型

(b) 弹簧空心颗粒模型

图 2.48　空心颗粒模型

7. 第一性原理原子间相互作用势

在前面的对势和经验多体势的讨论中，可以看到它们的优点是函数形式简单、使用方便，在大多数的势函数的构造中，用实验值拟合原子间相互作用势是一个很普遍的方法，该方法可以根据需要选择势函数的形式，但这种势的缺点是势的好坏过分地依赖所选定函数的函数形式，而函数形式只对一定的材料和结构才适用，原子尺度上准确的实验数据很少，在一些材料的结构和性能都不知道的情况下得到势函数几乎是不可能的。目前这一问题可以通过第一性原理的方法得以解决，特别是近 30 年来密度泛函理论得到了充分的发展，其准确性、高效性以及计算能力的提高已经使得准确的原子间相互作用势的计算成为可能。

陈难先小组发展了第一性原理原子间相互作用势反演势,并成功用于材料模拟中。晶体的结合能 $E(x)$ 一般可以表示为原子间相互作用势的无穷求和,即

$$E(x) = \frac{1}{2}\sum_{i \neq j}\varphi_1(R_{ij}) + \frac{1}{6}\sum_{k \neq i \neq j}\varphi_2(R_{ijk}) + \frac{1}{24}\sum_{i \neq j \neq k \neq l}\varphi_3(R_{ijkl}) + \cdots$$

$$(2.282)$$

式中,右边的第一项为二体势项,第二项为三体势项,第三项为四体势项,…… 在很多情况下,二体势项对结合能的贡献占主导地位。

从第一性原理结合能曲线出发,运用三维晶格反演方法可以严密地导出原子间相互作用势。以同种原子构成的晶体为例说明,设从第一性原理计算出的晶体结合能函数为

$$E(x) = \frac{1}{2}\sum_{n=1}^{\infty}r_0(n)\varphi[b_0(n)x]$$

$$(2.283)$$

式中,x 为原子间最近邻距离;$r_0(n)$ 为 n 级近邻配位数;$b_0(n)$ 是 n 级近邻到参考原子的距离;$\varphi(x)$ 为对势函数。

通过 $\{b_0(n)\}$ 的自乘即得 $\{b(n)\}$。$\{b(n)\}$ 可认为构成乘法半群,这时有

$$E(x) = \frac{1}{2}\sum_{n=1}^{\infty}r(n)\varphi[b_0(n)x]$$

$$(2.284)$$

式中

$$r(n) = \begin{cases} r_0\{b_0^{-1}[b(n)]\}, & b(n) \in \{b_0(n)\} \\ 0, & b(n) \notin \{b_0(n)\} \end{cases}$$

$$(2.285)$$

由此反演即得原子间相互作用势普遍公式为

$$\varphi(x) = 2\sum_{n=1}^{\infty}I(n)E[b(n)x]$$

$$(2.286)$$

式中,$I(n)$ 满足

$$\sum_{b(d)\,|\,b(n)}I(d)r(b^{-1})\left[\frac{b(n)}{b(d)}\right] = \delta_{n1}$$

$$(2.287)$$

式中,求和号下的 $b(d)\,|\,b(n)$ 表示对所有 $b(n)$ 的因子 $b(d)$ 求和。关于异种原子间相互作用势的问题可以通过这一方法解决。

势的函数形式和参数具有传递性是力场重要的特征之一。可传递性就意味着:相同的一套参数可以用来模拟一系列同类分子的性质,而不必每一种分子分别用一套参数。直接从第一性原理出发构造原子间相互作用势的方法很多,如紧束缚近似、反演方法、有效介质理论方法、LSDA、从头计算方法等,但从第一性原理出发的势函数的构造都需要精确计算材料的结合能(总能)随晶格常数变化的能量曲线,或是精确计算能带结构,然后根据能量曲线或能带结构拟合原子间相互作用势。

2.4.7　系综原理

系综(ensemble)是统计力学的一个概念,是 1901 年由吉布斯创立的。分子动力学(MD)所研究的对象是多粒子体系,但由于受计算机内存和计算速度的限制,模拟的系统粒子数目是有限的,但统计物理的规律仍然成立,因此计算机模拟的多粒子体系用统计物理的规律来描述。

系综是一个巨大的系统,是由组成、性质、尺寸和形状完全一样的全同体系构成的数目极多的系统的集合。其中每个系统各处在某一微观运动状态,而且是各自独立的。微观运动状态在相空间中(广义坐标和广义动量构成的空间称为相空间)构成一个连续的区域,与微观量相对应的宏观量是在一定的宏观条件下所有可能的运动状态的平均值。对于任意的微观量 $A(p,q)$,其宏观平均可表示为

$$\bar{A} = \frac{\int A(p,q)\rho(p,q,t)d^{3N}q d^{3N}p}{\int \rho(p,q)d^{3N}q d^{3N}p} \tag{2.288}$$

式中,N 为系统的粒子总数;q 和 p 为广义坐标和广义动量;ρ 为权重因子。

MD 和 MC 模拟方法中包括平衡态和非平衡态模拟。根据研究对象的特性,主要的系综有微正则系综、正则系综、等温等压系综、等压等焓系综等。

采用 MD 模拟时,必须要在一定的系综下进行,经常用到的系综包括微正则系综、正则系综、等温等压系综和等压等焓系综。

1. 微正则系综

微正则系综(NVE)是孤立的、保守的系统的统计系综。在这种系综中,体系与外界不交换能量,体系的粒子数守恒,体系的体积也不发生变化,系统沿着相空间中的恒定能量轨道演化。

在 MD 模拟中,通常用时间平均代替系综平均,即

$$\bar{A} = \lim_{t' \to t_0} \frac{1}{t' \to t_0} \int_{t_0}^{t'} A[r^N(t), p^N(t); V(t)]dt \tag{2.289}$$

在微正则系综中,轨道(坐标和动量轨迹)在一切具有同一能量的相同体积内经历相同的时间,则轨道平均等于微正则系综平均,即

$$\bar{A} = \langle A \rangle_{NVE} \tag{2.290}$$

孤立系统的总能量是一守恒量,沿着 MD 模拟的相空间中的任一轨道的能量保持不变,即 $H = E$ 是个运动常量。而孤立体系的动能 E_k 和势能 U 不是守恒量,而是沿着轨迹变化,因此有

$$\overline{E_k} = \lim_{t' \to \infty} \frac{1}{t' \to t_0} \int_{t_0}^{t'} E_k[v(t)]dt \tag{2.291}$$

$$\overline{U} = \lim_{\substack{t' \to \infty \\ t' \to t_0}} \frac{1}{t' - t_0} \int_{t_0}^{t'} U[r(t)]\mathrm{d}t \tag{2.292}$$

动能是不连续的,因此需要在各个间断点上计算动能的值来求平均,即

$$\overline{E_k} = \frac{1}{n - n_0} \sum_{\mu > n_0}^{n} \left[\frac{1}{2} \sum_i m(v_i^\mu)^2 \right] \tag{2.293}$$

势能的平均值为

$$\overline{U} = \frac{1}{n - n_0} \sum_{\mu > n_0}^{n} U^\mu = \frac{1}{n - n_0} \sum_{\mu > n_0}^{n} \left[\sum_{i < j} u(r_{ij}^\mu) \right] \tag{2.294}$$

在模拟过程中特别是模拟的初始阶段,系统的温度是一个重要的物理量。由能量均分定理,粒子在空间坐标的每个方向上的平均动能为

$$\frac{1}{2} m v_i^2 = \frac{3}{2} k_B T \tag{2.295}$$

因此体系的动能为

$$\overline{E_k} = \frac{3}{2} N k_B T \tag{2.296}$$

一般来说,对于给定能量,精确的初始条件是无法知道的,为了把系统调节到给定的能量,先给出一个合理的初始条件,然后对能量进行增减,直至系统达到所期望的状态为止。能量的调整一般是通过对速度进行特别的标度来实现的。这种标度可以使系统的速度发生很大的变化。为了消除可能带来的效应,必须给系统足够的时间以再次建立平衡。其具体步骤为:① 解运动方程,给出一定时间步的结果;② 计算体系的动能和势能;③ 观察体系的总能量是否为恒定值,如总能量不等于给定值,则通过调节速度来实现,即将速度乘一个标定因子 η:$\eta v_i^{n+1} \to v_i^{n+1}$,总动能为

$$\frac{\eta^2}{2} \sum_i m_i v_i^2 \left(t + \frac{h}{2} \right) = \frac{g}{2} k_B T \tag{2.297}$$

式中,g 为总自由度数。

标度因子近似为

$$\begin{aligned}
\eta &= \left[\sum_i m_i v_i^2 \left(t + \frac{h}{2} \right) / g k_B T \right]^{-\frac{1}{2}} \\
&= \left\{ \frac{1}{g k_B T} \left[\sum_i m_i v_i \left(t - \frac{h}{2} \right) + \frac{F_i(t)}{m_i} h \right]^2 \right\}^{-\frac{1}{2}} \\
&= \left\{ 1 + \frac{1}{g k_B T} \left[\sum_i v_i(t) F_i(t) h + O(h^2) \right] \right\}^{-\frac{1}{2}} \\
&= \left[1 + 2\lambda \Delta t + O(h^2) \right]^{-\frac{1}{2}} = 1 - \lambda \Delta t + O(h^2)
\end{aligned} \tag{2.298}$$

式中

$$\lambda = \frac{1}{gk_{\mathrm{B}}T}\sum_i v_i(t)F_i(t) \qquad (2.299)$$

在微正则系综中,标度因子表示为

$$\eta = \left[\frac{(N-1)k_{\mathrm{B}}T}{16\sum_i m_i v_i^2}\right]^{-\frac{1}{2}} \qquad (2.300)$$

2. 正则系综

在热力学统计物理中正则系综(NVT)是一个粒子数为 N、体积为 V、温度为 T 且总动量为守恒量的系综。在这个系综中,系统的粒子数(N)、体积(V)和温度(T)都保持不变,并且总动量为零,因此称为 NVT 系综。在恒温下,系统的总能量不是一个守恒量,系统要与外界发生能量交换。保持系统的温度不变,通常运用的方法是让系统与外界的热浴处于热平衡状态。由于温度与系统的动能有直接的关系,通常的做法是把系统的动能固定在一个给定值上,这是通过对速度进行标度来实现的。在正则系综中,体系的能量发生涨落。为了表示体系的涨落,可以在孤立的无约束系统的拉格朗日方程中引入一个广义力来表示系统与热库耦合,即

$$\frac{\mathrm{d}}{\mathrm{d}t}\frac{\partial L}{\partial \dot{r}} - \frac{\partial L}{\partial r} = F(r,\dot{r}) \qquad (2.301)$$

式中,L 为孤立的无约束系统的拉格朗日函数,即

$$L = \frac{1}{2}\sum_i m_i \dot{r}_i^2 - U(r) \qquad (2.302)$$

令 $L' = L - V$,则可得到无约束的拉格朗日运动方程,即

$$\frac{\mathrm{d}}{\mathrm{d}t}\frac{\partial L'}{\partial \dot{r}} - \frac{\partial L'}{\partial r} = 0 \qquad (2.303)$$

3. 等温等压系综

等温等压系综(NPT)就是系统处于等温、等压的外部环境下的系综,在这种系综下,体系的粒子数(N)、压力(P)和温度(T)都保持不变。这种系综是最常见的系综,许多 MD 模拟都要在这个系综下进行。这时,不仅要保证系统的温度恒定,还要保持它压力恒定。温度的恒定是通过调节系统的速度来实现的,而对压力的调节就比较复杂。由于系统的压力 P 与其体积 V 是共轭量,要调节压力值可以通过标度系统的体积来实现,目前许多调节压力的方法都是采用这个原理。

(1)恒温方法 —— 热浴。

Nose 和 Hoover 引入与热源相关的参数 ξ 来表示温度恒定的状态,即具有恒定 N、V、T 值的系统,可设想为与大热源接触而达到平衡的系统。由于热源很大,交换能量不会改变热源的温度。在热源与系统达到热平衡后,系统与热源具

有相同的温度,系统与热源构成一个复合系统,如图 2.49 所示。系统中微观粒子的动力学方程为

$$\frac{\mathrm{d}q_i}{\mathrm{d}t} = \frac{P_i}{m_i} \tag{2.304}$$

$$\frac{\mathrm{d}P_i}{\mathrm{d}t} = -\left(\frac{\partial \Phi}{\partial q_i}\right) - \xi P_i \tag{2.305}$$

$$\frac{\mathrm{d}\xi}{\mathrm{d}t} = \left(\sum_i \frac{P_i^2}{2m_i} - \frac{3}{2} N k_B T_{ex}\right) \cdot \frac{2}{Q} \tag{2.306}$$

式(2.304)～(2.306)同常规的 MD 方程的区别就是在式(2.305)中增加了与热源的相互作用相关的一项 ξP_i。与热源相关的变化参数 ξ 的运动方程表明,当系统的总动能大于 $2N k_B T$ 时,ξ 是增加的,从而使粒子的速度减小;反之则使粒子的速度增大。Q 表示与温度控制有关的一个常数。

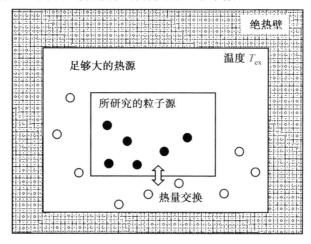

图 2.49 恒温 MD 方法原理示意图

(2) 恒压方法 —— 压浴。

为了对系统的压力进行调控,采用图 2.50 所示的方法,即利用活塞调控系统的体积从而调节系统压力。这个思想是 Anderson 于 1980 年提出的:让被研究的物理系统置于压力处处相等的外部环境中,系统的体积可以保持在要模拟的压力时的体积。Anderson 则将晶胞体积作为系统的一个变量来对待,将体积与粒子系统整体作为一个扩展的动力学系统。

设物理系统的晶胞为立方体,体积为 V,棱长为 $L = V^{1/3}$。粒子的坐标和动量由晶胞的尺寸来标度,即

$$\begin{cases} \hat{q}_i = L q_i \\ \hat{p}_i = \dfrac{p_i}{L} \end{cases} \tag{2.307}$$

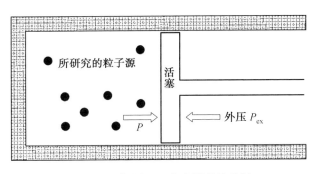

图 2.50　恒压 MD 方法原理示意图

式中，$\hat{q}_i$、$\hat{p}_i$ 变量是系统的真实变量；q_i、p_i 变量是推导恒压方法时引入的变量。粒子系统和活塞组成复合系统，其哈密顿量为

$$H = H_0 + P_{ex}V + \frac{p_V^2}{2W} \tag{2.308}$$

$$H_0 = \sum_i V^{-\frac{2}{3}} \frac{p_i^2}{2m_i} + \Phi(V^{\frac{1}{3}q}) \tag{2.309}$$

式中，P_{ex} 是外压；p_V 是体积 V 所对应的共轭动量；W 是体积变化速度因子。

若将由上述哈密顿量导出的运动方程用粒子的实际坐标直接写出来，则

$$\frac{d\hat{q}_i}{dt} = \frac{\hat{p}_i}{m_i} + \frac{dV}{dt} \cdot \frac{\hat{q}_i}{3V} \tag{2.310}$$

$$\frac{d\hat{q}_i}{dt} = -\frac{\partial \Phi}{\partial \hat{q}_i} - \frac{dV}{dt} \cdot \frac{\hat{p}_i}{3V} \tag{2.311}$$

$$W \cdot \frac{d^2V}{dt^2} = \frac{\sum_i \frac{\hat{p}_i^2}{m_i} - \sum_i \hat{q}_i \cdot \frac{\partial \Phi}{\partial \hat{q}_i}}{3V} - P_{ex} \tag{2.312}$$

4. 等压等焓系综

等压等焓系综（NPH）就是保持系统的粒子数（N）、压力（P）和焓值（H）都不变。系统的焓值 H 为

$$H = E + PV \tag{2.313}$$

故要在该系综下进行模拟，必须保持压力与焓值为一固定值。这种系综在实际中已经很少应用，而且调节技术的实现也有一定的难度。

在模拟时不仅要考虑到晶胞大小的变化，还要考虑到晶胞形状的变化。1980 年 Par－rinelo 和 Rahman 首次提出了扩展的恒压模型，这种模型不但允许晶胞体积改变，而且允许晶胞的形状发生变化。这种模型特别适合研究固体材料的相变。

另外，还存在其他几种系综，如巨正则系综、Gibbs 系综、半巨正则系综等。

总之,MD 模拟是一种用来计算经典多体体系的平衡和传递性质的一种确定性方法。体系中的每个粒子的运动遵从经典力学定律——牛顿运动规律。首先要建立 MD 模型,设置模型中每个粒子的初始条件,给出原子间或分子间相互作用力的势函数,设定温度和压力等物理环境条件,采用合适的积分算法就可计算出下一时刻的坐标和速度,重复计算就得到体系中的每个原子的坐标、速度与时间的关系,根据这些微观信息(原子的坐标和速度)按照统计物理规律,可得到材料有关的力学、热学(热力学能、比热容等)以及动力学性质(扩散系数)。

2.4.8 计算实例

1.平均值

模拟产生大量的数据,对这些数据的分析可以得到相关的性质。计算机模拟必定会产生误差,必须对误差进行计算和评价。当然,计算机只能做程序员分配的工作,因此对于一套相同的初始条件,计算机总能给出相同的计算结果(否则必定出现了重大的错误)。计算机模拟的结果与实验一样存在两类误差:系统误差和统计误差。系统误差有时是由于在模拟中采用了不合适的算法或势函数,容易被发现;系统误差也可能是在模拟中使用了不相关近似(有限差分法的使用、计算机的精度)造成的,这些误差不容易被发现。探测系统误差的一种方法是观测一个简单热力学量的平均值及其分布。这些热力学量关于平均值的分布应该是高斯分布,即发现一个特定值 A 的概率为

$$p(A) = \frac{1}{\sigma\sqrt{2\pi}}\exp\left[-(A-\langle A\rangle)^2/2\sigma^2\right] \tag{2.314}$$

式中,σ^2 为方差,$\sigma^2 \leqslant (A-\langle A\rangle)^2$。标准偏差为方差的平方根。

微观领域往往研究单个粒子的行为,宏观性质是大量粒子的综合行为。MD 方法能够再现宏观行为,同时又存储了大量的微观信息,因此是联系宏观和微观的重要工具。利用此方法可以研究由热力学统计物理给出的各种性能参数。统计力学将系统的微观量与宏观量通过统计物理联系起来。

在运行 MD 程序之后,得到了系统的所有粒子的坐标和速度随时间的变化轨迹。接下来研究我们所感兴趣体系的性质。最简单的是热力学性质,如温度、压力、热容,这些量可由体系的坐标和动量的统计平均得到,称为静态性能。但有一类热力学性质不能在一次模拟中直接得到,也就是说,这些性质不能表达为体系中所有粒子坐标和动量的一些函数的简单平均,这类性质称为动态性能。

物性参量可以根据原子的坐标和速度通过统计处理得出,在统计物理中可以利用系综微观量的统计平均值来计算物性参量值,即

$$\langle A\rangle_{\text{ens}} = \frac{1}{N!}\iint A(p,r)p(p,r)\mathrm{d}p\mathrm{d}r \tag{2.315}$$

式中,ens 表示系综;$p(p,r)$ 表示分布函数(概率密度)。分布函数因所使用的系综不同而不同,对微正则系综,有

$$p_{NEV}(p,r) = \delta[H(p,r) - E] \tag{2.316}$$

对于正则系综,等温等压系综(NPT)及巨正则系综,其分布函数分别由下式给出:

$$p_{NTV}(p,r) = \exp\left[\frac{-H(p,r)}{k_B T}\right] \tag{2.317}$$

$$p_{NPT}(p,r) = \exp\left[\frac{-H(p,r) + PV}{k_B T}\right] \tag{2.318}$$

$$p_{NTV}(p,r) = \exp\left[\frac{-H(p,r) - \mu N}{k_B T}\right] \tag{2.319}$$

系综之间的演变可由相应公式联系起来。在通常情况下,式(2.315)不能给出解析解。在 MD 中,使用了时间平均等于系统平均的各态历经假设,即

$$\langle A \rangle_{ens} = \langle A \rangle_{time} \tag{2.320}$$

虽然各态历经假设在热力学统计物理中没有证明,但它的正确性已被实验结果所证明,即

$$\langle A \rangle_{time} = \lim \frac{1}{t_{obs}} \int A(p,r) \mathrm{d}t = \frac{1}{t_{obs}} \sum A(p,r) \tag{2.321}$$

2. MD 静态性能分析

体系的热力学性质和结构性质都不依赖于体系的时间演化,它们是静态平衡性质。一系列热力学性质可以通过计算机模拟得到,这些量的实验值和计算值的对比对于估算模拟精度非常重要。当然也可以对没有实验数据的或者实验上很难甚至不可能获得数据的体系热力学量进行模拟进而预测。

(1)温度 T。

在正则系综中,体系的温度为一常数;在微正则系综中,温度将发生涨落。温度是体系最基本的热力学量,它直接与系统的动能有关,即

$$E_K = \sum_{i=1}^{N} \frac{|p_i|^2}{2m_i} = \frac{k_B T}{2}(3N - N_C) \tag{2.322}$$

$$T = \frac{1}{(3N - N_C)k_B} \sum_{i=1}^{N} \frac{|p_i|^2}{2m_i} \tag{2.323}$$

式中,p_i 为质量为 m_i 的粒子的总动量;N 为粒子总数;N_C 为系统的受限制的自由度数目,通常 $N_C = 3$。

(2)能量。

体系的热力学能可以很容易通过体系能量的系综平均得到,即

$$E = \langle E \rangle = \frac{1}{M} \sum_{i=1}^{N} E_i \tag{2.324}$$

体系的动能 E_K、势能 U、总能量 E 可以由下式给出：

$$E = \frac{1}{2} \sum_i m_i v_i^2 + \sum_i U_i \tag{2.325}$$

$$U = \sum_i U_i \tag{2.326}$$

$$E_K = \frac{1}{2} \sum_i m_i v_i^2 \tag{2.327}$$

（3）压力 P。

压力通常通过虚功原理模拟得到。虚功定义为所有粒子坐标与作用在粒子上的力的乘积的和，通常写为 $W = \sum x_i \dot{p}_{xi}$，式中 x_i 为原子的坐标，$\dot{p}_{xi}$ 是动量沿坐标方向对时间的一阶导数（根据牛顿定律，$\dot{p}_{xi}$ 为力）。虚功原理给出虚功等于 $-3Nk_B T$。在理想气体中，气体与容器之间的作用力是唯一的作用力，这时的虚功为 $-3PV$。实际气体和液体影响了虚功，因此影响了压力。实际体系的虚功为理想气体的虚功与粒子之间相互作用部分的虚功的和，即

$$W = -3PV + \sum_{i=1}^{N} \sum_{j=i+1}^{N} r_{ij} \frac{\mathrm{d}U(r_{ij})}{\mathrm{d}r_{ij}} = -3Nk_B T \tag{2.328}$$

式中

$$P = \frac{1}{V} \left(Nk_B T - \frac{1}{3} \sum_{i=1}^{N} \sum_{j=i+1}^{N} r_{ij} f_{ij} \right) \tag{2.329}$$

力的计算是 MD 模拟的一部分，但虚功的计算以及压力的计算很少。

（4）径向分布函数。

径向分布函数（radial distribution function）是描述系统结构的很有用的方法，特别是对于液体。考虑一个以选定的原子为中心、半径为 r、厚度为 δr 的球壳，它的体积为

$$V = \frac{4}{3}\pi (r+\delta r)^3 - \frac{4}{3}\pi r^3 = 4\pi r^2 \delta r + 4\pi r \delta r^2 + \frac{4}{3}\pi \delta r^3 \approx 4\pi r^2 \delta r \tag{2.330}$$

如果单位体积的粒子数为 ρ_0，则在半径 $r \sim r+\delta r$ 的球壳内的总粒子数为 $4\pi \rho_0 r^2 \delta r$，因此体积元中原子数随 r^2 变化。

径向分布函数 $g(r)$ 是距离一个原子为 r 时找到另一个原子的概率，$g(r)$ 是一个量纲为 1 的量。如果在半径 $r \sim r+\delta r$ 的球壳内的粒子数为 $n(r)$，则可以得到径向分布函数 $g(r)$ 为

$$g(r) = \frac{1}{\rho_0} \frac{n(r)}{V} \approx \frac{1}{\rho_0} \frac{n(r)}{4\pi r^2 \delta r} \tag{2.331}$$

径向分布函数在模拟过程中很容易计算，因为所有的距离在计算力时已完成，它表征着结构的无序化程度。在晶体中，径向分布函数 $g(r)$ 有无限个尖锐的

峰,位置和高度由晶体结构决定。

液体的径向分布函数 $g(r)$ 处于固体与气体之间,在短的间隔距离内存在几个峰叠加在长距离缓慢衰减的曲线上(图 2.51)。 理想气体的径向分布函数 $g(r)=1$。

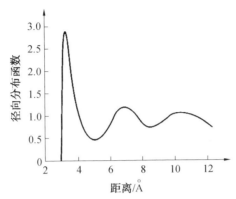

图 2.51　液体 Ar 在 100 K,密度为 1.396 g·cm^{-3}
MD 模拟 100 ps 时的径向分布函数

对于很小的距离(小于原子间距),$g(r)$ 为 0,这是强烈的排斥作用造成的。第一个(也是最高的)峰出现在 $r \approx 3.7$ Å,$g(r) \approx 3$。这意味着两个分子在这个距离的概率是理想气体状态时距离概率的三倍。然后径向分布函数下降,在 $r \approx 5.4$ Å 时达到最小值点,可知两原子在这个距离的概率比在理想气体状态时要小。随着距离的增加,$g(r)$ 趋近于理想气体时的值 1,这意味着体系不具有长程有序。

要计算径向分布函数,必须计算每个原子的近邻数目,然后求平均。 比如 $2.5 \sim 2.75$ Å 之间、$2.75 \sim 3.0$ Å 之间的近邻数等。

径向分布函数可以通过 X 射线进行测量。晶体中原子的规则排列可以给出明亮、清晰的 X 射线衍射斑点。对液体,可以给出强度不同的 X 射线谱,但不是斑点。通过分析 X 射线衍射图样可以得出实验的分布函数,可以与计算分布函数进行对比分析。

(5) 静态结构因子。

静态结构因子(static structure factor)也是判断结构无序程度的物理量,它的表示式为

$$S(K) = \frac{1}{N} \left| \sum_{j=1}^{N} \exp(iK \cdot r_j) \right| \tag{2.332}$$

式中,N 代表原子总数;K 为倒格矢;r_j 为原子 j 的位置矢量。对理想晶体而言,其静态结构因子为 1,而对理想流体则为 0。 静态结构因子在晶体的熔化与相变

的研究中很有用。

（6）热力学性质。

在相变时，比热容会呈现与温度相关的特征（对一级相变点，比热容呈现无限大；对二级相变点，比热容呈现不连续变化），因此监控比热容随温度的变化可以帮助探测到相变的发生。比较比热容的计算值与实验值可以检查能量模型和计算方案的可行性。质量定容热容定义为系统热力学能对温度的偏导，即

$$C_V = \left(\frac{\partial U}{\partial T}\right)_V \tag{2.333}$$

式中，U 为体系的热力学能。

质量定容热容可以通过对系统一系列不同温度的模拟，然后将能量对温度求微分得到。求微分可以通过数值方法进行，也可以通过将数据进行多项式拟合，然后对拟合函数进行解析求微分。质量定容热容也可以通过一次模拟而考虑到能量的瞬时涨落而得出，即

$$C_V = \frac{\langle E^2 \rangle - \langle E \rangle^2}{k_B T^2} \tag{2.334}$$

$$\langle (E) - \langle E \rangle)^2 \rangle = \langle E^2 \rangle - \langle E \rangle^2 \tag{2.335}$$

因此有

$$C_V = \frac{\langle (E - \langle E \rangle)^2 \rangle}{k_B T^2} \tag{2.336}$$

同样地，对等温等压系综有

$$C_P = \frac{\langle \delta(E_K + E_P + PV)^2 \rangle}{k_B T^2} \tag{2.337}$$

$$\beta_T = \frac{\langle \delta V^2 \rangle}{k_B TV} \tag{2.338}$$

$$\alpha_P = \frac{\langle \delta V \delta(E_K + E_P + PV) \rangle}{k_B T^2 V} \tag{2.339}$$

式中，C_P、β_T、α_P 分别表示质量定压热容、等温压缩率和热膨胀系数；E_K 和 E_P 分别表示系统的瞬时动能和势能；p、V、T 分别表示体系的压力、体积和温度；$\delta X = X - \langle X \rangle$，$\langle X \rangle$ 分别表示 X 在平衡系综下的平均值。

3. MD 动态性能分析

MD 可产生与时间有关的体系的构型，因此可以用来计算与时间有关的性质。这是 MD 比 MC 方法优越的方面。与时间有关的性质通常通过时间关联函数来计算。体系的动态性质必须通过体系的动力学轨迹得到。

（1）关联函数。

假设有两套数据 x 和 y，要确定它们之间在一定条件下的关联。例如，设想进行液体在毛细管中的模拟，希望找出原子的绝对速度与原子到管壁的距离之

间的关系。一种方法是通过绘图进行。关联函数(关联系数)是提供数据之间关联强度的一个量。通过进行一系列不同的模拟,进行对比来确定关联系数。可以定义很多关联函数,最普遍使用的为

$$c_{xy} = \frac{1}{M} \sum_{i=1}^{M} x_i y_i \equiv \langle x_i y_i \rangle \tag{2.340}$$

假设 x_i 和 y_i 有 M 个值,关联函数可以通过归一化将取值范围确定在 $-1 \sim +1$ 之间,则

$$c_{xy} = \frac{\frac{1}{M} \sum_{i=1}^{M} x_i y_i}{\sqrt{\left(\frac{1}{M} \sum_{i=1}^{M} x_i^2\right)\left(\frac{1}{M} \sum_{i=1}^{M} y_i^2\right)}} = \frac{\langle x_i y_i \rangle}{\sqrt{\langle x_i^2 \rangle \langle y_i^2 \rangle}} \tag{2.341}$$

$|c_{xy}| = 0$ 表示 x 和 y 没有关联, $|c_{xy}| = 1$ 表示关联程度最高。

有时 x 和 y 会在非 0 的 $\langle x \rangle$ 和 $\langle y \rangle$ 值附近涨落,在这种情况下,关联函数定义为

$$c_{xy} = \frac{\frac{1}{M} \sum_{i=1}^{M} (x_i - \langle x \rangle)(y_i - \langle y \rangle)}{\sqrt{\left[\frac{1}{M} \sum_{i=1}^{M} (x_i - \langle x \rangle)^2\right]\left[\frac{1}{M} \sum_{i=1}^{M} (y_i - \langle y \rangle)^2\right]}}$$

$$= \frac{\langle (x_i - \langle x \rangle)(y_i - \langle y \rangle) \rangle}{\sqrt{\langle (x_i - \langle x \rangle)^2 \rangle \langle (y_i - \langle y \rangle)^2 \rangle}} \tag{2.342}$$

c_{xy} 也可以写为

$$c_{xy} = \frac{\sum_{i=1}^{M} x_i y_i - \frac{1}{M}\left(\sum_{i=1}^{M} x_i\right)\left(\sum_{i=1}^{M} y_i\right)}{\sqrt{\left[\sum_{i=1}^{M} x_i^2 - \frac{1}{M}\left(\sum_{i=1}^{M} x_i\right)^2\right]\left[\sum_{i=1}^{M} y_i^2 - \frac{1}{M}\left(\sum_{i=1}^{M} y_i\right)^2\right]}} \tag{2.343}$$

MD 模拟可以提供特定时刻的值,这样可以计算一个时刻的物理量与同一时刻或另一时刻(时间 t 以后)的另一物理量的关联函数,这个值被称为时间关联系数,关联函数可以写为

$$C_{xy}(t) = \langle x(t) y(0) \rangle \tag{2.344}$$

上式在 $\lim t \to 0$ 时, $C_{xy}(t) = \langle xy \rangle$; $\lim t \to \infty$ 时, $C_{xy}(t) = \langle x \rangle \langle y \rangle$ 。

如果 $\langle x \rangle$ 和 $\langle y \rangle$ 是不同的物理量,则关联函数称为交叉关联函数(cross-correlation function);如果 $\langle x \rangle$ 和 $\langle y \rangle$ 是同一量,则关联函数称为自关联函数(autocorrelation function)。自关联函数就是一个量对先前的值的记忆程度,或者反过来说,就是系统需要多长时间忘记先前的值。一个简单例子是速度自关联函数的意义就是 0 时刻的速度与 t 时刻的速度关联程度。一些关联函数可以通

过系统内所有粒子求平均得到,而另外一些关联函数是整个系统粒子的函数。速度自关联函数可以通过模拟过程对 N 个原子求平均得到,即

$$c_{vv}(t) = \frac{1}{N} \sum_{i=1}^{N} v_i(t) \cdot v_i(0) \qquad (2.345)$$

归一化的速度自关联函数为

$$c_{vv}(t) = \frac{1}{N} \sum_{i=1}^{N} \frac{v_i(t) \cdot v_i(0)}{v_i(0) \cdot v_i(0)} \qquad (2.346)$$

一般来说,一个自关联函数(如速度自关联函数)初始值为1,随时间的增加,变为0。关联函数从1变为0的时间称为关联时间,或弛豫时间。可以通过计算自关联函数来减少模拟的不确定性(模拟需要的时间应该大于关联时间)。具有较小弛豫时间的量在给定的模拟时间内得到的统计精度较高,然而无法精确得到模拟时间小于弛豫时间的物理量。

从图 2.52 可以看出,两种密度的气体初始速度关联函数为1,然后随时间衰减到0。对低密度,速度关联函数逐步衰减到0;而对高密度的情况,$c_{vv}(t)$ 越过轴变为负值,然后又变为0。负的速度关联函数意义就是粒子以与0时刻速度相反的方向运动。

速度自关联函数是一个与单粒子相关的量,而另外一些物理量却是由整个系统计算得出,如系统的净偶极距(它是体系内所有分子偶极距的矢量和)。偶极距的大小和方向随时间变化,即

$$\boldsymbol{\mu}_{\text{tot}}(t) = \sum_{i=0}^{N} \boldsymbol{\mu}_i(t) \qquad (2.347)$$

式中,$\boldsymbol{\mu}_i(t)$ 为分子 i 在 t 时刻的偶极距。

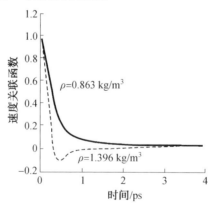

图 2.52　MD 模拟 Ar 气分子在两个不同密度下的速度关联函数

总的偶极距关联函数为

$$c_{\text{dipole}}(t) = \frac{\langle \boldsymbol{\mu}_{\text{tot}}(t) \cdot \boldsymbol{\mu}_{\text{tot}}(0) \rangle}{\langle \boldsymbol{\mu}_{\text{tot}}(0) \cdot \boldsymbol{\mu}_{\text{tot}}(0) \rangle} \tag{2.348}$$

（2）输运性质。

输运性质是指物质从一个区域流动到另一个区域的现象,比如非平衡溶质分布的溶液,溶质原子会发生扩散直到溶质浓度均匀。如果体系存在温度梯度,就会发生能量输运直到温度达到平衡,动量梯度产生黏滞性。输运意味着体系处于非平衡态,处理非平衡态的 MD 方法这里不予讨论,因此考虑用平衡态模拟方法来计算非平衡态性质,这看起来似乎不可能,但可以用平衡态模拟中的微观局域涨落来实现非平衡态性质的计算。当然也应该意识到用非平衡态 MD 来计算非平衡性质更有效。

扩散的通量用 Fick 第一定律来描述,即

$$J_z = -D \frac{\text{d}N}{\text{d}z} \tag{2.349}$$

式中,J_z 为物质的通量,即单位时间通过单位面积的物质的量;D 为扩散系数;N 为粒子数密度（单位体积的数目）;负号表示物质是从浓度高的区域向浓度低的区域扩散。

扩散行为随时间的演化由 Fick 第二定律来描述,即

$$\frac{\partial N(z,t)}{\partial t} = D \frac{\partial^2 N(z,t)}{\partial z^2} \tag{2.350}$$

Fick 第二定律的解为

$$N(z,t) = \frac{N_0}{A\sqrt{\pi D t}} \exp\left(-\frac{z^2}{4Dt}\right) \tag{2.351}$$

式中,A 为样品的截面积;N_0 为 $t=0$ 时在 $z=0$ 处的粒子数。

式（2.351）为高斯函数,在 $z=0$ 处有一尖锐的峰,随时间的增长,峰逐渐抹平。当模拟的材料为纯的材料时,扩散系数被称为自扩散系数。扩散系数与平均平方位移有关。由爱因斯坦关系知,平均平方位移等于 $2Dt$,在三维情况下,有

$$3D = \lim_{t \to \infty} \frac{\langle |r(t) - r(0)|^2 \rangle}{2t} \tag{2.352}$$

式（2.352）只有在 $t \to \infty$ 时才严格成立。

利用爱因斯坦关系可以在平衡模拟中计算扩散系数、平均平方位移与时间的曲线,然后外推到 $t \to \infty$ 时的情况。量 $|r(t) - r(0)|$ 可以通过系统内粒子求平均得出,以减小统计误差。

爱因斯坦关系对其他输运性质也成立,例如剪切黏滞系数、体黏滞系数和热传导系数等,有

$$\eta_{xy} = \frac{1}{Vk_BT} \lim_{x \to \infty} \frac{\left\langle \left[\sum_{i=1}^{N} m\dot{x}_i(t)y_i(t) - \sum_{i=1}^{N} m\dot{y}_i(t)x_i(t) \right]^2 \right\rangle}{2t} \qquad (2.353)$$

剪切黏滞系数是一个张量,它的分量为 η_{xy}、η_{xz}、η_{yx}、η_{yz}、η_{zx}、η_{zy},它是体系中所有原子的函数,因此它的计算精度不如扩散系数的计算精度高。对于均匀液体,剪切黏滞系数的各分量相等,可以通过各分量的平均求得以降低统计误差,计算的精度可以通过各分量与平均值的偏差来估算。但式(2.353)不能直接应用于周期性边界条件,需要其他方法来处理这些问题。一种可以处理扩散和其他输运性质的方法是选择合适的自关联函数。例如,扩散系数取决于原子位置随时间变化的方式。t 时刻原子位置 $r(t)$ 与 $r(0)$ 的差为

$$| r(t) - r(0) | = \int_0^t v(t')dt' \qquad (2.354)$$

方程的两边平方得

$$\langle | r(t) - r(0) | \rangle^2 = \int_0^t dt' \int_0^t dt'' \langle v(t') \cdot v(t'') \rangle \qquad (2.355)$$

关键的特点是关联函数不受初始位置选择的影响,即

$$\langle v(t') \cdot v(t'') \rangle = \langle v(t'' - t') \cdot v(0) \rangle \qquad (2.356)$$

对式(2.355)进行双积分,得到 Green-kubo 方程,即

$$\frac{\langle | r(t) - r(0) |^2 \rangle}{2t} = \int_0^t \langle v(\tau) \cdot v(0) \rangle \left(1 - \frac{\tau}{t} \right) d\tau \qquad (2.357)$$

在极限的情况下,有

$$\int_0^\infty \langle v(\tau) \cdot v(0) \rangle d\tau = \lim_{t \to \infty} \frac{\langle | r(t) - r(0) |^2 \rangle}{2t} = 3D \qquad (2.358)$$

实际上,积分是通过数值方法求得的。

4. 单晶硅材料建模

单晶硅材料建模过程大致可以分为两步:第一步是获得所需单晶硅材料的原胞;第二步是对原胞进行扩胞获得模拟所需尺寸的超胞。

对于单晶硅原胞的建立,首先应获得单晶硅原胞的对应参数,包括晶格常数、晶轴间夹角、原胞中的硅原子数目和位置分布。获得原胞参数之后,可采用如下命令建立单晶硅原胞模型:

```
lattice          custom 5.431            &
                 a1 1.0 0.0 0.0          &
                 a2 0.0 1.0 0.0          &
                 a3 0.0 0.0 1.0          &
                 basis 0.0 0.0 0.0       &
                 basis 0.0 0.5 0.5       &
```

```
                 basis 0. 5 0. 0 0. 5              &.
                 basis 0. 5 0. 5 0. 0              &.
                 basis 0. 25 0. 25 0. 25          &.
                 basis 0. 25 0. 75 0. 75          &.
                 basis 0. 75 0. 25 0. 75          &.
                 basis 0. 75 0. 75 0. 25
region           myreg block                      0 1 &.
                                                  0 1 &.
                                                  0 1

create_box    1 myreg
create_atoms    1 region myreg
mass1    28. 06
write_data    initial. sivac
```

运行后建立单晶硅原胞结构如图 2.53 所示。

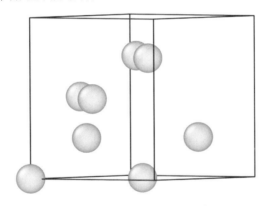

图 2.53   单晶硅原胞结构示意图

获得原胞之后,读取原胞并对原胞进行扩胞便可得到模拟所需的单晶硅材料的超胞。设所需超胞在三个晶轴上的长度分别是 A、B 和 C,原胞在三个晶轴上的长度分别是 a、b 和 c,将同一晶轴上的超胞长度除以原胞长度后取整得到所需超胞在不同晶轴上的扩充倍数,计算公式如下:

$$L = \left[\frac{A}{a} \right]$$

$$M = \left[\frac{B}{b} \right]$$

$$N = \left[\frac{C}{c} \right]$$

扩充命令如下:

read_data   initial. sivac

replicate ＄L ＄M ＄N

使用上述命令建立单晶硅 $2\times2\times2$ 超胞结构如图 2.54 所示。

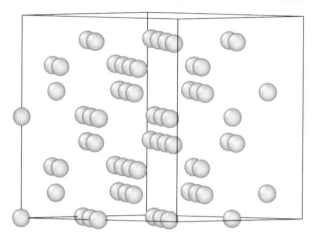

图 2.54　单晶硅 $2\times2\times2$ 超胞单晶硅示意图

5. 非晶二氧化硅材料

非晶二氧化硅结构建模过程大致分为三步：第一步是生成初始化构型的过程；第二步是对初始构型进行缓慢升温直至温度足够高，以克服原子运动中的势垒，并保持该反应温度足够长时间；第三步是反应后的组态进行退火、优化过程。具体步骤如下：

(1) 构建一个指定尺寸的初始方胞区域，均匀切分空间区域。按照原子数目的比例，在每个格点上随机赋予 Si 和 O 原子位置(图 2.55)。采用反应力场 MD 模拟方法，对方胞中原子的位置和受力进行优化，将其弛豫到常压状态，使每个原子的受力均为零且能量最小化。

(2) 采用反应力场 MD 模拟方法，从室温(300 K)开始对其缓慢加热至反应温度(一般为 3 000 ～ 6 000 K)，并在该反应温度下保温一段时间(50 ～ 200 ps)，使方胞内的原子得到充分反应和自由扩散，进而使反应后的结构弛豫达到受力均匀守恒和能量最小化，即平衡状态。

(3) 对整个方胞结构模型进行反应力场的 MD 退火模拟，即从反应温度退火到室温 300 K，然后冷却至 0 K，最后优化方胞内的任意原子位置即可得到最终的非晶结构方胞模型。

可采用如下命令建立非晶二氧化硅结构：

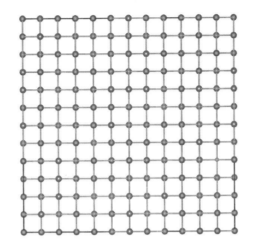

图 2.55　无序排列的 SiO_2 初始结构模型示意图

units	real
boundary	p p p
timestep	1
atom_style	atomic
read_data	initial. data
mass1	28. 085
mass2	15. 999
pair_style	reax/c NULL checkqeq no
pair_coeff	* * feild. reax　Si　O

fix 1 all qeq/reax 1 0.0 10.0 1.0e−6 reax/c

min_style	cg
minimize	1e−15 1e−15 20000 20000
velocity	all create 300 4928459
variable	pt_damp equal 100
fix	heating all nvt temp 300 4000 $\{pt\_damp\}$
thermo	100
thermo_style	custom step press temp vol
dump	strj all custom 10000 data. lammpstrj id element x y z
dump_modify	strj flush yes element Si O
run	100000
unfix	heating

fix	keeping all nvt temp 4000 4000 $ {pt_damp}
run	200000
unfix	keeping
fix	quenching all nvt temp 4000 300 $ {pt_damp}
run	100000
unfix	quenching
fix	cooling all nvt temp 300 1 $ {pt_damp}
run	10000
unfix	cooling
fix	relax all box/relax iso 0.0 vmax 0.001
min_style	cg
minimize	1e − 15 1e − 15 20000 20000

采用该方法,初始无定形非晶结构模型尺寸为 3.0 nm × 3.0 nm × 3.0 nm, 初始密度为 2.2 g/cm³ 的无序排列 SiO_2 结构(共 1 785 个原子)如图 2.56 所示。加热反应温度为 4 000 K,保温反应时长为 50 ps,采用高温退火工艺生成的最终非晶 SiO_2 结构模型如图 2.56 所示,其密度为 2.319 8 g/cm³。

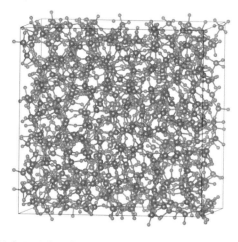

图 2.56 4 000 K 的高温退火工艺下的非晶 SiO_2 最终结构模型示意图(彩图见附录)

6. 硅材料缺陷演化

使用 MD 方法可以进行缺陷演化模拟计算,现介绍硅材料缺陷演化模拟计算流程与结果。

创建 26 nm × 26 nm × 26 nm 的单晶硅模型,共计原子数 884 736 个。模拟使用 Stillinger−Weber(SW) 力场来描述原子间的相互作用,采用周期性边界条件并在 300 K 下弛豫结构达到平衡态,选择初级撞出原子(Primary Knock-on

Atom，PKA）的位置并赋予 PKA 能量以进行缺陷演化计算。单晶硅的缺陷演化过程可分为三个不同演化阶段，分别是初级演化阶段、次级演化阶段和最终演化阶段。为了便于观察演化过程，上述三个阶段在计算时所取的时间步长有所不同，在本例中，选择 PKA 能量为 5 keV，时间步长设置为初级演化阶段 0.01 fs，次级演化阶段 0.1 fs，终极演化阶段 1 fs，三个阶段共计演化时间 20 ps。计算过程中要设置输出演化区域的每个原子的坐标、动能和位移等参数以方便观察演化过程。

计算完成之后，使用 Winger－Seitz 方法对其进行缺陷分析，统计缺陷演化过程中模型中存在的缺陷信息，包含缺陷类型、缺陷坐标等，得到弗仑克尔缺陷随时间演化曲线如图 2.57 所示。

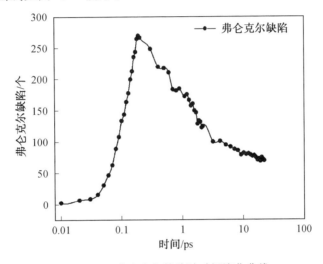

图 2.57　弗仑克尔缺陷随时间演化曲线

由图 2.57 可以看出，在初级演化阶段（0 ～ 0.2 ps）内，单晶硅结构中缺陷数目急剧增加，在 0.2 ps 的时候，缺陷数目达到峰值。在次级演化阶段（0.2 ～ 2 ps）内，结构中缺陷数目开始下降，出现这种现象是由于次级演化阶段不会产生新的缺陷和在初级演化阶段产生的缺陷在弛豫过程中发生愈合。在最终演化阶段（2 ～ 20 ps）内，结构中的缺陷数目依然呈下降趋势并最终趋于一个稳定值。

PKA 下落后存在缺陷最多的结构图和缺陷数目稳定时的结构图分别如图 2.58 和图 2.59 所示。图中红色原子为 PKA，蓝色原子是间隙原子，绿色原子是空位缺陷。

7. 碳化硅材料缺陷演化

创建 20.8 nm × 20.8 nm × 20.8 nm 的碳化硅模型，共计原子数 884 736

图 2.58　PKA 下落后存在缺陷最多的结构图（彩图见附录）

图 2.59　PKA 下落后缺陷数目稳定时的结构图（彩图见附录）

个。模拟使用 Tersoff 力场来描述原子间的相互作用。模拟采用周期性边界条件并在 300 K 下弛豫结构达到平衡态。然后选择 PKA 的位置并赋予 PKA 能量以进行缺陷演化计算。碳化硅的缺陷演化过程可分为三个不同演化阶段，分别是初级演化阶段、次级演化阶段和最终演化阶段。为了便于观察演化过程，上述三个阶段在计算时所取的时间步长有所不同，于本例中，分别选择了 C 原子和 Si 原子作为 PKA 入射，PKA 能量均设置为 3.5 keV，时间步长设置为初级演化阶段 0.01 fs，次级演化阶段 0.1 fs，终极演化阶段 1 fs，三个阶段共计演化时间 20 ps。计算过程中要设置输出演化区域的每个原子的坐标、动能和位移等参数以方便观察演化过程。

　　计算完成之后，使用 Winger－Seitz 方法对其进行缺陷分析，统计缺陷演化过程中模型中存在的缺陷信息，包含缺陷类型、缺陷坐标等，得到 PKA 入射后碳化硅晶体中空位缺陷随时间演化曲线如图 2.60 所示。

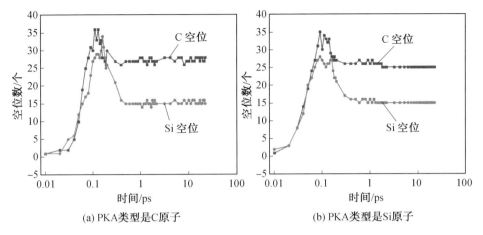

(a) PKA类型是C原子　　　　　　(b) PKA类型是Si原子

图 2.60　碳化硅晶体中空位缺陷随时间演化曲线

由图 2.60 可以看出,在初级演化阶段(0 ～ 0.1 ps)内,碳化硅结构中空位缺陷数目急剧增加,在 0.1 ps 的时候,缺陷数目达到峰值。与单晶硅缺陷演化曲线相比,碳化硅结构中缺陷数目的峰值出现的时间要早于单晶硅结构。在次级演化阶段(0.1 ～ 1 ps)内,结构中缺陷数目开始下降,出现这种现象是由于次级演化阶段不会产生新的缺陷和在初级演化阶段产生的缺陷在弛豫过程中发生愈合。在最终演化阶段(1 ～ 20 ps)内,结构中的缺陷数目依然呈下降趋势并最终趋于一个稳定值,且 PKA 的原子类型无论是 C 原子还是 Si 原子,其演化结束后结构中存留的 C 空位总要多于 Si 空位。

与单晶硅不同,在 PKA 入射后,碳化硅结构中会有替位缺陷的存在,其替位缺陷随时间演化曲线如图 2.61 所示。

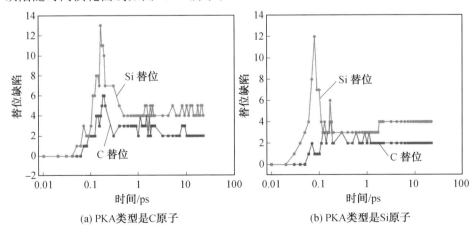

(a) PKA类型是C原子　　　　　　(b) PKA类型是Si原子

图 2.61　碳化硅晶体中替位缺陷随时间演化示意图

由图 2.61 可知,在缺陷数目峰值出现的时间和缺陷数目稳定的时刻,碳化硅结构中的替位缺陷和空位缺陷近似,但替位缺陷在数目上要远少于空位缺陷。此外,无论入射的 PKA 种类是 C 原子还是 Si 原子,碳化硅结构中 Si 替位缺陷的数目总要多于 C 替位缺陷,这种现象与空位缺陷是相反的。

2.4.9　第一性原理分子动力学简介

1. 引言

经典 MD 方法的中心思想是利用经验原子间相互作用势计算体系的平衡态和非平衡态的物理性质。其优点是可用于大块固体、原子团簇、非晶态和液体等物质系统。对于惰性元素组成的体系,原子间势可用 L－J 势;对于金属体系,提出了原子嵌入的模型势;对于共价晶体有 S－W 势。在研究晶体的电子态方面,密度泛函(Density Functional,DF)理论取得了很大成功。然而由于计算上的复杂性,基于密度泛函理论(DFT)的第一性原理计算无法直接用于统计物理的模拟。如何将这两种方法结合起来,一直是人们的理论追求。

电子的质量比原子核的质量轻得多,通常可以假设玻恩－奥本海默(Born－Oppenheimer,BO)绝热近似,即将电子的运动和原子核的运动之间的耦合忽略,在每个时间步对电子和原子核的运动独立考虑。在原子核的运动速度不太快和温度非常低时,假定电子处于基态。绝热势能面或 BO 面表示在 $3N$ 个原子坐标空间在 BO 近似下的能量面。在这里必须对 BO 近似的使用做两点说明:第一,由轻原子(如氢原子)构成的体系,在绝热近似下,讨论稳定原子构型的能量差时,原子核的零点振动能变得非常重要,在这种情况下,必须将零点振动能考虑在内;第二,如果电子不在基态或者原子运动的速度很大时,BO 近似失效。如果采用 BO 近似,将所有原子核作为经典带电粒子处理,则可以进行第一性原理 MD 模拟。

1985 年 R. Car 和 M. Parrinello 成功地将 MD 和 DF 两种方法有机地结合起来,使电子运动的波函数和原子核的运动统一出现在牛顿运动方程中,这是一个全新的概念,超越了一般意义上的电子结构的计算必须将矩阵对角化并进行自洽迭代的概念。对此他们提出一个拉格朗日函数 $L(\Psi_i, \dot{\Psi}_i, R_n, \dot{R}_n)$,并且这个函数是电子态 Ψ_i 及离子坐标 R_n 以及它们的时间导数的函数。借助 BO 近似可将电子和离子运动分开,电子态由 Kohn－Sham 方程描述,离子运动由经典的动力学(牛顿力学)方程描述,这时离子受到的力包括了 DF 理论按 Hellmann－Feynman 定理导出的电子态对离子作用力的贡献。人们把这种 MD 和 DF 结合起来给出的处理方法称为多原子体系动力学求解方法(Car－Parrinello 方法)。Car－Parrinello 方法中的运动方程是由拉格朗日函数导出的,因此总能量守恒可以自动满足。此方法特别适合微正则系综。这个方法的有效性已经通过大量的研究实例得到证实。用这个方法,不再需要处理大量本征值问题。

2. 第一性原理 Car－Parrinello 方法

Car－Parrinello 方法的基本方程作为波函数 Ψ_i(i 电子能级的序号)和原子位置 R_n(n 为原子的标号)的泛函可根据下式给出的拉格朗日函数(算符)L 导出,即

$$L = \sum_i \frac{\mu_i}{2} \int \mathrm{d}^3 r \mid \dot{\Psi}_i \mid^2 + \frac{1}{2} \sum_n M_n \mid \dot{R}_n \mid^2 - E[\{\Psi_i\}, \{\dot{R}_n\}] \quad (2.359)$$

式中,μ_i 为电子的有效质量,它控制波函数的运动。只有当 $\mu \to 0$ 时,拉格朗日函数才与体系的拉格朗日完全一致。拉格朗日算符的意义是此体系的运动不伴随能量的耗散,因为体系的总能量(包括有效动能)守恒。由上述拉格朗日函数可得到关于电子波函数的运动方程为

$$\mu \frac{\mathrm{d}^2}{\mathrm{d}t^2} \Psi_i = - H \Psi_i + \sum_j \Lambda_{ij} \Psi_i \quad (2.360)$$

式中,Λ_{ij} 是为保证波函数 Ψ_i 正交性的拉格朗日乘子,它由波函数的正交归一性确定。为计算方便,将微分形式的运动方程改写为差分形式,有

$$\Psi_i(t + \Delta t) = \varphi_i(t + \Delta t) + \frac{(\Delta t)^2}{\mu} \sum_j \Lambda_{ij} \Psi_i(t) \quad (2.361)$$

式中

$$\varphi_i(t + \Delta t) = 2\Psi_i(t) - \Psi_i(t - \Delta t) + \frac{(\Delta t)^2}{\mu} H \Psi_i(t) \quad (2.362)$$

上式表示使 Λ 为 0 时得到的在时刻 $t + \Delta t$ 的波函数。根据波函数 $\Psi_i(t + \Delta t)$ 的正交归一化条件,可得非线性矩阵方程为

$$\boldsymbol{\lambda}^{\mathrm{T}} = \frac{1}{2} S^{-1}(1 - P - \boldsymbol{\lambda}^* \boldsymbol{\lambda}) \quad (2.363)$$

式中,上标 T 表示转置矩阵;上标 * 表示复共轭。

又设 $\lambda_{ij} = \frac{(\Delta t)^2}{\mu} \Lambda_{ij}$,$S_{ij} = \langle \varphi_i(t + \Delta t) \mid \Psi_j(t) \rangle$,$P_{ij} = \langle \varphi_i(t + \Delta t) \mid \varphi_j(t + \Delta t) \rangle$。要想求解待定系数矩阵 $\boldsymbol{\lambda}$,用迭代法求解式(2.363)即可。

电子质量只是原子核质量的几千分之一,所以电子的运动相对于原子核的运动足够快,从而 BO 绝热近似成立,在各个时刻的电子态可作为含有同一时刻原子核位置的哈密顿量所确定的稳定态来得到。但为满足这个条件,式(2.360)左边必须充分小,亦即假设的电子(有效)质量 μ 必须足够小。这时电子在绝热势能面的附近一边小幅度地振动一边跟上原子核的运动(将此状态称为系统在 BO 势能面上),如图 2.62 所示。显然,此振动不是真实的振动,是由式(2.360)左边关于时间的二次微分导致的波动方程的形式。

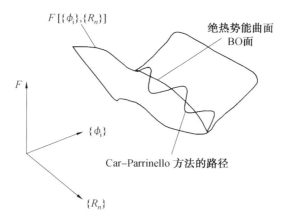

图 2.62　在 Car－Parrinello 方法中的原子运动和在
绝热势能面周围的电子态的振动示意图

另外,原子核的运动遵从牛顿运动方程,这时把所有电子的总能量与原子核间的库仑势之和 E 作为势函数,则有

$$M_n \frac{\mathrm{d}^2}{\mathrm{d}t^2} R_n = -\Delta_n E \tag{2.364}$$

根据密度泛函理论,式(2.364)的右边可改写为

$$-\Delta_n E = -\Delta_n \sum_{m \neq n} \frac{Z_n Z_m}{|R_n - R_m|} - \int \rho(r) \Delta_n v_n(|r_n - R_n|) \mathrm{d}r -$$

$$\int \frac{\delta E\{\rho\}}{\delta \rho(r)} \Delta_n \rho(r) \cdot \mathrm{d}r \tag{2.365}$$

式中,等式右边第一项描述的是原子核间库仑排斥作用;第二项描述原子核对电子云的库仑引力;第三项是由 $\rho(r)$ 引起并依赖于原子位置的作用力,若电子准确地分布在 BO 面上,则有 $\frac{\delta E}{\delta \rho(r)} = 0$,从而第三项变得完全没有贡献。在此意义上,第三项称为变分力(variational force);与此相对应,第一、二项是来源于哈密顿量依赖于原子位置的力(纯粹的静电力),称为 Hellmann－Feynman 力。这样只需计算给定原子构型的电子基态,不必每步都自洽地求解 Kohn－Sham 方程组,大大地减少了计算量,真正使第一性原理计算方法直接用于 MD 模拟。第一性原理 MD 已经得到广泛的应用,如 C60 分子在有限温度下的稳定性问题,氢在 Si 中的扩散,Si 7×7 重构,金刚石(110)面机械抛光,Si 和 Al 熔化过程。用第一性原理 MD 可以模拟有限温度的结构相变问题,这无疑将在效应模拟仿真方面开拓一个新的里程碑。

本章参考文献

［1］ BINDER K. Topics in current physics：V. 36.：Applications of the montecarlo methods in statistical physics［M］. Berlin：Springer，1984.

［2］ HAMMERSLEY J M，HANDSCOMB D C. Montecarlo methods［M］. London：Methuen & Co Ltd，1964.

［3］ SUZUKI M. Quantum montecarlo methods in equilibrium and nonequilibrium systems［M］. Berlin：Springer-Verlag，1987.

［4］ ANDERSON M P，ROLLETT A D. Simulation and theory of evolvingmicrostructures：proceedings of a symposium sponsored by computer simulation committee，held at the fall meeting of the minerals［M］. Beijing：Minerals，Metals，and Materials Society，1990.

［5］ SUTTON A P，BALLUFFI R W，LÜTH，et al. Interfaces in crystalline materials and surfaces and interfaces of solid materials［M］. Berlin：Springer，1995.

［6］ BEDFORD T，KEANE M，SERIES C. Ergodic theory，symbolic dynamics，and hyperbolic spaces［M］. New York：Oxford University Press，1991.

［7］ HALMOS P R. Lectures on ergodic theory［M］. New York：Chelsea Publishing Company，1995.

［8］ RAHMAN A. Correlations in the motion of atoms in liquid argon［J］. Physical Review，1964，136(2A)：A405-A411.

［9］ VERLET，LOUP. Computer experiment on classical fluids：2：equilibrium correlation functions［J］. Physical Review，1968，165(1)：201-214.

［10］ FARQUHAR I E，LINDSAY R B. Ergodic theory in statistical mechanics［M］. London：Interscience Publishers，1964.

［11］ 熊家炯. 材料设计［M］. 天津：天津大学出版社，2000.

［12］ MEHL M J，OSBURN J E，PAPACONSTANTOPOULOS D A，et al. Structural properties of ordered high-melting-temperature intermetallic alloys from first-principles total-energy calculations［J］. Physical Review B Condensed Matter，1990，41(15)：10311.

［13］ FERCONI M，TOSI M P. Density functional approach to phonon dispersion relations and elastic constants of high-temperature crystals［J］. Journal of Physics Condensed Matter，1991，3(50)：9943.

［14］ MU Y，TAO R. Elastic constants and phnon dispersion curves of tetragonal La_2CuO_4 single crystal［J］. Chinese Physics Letters，1991，8：195-198.

［15］GOLESORKHTABAR R，PAVONE P，SPITALER J，et al. Elastic：A tool for calculating second-order elastic constants from first principles［J］. Computer Physics Communications，2013，184：1861-1873.

［16］PUGACZOWA-MICHALSKA M. Modeling thermalexpansion of Ni，MnGe［J］. Acta Physica Polonica A，2009，115：194-196.

［17］ATLINS P W. Physical chemistry［M］. New York：Oxford University Press，1986.

［18］ALLEN M P，TILDESLEY D J. Computer simulation of liqids［M］. Oxford：Oxford Science Publication，1989.

［19］HONERKAMP J，RMER H. Klassische theoretische physik［M］. Berlin：Springer Berlin Heidelberg，1993.

［20］STATES U. Proceedings of a second symposium on large-scale digital calculating machinery［M］. Cambridge：Harvard University Press，1951.

［21］朱本仁. 蒙特卡洛方法引论［M］. 济南：山东大学出版社，1987.

［22］徐钟济. 蒙特卡洛方法［M］. 上海：上海科技出版社，1985.

［23］王沫然. MATLAB 6.0 与科学计算［M］. 北京：电子工业出版社，2001.

［24］ALDER B J，WAINWRIGHT T E. Phase transition for a hard sphere system［J］. Journal of Chemical Physics，1957，27：1208-1209.

［25］ALDER B J，WAINWRIGHT T E. Studies in molecular dynamics. Ⅰ. General method［J］. Journal of Chemical Physics，1959，31(2)：459-466.

［26］RAHMAN A. Triplet correlations in liquids［J］. Physical Review Letters，1964，12(21)：575-577.

［27］VERLET L. Computer "Experiments"on classical fluids. Ⅰ. Thermodynamical properties of lennard-jones molecules［J］. Physical Review，1967，159(1)：98-103.

［28］ANDERSON H C. Erratum：Determination of the particle size required for bulk metallic properties［J］. Journal of Chemical Physics，1980，72：2384-2393.

［29］WILLIAM G，HOOVER，ANTHONY J C，et al. High-strain-rate plastic flow studied via nonequilibrium molecular dynamics［J］. Physical Review Letters，1982，48(26)：1818 – 1820.

［30］NOSÉ S，KLEIN M L. Constant pressure molecular dynamics for molecular systems［J］. Molecular Physics，1983，50(5)：1055-1076.

［31］CAR R，PARRINELLO M. The unified approach for molecular dynamics and density functional theory［C］//Nato Advanced Science Institutes. NATO Advanced Science Institutes（ASI）Series B，1989.

［32］ MARSDEN J. Molecular modeling and simulation［M］. New York：Springer-Verlag，2002．

［33］吴兴惠. 现代材料计算与设计教程［M］. 北京：电子工业出版社，2002.

［34］ EWALD P P. Die Berechnung optischer und elektrostatischer Gitterpotentiale［J］. Annalen der Physik，1921，369(3)：253-287.

［35］ GEAR C W. Englewood cliffs［M］. Upper Saddle River：Prentice-Hall，1971.

［36］ LEACH A R. Molecular modelling：Principles and applications［J］. Briefings in Bioinformatics，2001，2(2)：199-200.

［37］ HOCKNEY R W. The potential calculation and some applications［J］. Methods in Computational Physics，1970，9：136-211．

［38］ SWOPE W C，ANDERSEN H C. A molecular dynamics method for calculating the solubility of gases in liquids and the hydrophobic hydration of inert-gas atoms in aqueous solution［J］. Journal of Physical Chemistry，1984，88(26)：6548-6556.

［39］ RAHMAN A. Correlations in the motion of atoms in liquid argon［J］. Physical Review，1964，136(2A)：A405-A411.

［40］ STILLINGER F H，RAHMAN A. Revised central force potentials for water［J］. Journal of Chemical Physics，1978，68(2)：666-670.

［41］钱学森. 物理力学讲义［M］. 北京：科学出版社，1962.

［42］冯端. 金属物理学第一卷：结构与缺陷［M］. 北京：科学出版社，2000.

［43］ MORSE P M. Diatomic molecules according to the wave mechanics. Ⅱ. Vibrational levels［J］. Physical Review，1929，34(1)：57-64.

［44］ JOHNSON R A，WILSON W D. Defect calculations for FCC and BCC metals［M］. New York：Springer US，1972.

［45］ DAW M S，BASKES M I. Semiempirical，quantum mechanical calculation of hydrogen embrittlement in metals［J］. Physical Review Letters，1983，50：1285-1288

［46］ FINNIS M W，SINCLAIR J E. A simple empirical N-body potential for transition metals［J］. Philosophical Magazine，Part A，1984，50(1)：45-55．

［47］ ACKLAND G J，VITEK V. Many-body potentials and atomic-scale relaxations in noble-metal alloys［J］. Physical Review B Condensed Matter，1990，41(15)：10324-10333．

［48］ FOILES S M，BASKES M I，DAW M S. Embedded-atom-method functions for the FCC metals Cu，Ag，Au，Ni，Pd，Pt，and their alloys［J］. Physical Review B，1986，33(12)：7983-7991.

［49］ MANNINEN M. Interatomic interactions in solids：An effective medium approach[J]. Physical Review B Condensed Matter，1987，34（12）：8486-8495.

[50] JOHNSON R A. Analytic nearest-neighbor model for FCC metals[J]. Physical Review B Condensed Matter，1988，37(37)：3924-3931.

[51] JACOBSEN K W，NORSKOV J K，PUSKA M J. Interatomic interactions in the effective-medium theory[J]. Physical Review B Condensed Matter，1987，35(14)：7423-7442.

[52] STILLINGER F H，WEBER T A. Inherent structure theory of liquids in the hard-spherelimit[J]. Journal of Chemical Physics，1985，83（9）：4767-4775.

[53] TERSOFF J. New empirical approach for the structure and energy of covalent systems[J]. Physical Review B Condens Matter，1988，37(12)：6991-7000.

[54] ALLINGER N L，YUH Y H，LII J H. Molecular mechanics. The MM3 force field for hydrocarbons. 1[J]. Journal of the American Chemical Society，1989，111(23)：8551-8566.

[55] CORNELL W D，BAYLY C I，GOULD I R，et al. A second generation force field for the simulation of proteins，nucleic acids，and organic molecules[J]. Journal of the American Chemical Society，1995，117(19)：5179-5197.

[56] GAY J G. Modification of the overlap potential to mimic a linear site - site potential[J]. Journal of Chemical Physics，1981，74(6)：3316-3319.

[57] CHEN N X，REN G B. Carlsson-gelatt-ehrenreich technique and the mobius inversion theorem[J]. Physical Review B，1992，45（14）：8177-8180.

[58] 苏文锻. 系综原理[M]. 厦门：厦门大学出版社，1990.

[59] DERIGHETTI B，RAVANI M，STOOP R，et al. Erratum：Period-doubling lasers as small-signal detectors[J]. Physical Review Letters，1985，55(24)：2739.

[60] 赵宇军，姜明，曹培林. 从头计算分子动力学[J]. 物理学进展，1998，18(1)：47-75.

[61] 侯怀宇，张新平. 材料科学与工程中的计算机应用[M]. 北京：国防工业出版社，2015.

[62] 坚增运，刘翠霞，吕志刚. 计算材料学[M]. 北京：化学工业出版社，2012.

[63] 张跃，谷景华，尚家香，等. 计算材料学基础[M]. 北京：北京航空航天大学出版社，2007.

第 3 章

纳观至宏观尺度的模拟方法

3.1 引　　言

在纳观至宏观尺度上,通过对微结构演化以及微结构与其性质之间关系本质起源的定量研究和预测,尽可能地建立起计算模拟仿真中最具概括性的、几乎是全部的特性准则。在纳观—宏观层次上的结构演化是一个典型的热力学非平衡过程,因此它主要由动力学控制着。换句话说,热力学规定着微结构演化的基本方向,而动力学则用于从多种可能的微结构变化路径中选择恰当的一个,结构演化的这种非平衡特性导致了各种各样的晶格缺陷结构及其相互作用机制。

在宏观尺度上对微结构演化进行最佳化处理是基本且重要的环节,因为正是这些不同的非平衡因素决定了材料和器件的各种有用性质。如果对微结构机制有一个全面的理解,就可根据特定应用确定出相应的特性,之后由所要求的性质决定所要采用的材料和器件。为了预测宏观性质,在实物空间和时间尺度上研究微结构问题需要考虑材料尺度。然而,由于所包括的原子数目巨大(10^{23} 个/cm^3),因此微结构的介观尺度模拟既不可以由严格求解薛定谔方程来完成,也不可以由唯象原子论方法(如经验势相关联的分子动力学)来完成。这就意味着,必须建立能覆盖较宽尺度范围的恰当的介观尺度模拟方法,以便给出远超过原子尺度的预测。

目前基于材料的纳观结构可以使用的模拟方法分别为 MD 方法和动力学蒙特卡洛(Kinetic Monte Carlo,KMC)方法,其中 MD 方法在原子模拟领域具有突出的优势。MD 方法是基于牛顿力学确定论的热力学计算来模拟分子体系的运动,从由分子体系的不同状态构成的系统中抽取样本来计算体系的构型积分,通过积分结果来对体系的热力学量和其他宏观性质进行计算,是可以精确描述体系演化轨迹的方法。与 MC 方法相比,MD 方法在宏观性质计算上具有更高的准确度和有效性,一度被广泛应用于物理、化学、生物、医学和材料等多个领域,但 MD 方法为了解决原子振动问题,需要将积分的时间步长精确到飞秒数量级,虽然足以追踪原子的具体变化,但在模拟时间尺度较大的应用上受到了阻碍(现有计算条件可支持时间步长达到 10 ns,运用特殊算法可达到 10 μm,但很多动态过程的时间跨度在秒数量级以上),致使其相比真实模拟预测产生了不小的差距。

KMC 是一种广泛应用于纳观层次上研究材料演化的方法,它将典型体系的动力学演化过程看成是由一系列组态之间(某态—某态)的位置交换(跃迁)构成,原子交换的过程是瞬间发生的,而过程映射到状态对于整体系统来说是相对稳定的。与交换过程相比,停留的时间很长,系统对如何进入某一状态是没有记忆的,也可以说原子间下一次的交换和上一次所停留的状态没有任何联系,只受当前状态影响,因此这种特性正好符合马尔可夫(Markov)过程。这种将原子运动轨迹粗弱演化成体系组态跃迁的改变,摆脱了 MD 方法存在的缺陷,实现了长时间在材料内部进行模拟纳观结构演化的研究。

介观和宏观层次上有关结构及性质的模拟计算问题,主要还涉及有限元和人工神经网络等方法。对于边值和初值问题,有限元法是获得其近似解的一种通用数值方法,这种方法的"近似"表现在:一是把所感兴趣的样品分成许多子区域;二是在每个子区域上用多项式函数近似表示分段方式确定的真正态函数。因此,有限元法在物理线度和时间尺度上没有内禀标度。有限元法在计算仿真中的应用,尤其在介观至宏观尺度的模拟,包含了平均化的经验和唯象结构定律。需要强调的是,在计算仿真过程中,尤其当考虑复杂形状时,响应是非线性的,或者说作用力是动态的。上述三个特征性质,一般在大尺度结构和塑性形变的计算中都会遇到。当把计算经典固体力学扩展应用于微结构力学或计算纳观力学时,需要考虑在所处理的尺度上建立反映微结构特性的与标度相关的物理公式。

对这一问题的处理与 MD 方法有某种相似性。在 MD 方法中,必须求解关于大量相互作用粒子的运动方程,这些计算需要知道原子间作用势的近似表达式。显而易见,所采用势的精确性决定了预测的可靠性。结构定律的有效性,以及在哪个尺度层次上把微结构合并到有限元格栅中,决定着模拟预测的实用性、正确性。作为一个规则,固体力学的计算精度应该随着包含微结构基本数据的尺度的降低而增加。最近发展起来的先进有限元法,可以在更细小的微结构尺度上对扩散和转变现象进行预测。

现代人工神经网络是适合用计算机程序的形式进行描述处理的系统。其计算机程序一般是基于对并行结构或大规模集成电路建立相应的非线性数学模型。虽然基本神经网络结构并非一定需要大规模并行体系,但仍然可以通过计算机程序进行模拟。

人工神经网络的主要哲学基础就是它们具有通过范例进行学习的能力,或者更专业地说,它们可以系统地改进输入数据且能反映到输出数据上。人工神经网络是通过模仿人类大脑的神经生理学得来的。

生物神经元有两种类型的连接线,即轴突和树突。一般来说,轴突比树突要长要粗。树突是把其他神经元的电化学信号传到它们所归属的那个神经元;轴突是把其所归属神经元的信号传送到其他各神经元。它们可以局限在邻近神经元附近,也可以延伸到距发射神经元非常远的地方。因而,轴突所具有的长度可以在微米到米之间变化。

在人工神经网络中,通过经验进行学习的基本数学原理相当于一个非线性过程,由这个非线性过程,可以利用一个权重的自由参数把输入矢量转换为输出矢量。学习过程可通过把正确的标准结构或数据与由分析迭代方法得到的改进型试验数据结果进行比较而完成。根据输出数据与标准数据之间的差别,逐步调整神经元之间的权重函数。

3.2　动力学蒙特卡洛方法

MC 方法是采用反复随机抽样的手段来解决问题的一类广泛算法。20 世纪 60 年代,人们开发了一种不同的 MC 算法,用于研究系统从一个状态到另一个状态的动态演化。在 20 世纪 90 年代,这种方法的名称被确定为动力学蒙特卡洛(KMC)方法。在接下来的几十年里,KMC 方法得到了广泛的应用,是研究材料辐射损伤的常用方法之一。下面介绍 KMC 方法的基本概念、实现方式及其在材料辐射损伤中的应用。

3.2.1　时间尺度

原子系统动力学演化的模拟方法中最主要的工具是 MD。在 MD 模拟中,原子之间的相互作用力由该物质模型中的原子相互作用势函数计算得到。已知每个原子的初始位置、初始速度、原子间势函数和边界条件后,采用经典运动方程就可以计算每个原子在各个时刻的运动规律和轨迹,以此为基础,就可以实现动力学演化模拟。

如果势函数可准确描述所模拟材料的原子间相互作用力,并且假设量子动力学效应并不重要(它们可能是重要的,但通常仅适用于温度很低的氢等轻元素),并且电子－声子耦合(非玻恩－奥本海默)效应可以忽略不计(除非原子移动得非常快),则动力学演化将是真实物理体系的非常精确的表征。然而,一个严重的问题是,精确的表征需要足够小的时间步长(约 10^{-15} s)计算原子振动。因此,总模拟时间通常限制在纳秒级别,而所希望研究的过程(例如,级联事件后缺陷的扩散和湮灭)通常发生在更长的时间尺度上,这就是时间尺度问题。KMC通过利用这类系统服从长时间动力学的由一个状态到另一个状态的扩散跳跃组成的事实来克服这一限制。这些状态到状态的转换是直接获得的,而不是遵循每个振动周期的轨迹。因此,KMC 可以达到更长的模拟时间尺度,通常是几秒钟甚至几个小时。

3.2.2　态－态的动力学

不频繁事件系统的动力学特征是偶尔从一种状态过渡到另一种状态,并且在这些过渡之间存在长时间的相对不活跃。为简单起见,将把讨论限制在每个状态对应一个能量盆地的情况下,过渡之间的时间较长,因为系统必须吸收足够大的能量才能从一个盆地到达另一个盆地(越过障碍物),如图 3.1 所示。由图可见,经过许多振动周期后,轨迹找到了离开初始盆地的方法,跨越势垒进入新状态。但是对于刚刚经历过级联事件的系统,在释放多余的初始能量且系统达到热平衡之前,此不频繁事件名称不适用。

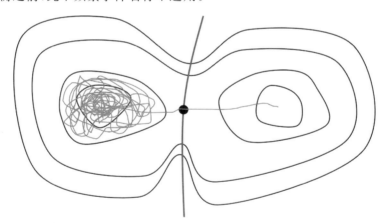

图 3.1　状态转换示意图

为了更具体地定义一个状态,现以一个 64 原子系统为例,假设该系统位于具有周期性边界条件的完美晶体几何结构中,去掉其中一个原子,然后把它放回晶体的其他地方,形成一个间隙。现在使用最陡下降或共轭梯度算法以弛豫系统,最小化能量以获得能量最低的几何结构,其中每个原子上的力为零。这定义了系统的特定状态(能量盆地)i,原子结构体为 R_i。如果稍微加热系统,例如,给每个原子的随机方向施加随机速度,然后运行 MD,系统将围绕这个最小值振动。

当它振动时,仍然说它处于状态 i(假设它还没有越过障碍物),因为如果停止 MD 并再次最小化能量,系统将返回到完全相同的原子结构体 R_i。与 i 状态(能量盆 地)相邻的还有其他潜在盆地,每个盆地通过能量屏障与 i 状态(能量盆地)隔开。 最低势垒对应于移动间隙(可能通过间隙机制)或将原子移动到空位中。尽管在 这些情况下只有一个或几个原子移动,但整个系统已经进入了一个新的状态,也 就是说不是将原子移动到新的状态,而是将整个系统从一个状态移动到另一个 状态。

　　在特定状态(能量盆地)中捕获的不频繁事件系统的关键特性是:系统在特 定状态(能量盆地)停留了很长时间(相对于一个振动周期的时间),而且忘记了 它是如何过渡到此状态的。然后,对于每个可能逃逸到相邻盆地的路径,有一个 速率常数 k_{ij},它表征了每单位时间逃逸到该状态 j 的概率,这些速率常数与状态 i 之前的状态无关。这一特征是马尔可夫链的定义属性。如果准确地知道每个 状态的速率常数,这个状态到状态的轨迹将无法与完全 MD 模拟生成的轨迹区 分开来,则在 KMC 模拟中看到给定状态序列和过渡时间的概率与在 MD 中看到 相同序列和过渡时间的概率相同。注意,这里假设在 MD 模拟开始时,使用一个 新的随机数种子为每个原子分配一个随机动量,因此每次再次执行 MD 模拟时, 状态到状态的轨迹通常会不同。

3.2.3　速率常数

　　由于系统进入状态 i 所需的时间短于系统的逃逸时间,因此对于系统如何进 入状态 i 不进行详细考虑。当系统在该状态下以振动的形式四处逃逸时,系统已 经移动到过的地方对于后续的移动过程没有影响。因此,在每个较短的时间增 量中,它找到逃逸路径的概率与之前的时间增量相同,这产生了具有指数衰变统 计特性的一阶过程(类似于核衰变)。系统处于状态 i 的概率为

$$p_{existence}(t) = \exp(-r_{total}t) \tag{3.1}$$

将 $p_{existence}(t)$ 称为系统处于状态 i 的生存概率函数,其中 r_{total} 是逃离状态的 总逃逸率。对于系统的逃逸过程,可以有许多条逃逸路径来实现,但逃逸只会通 过其中某一个路径发生,将系统通过某一路径实现逃逸的过程称为系统首次逃 逸,通过 $p_{existence}(t)$ 可以获得系统首次逃逸的概率分布函数 $p(t)$。$p(t)$ 对某个时 间 t' 的积分给出了系统在时间 t' 内逃逸的概率,它必须等于 $1 - p_{existence}(t')$。因 此,对 $p_{existence}(t')$ 的时间导数取负数给出了逃逸概率分布函数 $p(t)$ 的函数表达 式,即

$$p(t) = r_{total} \exp(-r_{total}t) \tag{3.2}$$

　　在 KMC 过程中要使用这个逃逸概率分布函数。逃逸的平均时间 τ 只是这个 分布的第一时刻,有

$$\tau = \int_0^\infty t p(t) \mathrm{d}t = \frac{1}{r_{\text{total}}} \tag{3.3}$$

因为逃逸过程可以沿着许多路径中的任何一条发生，可以对这些路径中的每一个做出与上述相同的陈述——系统在单位时间内找到它的概率是固定的。因此，这些路径中的每一个都有自己的速率常数 r_{ij}，总逃逸率必须是这些速率的总和，即

$$r_{\text{total}} = \sum_j r_{ij} \tag{3.4}$$

此外，对于每条路径，还有一个指数形式的逃逸概率分布函数表达式，即

$$p_{ij}(t) = r_{ij} \exp(-r_{ij}t) \tag{3.5}$$

尽管只有一个事件可以首先发生。

3.2.4　KMC 程序

奠定了概念基础后，现在可以直接设计一种随机算法，将系统正确地从一个状态转移到另一个状态。现在，假设每个状态的所有速率常数都是已知的，在此基础上介绍确定系统逃逸路径和系统时间增量的方法。

1. 系统的时间增量

生成一个随机数，之后从分布 $p(t) = r\exp(-rt)$ 中得出的时间 t。首先在区间 $(0,1)$ 上获取一个随机数 s，然后形成

$$t = -(1/r)\ln s \tag{3.6}$$

以这种方式获得的时间 t 是对速率常数为 r 的一阶过程的首次逃逸时间（系统首次逃逸经过的时间是首次逃逸时间）。随机数 s 的范围通常是 $0 < s < 1$ 或 $0 < s \leqslant 1$，在哪个范围中使用随机数生成器获得随机数对于实际计算结果是没影响的。然而，生成随机数范围不能包含 0，这是因为 $\ln 0$ 无意义，所以必须避免 s 的值为 0。

2. 系统的逃逸路径

在讨论 KMC 的常用程序之前，首先提出一种较为简单的方法，虽然这种方法效率较低，但完全有效。这种方法在 Gillespie 的一篇优秀的早期论文中被称为"第一反应"方法。假设系统目前处于状态 i，有一组路径和相关的速率常数 $\{r_{ij}\}$。对于系统的这些逃逸路径，系统首次逃逸的概率分布由式(3.5)给出。使用确定系统时间增量的方法，可以从每个路径 j 的分布中得出指数分布的时间 t_j。当然，实际逃逸只能沿着这些路径之一发生，因此找到具有最低 t_j 值的路径 $j_{\min}$，丢弃所有其他路径的绘制时间，并将整个系统的时间增加 $t_{j\min}$。系统移动到状态 $j_{\min}$ 时，从这个新状态重新开始计算。这种方法描述简单，但其效率并不理想，因为对每个可能的逃生路径进行计算是极为烦琐的，而事实证明，只需要一

个随机数便可确定将系统推进到下一个状态的逃逸路径。

下面描述常用的 KMC 算法。图 3.2 所示为在标准 KMC 算法中选择逃逸路径以将系统推进到下一个状态的过程示意图。

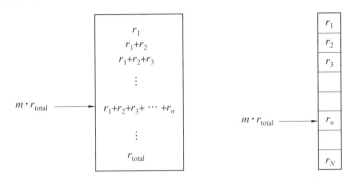

图 3.2　在标准 KMC 算法中选择逃逸路径以将系统推进到下一个状态的过程示意图

对于 N 条逃逸路径中的每一条,都有一个属于该路径的速率常数 r_j(为表述方便将 r_{ij} 写为 r_j)。将这些速率常数加和,定义 $R(j) = \sum\limits_{j=1}^{N} r_j$,则总逃逸率 $r_{total} = R(N)$。然后抽取一个分布在 $(0,1)$ 上的随机数 m,将其乘 r_{total},然后遍历数组 R,在 $R(n) \geqslant m r_{total}$ 的第一个元素处停止,路径 n 就是选定的逃逸路径。逃逸发生后,系统时间应该增加,根据本节 1 中的理论计算系统增加的时间。在这里,时间前进与选择哪个事件无关,其只取决于总逃生率 r_{total},由式(3.6),系统增加的时间是 $t = -(1/r_{total})\ln s$。注意,一旦系统处于新状态,路径和速率列表就会更新,并重复该过程。

这种无拒绝的“驻留时间”过程通常被称为 BKL 算法(或“n 折方式”算法),是由 Bortz、Kalos 和 Lebowitz 在 1975 年的论文中提出的用于伊辛自旋系统的 MC 模拟。它也在 Gillespie 于 1976 年发表的论文中以“直接法”的形式出现。

3.2.5　速率确定

在知道系统逃逸可能的路径的前提下,可以使用过渡态理论(Transition State Theory,TST)来计算每个路径的速率常数。尽管 TST 是近似值,但用于描述固态扩散事件是非常好的。此外,如果需要,可以根据重交效应对从 TST 计算的速率进行校正,以获得准确的速率。通过使用扩展到精确速率的高质量 TST 速率支持 KMC,原则上可以使 KMC 模拟的状态动力学与潜在的真实分子动力学一样准确。这个概念最早是在文献[6]中提出的。

1. 过渡态理论

从状态 i 逃逸到状态 j 的单分子速率常数 r_{ij} 通过分离状态的分隔面的平衡输出通量给出,TST 于 1915 年首次提出,提供了对速率常数的概念上直接的近似。从状态 i 逃逸到状态 j 的速率常数被视为通过分隔两个状态的分割面的平衡通量,如图 3.3 所示。可以想象有大量的两态系统,每个系统都允许演化足够长的时间,以至于这些状态之间发生了许多转换,因此它们代表了一个平衡集合。然后,详细查看这个集合中的每条轨迹,如果计算单位时间内的分界面向前交叉的次数,并将其除以在任何时间处于状态 i 的轨迹平均数,得到 TST 速率常数 r_{ij}^{TST}。TST 的好处在于,它是系统的平衡特性,可以直接计算 r_{ij}^{TST} 而无须查看动态轨迹。对于热系综(在本章中考虑的唯一类型),r_{ij}^{TST} 和处于分界面的玻尔兹曼概率与处于状态 i 的任何位置的概率的比值成正比。具体来说,对于在 $x=0$ 处具有分界面的一维系统,有

$$r_{ij}^{\mathrm{TST}} = \left\langle \frac{|\,\mathrm{d}x/\mathrm{d}t\,|}{\delta(x)} \right\rangle \tag{3.7}$$

式中,尖括号表示在位置坐标 x 和动量 p 上的典型集合平均值;下标 i 表示在属于状态 i($x \leqslant 0$ 在这种情况下)的相空间上的评估;$\delta(x)$ 是 Dirac δ 函数。扩展到多维情形很简单,只要指定了分割面,就可以使用如 MMC 方法来评估 r_{ij}^{TST}。

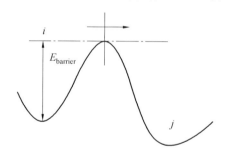

图 3.3　TST 速率常数示意图

TST 中的隐含假设是:分界面的连续交叉是不相关的,即划分表面的每个前向交叉对应于一个完整的反应事件,该事件使系统从处于状态 i 到处于状态 j。然而,在现实中,轨迹有可能在落入状态 j 或回落到状态 i 之前再次穿过分割面一次或多次。如果发生这种情况,TST 速率常数会高估确切的速率,因为一些反应事件使用的不止一个传出交叉。如上所述,可以使用动态校正形式恢复准确的速率,其中轨迹在分界面上启动并在短时间内整合以允许重新交叉事件发生。虽然分界面的最佳选择是使通过它的平衡通量最小的那个(最好的表面通常是脊顶),即使分界面选择不佳,这种动态校正算法也能恢复精确的速率常数。这

种动态校正形式也可以扩展为正确解释多跳事件的可能性。这种情况下，在配置空间中不相邻的状态 i 和 j 之间可能存在非零速率常数 r_{ij}。

原则上，系统中的每个路径经典的精确速率是可以计算的。然而，在实践中并非如此，部分原因是 TST 近似仅对于固态扩散过程很好。事实上，大多数 KMC 研究都是使用 TST 的进一步近似进行的，这些将在后面进行描述。

2. 谐波过渡理论

通常使用 TST 的谐波近似以及对其的进一步简化来计算 KMC 速率常数。谐波过渡态理论（Harmonic Transition Sate Theory, HTST）通常被称为 Vineyard 理论。在 HTST 中，过渡路径以势能表面上的鞍点为特征（例如图 3.1 中的点）。反应坐标定义为具有虚频的鞍点处的法线模态方向，并且分割面取为鞍平面（与鞍上反应坐标垂直的超平面）。假设盆地最小值附近的势能可以用二阶能量增加很好地描述，例如，振动模式是谐波，并且对于垂直于鞍点处的反应坐标的模式也是如此。使用下式对具有 N 个移动原子的系统的整体平均值进行计算：

$$r^{\mathrm{HTST}} = \frac{\displaystyle\prod_{i}^{3N} v_i^{\min}}{\displaystyle\prod_{i}^{3N-1} v_i^{\mathrm{saddle}}} \exp(-E_{\mathrm{barrier}}/k_{\mathrm{B}}T) \tag{3.8}$$

式中，E_{barrier} 是静态势垒高度（鞍点和最小值之间的能量差）；k_{B} 是玻尔兹曼常数；$\{v_i^{\min}\}$ 是最小值处的 $3N$ 个正态模式频率；$\{v_i^{\mathrm{saddle}}\}$ 是鞍点处的 $3N-1$ 个非虚正态模式频率。

因此，r^{HTST} 的计算只需要关于给定路径的最小值和鞍点的信息。HTST 速率往往非常接近精确速率（误差为 $10\% \sim 20\%$），至少达到大多数固体材料中扩散事件熔点的一半（参见文献[15]、[16]），尽管可能也有例外（文献[17]）。此外，由于指前因子通常在 $10^{12} \sim 10^{13}\,\mathrm{s}^{-1}$ 的范围内（尽管它们可能更高，参见文献[18]中的图 4），一个常见的近似值是在这个范围内选择一个固定值，以节省计算每个鞍点的正常模式的工作。

请注意，唯一的温度依赖性是指数关系，并且仅取决于静态（即 $T=0$）势垒高度。例如，当系统在有限温度下越过鞍区时，不需要进行校正来解释系统具有的额外势能。这一点以及所有的熵效应，在正常模式的积分中被抵消，留下了简单形式的式(3.8)。此外，普朗克常数 h 没有出现在式(3.8)中。有时在 TST 表达式中发现的指数前因子 kT/h 是对所涉及的配分函数的不完整评估的产物，或者是在此过程中做出的可疑近似。TST 是一个经典理论，因此当所有积分都被正确评估时，h 不能保留。由于 $T=300\,\mathrm{K}$（$6.2\times10^{12}\,\mathrm{Hz}$）时的 $k_{\mathrm{B}}T/h$ 类似于典型的指前因子,因此对该表达式的混淆一直存在,该表达式引入了错误的温度依赖性和不适当的物理常数。

3.2.6　KMC 误差原因

如前所述,当获得每个状态的每个逃逸路径的准确速率常数时,KMC 原则上可以给出系统的精确状态－状态动态。前面已经讨论了 TST 速率不准确(除非通过动态校正)。然而,对于一个典型的系统,这些影响都不是 KMC 动力学准确性的主要限制。事实上,系统的真实动态演化可能经历了意想不到的复杂反应路径,而这些路径通常没有被考虑到,因此不会在 KMC 模拟期间发生进而产生误差。

以表面扩散研究为例,吸附原子在简单 FCC(100) 表面上的扩散通常被认为是通过吸附原子从一个四重位置跳跃到下一个位置而发生的。Feibelman 等人在 1990 年采用密度泛函理论计算发现:Al(100) 上的主要扩散途径是交换事件如图 3.4 所示,其中吸附原子插入表面,将衬底原子推向第二近邻结合位点,这种交换机制也被实验证明是 Pt/Pt(100) 和 Ir/Ir(100) 表面上原子扩散的主要途径。对于 Pt/Pt(100),跳跃机制的势垒比交换机制的势垒大约高 0.5 eV。因此,当采用 KMC 模拟 Pt 吸附原子在 Pt(100) 表面上的扩散,仅假设跳跃事件发生时,扩散动力学的结果将存在严重误差。

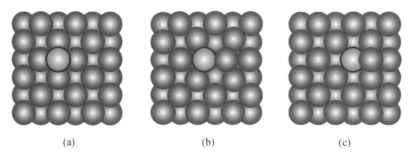

(a)　　　　　　　　　(b)　　　　　　　　　(c)

图 3.4　Al(100) 上的主要扩散途径是交换事件

3.2.7　实体动力学 MC

依托多原子实体(如间隙团簇、空位团簇等)的状态定义和适当的速率常数,可以进行更广泛的 KMC 类模拟,这种模拟在辐射损伤退火研究中越来越常见。与在基本原子级 KMC 中一样,这种实体 KMC 方法通常使用直接法在晶格上执行,并通过附加规则使得计算容易进行。例如,通过将团簇的扩散运动视为通过质心的简单 KMC 步骤进行,而不是以复杂方式移动原子的许多单个盆到盆移动的累积结果,实体 KMC 可以达到比纯基于原子的 KMC 更长的时间和长度尺度。

这种方法的折中之处在于,随着原子论细节的消除,重要的路径可能会从速率目录中消失。例如,必须直接指定扩散速率作为簇大小的函数,以及聚结或湮灭两个相遇的簇的规则和速率。当探索真实的动态时,这些依赖关系有时会变得异常复杂。例如,对于 MgO 中的晶间团簇,扩散常数与团簇大小呈强非单调关系。由于两个较小团簇合并形成的团簇有时会形成具有显著不同扩散特性的长寿命亚稳状态,因此,虽然实体 KMC 是一种相对标准 KMC 可以达到更大时间和规模的有效方法,但其会存在路径缺失的风险。

3.2.8　KMC 计算实例

以硅材料缺陷演化为例,介绍 KMC 方法在实际研究中的应用情况。众所周知,经典的 MD 方法可以对材料受辐照后存在的缺陷种类和缺陷数目进行定量的分析。然而,MD 模拟计算的时间尺度为皮秒数量级,远不能满足表征全演化过程的需要,所以需在 MD 计算后继续使用 KMC 方法模拟缺陷演化情况,以实现可与试验时间尺度相比较的缺陷演化全过程的表征。

KMC 方法模拟缺陷演化时,缺陷的坐标信息由 MD 模拟结果经处理获得,模拟 box 尺寸、模拟温度和边界条件均继承于 MD 模拟。模拟时间步长多采用指数形式表达,这是为了追求模拟的效率;模拟的迭代步数根据实际需求设置。除此之外,还需要设定各类缺陷性质信息,如捕获半径、指前因子、迁移势垒,以及各类缺陷之间的相互反应等。各类缺陷的捕获半径可以通过试验测得。指前因子和迁移势垒既可以通过试验获取,也可以通过第一性原理计算得到。这两个参数中,迁移势垒是对计算结果有较大影响的,在模拟时应尽量设置得较为精确。在本次模拟中,Si 单空位的指前因子为 1.3×10^{-3},迁移能为 0.32 eV;单间隙的指前因子为 1,迁移能为 0.9 eV。体系中各类缺陷的反应方程也需要做出描述,如 $V + V \rightarrow V_2$、$V + I \rightarrow Si$、$I + I \rightarrow I_2$、$V + V_2 \rightarrow V_3$、$I + I_2 \rightarrow I_3$、$V + I_2 \rightarrow I$、$I + V_2 \rightarrow V$ 等,其中 V 为空位缺陷,I 为间隙原子。各类计算过程中要设置输出各类缺陷的数目、坐标等参数,以方便观察演化过程及统计结果。

缺陷演化模拟结果如图 3.5 所示。首先可以看出,使用 KMC 方法之后,缺陷演化的时间尺度得到了极大的提升,可实现从皮秒级到 10^5 秒级的模拟计算;其次可以得知,在较长的时间尺度上,材料中的单空位缺陷数目急剧下降,直至趋于消失,而诸如双空位、三空位等多空位缺陷数目则是先增加后又小幅下降,最终以双空位缺陷占据材料中辐照缺陷数目的主导地位,这与试验现象是具有较高匹配度的。这也进一步说明,KMC 方法是具有较高的可信度和实用性的。

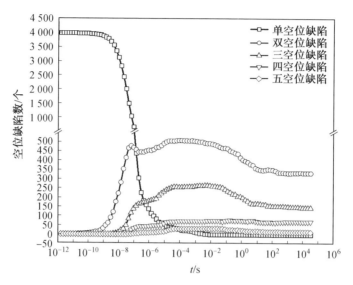

图 3.5　缺陷演化过程中各类空位缺陷随时间变化图

3.3　有限元法

20 世纪 40 年代,因航空工业的需要,美国波音公司的专家首次采用三节点三角形单元,将矩阵位移法用到平面问题上。同时,德国的 J. H. Argyris 教授发表了一组能量原理与矩阵分析的论文,为这一方法的理论基础做出了杰出贡献。1960 年,美国的 R. W. Clough 教授在其发表的论文中首次使用了有限元法(the finite element method) 一词,此后这一名称得到认可并广泛应用。

3.3.1　基础特点

1. 简介

数值模拟技术通常用于研究"场"问题,包括位移场、应力场、电磁场、温度场、流场、振动特性等,其研究的问题归纳为:在给定条件下求解其控制方程(常微分方程或偏微分方程)的问题。少数情况下,求解的方程简单,边界规则,能够获得精确解;而有些情况下,求解的方程和边界条件能够简化,求得简化解;多数情况下,采用数值模拟技术,求得数值解。

数值模拟技术的方法包括有限元法、边界元法、离散单元法和有限差分法等。边界元法是近几年发展起来的,适用于板、壳问题,大大减少了计算量,但其在使用时存在一些限制。目前数值模拟应用最为广泛的方法是有限元法。

有限元法(FEM)是求解数理方程的一种数值计算方法,它是将理论、计算和计算机软件有机地结合在一起的一种数值分析技术。作为一种离散化的数值解法,有限元法在结构分析及其他领域中得到广泛应用。特别是自 20 世纪 70 年代以后,有限元法的应用范围扩展到所有工程领域,成为连续介质问题数值解法中最活跃的分支。由变分法有限元扩展到加权残数法与能量平衡法有限元,由弹性力学平面问题扩展到空间问题、板壳问题,由静力平衡问题扩展到稳定性问题、动力问题和波动问题,由线性问题扩展到非线性问题。分析的对象从弹性材料扩展到塑性、黏弹性、黏塑性和复合材料等。由结构分析扩展到结构优化,从固体力学扩展到流体力学、传热学、电磁学等领域。

2. 有限元法的发展概况

1943 年,Courant 在论文中取定义在三角形域上的分片连续函数,利用最小势能原理研究 St. Venant 的扭转问题。

1960 年,Clough 在平面弹性论文中用"有限元法"这个名称。

1970 年,随着计算机和软件的发展,有限元发展起来。

有限元法所涉及的内容为有限元所依据的理论,单元的划分原则,形状函数的选取及协调性,数值计算方法及其误差、收敛性和稳定性。有限元法应用范围有固体力学、流体力学、热传导、电磁学、声学和生物力学等。

有限元法能够求解杆、梁、板、壳、块、体等各类单元构成的弹性(线性和非线性)、弹塑性或塑性问题(包括静力和动力问题),各类场分布问题(流体场 、温度场、电磁场等的稳态和瞬态问题),水流管路、电路、润滑、噪声以及固体、流体、温度相互作用的问题。

3. 有限元法的特点

以力学问题为例。力学中的数值解法有两大类型:① 对微分方程边值问题直接进行近似数值计算,这一类型的代表是有限差分法;② 在与微分方程边值问题等价的泛函变分形式上进行数值计算,这一类型的代表是有限元法。

应用有限差分法,首先是要建立问题的基本微分方程,然后将微分方程化为差分方程求解,这是一种数学上的近似。有限差分法能处理一些物理机理相当复杂而形状比较规则的问题,但对于几何形状不规则或者材料不均匀的情况以及复杂边界条件,应用有限差分法就显得非常困难。

应用有限元法,首先是将原结构划分为许多小单元,用这些离散单元的集合体代替原结构,用近似函数表示单元内的真实场变量,从而给出离散模型的数值解。由于有限元法是分片近似,因此具有较好的灵活性。当然,有限元法也有其局限性,如在解决应力集中、裂缝体分析以及无限域问题时,都存在缺陷。

4. 有限元法分析过程

有限元法求解方程的基本过程如下：

基础方程＋边界条件 → 近似求解 → 数值分析方法（差分法、有限元法）

有限元法就是把求解区域看作是由许多小的在节点处互相连接的子域所构成的。单元内部点的待求量可由单元节点量通过选定的函数关系插值求得。由于单元形状简单，易于建立模型及节点量之间的方程式，且其模型给出基本方程的分片（子域）近似解。单元划分得越细，计算结果就越精确。有限元法适用于非常复杂的几何形状、复杂的材料、复杂的边界条件，即非常复杂的工程实际问题及求解析解非常困难的情况。

（1）结构离散化。

结构离散化就是将结构分成有限个小的单元，单元与单元、单元与边界之间通过节点连接。结构的离散化是有限元法分析的第一步，关系到计算精度与计算效率，具体包含以下内容：

① 单元类型选择。离散化首先要选择单元类型，包括单元形状、单元节点数与节点自由度数等。

② 单元划分。划分单元时，应注意以下几点：

a. 网格的加密。网格划分得越细，节点越多，计算结果越精确。对边界曲折处、应力变化大的区域应加密网格。集中载荷作用点、分布载荷突变点以及约束支承点，均应布置节点，同时要兼顾机时与效果。网格加密到一定程度后，计算精度的提高就不明显了，对应力、应变变化平缓的区域不必要细分网格。

b. 单元形态应尽可能接近相应的正多边形或正多面体，如三角形单元的三边应尽量接近，且不出现钝角。

c. 单元节点应与相邻单元节点相连接，不能置于相邻单元边界上。

d. 同一单元由同一种材料构成。

e. 网格划分应尽可能有规律，以利于计算机自动生成网格。

③ 节点编码。包括整体节点编码和单元节点编码。

（2）单元分析。

单元分析包括以下两个方面的内容：

① 选择位移函数。位移法分析结构，首先要求解的是位移场。要在整个结构建立位移的统一数学表达式是困难的甚至是不可能的。结构离散化成单元的集合体后，对于单个的单元，可以遵循某些基本准则，用比以整体为对象时简单得多的方法设定一个简单的函数为位移的近似函数，称为位移函数。位移函数一般取为多项式形式，有广义坐标法与插值法两种设定途径，殊途同归，最终都整理为单元节点位移的插值函数。

② 分析单元的力学特征。

a. 单元应变矩阵[**B**]。反映出单元节点位移与单元应变之间的转换关系，由几何学条件导出。

　　b. 单元应力矩阵 $[S]$。反映出单元节点位移与单元应力之间的转换关系,由物理学条件导出。

　　c. 单元刚度矩阵 $[K]^e$。反映出单元节点位移 $\{\sigma\}^e$ 与单元节点力 $\{F\}^e$ 之间的转换关系,由平衡条件导出,所得到的转换关系式称为单元刚度方程,即

$$[K]^e [\delta]^e = \{F\}^e \tag{3.9}$$

　　(3) 整体分析。

　　整体分析包括以下三个方面的内容:

　　① 集成整体节点载荷向量 $\{R\}$。结构离散化后,单元之间通过节点传递力,所以有限元法在结构分析中只采用节点载荷。所有作用在单元上的集中力、体积力与表面力都必须静力等效地移置到节点上,形成等效节点载荷。最后,将所有节点载荷按照整体节点编码顺序组集成整体节点载荷向量。

　　② 集成整体刚度方程。集合所有的单元刚度方程就得到总体刚度方程,即

$$[K]\{\delta\} = \{R\} \tag{3.10}$$

式中,$[K]$ 为总体刚度矩阵,直接由单元刚度矩阵组集得到;$\{\delta\}$ 为整体节点位移向量;$\{R\}$ 为整体节点载荷向量。

　　引进边界约束条件,解总体刚度方程求出节点位移分量。

3.3.2　有限元法的工程应用

1. 应用范围

有限元法研究应用范围见表 3.1。

表 3.1　有限元法研究应用范围

研究领域	平衡问题	特征值问题	动态问题
工程结构力学	梁、板、壳、实体、组合结构的二维及三维问题的应力分析	结构的稳定性、振动、阻尼	应力波的传播、结构的动态响应、热—力耦合问题
热传导	固体和流体的稳态温度分布	—	固体和流体的瞬态热流
电磁学	二维、三维静态电磁场分析	—	二维、三维时变,高频电磁场分析
基础工程及土、岩石力学	填筑和开挖问题,边坡稳定性问题,土壤与结构的相互作用,坝、隧洞、钻孔、涵洞、船闸等的分析,流体在土壤和岩石总的稳态渗流	土壤结构组合物的固有频率和振型	土壤与岩石中的非定常渗流在可变形多孔介质中的流动固结,应力波在土壤和岩石中的传播,土壤与结构的动态相互作用

续表3.1

研究领域	平衡问题	特征值问题	动态问题
水利及流体力学	流体的势流、黏性流动、蓄水层及多孔介质的定常渗流,水工结构和大坝分析	湖泊、港湾的波动(固有频率和振型),刚性或柔性容器中流体的晃动	河口的盐度和污染研究(扩展问题),沉积物的推移,流体的非定常流动,波的传播,多孔介质和蓄水层中的非定常渗流
核工程	反应堆安全壳结构的分析,反应堆和反应堆安全壳结构的稳态温度分布	—	反应堆安全壳结构的动态分析,反应堆结构的热黏弹性分析,反应堆和反应堆安全壳结构中的非稳态温度分布

2. 应用方法

(1)构建或通过计算机辅助设计(Computer Assistant Design,CAD)模型转换几何和有限元模型,在模型上施加设计性能条件,通过计算机模拟,研究其性能水平,评价性能优劣(应力水平、温度分布、电磁场的冲击等物理响应)。

(2)借助优化设计功能,准确找出其潜在的设计缺陷,确定最佳的设计条件及形状。

(3)在极其恶劣及超常的环境中,试验非常困难时,利用数值模拟程序,通过输入试验条件、模型参数、材料性能,进行计算机模拟,分析研究。

有限元法避免了大量的盲目试验,降低了昂贵产品的设计余量,获得合理的安全系数,缩短研制周期,降低产品成本。

产品概念设计图如图3.6所示。

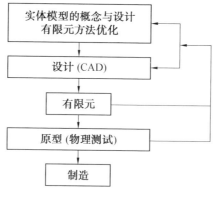

图3.6 产品概念设计图

应用的闭环系统如图 3.7 所示。

图 3.7　应用的闭环系统

3.3.3　扩展有限元法

有限元法的网格依赖性,使之在处理连续 — 非连续、高梯度、大变形等问题时表现出明显的局限性。已经证明有限元法非常适合断裂力学问题的研究。网状拓扑(mesh topology)的修正使得关于裂纹在有限元网格中的扩展建模变得困难。并且,裂纹尖端(crack tip)的异常需要正确地用近似值来表示且要用有限元法正确地模拟中断,必须使离散化与中断一致。这样,当处理网格在每一步都被再生的进化中断时,对网状拓扑的修正成为主要困难。

在过去的几十年中,已经提出了好几个方法模拟裂纹问题。例如,QP 有限元法、E 有限元法、BC 有限元法、IE 有限元法、BF 有限元法、BE 有限元法、D 有限元法和 MF 有限元法等。

扩展有限元法(Extended Finite Element Method,X—FEM)的基本思想就是运用单位分解理论,将中断富集函数(enrichment function)添加到有限元近似值中。

扩展有限元法最早由 Belytschko 和 Black 提出。Dolbowt 和 Moes 等引进了一个更好的技巧:采用一个包括渐近线的近尖端域的富集(enrichment)和一个 Heaviside 函数,Heaviside 跳跃函数是一个不连续的函数,其越过裂纹表面,并且在裂纹的每一侧都是恒量(一侧为 +1,则另一侧就为 −1)。Heaviside 函数计算的是单个的裂纹(a single crack)。为了计算多枝裂纹,Daux 等提出了连接函数(junction function)的概念。

Sukumar 等将扩展有限元法应用于三维裂纹的建模,并证明了此方法在三维静态裂纹应用中的正确性。Belytschko 等归纳了与网格无关的描绘不连续的方法。

Stolarska 等应用扩展有限元法,并结合向量水平集方法(Level Set Method,LSM),研究三维裂纹的生长。他们提出了一个解决弹性 — 静态疲劳裂纹问题的方法。用 LSM 来确定裂纹的位置,包括裂纹尖端的位置;用 X—FEM 来计算应力和决定裂纹生长速率的位移场必要条件。Moes 等提出在确保最佳收敛速率的同时,给固定的或扩展的裂纹面强加一个 Dirichlet 边界条件。

1.扩展有限元法的相关概念

（1）单位分解法。

单位分解法（Partition of Unity Method，PUM）是 1996 年被提出的。Melenk 和 Babuska 采用改进有限元形状函数实现单位分解法，而 Duarte 和 Oden 则采用移动最小二乘法来实现。

单位分解法的基本思想是任意函数 $\varphi(x)$ 都可以用域内一组局部函数 $N_I(x)\varphi(x)$ 表示，即

$$\varphi(x) = \sum_I \left[N_I(x)\varphi(x) \right] \tag{3.11}$$

式中，$N_I(x)$ 为有限元形状函数，它形成一个单位分解，即

$$\sum_I \left[N_I(x) \right] = 1 \tag{3.12}$$

基于此，可以根据需要对有限元形状函数进行改进。

单位分解法是扩展有限元法的一个思想来源。对含裂纹模型，X－FEM 通过改进经典有限元的形状函数以实现位移逼近，在裂纹面和裂尖所在单元的节点增加附加自由度。

（2）裂纹尖端处的改进函数。

使用单位分解改进的矢量函数 μ 逼近的一般形式为

$$\mu^h(x) = \sum_{I=1}^{N} N_I(x) \left[\sum_{\alpha=1}^{M} \varphi_\alpha(x) \alpha_I^\alpha \right] \tag{3.13}$$

式中，N_I 为有限元形状函数；φ_α 为改进函数；α_I^α 为与节点 I、改进函数 φ_α 及特殊几何实体（比如空洞、裂纹、界面等）有关的未知系数。

有限元形状函数构成一个单位分解，即式（3.12）。

在式（3.13）中，有限元空间是改进空间（$\Psi_I = 1, \Psi_\alpha = 0, \alpha \neq 1$，也称为扩展空间）的一个子空间。

各向同性线弹性材料的裂纹尖端改进函数为

$$\left[\varphi_\alpha(x), \alpha = 1 \sim 4 \right] = \left[\sqrt{r} \sin \frac{\theta}{2}, \sqrt{r} \cos \frac{\theta}{2}, \sqrt{r} \sin \theta \sin \frac{\theta}{2}, \sqrt{r} \sin \theta \cos \frac{\theta}{2} \right]$$
$$\tag{3.14}$$

式中，r 和 θ 均为裂纹尖端局部坐标系的极坐标。

（3）裂纹边界的改进函数。

对于裂纹边界的不连续问题，扩展有限元法通过在位移模式中引入不连续插值函数，从而避免常规有限元法在几何不连续问题上复杂的网格划分。X－FEM 是通过引入不连续的广义 Heaviside 函数 $H(x)$ 来实现的，在裂纹上方区域 $H(x)$ 取 $+1$，下方 $H(x)$ 取 -1，即

$$H(\boldsymbol{x}) = \begin{cases} 1, & (\boldsymbol{x} - \boldsymbol{x}^*) \cdot \boldsymbol{n} \geqslant 0 \\ -1, & \text{其他} \end{cases} \qquad (3.15)$$

式中，$\boldsymbol{x}$ 为样点，也称为高斯点；$\boldsymbol{x}^*$ 为裂纹上最靠近 $\boldsymbol{x}$ 的点；$\boldsymbol{n}$ 为 $\boldsymbol{x}^*$ 向外的单位法向量。

（4）奇异性指数。

裂纹尖端函数的确定并不局限于各向同性材料。考虑一个界面处含正交裂纹的二相复合材料，该问题的裂尖附近渐近场已有许多研究。两种弹性材料间的弹性错配由 Dundurs 参数来表征。

二相复合材料平面应变裂纹尖端附近渐近位移场取

$$u_i(r, \theta) = r^{1-\lambda} \big[a_i \sin \lambda\theta + b_i \cos \lambda\theta + c_i \sin(\lambda - 2)\theta + d_i \cos(\lambda - 2)\theta \big] \tag{3.16}$$

式中，$\lambda(0 < \lambda < 1)$ 为应力奇异性指数，是一个关于 Dundurs 参数的函数，由如下超越方程的根给出，即

$$\cos \lambda\pi - 2\frac{\alpha - \beta}{1 - \beta}(1 - \lambda)^2 + \frac{\alpha - \beta^2}{1 - \beta^2} = 0 \tag{3.17}$$

式中，λ 是关于 α 和 β 的函数，对于没有错配的情况（$\alpha = \beta = 0$），应力奇异性就蜕变成一般的均匀线弹性材料的应力奇异性（$\lambda = 1/2$），对各向同性的材料这便是所求的奇异性指数。当材料 2 比材料 1 刚硬时，也就是 $\alpha < 0$，奇异性就偏弱（$\lambda < 1/2$）；当材料 1 比材料 2 刚硬时，也就是 $\alpha > 0$，奇异性就偏强（$\lambda > 1/2$）。

（5）水平集法。

水平集法（LSM）是一种跟踪界面移动的数值技术，它将界面的变化表示成比界面高一维的水平集曲线。例如，$\mathbf{R}^2$ 中移动界面 $\Gamma(t) \subset \mathbf{R}^2$ 可表示成

$$\Gamma(t) = \{ x \in \mathbf{R}^2 : \varphi(x, t) = 0 \} \tag{3.18}$$

式中，$\varphi(x, t)$ 称为水平集函数。

（6）节点自由度的物理意义。

以位移场求解为例，常规有限元法中近似位移场的表达式为

$$u_{\text{up}}^e(x) = \sum_{i=1}^{n_e} N_i^e(x) u_i \tag{3.19}$$

式中，u_{up}^e 为近似位移场在单元 e 中一点 x 处的值；n_e 为该单元的节点数；$N_i^e(x)$ 为单元 e 第 i 号节点的形函数；u_i 为相应的节点位移，也是最终所形成离散方程的未知量。

式（3.19）的物理意义可以表述为：单元内任意一点处的近似位移值由且仅由该单元的节点位移插值得到。

对扩展有限元法来说，近似位移表达的广义形式可以写为

$$u_{\text{ap}}(x) = \sum_i \varphi_i(x) \sum_j \alpha_j p_j(x) \tag{3.20}$$

式中，$u_{ap}(x)$ 为求解域中一点 x 处的位移；$\varphi_i(x)$ 为节点影响域 i 上的单位分解函数；$p_j(x)$ 为定义在节点影响域上的局部近似空间的基函数；α_j 为相应的系数。

式(3.20)的物理意义是：求解域内任意一点处的整体近似位移值为各个独立定义的局部近似位移值之和，求和权重为相应的单位分解函数在该点处的值。

在扩展有限元法中，节点的意义对应着覆盖，节点自由度对应着局部近似空间的基函数系数。在实际应用中，扩展有限元法是局部单位分解富集的有限单元法。"局部"的意思是指仅在一些强不连续（如裂纹面）或弱不连续（如材料交界面）的邻近区域进行特殊函数的富集，如图3.8所示。图3.8中标示的点均有一个共同特点，即影响域被裂纹贯穿（圆圈标示的点）或者嵌入（方框标示的点）。对于被贯穿的情形，富集函数通常选择Heaviside函数，如图3.9所示；对于被嵌入的情形，富集函数可以根据线弹性断裂力学中裂纹尖端位移场的理论解来选择。

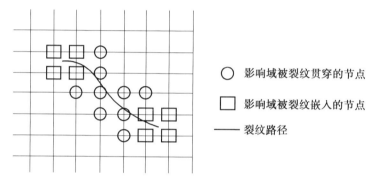

图3.8　节点影响域与裂纹的位置关系

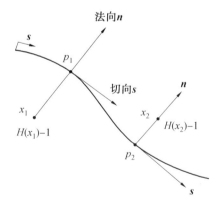

图3.9　Heaviside函数

2. 扩展有限元法的特点

（1）离散方式。

有限元法（FEM）的一个基本特征是将求解域划分成离散的、具有特定几何形状的子区域——单元。单元通过几何映射关系相互联结形成网格，之间没有重叠，如图 3.10(a) 所示。单元上具有按特定拓扑关系分布的节点，求解域中某一位置处的近似场函数值在其所属单元内独立进行表达。

在无网格伽辽金（Galerkin）法（EFGM）中，域的离散没有界限明确的分片子域，仅仅需要在求解域中选择一些离散节点。域中任意一点的近似场函数将通过这些节点上的场函数值插值得到。节点的位置是比较随意的，节点 i 通过相应的权函数 $\omega_i(x - x_i)$ 来表征节点位移对位置 x 处位移的影响，一般把 $\omega_i(x - x_i)$ 的支集也称为节点 i 的影响域，如图 3.10(b) 所示。

在扩展有限元法（X-FEM）中不存在对求解域进行离散的概念。生成覆盖系统的目的是构造单位分解空间，即覆盖系统是对（数学）插值域而不是（物理）求解域的离散。求解域与覆盖系统之间只需满足逐点覆盖和有限覆盖条件。与单元不同的是，覆盖放宽了对几何形状的要求，且覆盖之间是可以相互交叠的。在 X-FEM 框架下，对求解域进行离散分片的基本单位是节点的影响域。对某一节点来说，其影响域由所有共享该节点的单元组成。将局部近似场定义在覆盖上，如图 3.10(c) 所示。这样处理的一个优势在于可以直接利用有限元形函数来构造覆盖上的单位分解函数。

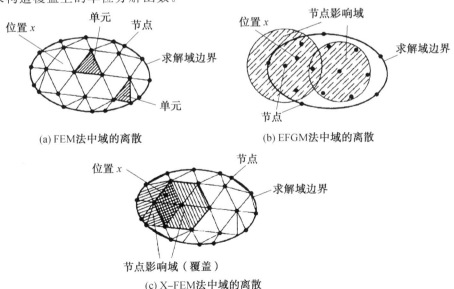

(a) FEM 法中域的离散

(b) EFGM 法中域的离散

(c) X-FEM 法中域的离散

图 3.10　三种离散方式的比较

（2）单元。

FEM中，单元是对求解域离散分片的基本单位，局部近似场的构建也是分别在每一个单元上独立进行的。在单元内任意一点，场函数的近似表达由节点处场函数值插值而成。

在EFGM中，局部近似场的表达通过移动最小二乘法（Moving Least Square，MLS）来构造。首先写出在局部近似空间中场函数的表达式，即

$$u^h(x) = \boldsymbol{p}(x)\boldsymbol{a}(x) \tag{3.21}$$

式中，$\boldsymbol{p}(x) = [p_1(x) p_2(x) \cdots p_m(x)]^T$ 表示局部近似空间的一组基函数；$\boldsymbol{a}(x) = [a_1(x) a_2(x) \cdots a_m(x)]^T$ 是在位置 x 处相应的基函数的系数。这些系数是位置 x 的函数。EFGM中近似场构造的核心思想是：通过局部加权的最小二乘拟合求解系数函数 $a(x)$ 以使局部近似函数与待求函数的差别最小。

在各种插值及拟合方法中，以 MLS 的应用最为普遍。MLS 在 EFGM 的近似函数构造中起到至关重要的作用，它使近似函数可以在没有网格拓扑关系的离散点间经由拟合得到。而在 FEM 中，拟合变成了插值，任意分布的离散点系变成了单元。基于 MLS 来构造近似场在思路上是非常清晰的，但是在具体构造过程中需要使插值点的影响域中包含足够数目的离散点。如果这个数目不足，则无法对基函数的系数函数进行有效插值。另外，MLS 插值与有限元插值的一个重要区别在于：近似场是对离散点场函数值的拟合，无法保证在离散点处的场函数值落在所构造的近似场上。在 X-FEM 中，节点的影响域形成了覆盖系统，而相应的单元形函数的组合构成了各个覆盖上的单位分解函数。

对比式（3.20）和式（3.21）可以看出，同传统的 FEM 相比，X-FEM 局部近似场的构造具有以下特点：

① 局部近似空间不受网格构造的限制，可以灵活选择基函数的阶次和形式。利用3节点三角形网格形成的覆盖系统，X-FEM 也可以通过选择合适的基函数重构任意高阶的场函数。

② 基函数被显式地富集到场函数的表达中，式（3.21）不再具有离散点场函数插值的特点。在 X-FEM 中，用以表征待求场的参数不再是离散点的场函数值，而是相应的各个覆盖上局部近似空间中基函数的系数。

从单位分解的广义形式出发，近似函数的构造包含两个内容：单位分解函数的构造和近似函数表达中基函数的选取。对传统 FEM 来说，这两个因素均由网格来确定；而对以 E-FGM 为代表的一些无网格方法而言，这两个因素均独立于网格。而 X-FEM 则在单位分解函数构造上同 FEM，基函数选取上则采用了富集的方式。

3. 扩展有限元法的实施

孔洞、夹杂为弱不连续问题，而裂纹为强不连续问题。针对这些缺陷引起的

不连续给有限元法网格剖分带来麻烦,扩展有限元法将建模分成两个部分:① 在忽略内边界情况下对区域进行网格剖分;② 在单元形状函数中增加与内边界有关的附加函数,改进有限元逼近空间。

(1) 孔洞和夹杂问题。

考察区域 $\Omega \subset \mathbf{R}^2$,它被分割成有限个单元,共有 m 个节点,$K = (n_1, n_2, \cdots, n_m)$ 表示这些节点的集合,并设为孔洞或夹杂所占区域,依照单位分解法,扩展有限元法的位移逼近为

$$u^h(x) = \sum_{\substack{i \\ n_i \in K}} N_i(x) u_i + \sum_{\substack{j \\ n_j \in K^g}} N_i(x) \varphi(x) a_j \quad (u_i, a_j \in \mathbf{R}^2) \quad (3.22)$$

节点集 K^g 定义为

$$K^g = \{ n_j : n_j \in K, \omega_j \cap \partial\Omega \neq \varnothing \} \quad (3.23)$$

式中,ω_j 为节点形状函数 $\varphi_j(x)$ 的支集,即以 n_j 为顶点的所有单元的并集,$\omega_j = \sup p(n_j)$;a_j 为节点附加自由度;$\varphi(x)$ 是与界面水平集函数有关的改进函数,取

$$\varphi(\varphi) = | \varphi | \quad (3.24)$$

a_j 目前尚无明确的物理含义,乘积 $\varphi(\varphi) a_j$ 对 u_i 产生影响,因而 $\varphi(\varphi)$ 的选取有一定的自由。$\varphi(\varphi)$ 在 $\varphi = 0$(即界面)处导数不连续,存在弱不连续性。应该注意到,式(3.24)表示的改进函数将导致改进单元与常规单元之间在公共边上位移不连续。

(2) 裂纹问题。

借助于单位分解概念,扩展有限元法通过改进经典有限元的位移逼近,考虑了裂纹的存在,裂纹面和裂尖所在单元的节点将增加附加自由度,在这些单元上的积分则采用分解算法进行。

① 改进节点的选取。符合单位分解概念的向量函数 $\boldsymbol{u}$ 的逼近具有

$$\boldsymbol{u}^h(x) = \sum_{i=0}^{N} N_i(x) \Big[\sum_{\alpha=1}^{M} \varphi_\alpha(x) \alpha_i^\alpha \Big] \quad (3.25)$$

式中,N_i 为有限元形状函数;φ_α 为改进函数。

根据式(3.25),有限元空间($\varphi_1 \equiv 1$,其他 $\varphi_\alpha \equiv 0$)是改进空间的子空间。

设二维 Cartesian 坐标用 $x \equiv (x, y)$ 表示,考虑包含一面力为零的内部裂纹的物体 $\Omega \subset \mathbf{R}^2$。对于单个裂纹,令 Γ_C 为裂纹表面,Λ_C 为裂尖,裂纹轮廓为 $\overline{\Gamma_C} = \Gamma_C \cup \Lambda_C$。

对于二维裂纹,改进的位移逼近(试探函数和检验函数)可写成

$$\boldsymbol{u}^h(x) = \sum_{i \in K} N_i(x) \Big[\boldsymbol{u}_i + \underbrace{H(x) a_i}_{i \in K_\Gamma} + \underbrace{\sum_{\alpha=1}^{M} \varphi_\alpha(x) b_i^\alpha}_{i \in K_\Lambda} \Big] \quad (3.26)$$

式中,$\boldsymbol{u}_i$ 是节点位移向量的连续部分(即与常规有限元法(Conventional Finite

Element Method,CFEM) 相同的部分);a_i 是与 Heaviside(强不连续) 函数相关的节点改进自由度;b_i^α 是与弹性渐近裂尖函数有关的节点改进自由度;K 是网格中所有节点的集合;K_Γ 是被裂纹面 Γ_c 切割的单元内节点的集合;K_Λ 是裂尖 Λ_c 所在单元内节点的集合,其数学表达式为

$$K_\Lambda = \{n_k : n_k \in K, \overline{\omega}_k \bigcap \Lambda_C \neq \varnothing \} \tag{3.27}$$

$$K_\Gamma = \{n_j : n_j \in K, \overline{\omega}_j \bigcap \Gamma_C \neq \varnothing, n_j \notin K_\Lambda \} \tag{3.28}$$

且 $K_\Gamma \bigcap K_\Lambda = \varnothing$,也就是说,一个节点不能同时属于这两个集合,否则优先属于 K_Λ。对于 K_Γ 中的任意节点,形函数支集被裂纹完全分割成不相交的两块(否则就存在裂尖,而不属于 K_Γ),对于其中的某节点,如果两块中的一块比另一块小很多,那么,所采用的 Heaviside 函数在整个支集上几乎是一个常数,这将导致刚度矩阵的病态,对于这一情形,将从 K_Λ 中去掉节点 n_i。

② 改进函数。对裂纹问题所涉及的两个改进函数描述如下:

对于裂纹表面(Γ_c 为改进域),采用广义 Heaviside 函数 $H(\boldsymbol{x})$,参考式(3.26)予以模拟。在裂纹的上方 $H(\boldsymbol{x})$ 取 1,在裂纹的下方 $H(\boldsymbol{x})$ 取 -1,即

$$H(\boldsymbol{x}) = \begin{cases} 1, & (\boldsymbol{x} - \boldsymbol{x}^*) \cdot \boldsymbol{n} \geqslant 0 \\ -1, & 其他 \end{cases} \tag{3.29}$$

式中,$\boldsymbol{x}$ 是所考查的点;$\boldsymbol{x}^*$ 为离 $\boldsymbol{x}$ 最近的裂纹面上的点;$\boldsymbol{n}$ 是 $\boldsymbol{x}^*$ 处裂纹的单位外法向矢量。

为了模拟裂纹尖端,改善断裂计算中裂尖场的精度,裂尖函数 $\varphi_a(x)$ 应包含二维渐近裂尖位移场的径向和环向性态。引入裂尖函数主要有以下两个目的:

a.如果裂纹在某个单元内部中止,那么,利用 Heaviside 函数改进裂尖单元将不准确,因为这样做,裂尖就被模拟成好像延伸到单元的边上。裂尖函数就是用来保证裂纹精确地中止在裂尖位置。

b.使用线弹性(或两种材料)渐近裂尖场作为改进函数是恰当的。一方面,它具有正确的裂尖性态;另一方面,它的使用可在相对粗糙的二维有限元网格或三维网格上获得较好的精度。

对各向同性弹性体,裂尖函数为

$$\left[\Phi_a(x), \alpha = 1 \sim 4\right] = \sqrt{r}\left[\sin\frac{\theta}{2}, \cos\frac{\theta}{2}, \sin\theta\sin\frac{\theta}{2}, \sin\theta\cos\frac{\theta}{2}\right] \tag{3.30}$$

式中,r 和 θ 为局部裂尖场坐标系中的极坐标。

裂尖函数并不局限于各向同性介质中的裂纹。两种材料间的弹性不匹配可用 Dundurs 参数 α 和 β 来描述。

③ 单元分解与网格重构。如果裂纹与单元相交,单元将被划分成三角形(以二维为例),使子单元的边与裂纹几何重合,以提高单元的积分精度。本节重点

讨论这一点,因为共有的错误概念认为:这样的过程是不必要的,即使真正有必要,本质上也是进行了网格重构。

对于边值问题,微分形式的控制方程乘检验函数积分后得到

$$\int_\Omega (\nabla \cdot \sigma) \cdot \delta u \, d\Omega + \int_\Omega b \cdot \delta u \, d\Omega = 0 \tag{3.31}$$

式中,b 是单位体积力;σ 是柯西应力;δ 是一阶变分算子;Ω 是不包含裂纹的开集。

上述方程经分部积分后被改写成

$$\int_\Omega \nabla \cdot (\sigma \cdot \delta u) \, d\Omega - \int_\Omega \sigma \cdot (\nabla \delta u) \, d\Omega + \int_\Omega b \cdot \delta u \, d\Omega = 0 \tag{3.32}$$

在 Ω 内使用散度定理并考虑 σ 的对称性,有

$$\int_{\Gamma_t \cup \Gamma_u} t \cdot \delta u \, d\Gamma + \int_{\Gamma_c^+ \cup \Gamma_c^-} t \cdot \delta u \, d\Gamma - \int_\Omega \sigma \cdot (\nabla \delta \varepsilon) \, d\Omega + \int_\Omega b \cdot \delta u \, d\Omega = 0$$

$$\tag{3.33}$$

式中,ε 表示位移梯度(小应变张量)的对称部分。由于在 Γ_t 上 $t = \sigma \cdot n = \bar{t}$(给定面力),在 $\Gamma_c^\pm$ 上 $t = 0$(无面力裂纹面),在强制边界 Γ_u 上检验函数为零,进一步得到连续问题的弱形式(虚功原理)为

$$\int_\Omega \sigma \cdot \delta \varepsilon \, d\Omega = \int_{\Gamma_t} \bar{t} \cdot \delta u \, d\Gamma + \int_\Omega b \cdot \delta u \, d\Omega, \quad \forall \delta u \in H_0^1(\Omega) \tag{3.34}$$

式中,$H_0^1(\Omega)$ 是具有导数平方可积并在强制边界上为零的 Sobolev 函数空间。

上述推导中,使用了散度定理,它不容许 u_i 在积分区域(单元上)出现不连续性和奇异性,因而裂纹表面必须是积分域的边界。换句话说,在有限元(离散)问题弱表达式中,区域 Ω 必须被分成不重叠的子域(单元 Ω_e),且这些子域必须满足与连续问题相同的协调条件,才能保证边界问题的强形式(微分形式)与弱形式(积分形式)之间等价。

可以得到结论:离散弱形式需要单元边与裂纹几何一致。如果这一必要条件没有满足,那么强形式与弱形式间的等价性就会丧失。忽略这一事实,而对被裂纹分割的单元不进行分解,那么会带来数值上的误差甚至错误。对于裂纹的模拟,X—FEM 用不连续 Heaviside 函数 $H(x)$ 和近尖渐近场 $\varphi_a(x)$ 对 CFEM 进行了改进,式(3.28)提供了 X—FEM 中位移逼近的一般形式,式(3.29)和式(3.30)给出了各向同性介质的改进函数。从式(3.34)可知,在离散逼近的双线性形式中,被积函数中将包含基函数导数的乘积,改进基函数的导数在横穿裂纹时不连续,因此,对这些单元若不进行子剖分,就会涉及不连续函数的积分。众所周知,单纯型多维数值积分要求奇异性和不连续性位于积分域的边上、奇异性点位于单纯型的顶点,如果单纯型内部出现不连续性,使用高斯(Gauss)求积法得到的积分很不精确。为了说明这一点,考查定义在 $\Omega = (-1/2, 1)$ 上的不连续

（阶跃）函数为

$$f_1(x) = \begin{cases} -0.5, & -0.5 \leqslant x \leqslant 0 \\ 1, & 0 < x \leqslant 1 \end{cases} \tag{3.35a}$$

分片连续函数为

$$f_2(x) = \begin{cases} 0, & -0.5 \leqslant x \leqslant 0 \\ x, & 0 < x \leqslant 1 \end{cases} \tag{3.35b}$$

定义积分 $I(f)$ 为

$$I(f) = \int_{\Omega} f(x) \mathrm{d}x \tag{3.36}$$

并考虑高斯求积公式 $Q[f]$ 为

$$I(f) \cong Q[f] = J \sum_{k=1}^{n_g} \omega_k f(\zeta_k) \tag{3.37}$$

式中，$f = f(\zeta_k)$ 是用 $\zeta_k \in (-1,1)$ 做参考坐标的线性映射；f 分别取 $f_1(x)$ 和 $f_2(x)$；J 为雅可比（Jacobian）行列式，$J = \mathrm{d}x/\mathrm{d}\zeta$；$\omega_k$ 和 ζ_k 分别为 n_g 阶高斯积分法则的权值及高斯点的坐标。

对于阶跃函数，积分精确值为 $I(f) = 3/4$；对于分片的线性函数，积分精确值为 $I(f) = 1/2$。直接利用高斯求积法效率很低，但是若将区域分成 $\Omega = \Omega_1 \bigcup \Omega_2 = (-1/2, 0) \bigcup (0, 1)$，然后分别使用式（3.37），就会获得精确解。

3.3.4 非线性有限元分析

1. 有限元分析中必须注意的几个问题

（1）力学模型的简化。

有限元分析的第一步是将分析对象简化为力学模型。力学建模恰当与否，不但影响计算工作量的大小，而且直接影响计算结果是否能真实反映事物的客观规律。这里必须指出力学建模过程不是简单地对研究对象的重复和增删，而是将被研究对象的结构形状、外部载荷、结构各部分的相互作用以及对周围环境的影响进行综合分析。同时结合对考察对象的计算目的要求，从而给出一个恰当、正确的简化模型。这里应当明确对同一结构不同的要求，可以给出完全不同的计算模型。

（2）结构离散化和单元选用。

有限元的基本思想是将一个连续结构体用有限个单元的集合去逼近。可以证明，采用协调单元或满足某些条件的非协调单元，当有限元特征尺寸趋向于零时，有限元解将收敛到真解。但是，如果剖分单元数量太少，只有几个、几十个，它与有限个离散单元逼近连续结构体思路相去甚远，其计算结果必然产生很大误差；如果在离散化过程中，有限元剖分不恰当，会导致刚度矩阵出现病态或奇

异,从而使计算失败。特别是方程病态,会给出局部的错误结果,而计算经验不足的人很难察觉。因此必须注意以下两点:

① 单元形态离散化后的单元形状,原则上要求尽可能正规。实际问题中由于结构形状的复杂性往往不可能离散为正三角形、正四边形或正六面体。但是必须注意作为三角形、四边形单元的任一夹角不要小于 20°,空间单元的空间夹角也不能小于 20°,或在一个单元邻边最小长度与最大长度的比值不大于 1:4,否则对应的矩阵有可能出现病态或奇异,影响计算结果。

② 单元的过渡与连接结构离散化过程中,往往先估计应力梯度变化的趋向和最为关注的区域。为提高计算精度,对应力梯度较大或最为关注的区域往往单元剖分较小,而其他区域单元可以大一些,这样就出现单元从小到大的过渡区。单元过渡区的单元边长比不超过 1:4,且不允许边界中点与相邻单元角点连接。

单元剖分时,由于现实结构的变化连续性,经常会遇到不同自由度单元的连接以及诸如接触、预紧、铆接、轴承、螺钉等常见的结构件连接,这类问题必须特别关注,因为至今还没有一个固定模式对其加以处理。常见做法是运用软件单元库中的一些特殊单元——接触单元、伪单元、主从单元、读入单元等,结合个人计算经验或者对典型案例的结果加以灵活运用,而这些处理又直接关系到整体计算的精度,以至可靠性。

（3）高斯积分点数的选择。

等参元是目前有限元计算中最常用的一种单元。但在应用等参元时,有一个如何选定高斯积分点数的问题。从理论上说,等参元的高斯积分点数越多,其计算精度也越高。同时,随着高斯积分点数的增加,计算工作量也越来越大。有限元法本身是一种近似的数值计算方法,且精度也不是仅仅取决于高斯积分点数,上述 ① 和 ② 两点对其影响更大,实际计算中也没有必要选用太多的高斯积分点数,一般平面二次等参元每个方向的高斯积分点数取 2,空间的取 3,对于曲率较大,或有特殊要求的可相应提高 1 个点数。

（4）边界约束处理。

对于弹性力学或材料力学介绍的固定边界和简支边界其实是一种理想的抽象,真实的边界都是弹性边界。因此,采用有限元分析实际问题时,对边界的处理必须慎之又慎。对于静力问题,只要应力、应变关键区域远离边界（一般离边界区域 3 倍的相对尺寸）,其对边界约束的影响就不是太大;但对于动力响应、固有频率和稳定性问题,其对边界约束处理特别敏感,必须予以充分重视。

（5）载荷处理。

结构载荷是直接影响计算结果的主要因素。目前的商业软件为方便用户对此均有详细说明,但对于有些问题还必须特别关注,诸如载荷类型、等效节点的转换、输入单位(如转速、密度与质量的差别)等,以保证输入信息的一致性。

2. 非线性有限元分析中应注意的几个问题

由于非线性的复杂性,进行非线性有限元分析时,还必须特别关注下列几个问题。

(1)本构关系的选择。

考查材料非线性问题时,非线性本构关系的选择成为问题的关键。它不但因材料不同而各异,而且同一种材料在不同温度环境、不同载荷以及不同计算精度要求下均可能有不同的本构关系。此外,对弹塑性模型又有许多假设,如理想弹塑性模型、弹塑性 Mises 模型、弹塑性 Drucker — Prager 模型、弹塑性强化帽盖的 Drucker — Prager 模型以及弹塑性接触摩擦模型等。用户在使用或编制程序前,对所考查的结构材料、结构受力状态及变形概貌必须有一个清晰的了解。

(2)算法的选择。

算法的选择包括算法的选择和步长的选取。这点虽与线性有限元有相同之处,但必须指出的是,非线性有限元由于考察对象的复杂和计算工作量大,结果有可能出现不收敛或者不稳定等问题,算法选择与步长选取显得更为重要。

算法选择必须兼顾考查对象的计算精度要求、计算机硬件可能承受的程度以及所选择的算法对分析对象的适用性等诸多因素。

有限元分析中,为了真实地模拟结构的几何形态和承受载荷作用后的真实变形,网格剖分尽可能地加密。目前一般有限元分析中,节点数均在千点以上,有的问题多达几万甚至几十万。这对计算机硬件要求很高,在非线性分析计算的工作量几乎呈几何级数增长。这也是与线性有限元分析有很大区别的地方,即必须考虑计算机的硬件条件及相关环境。

步长选取包括有载荷增量步的选取和时间步长的选取。步长选取不当不仅会影响计算结果的精度,还会导致计算的失败。

非线性有限元分析最为突出的是算法选择。但必须指出,非线性问题的所有数值计算都有它们的适用范围,其收敛速度对不同性质的问题是不一致的。必须明确自己所要求解问题的性质以及所选用的算法的适用范围和收敛速度,只有这样才能达到事半功倍的目的。

(3)考题计算。

由于非线性有限元分析计算工作量大、影响计算精度的因素多,甚至有可能不收敛导致计算失败,因此要求读者在应用非线性有限元软件(无论是商业性通用软件,还是自己编写的程序)正式算题前,必须选择一个合适的题目进行试算,并且把这一步骤作为算题所必须进行的重要一环。其目的不但是全面考核所使用软件对所考查对象的适用性和可靠性,更重要的是通过考题计算,校核所选用的各种参数、本构关系、计算方法、步长选取的可行性和合理性,计算结果是否与要求相符,计算时间预计是否合理等。必须指出的是,上述这些问题单纯依靠理论分析是远远不能满足工程要求的,还要拥有通过大量计算所累积的经验并进行考题分析,这样才有可能获得较为满意的结果。

(4) 程序模块设计。

有限元分析发展至今已成为计算科学的一个举足轻重的重要分支,为工程界、科技界提供许多具有很强适应性的商业通用软件。但任何有限元软件都不可能包括所有问题的数值分析,读者必然会遇到一些有特殊要求的问题需要解决,诸如用户需要根据工程或科研中发现的问题建立一种非常规的单元库,或者根据非线性方程的性质提出一种新的解题方法;或者对非线性边界处理有一些独特的设想,必须通过计算机数值计算加以验证和考核,这都需要编写一个程序(甚至软件)。作为一个使用户能够接受的软件必须包括完善的前后处理功能、可靠的求解器和丰富的单元库,此外还必须包含数据库信息系统等。

3.3.5　航天器表面充电效应计算实例

1. 表面充电效应的一般表述

航天器在轨运行过程中,从周围空间等离子体环境中收集并蓄积电荷的过程称为充电。空间等离子体存在于地球周围的所有航天器轨道。在地球表面 90 km 以上,地球残余大气分子受到太阳电磁辐射发生电离,形成带正电荷的离子和自由电子,称为电离层等离子体。在电离层之上存在地磁层等离子体,包括等离子体层及外磁层等离子体等。在行星际空间存在太阳风等离子体。空间等离子体的特性主要由等离子体的密度和能量表征。在相同的轨道上,电子和离子的密度与能量大体上相等。随着轨道高度和纬度变化,等离子体的密度和能量会出现明显差异,如图 3.11 所示,图中 R_E 表示地球半径。在低倾角的 LEO 轨道,电离层等离子体稠密而能量较低。随着纬度增加,电离层等离子体的密度下降。在高倾角的极地轨道,除电离层等离子体外,还存在高能的沉降电子,以其所产生的极光而被人们所认知。在地球同步轨道,航天器会遭遇与地磁亚暴相联系的能量较高而密度较低的等离子体。空间等离子体由于具有一定的能量,而不停地运动并产生电流,包括运动着的电子产生的负电流和运动着的离子产生的正电流。电子和离子的能量相等而质量相差很大,使电子运动速度显著高于离子,从而导致电子电流明显大于离子电流。这种不均等的正、负电流与在轨飞行的航天器相遇时,便在暴露的表面上产生电荷蓄积(称为表面充电),如图 3.12 所示。在航天器表面优先累积负电荷会产生负电场,使入射电子减速,使入射的正电荷离子加速。这会使电子电流趋于减小,而离子电流增强,直至两种电

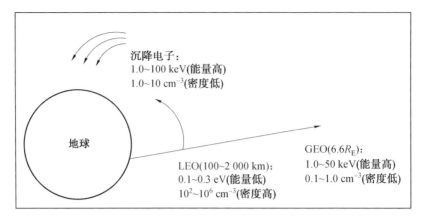

图 3.11　近地空间等离子体的主要特性

流相等。结果便使航天器表面上累积的正负电荷达到平衡状态,形成相对于环境等离子体的浮置电位(floating potential)。

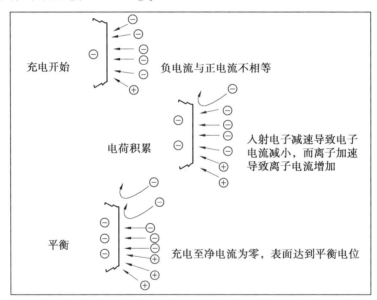

图 3.12　航天器表面充电的基本过程

　　除了上述空间等离子体的直接作用外,光电子也是影响航天器表面充电状态的主要因素。光电子电流是在太阳辐射作用下航天器表面材料释放光电子所形成的,可以视为一种由航天器表面向外发射的反充电电流。由于光电子电流的影响足够大,因此应该考虑地球阴影、季节变化以及航天器在轨飞行期间相对于太阳取向变化等因素的影响。如对三轴稳定航天器而言,太阳翼对太阳的取向不变,而星上有效载荷可能对空间天体(如地球)的取向固定。航天器不同表面相对于太阳的取向不同,会在轨道不同位置受到太阳照射。这种光照条件的变化可直接影响光电流乃至航天器表面的浮置电位。

航天器表面充电是由环境等离子体中不均等的正、负电流所引起的。到达与离开航天器表面的两种电流总和为零时,航天器表面充电达到平衡。若航天器全部由金属或导电材料制成,可充电到相同的电位,称为绝对充电(absolute charging)。航天器表面全部为金属或导体时,易于产生这种均匀的表面充电效应。航天器表面为不同介质材料时,各部分表面的充电电位不同,称为不等量充电(differential charging)。介质材料不利于累积电荷的传播,成为累积电荷的储存区。入射带电粒子通量的差异会使航天器介质材料表面产生不同的浮置电位。通常,在光照表面与阴影表面之间易产生严重的不等量充电现象,如图 3.13所示。这是因为许多情况下光电子电流可能是最大的流向航天器表面的正电流,能够使光照表面相对于阴影表面的浮置电位为正,导致两部分表面间产生很大的电位差。按照产生条件的不同,可将航天器表面不等量充电分为两种类型:一类是由介质材料本身的电物理性能差异所导致的,属内禀型不等量充电;另一类是由于光照或遮挡等外部条件不同而产生的,属外禀型不等量充电。

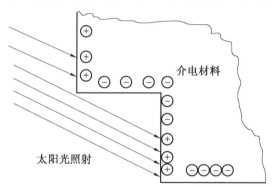

图 3.13　在光照介质表面与阴影表面之间产生不等量充电示意图

航天器表面充电过程比较复杂,但其基本物理过程是电流平衡。在给定的空间环境条件下,航天器表面充电分析的基础是充电基本方程,即

$$I_T(U) = I_e - (I_i + I_{se} + I_{be} + I_{si} + I_{ph} + I_{cond}) = 0 \quad (3.38)$$

式中,I_e 为环境电子电流,能够使航天器表面充电到负电位;I_i 为环境离子电流,可部分抵消电子电流产生的负电位,由于环境电流密度与 $(kT/m)^{\frac{1}{2}}$ 成正比(式中 k 为常数,T 为温度,m 为带电粒子质量),因此离子电流通常低于电子电流;I_{se} 为环境电子撞击诱发的低能二次电子电流,与材料特性密切相关,对于能量较低的入射电子,二次电子产率 > 1;I_{be} 为背散射的一次电子电流;I_{si} 为源于环境离子撞击产生的低能二次电子电流;I_{ph} 为太阳辐射产生的低能光电子电流,它通常是

光照表面上主要的反充电电流;I_{cond}为航天器不同表面之间的导电电流,取决于材料的电阻率;$I_T(U)$为航天器表面净电流或总电流(U为航天器表面浮置电位)。

在式(3.38)中,若I_e起主导作用,便会产生充电。在I_e受到势垒作用逐渐降低并与其他电流之和相等时,表面负电位不再增加。表面电流的平衡条件是净电流为零,即$I_T(U)=0$。由于电子二次发射、背散射、光电子发射及电阻均与材料特性有关,产生充电效应所需的入射电子通量和能量也与材料密切相关。二次电子发射率(σ)的影响十分重要,若$\sigma>1$,易促使净电流抑制充电。通常,入射电子能量小于1.5 keV时,σ值较大;入射电子能量较高时,σ值下降。所以,在环境电子能谱中,主要由能量较高的电子诱发充电效应。光照表面能够发射较高通量的光电子,不利于充电;而地球阴影或卫星自身遮挡会抑制光电子发射,成为充电的有利条件。

在绝对充电的情况下,航天器的电位总体变化,各表面的电压均由"结构地"参考电压锁定,故可使充电过程进展很快。在地球同步轨道条件下,航天器位于阴影区充电时间约为毫秒量级。相对于绝对充电而言,不等量充电过程较慢,时间约为数分钟以上。不等量充电常发生在日光照射条件下,自然会慢些。

航天器绝对充电会对一些科学仪器带来干扰,但一般没有危险性。航天器表面充电效应的危险性主要来自于不等量充电,即不同表面充电程度不同。这是由不同的材料特性和各部分表面在取向上的差异造成的。在相邻表面或表面与卫星的"结构地"之间静电放电会在敏感电路系统中产生很大的电流脉冲,导致逻辑开关乃至整个系统失效。放电也会引起航天器外表面产生物理损伤。放电产生局部加热使表面材料从电弧处向外喷射,引起材料损失与性能下降。所喷射的材料会成为对航天器其他表面的污染源。从航天器表面析出的有机分子可能受太阳辐射电离并被吸附到具有负的浮置电位的表面上。航天器表面的负浮置电位越大,被污染的可能性也越大。负的浮置电位高时,还会使具有正电荷的离子受到加速而获得较高的能量,对航天器表面产生溅射效应。

通常,将航天器表面电位与周围环境等离子体的电位至少相差达到100 V时,界定为表面充电。航天器易在以下情况发生表面充电:① 航天器在极地轨道运行时遭遇极光等离子体流,其中高能电子通量显著高于离子通量;② 航天器周围环境等离子体中电子的能量足够高,使得其流向表面的通量明显高于表面材料的二次电子发射通量,抑制二次电子发射效应;③ 航天器处于地球阴影或表面受到遮挡,使光电子发射受到抑制;④ 航天器表面尺寸足够大,导致环境等离子体中电子的收集速率明显高于离子收集速率。

工程上,习惯将地球同步轨道发生地磁亚暴时产生的航天器充电效应称为表面充电。在NASA的航天器充电效应评价和控制设计指南中,将地磁亚暴时电荷在地球同步轨道航天器外表面累积定义为航天器表面充电。近些年来,随着高压电池阵的应用,低地球轨道航天器在电离层中的充电效应日益受到关注。自 2003 年以后,NASA 相继形成了低地球轨道航天器充电设计标准及手册。一般情况下,航天器表面充电效应包含地球同步轨道航天器和低地球轨道航天器表面充电两种情况,所涉及的充电效应特征和对策明显不同,应分别对待。

2. 航天器表面充电效应模拟相关问题

(1)空间不同区域航天器充电特点。

空间不同区域内航天器充电的特点主要取决于所在区域等离子体的温度 T 和密度 n。这两个参数决定等离子体环境的德拜屏蔽半径。等离子体可视为不同电荷粒子通过静电库仑效应而产生集约性相互作用的集合体,处于准电中性状态。在小尺度范围内,这种准电中性状态因受到较强的静电库仑作用(如航天器表面电位的影响)而发生破坏,导致不同电荷粒子独立运动。在等离子体中能够出现这种效应的尺度或半径称为德拜半径。超过德拜半径的尺度范围后,等离子体仍呈现集约性协调效应,故可将德拜半径视为在等离子体环境中屏蔽航天器表面电位影响的尺度范围。在此范围之外,等离子体能够保持准电中性。若小于德拜半径,航天器表面可吸引等离子体中某种电荷粒子,而排斥其他异号电荷粒子。德拜半径的计算公式如下:

$$\lambda_{\mathrm{D}} = \left(\frac{\varepsilon_0 k T_{\mathrm{e}}}{n e^2}\right)^{\frac{1}{2}} \tag{3.39}$$

式中,λ_{D} 为德拜半径(m);T_{e} 为电子温度(K);e 为电子电荷(C);n 为等离子体密度(m^{-3});k 为 Boltzman 常数;ε_0 为自由空间的介电常数。

对于多组分空间等离子体而言,其分布函数为各组分的麦克斯韦函数的线性组合,可由下式计算德拜半径:

$$\lambda_{\mathrm{D}} = \left[\frac{1}{8\pi e^2}\left(\sum \frac{n_i}{k T_i}\right)^{-1}\right]^{\frac{1}{2}} \tag{3.40}$$

式中,λ_{D} 为多组分空间等离子体的德拜屏蔽半径;T_i 和 n_i 分别为 i 组分等离子体的温度和密度;e 为电子电荷(C);k 为 Boltzman 常数。通常认为,在地球同步轨道上,具有双温度分布的等离子体德拜屏蔽半径由温度较低的等离子体组分决定。

在地球同步轨道条件下,德拜半径达到 10^4 cm 以上量级。相比之下,可将航天器视为较小的球体。航天器的充电效应主要由地磁亚暴时注入的磁层热等离子体($kT \approx 10^4$ eV,$n = 0.1 \sim 1.0$ cm^{-3})所诱发。充电异常事件多发生在午夜至黎明时段。这是由于地磁亚暴时,热电子从午夜注入并至黎明前沿纬圈发生漂移。在热等离子体中电子和离子的平均热运动速度均远超过航天器的轨道速度,可不考虑航天器运动对充电效应的影响。由于磁层热等离子体的密度低,光电子电流在充电过程中会有较大影响。通常,在光照情况下,光电子电流可能大于一次电子电流。航天器表面日光照射条件不同时,易于诱发产生不等量充电。地磁亚暴时,航天器的充电电位可达到或超过 $-10\,000$ V。

在低地球轨道范围内分析航天器充电时,主要分两种情况:一是在低倾角轨道情况下,等离子体环境主要为电离层($kT \approx 0.1$ eV,$n = 10^2 \sim 10^6$ cm^{-3}),德拜半径为 $0.1 \sim 1.0$ cm 量级。由于电离层等离子体的密度高,能够使一次电子电流超过光电子电流,因此可忽略光电子电流的影响。而且,电离层等离子体的能量低,也可以不考虑二次发射电子电流和背散射电子电流对电流平衡的贡献。电离层中离子的热运动平均速度较低(约 1 km/s),远低于航天器的轨道速度(约 8 km/s),可将其对航天器的作用视为呈各向异性。这易使迎风面离子密度增高而尾部区域形成离子空腔,导致充电效应受航天器运动影响。相比之下,电子的热运动速度高于航天器的速度,能够对航天器产生各向同性的充电作用。同地球同步轨道等离子体环境相比,电离层等离子体的充电能力有限,可使航天器充电到 $0.1 \sim 5$ V 的负电位。还有一种情况是在极地轨道,存在能量达到 $1 \sim 50$ keV 的极光沉降电子,可与电离层冷等离子体共同作用导致航天器表面充电。这种极区的低轨道环境能够对航天器产生较强烈的充电效应,表面充电电位可达 $-10^3 \sim -10^2$ V。但由于极光电子沉降的区域较窄,航天器能够在较短时间(1 ~ 10 s)内通过,表面电位难于达到平衡状态。

在地磁层外,航天器表面充电是太阳紫外辐射与太阳风等离子体共同作用的结果。通常情况下,光电子发射电流占主导地位,使航天器表面呈正电位,可达到几十伏。

(2)电流收集模型。

航天器表面充电是从空间等离子体环境收集和累积电荷的过程,可基于试验物体(探针)在等离子体中的充电过程进行分析(朗谬探针近似)。在航天器表面与周围等离子体之间可形成电流回路,成为空间等离子体环境向航天器表面输运电荷的通道。这种航天器表面从周围等离子体环境收集电荷的过程称为电流收集(current collection),表现为从环境等离子体流向航天器表面的电流。航天器表面收集电荷所能达到的程度与空间等离子体环境的德拜长度有关。德拜长度决定了空间等离子体环境能够向航天器表面供应电荷的鞘层范围。德拜长度越大,空间等离子体环境向航天器表面提供电荷的能力便越强,即可使航天器表面充电到更大的负电位。因此,计算收集电流时,需考虑航天器周围等离子体鞘层的尺度。

通常,按照德拜长度 λ_D 相对于航天器特征尺寸 R_s(或表面半径)的大小,将电流收集鞘层分为厚鞘层($\lambda_D \geqslant R_s$)和薄鞘层($\lambda_D < R_s$)两种。在地球同步轨道条件下,德拜长度一般明显大于航天器的特征尺寸(除非 10 m 以上),适于用厚鞘层近似计算收集电流。 对于低地球轨道航天器而言,适于用薄鞘层近似计算。

　　① 薄鞘层近似。

　　在薄鞘层条件下,可认为航天器表面近似为平面。设表面电位为 U_s,则距表面 y 处的电位 U 可用泊松方程(Posson equation)计算,有

$$\frac{\mathrm{d}^2 U}{\mathrm{d}y^2} = -\frac{q \cdot n(y)}{\varepsilon_0} \tag{3.41}$$

式中,$n(y)$ 为等离子体中受表面吸引粒子的数密度;q 为粒子的电荷;ε_0 为自由空间的介电常数。

　　按照电流连续性方程,收集电流密度为

$$j = q \cdot n(y)v(y) \tag{3.42}$$

式中,$v(y)$ 为受表面吸引粒子的速度。

　　假设开始时受吸引的粒子远离表面且能量为零,且向表面运动过程中未受到碰撞,则可按照能量守恒得出

$$\frac{1}{2}mv^2(y) + qU(y) = 0 \tag{3.43}$$

式中,m 为粒子的质量。

　　将式(3.42)和式(3.43)代入泊松方程可得

$$\frac{\mathrm{d}^2 U}{\mathrm{d}y^2} = \frac{j}{\sqrt{-2qU/m}} \cdot \frac{1}{\varepsilon_0} \tag{3.44}$$

　　为了求解该方程,需假设在 $y = S$ 处 U 和 $\mathrm{d}U(y)/\mathrm{d}y$ 均为零。这是假设源于表面电位的电场能够被空间电荷所屏蔽,故可在某一点($y = S$)使电位降为零。这种假设称为空间电荷限制假设(space—charge—limited assumption)。按照这一假设,并在式(3.44)两端均乘 $\mathrm{d}U/\mathrm{d}y$,可得

$$\frac{1}{2}\left(\frac{\mathrm{d}U}{\mathrm{d}y}\right)^2 = \frac{1}{\varepsilon_0}\frac{m}{q}j\sqrt{-2qU/m} \tag{3.45}$$

利用 $y = 0$ 时 $U = U_s$ 及 $y = S$ 时 $U = 0$ 条件进行积分,则得

$$j = \frac{4}{9}\sqrt{\frac{2q}{m}} \cdot \varepsilon_0 \frac{|U_s|^{\frac{3}{2}}}{S^2} \tag{3.46}$$

因此,在泊松方程的基础上,利用电流连续性方程、能量守恒及薄鞘层假设,可建立航天器表面电位为 U_s 时收集电流密度 j 与鞘层厚度 S 的关系。这种关系称为 Child—Langmuir 定律,用于表征空间电荷限制的收集电流。鞘层厚度 S 可按下式计算:

$$S = \frac{2}{3}\left(\frac{\sqrt{2}}{K^*}\right)^{\frac{1}{2}} \lambda_D \left(\frac{|qU_s|}{kT}\right)^{\frac{3}{4}} \tag{3.47}$$

式中，K^* 为系数，取值范围为 $1/\sqrt{2\pi} \leqslant K^* \leqslant 1$；$k$ 为 Boltzman 常数；T 为温度；其他符号意义同前。

由于鞘层厚度至少应为德拜长度 λ_D，式（3.47）需满足 $|qU_s|/kT \gg 1$。可见，若航天器表面有较高的偏压，电场从表面向外延伸的距离会大于德拜长度，即形成的空间电荷屏蔽鞘层厚度为 $\lambda_D(|qU_s|/kT)^{\frac{3}{4}} \cdot \lambda_D$。在平面假设条件下，还应满足 $S \ll R_s$。按照这种薄鞘层近似，通过空间电荷限制可使鞘层边界（$y = S$）处电场为零，并使流向航天器表面的收集电流密度达到最高值（由式（3.47）给出）。若收集电流进一步增加，会使鞘层边界的电场符号反向而产生排斥效应，便不会有更多的电荷注入。在低地球轨道，等离子体稠密，使航天器周围的空间电荷易成为制约电流收集的主导因素。

② 厚鞘层近似。

在地球同步轨道，等离子体密度稀疏，可以忽略空间电荷的屏蔽效应，适于采用 Laplace 方程（$\nabla^2 U = 0$）。这种情况相应于 $\lambda_D \gg R_s$，即厚鞘层近似。假设航天器呈球形，可通过能量守恒和角动量守恒条件计算环境等离子体粒子掠过航天器表面时，其轨迹距航天器中心的临界半径距离 R_i 与航天器半径 R_s 的关系：

$$R_i^2 = R_s^2 \left(1 - \frac{2qU_s}{mv_0^2}\right) \tag{3.48}$$

式中，U_s 为航天器表面电位；v_0 为粒子的掠过速度；m 为粒子质量；q 为粒子的电荷。

粒子掠过时，其轨迹距航天器中心的半径距离 R 称为撞击参量（impact parameter）。仅有 $R < R_i$ 的粒子能够到达航天器表面，故可将 $(R_i - R_s) \approx R_i$ 视为等效于薄鞘层近似所定义的鞘层厚度 S。在此厚度范围内，环境等离子体粒子有可能被航天器表面所吸引。在厚鞘层近似条件下，收集电流可由下式计算：

$$j(U_s) = \frac{1}{4\pi R_s^2} = \frac{1}{4\pi R_i^2}\frac{R_i^2}{R_s^2} = j_0\left(1 - \frac{2qU_s}{mv_0^2}\right) \tag{3.49}$$

式中，I 为收集电流；j_0 为环境等离子体电流密度，取决于粒子的平均速度 $\bar{v}$ 和数密度 n，即 $j_0 = qn\bar{v}/4$。

环境等离子体粒子的平均速度可由下式计算：

$$\bar{v} = \left(\frac{8kT}{\pi m}\right)^{\frac{1}{2}} \tag{3.50}$$

于是，可由下式计算 j_0：

$$j_0 = \frac{qn}{2}\left(\frac{2kT}{\pi m}\right)^{\frac{1}{2}} \tag{3.51}$$

式中，n 为粒子的数密度；T 为粒子温度；m 为粒子质量；q 为粒子的电荷。

在厚鞘层近似条件下，环境等离子体粒子能否被航天器表面所吸引主要取决于其运动轨道参量（能量和角动量），而不是表面前方自洽的空间电荷。这种电流收集机制称为轨道限制收集（orbit−limited collection）。

（3）一次收集电流计算。

初次流经航天器表面的收集电流源于环境等离子体，包括一次电子电流与离子电流。视航天器轨道等离子体环境的不同，可分别按厚鞘层近似和薄鞘层近似两种情况进行计算。地球同步轨道等离子体的德拜半径明显大于航天器的特征尺寸，满足厚鞘层近似条件。低地球轨道等离子体的德拜半径远低于航天器的尺寸，适用于薄鞘层近似。

地球同步轨道上的等离子体对运动着的航天器可视为具有各向同性，可将航天器简化为小球体模型。在环境等离子体的作用下，一次电子收集电流密度可由下述公式计算：

$$j_e = j_{eo} \cdot \exp\left(\frac{qU}{kT_e}\right), \quad U < 0 \quad （排斥） \tag{3.52}$$

$$j_e = j_{eo}\left(1 + \frac{qU}{kT_e}\right), \quad U > 0 \quad （吸引） \tag{3.53}$$

$$j_{eo} = \frac{qn_e}{2}\left(\frac{2kT_e}{\pi m_e}\right)^{1/2} \tag{3.54}$$

并且，一次离子收集电流密度由下述公式计算：

$$j_j = j_{io} \cdot \exp\left(-\frac{qU}{kT_i}\right), \quad U > 0 \quad （排斥） \tag{3.55}$$

$$j_j = j_{io}\left(1 - \frac{qU}{kT_i}\right), \quad U < 0 \quad （吸引） \tag{3.56}$$

$$j_{jo} = \frac{qn_i}{2}\left(\frac{2kT_i}{\pi m_i}\right)^{1/2} \tag{3.57}$$

上述公式中，U 为航天器表面电位；T_e 和 T_i 分别为电子和离子的温度；n_e 和 n_i 分别为电子和离子的数密度；m_e 和 m_i 分别为电子和离子的质量；q 为电荷量；k 为 Boltzman 常数。

在等离子体环境充电条件下，航天器表面电位在净电流为零时达到平衡。若 $U < 0$，可由式（3.56）与式（3.57）计算表面净电流：

$$I_{net}(U) = \left[j_{oe}\exp\left(\frac{qU}{kT_e}\right) - j_{oi}\left(1 - \frac{qU}{kT_i}\right)\right] \cdot A \tag{3.58}$$

式中，A 为表面面积。令 $I_{net}(U) = 0$，便可求得表面电位 U_s 如下：

$$U_s = -\frac{kT_e}{q}\ln\left[\sqrt{\frac{T_i m_i}{T_e m_e}}\left(1 - \frac{qU_s}{kT_i}\right)\right] \tag{3.59}$$

式中，$\sqrt{m_i/m_e} \approx 43$，且 $T_e \approx T_i$。因此，可得 $U_s \approx -kT_e/q$，即表面平衡电位与电子温度呈正比。由此，估算地球同步轨道条件下，航天器的充电电位可达到 $-30\,000 \sim -10\,000$ V 量级。

在低地球轨道，电离层中电子的热运动速度 v_{th}^e 显著高于离子的热运动速度 v_{th}^i，即 $v_{th}^e \gg v_{th}^i$。而且，同航天器的运动速度 v_s 相比，存在如下关系：$v_{th}^e = v_s = v_{th}^i$。这说明航天器表面对电子的收集可不受航天器运动的影响，而离子电流收集会具有各向异性。在迎风面上离子密度有增强效应，使得离子电流收集主要受航天器速度控制。薄鞘层对一次离子电流收集的贡献可忽略不计。对于 $U < 0$ 的表面，可由下式近似计算一次离子电流密度：

$$j_i = qn_t v_s \sin a \tag{3.60}$$

式中，a 为航天器表面相对于前进方向的倾角。

一次电子电流密度可基于环境等离子体中电子的平均热运动速度计算，即

$$j_e = qn_e \frac{\overline{v_e}}{4} \exp\left(\frac{qU}{kT_e}\right), \quad U < 0 \tag{3.61}$$

式中，$\overline{v_e}$ 为电子的平均热运动速度，按式（3.50）计算。

对于低地球轨道航天器而言，环境电子电流密度约为 mA/m² 量级，明显大于光电子电流密度，可忽略光电子电流的影响。而且，电离层等离子体的能量低（$0.1 \sim 0.2$ eV），不足以产生较大的二次电子电流和背散射电子电流。因此，在低地球轨道条件下，主要的收集电流应为一次电子电流和一次离子电流。若航天器表面为零浮置电位，即使在迎风面离子密度有所增强，离子收集电流仍低于电子收集电流，从而导致航天器表面形成负浮置电位。在表面达到平衡电位 U_s 时，可有如下关系成立：

$$I_i - I_e \approx Aqn_e \left[v_s \sin a - \frac{\overline{v_e}}{4} \exp\left(\frac{qU_s}{kT_e}\right)\right] = 0 \tag{3.62}$$

式中，A 为表面面积。

由此可得

$$\frac{qU}{kT_e} = I_h \left(4v_s \sin \frac{a}{v_e}\right) \tag{3.63}$$

若 $a = \pi/2$，$T_e = 0.2$ eV，$v_s = 8$ km/s，则得 $U_s = -0.45$ V。可见，在低地球轨道，航电器表面的电位通常很低。

在极地轨道，除了冷、稀的电离层等离子体外，航天器还会遭遇极光电子流。极光电子对流向航天器的总电子通量的贡献至关重要。它们具有足够高的能量，还能够产生很强的二次电子发射效应。所产生的二次电子发射电流也会对收集电流产生影响。若地磁场线平行于航天器表面，从表面发射的二次电子难于逃逸而重新撞击其回旋半径内的表面。综合上述影响，航天器会充电到很

高的负电位,以便排斥来自电离层的冷电子及极光热电子。例如,美国国防气象卫星(DMSP)曾发生充电事件,使其表面电位达到 -462 V。

（4）表面二次发射效应。

在分析航天器表面充电效应时,通常需要考虑三种形式的二次电子发射过程。一是环境等离子体中的电子和离子从航天器表面激发二次电子,相应的发射率分别表示为 δ 和 γ；二是环境电子入射时从航天器表面发生背散射,成为背散射电子,相应的背散射率记为 η；三是具有足够能量的太阳辐射光量子从航天器表面激发光电子。由入射电子产生的总的二次电子系数 σ 应为 δ 和 η 之和,即 $\sigma = \delta + \eta$。二次电子发射过程的一个重要特点是 σ、δ 与 η 均与一次电子能量有关。图 3.14 所示为三种聚合物材料的二次电子系数 σ 与一次电子能量 E_e 的关系。可见,一次电子能量 E_e 为 $150 \sim 300$ eV 时,σ 的最大值大于1(即 $\sigma_m > 1$)。随着电子能量的进一步提高,σ 值下降。在分析航天器表面充电效应时,需确定每种材料的二次电子系数 σ/σ_m 与一次电子能量的关系,如下式所示：

$$\frac{\sigma}{\sigma_m} = \left(\frac{E}{E_m}\right)^{\alpha} \exp\left(1 - 2\sqrt{\frac{E}{E_m} \cdot \alpha}\right) \tag{3.64}$$

式中,E_m 为与 σ_m 对应的一次电子能量；α 为拟合参数。若 α 取不同值时,可得图 3.15 所示的 σ/σ_m 与 E_e/E_m 关系曲线。

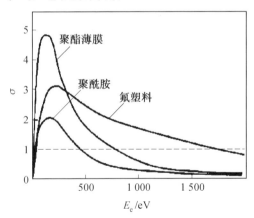

图 3.14　三种聚合物材料的二次电子系数 σ 与一次电子能量 E_e 的关系

环境等离子体中的离子主要通过其动能从航天器表面激发二次电子。一次离子的能量与二次电子的产率 γ 有下述关系：

$$\frac{\gamma}{\gamma_m} = 2\left(\frac{E}{E_m}\right)^{\frac{1}{2}} \cdot \left(1 + \frac{E}{E_m}\right)^{-1} \tag{3.65}$$

式中,E 为一次离子能量；γ_m 为离子的最大二次电子产率；E_m 为与 γ_m 对应的离子能量。式(3.65)的计算结果与某些材料试验结果对比如图 3.16 所示。

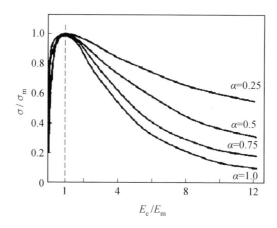

图 3.15　拟合参数 α 取值不同时计算的 σ/σ_m 与 E_e/E_m 关系曲线

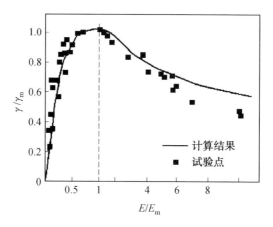

图 3.16　γ/γ_m 与 E/E_m 关系曲线

光电子发射的特点是呈现光谱制约性,即一个入射光子发射的光电子数受光子能量(或波长)制约。在航天器表面充电分析中,所采用的光电子发射电流密度 j_{ph} 为积分参数,需结合太阳辐射光谱的能量分布而确定。常用材料的光电子发射电流密度 j_{ph}、最大二次电子发射率 δ_m 及电子背散射率 η 见表 3.2。对于航天器外表面上所用大多数材料,j_{ph} 都在 $1\times10^{-5}\sim5\times10^{-5}\mathrm{A\cdot m^{-2}}$ 范围内。通常情况下,光电子发射电流 I_{ph} 可能大于环境等离子体的电子电流,即 $I_{ph}>I_e$。这会使航天器表面充电电位为正。

在考虑航天器表面二次发射效应的情况下,可将电流平衡方程表示如下:

$$A_e j_{eo}(1-\delta-\eta)\exp\left(\frac{qU_s}{kT_e}\right)-A_i j_{io}(1+\gamma)\left(1-\frac{qU_s}{kT_i}\right)-A_{ph}j_{ph}f(x_m)=0$$

$$(3.66)$$

式中,A_e 和 A_i 分别为电子和离子的收集面积;A_{ph} 为光电子发射面积;j_{eo} 和 j_{io} 分别为环境电子和离子的电流密度；$f(x_m)$ 为航天器所在轨道上太阳辐射通量随距日心距离 x_m 的衰降系数。

表 3.2　常用材料的光电子发射系数

材料	电子入射			质子入射		光子入射
	δ_m	E_m /keV	η	γ	E_m /keV	j_{ph} /(10^{-5} A·m^{-2})
玻璃	2.4	0.3	0.12	5.0	70.0	2.0
聚酰合成纤维	2.3	0.4	0.11	5.0	100.0	2.0
聚酰胺（尼龙）	2.1	0.15	0.07	5.8	80.0	2.0
特弗纶	3.0	0.3	0.09	5.0	70.0	2.0
碳	0.75	0.35	0.08	5.0	70.0	2.1
铝	0.97	0.3	0.17	4.0	80.0	4.0
银	1.5	0.8	0.4	2.0	300.0	3.0
In_2O_3	2.35	0.35	0.2	4.2	45.0	3.2

注：δ_m 为电子激发的最大二次电子发射率；η 为电子背散射率；γ 为离子激发的二次电子发射率；j_{ph} 为光电子发射电流密度；E_m 为入射粒子的最大能量。

式（3.66）适用于地球同步轨道上尺度 < 10 m 且均匀导电的航天器。二次发射系数 δ、η 和 γ 对 Al 的典型数值分别取 0.4、0.2 及 3.0 。在地球同步轨道发生地磁暴条件下，j_e/j_i 约为 30。对于位于地球阴影区的航天器，可以近似得出 $U_s \approx T_e$（U_s 为航天器表面平衡电位；T_e 为环境等离子体电子温度，单位为 eV）。这表明在地球阴影区，航天器的充电电位数值上大约与以 eV 为单位表示的等离子体温度相等。所涉及的条件是充电前 T_e 应达到某一临界值以上（通常要求 > 1 keV），否则二次发射电流会超过源于环境等离子体的一次电流。

（5）传导电流对充电过程的影响。

航天器的结构通常是在金属壳体上有一定厚度的介电材料层。在介质层的表面上放有与航天器壳体连接的传导带，传导带之间有一定的距离。在介质层表面，电荷可以通过两种方式流向航天器的金属壳体：一是电荷穿过介质层；二是电荷沿着介质层表面经过边缘处的传导带流向金属壳体。在第一种情况下，传导电流由介质层的体电阻率 ρ_v 决定；后一种情况下，传导电流由介质层的表面电阻率 ρ_s 决定。穿过介质层的传导电流密度 j_v 由下式计算：

$$j_v = \frac{U_x - U_c}{\rho_v \cdot h} \tag{3.67}$$

式中，U_x 为介质层表面 x 点处的电位（x 轴的方向垂直于传导带，且坐标原点位

于 $L/2$ 处); U_c 为航天器金属壳体的电位; ρ_v 为介质层的体电阻率; h 为介质层厚度。

介质层表面传导电流密度 j_s 可由下式计算：

$$j_s = -\frac{\mathrm{d}U_x}{\mathrm{d}x} \cdot \frac{1}{2\rho_s} \cdot \frac{x}{(L/2)^2 - x^2} \tag{3.68}$$

式中， $\dfrac{\mathrm{d}U_x}{\mathrm{d}x}$ 为介质层表面沿 x 方向的电位梯度; ρ_s 为介质层表面电阻率; L 为介质层两端传导带之间的距离; x 为介质层表面上距 x 坐标原点距离(坐标原点取在 $L/2$ 处)。

在求得航天器表面平衡充电电位 U_0 后，便可以结合 x 点处 j_v 和 j_s 分析传导电流对介质层与航天器金属壳体之间电位差 ΔU_x 的影响，如图 3.17 所示。图中曲线 1 和曲线 2 分别表示厚度相同而 ρ_v 和 ρ_s 不同的两种介质层，如牌号分别为 AK$-$512 和 KO$-$5191 的珐琅质涂层(厚度均为 80 μm)，它们在横坐标不同 x 处的 ρ_v 和 ρ_s 不同，致使传导电流发生变化。两种介质层的 $\Delta U_x/\Delta U_0$ 均在接近传导带边缘时明显下降。这说明传导电流对介质层与航天器壳体之间电位差 ΔU_x 的影响主要表现在两者的界面附近。

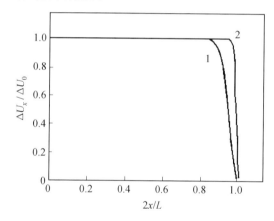

图 3.17　基于传导电流计算的介质层与航天器金属壳之间电位差沿传导带距离分布

降低介电材料层的体电阻率 ρ_v ，可使其与航天器金属壳体之间的电位差减小。图 3.18 所示为介质层体电阻率对航天器表面充电电位的影响。图中 U_ρ 是介电材料体电阻率为 ρ_v 时的充电电位; U_∞ 为 $\rho_v = \infty$ 时的充电电位。可见， $\rho_v < 10^{13}$ $\Omega \cdot$ cm 时，介质层与航天器金属壳体之间的电位差很小; 而 ρ_v 增加至 $10^{16} \sim 10^{17}$ $\Omega \cdot$ cm 后，两者之间的电位差不再增大，这说明流经介质层的传导电流不再对航天器表面的充电电位产生明显影响。

(6) 航天器运动对表面充电效应的影响。

航天器在轨高速($>$ 离子声速)飞行会导致周围等离子体环境扰动，使航天

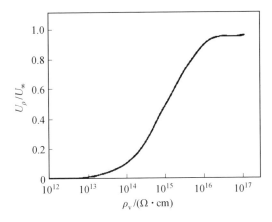

图 3.18　介质层体电阻率对航天器表面充电电位的影响

器前方产生等离子体堆积而在后方形成等离子体空腔。这种效应主要在电离层中出现,并对低地球轨道航天器表面充电产生影响。离子的声速是指等离子体中压力差得以传输的临界速度,可由下式计算:

$$V_s = \left(\frac{kT_e + \gamma kT_i}{M} \right)^{\frac{1}{2}} \tag{3.69}$$

式中,V_s 为离子的声速(m/s);k 为 Boltzmann 常数;T_e 和 T_i 分别为电子和离子的温度(K);M 为离子的质量(kg);γ 为常数(通常,$\gamma = 3$)。

例如,对于 300 km 高度的电离层($T_e = T_i = 1\,000$ K;主要成分为 77%O^+,20%H^+ 及 3%He^+),计算得出离子的声速 V_s 约为 1.5 km/s。在 300 km 高度圆轨道,航天器的速度为 7.7 km/s,即超声速飞行。这会使航天器穿过电离层时,要掠过前方的等离子体,而在其后方等离子体中离子的运动速度过慢,无法立即填充所形成的空腔。其结果是使航天器尾部区域基本上没有等离子体离子。该空腔区域的长度与航天器的宽度和马赫数(V/V_s)有关。航天器前方离子密度通过航天器前表面对离子的背散射而增高(增强效应)。在航天器尾部形成等离子体离子空腔,会使航天器在低地球轨道运行时其尾部表面易于充电。其原因是高能的极光电子使航天器尾部表面充电产生负电位时,不能被周围的等离子体离子所中和。

(7)地球同步轨道航天器表面放电效应。

航天器在等离子体中可视为电容器,相对于空间等离子体具有浮置电位。在航天器表面上有各种用于热防护和电绝缘的介质薄层。通过介质表面可以将航天器划分成若干局域的电容器。各介质表面的充电速率不同,会导致航天器表面形成不等量充电状态。一旦这种不等量的电荷累积状态所产生的电场超过放电阈值,便会导致电荷从航天器向空间或具有不同电位的临近表面释放,直至

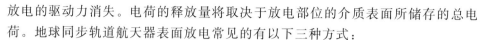

放电的驱动力消失。电荷的释放量将取决于放电部位的介质表面所储存的总电荷。地球同步轨道航天器表面放电常见的有以下三种方式：

① 介质表面放电。

在地球同步轨道等离子体环境条件下，通常满足以下两个判据之一时，便可能发生介质表面放电(dielectric surface breakdown)：一是介质表面的电场达到附近空间的击穿强度；二是介质表面与暴露导体(接地)之间界面电场强度大于 1×10^5 V/cm。 在这两种情况下，介质表面所储存的电荷极不稳定而易于向空间释放。所产生的瞬间脉冲能够通过电容耦合到航天器结构及电路系统，并有电流从空间返回到航天器裸露的导体区域。瞬态电流在航天器结构内的流动视材料的电性能特性而定。放电脉冲电流因航天器结构材料电阻而逐渐衰降。放电过程可持续到电位梯度或电场消失为止。

针对第一种情况，NASCAP/GEO 程序界定航天器表面放电阈值的经验准则是：① 介质单元表面相对于航天器结构或相邻暴露导体的电位差达到 $+500$ V 以上；② 介质单元表面相对于航天器结构或相邻暴露导体的电位差超过 $-1\,000$ V。若太阳电池阵盖片具有高的二次电子发射率，便可能因其相对于邻近的金属互联片呈现高的正电位差而导致放电。介质表面的金属镀膜与航天器结构地相绝缘，两者之间呈电容性耦合。在这种情况下，若介质充电至很高的负浮置电位(在阴影区)，可使金属镀膜相对于周围表面呈现较高的负电位而成为阴极发射电子。因此，不论介质表面充电至正电位还是负电位，只要所形成的电场超过周围空间的击穿强度均可导致放电，即从航天器向空间发射电子。

介质表面放电的第二种判据主要适用于形成很高负电位差的航天器表面。这通常与介质和相邻表面的界面层有关，即在界面层形成很强的电场。若表面介质材料中存在裂缝并使下方的导体裸露，则局域电场强度将显著增高，从而导致介质中所储存的电荷易于释放。

在大面积介质表面(如太阳翼)充电并存在电位梯度的情况下，可能发生与面积相关的电荷损失(area—dependent charge losses)。这种大面积电荷释放型放电易在电位差超过 10 kV 时发生。若介质表面未形成这种显著的电位差，通常不会发生严重的大面积电荷清除过程。在介质表面下部有与电弧放电部位呈电气相连的导体时，电弧放电产生的等离子体云可扫过介质表面达 2 m 距离，产生电流强度 $4 \sim 5$ A 的与面积相关的电荷释放，所涉及的电容达到几百 pF。

NASA TP-2361 规范按照电荷释放量 Q 将介质表面放电分为如下三个等级：① $0\ \mu C < Q < 0.5\ \mu C$，称为轻微放电；② $0.5\ \mu C < Q < 2\ \mu C$，称为中等放电；③ $2\ \mu C < Q < 10\ \mu C$，称为严重放电。假定介质表面放电电容为 500 pF，且三种等级的放电电压依次为 1 kV、4 kV 及 20 kV 时，可估算出相应的放电释能分别为 250 μJ、4 mJ 及 100 mJ。

② 介质浅表层放电。

在地球同步轨道条件下,具有足够能量的磁层热等离子体可穿入介质浅表层并被俘获(埋入电荷)。若介质表面因光电子或二次电子发射呈近似零浮置电位,可由埋入电荷在浅表层形成强电场。在电场强度超过 2×10^5 V/cm 时,便会产生放电,即介质表面击穿并向空间释放电荷。这种类型的放电也称为埋入电荷放电(buried charge breakdown)。若介质的相对介电常数为 2,充电表层的电子注量达到 $2.2 \times 10^{11} e/cm^2$ 便可产生 2×10^5 V/cm 的电场。在介质表层所形成的电场与累积电荷呈正比,而反比于介质的介电常数。

③ 航天器表面向空间放电。

在地球同步轨道航天器不等量充电条件下,会在介质表面与相邻导体表面间形成电位差,可周期性地促发航天器表面向空间放电。这相当于由航天器与空间形成电容器放电,其基本特点与上述介质表面放电类似。但所涉及的电容较小(约为 2×10^{-10} F),放电强度较低且过程较短。这种类型的放电效应称为航天器向空间放电(spacecraft — to — space breakdown),放电阈值可低于 2 kV。

3. 航天器表面充电效应计算的基本方法

(1) 基本过程。

实际的航天器具有复杂的结构与多相表面,其大部分表面区域覆盖有各种性能不同的介质材料,充电时具有不等量性。空间等离子体对航天器各单元表面充电时,要受到其他单元表面电位的影响,并在相邻单元表面之间以及各单元表面与金属外壳之间存在传导电流。航天器介质表面和金属外壳之间的电容性耦合会对表面的充电电荷数量及充电过程的时间特性产生影响。通过各单元表面依据电流平衡方程所构建的综合体系,能够决定航天器表面充电时电荷和电位的分布。航天器表面充电效应模拟分析的关键是计算各单元表面的电位和周围电场。

为了进行航天器表面充电效应分析,需要通过构建航天器结构模型,再现航天器的结构形状及材料分布,明确各单元表面材料的介电特性。通常情况下,实际航天器的结构模型可由一定数量的几何单元构成,如球面、圆柱面及平面等。为了完成数值模拟,要将航天器表面划分成若干个单元三角形。针对每个单元三角形,通过求解电流平衡方程计算表面电位。构建单元三角形的总数取决于航天器的结构特征和所给出运算表达式的特点,并在很大程度上受计算机的运算能力制约。

航天器周围电位的分布可通过求解泊松方程或拉普拉斯方程建立。这要求针对航天器周围空间构建三维网格,即将周围空间划分成许多独立的单元,以便对等离子体电子和离子的运动轨迹进行统计计算。在通常情况下,求解过程需要通过迭代方法完成,直至迭代误差小于预定值,最后得到所要求的结果。

航天器表面充电效应计算所涉及的基本方程如下:

① 空间等离子体粒子及二次发射粒子在坐标 r 和 t 时刻按速度 $\mathbf{V}$ 的分布以函数 $f_a(\mathbf{V}, r, t)$ 表述,并满足如下关系:

$$\mathbf{V} \frac{\partial f_a}{\partial r} + \frac{q_a}{m_a} \frac{\partial U}{\partial r} \frac{\partial f_a}{\partial \mathbf{V}} = 0 \tag{3.70}$$

式中,下标 a 为粒子类别;m_a 为粒子质量;q_a 为粒子的电荷;U 为电位。

② 在 r 点与 t 时刻,电位 $U(r, t)$ 满足泊松方程,即

$$\nabla^2 U(r, t) = -4\pi\rho(r, t) \tag{3.71}$$

式中,$\rho(r, t)$ 为等离子体中 r 点在 t 时刻的空间电荷密度,可由下式给出:

$$\rho(r, t) = \sum_a \int \mathrm{d}\mathbf{V} f_a(\mathbf{V}, r, t) \tag{3.72}$$

若空间电荷密度很低,泊松方程可简化为拉普拉斯方程,即 $\nabla^2 U = 0$。这适用于地球同步轨道环境。

③ 等离子体粒子与航天器表面的相互作用可由如下方程表征:

$$f_a(\mathbf{V}, r, t) = \int \mathrm{d}\mathbf{V}'(\mathbf{V}' \cdot \mathbf{n}) \sum_{a'} F^{a \to a'}(\mathbf{V}, \mathbf{V}', \mathbf{n}) f_{a'}(\mathbf{V}', r, t) \tag{3.73}$$

式中,$F^{a \to a'}(\mathbf{V}, \mathbf{V}', \mathbf{n})$ 为粒子群从一种状态向另一种状态过渡的概率;$\mathbf{n}$ 表示航天器表面的法向矢量;$\mathbf{V}$ 和 $\mathbf{V}'$ 分别为粒子群两种状态的速度矢量。

④ 若考虑传导电流的影响时,航天器表面电荷密度可由下式计算:

$$j(r, t, U) = \sum_a \int \mathrm{d}V q_a(\mathbf{V} \cdot \mathbf{n}) f_a(\mathbf{V}, r, t) + j_{\mathrm{cond}}(r, t, U) \tag{3.74}$$

式中,j_{cond} 为传导电流密度。

⑤ 介质单元表面的电荷密度由电流密度按暴露时间积分求得,即

$$\sigma(r, t) = \int_0^t j(r, t')\mathrm{d}t' \tag{3.75}$$

式中,σ 为表面电荷密度;t 为暴露时间;t' 为时刻。

⑥ 在表面 S 累积的总电荷 Q 按下式计算:

$$Q(t) = \int_s \mathrm{d}s \int_0^t j(r, t')\mathrm{d}t' \tag{3.76}$$

(2)航天器表面边界条件。

空间等离子体环境可视为等效电源,能够以与电容器相类似的方式对航天器表面进行充电。实际的航天器表面具有不同形式的电容性耦合状态,会直接影响充电效果。通常航天器有总的金属外壳,其上放置有不同种类与厚度的介质薄层(如漆层、垫控涂层及防护玻璃等)。金属结构可能部分或完全裸露而受到环境等离子体作用。一些薄板结构的两侧面均可能覆盖有各种介质薄层。一般情况下,可将航天器看成是由一些金属结构单元组成,彼此之间用电路(有效

电阻、电容及电感)相连接。因此,针对航天器各单元表面求解静电学问题时需要考虑所涉及的如下边界条件:

① 金属基底上有介质薄层时,介质表面的边界条件可通过平板电容器近似表征,即视为由介质表面上的电荷层与金属基板组成平板电容器。在这种情况下,存在如下关系:

$$-\frac{\partial U(\boldsymbol{r},t)}{\partial \boldsymbol{n}}+\frac{\varepsilon(\boldsymbol{r})}{d(\boldsymbol{r})}[U(\boldsymbol{r},t)-U_{c}(t)]=4\pi\sigma(\boldsymbol{r},t) \tag{3.77}$$

式中,U 为介质表面诱导电位;U_{c} 为金属基板电位;$\boldsymbol{n}$ 为介质表面法线矢量;ε 为材料介电系数;d 为介质层厚度;$\boldsymbol{r}$ 为位置坐标矢量;σ 为介质表面形成的电荷密度;t 为时间。

② 裸露金属表面的边界条件由下式给出:

$$\int_{S_{c}}\frac{\partial U}{\partial \boldsymbol{n}}\mathrm{d}S=-4\pi Q_{c} \tag{3.78}$$

式中,S_{c} 为表面面积;Q_{c} 为表面电荷量。

③ 若金属薄板两侧覆盖有介质薄层,边界条件通过以下方程表述:

$$\frac{\partial U_{2}(\boldsymbol{r})}{\partial \boldsymbol{n}}-\frac{\partial U_{1}(\boldsymbol{r})}{\partial \boldsymbol{n}}=4\pi\sigma_{\mathrm{eff}}(\boldsymbol{r}) \tag{3.79}$$

$$U_{1}(\boldsymbol{r})-U_{2}(\boldsymbol{r})=4\pi\mu \tag{3.80}$$

式中,U_{1} 和 U_{2} 分别为两侧介质薄层表面的电位;σ_{eff} 为每侧介质薄层表面单电层的有效电荷密度;μ 为两侧介质薄层表面双电层的电矩密度。

④ 在较薄的裸露金属基板上有薄介质层时,边界条件由下述方程组给出:

$$-\frac{\partial U}{\partial \boldsymbol{n}}+\frac{\varepsilon(\boldsymbol{r})}{d(\boldsymbol{r})}[U(\boldsymbol{r},t)-U_{c}(t)]=4\pi\sigma(\boldsymbol{r},t) \tag{3.81}$$

$$U(\boldsymbol{r})-U_{c}(\boldsymbol{r})=4\pi\mu \tag{3.82}$$

$$\int_{S_{c}}\frac{\partial U}{\partial \boldsymbol{n}}\mathrm{d}S=-4\pi Q_{c} \tag{3.83}$$

(3) 航天器表面邻近空间电场计算方法。

为了计算航天器各单元表面的电位,需要考虑等离子体粒子在周围空间电场中的运动,可通过泊松方程或拉普拉斯方程求解近表面空间电位分布。常用的求解方法如下:

① 有限差分法。

在航天器几何结构模型的周围建立三维空间网格,并取直角坐标系 (x,y,z) 和适当的节距 h,以使其边界电位为零。在这样的网格上,泊松方程的有限差分近似表达式如下:

$$(U_{i+1,j,k}+U_{i-1,j,k}+U_{i,j+1,k}+U_{i,j-1,k}+U_{i,j,k+1}+U_{i,j,k-1}-6U_{i,j,k})/h^{2}=-4\pi\rho_{i,j,k} \tag{3.84}$$

式中，(i,j,k) 为网格节点指数，相应的电位为 $U_{i,j,k} = U(x_i,y_j,z_k)$；电荷密度 $\rho(x_i,y_j,z_k)$ 用类似的方法标注。

有限差分方程组的维数由相应于航天器表面的网格节点数决定。该方程组为稀疏矩阵，可利用迭代法求解。这种方法的优点是易于得到线性方程组，求解方法简单。但对于有复杂结构的航天器而言，难于构建有规律的空间网格，应用该方法尚有一定困难。

② 有限元法。

同上述有限差分法相比，有限元法对于求解构型较复杂航天器的静电学问题较为适用。该方法是求解电场能量泛函数的极小化，即

$$x = \frac{1}{2}\int \{[\nabla U(r)]^2 - 8\pi\rho(r)U(r)\} \, \mathrm{d}V \tag{3.85}$$

式中，V 代表体积。

按照有限元算法，将积分区域划分为许多简单形状单元（如棱柱体或椎体）。在每个单元体内对电位采用线性近似。所得的三角剖分网格可能是不规则的，由复杂形状单元组成，能够较好地体现航天器结构模型的形状。

泛函数 x 在满足以下条件时取得最小值：

$$\frac{\partial x}{\partial U_k} = 0 \tag{3.86}$$

式中，U_k 为三角剖分网格节点的电位。

针对网格节点电位 U_k 建立的线性方程组矩阵分布稀疏，故可采用与有限差分法类似的计算。方程组求解的维数取决于计算机的运算能力。由于航天器表面电位会发生变化，因此对于方程组的求解需要经过多次运算，要消耗大量的计算时间。

③ 积分方程法。

积分方程法对于航天器在稀薄的等离子体中充电的数值模拟是较受欢迎的方法，也称边界元法。在该方法中，电位 U 的空间分布由以下关系式给出：

$$U(r) = \int_S \frac{\sigma(r')}{|r-r'|}\mathrm{d}S' + \int_S \frac{\mu(r')[(r-r')\cdot n]}{|r-r'|^3}\mathrm{d}S' + \int_V \frac{\rho(r')}{|r-r'|}\mathrm{d}V'$$
$$\tag{3.87}$$

式中，σ 为表面电荷密度；ρ 为空间电荷密度；μ 为与表面边界条件有关的电矩密度；S 和 V 分别代表面积和体积。

为求得该方程的数值解，利用三角剖分法将航天器表面划分成若干单元，并针对每个单元表面计算相应的电荷密度 σ_j。进行离散化处理，可得到有关单元表面电荷密度 σ_j 的线性方程组为

$$\sum_j \boldsymbol{A}_{ij}\sigma_j = U_i^* \tag{3.88}$$

式中，U_i^* 为第 i 单元的有效表面电位；A_{ij} 为表面库仑作用矩阵，可由下式给出：

$$A_{ij} = \int_{S_i} \frac{\mathrm{d}S_i}{\mid \boldsymbol{r}_j - \boldsymbol{r}_i \mid} \qquad (3.89)$$

式中，$\boldsymbol{r}_i$ 和 $\boldsymbol{r}_j$ 分别为第 i 三角形和第 j 三角形重心的矢量半径。积分沿着第 i 三角形的面积进行。在 $\boldsymbol{r}_i = \boldsymbol{r}_j$ 时，该矩阵的对角单元在转入极坐标系求积分时消失。

式（3.89）中的第 i 单元的有效表面电位 U_i^* 由下式给出：

$$U_i^* = U_i - \int_S \frac{\mu(\boldsymbol{r}')\left[(\boldsymbol{r} - \boldsymbol{r}') \cdot \boldsymbol{n}\right]}{\mid \boldsymbol{r} - \boldsymbol{r}' \mid^3} \mathrm{d}S' + \int_V \frac{\rho(\boldsymbol{r}')}{\mid \boldsymbol{r} - \boldsymbol{r}' \mid} \mathrm{d}V' \qquad (3.90)$$

为了通过式（3.88）给出的线性方程组求解 σ_j，应针对 A_{ij} 建立逆矩阵 C_{ij}，即

$$\sigma_j = \sum_i \boldsymbol{C}_{ij} U_i^* \qquad (3.91)$$

式中，C_{ij} 为航天器表面单元的耦合电容矩阵。于是，在求得各单元表面的电荷密度后，便可通过式（3.87）计算任一空间点 r 的电位。

积分方程法的主要优点是只通过二维计算网格便可对航天器表面进行数值模拟，而有限差分法和有限元法均需借助于空间三维网格。库仑作用矩阵元（式（3.89））排列紧密，易于直接进行变换，显著降低求解维数。电容矩阵 C_{ij} 可事先进行一次性计算，便于电荷密度和电场计算时多次调用。积分方程法的计算精度优于有限差分法和有限元法。

（4）航天器表面充电动力学方程。

为了对航天器表面充电动力学过程进行分析，需要求解各个介质表面单元局域边界条件（式（3.77））与全部表面电荷积分关系式（式（3.78））对时间的导数，分别如下述公式所示：

$$-\frac{\partial}{\partial t} \frac{\partial U}{\partial \boldsymbol{n}} + \frac{\varepsilon(\boldsymbol{r})}{d(\boldsymbol{r})} \left[\frac{\partial}{\partial t} U(\boldsymbol{r}, t) - \frac{\partial}{\partial t} U_c(t)\right] = 4\pi j(\boldsymbol{r}, t) \qquad (3.92)$$

$$\int_S \frac{\partial}{\partial t} \frac{\partial U}{\partial \boldsymbol{n}} \mathrm{d}S = -4\pi J \qquad (3.93)$$

式中，j 和 J 分别为电流密度和电流。

针对所建立的航天器结构模型，经表面三角法剖分后，可得到如下线性微分方程组：

$$\frac{\partial}{\partial t}\left[-\frac{\partial U_i}{\partial \boldsymbol{n}} + \boldsymbol{C}_i(U_i - U_c)\right] = 4\pi j_i \quad \text{（各介质单元）} \qquad (3.94)$$

$$\sum \frac{\partial}{\partial t} \frac{\partial U_k}{\partial \boldsymbol{n}} S_k = -4\pi J \quad \text{（全部单元）} \qquad (3.95)$$

因此，航天器的充电过程可通过单元三角形表面电位 U_k 的微分方程组表述，即

$$\frac{\partial}{\partial t} U_k(t) = \sum \boldsymbol{G}_{kl} j_l(t, U_l) \qquad (3.96)$$

$$\sum \frac{\partial}{\partial t} \frac{\partial}{\partial \boldsymbol{n}} U_k(t) S_k = -4\pi J(t) \tag{3.97}$$

式中，G_{kl} 为单元表面矩阵，需针对具体的航天器表面结构和介质材料性能计算。由于电流密度与电位的关系比较复杂，该方程组需通过数值积分求解。一般情况下，必须解非线性方程组（式 3.97）才能求得电位 $U_k(t)$。在求解过程中，宜视各表面介质材料充电速率不同而自动选择时间步长，可获得较固定时间步长时较高的计算精度。

（5）复杂形状航天器表面一次电流和二次电流计算方法。

针对形状简单的航天器，可基于本节 2 中所述方法计算流经表面的一次电流和二次电流。空间等离子体环境可视为等效电源，以与电容器充电类似的方式对航天器表面进行充电。航天器表面充电方程可写为

$$C\left(\frac{\mathrm{d}U}{\mathrm{d}t}\right) = I_e - I_i - (\delta I_e + \eta I_e + \gamma I_i + I_{\mathrm{ph}}) - I_{\mathrm{cond}} \tag{3.98}$$

式中，C 为表面电容；$\frac{\mathrm{d}U}{\mathrm{d}t}$ 为表面电位变化速率；I_e 和 I_i 分别为环境等离子体的电子电流和离子电流，均为一次电流；δ 和 η 分别为入射电子产生二次电子和背散射电子的系数；γ 为入射离子产生二次电子的系数；I_{ph} 为光电子电流；I_{cond} 为导电电流或漏电流。一次电流的大小与航天器相对于周围等离子体的电位有关。二次电流的改变由一次电流和材料的二次发射系数所决定。等离子体对航天器表面充电的一次电流可由式（3.52）～（3.57）计算。计算二次电流所需的材料参数 δ、η 和 γ 可通过实验测试或从有关材料数据库调取。

实际上，流经航天器表面的一次电流和二次发射电流均与表面电位有关。对于复杂构形的航天器而言，各单元表面的电位可能有较大不同。为了较准确地计算一次电流和二次发射电流，应该考虑航天器电场对环境等离子体粒子及从表面发射的二次粒子运动的影响。按照电流管道模型，可由带电粒子通过单元面积 ΔS 的轨迹构成电流管道，并给出如下电流表达式：

$$J = \int_{\Delta S} j(\boldsymbol{r}) \mathrm{d}S \tag{3.99}$$

粒子的运动轨迹可在航天器周围空间建立的离散化三维网格中进行计算。在此网格中，航天器电场强度矢量可由下式给出：

$$\boldsymbol{E}(\boldsymbol{r}) = -\frac{\partial U(\boldsymbol{r})}{\partial \boldsymbol{r}} \tag{3.100}$$

并且，带有电荷 e 和质量 m 的粒子在电场中的运动轨迹方程如下：

$$\dot{\boldsymbol{r}}_{n+1} = \dot{\boldsymbol{r}}_n - \Delta t_n \frac{e}{m} \boldsymbol{E}\left(\boldsymbol{r}_n + \frac{1}{2}\dot{\boldsymbol{r}}_n \Delta t_n\right) \tag{3.101}$$

$$\boldsymbol{r}_{n+1} = \boldsymbol{r}_n + \frac{\Delta t_n}{2}(\dot{\boldsymbol{r}}_{n+1} + \dot{\boldsymbol{r}}_n) \tag{3.102}$$

式中,Δt 为时间步长;n 为步数。一般情况下,为了达到足够的精度,必须进行大量的计算,即 n 值越大而 Δt 值越小,计算精度越高。假设电场强度 $E(r)$ 在三维网格单胞范围内不变,可使计算过程简化。在这种近似条件下,粒子在网格单胞中的运动轨迹具有固定的加速度,便于计算粒子的飞行时间与位置。粒子从一个单胞跑向另一个单胞时,其坐标和速度都是连续的。

为了加速计算过程,可利用简化程序计算各单元表面的电流密度(基于等离子体探针理论方程)。在这种情况下,需要针对各单元表面计算粒子的收集角。通过收集角对简单构形时收集电流的方程进行修正,能够简化复杂构形时收集电流的计算程序,并可保证具有足够的计算精度。粒子收集角由各单元表面的几何可视角、太阳光照、空间等离子体特征及表面材料二次发射系数等因素决定。在航天器表面剖分数值化的基础上,可基于上述粒子轨迹计算确定各单元表面对粒子的几何可视角及日照条件(如照射角度及受遮挡情况等)。因此,针对各单元表面,可基于空间等离子体特性和材料性能,并根据可视几何角度与光照条件计算粒子收集角度。

(6)航天器表面充电计算流程。

航天器表面充电计算基本过程包括:航天器结构模型构建,航天器表面及相邻空间的剖分与数字化表征,针对各剖分单元表面建立充电方程组并求解,以及计算结果的数值和图形化表征。所涉及的具体计算程序视采用的静电方程求解方法而不同。图 3.19 为俄罗斯国立莫斯科大学核物理研究所建立的 COULOM 程序流程,该程序采用积分方程法求解。

在进行航天器表面充电计算时,所需要的原始信息包括航天器的几何结构模型、表面材料性能及空间等离子体环境参数。这些原始信息数据利用程序界面通过交互方式生成。为了构建几何结构模型,对航天器的表面进行剖分(数字化转换),即将其表面分成若干个参数三角形。针对计算航天器周围电位和电场及粒子运动轨迹的需要,给定空间计算区域的范围和剖分数量,构建均匀的三维笛卡儿坐标系网络,并确定航天器单元表面所占据的单胞。

在对航天器表面及其周围空间剖分的基础上,计算带电粒子的运动轨迹,并确定各单元表面的几何可视角与日照条件。针对航天器各单元表面,依据空间等离子体环境参数、材料的二次发射特性、日照条件以及几何可视角等相关数据,计算粒子的收集角。为了计算航天器各单元表面的电荷密度,进行表面库仑作用矩阵元运算,并求解航天器单元表面的电容作用矩阵。由此,进一步求得电位的空间分布。

由于收集电流密度与电位关系的复杂性,需要通过数值积分求解。在积分求解的每一步都要进行如下计算:

①依据已求得的基础单元的表面电位(初值及各积分步长的相应值),计算

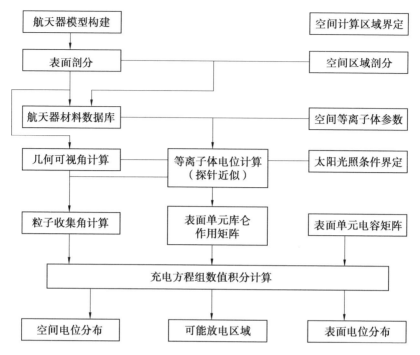

图 3.19 航天器表面充电计算流程框图

航天器各单元表面的电场强度。

②基于所求得的表面电位和电场强度,针对给定的基础单元表面计算局域的一次电流。

③基于所求得的局域一次电流和给定表面材料的二次发射系数,计算局域二次电子电流及光电子电流(考虑电场对电子逸出的抑制效应)。

④基于给定材料的电导性参数,计算航天器结构模型的各单元表面及结构单元之间的耦合电流。

在上述运算基础上,便可以通过迭代循环实现所涉及电流方程组的求解,直至各单元表面电流达到平衡状态并求得航天器表面电位的分布。

4. 航天器表面充电计算程序

(1)NASCAP 系列程序。

NASA 自 20 世纪 70 年代中期以来,对航天器表面充电效应进行了一系列研究。该项研究计划的全称为 Charging Analyzer Program(简称 NASCAP),建立了一系列计算机软件。

①NASCAP/GEO 程序。

NASCAP/GEO 是常用的分析地球同步轨道航天器表面充电效应的三维模拟程序,能够计算航天器各表面的电位分布。在该程序中,航天器的几何结构模型由立方体和角维体等单元构成,并建立了专门的用于描述航天器外表材料特性的数据库。针对每种材料,能够给出介电性能、导电性以及在等离子体电子和离子作用下的二次电子发射系数等 19 种特性参数。对静电方程的求解使用有限元法。空间等离子体环境采用地磁亚暴时的双 Maxwellian 分布,能够分别界定电子与离子组分的温度和数密度。为了计算等离子体一次粒子和二次发射电子的电荷分布及流经航天器各单元表面的电流,通过迹线跟踪与迭代方法求解,直至达到电荷状态平衡。NASCAP 程序允许航天器结构模型由 15 个独立的导体组成,彼此呈电阻耦合或电容耦合,可分别保持一定的浮置电位或偏压。若主要关注材料在给定环境下的充电敏感性,航天器的几何形状已不重要,可应用 NASCAP 程序的一维 MATCHG 子程序进行计算。NASCAP 程序的基本流程如图 3.20 所示。

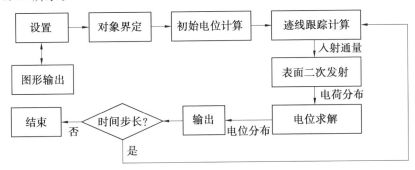

图 3.20 NASCAP 程序的基本流程

②NASCAP/LEO 及 NASCAP/POLAR 程序。

在低地球轨道条件下,航天器表面充电主要发生在极光带区域。其原因是充电时,需要有较高通量且能量达到几 keV 的电子流。轨道高度较低时,冷等离子体的数量较多,易使航天器表面负电位得到中和。这会导致充电一般不易发生,或主要发生在离子数量较少的航天器尾部表面。尽管如此,由于离子的密度较高,因此难于达到外地磁层中的充电电位。在 20 世纪 80 年代中期,为了分析低地球轨道航天器表面充电效应,在 NASCAP/GEO 程序的基础上开发了 NASCAP/LEO 程序。同前者相比,该程序对航天器几何结构模型的表述要复杂得多。针对极区低轨道航天器建立的专用程序命名为 NASCAP/POLAR 程序。在该程序中,除了电离层电子和离子外,还考虑了极光电子的作用。通过数值模拟方法,跟踪周围等离子体鞘层中的离子向具有负电位的航天器表面运动的轨迹。航天器的速度作为输入条件,模拟航天器的迎风面效应和尾部效应。等离子体环境可用单一或双 Maxwellian 分布描述。在表面电流确定后,应用 NASCAP/GEO 程序相同方法计算表面电位和电荷平衡状态。

③NASCAP/2K 程序。

该程序是 2000 年初,美国空军在已有 NASCAP 程序的基础上开发的新版本。其目的是适用于各种条件下航天器表面充电效应分析,包括行星际空间航天器受到太阳风等离子体的作用等。该程序具有用于描述解析结果的交互性用户图表界面,构建空间网格的新程序,描述航天器几何形状的新模型,计算航天器表面电位和电荷的模型,以及计算等离子体空间网格电位和粒子轨迹的模型。通过对象定义工具箱(object dfinition toolkit),能够对航天器建立更为准确的数学表达式,并以 Java 通用程序语言及三维图形界面形式表述,可在 Windows、Linux 等各种操作系统上运行。有关航天器几何结构模型及部件信息(包括单元结构的材料描述),以 XML 格式存储在数据库中。空间网格模型利用从航天器几何模型中获取的相关数据进行表述,允许建立插入计算网格的方程组,可对航天器周围的等离子体环境进行高空间分辨率计算。通过有限元法解析稀薄等离子体环境(如地球同步轨道)中充电过程的静电学问题,有效提高了航天器表面电场强度和电流的计算精度及速度。在表述电离层中粒子的运动轨迹及航天器周围空间场的分布情况时,应用了 Dyna PAC 程序的模拟理论。NASCAP/2K程序吸取了近代计算手段和算法的优点,更易于应用,并且能够对 LEO、GEO 及极光带区域的充电电流和电荷收集进行模拟,预期将会取代 NASCAP/GEO 和NASCAP/LEO 程序。

④Spacecraft Charging Handbook 程序。

Spacecraft Charging Handbook 程序系统可译为"航天器充电指南",是由NASA 的 Marshall 空间飞行中心和 Maxwellian 实验室联合开发的。采用一维充电模型描述航天器表面单一材料及多种材料的充电效应,并通过三维充电模型分别模拟地球同步轨道与极光带条件下航天器表面的充电过程。通过单独的子程序给出材料的电子物理和二次发射特性,并对地球同步轨道、极光带区域及地球辐射带内的带电粒子流进行表述。在三维充电模型中,能够对充电过程进行模拟,包括考虑光电子和二次发射电子影响所产生的整体充电和不等量充电情况。采用的几何结构模型能够给出航天器材料的种类和尺寸,包括壳体、太阳电池帆板和天线等部分。在计算机屏幕上可对所建立的几何结构模型进行透视投影。在进行充电过程动态描述时,可给出充电的总体时间和各时段内的间隔数量。间隔值呈几何级数增长,不受程序用户调整控制。运行该程序能给出航天器各单元表面的电位分布,以表格或色码形式给出。

(2)COULOMB 程序。

COULOMB 程序是 20 世纪 80 年代末期由俄罗斯国立莫斯科大学核物理研究所开发,用于地球同步轨道和高椭圆轨道航天器表面充电效应模拟。其基本功能与 NASCAP 程序相类似,用户界面和程序模块如图 3.21 所示。用户图像界面的核心模块是 XML 编辑程序和数据显示交互模块,能够满足航天器几何结构模型构建、材料参数和计算范围表述、实时充电状态模拟及计算结果输出等需要。环境介质条件模块可实现对航天器附近任意点和任意时间等离子体参数的数学表述,并生成运算程序表。计算区域模块用于规定航天器周围等离子体的物理区域界限,以满足计算粒子运动轨迹的需要。计算时需将航天器几何结构模型、运算程序表、数据计算区域、充电效应计算模型及粒子轨迹计算模型等一并输入任务管理模块。结果输出模块用于对所构建的数学模型以 XML 格式进行保存,并将图表信息输出打印或以通用的图表格式进行文件保存。图形界面的相关功能在 Gtk 程序库基础上实现,能够便捷地构建交互对话环境。为了确保程序模块同开放图形库(Open GL)的相互联系,需要使用 VTK 程序包。该程序包是一种高级定向汇编数据库,可以对数据进行直观显示。为了解决上述一系列问题,图形界面和程序包要在 Linux 操作系统上使用。该系统具有很高的安全性和稳定性,允许多任务同时运行,并能借助 Open GL 图形库实现图像信息有效输出。图 3.22 所示为某型号卫星表面充电位分布情况。

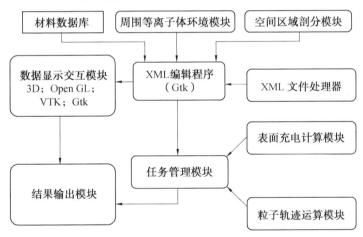

图 3.21　COULOMB 程序用户界面和程序模块

(3)ECO－M 程序。

ECO－M 程序是由俄罗斯国立克拉斯诺亚尔斯克大学从 1984 年开始建立的,主要用于地球同步轨道航天器表面充电效应分析。针对多组合 Maxwellian 分布等离子体,应用分析探测近似方法计算流经航天器表面的电流。航天器几何模型由标准图形构建,如圆柱、球及平面等,并通过参数方程式加以表述。这种表达方法允许航天器的几何模型具有复杂构型,能够包含具有单元结构的物体及活动部件(如缓慢旋转的太阳翼)。对航天器表面材料的描述,除涉及导电

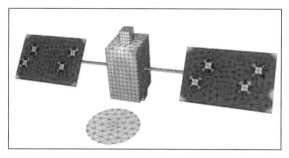

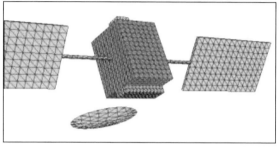

图 3.22　某型号卫星表面充电位分布情况

性能、光电子发射率及二次电子发射率外，还考虑温度和光照条件等影响因素。在进行航天器充电过程动态模拟时，自动选择时间步长，并以所给出的数值准确程度为依据。通常，时间步长为 $0.1\sim1$ s。这种算法能够适用于外部等离子体环境条件在数秒时间内发生变化的情况。因此，可针对以下情况进行航天器表面充电效应分析：在亚暴期间，等离子体参数发生变化；航天器在轨运行期间，通过不均匀的等离子体区域；航天器进入或驶出地球阴影区，以及航天器相对于太阳的取向发生变化等。

（4）ESPIRE 系列程序。

ESA 针对航天器与等离子体相互作用及电磁效应开展了一系列研究，并建立了一套模拟分析程序，简称为 ESPIRE computer codes。已经建立的航天器表面充电效应分析软件有如下几种：

①EQUIPOT 程序。

EQUIPOT 程序是一维的表面充电分析软件，能够对航天器表面材料充电效应进行快捷评价。所采用的几何结构模型是在航天器表面上有一块尺度较小的介电材料，分别针对航天器壳体和介电材料计算各种组分电流，并估算净电流为零时的平衡电位与充电时间。用户可以选择航天器的结构材料和表面介电材料，能够针对多种环境条件进行计算，包括：德拜长度较大（GEO）和较小（LEO）的等离子体区域，太阳光照或阴影区，航天器运动相关的迎风表面与尾部表面，以及粒子垂直入射或各向同性入射等。德拜长度不同时,需分别按照厚鞘层和薄鞘层两种情况收集电流。该程序可通过 ESA 的 SPENVIS 信息系统在线应用,网址为:http://www.spenvis.oma.be/spenvis/。

②SAPPHIRE 程序。

SAPPHIRE 程序是二维的表面充电电位分析程序,能够计算存在等离子体流条件下航天器附近离子和电子的密度及静电电位,适用于航天器的迎风面和尾部表面充电效应分析。航天器的几何形状可以不同。等离子体环境条件可以是单能状态的等离子体,也可以是具有 Maxwellian 温度分布的等离子体。由于该程序的复杂性,其尚未列入 SPENVIS 信息系统的应用范围。

③PICCHARGE 程序。

PICCHARGE 程序是通过空间网格跟踪粒子轨迹的计算程序,能够较准确地模拟航天器与周围等离子体环境的相互作用。通过建模能够表征复杂的航天器结构形状,以及不同表面区域的材料特性。航天器不同表面区域的电荷累积过程可以动态跟踪。分析对象可以置于模拟空间的任何位置。因此,可在漂移的等离子体环境中模拟运动航天器迎风面和尾部表面的充电效应。

(5)ERETCAD 系列程序。

哈尔滨工业大学与航天五院联手,针对航天器与等离子体相互作用产生的表面充放电效应开展了一系列研究,并建立了一套模拟分析程序,简称为 ERETCAD－Cha。ERETCAD－Cha 程序是三维的表面充电电位分析程序,能够计算航天器表面电荷密度、跟踪粒子运动轨迹、统计粒子速度、能量、位置;计算航天器表面充电的静电位,判断卫星表面电位是否达到平衡状态,实现航天器表面充放电效应三维模拟仿真;计算结束后,实现航天器表面带电电位计算的三维可视化,显示表面带电云图、全局电势切面图、空间电场切面图、粒子密度分布切面图,以及表面电势最大值、最小值、平均值变化二维曲线。程序实现了动态模拟航天器在空间等离子体环境中带电的变化状况,为工程设计提供参考,为航天器在轨寿命预测及可靠性保障提供重要依据。

5. ERETCAD－Cha 应用案例

(1)GEO 环境航天器表面带电。

模型如图 3.23 所示。将 Kapton 直接与接地金属相连,接地金属的电位为固定 0 电位,接地金属的面积相对于 Kapton 足够大。

等离子体参数见表 3.3,初始未加载等离子体,等离子体从介质上表面入射到模拟区域。

图 3.23　Kapton 带电简化模型示意图

表 3.3　双麦克斯韦分布

参数	最坏情况下的环境	
	等离子体 1	等离子体 2
电子数密度/cm^{-3}	0.8	1.9
电子能量/keV	0.6	26.1
离子数密度/cm^{-3}	0.9	1.6
离子能量/keV	0.3	25.6

图 3.24 为介质 Kapton 中心监测点的电势变化曲线,监测点电势充电 500 s 左右,稳定在 −14 176 V 左右。

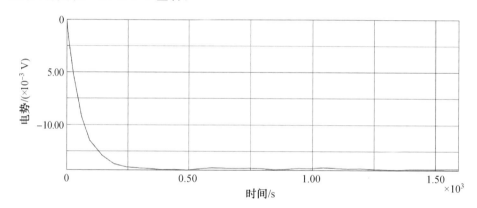

图 3.24　Kapton 中心监测点电势随时间的变化

(2)LEO 环境航天器表面带电。

卫星分为三个部分,主体(立方体)、两个相同尺寸的太阳翼,如图 3.25 所示。

图 3.25　低地球轨道算例的卫星模型

主体的六个面的材料均为 ITO,太阳翼的六个面的材料中,一个面为银,其他五个面为碳纤维板（CFRP）。其中 ITO 和银之间的电位差设置固定 100 V 工作电压，即 ITO 的初始电位为 0，银的初始电位为 100 V。在计算过程中，由于银和 ITO 收集空间等离子体中的带电粒子，因此其电位会变化，但是银和 ITO 的电位差被工作电压固定在 100 V。

主体 ITO 为卫星的结构地，其电位相对空间等离子体电位在计算过程中可能是变化的，其他面都是通过材料阻抗属性与结构地相连，即其他面都是通过材料阻抗属性与结构地相连，其电阻可通过材料厚度、表面和体电阻率计算。

低地球轨道等离子体参数见表 3.4。

表 3.4　低轨道冷稠等离子体参数

参数	数值	单位
电子数密度	$10^{10} \sim 10^{12}$	m^{-3}
电子能量	$0.1 \sim 0.3$	eV
离子数密度	$10^{10} \sim 10^{12}$	m^{-3}
离子能量	$0.1 \sim 0.3$	eV
离子种类	O+	

金属实体充电曲线如图 3.26 所示，其中编号 1 是 ITO，编号 2、3 是 CFRP，编号 4、5 是银，充电稳定后，结构地的电势下降到 -92.2 V 左右，偏置导体银的电位为 7.46 V 左右。图 3.27 所示为卫星实体表面的电势分布。

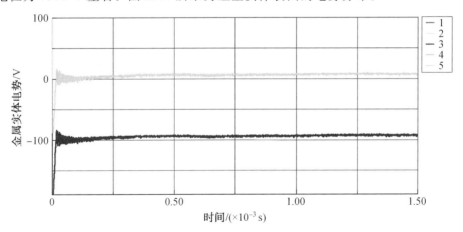

图 3.26　金属实体电势随时间的变化（彩图见附录）

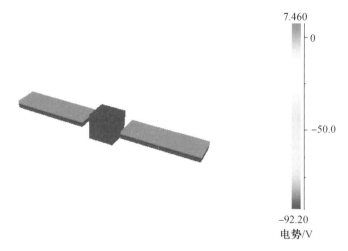

图 3.27　实体表面电势分布(彩图见附录)

3.4　人工神经网络

人工神经网络(Artificial Neural Network,ANN)是现代信息技术一个新的发展领域,它是从结构上对人工智能进行模拟。一个 ANN 系统以单个神经元为基础,每个神经元都具有运算功能,其运算功能并不复杂,但大量神经元连接在一起后,就形成了一个复杂的非线性自适应系统。ANN 特点包括:一是学习能力,能自动从学习样本中提取规律;二是自组织、自适应性,能够通过训练而形成适应解决某类问题的特定结构;三是规模并行计算,具有强大的数据处理能力,并且对输入值干扰有高度容忍能力。这些特点使得 ANN 特别适用于解决非线性、非结构化的模糊关系问题。

3.4.1　人工神经网络发展概述

ANN 的研究已有半个多世纪的历史,但它的发展并不是一帆风顺的。以时间及某方面的突出研究成果为线索,ANN 的研究大体上可分四个时期。

1. 启蒙时期

虽然在 19 世纪就有一些学者给出关于人脑的一些观点并定义了学习的神经过程,但真正标志着神经网络研究的开端应该是 1943 年生理学家 McCulloch 和数学家 Pitts 提出的神经网络模型 McCulloch — Pitts,简称 MP 模型。McCulloch 和 Pitts 对神经元如何工作做了一些公理化的假设,它对后来的各种神经元模型及网络模型都有很大的启发作用。

1949年，心理学家Hebb提出了关于神经网络学习机理的"突触修正假设"，即现在的Hebb学习法则。它是通过改变神经元之间结合强度来实现学习的方法。其基本思想至今仍在各种神经网络研究中起重要作用。1957年，斯坦福大学的Frank Rosenblatt设计并提出了感知机（perceptron），为神经网络领域注入了新的生机。感知机虽然简单，但已经具备神经网络的一些基本性质，如可学习性、并行处理、分布式存储、连续计算等。这些性质与当时流行串行的、离散的、符号处理的电子计算机及其相应的人工智能技术完全不同，因此引起了众多研究者的兴趣。在20世纪60年代，国外掀起了神经网络研究的第一次热潮。

在感知机之后，自适应线性组件（adptive linear element）Adaline在1962年被斯坦福大学的Widrow和Hoff提出。它采用了比感知机更复杂的学习程序。Widrow－Hoff技术被称为最小均方误差（Least Mean Square，LMS），简称LMS学习规则，或称为Delta规则。扩展的Delta规则后来被用在BP网络上并取得了很好的效果。

2. 低潮时期

20世纪60年代末，美国著名人工智能学者Minsks和Papert对Rosenblatt的工作进行了深入的研究，撰写了很有影响的《感知机》（*Perceptron*）一书，指出感知机的处理能力有限，对那些不能用一个超平面划分的复杂模式感知机就无能为力，甚至连XOR（异或）这样的问题也不能解决，并指出如果引入隐含神经元，增加神经网络的层次，可提高神经网络的处理能力，但是研究对应的学习方法非常困难。加之那时人工智能以功能模拟为目标的另一分支出现了转机，产生了以知识信息处理为基础的知识工程，给人工智能从实验室走向实用带来了希望。同时，微电子技术的发展使传统计算机的处理能力有很大的提高，数字计算机的发展使得当时科技界普遍认为它能解决一切问题，包括模式识别、机器人控制等，因而不必去寻找新的计算理论与实现方法。这些因素降低了人们对神经网络研究的热情，从而使神经网络的研究进入萧条时期。

不过，还是有不少学者继续对神经网络进行研究，取得了一些积极的成果。主要有Arbib的竞争模型、Kohonen的自组织映像模型、Grossberg的自适应谐振模型（ART）和Fukushima的新认知机等。特别是有学者提出了连接机制（colmeetionism）和并行分布处理（parallel distributed processing）等概念，具有较大的影响。

3. 恢复时期

20世纪70年代后期，在人的智能行为机器再现上，由于传统模型距离人类自身的真实模型较远，表现出极大的局限性。传统的冯·诺依曼体系结构的计算机，实际上是一种建立在图灵的问题算法求解等基本思想基础上的万能图灵机。图灵认为,任何物理可实现系统和过程都必须是能够有效计算的,任何可实现的物理动态过程是和计算等价的。也就是说,只要针对问题的性质,提出相应的算法,并编制有效的计算程序,即可对问题进行求解。这种算法求解方法采用的是串行的信息处理过程,即每次从计算机的存储器中取出其中的一个存贮信息加以计算,并进行逻辑判断,然后决定下一步应该继续执行存储器中的哪一条指令。由于充分利用了计算机的快速运算能力,因此不管问题多么复杂,只要有算法问题就可以求解。近半个世纪以来的实践证明,它在高精度计算和一些可编程问题的求解以及过程模拟、过程控制等方面已经取得了巨大的成功。但是反过来,它同时也带来了问题的局限性,即对于那些还找不到有效计算方法和明确的计算方法的问题,例如,在人工智能、模糊识别、动力学过程模拟等方面,存在有限时间和空间的障碍,对于人脑所具有的自觉感知、创造性思维、联想功能等,更是无能为力。冯·诺依曼计算机的这种局限性,迫使人工智能和计算机科学家必须另外寻找发展智能计算机的途径,并把注意力重新转向人脑的信息处理模式。

另外,脑科学与神经科学的研究成果迅速反映到神经网络的改进上,如视觉研究中发现的侧抑制原理、感受野的概念,听觉通道上神经元的自组织排列等。生物神经网络的研究成果对人工神经网络的研究起到了重要的推动作用。此外,神经网络的发展还有广阔的科学背景,如 Prigogine 提出的非平衡系统的自组织理论,Haken 研究了大量单元集团运动而产生的宏观效果,非线性系统"混沌"态的提出及其研究等,这些都是研究如何通过单元之间的相互作用建立复杂系统,类似于生物系统的自组织行为。这些原因重新引起人们对人工神经网络的兴趣。

4. 新时期

标志神经网络研究高潮的又一次到来是美国加州理工学院生物物理学家 J. Hopfield 教授于 1982 年和 1984 年发表在《美国科学院院刊》上的两篇文章。1982 年,他提出了 Hopfield 神经网络模型,这种模型具有联想记忆的能力,他在这种神经网络模型的研究中,引入了能量函数(Lapunov 函数),阐明了神经网络与动力学的关系,并用非线性动力学的方法来研究这种神经网络的特性,建立了神经网络稳定性判据,并指出信息存储在网络中神经元之间的连接。这一成果的取得使神经网络的研究有了突破性的进展。

1984 年,Hopfield 设计研制了其提出的神经网络模型的电路,并指出在网络中的每一神经元可以用运算放大器来实现,所有神经元的连接可以用电子线路来模拟,这一方案为神经网络的工程实现指明了方向。同时,他也进行了神经网络应用研究,成功地解决了复杂度为 NP 的旅行商(TSP)计算难题,引起了人们的震惊。这些成果的取得又激发了越来越多的人投入神经网络研究中来,从而使神经网络的研究步入了兴盛期。

从事并行分布处理研究的科学家,如 Hinton、Sejnows 和 Rumelhart 等,于 1985 年对 Hopfield 模型引入随机机制,提出了 Boltzmann 机,他们的工作又受到连接机制造者的响应。1986 年 Rumelhart 等在多层神经网络模型的基础上提出了多层神经网络的反向传播学习算法(BP),解决了多层神经网络的学习问题,证明了多层神经网络的解算能力并不像 Mins 等所预料的那样弱,相反,它可以完成许多学习任务,解决许多实际问题。

现在美国的 IBM 公司、AT&T 贝尔实验室、TRW 公司、神经计算机公司、卡内基梅隆大学、MIT 林肯实验室、霍普金斯大学和加州大学圣地亚哥分校等,都积极开展神经网络的研究与开发。一方面对神经网络理论进一步深入探讨;另一方面研制各种类型的神经网络软件包,开发神经芯片和神经计算机。

各国政府和军方对神经网络和神经计算机的研究与开发给予了高度重视与支持。相信随着神经网络研究的进一步深入,它必将在各国的生产建设中起到重要的作用。

3.4.2　人工神经网络在空间辐射环境效应仿真中的应用

在深空这样严酷的辐射环境中,中子、γ 射线、质子、α 粒子和重离子等会对半导体元器件材料产生辐照效应。其中,位移损伤会严重影响半导体元器件的电学性能,导致性能退化。因此,有必要研究半导体材料中的位移损伤,以设计或增强新型半导体元器件。

为了研究位移损伤产生的缺陷,实验人员使用了最先进的实验设备,如透射电子显微镜(Transmission Electron Microscope,TEM)和深能级瞬态光谱检测(Deep Level Transient Spectroscopy,DLTS)。虽然可以通过这些先进的实验手段观察到位移损伤产生的缺陷,但无法观察到缺陷产生的动态过程,因为这个过程非常迅速就结束了。为了更深入地了解辐照诱导产生缺陷的产生、聚集和演化,研究人员需要进行原子尺度的模拟,从微观角度进行研究。密度泛函理论(DFT)计算提供了相对准确的 Born-Oppenheimer 势能面,可以用来获得辐照诱导产生缺陷的结构、缺陷形成能、缺陷迁移路径和离位阈能。但是,由于这种方法在时间和空间尺度上的缺陷,很难研究辐照损伤过程中缺陷的产生、聚集和演化。所以,基于经验势函数的 MD 模拟方法进入研究者的视野。基于经验势函数的 MD 模拟计算效率高,计算代价随模拟时间和体系大小线性增加,因此这种方法可以处理更大空间和时间尺度。基于经验势函数的 MD 模拟已经用于研究辐照损伤的表面效应、温度效应和缺陷形成过程。MD 模拟的准确性完全依赖于势函数的准确性。然而,经验势函数的准确性是一个需要考虑的问题。经验势函数的数学形式来自于对于原子间相互作用的物理理解。但这种近似可能过于简化了原子间的相互作用,因此经验势函数得到的势能面往往不够精确。

最近,机器学习势函数成功实现了具有 DFT 精度的势能面,同时保持了 MD 模拟的效率。机器学习势函数使用 DFT 结果作为数据集来训练局部原子环境和原子对总能贡献之间的映射,从而成功建立了 DFT 和 MD 模拟之间的桥梁。机器学习势函数已经成功用于多种不同种类的材料,比如硅、铜、水和氧化锌等,这说明机器学习势函数具有很强的通用性;同时,机器学习势函数也被用于空间环境效应仿真。

1. 基于人工神经网络的机器学习 MD 模拟简介

对于一个原子数为 N 的体系,原子坐标为 $\{\boldsymbol{R}_1, \cdots, \boldsymbol{R}_N\}$,体系势能 E 为所有原子坐标的函数,即 $E = E(\boldsymbol{R}_1, \cdots, \boldsymbol{R}_N)$。假设体系的能量是广延的(size—extensive),即体系能量和体系内原子个数成正比,此时有

$$E = \sum_i E_i \tag{3.103}$$

式中,E_i 为第 i 个原子对体系能量的贡献。

假设原子对体系能量的贡献 E_i 只由原子 i 及其近邻原子的坐标决定。近邻原子是以原子 i 为中心,截断半径 R_c 内的所有其他原子。令原子 i 和截断半径 R_c 内的所有其他原子坐标构成环境矩阵 $\boldsymbol{R}_i$,于是有

$$E_i = E_i(\boldsymbol{R}_i) \tag{3.104}$$

对于很多体系,局域依赖性假设是合理的。但对于一些体系,需要考虑长程的作用。此时可能需要在机器学习力场之外引入长程作用。

体系能量需要满足平移、旋转以及交换对称性约束条件。即任意平移、旋转所有原子坐标或者任意交换两个同种原子坐标,体系能量是不变的,有

$$E(\boldsymbol{R}) = E(U\boldsymbol{R}) \tag{3.105}$$

式中,U 是对平移、旋转以及交换的对称操作。

为了满足这一约束条件,可以使原子对体系能量的贡献 E_i 也满足平移、旋转以及交换对称性,即

$$E_i(\boldsymbol{R}_i) = E_i(U\boldsymbol{R}_i) \tag{3.106}$$

为了构造这样的设计,引入了描述子的概念。描述子满足平移、旋转以及交换对称性,即

$$D_i(\boldsymbol{R}_i) = D_i(U\boldsymbol{R}_i) \tag{3.107}$$

最后,将原子对体系能量的贡献 E_i 写成如下形式:

$$E_i = E_i(\boldsymbol{R}_i) = F[D(\boldsymbol{R}_i)] \tag{3.108}$$

式中,F 表示机器学习力场的拟合构造。

式(3.108)表示计算原子对体系能量的贡献 E_i 时,首先要使用描述子作用于

环境矩阵,然后使用拟合方法去计算原子对体系能量的贡献。拟合方法应当具备很强的表示能力去表示高维复杂的势能面,同时应当是光滑的,方便通过求导计算原子受力等物理量。

机器学习力场的训练属于监督学习(supervised learning)。数据库中的构象包含了原子坐标信息。使用第一性原理计算构象的体系能量和原子受力,即为训练标签。训练过程可以表示为对下面损失函数(loss function)的极小化过程:

$$L = p_E^2(\Delta E) + p_F^2(\Delta F) \tag{3.109}$$

式中,ΔE 和 ΔF 为体系能量和原子受力的均方根偏差(Root Mean Square Error, RMSE);p_E 和 p_F 为用户自定义的组合系数。

基于上述构造方法,机器学习力场通过将体系能量分解为原子对体系能量的贡献,实现了力场的广延性;通过构造描述子,实现了力场对平移、旋转以及交换的对称性;通过构造描述子和拟合方法,实现了光滑性,方便通过求导计算原子受力等物理量。下面将分别介绍机器学习力场的拟合构造和描述子构造。

机器学习力场常见的拟合构造包括线性函数、核函数和神经网络等。本节仅介绍 DeePMD 机器学习力场框架使用的神经网络拟合方法。

人工神经网络是人脑神经网络的仿生学研究成果。其由输入层、隐藏层和输出层构成,隐藏层个数即神经网络深度。一般将含三层或三层以上隐藏层的神经网络称为深度神经网络。神经网络对于高维函数具有很强的表示能力,因此适合于描述高维复杂的势能面。一般地,前馈神经网络可以表示为一个多层的复合函数。对任意输出 x,其输出为

$$F(x) = L_{out} \cdot L_m \cdot L_{m-1} \cdots L_1(x) \tag{3.110}$$

式中,L_{out} 为输出层;$L_1 \sim L_m$ 为 m 个隐藏层。

隐藏层 L_i 的定义为

$$x_{i+1} = L_i(x_i) = \sigma(W_i \cdot x_i + b_i) \tag{3.111}$$

式中,x_{i+1} 为隐藏层 L_i 的输出;x_i 为隐藏层 L_i 的输入;W_i 为隐藏层 L_i 的权重;b_i 为隐藏层 L_i 的偏置;σ 为隐藏层 L_i 的非线性激活函数。需要强调的是,非线性的激活函数是人工神经网络高表示能力的本质来源。

将神经网络这种拟合方法代入体系能量的贡献 E_i 表达式,可得原子对体系能量的贡献 E_i 为

$$E_i = E_i(\boldsymbol{R}_i) = F[D(\boldsymbol{R}_i)] = L_{out} \cdot L_m \cdot L_{m-1} \cdots L_1[D(\boldsymbol{R}_i)] \tag{3.112}$$

机器学习力场常见的描述子构造包括 Behler-Parrinello、Bispectrum、原子位置光滑重叠、库仑矩阵、SchNet 和卷积型描述子、矩张量和 DeePMD 描述子等。本节仅介绍 DeePMD 机器学习力场框架使用的非光滑版本的描述子。

非光滑版本的描述子在原子 i 的近邻原子 N_i 中选择两个原子 $a(i)$ 和 $b(i)$,

原子 i、$a(i)$ 和 $b(i)$ 三个原子需要满足非共线。对于这三个原子，可以定义局域坐标系的基矢为

$$e_{i1} = e(R_{ia(i)}) \tag{3.113}$$

$$e_{i2} = e[R_{ib(i)} - (R_{ib(i)} \cdot e_{i1})e_{i1}] \tag{3.114}$$

$$e_{i3} = e_{i1} \times e_{i2} \tag{3.115}$$

式中，R_{ij} 表示原子 j 相对于原子 i 的相对坐标；$e(R_{ij})$ 表示归一化的相对坐标，即 $e(R_{ij}) = R_{ij} \mid R_{ij} \mid$。定义局域坐标系后，相对坐标 $R_{ij} = (x_{ij}, y_{ij}, z_{ij})$ 可以通过坐标变换转变为局域相对坐标 $R'_{ij} = (x'_{ij}, y'_{ij}, z'_{ij})$，即

$$(x'_{ij}, y'_{ij}, z'_{ij}) = (x_{ij}, y_{ij}, z_{ij}) \cdot R(R_{ia(i)}, R_{ib(i)}) \tag{3.116}$$

式中，$R(R_{ia(i)}, R_{ib(i)}) = [e_{i1}, e_{i2}, e_{i3}]$。

局域坐标系的使用使得机器学习力场自然满足了平移、旋转以及交换的对称性。在 DeePMD 非光滑版本的实际使用中，使用的描述子为

$$D_{ij} = \left(\frac{1}{\mid R_{ij} \mid}, \frac{x_{ij}}{\mid R_{ij} \mid}, \frac{y_{ij}}{\mid R_{ij} \mid}, \frac{z_{ij}}{\mid R_{ij} \mid} \right)_{j \in N_i} \tag{3.117}$$

并且该描述子邻近原子 j 与中心原子 i 的距离按升序排列。描述子的四个元素中，第一个元素描述了两个原子之间的径向关系信息，后三个元素描述了两个原子之间的角度关系信息。如邻近原子与中心原子间距较远，则也可仅使用第一个元素。

2. 机器学习 MD 模拟在空间环境效应仿真中的应用

下面以单晶硅材料为例，介绍基于人工神经网络的机器学习 MD 模拟在空间环境效应仿真中的应用。利用机器学习 MD 方法，研究辐照环境下单晶硅中的缺陷演化。

为了构建一个能描述硅材料辐照损伤的机器学习势函数，构造了一些与辐照环境相关的数据集。数据集包含四个部分，分别对应于硅的静态性质、缺陷相关性质、液相/非晶相和辐照损伤。所有构象均来自于 AIMD 模拟或者基于经验势函数的 MD 模拟。详细的数据集见表 3.5，该数据集共包含 66 000 个构象。

在辐照损伤演化过程中，原子间的距离可能很短。在这种情况下，原子间相互作用很难用传统的 DFT 方法来描述，可以使用含微扰的单重态和双重态耦合簇理论(Coupled-Cluster Singles and Doubles with perturbative Triples, CCSD(T))方法计算硅原子间的短程作用。CCSD(T)计算使用了 PySCF(Python-based Simulations of Chemistry Framework)模块。使用 cc-pVDZ 基组来求取硅—硅键内(≤2.36 Å)的硅原子之间的排斥作用。CCSD(T)最终被拟合为势表和机器学习势函数结合，共同来描述辐照损伤过程。DFT 计算使用了 VASP (Vienna Abinitio Simulation Package)软件包。采用增强投影波方法和 PBE (Perdew-Burke-Ernzerhof)泛函，平面波基组的截断能设置为 400 eV。所有

AIMD 模拟均使用了 $2 \times 2 \times 2$ 的 Monkhorst－Pack K 点网格。对于数据集中的每一个构象，使用短程势表计算了构象的能量和每个原子受力，并与 DFT 结果做差，两者的差值被用作机器学习的数据集。

表 3.5　用于精确描述硅材料辐照损伤的数据库总结

性质	结构种类	原子个数	构象个数	原子环境数
静态性质	金刚石结构$((\delta,0,0,0,0,0)$应变)	64	10 000	640 000
	金刚石结构$((\delta,\delta,0,0,0,0)$应变)	64	10 000	640 000
	金刚石结构$((\delta,\delta,\delta,0,0,0)$应变)	64	10 000	640 000
缺陷相关性质	含缺陷金刚石结构$((\delta,0,0,0,0,0)$应变)	215	2 000	430 000
	含缺陷金刚石结构$((\delta,\delta,0,0,0,0)$应变)	215	2 000	430 000
	含缺陷金刚石结构$((\delta,\delta,\delta,0,0,0)$应变)	215	2 000	430 000
	含间隙原子金刚石结构$((\delta,0,0,0,0,0)$应变)	217	2 000	434 000
	含间隙原子金刚石结构$((\delta,\delta,0,0,0,0)$应变)	217	2 000	434 000
	含间隙原子金刚石结构$((\delta,\delta,\delta,0,0,0)$应变)	217	2 000	434 000
液相/非晶相	金刚石结构升温熔化后冷却	216	12 000	2 592 000
辐照损伤	PKA 撞击金刚石结构	144	12 000	1 728 000

基于上述数据集，使用 DeePMD 人工神经网络框架训练机器学习势函数。机器学习势函数考虑了截断半径为 6 Å 内的局部原子环境。批次大小设置为 4，训练运行了 100 万个批次。起始和终止的学习率分别设置为 5×10^{-3} 和 5×10^{-8}，学习率在训练过程中呈指数衰减。隐藏层结构为 $240 \times 240 \times 240$ 的深度神经网络，将局部原子环境映射到原子能量对总能的贡献。

图 3.28 为机器学习势函数计算结果和密度泛函理论参考数据的比较。训练集和测试集的能量均方根偏差(RMSE)分别为 5.19 meV/atom 和 5.19 meV/atom。对于原子受力，训练集和测试集的 RMSE 分别为 98.37 meV/Å 和 98.29 meV/Å。机器学习势函数的 RMSE 值与机器学习模型的典型 RMSE 值一致。

图 3.28(a)、(b)分别展示了训练集和测试集上每个原子的平均能量的比较(图 3.28(a)和图 3.28(b)的横轴是第一性原理计算的每个原子平均能量，单位是 eV·atom^{-1}；纵轴是机器学习力场计算的每个原子平均能量，单位是 eV·atom^{-1})。图 3.28(c)、(d)分别展示了训练集和测试集上各个原子受力的比较。这里使用二维的直方图来展示误差的密度分布(图 3.28(c)和图 3.28(d)的横轴是第一性原理计算的每个原子平均力，单位是 eV·Å^{-1}；纵轴是机器学习力场计

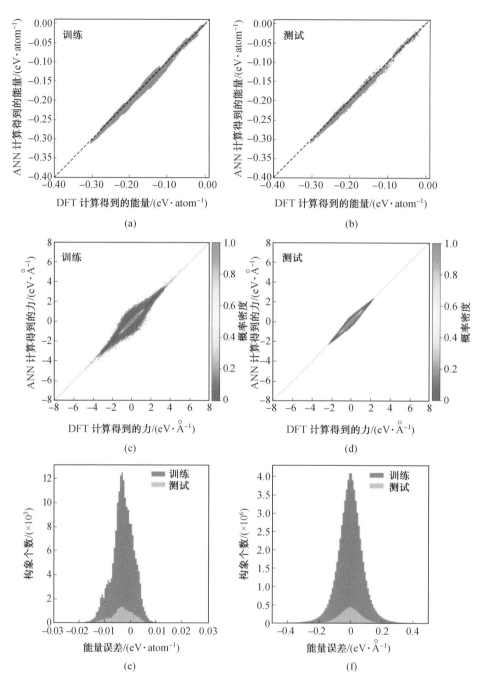

图 3.28　机器学习势函数计算结果和密度泛函理论参考数据的比较

算的每个原子平均力,单位是 eV·Å^{-1})。图 3.28(e)和(f)分别展示了训练集和测试集上每个原子的平均能量和各个原子受力的分布(图 3.28(e)的横轴是体系能量的均方根偏差,纵轴是构象个数;图 3.28(f)的横轴是原子受力的均方根偏差,纵轴是构象个数)。

为了验证势函数的准确性,采用基于训练的机器学习势函数计算了静态性质、缺陷形成能和离位阈能,并将其与 DFT 理论计算结果和实验进行了比较。这里的静态性质包括晶格常数 a,结合能 E_{Coh},弹性常数 C_{11}、C_{12} 和 C_{44}。详细的结果见表 3.6。

表 3.6   基于分子动力学力场的静态性质和 DFT 理论计算结果以及实验的比较

模型	$a/\text{Å}$	E_{Coh}/eV	C_{11}/GPa	C_{12}/GPa	C_{44}/GPa
实验	5.43	-4.63	165.7	63.9	79.6
DFT1	5.47	-4.55	144	53	75
DFT2	—	—	153.3	56.3	72.2
DFT(本书)	5.47	-4.55	153.45	57.03	74.51
DeePMD＋短程作用(本书)	5.48	-4.55	151.71	58.97	73.27
GAP	5.46	-4.55	149.4	58.58	69.92
EDIP	5.43	-4.65	171.76	65.47	72.53
MEAM	5.43	-4.61	135.23	65.15	59.47
Purja Pun	5.43	-4.63	172.14	65.04	80.59
SW	5.43	-4.34	151.4	76.77	56.44
Tersoff	5.43	-4.63	121.65	86.28	10.33
TersoffScr	5.43	-4.63	165.89	66.02	76.57

由表 3.6 可知,训练的机器学习势函数的静态性质计算结果和 DFT 参考数据非常接近。一些经验势函数尽管使用了实验或者 DFT 计算的静态性质来拟合势函数参数,但计算得到的静态性质仍然不如机器学习势函数。

半导体材料中缺陷的产生、聚集和演化是研究电子器件辐照损伤的一个重要方向。因此,除了静态性质,机器学习势函数还必须准确描述缺陷相关的性质,包括缺陷形成能和离位阈能。对于缺陷形成能,考虑了空位和间隙原子两种情形,计算结果见表 3.7。从表 3.7 结果可以看出,训练的机器学习势函数的计算结果与 DFT 参考数据非常接近,计算得到的缺陷形成能精度均优于其他经验势函数。

表 3.7　基于分子动力学力场的缺陷形成能和 DFT 理论计算结果的比较

模型	缺陷形成能/eV	
	空位	间隙原子
DFT	3.67	3.66
DFT(本书)	3.59	3.59
DeePMD+短程作用(本书)	3.49	3.56
GAP	3.61	3.58
EDIP	3.66	3.92
MEAM	3.26	3.00
Purja Pun	3.86	3.50
SW	2.64	4.87
Tersoff	1.29	3.49
TersoffScr	4.00	3.26

离位阈能 E_d 是使原子离位形成稳定的 Frenkel 缺陷对所需要的最小动能，它是描述材料抗辐射性能的最基本的物理量。为了计算 E_d，对单个初级撞出原子(PKA)施加沿不同方向的动能。施加的动能的最小间隔为 0.5 eV。使用 Wigner—Seitz 缺陷分析法来检测缺陷，这种方法已经被证明可以有效识别材料中的晶体缺陷。离位阈能的计算结果见表 3.8。

表 3.8　基于分子动力学力场的离位阈能和 DFT 理论计算结果的比较

模型	E_d/eV		
	[100]	[111]	$[\overline{1}\overline{1}\overline{1}]$
实验	21.0±2.0	—	12.9±0.6
DFT	19.5±1.5	14.5±1.5	12.5±1.5
DeePMD+短程作用(本书)	18.5±0.5	14.0±0.5	12.0±0.5
GAP+短程作用	20.5±0.5	14.5±0.5	12.5±0.5
EDIP	11.0±0.5	17.5±0.5	10.0±0.5
MEAM	13.5±0.5	9.5±0.5	8.0±0.5
Purja Pun	9.0±0.5	9.5±0.5	9.5±0.5
SW	23.5±0.5	20.5±0.5	17.5±0.5
Tersoff	9.0±0.5	9.0±0.5	7.5±0.5
TersoffScr	16.5±0.5	9.5±0.5	8.0±0.5

由表 3.8 可知,基于机器学习势函数计算得到的离位阈能在 DFT 结果的误差范围内,同时也和实验结果一致。机器学习势函数可以获得比经验势函数更好的离位阈能结果。

使用 LAMMPS 软件包,通过对 300 K 温度下单个能量为 1.0 keV 的初级撞出原子(PKA)的级联碰撞模拟,以研究辐照诱导缺陷的产生和聚集。构建了一个包含 85 184 个原子的 22×22×22 超胞,在所有三边使用了周期性边界条件。然后,给结构中心的一个原子施加一个动能,以模拟初级损伤。动能方向是随机选择的,随机挑选了 10 个方向,以平均随机选择方向引起的数据波动。给系统边界(长度为 5.4 Å)施加了 NVT 系综,可以将 PKA 产生的多余能量耗散。给系统内部动能大于 10 eV 的原子施加了电子阻滞(electronic stopping)作为非局部摩擦项。模拟可以分为两个阶段。在初始阶段(0~0.2 ps),缺陷数量迅速增加;在随后的阶段(0.2~2 ps),由于空位和间歇原子的复合,缺陷数量减少,这一阶段通常被称为热峰值(heat spike)阶段。

使用缺陷数量来量化单个 PKA 的辐照效应,使用机器学习势函数进行单个 PKA 的模拟,并使用 Wigner－Seitz 缺陷分析方法检测缺陷。为了进行比较,同时使用两个经验势函数,即 SW 和 Tersoff 势函数来进行相同的级联碰撞模拟,计算结果如图 3.29 所示,图中 ML 表示机器学习势函数。

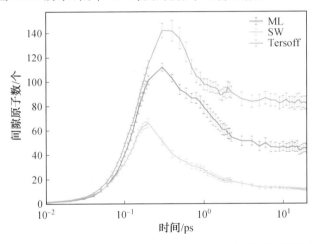

图 3.29　基于不同模型的单个 1 keV PKA 级联碰撞模拟中
间隙原子数随时间变化的比较(彩图见附录)

从图 3.29 可以看出,基于三种不同的模型,间隙原子数随时间变化的趋势相同。在初始阶段(0~0.2 ps),间歇原子数快速增长;随后,在热峰值阶段(0.2~2 ps),间隙原子的数量开始减少,这意味着缺陷开始"愈合",间歇原子数的最大值出现在这一阶段;在最后阶段(约 2 ps 后),间隙原子数开始稳定,这表明形成了稳定的缺陷。基于本书中的机器学习势函数,预测出的稳定间隙原子量介于 SW 和 Tersoff 势函数之间,并且最终产生的间歇原子数是 SW 势函数的 2～3 倍。

在级联碰撞模拟的最后阶段,形成了稳定的缺陷。在这些缺陷中,不仅有孤立的缺陷,还有成簇的缺陷。这些成簇的缺陷对材料的机械性能和电学性能起着重要作用。将位于晶格常数两倍以内(约 5.4 Å)的相邻 Wigner－Seitz 缺陷定义为缺陷团簇,每个团簇中的缺陷数量即团簇大小。基于本书机器学习势函数和 SW 以及 Tersoff 三个模型计算的缺陷团簇大小分布如图 3.30 所示。

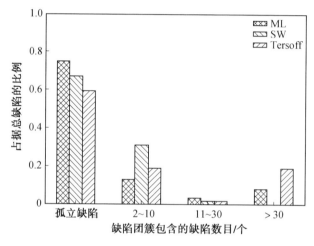

图 3.30　由单个 1 keV PKA 的级联碰撞模拟产生的缺陷团簇尺寸分布(不同尺寸的团簇出现频率已做归一化处理)

由图 3.30 可知,对于所有三个模型,孤立缺陷占主导地位。机器学习势函数预测的孤立缺陷的比例最大,其次是 SW 势函数,最后是 Tersoff 势函数。同时,Tersoff 势函数预测了最大比例的大型缺陷团簇(团簇有大于 30 个缺陷),其次是机器学习势函数,SW 势函数几乎没有。最后 SW 势函数预测了最大比例的包含 2～10 个缺陷的中等大小缺陷团簇,然后是 Tersoff 势函数和机器学习势函数。机器学习势函数和经验势函数预测了不同的缺陷聚集行为。

为了研究这三种模型的不同缺陷聚集行为,研究了缺陷的演化过程。热峰值和最终阶段的缺陷如图 3.31 所示。由图 3.31 可知,在热峰值阶段,机器学习势函数在更大的空间区域内产生缺陷。最终形成了稳定的很多孤立缺陷以及一些中型和大型缺陷。SW 和 Tersoff 势函数在热峰值阶段仅在相对更小的空间区域产生了缺陷。其中,基于 SW 势函数,最终形成了稳定的孤立和中等大小缺陷;基于 Tersoff 势函数,最终形成了稳定的大型缺陷和少量中小尺寸缺陷。图 3.31 的演化过程和图 3.30 中定量的缺陷尺寸分布结果一致。通过观察缺陷的演化可以看出,机器学习势函数和经验势函数的主要区别在于:基于机器学习势函数,PKA 对更大的空间区域产生影响;而基于经验势函数,PKA 影响的空间范围更小。这是基于不同势函数缺陷聚集行为不同的根本原因。

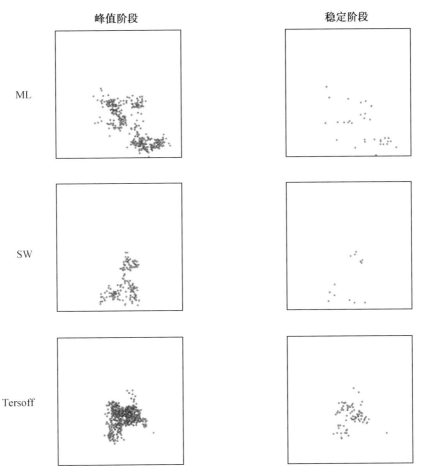

图 3.31   单个 1 keV PKA 的级联碰撞模拟中热峰值和最后阶段的缺陷

本章参考文献

[1] NORRIS J R. Markov Chains:Continuous-time Markov chains Ⅱ [M]. Combridge:Cambridge University Press,1997.

[2] GILLESPIE D T. A general method for numerically simulating the stochastic time evolution of coupled chemical reactions[J]. Journal of Computational Physics,1976,22:403.

[3] FICHTHORN K A, WEINBERG W H. Theoretical foundations of

dynamical Monte Carlo simulations［J］. Journal of Chemical Physics，1991，95(2):1090-1096.

［4］ BORTZ A B，KALOS M H，LEBOWITZ J L. A new algorithm for Monte Carlo simulation of Ising spin systems［J］. Journal of Computational Physics，1975，17(1):10-18.

［5］ VOTER A F. Classically exact overlayer dynamics:Diffusion of rhodium clusters on Rh(100)［J］. Physical Review B Condensed Matter，1986，34(10):6819.

［6］ MARCELIN R. Contribution àl'étude de la cinétique physico-chimique［J］. Ann. Physique，1915，3:120.

［7］ VOTER A F. Transition state theory description of surface self - diffusion:Comparison with classical trajectory results［J］. The Journal of Chemical Physics，1984，80(11):5832.

［8］ VOTER A F. A Monte Carlo method for determining free - energy differences and transition state theory rate constants［J］. Journal of Chemical Physics，1985，82(4):1890-1899.

［9］ KECK J C. Statistical investigation of dissociation cross-sections for diatoms［J］. Discussions of the Faraday Society，1962，33:173-182.

［10］ BENNETT C H. Molecular dynamics and transition state theory:The simulation of infrequent events［C］//Acs Symposium Series，1977.

［11］ CHANDLER D. Statistical mechanics of isomerization dynamics in liquids and the transition state approximation［J］. Journal of Chemical Physics，1978，68(6):2959-2970.

［12］ VOTER A F，DOLL D. Dynamical corrections to transition state theory for multistate systems:Surface self-diffusion in the rare-event regime［J］. Journal of Chemical Physics，1985，82(1):80-92.

［13］ VINEYARD G H. Frequency factors and isotope effects in solid state rate processes G. Delorensi，C. P. Flynn，and G. Jacucci［J］. Journal of Physics and Chemistry of Solids，1957，3(1):121-127.

［14］ DELORENZI G，FLYNN C P，GAEUCCI G，et al. Effect of anharmonicity on diffusion jump rates［J］. Physical Review B，1984，30(10):5430 - 5448.

［15］ SORENSEN M R，VOTER A. Temperature-accelerated dynamics for simulation of infrequent events［J］. Journal of Chemical Physics，2000，112(21):9599-9606.

[16] BOISVERT G，LEWIS L J. Self-diffusion on low-index metallic surfaces：Ag and Au（100）and（111）[J]. Physical Review B Condensed Matter，1996，54(4)：2880.

[17] FEIBELMAN P J. Diffusion path for an Al adatom on Al（001）[J]. Physical Review Letters，1990，65(6)：729-732.

[18] UBERUAGA B P，SMITH R，CLEAVE A R，et al. Structure and mobility of defects formed from collision cascades in MgO[J]. Physical Review Letters，2004,92：115505.

[19] 龚晓南. 工程材料本构方程[M]. 北京：建筑工业出版社,1995.

[20] 姜伟之. 工程材料力学性能[M]. 北京：北京航空航天大学出版社,2000.

[21] 陈昌麒. 材料学科中的固体力学[M]. 北京：北京航空航天大学出版社，1994.

[22] 李景勇. 有限元法[M]. 北京：北京邮电大学出版社,1999.

[23] 任庆利. 材料设计理论及其应用[M]. 北京：科学出版社,2010.

[24] 王勖成,邵敏. 有限单元法基本原理和数值方法[M]. 北京：清华大学出版社,2001.

[25] 王国强. 实用工程数值模拟技术及其在 ANSYS 上的实践[M]. 西安：西北工业大学出版社,2004.

[26] 张跃. 计算材料学基础[M]. 北京：北京航空航天大学出版社，2007.

[27] 郭乙木,陶伟明,庄苗. 线性与非线性有限元及其应用[M]. 北京：机械工业出版社,2005.

[28] LEACH R D，ALEXANDER M B. Failures and anomalies attributed to spacecraft charging [M]. Massachusetts ：NASA Reference Publication，1995.

[29] PURVIS C K，GARRETT H B，WHITTLESEY A C，et al. Design guidelines for assessing and controlling Spacecraft charging effects[J]. NASA Technical Paper，1984,1(60)：2361.

[30] HASTINGS D,GARRETT H. Spacecraft-environment interactions [M]. Cambridge：Cambridge University Press,2004.

[31] MANDELL M J，KATZ I，COOKE K L. Potentials on large spacecraft in LEO[J]. IEEE Trans. Nucl. Sci. ，1982，Ns-29：1584.

[32] DAVIS V A，KATZ I，MANDELL M J，et al. Spaceoraft charging interactive handbook [C]. Proe. of 6th Spacecraft Charging Technology Conference，November2-6，1998：211-215.

[33] KRUPNIKOV K K，MILEEV V N. NOVIKOV L S，et al. Mathematical modelling of high altitude spacecraft changing [C]//Proc. of international

conference of problems of Spacecraft/ Environment Interactions, Novisibinsk, Russia, June 15-19, 1992: 167.

[34] ASILYEV J V, DANILOV VV, DVORYASHIN V M, et al. Computer modelling of spacecraft charging using ECO-M [C]//Proc. of International Conference of Prohlems of Soacecraft/Environment Interactions, Novisibinsk, Russia, June15-19, 1992:187.

[35] MARTIN A R. Spacecraft/plasma interactions and electromagnetic effects in LEO and polar orbits [R]. The Final Report for ESA/ESTEC Contract, No. 7989/88/NL/PB (SC), 1991.

[36] WRENN G L, SIMS A J. Surface potentials of spacecraft materials[C]. Proc. of ESA Workshop on Space Environment Analysis, ESA WPP-23, 1990: 415.

[37] BEHLER J. Constructing high-dimensional neural network potentials: A tutorial review[J]. International Journal of Quantum Chemistry, 2015, 115(16): 1032-1050.

[38] LEROY C, RANCOITA P G. Particle interaction and displacement damage in silicon devices operated in radiation environments[J]. Reports on Progress in Physics, 2007, 70(4): 493.

[39] YANG J, LI X, LIU C, et al. The effect of ionization and displacement damage on minority carrier lifetime [J]. Microelectronics reliability, 2018, 82: 124-129.

[40] LANG D V. Deep - level transient spectroscopy: A new method to characterize traps in semiconductors[J]. Journal of applied physics, 1974, 45 (7): 3023-3032.

[41] NORDLUND K. Historical review of computer simulation of radiation effects in materials [J]. Journal of Nuclear Materials, 2019, 520: 273-295.

[42] KUMAGAI T, IZUMI S, HARA S, et al. Development of bond-order potentials that can reproduce the elastic constants and melting point of silicon for classical molecular dynamics simulation [J]. Computational materials science, 2007, 39(2): 457-464.

[43] MALERBA L, TERENTYEV D, OLSSON P, et al. Molecular dynamics simulation of displacement cascades in fe-cr alloys[J]. Journal of Nuclear Materials, 2004, 329: 1156-1160.

[44] BARTÓK A P, KERMODE J, BERNSTEIN N, et al. Machine learning a

general-purpose interatomic potential for silicon[J]. Physical Review X, 2018, 8(4): 041048.

[45] HAMEDANI A, BYGGMÄSTAR J, DJURABEKOVA F, et al. Insights into the primary radiation damage of silicon by a machine learning interatomic potential[J]. Materials Research Letters, 2020, 8(10): 364-372.

[46] SUN Q. Libcint: An efficient general integral library for gaussian basis functions[J]. Journal of computational chemistry, 2015, 36 (22): 1664-1671.

[47] DUNNING JR T H. Gaussian basis sets for use in correlated molecular calculations. i. the atoms boron through neon and hydrogen[J]. The Journal of chemical physics, 1989, 90(2): 1007-1023.

[48] KRESSE G, FURTHMÜLLER J. Efficiency of ab-initio total energy calculations for metals and semiconductors using a plane-wave basis set[J]. Computational materials science, 1996, 6(1): 15-50.

[49] KRESSE G, FURTHMÜLLER J. Efficient iterative schemes for ab-initio total energy calculations using a plane-wave basis set[J]. Physical review B, 1996, 54(16): 11169.

[50] PERDEW J P, BURKE K, ERNZERHOF M. Generalized gradient approximation made simple [J]. Physical review letters, 1996, 77 (18): 3865.

[51] YIN M, COHEN M L. Theory of static structural properties, crystal stability, and phase transformations: Application to Si and Ge[J]. Physical Review B, 1982, 26(10): 5668.

[52] MASON W P. Physical acoustics and the properties of solids[J]. The Journal of the Acoustical Society of America, 1956, 28(6): 1197-1206.

[53] BASKES M I. Modified embedded-atom potentials for cubic materials and impurities[J]. Physical review B, 1992, 46(5): 2727.

[54] PUN G P, MISHIN Y. Optimized interatomic potential for silicon and its application to thermal stability ofsilicene[J]. Physical Review B, 2017, 95(22): 224103.

第4章

电子器件辐射效应模拟仿真

4.1 引　言

随着航天器用电子器件尺寸的减小和功能复杂性的增加,其对空间辐射环境越来越敏感,成为航天器工程师重点关注的领域之一。因此,空间辐射粒子如何在材料中传播以及如何影响材料器件的性能和功能,是航天器设计中必须考虑的因素。本章首先回顾了对航天器用电子器件产生影响的空间辐射环境,以及这些环境对电子器件的潜在损伤效应;在此基础上,着重介绍了这些空间辐射损伤效应的模拟仿真方法。

由各种高能带电粒子(能量在几十 keV 以上)混合组成的空间辐射环境,对航天器的功能和性能造成严重威胁。空间辐射环境主要对航天器电子仪器或表面结构材料与器件造成影响,同时也影响着航天员的健康。太阳系空间辐射粒子主要来源于三个基本辐射场,分别是(地球、土星、木星等)辐射带、银河宇宙线和太阳宇宙线。根据不同的轨道位置,空间辐射粒子的强度在航天器任务期内只有微小的变化,或者在几小时内变化剧烈。这一方面与辐射粒子的空间分布不均匀有关,另一方面也取决于银河系和太阳系内部物理过程的瞬时变化导致的辐射粒子流瞬变。辐射带和银河宇宙线相对恒定或在日到年的时间尺度上变化(例如,11 年的太阳周期);太阳宇宙线则变化程度剧烈,在几分钟到几天的范围内就会发生巨大变化。

图 4.1 总结了空间辐射环境的一般类型及其相关位置。在讨论空间辐射时,不是指某一特定地方,而是一个较宽范围内的环境属性。即使在辐射环境不太苛刻的地球轨道内,粒子类型、能量和通量也因位置和时间的不同而有很大的不同。近地轨道环境又与其他行星轨道或行星际空间环境有明显的不同。因此,空间辐射环境的多样性极大地增加了用于空间型号任务的电子器件和系统的可靠性风险。

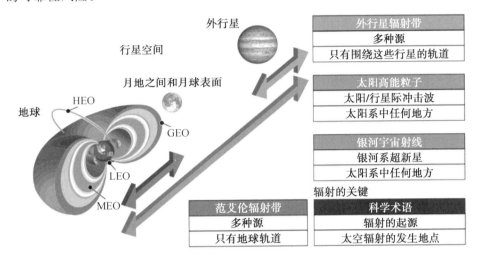

图 4.1　空间辐射环境概述

　　对航天器电子器件影响较大的辐射损伤为单粒子效应,主要由空间能量大于 1 MeV/n 的质子和能量大于 1 MeV/n 的重离子造成。这些高能粒子的穿透深度随入射粒子能量的增加而显著增加。能量接近 1 MeV/n 的离子在铝中的穿透深度不会超过 1 mm,而能量大于 1 000 MeV/n(1 GeV/n)的粒子可以完全穿过航天器。航天器设计者应首先确定任务轨道,明确可能遭遇的辐射环境。在此基础上,通过地面试验测试评估或计算机模拟仿真,确定这些辐射环境对航天器性能和功能的潜在影响。基于这些研究优化航天器设计,以减缓空间辐射环境的影响。

4.2　空间辐射环境

4.2.1　概述

　　本节将按宇宙大爆炸到现在的时间线来讨论空间辐射环境,从辐射效应的角度来描述空间辐射环境,包括电子、质子、中子和重离子等辐射粒子的起源和丰度。最新的研究进展正在改变对元素周期表中超重元素起源的看法。上述辐射粒子的起源和丰度通常与它们在电子器件中引起的辐射效应有关,甚至与某些抗辐射设计要求有关。以太阳黑子的发现、太阳周期和太阳对空间辐射环境影响的研究为起点,开启了现代宇宙空间的研究历程,展开了关于银河宇宙射线(GCR)、太阳辐射粒子和辐射带粒子的现代空间辐射环境的主要讨论。本节将重点讨论空间辐射环境特征和演化,如辐射粒子元素组成、通量、能量,以及对太阳周期和航天器轨道的依赖性,并介绍用于航天器设计的辐射环境模型。

太阳系辐射环境可以用三种辐射源进行定义:

(1)银河宇宙射线。银河宇宙射线是一种几乎各向同性的高能通量粒子流,主要由太阳系外极高能量质子和重核离子组成。

(2)太阳辐射粒子。太阳辐射粒子包括:①稳态太阳风。包含低能量光子流、等离子体流,太阳向各个方向连续辐射粒子流,就像一股永远存在的粒子"风"。这种太阳风不时被随机的太阳粒子事件打断。②瞬态太阳粒子事件。能量和通量比稳态太阳风高得多,太阳耀斑和日冕物质抛射(Coronal Mass Ejection,CME)将引起局域强粒子的爆发,称为太阳粒子事件。

(3)辐射带粒子。辐射带粒子是行星磁层聚集的高能粒子,在行星磁场的作用下转向并被捕获到行星周围,形成环形区域的高能带电粒子带。

不同行星及轨道任务面临的空间辐射环境不同,辐射环境的强度主要取决于任务运行轨道。图4.2显示了近地轨道的类型、形状和属性。低地球轨道(LEO)的轨道高度相对较低,高度范围为0~2 000 km(一般大约从167 km开始)。就进入轨道时所消耗的能量而言,其消耗能量成本最低。在LEO轨道中,发送与接收信号的双向传递距离最短,通信信号延迟最小,并且其表面分辨率比高轨道分辨率更好。为了以最小的能量将卫星维持在轨道上,需要消除大气阻力。LEO轨道卫星的轨道周期为1.5~2 h。中地球(MEO)轨道的定义是低地球轨道和地球静止轨道(大约为35 786 km)之间的距离。MEO轨道通常用于导航(全球定位系统)、通信和科学观测任务。MEO轨道卫星的轨道周期在2~24 h。地球同步(GSO)轨道和地球静止轨道(GEO)都与地球的自转相匹配,因此每24 h可以完成一个完整的轨道运行。任何高于GSO轨道高度的航天器都被认为处于高地球轨道(HEO)。HEO轨道通常是为需要远离低轨道中存在的大量电磁流量任务而预设的轨道,例如那些侧重于监测外太空的项目任务。

LEO轨道是磁屏蔽效应最大的轨道,能最大限度地减少空间辐射效应的影响。在更高的高度上,如MEO轨道、GEO轨道、高倾斜的轨道或极地轨道,地球磁场所提供的屏蔽效应大大减少,导致产生更高的粒子通量和更高概率的破坏性辐射损伤。地球的磁屏蔽效应在远离赤道的高/低纬度上将变得不那么有效,

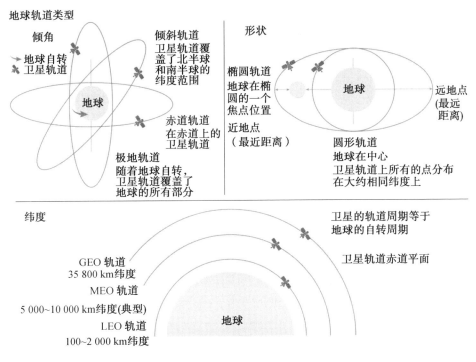

图 4.2　近地轨道的类型、形状和属性

导致具有高倾角或极地轨道的飞行任务将暴露于高通量和高能量粒子中。因此,对于远离地球保护磁场的星际飞行,航天器将暴露在高能粒子的高流量中,应予以重点关注。

4.2.2　早期宇宙空间

现在已经确定,宇宙的大小随着时间的推移而逐渐膨胀。科学家们已经能够通过将这种收缩上溯到大约 138 亿年前的时间来解释许多现象,该时间被认为是宇宙的年龄。在这一点上,它被假定为一个体积无穷小、质量无穷大的奇点。这种被普遍接受的关于宇宙诞生和演化的大爆炸理论,在许多科普读物中都有描述。图 4.3 所示为从大爆炸开始到现在的宇宙总体时间线。

对早期宇宙空间的讨论,仅限于对电子器件辐射效应具有重要意义的辐射环境起源和丰度,涉及大爆炸、恒星和极端事件核形成(电子、质子、中子和重离子)三种类型。

(1)大爆炸核形成。

称为夸克的基本粒子,在大爆炸后的极短时间内理论上是可以存在的。有 6 种夸克形式,即上夸克、下夸克、顶夸克、底夸克、奇异夸克和粲夸克。其中最稳定的是上夸克和下夸克,它们是核子的组成部分。在大爆炸后几微秒的时间内,

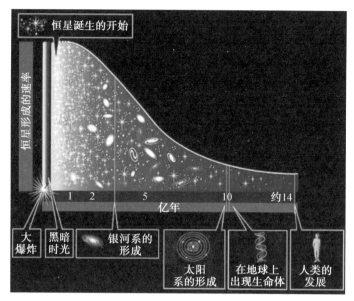

图 4.3　从大爆炸开始到现在的宇宙总体时间线

早期宇宙膨胀和冷却,足以让夸克聚集在一起并形成稳定的核子。两个上夸克和一个下夸克形成一个质子,而两个下夸克和一个上夸克形成一个中子。众所周知,电子是没有内部结构的粒子,在大爆炸后的一秒钟内也开始存在。持续的膨胀和冷却使质子和中子合并成简单的原子核。在大约 380 000 年的年龄时,宇宙已经冷却到足以让电子绕原子核运行并形成简单的原子,主要是氢和氦。这部分时间线如图 4.4 所示。

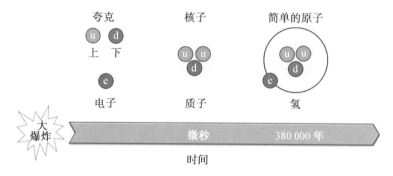

图 4.4　大爆炸之后第一个 380 000 年的时间线

（2）恒星核形成。

元素周期表中元素的形成是一个复杂的主题,一个元素的合成途径不止一种。下面将简单地给出元素起源的一般描述,以便与辐射效应联系起来。

在数亿年的漫长时间里,大爆炸后产生的元素主要是氢,之后开始积聚成气态结构,如图 4.5 所示。图 4.5 是哈勃太空望远镜拍摄的标志性图像,被称为"创造之柱"。鹰状星云的这些特征在其最大维度约为 4～5 光年。当这些结构的分支或部分分离,并且氢原子足够接近开始融合时,一颗恒星就会诞生。人们

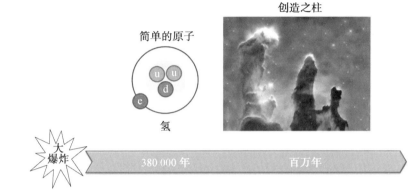

图 4.5　第一批恒星形成的时间表

相信这就是第一批恒星的形成方式。此时恒星几乎完全由氢和氦组成。恒星的巨大质量引力通过聚变反应释放的能量来平衡,从而形成氦,并阻止恒星自行坍缩。当氢大部分耗尽时,恒星开始收缩。这将提高核心的温度,如果恒星足够大(比太阳大得多),氦开始融合,并释放额外的能量以平衡引力。因此,在大恒星的生命周期中,以氢和氦开始的一系列核聚变反应会在恒星的核心产生从碳到铁的元素。铁是元素周期表中结合能最高的元素,所以最稳定。当恒星的核心完全是铁时,聚变不再可能,因为反应需要提供能量而不是释放能量。恒星的生命到此结束,会内爆并成为超新星。

(3)极端事件核形成。

比铁重的元素称为超重元素,其产生需要两个基本条件。第一个是必须有巨大的能量,用以克服由较轻元素形成这些超重元素的势垒;第二个是必须拥有大量的可用中子,可通过周期表中超重元素的原子核中中子较质子多看出。在宇宙中很少有已知的过程会发生这种情况。下面两个过程最有可能发生在大恒星的活跃生命周期之后。第一个过程是超新星爆炸。当恒星的燃料耗尽并且核心完全由铁组成时,就会引发超新星爆炸。由于没有剩余的能量来支撑自己抵抗重力,这颗恒星会坍缩。质子和电子被挤压在一起形成中子,坍缩释放出巨大的能量,使超重元素的产生成为可能。第二个过程是两颗中子星的碰撞/合并,该现象于 2017 年 8 月 17 日首次观测到。中子星是超新星爆炸后坍缩至核物质密度且主要由中子组成的大恒星的残余物。从这次事件中检测到了可见光,并形成了大量超重元素,如铂和金。因此,一些科学家假设它可能是形成超重元素的主要过程。

（4）元素的丰度和辐射效应。

了解了元素起源，可进一步研究它们的丰度。图 4.6 给出了太阳元素丰度与质量数（质子 Z＋中子 N）的关系，这通常代表太阳系的元素丰度。质子和 α 粒子在大爆炸后不久就存在，因此元素 H 和 He 丰度最高。由于 C 到 Fe 元素主要由比太阳大的恒星核链反应产生，因此它们的含量低于较轻的元素 H 和 He。在太阳粒子事件期间太阳抛出这些重元素，但太阳自身无法合成它们，这些重元素起源于上一代恒星。Fe 元素以外的元素丰度迅速下降，这些超重元素很可能只在稀少的爆炸过程中产生。

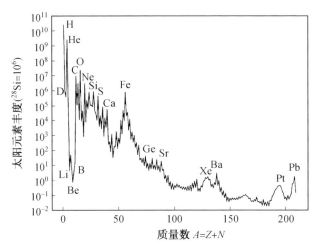

图 4.6 太阳元素丰度与质量数的关系

图 4.7 用不同颜色编码构建了辐射效应周期表，显示了不同元素对辐射效应的影响程度。蓝色表示对总剂量效应的影响，包括总电离吸收剂量（Total Ionizing Dose，TID）和总位移吸收剂量（Total Non－Ionizing Dose，TNID）；绿色表示对单粒子效应（Single Event Effects，SEE）的影响；淡紫色表示对充放电效应（Changing）的影响。图 4.7 中的周期表是针对辐射效应设计的，因此电子、中子与质子均包括在内。数量最多的辐射元素是电子和质子，主要造成总剂量效应。这些效应产生过程中，电子和质子会在电子仪器设备中与材料进行大量粒子碰撞。与中子一样，较少量的 α 粒子对总剂量效应的贡献程度有限。航天器在空间服役过程中，中子主要通过质子与航天器材料、行星大气和行星土壤的交互作用产生。由于数量众多，空间辐射环境中的电子主要产生充电效应，这是另一种累积效应的形式。重元素 C 到 Fe 的含量不足以对这些累积剂量效应做出显著贡献，但它们对单粒子很重要。除了 Fe、Co、Ni 等元素之外，其他元素的丰度和通量在空间辐射环境中非常低。如图 4.7 所示，只将元素框的一小部分着色为绿色，重要的是要考虑它们对高可靠性设备的影响（例如破坏性或关键单粒

子效应）。剩下的三种尚未讨论的元素 Li、Be 和 B 相对稀少,主要由较重的 GCR 离子碎裂产生。

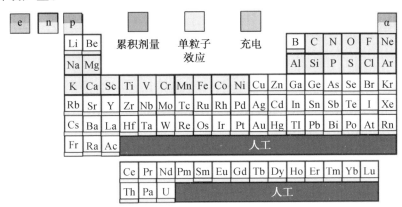

图 4.7　辐射效应周期表(彩图见附录)

4.2.3　现代宇宙空间学

现代宇宙空间学的研究时间线如图 4.8 所示。望远镜由荷兰镜头制造商 Hans Lippershey 于 1608 年发明。此后不久,伽利略(Galileo Galilei)改进了它的放大倍率,并且是第一个使用望远镜研究空间的人。这些研究可视为现代宇宙空间学的开端。伽利略是最早通过望远镜观察太阳黑子的人之一,并假设它们是太阳表面的一部分,而不是围绕太阳运行的物体。

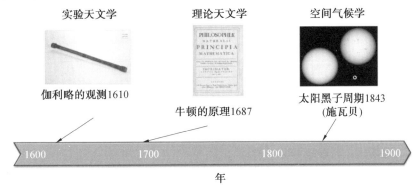

图 4.8　现代宇宙空间学的研究时间线

太阳黑子如今被视为太阳活动的代表,它们是有扭曲磁场的活跃区域,抑制了局部对流。因此,该区域比周围更冷,在可见光下观察时显得更暗。太阳黑子与太阳活动之间的联系可以在图 4.9 中看到,该图给出了同时拍摄的两张图像的对比,一张在可见光下,另一张在紫外光(uv)下。紫外光图像中的明亮区域表示高活性,并且几乎与可见光下的太阳黑子区域完全对应。

(a) 可见光   (b) 紫外光

图 4.9   2002 年 2 月 3 日同时拍摄的太阳图像(彩图见附录)

17 世纪后期(1687 年),艾萨克·牛顿(Isaac Newton)的巨著《数学原理》出版,这本书用数学方法描述了运动定律和万有引力定律。重要的是,该书表明万有引力定律可用于推导开普勒的行星运动经验定律。这可以看作是现代理论天文学的开端。

但是,水星的运行轨道出现了牛顿万有引力定律无法解释的问题。特别是,观测到的轨道运动与计算结果并不完全吻合。据推测,在水星的轨道上,可能有未知的行星扰乱水星,而且水星与太阳距离较近,因此很难探测到。1826 年,Schwabe 开始了一项研究,试图解释这一点。但直到爱因斯坦将广义相对论模型应用到水星轨道上,水星轨道的谜团才得以解开。Schwabe 转而开始对太阳黑子进行研究,经过 17 年的研究,他发表了一篇描述太阳黑子周期的论文。随着这一发现的公布,1843 年开始进入现代太空物理学的时代。

如今,认识到太阳的周期性活动是模拟空间辐射环境的一个重要方面。太阳黑子的记录可以追溯到 17 世纪早期,而太阳黑子周期的编号从 1749 年的第 1 个周期开始。太阳黑子周期大约是 11 年,并且从一个周期到下一个周期的活动水平可能有显著不同。这 11 年的周期通常被认为包括 7 年的太阳活动高峰和 4 年的太阳活动低谷。在现实中,太阳最大值和最小值之间的转变是连续的,但有时为了方便起见,它被认为是突然的。第 19~24 个太阳周期黑子的变化规律如图 4.10 所示。约 11 年一个周期太阳活动的另一个常见指标是 10.7 cm 的射电通量(F10.7),这与太阳黑子周期密切相关。F10.7 的记录开始于 1947 年第 18 个太阳活动周期。

太阳对空间物理学和空间天气的影响是普遍存在的,它是太阳质子和重离子,以及辐射带质子和电子的来源。此外,它调节这些被捕获的粒子通量以及进入太阳系的 GCR 通量。GCR 通量与大气交互作用,是大气中子的主要来源。这些中子衰变成质子和电子,并为辐射带的粒子群提供额外的通量。太阳是近

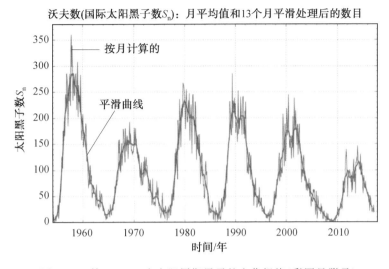

沃夫数(国际太阳黑子数S_n)：月平均值和13个月平滑处理后的数目

图 4.10　第 19～24 个太阳周期黑子的变化规律(彩图见附录)

地区域所有高能粒子辐射的来源或调制源。

　　图 4.11 所示的时间轴显示了现代空间物理学的发展历程。现代空间物理学开始的标志是发现了空间辐射及其对航天器上使用的电子设备的影响。GCR是 Victor Francis Hess 在 1912 年用验电器在气球试验中发现的。从最初的观察中，Hess 就很清楚地发现了这种辐射的穿透力。结果证明，它的能量要比当时已知的放射性物质释放出的粒子高出许多数量级。1942 年 Scott Forbush 发现了 SEP。早在近 100 年前，人们就知道太阳会发射电磁辐射，会对地球通信产生影响。1947 年，William Shockley 的小组在贝尔实验室发明了晶体管。1957年，苏联发射了第一颗人造卫星"斯普特尼克一号"和"斯普特尼克二号"；1958年，美国发射了"探索者一号"和"探索者三号"。"探索者"卫星使 James Van Allen 发现了范艾伦带。随后，有研究开始分析辐射对双极晶体管的影响，主要用于美国国防部的应用项目任务。随着这项工作的开始，第一届核和空间辐射效应会议(NSREC)于 1964 年在美国华盛顿大学举行。到 1975 年，有报道称单粒子反转(Single Event Upset，SEU)出现在宇宙飞船中，尽管在此之前三年，同一组人已然观察到了它。NSREC 规模不断扩大，并在 1980 年举办了第一次短期课程。辐射及其对部件和系统的影响(RADECS)国际会议于 1989 年在欧洲首次举行。到 1991 年，NSREC 已经认识到空间环境研究的重要性，并开始在会议中包括一个空间环境会议。2015 年我国举办了首届电子器件辐射效应国际会议(ICREED)，迄今已连续举办了 5 届。

　　在讨论现代空间物理学时，重点是图 4.11 中用蓝色箭头突出显示的空间辐射环境。下面从空间物理学和空间天气的定义开始，分别讨论 GCR、SEP 和范艾伦带的属性、模型和当今问题。

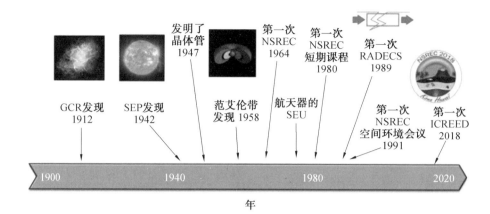

图 4.11　现代空间物理学的发展历程（彩图见附录）

1. 空间物理学和空间天气

空间物理学和空间天气的定义既长又复杂，尤其是后者。这里简单将其定义为上层大气和外部环境的条件，具体来说，是给定位置或轨道的空间辐射环境的条件。对于空间天气而言，所关注的时间周期是短期的，如每日状况；而对于空间物理学而言，所关注的时间周期是较长的，如任务持续时间。空间物理或空间天气模型在航天器设计和运行中的应用具有重要意义。在航天器的任务概念、规划和设计阶段使用物理模型，以最大限度地降低任务风险。这些通常是统计模型，可以在任务期间很好地预测未来的风险。在发射和操作阶段使用空间物理模型以管理剩余风险，它们通常是辐射环境的短时预报或短期预报模型。

2. 银河宇宙射线

（1）基本特征。

在关注太阳系的局部空间环境之前，应该先从更大的尺度来考虑环境效应。"外太空"经常被描绘成完全没有物质的空间（真空空间）。但实际上，即使是恒星之间看似巨大的真空空间也充满了物质和能量。而占据恒星之间的空间物质被称为星际介质，其主要由氢、少量氦、微量较重元素以及少量尘埃组成。星际介质不是完美的真空层，但密度极低，在 $10^{-4} \sim 10^{6}\,\mathrm{atom/cm^3}$ 的范围内。与之形成鲜明对比的是地球的大气层密度约为 $10^{19}\,\mathrm{atom/cm^3}$。

星际气体通常形成巨大的中性原子或分子"云"，靠近恒星或其他高能量物体将会被电离。星际介质中的气体不是静止的，而是随着磁力、热力、引力和辐射过程的局部交互作用而运动、压缩或消散的。这种湍流驱动着星际气体的动态演化，在更大的范围内将会减缓或停止星际介质的坍缩，同时在更小的局部范围内将会局部坍缩而形成恒星。星际气体是星系和恒星的基质和来源。

太阳系的行星际介质从星际物质结束的地方开始。太阳风或能量粒子流不断辐射并从太阳径向外扩散,最终在距离冥王星轨道两倍距离的地方减速为亚音速,这个区域被称为终止激波区。在这个区域,太阳风密度很低,以至于它被星际介质的"力量"有效地阻碍。日光层顶是太阳磁场和太阳风的外部范围。位于日光层顶内部的是日光层——一个围绕着太阳和行星的球形气泡。日光层就像一个巨大的电磁屏蔽,保护行星免受一部分入射 GCR 通量的影响。

　　GCR 是空间辐射环境的一个主要组成部分。图 4.12 所示为日光层、日光层顶和太阳系中的 GCR 状态。GCR 的粒子流从宇宙空间的各个方向到达地球,其化学组成(从氢到铀不同化学元素的核)大致与宇宙中化学元素的平均分布相吻合。GCR 的形成是银河系中某些源产生的粒子混合的结果。GCR 主要是来自银河系或系外的质子和电离重核,目前认为基本的粒子源是那些超新星的爆炸。在太阳系中的地球轨道上,GCR 粒子能谱在 $0.5 \sim 1\ \mathrm{GeV}$ 能量范围内呈现显著的峰值,其能量范围为 $1 \sim 10\ 000\ \mathrm{MeV/n}$,主要成分为氢($89\%$)和氦($10\%$),剩下的 1% 包括了其余的已知元素,GCR 电子通常对辐射效应没有显著贡献。GCR 的一般特征见表 4.1。

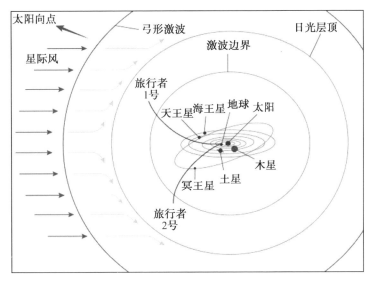

图 4.12　日光层、日光层顶和太阳系中的 GCR 状态

表 4.1　GCR 的一般特征

元素成分	能量/eV	通量/$(\mathrm{cm}^{-2} \cdot \mathrm{s}^{-1})$	辐射效应	表征
90% 质子、9% α 粒子、1% 重离子	约 10^{20}	$1 \sim 10$	单粒子效应(SEE)	LET 值

放射性同位素年代测定已经被确定,大多数 GCR 已经在银河系中运行了数千万年。它们的方向随着时间的推移而被随机化,以至于它们是各向同性的。GCR 很大一部分以光速运行,并且大多数粒子的动能约为 1 GeV。而约 100 MeV 以下的 GCR 通量被日光层偏转。在 1 GeV 以上,GCR 通量随着粒子能量的增加而相当一致地减少,粒子能量越高,它就越稀少。测量到的最高能量 GCR 的动能超过 10^{20} eV。

图 4.13 所示为根据 Swordy 汇总的数据绘制的 GCR 的微分通量能谱,显示了 GCR 能量范围的惊人变化。能量小于 10^{15} eV 的 GCR 通常是由银河系内的超新星爆炸和最近的中子星碰撞造成的。这些通量在几个离子 $cm^{-2} \cdot s^{-1}$ 的量级上,对单粒子效应而言是重要的。另外,能量大于 10^{15} eV 的 GCR 的起源在很大程度上是未知的。通常认为能量超过 10^{18} eV 的 GCR 的起源是银河系外。Greisen−Zatsepin−Kuzmin(GZK)极限是一个 GCR 质子不能超过的能量上限,如图 4.13 所示。其理由是质子会与无处不在的宇宙微波背景(Cosmic Microwave Background,CMB)交互作用,并因此损失能量。CMB 是宇宙大爆炸留下的残余电磁辐射。然而,该限制似乎已经被多次超过,并引发了争议。这说明我们对这些超高能量粒子知之甚少。不过这些极端能量下的粒子通量非常低,对单粒子效应来说并不重要。

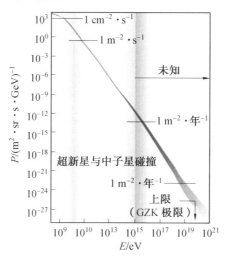

图 4.13　GCR 的微分通量能谱

图 4.14 更详细地比较了 GCR 与太阳系离子的相对丰度。这两种丰度分布大致是相似的。主要的差异是由于 GCR 离子的裂变,倾向于使 GCR 的分布相对于太阳的丰度变得平滑。这对于元素 Li、Be 和 B($Z=3\sim5$)来说尤其明显,它们主要是由较重的 GCR 离子(如 C 和 O)在偶尔与星际间的氢或氦碰撞中裂变

而产生的。元素周期表中所有自然存在的元素（从上到下）都存在于 GCR 中，尽管高于铁的原子序数会急剧下降（$Z=26$）。

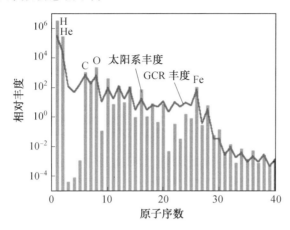

图 4.14　GCR 和太阳系离子相对丰度的比较

空间环境中粒子通量的动态变化较大，导致器件单粒子效应错误率变化较大。GCR 会影响近地轨道和整个太阳系航天任务的电子仪器及设备。暴露在这些环境中的航天器将受到高线性能量传输（Linear Energy Transfer，LET）值粒子流的影响。LET 在后续章节将详细描述，其可将不同类型的粒子损失作用（尤其是单粒子效应）归一化。GCR 以恒定的通量进入太阳系，由各种类型和能量的离子组成。对近地粒子通量的观测记录了粒子通量随时间的变化（图 4.15）。GCR 粒子通量的短期跳跃是由太阳粒子事件造成的，然而，长期背景表现出多年的变化。以太阳黑子的数量来衡量的太阳活动会调节 GCR 通量。星际空间中 GCR 的通量随着与太阳距离的增加而缓慢增加。其确切的状况依赖于太阳系星际空间磁场状态，而太阳系星际空间磁场又取决于太阳的活性。GCR 粒子通量与太阳活动周期呈反相的规律变化。太阳活动最大时，GCR 强度最小，反之亦然。这种调制是由太阳风磁场的变化引起的。磁场中的紊流（如太阳活动高年相关的紊流）使 GCR 进入太阳系内部的传播变得更加困难，粒子分散得更加有效。由于太阳活动极小期太阳风场松弛，GCR 更容易到达太阳系内部。因此造成了 GCR 通量与 11 年太阳周期的反相关。实际上，这代表了整个 LET 谱大约 30％ 的变化。

动能小于 100 MeV 的 GCR 粒子无法通过太阳风能量的阻挡穿透日光层，导致近 75％ 的 GCR 入射粒子被阻挡。这就是说 GCR 的较低能量部分，受 11 年太阳活动周期的调节更大。在太阳活动的最大值和最小值之间，GCR 的通量可相差五倍。图 4.16 所示为一些最丰富的离子在太阳活动最大值和最小值期间的 GCR 能谱。能量小于每核子 20 GeV 的离子的通量是由太阳磁场和太阳风调

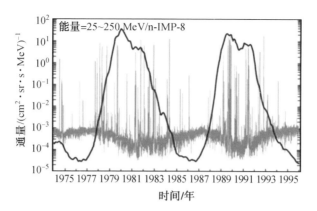

图 4.15　太阳周期内 GCR 粒子通量的变化

制的。在太阳活动高峰期,通量的衰减明显更多,导致图 4.16 所示的光谱形状。

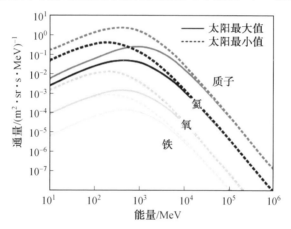

图 4.16　一些最丰富的离子在太阳最大值和最小值期间的 GCR 能谱

　　对于单粒子效应分析,图 4.16 中的能谱通常转换为 LET 谱。太阳高年和太阳低年条件下 GCR 的积分 LET 谱如图 4.17 所示。这些能谱中包括从质子到铀的所有元素。横坐标为 LET 值,纵坐标为相应 LET 值的粒子积分通量。图 4.17 所示的 LET 谱适用于地磁衰减不显著的地球同步任务。但是,在低于地球同步高度的地方,需要考虑地球磁场。地球的地磁场为 GCR 和太阳宇宙线粒子提供了屏蔽,因为它能有效地偏转低能量粒子。由于地磁场近似的偶极特性,在极区具有接近垂直速度的粒子基本上与磁场平行,所以它们可以直接进入地球两极附近的地区。在低纬度地区,只有具有足够高能量的粒子才能穿透磁屏蔽层。GCR 离子能谱在地球磁场内部受切割磁力线效应的影响而变化,这与运动的粒子在磁场中相对于最初入射方向发生的偏转有关。这种偏转以及最终GCR 粒子从粒子流中离开具有偶然因素,针对每一个粒子(具有一定动量和电荷),其偏转取决于其在磁场中的运动轨迹。另外,一个粒子能量(动量)越高、电荷越少,它就越能接近于地球表面。

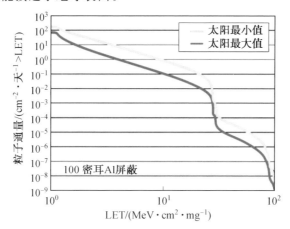

图 4.17 太阳最大值和最小值条件下的 GCR 的积分 LET 谱

(2)模型。

长期以来,人们一直通过开发 GCR 通量模型来指导航天器电子系统的抗辐射问题。这个问题始于 James H. Adams 在 1986 年针对 GCR 研发的 CREME86 模型。本节重点介绍两种用于空间 GCR 单粒子效应错误率计算的常用模型。

第一个模型是由莫斯科国立大学(MSU)的 R. Nymmik 开发的 Nymmik (MSU)模型,目前在 CREME96 中使用,是美国范德比尔特大学网站 https://creme.isde.vanderbilt.edu 上 1986 年 CREME86 模型的更新版本。另一个是由 NASA 约翰逊航天中心开发的 Badhwar-Neill 模型。这两个模型基于的 GCR 离子由日球层外的本地星际(Local Interstellar,LIS)能谱给出。利用太阳调制的扩散对流理论,描述了 GCR 在 1 天文单位(AU)穿透日球层并传输到近地的过程。这种太阳调制被用作描述太阳周期中 GCR 能谱变化的基础,如图 4.18 所示的铁离子。这两个模型目前都使用太阳黑子数作为太阳活动的输入,从而导致太阳调制。然而,具体的实现过程不同。Nymmik 模型使用多参数、半经验拟合将太阳黑子数与 GCR 强度联系起来;Badhwar-Neill 模型求解了太阳调制参数作为太阳黑子数函数的 Fokker-Planck 微分方程。图 4.19 显示了两个模型与数据的比较。虽然这两种模型都成功地用于单粒子效应的预估,但 Badhwar-Neill 模型包含了一个更广泛和最新的数据库,并被医学界广泛使用。

太阳活动的强弱对 GCR 有明显的调制作用,尤其是对低能离子的调制作用。太阳活动水平较低时 GCR 通量较高,如图 4.16 所示。目前,太阳正处在第 25 个太阳活动周期,在第 23 和第 24 个太阳活动周期之间的太阳活动低年,大约

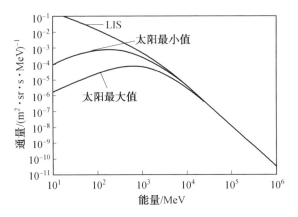

图 4.18　GCR 铁离子的太阳活动调制示意图

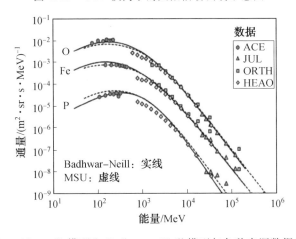

图 4.19　Nymmik 模型和 Badhwar－Neill 模型与各种来源数据的比较

以 2009 年为中心，是有记录以来最低的太阳活动的极小期，因此观测到最高的 GCR 通量。这引起了人们对太阳周期趋向于这种行为的担忧，以及对未来 GCR 通量可能会更高的担忧。

　　将太阳黑子数作为太阳调制的基础的优点之一是，有一个可以追溯到 1749 年的连续详细的太阳黑子记录。这使得 GCR 通量可以在这段涵盖 24 个太阳周期的时间内进行估计。图 4.20 显示了一个 80 MeV/amu GCR 氧离子的例子。可以看出，在这段延长的时间里，每个太阳极小期的峰值通量值的变化都不超过 30%。2009 年最近的太阳活动极小期可以与 1750 年以来的最低的太阳活动极小期（1810 年）相提并论。它还可以与 1977 年的太阳活动极小期进行比较，该极小期在 CREME96 中被用作典型极小期。只要适当考虑到 GCR 通量的最近趋势，GCR 模型对于电子系统的抗辐射设计应该是足够的。

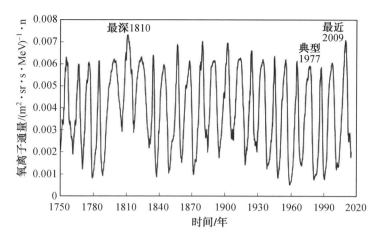

图 4.20　80 MeV/amu GCR 氧离子在 1~24 个太阳活动周期的通量

3. 太阳粒子事件

（1）基本特征。

太阳通过其核心的核聚变不断地将氢转化为氦，是太阳系中最强的辐射源，辐射超过 60 MW/m²。太阳的两个主要可见特征与太阳辐射有关：光球和日冕。光球层是太阳发出光子的可见层，估测温度接近 6 000 K。日冕是光球层周围过热（约 100 万 K）等离子体的翻滚区域。

光球层是由局部对流胞形成的一个相对较小（约 1 000 km）、由动态细胞状颗粒组成的巨大网络。图 4.21 显示了光球层中的对流粒子和太阳黑子（黑色区域）。对流是由从内部（较亮的区域）上升并扩散到整个表面的加热等离子体驱动的。当等离子体在横向扩散过程中冷却时，它最终会下沉到较冷的内部（较暗的区域）。

太阳黑子是光球层上的黑点，是高磁场强度的区域。它们通常成对形成，构成磁铁的两极。太阳黑子活动是短暂的，通常持续几天到几周的时间。太阳黑子的活动遵循一个 11 年周期，其特征是大约 4 年太阳相对"不活跃"，太阳黑子数量最少；然后是 7 年太阳相对"活跃"，太阳黑子数量增加。太阳黑子活动与产生最有害辐射的磁暴有关。

太阳活动产物可分为三个部分：太阳风、太阳耀斑和日冕物质抛射（CME）。太阳日冕的温度如此之高，以至于太阳引力无法阻止高能粒子逃逸。这些粒子被称为太阳风，以 300~800 km/s 的速度从日冕内部源源不断地向各个方向流出。太阳风由高能光子、电子、质子、氦离子和少量较重的离子组成。太阳风与地球磁场耦合，并在地球磁层中产生风暴。与强烈的零星太阳风暴现象相比，太阳风对航天器电子器件和机组人员的伤害要小得多，因为大部分通量粒子是由

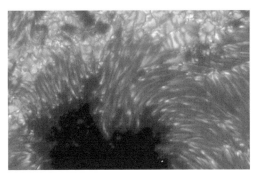

图 4.21　光球表面两个主要特征的图像：耀斑和太阳黑子（彩图见附录）

低能量粒子组成,并且大部分低能量通量粒子被行星磁场偏转和捕获。

　　与之形成鲜明对比的是,日冕激波、日珥、太阳耀斑和 CME 会将太阳粒子加速到更高的能量,从而对电子器件可靠性和寿命产生巨大影响。当正面观察时,耀斑表现为突然、快速和强烈的亮度变化,这种变化发生在积累的磁能突然释放时。耀斑发生在太阳黑子周围,在那里,强烈的磁场强度和自发的不连续性促使储存在日冕中的磁能和等离子体突然释放,实际上是高速将大块的日冕表面物质射向太空。图 4.22 是一张地球叠加的耀斑照片,显示了典型太阳耀斑辐射的规模。

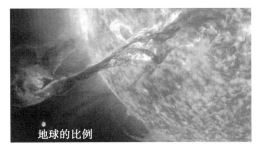

图 4.22　太阳耀斑的紫外图像（彩图见附录）

　　在太阳耀斑辐射中,辐射通过电磁波谱辐射,从无线电波到伽马射线。当耀斑期间释放电磁能时,电子、质子和较重的原子核被加热并加速到高动能状态。CME 通常与太阳耀斑和日珥有关。和太阳黑子活动一样,CME 的频率随着 11 年的太阳黑子周期而变化。太阳耀斑和 CME 在太阳周期的活跃阶段更加频繁。例如,太阳活动最低时的 CME 频率约为每周一次,而在太阳活动最高时,CME 的数量增加到每天两次。主要关注的是太阳高能粒子(SEP)、电子、质子和重离子在太阳耀斑或 CME 时引发的激波加速。在这样的辐射中,SEP 的强度可以增加数百万到数亿倍,可达到的最大能量通常在 1 MeV～1 GeV 的范围内。

　　太阳宇宙线粒子流(也称太阳高能粒子)与银河宇宙线粒子流的区别在于其形成的不确定性。太阳宇宙线事件的发生与太阳光球表面耀斑、太阳日冕和光球以上空间向外抛射粒子及粒子加速有关。在地球轨道上,太阳宇宙线的组成元素围绕着太阳平均化学组成而变化,但是与银河宇宙线不同,太阳宇宙线中不存在 Li、Be、B 等轻元素,这些粒子主要是质子,有 9%～10% 的 α 粒子,相对含量与太阳大气和行星际空间(日球层)中的丰度一致,但丰度的波动因太阳事件而显著不同。在所记录的太阳宇宙线事件中粒子通量在 $10^5 \sim 10^{11}$ cm^{-2} 很宽的范围内变化,而所持续时间从一昼夜到几昼夜不等。

　　太阳粒子事件在地球轨道上发生的频率受太阳活动水平的限制,其值在太阳 11 年活动周期的峰年大约为 10,谷年不超过一次。这些太阳宇宙线粒子可以大大超过 GCR 背景,持续几天的时间。图 4.23 包含了由 GOES－13 质子监测器测量的太阳质子通量,绘制出了能量大于 1 MeV、10 MeV 和 100 MeV 的质子。图 4.23 中的尖峰表示太阳辐射风暴(太阳粒子事件),由图可见,低能量质子很明显变化剧烈,波动幅度几乎是高能量质子的两个数量级。对于具有类似单粒子效应阈值能量的电子器件,误差率可能会出现类似的波动。在太阳质子发射模型(Emission of Solar Protons,ESP)和表征集成电路的太阳质子产率的预测模型(Prediction of Solar Particle Yields for Characterization of Integrated Circuit,PSYCHIC)的最坏情况 LET 谱预测中,粒子通量增加了 6 个数量级,如图 4.24 所示,能够预测太阳的影响,以进行辐射效应分析。

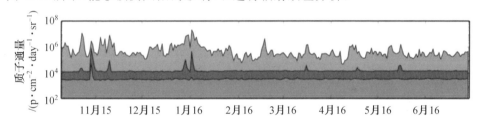

图 4.23　GOES－13 质子监测器测量的太阳粒子事件和质子通量

　　"太阳耀斑""日冕物质抛射""太阳粒子事件"在口语中经常混用。这些术语实际上有不同的含义,这里简要区分一下。图 4.25 是 SEP 产生的示意图。这些粒子可能是通过磁重联而获得能量的,磁重联是一个将储存的磁能转换成动能、热能和粒子加速度的过程。

　　太阳光的发射过程本质上是电磁输运过程。太阳光辉是一种相对较低的强度发射,随太阳活动周期而变化。相比之下,太阳耀斑是电磁辐射的爆发,其特征是突然变亮,如图 4.25 中右图所示。事实证明,太阳耀斑经常(但不总是)伴随着 SEP。太阳的第二种发射过程是太阳物质的抛射。太阳风是一种稳定的等离子流(一种自由离子和电子的气体),由 eV 到 keV 能量范围内的质子、α 粒子和电子组成,并具有内嵌磁场。CME 是一种等离子体的大规模喷发,它携带着比太阳风更强的磁场。CME 图像如图 4.25 中左图所示。如果 CME 的速度足

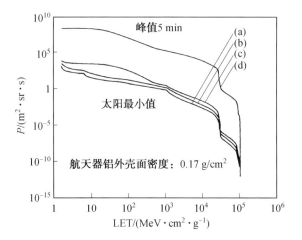

图 4.24　太阳粒子事件预测

(a)表示太阳最大值时的 GCR；(b)表示太阳最小值时的纯 GCR；

(c)表示星际粒子环境；(d)表示峰值太阳耀斑粒子事件

够高，就会产生进一步加速粒子的激波，这类似于飞机超过音速时产生的冲击波。如果 CME 驱动的激波到达地球，就会引起地磁扰动。如图 4.25 所示，CME 是 SEP 的第二来源。Reames 曾在一篇综述文章中进一步讨论了太阳耀斑和 CME 的性质，并详细说明了许多观测到的差异。

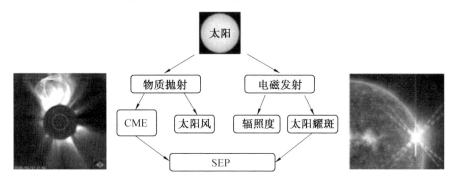

图 4.25　SEP 产生的示意图（彩图见附录）

　　CME 是一种太阳粒子事件，当它们冲击磁层时，会对行星际空间和地球的主要地磁扰动造成影响。在一次极端的 CME 中，磁化等离子体的质量可达 10^{17} g 左右。CME 的速度在 $50 \sim 2\,500$ km/s 之间变化，平均速度约为 450 km/s。CME 可能需要几个小时到几天的时间才能到达地球。表 4.2 列出了太阳 CME 的一些基本特征。

表 4.2　太阳 CME 的基本特征

元素成分	能量	积分通量 (>10 MeV/amu)	峰通量 (>10 MeV/amu)	辐射效应
96.4%质子 3.5% α粒子 0.1%重核离子	约 GeV/amu	约 10^{10} cm^{-2}	约 10^6 cm^{-2}·s^{-1}	电离总剂量效应(TID) 位移总剂量效应(TNID) 单粒子效应(SEE)

太阳粒子事件包括从质子到铀的所有天然化学元素。尤其是太阳质子会导致材料和器件的永久性损坏,如电离总剂量效应和位移总剂量效应,而其他重离子的贡献很小。重离子的通量不足以造成这些累积效应。极端情况下,太阳 CME 可以在 2.5 mm 的铝屏蔽层后沉积几 krad(Si)的吸收剂量。虽然太阳宇宙线的重离子含量较小,但也不容忽视。太阳粒子事件中的重离子、质子和 α 粒子会导致软的和硬的单粒子效应。

太阳粒子事件和 GCR 通量的太阳周期依赖性如图 4.26 所示,其中显示了 1974—1996 年期间,在 25～250 MeV/核子能量范围内所有 C、N 和 O 离子的微分通量,蓝色叠加的是这段时间内的太阳黑子数,显示了第 21 和 22 个太阳周期的活动。太阳粒子事件通量在图中被看作是尖锐的尖峰,表明这些事件的统计和周期性质。请注意,这些事件在太阳最大活动期间发生的频率更高。它们叠加在 GCR 的低层本底通量上,约为 10^{-4}(cm^2·s·sr·MeV/n)$^{-1}$量级,这一量级随太阳周期缓慢变化。GCR 通量与太阳周期近似反相关。

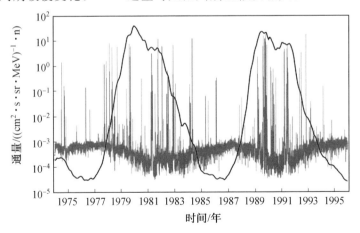

图 4.26　太阳粒子事件和 GCR 通量的太阳周期依赖性(彩图见附录)

图 4.27 展示了太阳风、SEP 和 GCR 质子辐射的能谱比较。由于太阳耀斑和 CME 辐射是定向的,它们仅影响相对较小的空间区域,但其特征是持续数小时至数天的高粒子通量。通量可以超过正常空间辐射水平许多数量级。例如,

CME 可以产生超过 500 000 个质子/cm^2 • s。被耀斑或 CME 击中对机组人员和航天器电子器件都是危险的。在任何一个太阳宇宙线事件中粒子通量随其能量的增加而减小,然而这种减小的幅度在不同的事件中表现出很大差异。在向地球磁层渗透的过程中,由于"切割磁力线"的效应,太阳宇宙线粒子能谱比银河宇宙线粒子能谱高得多。

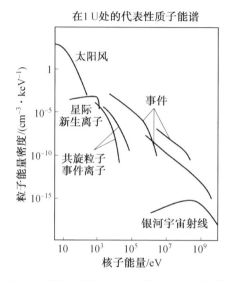

图 4.27　太阳风、SEP 和 GCR 质子辐射的能谱比较

(2)模型。

多年来,已经为航天器设计开发了许多太阳粒子事件模型。由于事件的随机性,基于置信度的方法被航天器设计师用于评估电子器件的风险。King 模型是对太阳活动周期第 20 个数据的分析。一个异常大的事件,即众所周知的 1972 年 8 月事件,主导了这个周期的影响,因此该模型经常被用来预测在特定的置信度水平下,给定任务周期预测发生的这类事件的数量。利用额外的数据,美国 NASA JPL 实验室建立了 JPL 模型,其中 Feynman 等人展示了太阳质子事件的大小分布在小事件和特大事件之间是连续的。JPL 模型是一种基于蒙特卡洛方法的模型,其他的概率模型是基于更近期和更广泛的数据。莫斯科国立大学的 MSU 模型通过假设事件数与太阳黑子数成正比,引入了整个太阳周期的依赖性。NASA 的太阳质子模型——ESP 模型和 PSYCHIC 模型,基于最大熵理论和极值统计,预测电子器件的单粒子效应。欧洲航天局(ESA)太阳质子峰值和重离子辐射模型(SAPPHIRE)使用虚拟时间线方法调用 Levy 时间分布。基于 ESP 模型的一种正在开发中的新模型,更新了 ESP 模型的数据库,并引入了一种新的方法来研究太阳周期与事件数的相关性。

①累积通量模型。

太阳质子累积通量模型可用于评价电离总剂量效应和位移总剂量效应造成的损伤,还可用来确定易受质子影响的电子仪器和设备的长期单粒子效应故障概率。这有助于估计在航天型号任务过程中发生破坏性(硬错误)单粒子效应的概率。最直接的累积太阳质子注量模型是 ESP/PSYCHIC,它基于在太阳活动高年期间测量的年度质子通量。这种方法的一个优点是不需要知道有关事件时间序列的具体细节,例如等待时间分布。图 4.28 中给出了第 21 个太阳活动极大年期间 3 种不同能量质子的年注量示意图,其中对数正态分布显示为一条直线。使用拟合分布来获得 N 年分布的对数正态参数。图 4.29 给出了在 GEO 轨道上运行 10 年的质子能谱。太阳质子不会因 GEO 中的地磁场而显著衰减。与前述讨论的所有空间环境模型的情况一样,输出能谱是在用户指定的任务周期置信水平下获得的。置信水平表示在任务期间不会超过计算能谱的概率。

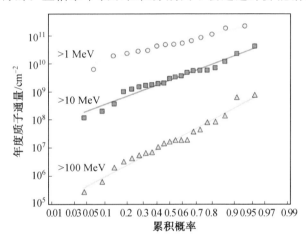

图 4.28　太阳活动极大年期间累积的年度太阳质子事件通量

图 4.30 给出了 95% 的置信度水平下,JPL、ESP/PSYCHIC 和 SAPPHIRE 模型太阳活动高年 2 年任务期的结果比较。JPL 和 SAPPHIRE 模型都是基于蒙特卡洛的方法。可以看出,模型之间的最大差异发生在高能量质子处。图 4.30 中还给出了一种新的统计模型,即地面增强模型(Ground Level Enhancement,GLE)。该模型基于 Tylka 分析的中子监测数据,拟合质子能谱的随机采样参数得到。预计该模型在高质子能量下具有最佳精度,在这种情况下,它被视为落在其他模型预测的通量的中间。在太阳活动高年,航天器在轨运行期间,太阳粒子事件的累积注量通常是累积损伤效应的主要原因。常用的太阳活动高年周期是 7 年,它跨越了太阳周期中太阳黑子数最大值所处时间之前的 2.5 年和结束后的 4.5 年。太阳活动周期的剩余时间被认为是太阳活动低年。

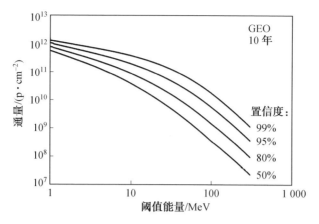

图 4.29　ESP/PSYCHIC 模型计算 10 年任务期 GEO 轨道的累积注量结果(太阳活动高年为 7 年)

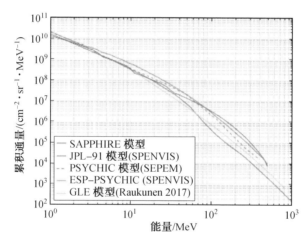

图 4.30　95％的置信度 JPL、ESP/PSYCHIC 和 SAPPHIRE 模型 太阳活动高年 2 年任务期的结果比较(彩图见附录)

　　太阳重离子累积通量模型不如太阳质子模型先进,主要是因为数据有限。对于电子器件而言,主要是用于评估单粒子效应。ESP/PSYCHIC 模型可用于描述太阳宇宙线重离子的累积注量。由于可用数据有限,概率模型仅限于长期(大约 1 年或更长)累积影响,而不是最坏情况事件。所采取的方法是根据1973—2001 年期间行星际监测平台 8(IMP－8)和地球同步运行环境卫星(GOES)仪器的测量,将相对于质子通量的 α 粒子通量归一化。剩余的主要考虑重元素(C、N、O、Ne、Mg、Si、S 和 Fe)相对于质子归一化能谱,依托航天器上的先进成分探测器(ACE)——太阳同位素光谱仪(SIS),对第 23 个太阳活动周期的 7 年太阳活动高年的测量结果。元素周期表中自然存在的次要重元素,由国际太阳—地球探索者 3 号（ISEE－3）航天器进行测量确定。图 4.31 给出了在 100 mm 铝屏蔽层后、50％置信水平下，太阳活动高年 2 年任务期的结果。

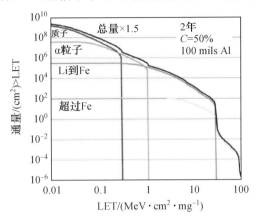

图 4.31　50％置信水平下 100 mm 铝屏蔽后太阳活动高年
累积 2 年的太阳质子和重离子 LET 谱

用于单粒子效应分析的 LET 谱具有某种不寻常的形状。图 4.31 表明这种形状是由元素的不同贡献造成，可能与之前描述的周期表中元素的核形成有关。离子在材料中具有的最大 LET 值称为布拉格峰。因此，在如图 4.31 所示的 LET 谱图中，离子对总 LET 谱的贡献在布拉格峰处急剧下降至零。例如，在硅中，LET 值小于 1 MeV · cm^2/mg 的质子会发生这种情况。可以看出，大爆炸中形成的质子和 α 粒子对总 LET 谱贡献的 LET 值，最高达约 1 MeV · cm^2/mg；在恒星核形成中形成的元素贡献了约 29 MeV · cm^2/mg 的 LET 值，而在极端事件核形成中形成的元素贡献了整个 LET 值范围。

②最坏情况事件模型。

航天器设计另外一个需要重点考虑的因素是，型号任务期间发生太阳粒子事件的最坏情况，需清楚发生这样事件时在轨单粒子效应错误率能够达到多高。最直接的方式是参考一个最知名的太阳粒子事件情况。迄今，对太阳粒子事件而言，辐射效应研究领域最常使用 1989 年 10 月的太阳粒子事件，而生物医学领域经常使用 1972 年 8 月的太阳粒子事件。还有人将 1956 年 2 月和 1972 年 8 月的太阳粒子事件作为复合假设事件使用。根据极地冰雪中硝酸盐分析，在过去 400 年，最严重的太阳粒子事件为 1859 年的卡林顿事件（Carrington event）。然而，冰川学和大气环境学不太同意这一说法，因为该事件没有被普遍证明。

在 CREME96 程序中，1989 年 10 月太阳粒子事件模型有三个不同的级别方式，分别是"最坏的一周""最坏的一天""峰值通量"模型，这些模型数据都是基于 GOES－6 和 GOES－7 卫星的质子测量，以及芝加哥大学宇宙射线望远镜在

IMP－8卫星上的重离子测量得到的。峰值通量模型涵盖了太阳粒子事件期间最坏5分钟的强度。在第23个太阳活动周期的太阳活动高年,已经将这些模型计算数据与在轨实验验证平台(MPTB)上获得的实验数据进行了比较。图4.32给出了2001年11月发生的太阳重离子事件与CREME96"最坏日"模型计算结果的比较,在此期间发生重大事件峰值通量大致相当于CREME96 "最坏日"模型计算结果。

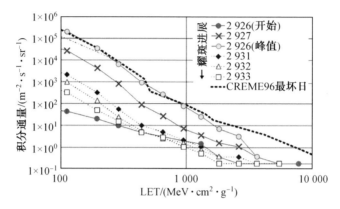

图4.32　2001年11月发生的太阳重离子事件与CREME96"最坏日"
模型计算结果的比较(第2 929天在轨出现的峰值最大强度)

最坏情况事件模型的另一种方法是使用统计方法,这种方法类似于累积通量模型,其中最坏情况事件将在给定的置信度和任务周期下计算。为此提出了几种方法,包括极值统计、半经验方法和蒙特卡洛计算。

极值统计是一个有着广泛理论和应用历史的领域,它经常被用来描述极端环境现象,如洪水、地震、大风,非常适合辐射效应仿真分析,已经成功应用于高密度存储器、栅氧化物器件和传感器的辐射效应分析。极端值统计主要关注分布的最大或最小值。因此,分布的"尾部"是最重要的,关键在于已知初始分布信息的情况下,求随机过程的极值分布。

假设一个随机变量 x 用概率密度 $p(x)$ 和相应的累积分布 $P(x)$ 来描述。这些被称为初始分布。图4.33显示了高斯分布的初始概率密度。如果有 n 个随机变量,在 n 个观测值中会有一个最大值。最大值也是一个随机变量,因此有其自己的概率分布,这被称为最大值的极值分布。图4.33中显示了 n 值为10和100时这些分布的示例。随着观测次数的增加,极值分布向更大的值移动,并变得更加明确。极值分布可以用下式表示:

$$f_{\max}(x;n)=n[P(x)]^{n-1}p(x) \tag{4.1}$$

最大值的累积分布为

$$F_{\max}(x;n)=[P(x)]^n \tag{4.2}$$

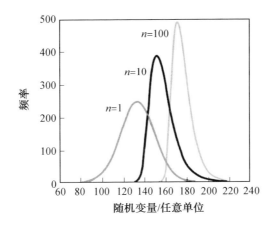

图 4.33　n 值为 10 和 100 的极值分布与初始高斯分布

当 n 变大时,极值的精确分布可能接近一种称为渐近极值分布的极限形式。如果初始分布的形式未知,但有足够的试验数据,可以利用这些数据导出渐近极值分布。最大值的渐近极值分布有 3 种类型,即类型Ⅰ或 Gumbel、类型Ⅱ和类型Ⅲ分布。

假设要针对 10^6 个 NMOS 晶体管阵列进行阈值电压注入调整,以使整体的阈值电压调谐到所需要的水平。基于特定数量的器件注入后测量显示,阈值电压呈高斯分布,平均值为 700 mV,标准偏差为 5.1 mV,如图 4.34 所示。问题在于如何在不进行 10^6 次测量的情况下,确定 NMOS 晶体管阵列中的预期最大和最小阈值电压。这对于总电离吸收剂量应用具有重要意义,因为受试器件的阈值电压决定其耐辐射性。晶体管阵列首先开始失效时吸收剂量比晶体管平均失效的吸收剂量更重要。应用上述方法会得到 $n = 10^6$ 个晶体管阈值电压的最大值和最小值的极值分布,如图 4.34 所示。对于大量器件,出现的极值与平均值相差很远。阵列中预期的最小和最大阈值电压分别为 676 mV 和 724 mV,接近平均值的 5 个标准偏差。

在此背景下考虑太阳粒子事件的最坏情况事件模型问题。为了通过极值理论或蒙特卡洛模拟从概率上确定最坏情况事件,必须知道有关初始分布的信息。完整初始分布的第一个描述是使用最大熵理论确定。这是一种数学程序,用于在数据不完整时通过避免任意引入或假设不可用的信息来对概率分布进行最佳选择。因此,可以说这是使用可用数据、能做出的最佳选择。图 4.35 所示为截断幂律分布与 3 个太阳活动周期太阳高年数据的比较,图中显示了太阳粒子事件大于 30 MeV 质子能谱分布的截断幂律,描述了分布的基本特征。较小的太阳粒子事件大小遵循幂律规律,对于非常大的事件有快速衰减趋势。图中还给出了 1989 年 10 月的太阳粒子事件情况,这被用在 CREME96 中作为太阳粒子事

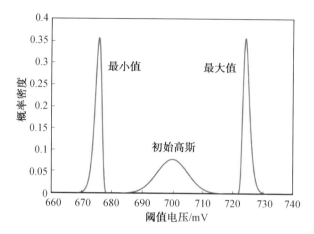

图 4.34　阈值电压注入调整后 10^6 个晶体管阈值电压
最大/小值的初始高斯和极值分布的概率密度

件的最坏情况。

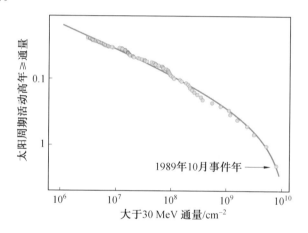

图 4.35　截断幂律分布与 3 个太阳活动周期太阳高年数据的比较(彩图见附录)

　　依据给定事件幅度的初始分布(图 4.35),可以应用极值法来确定任务过程
中的最坏情况事件,但是这种情况要复杂一些。任务期间发生的事件数量是可
变的,因此必须考虑到这一点。如果假设事件发生是泊松过程,则可以计算最坏
情况分布。对于大于 30 MeV 质子事件注量,示例结果显示在图 4.36 中。图中,
纵轴显示的超过注量的概率等于 1 减去置信水平。

　　该模型的一个有趣特征是图中所示的"设计极限"。一个合理的解释是,在
给定有限数据的情况下,它可为最大太阳粒子事件注量的最佳值。它不是绝对
上限,而是客观确定的用于限制设计成本的工程参考。人们已经为太阳粒子事
件质子通量和峰值通量开发了其他最坏情况统计模型。同时,也有针对太阳粒

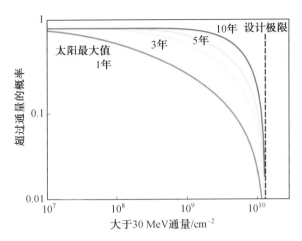

图 4.36　在太阳活动高年的任务期内预期最坏情况的质子注量概率

子事件重离子通量和峰值通量的最坏情况模型,但由于缺乏数据,这些模型的实际应用比较有限。此外还有太阳粒子事件电子概率模型,它是行星际电子模型的一部分。

（3）统计模型与最坏情况模型的使用。

如上所述,有两种方法可用于评估最坏情况的太阳粒子事件。一种方法是使用统计模型计算在指定的置信水平下任务期间可能发生的最坏情况;另一种方法是使用最坏情况模型,例如 CREME96 程序中的 1989 年 10 月发生的太阳粒子事件。

统计模型使用整个太阳粒子事件数据库。使用统计模型时,由于太阳粒子事件在量级(通量或峰值通量)、持续时间、能谱和重离子含量方面可能具有不一样的特征,因此需要考虑很多因素。相反,应用"最坏情况"模型方法直截了当,模型是基于单个良好表征探测的太阳粒子事件。因此,对于"最坏情况"模型方法,太阳粒子事件的质子和重离子的量化表征是自洽的。然而,对于统计模型,质子和重离子通量的最坏情况是独立分析的,这不一定正确。例如,质子和重离子通量可能在不同的时间段达到峰值,从而为最坏情况的表征留下了不同的方法。

统计模型允许设计人员在选择电子器件时进行风险、成本和性能的权衡。例如,可以选用更高性能或更便宜的电子器件,但面临环境的辐射损伤危害风险更高。如果使用"最坏情况"模型(例如 1989 年 10 月的太阳粒子事件),要面临的设计环境几乎没有可调整性,这可能会使微小卫星等商业卫星难以满足要求。因此,任务的属性也会决定模型的选取。

最后,需要注意的是这些太阳粒子事件模型的发展现状。"最坏情况"模型方法有很长的成功应用历史,太阳粒子事件质子统计模型也被成功地使用,而太阳粒子事件重离子模型是一个正在发展中的研究性模型。

4.地球辐射带

(1)带电粒子在磁层中的俘获行为。

辐射带可以在任何具有足够强度磁场(磁层)的行星体周围形成,在粒子进入地球大气层之前转移并捕获它们。辐射带是由捕获的太阳风粒子和太阳高能粒子中较低能量部分组成。由于水星、金星和火星的行星磁场很弱或微不足道,因此这些行星捕获的带电粒子并不明显,也不会呈现带状结构。

尽管土星和天王星有类似于地球的磁场,但在其辐射带中捕获的带电粒子要比地球少得多。相比之下,木星有一个极其强大的磁场,比地球大10倍以上,从而形成了一个范围和强度都比地球大得多的辐射带系统。地球的磁场收集并捕获质子和电子,在地球附近形成了环形的带电粒子聚集区。这些区域是由詹姆斯·范艾伦博士和一组科学家在一系列在轨探测实验中发现的,这些实验始于1958年的探索者一号任务,这是美国的第一颗人造卫星。图4.37是地球磁场捕获的两条同心辐射带的简化示意图。

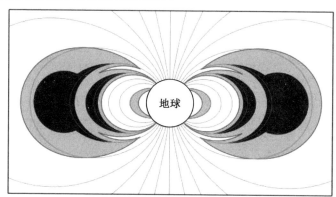

图 4.37　地球磁场捕获的两条同心辐射带的简化示意图

在地球磁场最强的赤道(平行于地表),磁带较厚;而在高纬度和低纬度地区,磁带较薄。它们在地球磁场垂直于地球表面的两极完全消失。在赤道上,内带的海拔高度为 1 200~6 000 km,而外带的海拔高度为 13 000~60 000 km。内带含有大量能量约为 1~5 MeV 的电子和动能约为 10 MeV 的质子;外带主要由能量为 10~100 MeV 的电子组成。地球辐射外带的粒子数量随着太阳活动而发生剧烈波动。

由于辐射带是辐射高能粒子大大增加的区域,因此应尽可能减少或避免穿过辐射带。位于辐射带之下、粒子通量相对较低的 LEO 轨道是相对安全的。LEO 轨道卫星还被地磁场屏蔽了部分宇宙线高能量带电粒子。

最近偶然观察到一个短暂性出现的第三辐射带,它通过与外辐射带的暂时分离而形成和消散。内外带的全向粒子通量峰值为 $10^4 \sim 10^6 \mathrm{cm}^{-2} \cdot \mathrm{s}^{-1}$。相比之下,地球表面和内带之间的粒子通量是 $10 \sim 100~\mathrm{cm}^{-2} \cdot \mathrm{s}^{-1}$,而在两个带之间的区域为 $10^3 \sim 10^4 \mathrm{cm}^{-2} \cdot \mathrm{s}^{-1}$。地球磁场与旋转轴相对于地理轴的倾斜角度约为 11°。因此,辐射带并不完全与地球表面对齐。这种不对称导致海拔高度为 1 300 km 的内带在特定区域下降到 200～800 km。内带向位于巴西海岸外的南

美洲上空的低海拔延伸,并延伸到南美洲的大部分地区(图 4.38),形成南大西洋异常区(South Atlantic Anomaly,SAA)。虽然 SAA 的粒子通量明显低于带内深处较高高度的粒子通量,但明显高于该高度的地球轨道上的任何其他地方。例如,国际空间站受到的大部分辐射剂量照射,就发生在它飞越 SAA 的时候。SAA 内带横截面的范围如图 4.38 所示。

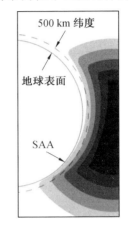

图 4.38　SAA 内带横截面的范围

地球辐射带的形成主要涉及带电粒子与地磁层的交互作用,即带电粒子在地磁场中的输运和传输。地磁层由外部磁场和内部磁场组成。内部磁场主要来自地球内部,且可近似为偶极子场;太阳风是外部磁层形成的主要原因。太阳风及其随行的磁场会压缩地磁场。在磁场平静期,磁层的向日侧大约为 10 个地球半径(磁层顶);在磁暴条件下,磁层的向日侧可被压缩到大约 6 个地球半径。太阳风通常围绕地磁场流动,因此磁层在远离太阳的方向上可能延伸到 1 000 个地球半径的距离(磁尾区)。

图 4.39 给出了地球磁场示意图。高度显示为约 4 或 5 个地球半径,地磁场近似为偶极子场。事实证明,依据近似地磁场的偶极坐标可方便地绘制捕获的带电粒子群。偶极坐标系与地球的地理坐标系并非一致。如上所述,磁偶极子场的轴相对于地理南北轴倾斜约 11°,其原点距地心约 500 km,一般是使用 $B-L$ 坐标系。在这个偶极坐标系中,L 表示在磁赤道方向上距原点的距离,以地球半径表示,一个地球半径为 6 371 km;B 表示磁场强度,描述了磁力线一个点沿磁力线磁场强度的变化。B 值在磁赤道处最小,并随着接近磁极距离而增加。

带电粒子被磁场俘获是因为磁场限制了它们的运动。图 4.40 给出了带电粒子在不均匀分布的地磁场中的螺旋、反冲及漂移三种运动方式。开始,带电粒子在地磁场中沿磁力线发生螺旋运动。随着带电粒子逐渐接近地球极区,地磁场强度逐渐增加,导致带电粒子的螺旋运动收紧。最终,当场强足够大时,足以迫使带电粒子反转运动方向,发生反冲运动。因此,粒子在"镜像点"和"共轭镜像点"之间来回进行反冲运动。此外,由于地磁场的径向磁场强度不同,因此质

图 4.39　地球磁场示意图

子和电子沿地球发生不同方向的漂移运动,质子向西运动、电子向东运动。一旦围绕地球进行完整的方位角旋转,所产生的环形表面就被称为漂移壳或 L 壳层。

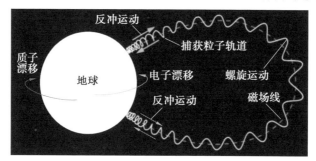

图 4.40　带电粒子在地球磁场中的运动方式

(2)地球辐射带质子。

①基本特征。

表 4.3 总结了地球辐射带质子特性及其可产生的辐射效应。图 4.41 给出了在偶极坐标系下能量大于 10 MeV 的地球辐射带质子分布示意图。图中,横轴是沿地磁赤道的径向距离,以地球半径为单位;而纵轴是沿地偶极轴的距离,也以地半径为单位。因此,纵轴值为零表示地磁赤道,以(0,0)点为中心、1 为半径的半圆表示地球表面。可以看出,这是一种特别方便的标识方式,可以减少大量信息,并在单个图形上获得粒子总数的概况。L 壳层的范围是从地球辐射带内带边界的 $L=1.14$,到地球同步轨道以外的 L 值约为 10。地球辐射带质子能量一直延伸到 GeV 范围,能量大于 10 MeV 的高能地球辐射带质子群被限制在 20 000 km 以下的高度,而能量在几 MeV 或更低的质子则在地球同步高度及更高的高度被观测到。能量大于 10 MeV 质子的最大通量出现在 $L=1.7$ 附近,并超过 $10^5 \text{cm}^{-2} \cdot \text{s}^{-1}$。大气层将地球辐射带质子带的高度限制在大约200 km 以

上，地球辐射带质子会导致电离总剂量效应(TID)、位移总剂量效应(TNID)和单粒子效应(SEE)。

表 4.3　地球辐射带质子特性及其可产生的辐射效应

L 值	能量	通量(>10 MeV)	辐射效应
$1.14\sim10$	最高可达 GeV	最高可达 10^5 cm^{-2} · s^{-1}	TID TNID SEE

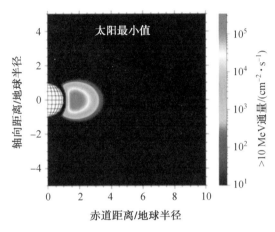

图 4.41　地球辐射带质子分布示意图(彩图见附录)

低地球轨道的质子通量与太阳活动强度成反比，且在内带边缘附近最明显，如图 4.42 所示。图中 $F_{10.7}$ 是指太阳发射的 10.7 cm 电磁波通量，被用作反映太阳活动强弱的指标。随着太阳活动的增加，地球大气层膨胀。因此在太阳活动高年，更多的质子损失在地球大气环境中。此外，在太阳活动高年，由于银河宇宙射线反照中子衰变(Cosmic Rays Albedo Neubon Recay，CRAND)过程减少，大气中产生的质子数量减少。银河宇宙射线反照中子衰变是银河宇宙射线在地球大气层产生反照中子，然后衰变成质子和电子，再被地磁场所俘获。如前所述，太阳活动高年，银河宇宙射线降低，导致反照中子的数量降低。

地球辐射带中高能质子相对稳定。然而，在 1990—1991 年专门用于空间辐射环境探测的卫星(CRRES)任务中，美国空军实验室(AFRL)发现，在 2~3 倍 L 壳层区域形成了一个瞬变的高能质子带。现已知晓，日冕物质抛射(CME)可能会引起地磁风暴，从而突然改变地磁带的结构，如图 4.43 所示。如果在 CME 之前紧跟着另一个事件，L 值为 2~3 的壳层区域可能会出现增强的通量。虽然增强的通量立即开始衰减，但它可以在一年多的时间内保持相对稳定。图 4.43 中还显示，CME 可导致地球辐射带质子通量减少，这些细节还没有完全清楚。

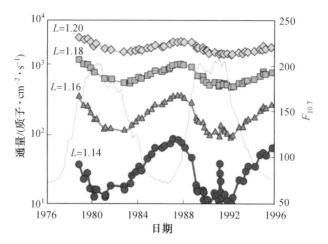

图 4.42　低地球轨道辐射带质子与太阳活动的关系

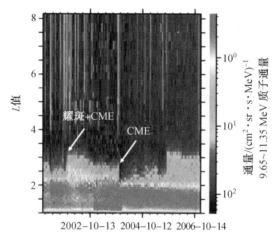

图 4.43　SAC－C 卫星观测到太阳粒子事件引起的 9.65～
11.35 MeV 地球辐射带质子通量的突然变化(彩图见附录)

②模型。

计算地球辐射带粒子能谱,一般是首先确定航天器的地理坐标纬度、经度和高度。接下来,将地理坐标系变换到偶极 $B-L$ 坐标系。然后,确定航天器外部的地球辐射带环境。欧洲航天局的空间环境信息系统(SPENVIS,网址为 http://www.spenvis.oma.be/)可以方便地完成这些参数的计算。

地球辐射带质子模型最著名的是 AP－8 模型。多年来,该模型成为航天器设计者和辐射效应研究不可或缺的模型。AP－8模型是根据 20 世纪 60 年代和 70 年代的在轨探测数据,得出的太阳活动高年和太阳活动低年的质子通量静态统计结果。因为该模型提供了辐射环境的平均通量值,所以在航天器设计时通常使用辐射设计裕度(Radiation Design Margin,RDM)。

随着模型的使用,发现了 AP−8 模型在使用上的缺点,尤其是针对低地球轨道卫星。因此,国际上在不断尝试开发新的模型,比较显著的成果是 AP−9 模型,现在正式更名为国际近地辐射环境(International Radiation Evironment Near Earth,IRENE)模型。AP−9/IRENE 允许三种计算方法:一是平均值或百分比统计模型,二是添加测量不确定性和数据缺口填充误差的扰动模型,三是蒙特卡洛分析模型,包括空间天气变化。AP−9/IRENE 模型主要基于 1976—2016 年间的数据。它不包括太阳周期的变化,也就是说,输出是整个太阳周期的平均值。由于其概率方法和百分位数的使用,置信水平可用于设计规范。最近的另一个综合模型是全球辐射地球环境模型(the new Global Radiation Earth ENvironment model,GREEN)。GREEN 是 AP−8 与其他环境模型的集成,这些模型是为了扩充总体模型类型和轨道适应能力而开发的。

图 4.44 是采用 ERETCAD_ENV 软件中极地 LEO 轨道的 AP−8 和 AP−9/IRENE 模型计算结果比较。图 4.44 中为长期沿轨道的平均值,没有考虑航天器每天多次飞越地球质子辐射带的不同部分。虽然在能量小于 1 MeV 的情况下,模型之间存在很大的差异,但这些能量对于大多数应用来说并不重要。在大部分剩余能量范围内,AP−8 模型显示出太阳活动低年时期的通量比太阳活动高年时期高,而 AP−9/IRENE 通常会导致最高的通量。AP−9/IRENE 也延伸到更高的能量,这是由于纳入了 NASA 探测器的数据。

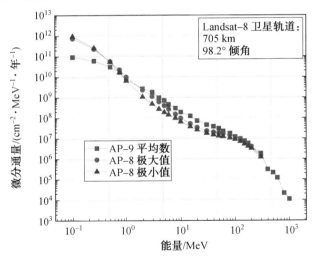

图 4.44　采用 ERETCAD_ENV 软件中极地 LEO 轨道的
AP−8 和 AP−9/IRENE 模型计算结果比较

(3)地球辐射带电子。

①基本特征。

表4.4总结了地球辐射带电子的一些基本特性。图4.45给出了地球辐射带电子分布示意图,图中所示地球辐射带电子既在靠近地面的内部区域或带,也处于外部区域或带。这两个区域非常不同,所以表4.4中分别列出了它们的特点。就像地球辐射带质子一样,这些区域的边界并不清晰,它们在某种程度上依赖于粒子能量。一般认为,内带区假设 L 值在 $1\sim2$ 之间。最初认为电子能量大约为5 MeV,但最近没有观察到这一点。地球辐射带电子总数趋向于保持相对稳定,但很难确定长期平均值。外带区的 L 值在 $3\sim10$ 之间,电子能量一般小于10 MeV。在这里,L 值为 $4.0\sim4.5$,大于1 MeV电子的长期平均值的峰值约为 3×10^6 cm$^{-2}\cdot$ s^{-1}。这个区域非常动态,通量可以每天变化几个数量级。外带的一个有趣特征是,它向下延伸到高纬度的低海拔地区。地球辐射带俘获的电子对 TID 和 TNID 效应都有贡献。

表 4.4 地球辐射带电子特性

特性	L 值	能量	通量($>$ 1 MeV)	辐照效应
内带	$1\sim2$	高达 5 MeV	不确定	TID
外带	$3\sim10$	高达 10 MeV	3×10^6 cm$^{-2}\cdot$ s^{-1}	TNID

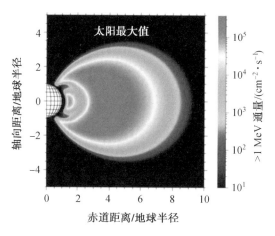

图 4.45　地球辐射带电子分布示意图(彩图见附录)

地球辐射带电子在内外带区的分布是连续的,在这两个区域之间有一个区域,在平静期通量处于局部极小值,但通量是相当多变的,这称为槽区。假设槽区的位置在 $2\sim3$ 倍 L 值之间,这对于某些类型的飞行任务来说是有吸引力的,因为与在低轨飞行的飞行任务相比,空间覆盖率更高。

②模型。

长期以来,地球辐射带电子的标准模型是 AE-8 模型,由地球辐射带电子的静态通量图组成太阳高年/太阳低年(图 4.45)。由于外带区电子分布的变异性,AE-8 模型只在较长的任务周期内有效。一条保守的经验法则是不应用于短于 6 个月的任务周期。

外带区的一个特点是通量随高度波动且动态演化。这是由地磁暴和亚暴引起的,它们对地磁场造成了很大的扰动。高层大气研究卫星(UARS)的在轨检测结果表明,在这类风暴前后,电子通量水平有很大的变异性。图 4.46 显示了 $3.25 \leqslant L \leqslant 3.5$ 的 1 000 天内电子平均通量水平,与地磁暴前(第 235 天)到一场地磁暴后(第 244 天)的演化规律的比较。能量为 1 MeV 时,单日平均微分通量相差约为 3 个数量级。这说明了外带长期平均情况和短期瞬态值之间的差异。

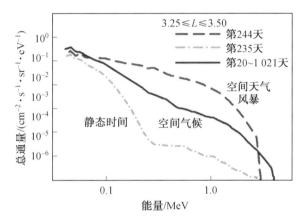

图 4.46　UARS 在轨探测的长期平均值与地磁暴前后的电子通量的比较

由于外带区域的易变性,因此应用概率方法更易描述。这就是新的 AE-9/IRENE 地球辐射带电子模型的情况,它使用了与之前讨论地球辐射带质子时相同的方法。人们还对外区和槽区进行了其他统计分析,有一种用于描述外带通量的方法是通过使用地磁活动指数,如 Ap 和 Kp,将它们与地磁场的扰动程度联系起来。

广泛用于通信卫星的外层空间的一个重要轨道是地球静止轨道(GEO)。图 4.47 显示了采用 ERETCAD_ENV 软件中 GEO 轨道的 AE-8 和 AE-9/IRENE 模型计算结果的比较。AE-8 在 GEO 轨道中没有太阳周期依赖性,因此不存在太阳高年和太阳低年的区别。可以看出,在大部分能量范围内,AE-8 给出了更为保守的通量。法国国家航空航天研究局(ONERA)的研究小组也在 GEO 轨道的地球辐射带电子模型方面做了大量工作。他们最新的模型是 IGE-2006,可以选择最大(最坏情况)、平均或最小(最好情况)的通量输出。在

SPENVIS 中计算平均通量并与图 4.47 进行比较时,结果显示除能量约小于 0.1 MeV外,通量均低于 AE－8 和 AE－9/IRENE。然而,IGE－2006模型已被纳入该小组新的地球辐射带电子的综合模型中。

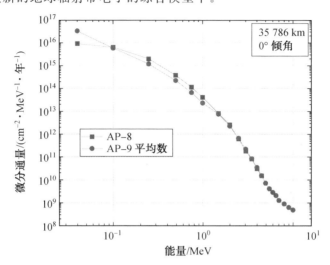

图 4.47　采用 ERETCAD_ENV 软件中 GEO 轨道的 AE－8 和
AE－9/IRENE 模型计算结果的比较

图 4.48 很好地展示了范艾伦探测器(Van Allen Probes)在轨探测到的约 3.5年内地球辐射带电子的动态行为,以 L 壳层数值作为时间的函数,绘制了 0.75 MeV电子的通量图。图 4.48 的顶部显示了电子强度的颜色编码。两个方框区域表示最严重的地磁风暴时段。该图显示了外带区(L＞3)的易变性。在地磁暴期间,电子可以被注入槽区(2＜L＜3)。在槽区内,电子的寿命相当短,衰退期约为 10 天。在强地磁暴期间,电子也可以被注入内带区(1＜L＜2)。通常情况下,内带区稳定,因为注入的电子衰减得非常慢,并且在地磁暴过后一年多的时间内一直存在。

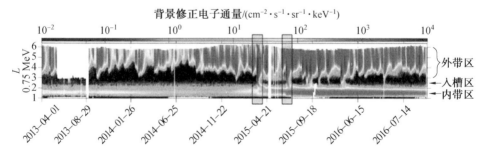

图 4.48　根据 L 壳层绘制了大约 3.5 年间的 0.75 MeV 电子通量随时间变化(彩图见附录)

图 4.48 给出了近几年能量为 0.75 MeV 的电子辐射带的特点,可见内带在

很长一段时间内相当稳定。高能电子(＞1.5 MeV)在图 4.49 的顶部显示,没有任何异常。外带看起来不稳定,而内带较为稳定。虽然目前使用的 AE－8 和 AE－9/IRENE 等模型预测的内带区的电子通量在 1.5～5 MeV 的能量范围内并不大,但在辐射效应分析中通常会考虑这些通量。但是,图 4.49 中上图的数据并未针对背景修正,这是由于高能质子会影响其数值。范艾伦探测器在这方面有改进的能力,当去除背景噪声时,结果如图 4.49 中下图所示,内带区的高能电子几乎完全消失了。事实上,自 2012 年范艾伦探测器发射以来,没有证据表明内区存在＞1.5 MeV 的电子。

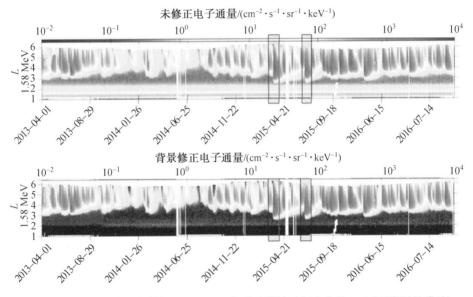

图 4.49　根据 L 壳层绘制的 1.58 MeV 电子通量随时间变化约 3.5 年(彩图见附录)

内带区域的这一部分发生了什么仍然存疑。范艾伦探测器之前的仪器不具备分析背景噪声的能力。因此,可以肯定的是,一些报告为地球辐射带电子的旧数据实际上是由高能质子造成的。此外,这些情况也可能反映了因时间不同而导致的差异。将＞1.5 MeV 电子注入内带区域可能需要极端地磁暴,而范艾伦探测器工作时间中的磁暴相当温和。

最后,讨论如何计算分析辐射损伤。图 4.50 采用 ERETCAD_ENV 软件针对 LEO 轨道哈勃太空望远镜的 AE－8 和 AE－9/IRENE 模型计算结果比较,给出了用两种模型计算的电子能谱。第一个是 AE－8 模型,它由 20 世纪 60 年代和 20 世纪 70 年代的旧数据组成。另一个是 AE－9/IRENE 模型,它基于范艾伦探测器数据和内带区域的 CRRES 卫星数据。CRRES 卫星数据包括 1991 年 3 月的强风暴。可以看出,这些模型在能量大约为 1 MeV 的范围内吻合得很好。从以上讨论可以看出,对于 AE－8 模型,高于 1 MeV 的能量会显示出更高的通量。对哈勃轨道使用2.5 mm铝屏蔽层后的 TID 分析表明,如果使用 AP-8/AE-8 模型,电子对 TID 的贡献不到20%。如果使用 AP-9/AE-9/IRENE 模型,则电子对 TID 的贡献小于 2%。因此,尽管内带电子提出了一个有趣的科学挑战,但除了可能的表面效应之外,它们不太可能引起辐射效应问题。

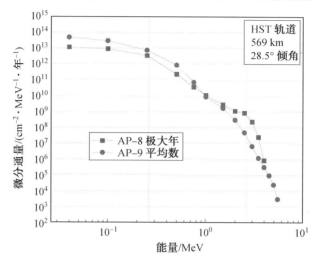

图 4.50　采用 ERETCAD_ENV 软件中 LEO 轨道的哈勃太空望远镜 AE-8 和 AE-9/IRENE 模型计算结果比较

虽然地球辐射带中的电子和质子的能量比大多数 GCR 或 SEP 低得多,但如果长时间在地球辐射带内运行,高通量带电粒子辐射会对航天员和电子器件造成较大的损伤。因此,型号任务的轨道参数是经过精心设计的,以尽量减少航天器暴露于地球辐射带的时间,最大限度地减少地球辐射带的影响,可以大大降低单粒子效应和累积损伤效应作用。此外,在某些情况下,当电子器件处于地球辐射带中时,就会关闭电源,以减少电离总剂量效应。通常情况下,电场的影响会使这种效应变得更糟。

5. 地外辐射带

磁场通过改变宇宙射线的轨迹,会对星球起到很好的保护作用,提供天然屏障。低高度和低倾角的轨道受到磁场影响最大,粒子必须穿过磁场线才能到达卫星。抗偏转用粒子的磁刚度表征,低于给定磁刚度的粒子无法到达给定位置的卫星。这种磁刚度截止值随时间变化,特别是对于高倾角轨道。磁刚度是一个基于粒子能量的截止值,而不是直接应用于一个特定的 LET 值范围。磁层在太阳活动引起的地磁暴期间也会表现出动态行为。这些干扰可以导致磁刚度截止值移动到较低的纬度和高度。k 指数用来描述地球磁层扰动的特征,这些扰动是由各个地面天文台测量的。该指数中较大的数值表明地磁暴的影响。美国国家海洋和大气管理局(National Oceanic Atmospheric Adminstration,NOAA)提供的 A 指数(图 4.51)对这些测量数据进行了平均,提供了行星扰动的度量。

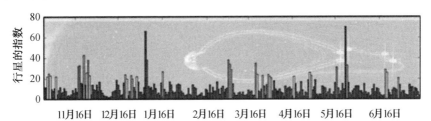

图 4.51　记录近期地磁暴的历史行星 A 指数

就像地球一样,太阳系中的许多其他行星也被观测到有辐射带。被困在这些辐射带中的粒子的种类、丰富程度、能量和时间变化很大程度上取决于行星及其磁场。行星磁场通过两种方式影响在行星附近观测到的粒子光谱:第一,行星的磁场保护了行星不受太阳宇宙线粒子和银河宇宙线粒子的影响;第二,行星磁场使带电粒子被困在行星附近的辐射带中。地球是太阳系中磁场强度最大的天体之一,木星和土星的大小大约是地球的 10 倍,它们的磁矩分别是地球的 2×10^4 和 2×10^3 倍。因为磁场的大小大致与土星到地球距离的立方成反比,所以土星的磁场可以与地球的磁场相媲美,而木星的磁场是地球磁场的 20 倍。因为磁层捕获粒子的最大能量和通量与其磁场强度成正比,所以木星的粒子能量比土星和地球的磁层或星际空间的粒子能量要高得多。土星的环境与地球的环境大致相同(图 4.52)。随着探索太阳系任务的继续深入,航天器设计师和任务负责人需要记住所访问行星的独特辐射环境。

6.空间辐射环境仿真

空间辐射环境极其复杂,不同轨道的航天器在轨运行期间实时遭受不同的辐射环境中粒子的辐射作用,粒子辐射严重影响在轨航天器的稳定运行。ERETCAD 具有航天器空间环境模拟模块,是航天器总体设计与空间环境可靠性评估的仿真平台,可对空间环境效应分析所必需的航天器在轨运行状态与复杂空间环境进行实时量化表征计算,实现空间辐射环境、空间原子氧环境、空间等离子体环境模拟仿真计算,实现不同轨道航天器空间环境实时对比分析,为空间环境效应分析提供在轨运行状态与环境量化数据支撑。基于多种空间环境模型与航天器运行状态解析模型,建立自主仿真分析架构,突破了在轨航天器所处空间环境模拟仿真中多环境、多模型、多轨道、多姿态实时动态量化表征难以实现的技术壁垒,解决了在轨航天器高精度环境量化表征、自主辐射带模型应用、深空辐射环境模拟等关键科学问题。

实现空间全环境量化表征能力,能够在航天器实时运动中,实现空间大气环

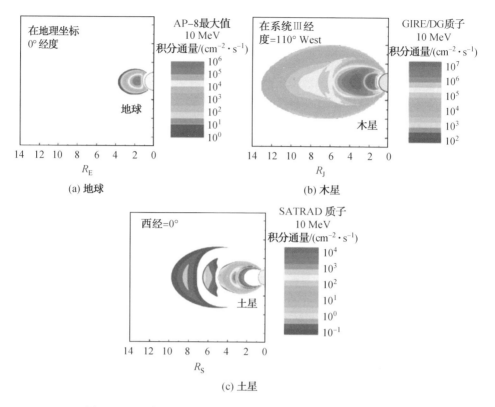

图 4.52　地球、木星和土星辐射带质子辐射环境（彩图见附录）

境、风速环境、紫外环境、地磁场环境、地球辐射带环境、太阳宇宙线环境、银河宇宙线环境、空间等离子体环境等多环境、多模型、多轨道、多姿态实时量化表征。使用仿真平台仿真 LEO、MEO、GTO、GEO 轨道的辐射带电子环境、辐射带质子环境、高层大气环境，图 4.53 中展示了 LEO 的原子氧环境轨迹云图，图 4.54 展示了 MEO，GTO，GEO 的辐射带电子 0.04 MeV 微分通量轨迹云图。

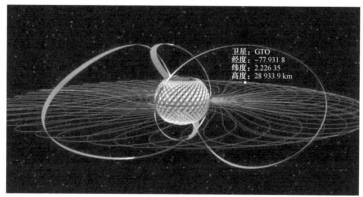

图 4.53　LEO 的原子氧环境轨迹云图

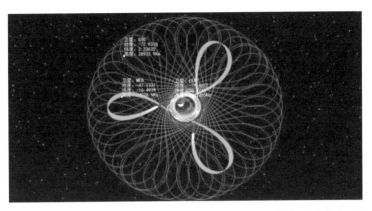

图 4.54　MEO、GTO、GEO 的辐射带电子 0.04 MeV 微分通量轨迹云图

4.3　空间辐射效应

4.3.1　辐射物理基础

1. 概述

辐射是指从一个地方到另一个地方的能量传输,这种能量的"载体"是光子、离子、电子、μ 子和/或核子(中子或质子)。早在 20 世纪,人们就发现"粒子"和"波"的经典概念,但并没有在量子尺度完全描述粒子的特性。而且从本质上讲,这些粒子实际上表现出类似粒子或类似波的行为(波粒二象性),具体视情况而定。根据这种二象性,每个粒子都可以被视为具有一个特征波长,该波长与其动量(或者动能的平方根)成反比,即

$$\lambda = \frac{h}{p} = \frac{h}{mv} = \frac{h}{\sqrt{2mE_{k}}} \tag{4.3}$$

式中,h 是普朗克常数;p 是粒子动量;m 是质量;v 是速度;E_{k} 是动能。

随着粒子能量的增加,其速度和动量也会增加,而其波长会变小。这是一个重要的性质,因为入射粒子的波长决定了与物质可能发生的交互作用性质。

这一定律的物理效应在光学上很容易证明。阿贝衍射极限(更复杂的形式称为瑞利标准)表示,用于分辨观察物体的特征尺寸的最小限度是波长 λ 的一半。低于该极限波长,衍射现象占主导地位,无法形成清晰的聚焦图像。由于可见光的最小波长约为 400 nm(光谱中的紫色),因此可以光学分辨的最小物体约为 200 nm,如图 4.55 所示。事实上,光学显微镜可以很容易地形成细胞内细菌和结构的图像,但病毒、蛋白质等太小。光学显微镜(Optical Microscope,OM)、

扫描电子显微镜(SEM)和透射电子显微镜(TEM)获得的分辨率比较如图 4.56 所示。

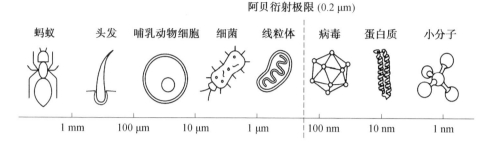

阿贝衍射极限 (0.2 μm)

蚂蚁　头发　哺乳动物细胞　细菌　线粒体　病毒　蛋白质　小分子

1 mm　100 μm　10 μm　1 μm　100 nm　10 nm　1 nm

图 4.55　阿贝衍射极限可见光可分辨的最小特征

以类似的方式,如果使用电子显微镜观测物体,较高的加速电压允许分辨较小的特征,因为电子波长随着电子动能的增加而减小。典型的 SEM 使用 $1\sim20$ keV 范围内的加速电压,可探测到半导体器件特征。在 TEM 中,电子被加速到数百 keV,可以达到原子级的分辨率,如图 4.56 所示,图中 λ_{pn}、λ_e、λ_B 分别为 OM、SEM 和 TEM 的最小分辨率。

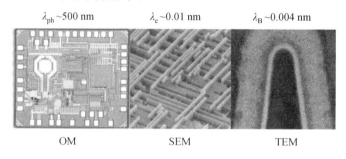

$\lambda_{ph} \sim 500$ nm　　$\lambda_e \sim 0.01$ nm　　$\lambda_B \sim 0.004$ nm

OM　　　　　SEM　　　　　TEM

图 4.56　OM、SEM 和 TEM 获得的分辨率比较

同样的原理也适用于粒子加速器。近年来在粒子加速器中,电子或离子的能量一直在增加,可揭示深亚原子尺度的交互作用,从而能够发现夸克、轻子,以及最近发现的希格斯玻色子,它构成了物质的基本组成部分。

在真空环境中,辐射可以不受抑制地进行传播,这是航天器在空间遇到辐射环境的一个重要原因。辐射粒子和物质之间的交互作用,最终在电子器件中会不可避免地产生各类辐射效应。当辐射粒子流入射到物质(或目标材料)上时,每个入射粒子将经历三种可能情况并产生相应结果:

①粒子将穿过目标材料,不以任何方式交互作用,从材料的另一侧出现(没有方向变化或能量损失)。

②在穿过目标材料时,粒子将失去部分动能(通常是通过大量的小能量消耗交互作用),其方向发生改变,动能降低。

③粒子将在目标材料中失去所有能量,并被材料吸收。

辐射有多种形式,包括电磁波和各种高能粒子辐射。

电磁波由三个物理特性定义:频率、波长和光子能量(光子是电磁能量的粒子)。由于波长与频率成反比,光子能量与频率成正比,因此波长越长,频率越低,光子能量越低;而波长越短,频率越高,光子能量越高。物质的电磁辐射行为取决于其波长。

图 4.57 为按波长划分的电磁光谱,从无线电波到微波、红外、可见光、紫外线、X 射线,最后到伽马射线。从辐射损伤敏感度的角度来看,电子器件在工业、医疗和国防应用中最典型的电磁辐射挑战是 X 射线和/或伽马射线辐照。射频和电磁干扰等辐射效应,可通过标准化的商业设计、布局和封装进行有效减缓。

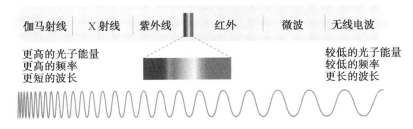

图 4.57　按波长划分的电磁光谱

除光子外,其他辐射粒子还包括自然、工业和国防环境中常见的不同原子和亚原子粒子,从大到小是重离子和轻离子(电离的原子)、核子(中子和质子)、电子和 μ 子。在宏观统计意义上,如果高能粒子入射到物质(目标材料)上,则有几种可能的结果,如图 4.58 所示。在某些情况下,特别是如果物质厚度相对于入射到该材料中粒子的典型射程小,则粒子可能在没有任何交互作用的情况下穿过目标材料,从而完全穿透。例如,中微子(无电荷和几乎无质量的亚原子粒子)与物质的交互作用很弱,大多数中微子将穿过大厚度的致密材料而根本不发生交互作用(图 4.58 中 a)。因此,这些粒子通常不是电子器件空间环境可靠性问题的来源,因为它们在没有任何交互作用的情况下穿过设备。与此形成鲜明对比的是,放射性元素衰变产生的 α 粒子可被一张薄纸完全吸收(图 4.58 中 f)。需要注意的是,这些 α 粒子可由芯片材料中天然存在的放射性铀和钍的衰变释放出来,如果不控制在非常低的水平,可能会导致电子器件产生严重的可靠性问题。因此,入射粒子与目标材料之间交互作用越强,电子器件的损伤效应越显著。

从完全穿透到完全吸收,还有其他几种可能的结果,取决于入射粒子与目标材料中的电子和原子核之间的交互作用。入射粒子能量通常会部分衰减,也就是说,从目标材料的相对表面射出的粒子数量将比入射的原始粒子数量少。某

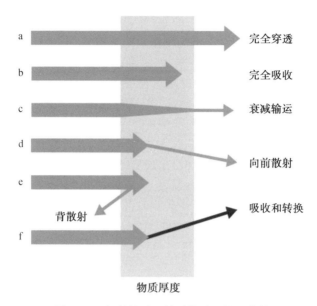

图 4.58　辐射粒子入射到物质上的可能结果

些粒子的吸收或与目标材料中的电子和原子核的碰撞会导致这种衰减,结果造成一些粒子被重定向或散射(图 4.58 中 b~e)。入射粒子散射的角度取决于许多参数(粒子能量、角度、材料类型等)。在非常基本的方式中,碰撞后反向运动的粒子被视为反向散射(图 4.58 中 e),而那些偏离其原始路径但仍保持前进方向的被认为是正向散射(图 4.58 中 d)。在某些情况下,由于原始粒子吸收并转化为另一种类型粒子,会出现原始入射粒子以外的粒子(图 4.58 中 f)。

　　入射粒子可以在单个交互作用过程中被完全吸收,例如在某些交互作用中,光子产生电子—空穴对而被完全吸收。但对于入射离子、核子和电子,几乎所有可能的交互作用都将入射粒子动能的一部分转移到目标电子或原子核。换句话说,需要多次连续的交互作用来减缓并最终阻止入射粒子(将其动能降至零)。粒子在每个连续交互作用之间移动的距离称为自由路径,所有交互作用之间的平均距离称为平均自由路径。

　　图 4.59 给出了入射粒子及其穿过物质的路径示意图,入射粒子在穿过物质过程中会与电子和/或原子核发生多次连续碰撞。如果交互作用的概率增加,平均自由程将减少。因此,粒子将在较小的移动距离内消耗更多的能量,在材料中的射程将减小。这种情况类似于比较入射粒子在低密度材料与高密度材料中的输运路径(密度用于表示给定体积材料中交互作用位置的数量)。

　　随着材料密度的增加,粒子在移动特定距离时所受的交互作用也会增加,因此碰撞之间的平均自由程会减小,粒子在密度更大的材料中的射程也会减小。由于入射粒子的能量不是通过单个交互作用吸收的,而是通过与目标物质的核

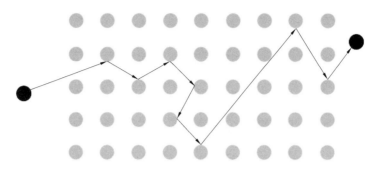

图 4.59　入射粒子及其穿过物质的路径示意图

和电子的许多较小的交互作用吸收的,因此每个入射粒子的实际物理路径可能是唯一的。

离子入射路径可以利用蒙特卡洛方法进行模拟。图 4.60 给出了 1 000 个 50 MeV 铁离子入射硅材料示意图。铁离子从左侧垂直入射到硅材料表面,并穿过硅材料向右移动。在这种情况下,调整硅材料的厚度和铁离子的能量,以使所有铁离子在硅材料内被吸收。换言之,铁离子的射程小于它们所要穿过的目标

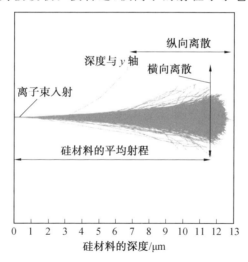

图 4.60　1 000 个 50 MeV 铁离子入射硅材料示意图

硅材料的厚度。这一过程是随机的(概率的),虽然同一铁离子在同一块硅片上重复入射,但没有两条路径是相同的。在本例中,入射铁离子的平均深度(射程)约为 12 μm,但路径的横向和纵向范围存在明显变化。之所以发生这种“离散”行为,是因为每个离子在深度上的交互作用的数量和类型不同。因此,遭遇更多散射型交互作用的离子更倾向于偏离其初始路径。

2. 交互作用过程

（1）光子。

光子没有电荷，避免了已经观察到的带电粒子与电子和原子核之间的许多交互作用过程。光子向物质损失能量的主要机制有三种：光电效应、康普顿散射和电子对产生，如图 4.61 所示。如果入射光子有足够的能量将电子从价带或束缚态中释放出来，光子将被湮灭，全部能量被吸收，产生一个被激发的光电子，并留下一个带正电的空穴。在较高的光子能量下，光子可以激发一个紧密束缚的内部电子。在这种情况下，当外壳电子填充到原始光子吸收事件中产生的空穴时，会产生次级"特征"X 射线光子。就像指纹一样，每个元素的 L 壳层和 K 壳层电子之间都有一个唯一的能量，发射的特征 X 射线能量是特定元素的特征，这些特征 X 射线表现为非常清晰的光谱线。光电效应是非弹性的（因为所有入射能量都转换为激发），与光子频率成正比，频率越高的光子提供的能量越大。这种量子力学过程称为光电效应。在光子能量不足以产生电子-空穴对的情况下，光子穿过的材料是"透明的"，因为光子将不被吸收地通过材料。光电交互作用发生的概率在很大程度上取决于入射光子的能量与目标材料中电子的结合能。在硅材料中，从光学频率到高达 100 keV 的 X 射线频率，光电效应是光子与物质交互作用的主要方式。

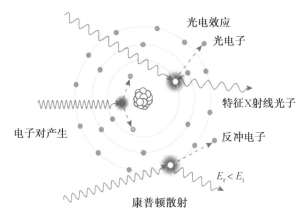

图 4.61　入射光子在物质中损失能量的三种主要机制

在较高的光子能量下，另一种机制开始发生。在康普顿散射中，光子在与单个电子的碰撞中损失了一些能量。散射反应产生一个自由反冲电子和一个"散射"光子，该光子被转移到另一个方向，能量（频率）比碰撞前少。根据所转移的能量，电子或者被提升到更高的能量束缚态；或者在转移能量超过束缚能的情况下，电子被释放动能，从而可以与其他电子和原子核交互作用。

在更高的光子能量下，电子对产生成为可能，并最终成为高能伽马射线的主要能量损失机制。在入射的伽马射线光子和原子核之间可以产生电子对,从而产生两个粒子:一个电子和一个正电子(带正电的电子)。要产生电子对,光子能量必须至少等于所产生的两个粒子的总静止能量。超出阈值的任何额外能量都将转换为两个新创建粒子的动能。在达到阈值能量之前,电子对产生的概率为零。在这个阈值以上,电子对的产生随着光子能量的增加而增加。电子对产生速率大致随着靶原子的原子序数(原子中的质子数,记为 Z,在不带电的原子中,也指目标材料原子核的电子数)的平方。更重、密度更大的原子核更能吸收伽马射线。

这三种能量损失机制定义了入射光子束可以通过特定厚度目标材料的比例。光子束强度随目标材料厚度和衰减系数 μ 的乘积呈指数衰减,单位为 cm^{-1}。衰减系数取决于光子能量和目标材料,因为这将决定哪种吸收机制占主导地位。通常考虑质量衰减系数 μ 是比较方便的,μ 是线性衰减系数除以目标密度。质量衰减系数的单位为 $cm^2 \cdot g^{-1}$。图 4.62 将硅的质量衰减系数绘制为光子能量的函数,总响应由三种主要能量损失机制(光电效应、康普顿散射和电子对产生)定义。

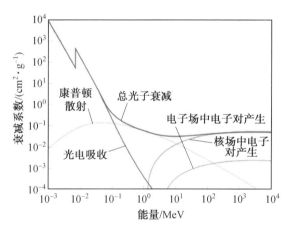

图 4.62　总质量衰减系数与光子能量的关系

由于大多数电子器件被封装在不透明的封装材料中(塑料、陶瓷和/或金属),因此可见光谱中的光子通常不会造成影响。高能光子(如 X 射线和伽马射线),很容易穿透封装材料,因此从电子器件的角度来看,高能光子是造成辐射损伤的主要光子类型。在工业和医疗环境中,X 射线或伽马射线是主要的辐射源,光子能量在 $10 \sim 1\,000$ keV 的范围内,因此电荷产生主要以光电效应为主,而康普顿散射的影响较小;在陆地和空间辐射环境中,与其他辐射类型相比,X 射线和伽马射线的影响通常不显著。

(2)电子。

入射电子通过库仑力与目标物质中的电子和原子核发生交互作用。每次交互作用的结果总是重新确定电子的运动方向,以及伴随或不伴随光子的发射。在电子—电子交互作用的情况下,两个带负电荷的电子之间的排斥力随着它们之间距离的缩小而增大。这种力使入射电子偏离其初始轨道(假定目标电子停留在围绕原子核的轨道上),入射电子以不同的角度离开碰撞区。

在电子与原子核交互作用的情况下,带负电荷的电子和带正电荷的原子核之间的吸引力随着它们之间距离的缩小而增大。这种引力使电子减速并使其改变轨道(原子核受到的影响要小得多,因为它比电子大得多),入射电子以不同的角度离开碰撞区。偶尔,电子会造成原子核位移,造成位移损伤,尽管电离能量损失更为普遍。位移和电离都称为散射,电子与物质交互作用的三种主要机制示意图如图 4.63 所示。

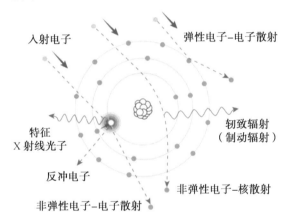

图 4.63　电子与物质交互作用的三种主要机制示意图

两种最有可能的交互作用是电子和电子散射。电子—电子碰撞中的散射角(入射电子轨迹与碰撞后新轨迹之间的夹角)小于电子—原子核碰撞中的散射角,因为涉及的质量较少。弹性电子散射通常导致较小的散射角,而电子—原子核交互作用导致较大的散射角并涉及非弹性过程。在电子—原子核碰撞中,散射角强烈依赖于目标材料的原子序数(Z)。由于 Z 较高的原子往往具有较高的电子密度,因此此类材料中的电子散射效应较大。在非弹性电子—电子碰撞中,靶材束缚电子吸收部分或全部入射电子动能,并被激发到更高的能级。当一个内部电子与一个入射电子发生碰撞而被弹出时,它会留下一个空位。这一空缺立即被来自更高能束缚态的电子所填补,同时发射光子,其能量由高能态和低能态之间的差异来定义。在高 Z 元素中,发射的光子是特征 X 射线。这种特征 X 射线类似于因光电效应吸收光子时产生空位而发射的 X 射线。当电子—电子非弹性反应发生在弱束缚电子的较低原子序数(低 Z)中时,发射的光子处于可见光谱中。在某些交互作用中,如果目标电子吸收更多的能量,它可能会变得"未束缚"或"自由"。如果它有足够的动能,被激发的电子会在失去能量并被重新捕获之前,引起进一步电离(这种高能电子通常被称为 δ 射线)。

入射电子和原子核之间的非弹性交互作用导致光子的直接发射。当电子被吸引到原子核附近时,它会减速并改变方向。当带电粒子减速时,会发生轫致辐射,或称刹车辐射。这种减速会导致电子失去动能,动能以轫致光子的形式发射出来。高速电子越接近原子核,静电引力越大,电子减速越大,发射光子的能量越大。发射光子的能量与电子-原子核交互作用时的距离成正比,且存在半无限多条可能轨道。因此,轫致辐射的特点是光子能量是连续的,最大能量由入射粒子的最大动能决定。图 4.64 所示为电子在硅(蓝色)和钨(红色)中的射程与能量的关系。

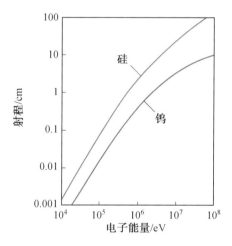

图 4.64　电子在硅和钨中的射程与能量的关系

由于大多数电子器件封装在不透明封装材料(塑料、陶瓷和/或金属)中,只有动能超过约 300 keV 的电子才能穿透封装材料并到达芯片。在工业和医疗环境中,加速器产生的电子束或放射性同位素发射的 β 粒子,电子能量在 0.01～4 MeV 范围内。显然,在更高的能量下,电子能够穿透电子器件封装并照射内部芯片。在地球自然环境中,通常不存在足够对电子器件的可靠性产生重大影响的高能电子(或 β 粒子)。在空间辐射环境中,电子通量和能量可能非常大,特别是在地球辐射带附近,电子通量非常高,电子的能量在 0.1～10 MeV 范围内,能够穿透封装和壳体材料并引起 TID。

(3)核子与核反应。

核子是构成所有原子核的质子和中子,是原子核的组成部分。核子由胶子

(强力的载体)结合在一起的三种特殊类型的夸克组成,但对于电子器件中的辐射效应物理学来说,仅需要研究质子和中子与物质的核反应。中子和质子的质量几乎相同。中子的质量为 1.0 amu(原子质量单位),而质子的质量为 0.998 6 amu。相比之下,电子的质量要小得多,约为 0.000 5 amu。质子和中子的根本区别在于中子是电中性的,而质子是带正电的。这种差异对于靶原子核和电子的交互作用方式有影响。

由于中子没有电荷,因此不会发生库仑交互作用,故中子在穿过靶材料时无法直接产生电离效应。换句话说,中子在物质中损失能量的唯一途径是通过弹性和非弹性核反应(以及与未配对电子的罕见磁交互作用)。因此,中子穿透性很强,因为它们与物质的交互作用是有限的。中子可以产生两种类型的核反应,弹性和非弹性,如图 4.65 所示。在弹性碰撞中,中子"反弹"到原子核上,产生反冲;在非弹性情况下,中子被吸收,导致原子核处于激发状态。

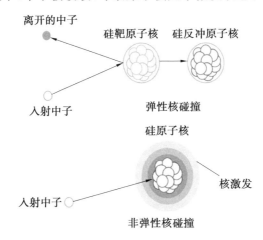

图 4.65　高能入射中子与硅靶原子核之间的
弹性(顶部)和非弹性(底部)核反应

(4)非弹性核碰撞。

在弹性反应的情况下,中子与目标核碰撞,并将其部分动能转移到该原子核,然后中子以较少的动能离开碰撞位置。从电子器件的角度来看,如果入射中子的动能足够多地转移到原子核(这通常发生在中子能量超过 100 keV 时),它将成为反冲原子核,并从目标内的正常位置移位。

在半导体器件中,中子造成的缺陷会引起器件电性能的很大局部变化。这些缺陷在重复的中子或质子事件中累积产生位移损伤效应。此外,每个中子诱导的反冲核都是重离子,在远离碰撞位置时产生大量直接电离。因此,每个反冲核都有可能产生 SEE。

非弹性核反应在中子被目标原子核吸收时发生,意味着中子的质量和能量被转换为原子核的激发能。释放过剩能量有几种途径,所有这些途径都会导致目标原子核产生二次辐射,这取决于原子核的类型和入射中子的动能,如图 4.66 所示。当入射中子的能量高达几十 keV 时,入射中子通常被吸收,多余的能量以伽马射线光子的形式释放。

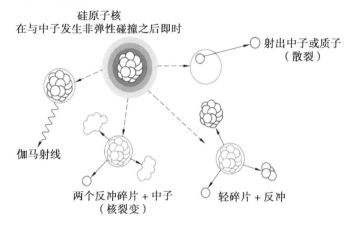

硅原子核
在与中子发生非弹性碰撞之后即时

射出中子或质子
(散裂)

伽马射线

两个反冲碎片 + 中子
(核裂变)

轻碎片 + 反冲

图 4.66   原子核经非弹性核反应后释放高激发态能量的典型途径

　　在从 1 eV 到几十 MeV 的低能到中能段,通常的结果是俘获中子的能量在所有核子之间共享。原子核的反应是核碎裂,通常碎裂成一个或多个轻碎片(核子或轻离子)和较重的反冲核(也会发射伽马射线)。所有发射的碎片通常具有 MeV 范围内的能量,因此会直接产生电离损伤。这种二次辐射是电子器件中中子 SEE 的主要来源。

　　某些重核元素的原子核将分裂成两个质量几乎相等的反冲碎片,同时发射一个或多个中子,这种核反应被称为核裂变,是核反应堆工作运行的基础。对于电子器件而言,由于重核元素比例较少,裂变不是 TID 或 SEE 的重要来源。

　　当入射中子能量增加到 100 MeV 以上时,其波长减小,不再与整个原子核交互作用,而是将其大部分或全部能量转移到原子核内的单个核子上。这些高能反应的结果称为散裂。入射中子与核内的单个中子或质子交互作用,将其以高动能方式射出。然后,射出的核子在穿过靶材料时会继续进行核反应并引起进一步的核反应。

　　尽管质子的质量与中子的质量几乎相同,但其与中子在物质中的行为却不同,因为质子带有正电荷。除了诱发许多与中子相同的核反应外,质子还通过库仑力进行交互作用,因此可以直接电离材料。在典型的电子器件敏感体积内,质子产生的实际电荷相对较小,但在一些具有低临界电荷的先进数字集成电路中,已观察到质子的直接电离产生的 SEE。质子会吸引电子,并被原子核的正电荷排斥。对于动能小于 50 MeV 的质子,库仑效应为主,在强力接管并引起核反应之前质子将被排斥出核。对于动能在 50 MeV 以上的质子,其有足够的能量超过排斥库仑效应,将发生类似于中子诱导核反应。

核反应的最后一个重要内容是核反应截面的概念。横截面是当质子或中子穿过靶材料时发生特定核反应概率的度量,常以靶恩(barn)为单位。其中 1 barn=10^{-28} m^2=10^{-24} cm^2。靶恩基于典型的核物理半径(约 10^{-14} m)和横截面积(10^{-29} m^2)确定。

图 4.67 是入射到硅材料上的中子核反应截面与中子能量的关系。图中给出了总反应截面的弹性(红色曲线)和非弹性(蓝色曲线)部分。曲线中非常明显的共振是由不同的量子化核态造成的。若入射粒子沉积的质量/能量与这些离散态相吻合,则更容易被捕获。这些共振揭示了原子核特定量子结构的细节特征。

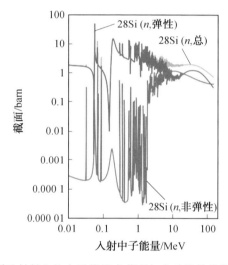

图 4.67　入射到硅材料上的中子核反应截面与中子能量的关系(彩图见附录)

对于电子器件而言,横截面曲线很重要。因为根据入射到靶材料上中子或质子的能谱,由横截面参数可确定预期在靶材内发生的实际核反应数量。最终,这类信息有助于评估电子器件中的 SEE 错误率和敏感体积中的吸收剂量。质子是航天器在空间环境中遇到的主要辐射环境,其中相当一部分质子具有足够高的能量穿过屏蔽和封装材料,并在电子器件芯片中沉积大量能量。因此,质子是导致 SEE 的主要根源。并且当其通量足够大时,还可能诱发 TID 和 TNID效应。

(5)离子。

高能离子带正电,使原子失去了部分或全部电子,携带动能高速运动。当高能离子穿过物质时,主要的能量损失机制是与原子核电子和核的交互作用。氙离子在硅靶材中的线性能量传递密度(LET)与离子能量的关系如图 4.68 所示。由于电子效应(直接电离),因此离子能量越高,峰值越大。较低离子能量下的较小峰值是因"核"阻止而产生的,即入射离子对目标原子核位移造成的能量损失。沿着穿过靶材的轨迹,离子将不断地失去动能(速度减慢),从而与原子核和电子发生连续的弹性和非弹性交互作用。高能离子的正电荷将附近的电子逐出轨道(使其电离),在其尾迹中产生大量电子—空穴对。带有更多正电荷的"重"离子可更有效地引起直接电离。事实上,在任何给定能量下,离子越重,该离子轨迹上产生的电荷越多(LET 越高)。

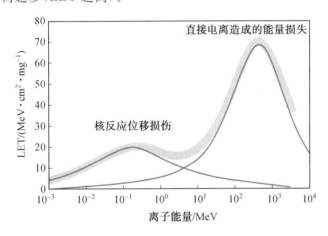

图 4.68　氙离子在硅靶材中线性能量传递密度(LET)与离子能量的关系

高能离子也与靶核交互作用。当一个正离子接近一个原子时,原子周围被束缚的电子屏蔽了正电荷,减少了离子与原子核之间产生的排斥力。一般地,当离子靠近原子核时,屏蔽力下降,产生完全的离子核库仑排斥力(与带有相同电荷极性的两个物体之间的距离成反比)。因此,入射离子会被分散或重新传入到一个新的输运轨道,同时在被分散的过程中失去动能。当离子通过与目标的多次交互而失去所有动能时,它在目标材料上处于停止状态,被目标材料吸收。

与光子、电子和核子相比,高能离子能沉淀高密度的能量,在它们的尾部留下高度电离电荷的局部柱状分布。图 4.69 所示为不同类型辐射粒子在硅中所产生的 LET 值与入射粒子能量的关系。重离子(铁)最具破坏性,每微米的移动能产生几百飞库仑(10^{-15} C)的电荷量;较轻的粒子和电子破坏性要小得多。这就是单粒子效应通常由重离子引起,而不是由其他辐射源主导的原因之一。

非常小体积的硅会遭受非常大的过量电荷注入,特别是重离子辐照。与器件的动态响应时间相比,典型事件发生的持续时间非常短。一个高能离子在几十飞秒内穿过敏感体积的硅,并在 1 ps 内完全停止。从器件动力学的角度来看,

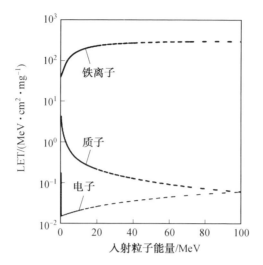

图 4.69　不同类型辐射粒子在硅中所产生的 LET 值与入射粒子能量的关系

除最小和最快的器件技术外，硅器件发生单粒子效应时，还会在时间近似为零的时刻在敏感体积的路径上产生过量双极性电荷分布（电子－空穴对彼此接近，因此在电荷分离之前整体电荷扰动是准中性的）。离子通道产生的大量多余的电子－空穴对在复合完成前，迁移和扩散效应开始发生，电荷将被分离和收集。

重离子单粒子事件可以被描述为在电子器件中，产生瞬时柱状体积过量电荷的随机注入。这些柱状轨迹电荷的长度由目标材料中入射离子射程决定（几十或数百微米），其半径通常在纳米量级。在低压器件技术中，瞬变电荷会引起虚假的电压和电流，从而破坏数字数据或引起模拟器件输出故障；在 CMOS 工艺及其相近的器件工艺中，注入电荷可以诱发寄生双极机制，并诱导产生单粒子闩锁效应（SEL）；在高压电源和接口技术中，重离子辐照可引起结烧毁和栅极氧化层击穿。

除通量较大的质子（氢离子）和 α 粒子外，较重的离子主要在空间环境遇到，大都来自太阳系的宇宙射线。这些较重的离子具有足够的能量，可以轻松地穿过屏蔽、封装材料，并沉积最多的能量（产生最多的电荷）。在空间环境中，重离子是单粒子效应的主要根源。由于重离子具有非常高的 LET 特性，因此可以诱导许多非破坏性和破坏性的单粒子效应。尽管如此，即使在空间环境中，重离子也相对稀少，在电子器件中也不会以足够高的浓度产生 TID 和 TNID 效应。

3. 线性能量传递密度

在处理粒子辐射损伤和电子器件辐射效应时，最常见的术语之一是线性能量传递密度。实质上，LET 值是一个提供单位长度能量损失的函数，并不意味着能量损失是粒子能量的线性函数。LET 值作为粒子能量的函数是强烈非线性的,其单位是 MeV·cm²/mg,或 MeV/mm。

还有一个相关的能量损失机制称为阻止本领,同样是入射粒子在物质单位路径长度上的辐射能量的损失。但是用阻止本领描述更精确一些,因为它考虑了所有的能量损失机制,包括辐射能量损失(轫致辐射)、电子射线(次级电子)和原子位移缺陷等,而 LET 值仅考虑了电子—空穴对的产生。实际上,这些术语在重离子辐射输运过程中可以互换,因为这些类型的粒子的 LET 值和电子阻止能力几乎相等。LET 与阻止本领的转换关系为

$$\text{LET} = \frac{-1}{\rho} \frac{dE}{dx} \tag{4.4}$$

式中,dE/dx 是阻止本领;ρ 是材料密度。

阻止本领和 LET 通常在辐射效应领域互换使用,并隐含地假设能量损失率已经被式(4.4)中的 ρ 适当地调整了。LET 值描述了在特定的目标材料中,一个粒子由于电离过程随入射距离 dx 的增加而损失的增量 dE。LET 值不是常数,而是入射粒子属性(类型、原子序数和能量)及目标材料(元素组成、密度、晶格取向等)的函数。

离子的能量损失和半导体中的能量吸收过程导致了自由电子—空穴对(ehp)在近乎连续的路径上生成。产生自由电子—空穴对所需的能量可由下式近似计算:

$$E_{ehp} = 2.73E_g + 0.55 \text{ eV} \tag{4.5}$$

式中,E_g 是禁带宽度,单位是电子伏特(eV)。对于硅来说,生成一个热激发电子—空穴对所需要的能量约为 3.6 eV。

对于短路径长度 s,产生的电荷 Q 由下式给出:

$$Q_{gen} = \frac{\text{LET} \cdot \rho \cdot s}{E_{ehp}} \tag{4.6}$$

式中,ρ 是材料的密度;E_{ehp} 是产生单个电子—空穴对所需的能量。小路径长度假设是必要的,因为 LET 值是离子能量的函数,而在长路径上离子的能量因逐渐被周围的物质吸收而减少。

图 4.70 给出了基于 ERETCAD_RAD 软件模拟的铁离子在硅靶材中的 LET 值和射程与铁离子能量的关系。当入射的铁离子失去动能时,它移动得更慢,有更多的时间与物质产生更多的交互作用,进而产生更多的电荷。因此,从高能量入射离子到输运过程中的低能离子,入射离子的 LET 值在低能时达到峰值。一旦入射离子的动能降低到零,离子被认为停在目标材料中,从器件可靠性的角度来讲,它不再是一个问题。要阻止一个具有特定动能的离子,所需的是离子在材料中的射程。

参考图 4.70 中的铁离子射程曲线,1 GeV 的一个铁离子在硅靶材中的射程约为 230 μm。LET 值和射程在本质上都是统计的,因为入射离子的实际输运路径以及与靶材交互作用的次数和类型,会随着入射离子状态的不同而变化。

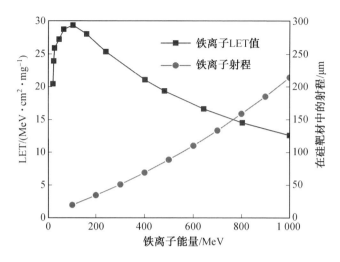

图 4.70　基于 ERETCAD_RAD 软件模拟铁离子在硅靶材中的
LET 值和射程与铁离子能量的关系

LET 曲线中显著的峰值被称为布拉格峰。LET 的非线性性质意味着,除非屏蔽层的厚度足以完全阻挡入射粒子,否则会降低入射粒子的能量。随着入射离子能量的降低,实际上 LET 值会增加,导致产生更多的辐射诱导电荷。这种效应在动态随机存储器(DRAM)中被发现,使用 5 μm 聚酰亚胺薄膜作为钝化层,降低应力集中,拟减少 α 粒子的辐射损伤。然而试验表明,屏蔽层并没有完全阻挡 α 粒子,而是令其在器件有源区的 LET 值更高,从而使 α 粒子产生的软错误比没有屏蔽时更严重。

入射离子的大部分能量在产生电荷(电子阻止)过程中损失。对于电子器件来说,LET 值是一种破坏器件功能和性能的重要参考指标。产生的电荷量可以通过在给定轨迹段内的能量损失、在特定材料中产生电子一空穴对所需的能量来确定。大多数电子器件具有对电荷注入极其敏感的面积和体积。如果一个高能粒子接近或穿过一个或多个这样的敏感体积,电路就可能损坏或被破坏。电路响应的严重程度取决于器件设计、布局、偏置和工艺,但实际上很大程度上是由入射粒子的 LET 值决定。SEE 很大程度上依赖于 LET 值。

离子一般分为轻离子和重离子,重离子意味着比碳原子序数大。但对某些工程人员来说,这个分割线是铁元素。关键在于,较重的离子具有更高的核电荷数 Z(更多的质子数),会携带更大的正电荷。入射离子越重,所携带的正电荷就越多,在通过目标材料时失去的能量就越多,产生的电离能量损失就越多。对于 LET 值来说,入射粒子的质量实际上没有其电荷重要,因为决定库仑力能量损失的是电荷而不是质量(粒子质量对于散射事件的能量损失很重要,特别是那些引起位移损伤的事件)。以下是一些关于 LET 值和物质中粒子射程的经验法则:

①粒子越重,核电荷数 Z 越高(越带电),LET 值越高。

②相同的入射能量和相同的目标材料,较轻质量和较低核电荷数的粒子 LET 值较低。

③较轻的入射粒子比较重的入射粒子射程大。

④入射粒子属性相同,目标材料密度越大,LET 值越高,射程越短。

LET 与实际的离子轨道无关(忽略了诸如沟道等晶体效应)。然而,由于在大多数半导体器件中的有源层及电荷敏感体积被限制在薄的表面层中,轨迹更接近表面的离子(轨迹在更高的入射角)将在靠近有源区域产生更多的电荷。因此,同样的 LET 值在产生干扰半导体器件的电荷时变得更有效。

为了解释这一效应,下式给出有效 LET 的概念(LET_{EFF}):

$$LET_{EFF} = \frac{LET}{\cos \theta} \tag{4.7}$$

式中,θ 为入射角(法向入射角为 0)。

图 4.71 显示了离子以不同角度入射时在靶材中的输运状态及 LET_{EFF}。图 4.71(a)中给出了基于 ERETCAD_RAD 软件模拟的不同类型入射离子的状态,一种是正常垂直入射(左),另一种是倾斜 60°入射(右)。由于大部分能量在离子路径的末端丢失,倾斜入射离子将在器件敏感区附近产生更多的电荷,对器件造成的单粒子效应更严重。图 4.71(b)给出了不同入射角度下 LET_{EFF} 与入射离子能量的关系。一般来说,当描述 LET 值对电子器件的影响时,假设包含了入射角度项,即要考虑 LET_{EFF}。LET_{EFF} 是一种工程近似,对于非常小的几何形状或具有更高深度的敏感区域并不十分精确。

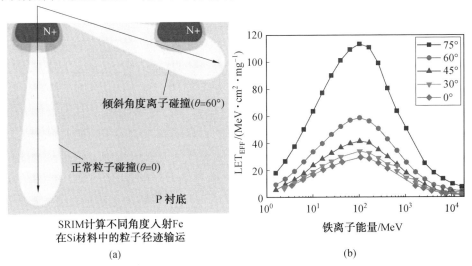

图 4.71　离子以不同角度入射时在靶材中的输运状态及基于 ERETCAD_RAD 软件模拟的 LET_{EFF}

4. 辐射防护

在具有极端辐射环境的工业和医疗应用领域,或在可能暴露于放射性物质的地方,有三种方法可使人员和电子仪器设备受到的辐射剂量最小,分别是:限制在辐射源附近的停留或使用时间,与辐射源之间的距离尽量保持最大,采取适当辐射防护手段屏蔽辐射源。由于辐射损伤直接取决于受到辐射的持续时间,因此可以通过限制辐射暴露时间来减少总的辐射剂量。辐射损伤同时取决于与辐射源的距离,对于各向同性的辐射源(向各个方向发射辐射粒子的状态相同),通量将随着辐射源距离的平方减小而减小。因此,与辐射源的距离越远,受到的辐射损伤越少。最后,可以采取适当的辐射防护材料和技术屏蔽辐射源。

当电子器件必须在空间辐射环境中服役时,航天器任务规定了需要在辐射环境中的服役时间和轨道高度,只能通过辐射防护材料和技术减轻或减少辐射损伤程度。辐射防护材料通常由单个或多个金属板、陶瓷板或外壳屏蔽材料组成。防护材料的选择取决于要防护的辐射粒子类型及其能量。对于服役在强辐射环境中的电子器件——医疗诊断设备、扫描仪或大多数航天应用场合,防护材料可以帮助减少到达电子器件的辐射吸收剂量,从而降低辐射损伤影响的严重程度。辐射防护效果主要涉及特定防护材料辐射的衰减程度。

辐射衰减是辐射强度随防护(屏蔽)材料厚度的变化而减小的指标。屏蔽材料的选择是基于最大的衰减,同时最大限度地减少所需的质量(或其厚度)。此外,屏蔽材料在暴露于环境辐射时不应产生高通量的二次粒子。屏蔽材料可有效降低辐射粒子对电子器件的入射通量,从而会影响总辐射吸收剂量和单粒子效应。屏蔽的实际效果不仅取决于屏蔽材料和厚度,还取决于被屏蔽辐射粒子的类型和能谱。例如,电子相对容易被薄金属屏蔽,而中子需要数米的屏蔽材料来减少它们的数量。在空间辐射环境中,屏蔽可以帮助减轻电子产品的辐射吸收剂量和宇航员的人体剂量。然而,空间辐射粒子的能量极高,屏蔽并不都是完全有效。

航天器对辐射防护的一个严重的限制是有效载荷或运载工具的质量和大小。由于质量和空间的限制,大的、重的屏蔽材料通常不是一个可行的选择。在典型的航天器应用中,屏蔽材料通常为厚度在 $2 \sim 10$ mm 的铝。铝屏蔽确实能减弱低能离子和电子,但对高能银河宇宙射线辐射的影响很小。

铝的厚度超过 1 mm 就会吸收大部分入射电子和质子。然而,当屏蔽厚度超过这个值时,效果就会递减。图 4.72 给出了 LEO 轨道总电离吸收剂量随铝屏蔽厚度的变化关系,图中涉及电子、质子和韧致辐射造成的吸收剂量屏蔽厚度以 mil 为单位,1 mil $= 2.54 \times 10^{-3}$ cm。由图 4.72 可见,额外地增加屏蔽厚度对进一步降低总电离吸收剂量的效果是有限的。主要原因在于 LEO 轨道辐射带质子的能量非常高,以至于几毫米的铝不足以显著减少它们的数量。

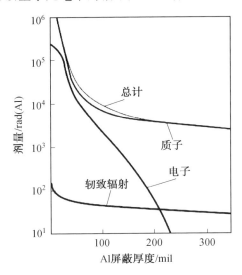

图 4.72　LEO 轨道总电离吸收剂量随铝屏蔽厚度的变化关系

4.3.2　累积剂量效应

图 4.73 给出了电子器件辐射损伤的三种基本形式。

图 4.73　电子器件辐射损伤的三种基本形式

(1)单粒子效应(SEE)。

SEE 指通过单个粒子或光子触发的电子器件随机、瞬时错误或失效。一次辐射粒子事件就是一次破坏性事件。对于每一个单独的辐射效应,一个干扰可能导致或多或少的电子器件故障或功能失效。

(2)累积剂量效应。

累积剂量效应包括总电离剂量效应(TID)和总位移剂量效应(TNID)。由辐射在氧化层诱导产生的电荷演化,导致电子器件的 TID;由辐射在半导体材料诱导产生的位移缺陷,导致电子器件的 TNID。其特征是长期服役于辐射环境(即大量的辐射粒子事件),导致随服役时间累积,电子器件性能在逐渐退化,最终可使器件参数超出规定指标范围而最终失效。

(3)剂量率效应。

剂量率效应包括极高剂量率效应（HDR）和极低剂量率效应（LDR），即在极短或极长时间诱发与常规时间不同的辐射损伤效应。

本节重点介绍累积剂量效应，包括总电离剂量效应和总位移剂量效应。

1. 总电离剂量效应

在辐射环境服役时，TID损伤会影响产品的可靠性和功能，主要会造成金属氧化物半导体（MOS）和双极器件中栅介质或氧化物绝缘体俘获电荷的产生，致使器件性能退化和失效。当电离吸收剂量足够高时，互补金属氧化物半导体（Complementary Metal Oxide Semiconductor，CMOS）电路中的隔离氧化物层泄漏电流将会导致器件的功能失效；在双极晶体管中，氧化物钝化层的俘获电荷会提高载流子复合率，增加基极电流，导致器件电流增益的降低。

氧化物俘获电荷的产生是辐射与物质交互作用的主要表现之一。每种类型的辐射粒子（光子、离子、中子、电子等）在穿过物质时，将以不同的方式和不同的错误率失去能量。物质中产生的过量电荷的数量和分布是由辐射粒子类型、能量、轨迹和靶材性质共同决定的。总电量吸收剂量定义为单位质量的物质在电离辐射作用下所吸收的能量，单位是 rad。rad 是某一特定物质单位质量吸收的能量，在电子器件中大多基于硅材料，一般用 rad(Si) 表示。rad 最初是 cgs（厘米－克－秒）单位，指 1 g 物质吸收 100 erg 的能量。国际单位系统使用 Grays(Gy)，1 Gy＝100 rad＝1 J/kg。然而，大多数规范和军用标准仍使用较老的 rad 单位（1 Gy＝100 rad＝10 000 erg/g）。

在导体材料和半导体材料中（如金属或硅），电离辐射诱导产生多余电荷可通过复合来抵消，并/或通过转移和扩散来消除。换句话说，在导电材料和半导体材料中，多余的电荷可被有效地传输，使所有多余产生的电荷在很短的时间内从电子器件中移除。一种极端情况是，若发生在合适电场下的半导体材料中，这种短暂的瞬态电荷可导致单粒子效应。但从 TID 的角度来看，没有电荷积累或存储，不会造成任何影响。

绝缘材料的情况则完全不同。至少对于辐射诱导产生的空穴来说，绝缘体是宽禁带、低载流子密度、低载流子迁移率的材料。通常，材料有很多陷阱（trap）。在电子器件中，最常见的绝缘体材料是二氧化硅（SiO$_2$），它用于形成 MOS 晶体管的栅，并在 MOS 和双极工艺中作为钝化隔离材料。辐射环境下应用，会对氧化物绝缘体产生许多影响，降低电子器件的性能和功能。

图 4.74 给出了 MOS 器件氧化物介质材料中过剩电荷产生和输运过程。图中给出了电场影响情况下的氧化物层能带图，说明了电离辐射诱导产生的过量电荷，以及随后在氧化层中的输运及俘获状态。图 4.74 中横轴表示距离（或深

度),纵轴表示电子能。能量越大的电子在图中出现的位置越高,正的电压可将能带拉下来。正偏置显示在多晶硅(或金属)栅极的左边,中间是绝缘层,最右边是半导体。绝缘体能带是由栅极和硅电极形成的倾斜电场。入射辐射粒子损失的能量通过电子—空穴(e−h)对的形成被吸收到绝缘体中。氧化物中每一对电子—空穴对的产生大约需要 17 eV 的能量。过量电荷的产生一般发生在飞秒时间尺度上。

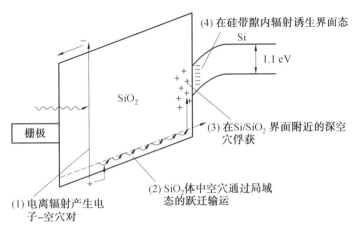

图 4.74　MOS 器件氧化物介质材料中过剩电荷产生和输运过程

辐射诱导产生的过剩载流子的初始浓度较低,因为电子—空穴对在形成后立即开始重新复合。如果这些电荷的位置是固定的,所有产生的电子—空穴对都会在运输之前重新复合,不会导致氧化物层中额外的俘获电荷。然而,在氧化物中,电子迁移率比空穴高得多,因此通过扩散的传输(尤其是在电场存在的情况下的漂移)将迅速从氧化物层中除去多余的电子。在皮秒内,所有剩余的电子都被从氧化物中除去,有效地阻止了因复合而进一步的电荷损失。电子被移走后剩余的未复合的空穴电荷(称为产率)与栅氧化层所受辐射性质和电场状态有关。

在强电场存在时,MOS 器件中的 TID 效应通常会加剧,因为强电场会使电荷产率增加,如图 4.75 所示。还需要注意的是,伽马射线辐射由于其较高的产率,对 TID 效应损伤最明显。第二类最有效的辐射是 X 射线,其次是电子和轻离子,重离子是对 TID 效应影响最弱的粒子。

产率与氧化物体积内产生的 LET 值(或电荷密度)成反比,主要是因为电子—空穴复合率与过量电荷量多少有关。更重、更强的带电粒子在单位距离产生更多的电荷,因为它们有更高的 LET 值。与光子和电子相比,离子的复合错误率大大提高,产生的电子—空穴对中有很大一部分在事件发生后重新结合。

这意味着在 MOS 结构中,用伽马射线光子测试实际上会产生最坏的 TID

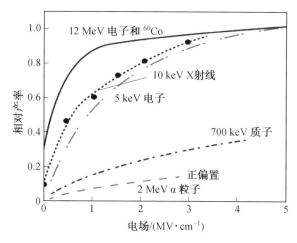

图 4.75　不同类型电离辐射的氧化物电场的电荷产率函数

响应。从氧化物中迅速除去高速移动的电子会留下大量带正电荷的空穴。这些空穴本身会在其周围绝缘体键合结构中产生局部扭曲。这些局部结构变形称为极化子。由于极化子的形成，空穴被有效地俘获在氧化物中。空穴通过迁移和扩散而移动，但相对缓慢，在价带中相邻的浅陷阱进行"跳跃"，并在移动时携带极化子。跳跃过程会破坏化学键，释放被困的质子（H＋）。这些质子可以自由扩散或迁移到与空穴相同的方向。空穴和质子向氧化物界面迁移需要几秒钟的时间。最终，向 SiO_2/硅界面迁移的空穴被界面附近的能级处于氧化物层中带附近的陷阱捕获，导致正电荷积聚；或者被界面本身捕获，在界面处创造了正、中性或负的界面状态。在氧化物层中，深能级陷阱一般停留在距离 SiO_2/硅界面的一个或多个原子间距。

当过量的硅原子从衬底扩散到氧化物层时，会在氧化物层产生氧空位（此时氧化物层多为 SiO_x，$x<2$），这些氧空位是空穴的天然陷阱中心，是由工艺状态引入的。在室温条件下，这些氧空位形成的空穴陷阱，能够有效地俘获住空穴，不会导致空穴被释放出来。

氧化物层中的氧空位俘获的空穴，是辐照过程中 MOS 工艺与双极工艺器件氧化物俘获正电荷积累的主要原因。从硅衬底中注入的隧穿或热电子可中和氧化物层中的俘获空穴电荷。在这种情况下，空穴可以与注入的电子重新复合并永久去除正电荷。氧化层中的键合结构被重新建立到一个未占据的氧空位，该建立过程为氧化物俘获正电荷的"退火效应"。在其他情况下，空穴和电子不会重新复合，而是形成可以极化的偶极子对，通常被称为界面陷阱。这些氧化物陷阱可与硅衬底交换电荷，并且可以伪装成一个中性电荷、正电荷或负电荷。上述复杂的电荷态形成及演化状态，可以解释电子器件辐射损伤后的某些"反弹行为",如 TID 引起的阈值电压漂移不稳定。

即使在最佳工艺条件下生长的 SiO_2,在氧化物和硅之间的界面处也有一定密度的表面结构缺陷。在硅材料中,每个硅原子都以共价键与四个最接近的硅原子相结合。在纯硅材料和二氧化硅之间的过渡层,氧空穴区形成在氧化物的一面。在硅与氧化物接触的实际表面,硅原子只与其他三个硅原子结合,留下一个悬挂的键,形成不稳定的三价硅复合物。这种悬挂键具有电活性,可以与界面附近硅衬底中的载流子发生交互作用。在正常的电子器件制备过程中,工艺中的杂质氢会与这些键形成较稳定的键,以掩盖这些缺陷。在空穴传输过程中被释放的质子到达界面,使成键的氢失去作用,重新形成悬挂键,这些键再次变得具有电活性。

在硅/SiO_2 界面上,辐射诱导的界面陷阱引起电压阈值的偏移程度,取决于氧化物层上偏压的正负方向,与对氧化物层空穴的作用机制一致。此外,这些界面缺陷增加了表面复合错误率,同时降低了载流子的迁移率。在 MOS 和双极器件中,氧化层俘获正电荷和界面态电荷,都会导致器件性能退化规律与辐射吸收剂量密切相关。

对于常规 MOS 器件,由于栅氧层较厚且电场比较强,器件性能参数(阈值电压)对辐射损伤敏感,因此辐照后极易发生缺陷退火和恢复过程,导致其阈值电压逐渐恢复。图 4.76 给出了 NMOSFET 器件阈值电压 V_T 随辐照及退火时间演化规律。阈值电压 V_T 的变化包含氧化物俘获正电荷引起的电压变化 ΔV_{OT} 和界面态电荷引起的电压变化 ΔV_{IT}。并且,该试验在常温(蓝线)和 100 ℃(红线)两种不同的退火温度下进行退火试验。在辐照过程中,界面态电荷和氧化物俘获正电荷逐渐积累。辐照开始后,氧化物俘获正电荷起主导地位,导致 NMOS 器件的 V_T 逐渐降低,晶体管更容易被打开。辐照后的退火过程中,在栅极正偏条件下,来自硅衬底的电子通过隧道进入氧化物,会中和氧化物俘获正电荷,使典型的负界面态电荷占主导地位,从而导致 NMOS 器件的 V_T 逐渐增加。器件退火的程度和斜率取决于退火温度。升高退火温度可以提高氧化物俘获电荷的退火错误率,但对界面态退火的影响不明显。

TID 引起性能退化的另外一个重要工艺技术产品是双极器件。MOSFET 器件一般对辐照剂量率不敏感,通常可以采用高剂量率开展相关评价试验。然而,当使用低剂量率针对双极器件开展辐照试验时,其性能退化更为严重。换句话说,在相同辐照剂量条件下,缓慢积累的剂量比快速积累的剂量对双极器件造成的损伤更严重。

这种低剂量率辐射损伤增强效应(Enhance Low Dose Rate Sensitivity,ELDRS)在大多双极器件中被明显地观测到,因此需要对所有研发的新型双极器件上进行低剂量率辐照评价试验。掌握电子器件是否有 ELDRS 效应至关重要,

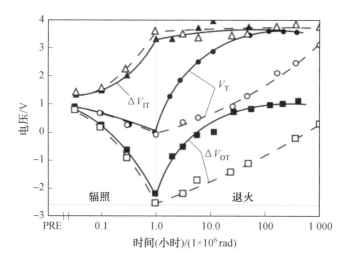

图 4.76　NMOSFET 器件阈值电压 V_T 随辐照及退火时间演化规律（彩图见附录）

因为在大多数辐射环境中，包括空间辐射环境中遇到的实际剂量率非常低。若电子器件对低剂量率辐射损伤敏感，仅使用高剂量率评价，会严重低估器件的损伤程度。图 4.77 给出了相同辐照剂量下不同类型双极器件的剂量率敏感性。由图 4.77 可见，不同规格的双极器件的 ELDRS 敏感性差异很大，LM324 器件对剂量率非常敏感，而 LM108 器件对剂量率不太敏感。

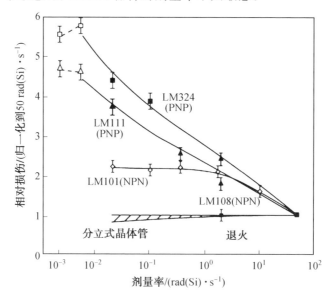

图 4.77　相同辐照剂量下不同类型双极器件的剂量率敏感性

ELDRS 对电子器件氧化物层形成和退火工艺非常敏感。因此，来自两个不同供应商的相同型号电子器件,可能具有完全不同的 ELDRS 敏感性。ELDRS 的辐照测试是一项繁重的工作任务,需要很长的辐照时间。高剂量率辐射试验,典型剂量率在 $50 \sim 300$ rad(Si)/s 范围内,大约需要 20 分钟能够达到 100 krad(Si)的辐照剂量。相比之下,在低剂量率辐照条件下(如 0.01 rad(Si)/s),相同的累积剂量需要近 4 个月的辐照试验时间。

　　迄今针对 ELDRS 效应,发现有许多相互竞争的理论机制,对于某些具体机制还没有达成完全一致。剂量率依赖性的基本原因与高剂量率辐照诱导过量电子－空穴对输运状态相关。由于复合率随着辐射诱导的电子－空穴对密度的增加而增加,因此复合率的增加会消耗更多的空穴。尤其是在双极器件的氧化物层中,电场很弱,电子不会在 MOS 器件的强偏置中被迅速移走,更会增加复合率。空穴减小的同时也会导致氧化物层中质子数的减少。因为空穴负责释放被氧化层俘获的质子,而正是质子与界面处钝化的 SiH 反应产生了电活性界面态,所以减少到达界面处的质子数量将降低电子器件电性能的退化程度。高剂量率辐照比低剂量率辐照器件的性能退化程度低,低剂量率辐照时氧化层中更多的捕获空穴和更多的释放质子导致更多的界面态,更严重的性能退化。由于实际空间辐射环境的有效剂量率非常低(图 4.78),因此确定电子器件对 ELDRS 效应是否敏感至关重要。

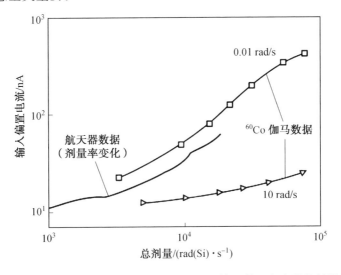

图 4.78　不同剂量率下双极器件中辐射诱导的输入偏置电流随总剂量的变化

　　在大多数辐射应用场合,当今先进 CMOS 工艺技术中的高质量栅氧(厚度小于 10 nm)可最大限度地减少由单个晶体管 TID 效应引起的阈值电压漂移。TID 效应仍会影响低噪声或高速开关器件的性能参数。然而,即使在先进 CMOS 工艺技术中,相邻晶体管的隔离场氧仍然相对较厚,并将表现出对 TID 效应诱导电荷的敏感性。

隔离氧化物通常是采用不同的生长/沉积技术制造的,这导致了其不同的性能和质量。尽管这些氧化物满足了器件所需的电隔离和可靠性要求,但它们对氧化物层俘获缺陷的能力比栅氧化物要差很多。这些隔离氧化物层中通常具有较高的俘获氧化物电荷密度,因此当服役于辐射环境时,TID 效应会使器件性能参数退化。

在常规的商业 CMOS 产品中,最常见的两种氧化物场隔离技术是基于局部硅氧化技术(Local Oxidation of Silicon,LOCOS)和浅沟槽隔离技术(Shallow Trench Isolation,STI)。CMOS 技术器件的主要失效模式是隔离氧化物中俘获正电荷引起的泄漏电流增加所致。电场边缘效应集中在 LOCOS 边缘或 STI 结构顶部边缘的锥形鸟喙区域。在这些高场区,P 型表面耗尽和/或反型,导致开启电压降低。如果表面反型在源区和漏区之间或相邻的 N 阱区之间形成寄生导电通道,就会导致过度泄漏。

图 4.79 所示为采用 RERTCAD_DEVICE 软件的仿真结果。双极晶体管电离辐射损伤程度随吸收剂量的变化关系如图 4.79(a)所示,可以看出,随着吸收剂量的增加,$\Delta(1/\beta)$ 增加,表明电离辐射损伤程度不断加剧。

界面态浓度随剂量率的变化关系如图 4.79(b)所示,可以看出,随着剂量率降低,界面态呈现出先增加后趋于饱和的趋势,这表明在低剂量率下界面态浓度高于高剂量率,验证了低剂量率辐射损伤增强效应。

不同前驱体缺陷浓度下界面态数量随剂量率的变化关系如图 4.79(c)所示,可以看出,随着剂量率降低,界面态呈现出增加的趋势。因此,前驱体缺陷浓度并不能改变界面态浓度的整体变化趋势,进一步验证了低剂量率辐射损伤增强效应。

MOS 晶体管不同剂量辐照的转移特性曲线如图 4.79(d)所示。仿真 30 krad 时的界面态和氧化物电荷浓度,添加至器件仿真模型进行一体化流程仿真,获得转移特性曲线,发现阈值电压偏移,氧化物电荷影响大于界面态。

在双极晶体管中,TID 引起的损伤通常表现为,随着辐照总剂量的增加,电流增益(h_{FE})逐渐降低。电流增益是集电极电流与基极电流的比值。TID 主要引起基极电流增加,但在轻掺杂集电区的器件中,也会导致集电极电流的降低,进而减少增益。图 4.80 给出了 Cassini 航天器使用的两个双极晶体管的电流增益随吸收剂量的变化。由图可见,2N3700 器件电流增益的退化更严重,致使器件失效。在双极晶体管中,TID 诱导性能退化机制主要有两种:硅/二氧化硅界面态的增加会影响表面复合率;而氧化物俘获正电荷的积聚会增加表面复合率,并改变发射结耗尽区大小。

随着辐照吸收剂量的增加,界面态和氧化物电荷的增加都会导致表面复合

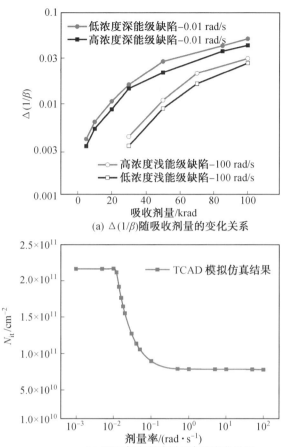

(a) $\triangle(1/\beta)$ 随吸收剂量的变化关系

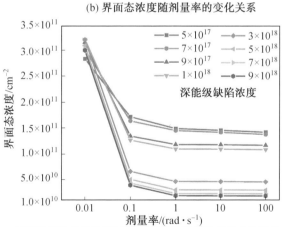

(b) 界面态浓度随剂量率的变化关系

(c) 不同前驱体缺陷浓度下界面态数量随剂量率的变化关系(彩图见附录)

图 4.79　采用 RERTCAD_DEVICE 软件的仿真结果

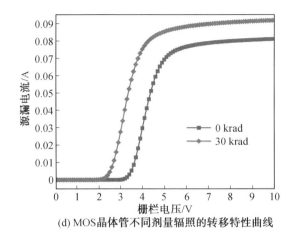

(d) MOS晶体管不同剂量辐照的转移特性曲线

续图 4.79

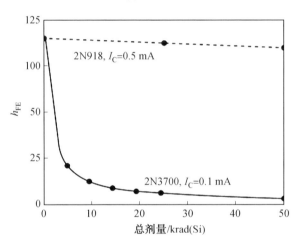

图 4.80　Cassini 航天器使用的 2N3700 和 2N918 双极器件电流增益随吸收剂量的变化

错误率的增加。由于基区表面复合导致少数载流子损失增加,需要同时增加基极电流,以产生相同的输出集电极电流,因此共发射极电流增益降低。界面态密度和表面复合率通常随吸收剂量增加而变化。随着吸收剂量的增加,氧化物俘获正电荷主要通过改变靠近表面的发射结面积来影响性能变化。由于氧化物中的俘获电荷是正的,NPN 晶体管的发射结表面积增大,而 PNP 晶体管的发射结表面积减小。在相同的辐射吸收剂量条件下,横向晶体管比纵向晶体管的性能退化更严重,因为横向晶体管的界面和表面对器件性能的影响更大,对辐射诱导的俘获电荷敏感性更强。ELDRS 效应是空间环境中应用双极器件时需要重点考虑的因素。

目前已知 MOSFET 器件总剂量效应电学性能退化是由氧化物电荷及界面

态陷阱所影响,为直观反映单一陷阱电荷及浓度对电学参数的影响,仿真采用单一变量原则。因此在模拟陷阱电荷的影响时,只需分别添加一定量的氧化物电荷或界面态陷阱即可。例如,对 SiC MOSFET 进行总剂量效应仿真。图 4.81 为不同氧化物电荷浓度条件下的转移特性曲线、输出特性曲线变化图,可以看出随着氧化物电荷的增加,转移特性曲线负向漂移,并且输出曲线上升。图 4.82 为在 MOSFET 仿真结构中添加不同浓度的界面态陷阱后的转移特性曲线、输出特性曲线变化情况。与氧化物电荷不同,界面态陷阱会使输出特性曲线正向移动,且界面态陷阱对于曲线移动的贡献量较小。

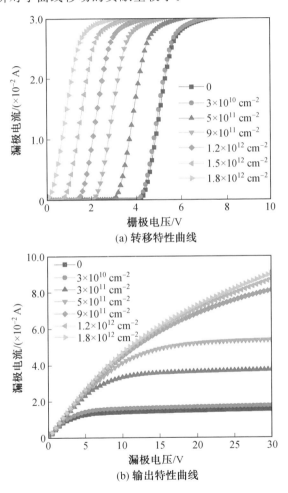

(a) 转移特性曲线

(b) 输出特性曲线

图 4.81　不同氧化物电荷浓度条件下的电学特性曲线

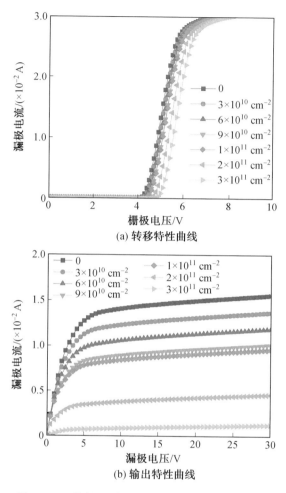

图 4.82　不同界面态浓度条件下的电学特性曲线

2. 总位移剂量效应

TNID 主要涉及电子器件中半导体材料的位移损伤。器件电性能会随着总位移吸收剂量或位移等效注量的增加而降低。若长时间服役在辐射环境中,除了 TID 效应作用外,还需考虑 TNID 效应,TNID 效应会增加半导体材料中原子位移,导致电子器件的可靠性降低和功能退化。TID 是氧化物俘获正电荷和界面态电荷的积累,而 TNID 是半导体材料(硅体材料)的位移损伤累积,最终改变电子器件中有源区半导体块的电学和光学性质。

电子器件几乎所有的性能和功能都基于半导体材料(如硅)的电学特性。大多数硅工艺技术所选用的硅衬底是单晶材料,经过专门生长和加工,单位体积和表面的缺陷密度都极低。晶体中的缺陷会引起晶体结构或晶格的局部不对称。这些不对称改变了电子—空穴对的交互作用方式,从而导致载流子寿命改变,并会影响迁移率的变化,致使缺陷附近半导体的电/热/光学特性发生极大改变。如果足够多的上述缺陷在硅单晶材料中积累,硅的宏观性质就会发生变化,导致硅器件性能或功能丧失。

当入射粒子将硅原子核从正常晶格移开时,硅单晶材料的位移缺陷会增加。发生这样事件的前提是入射粒子传递到硅原子核的能量足够大,超过硅原子的结合能,可使硅原子核从晶格位置释放出来。这时就会产生一个局部的、低流动性的空位,硅原子核可以成为硅单晶材料的间隙原子,或者是在晶格中继续移动的硅原子核。硅空位和硅间隙原子都具有电活性,将在硅带隙中产生缺陷能级。虽然单个缺陷一般不会影响器件宏观性质,但就像掺杂一样,若单位体积内积累大量的缺陷,就会影响半导体材料的关键性质,如载流子复合、生成和输运性质。

在双极器件中,基区内载流子复合率的增加,会提高给定集电极电流所需的基极电流,从而降低电流增益。MOS 器件一般对位移损伤不敏感。当位移吸收剂量或等效注量足够高时,位移损伤会导致迁移率降低,减少自由载流子,最终降低 MOSFET 器件驱动能力和开关速度。器件单位体积内缺陷的产生是辐射粒子与物质交互作用的主要体现之一。在材料中产生的位移缺陷数量和分布状态,与位移吸收注量或等效注量、辐射粒子类型及其能量、粒子入射轨迹和材料特性密切相关。入射粒子在物质中的能量损失机制可分为两大类:产生电荷(电离)和不产生电荷(非电离),即导致电离损伤和位移损伤。通过这两种能量损伤,可以减少辐射粒子的能量。由于辐射诱导非平衡电荷的迁移和扩散能力强,单次电离效应作用时间相对较短,过剩电荷的重新复合,可使电离损伤状态消失。相反,非电离过程作用时间相对较长,会造成某种程度的永久性损伤,位移缺陷的退火温度大约是 900 ℃。

与电离效应采用 LET 值表征相对应,辐射诱导的位移损伤一般采用非电离能量损失(NIEL)表征。大多数情况下,辐射诱导的位移缺陷会存在于整个电子器件有源区,会对器件的整体参数造成影响,而不像电离损伤仅局限于表面或界面区域。产生位移损伤的主要辐射源是高能电子、质子和中子。重离子也可以产生位移损伤,但它们在空间辐射环境中的数量较少,不足以产生相当大量的缺陷。高能光子(在 MeV 能量范围内),如伽马射线或高能 X 射线,也会产生能量足够高的二次电子,进而引起位移损伤。

与大多数辐射粒子直接产生电离形成鲜明对比的是,由 NIEL 造成的晶体损伤大多是间接的,涉及的核碰撞截面比直接电离小。此外,通过位移损伤形成空位所需的能量(硅中为 15 eV)比形成电子-空穴对(硅中为 3.6 eV)要大很多。由 NIEL 造成的入射粒子能量损失仅占电离造成能量损失的 0.1% 左右。

基于 NIEL 造成的位移损伤主要有以下四种方式:

①低能入射带电粒子(不适用于中子)通过库仑作用移动硅原子,若传递动能足够大,会造成硅原子移位。库仑散射作用随入射粒子能量的增加呈指数下降。

②入射粒子(包括中子)通过弹性作用与硅原子核作用,传递给硅原子核足

够的动能产生硅反冲原子。通过库仑作用和核弹性散射将硅原子从其晶格位置移开,产生一个空位和一个可移动的间隙硅原子,如图 4.83 所示。

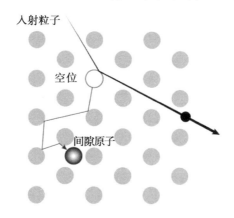

图 4.83　高能粒子在硅晶格中产生的空位(浅灰色)和间隙原子(深灰色)

③入射粒子通过非弹性散射与硅原子核作用,入射粒子的部分或全部能量传递给原子核,致使原子核激发并衰变。衰变会产生核反冲原子或次级粒子,次级粒子包括核子和更大的核碎片。

④阻止高能次级粒子在靶材中运动的损失能量。当次级粒子能量逐渐降低时,可与周围声子发生交互作用,产生晶格振动。通过更有效地将能量传递给声子,附近的原子在吸收能量时以更高的振幅和频率振动。这种增强的局部原子振动相当于更高的温度,可导致原子位移。

在某些特殊情况下,局部能量的大量吸收可造成硅的局部区域熔化。当这种情况发生时,半导体的电学性质完全改变,因为曾经是单晶硅的区域已经转变为非单晶硅,具有不同的能带结构和缺陷状态。这些缺陷团簇对载流子产生/复合有很大的影响,如果它们发生在器件有源区(如 MOSFET 沟道区或双极结型晶体管(BJT)基区),会导致器件性能显著退化。

当入射粒子的能量较低时库仑散射占优势,当能量超过 10 MeV 时核反应占优势。图 4.84 所示为基于 ERETCAD_RAD 软件模拟的硅靶材中 NIEL 随质子入射能量的关系。图 4.84 中还给出了两种不同机制的贡献,能量小于 10 MeV 的质子库仑交互作用起主导作用,而核过程对更高能量的质子起主导作用。由于核反应,中子会产生类似水平的 NIEL,但由于中子不带电荷,库仑散射不会产生 NIEL。借助 LET 和 NIEL 机制,单个粒子将大幅失去其入射能量。事实上,高能粒子与物质会发生多次碰撞,产生额外的二次反应,每次都因下次碰撞而失去能量。如材料吸收掉入射粒子的所有能量,则该粒子会"停止"在材料内。随着输运碰撞状态的增加,"级联缺陷树"结构形成,产生多个独立的位移(点缺陷)和间隙原子,以及更大的缺陷团簇,如图 4.85 所示。

电子器件服役环境中特定的中子或质子注量可用于揭示位移效应特征,注量的单位为 cm^{-2}。这些影响是基于对具体环境和任务周期的评估。如前所述,

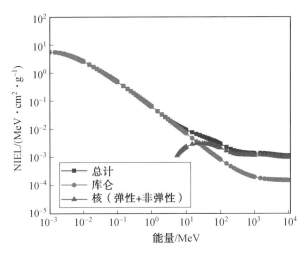

图 4.84　基于 ERETCAD_RAD 软件模拟的硅靶材中 NIEL 随质子入射能量的关系

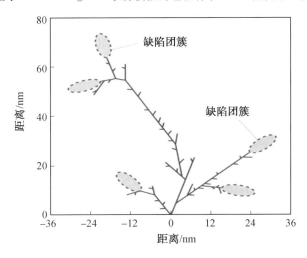

图 4.85　入射高能粒子(横轴位置 0 点向上入射)引起的"损伤级联"

依据 NIEL 的能量损失与辐照注量会确定总位移损伤剂量（Displacement Damage Dose,DDD）的大小。这个简单的总位移吸收剂量公式适用于粒子穿过电子器件敏感体积,且输运过程中 NIEL 没有明显变化的情况。如果粒子接近其射程的末端,NIEL 沿粒子径迹将发生剧烈变化,那么确定总位移吸收剂量就变得更加复杂。

　　航天器电子器件中位移吸收剂量的大小与轨道参数(倾角、高度等)、防护材料及厚度,以及任务周期密切相关。图 4.86 给出了 GSO 轨道质子和电子 11 年积累的总位移吸收剂量随防护层厚度的变化。对于该轨道,典型的屏蔽层厚度为 2.5～3 mm,电子位移损伤吸收剂量起主导作用;在 LEO 轨道,质子位移吸收剂量起主导作用。这就是说轨道和防护层状态决定着总位移吸收剂量。

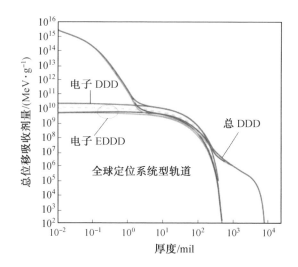

图 4.86 卫星电子的总位移吸收剂量与 GSO 中电子/质子铝屏蔽厚度的函数图(彩图见附录)

　　辐射粒子与物质交互作用的一个关键特征是辐射粒子的部分或全部能量被所经过的物质吸收,转化为过程的电荷(产生 SEE 和 TID)或通过 NIEL 造成物理损伤。半导体中辐射诱导的位移损伤会导致半导体块陷阱的形成。随着位移损伤剂量的增加,位移缺陷的数量和位移缺陷对体载流子输运性能的影响逐渐增大。图 4.87 给出了硅能带图中缺陷能级分布及性质。这些位移缺陷构筑了新的俘获载流子的"路径",可显著改变半导体的自由载流子特性,并显著改变器件性能和功能。图 4.87 中影响载流子复合和产生的深能级或中带缺陷,可直接影响自由载流子密度。

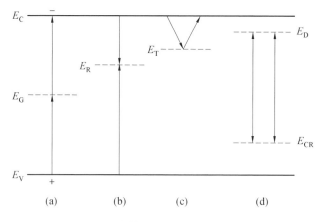

图 4.87 硅能带图中缺陷能级分布及性质

深能级缺陷 E_G 与导带(E_C)底和价带(E_V)顶的能级位置,在很大程度上决定了载流子俘获和发射的横截面。靠近导带(E_C)边缘的浅能级缺陷(E_R，E_T)增加了载流子的俘获概率，会潜在地增强载流子复合，而缺陷对(E_D，E_{CR})对载流子浓度会起到补偿作用。

如上所述，由于基区和发射结耗尽区的少数载流子浓度控制着双极晶体管的主要特性，而又对位移损伤缺陷极为敏感，这些缺陷会增加产生特定集电极电流所需的输入基极偏置电流，从而导致基区载流子复合增加，BJT 电流增益降低。横向双极晶体管的基区面积更大，因此纵向器件更敏感。现已经观察到，PNP 晶体管通常比 NPN 器件对位移更敏感，这与 PNP 器件中的基区掺杂比 NPN 器件低得多有关。对于双极器件，一般需要同时考虑位移损伤和电离损伤的影响。

其他对位移损伤剂量高度敏感的器件包括图像传感器、发光二极管、光电二极管、太阳能电池和光电晶体管。图 4.88 显示了 PNP 器件对位移损伤的敏感性，由电离损伤诱发的输出电压降低幅度很小($\sim 2\%$)，但质子辐射导致的输出电压降低幅度很大($\sim 12\%$)，说明该器件对位移损伤非常敏感。

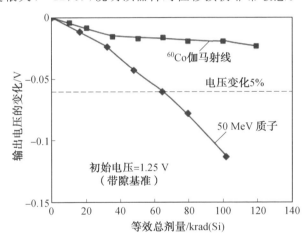

图 4.88　PNP 器件中伽马射线和质子辐射损伤比较

与双极器件和光学器件相比，MOSFET 器件对辐照位移损伤剂量的敏感性要低得多，通常能够耐受更高粒子辐照剂量。MOSFET 在位移损伤剂量环境中不易受到影响的主要原因如下：

①MOSFET 是多子器件，在正常工作条件下，器件的多子浓度足够大，要对其造成影响需要更多的损伤。

②MOSFET 器件的有源区是源区和漏区之间的沟道，该沟道区非常薄，因此有源电流流过的实际体积非常小。因此，需要非常高的总位移吸收剂量，才能使沟道中有足够的位移缺陷数量来影响 MOSFET 器件的特性。沟道区位移缺陷的载流子复合会降低 MOSFET 器件的驱动电流。

对于 GaN HEMT 器件,当位移缺陷的位置位于二维电子气沟道附近时,才会对器件的性能造成明显影响。因此,在该位置设置不同的缺陷浓度进行仿真,研究不同缺陷浓度下 GaN HEMT 器件性能退化情况。图 4.89 是缺陷能级为 8.4 eV 时,$5 \times 10^{16}\,cm^{-3}$、$7.5 \times 10^{16}\,cm^{-3}$ 和 $1 \times 10^{17}\,cm^{-3}$ 的三种不同位移缺陷浓度下 GaN HEMT 器件的基本电学性能曲线对比。通过观察图 4.89(a)中转移特性曲线可以发现,在位移损伤缺陷能级一定时,位移缺陷浓度越大,器件的阈值电压正向漂移的幅度越大;图 4.89(b)是器件的输出特性曲线,从图中可以看到,GaN HEMT 饱和输出电流随着缺陷浓度的增加而降低,在 $1 \times 10^{17}\,cm^{-3}$ 时,最大电流值甚至仅为 $5 \times 10^{16}\,cm^{-3}$ 的一半,器件性能退化严重。据此,当 GaN HEMT 器件内存在的缺陷浓度越高时,器件的电学性能退化越为严重。

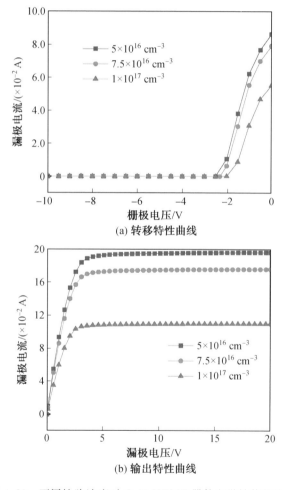

图 4.89　不同缺陷浓度对 GaN HEMT 器件电学性能的影响

同时缺陷能级也会对 GaN HEMT 器件产生影响。为研究位移辐照在 GaN HEMT器件内部引入的不同能级缺陷对器件性能的影响规律,选取 0.5 eV、0.85 eV、1.2 eV 的缺陷能级,缺陷浓度统一设定为 $7.5×10^{16}\,\mathrm{cm^{-3}}$。图 4.90 是仿真后的电学性能曲线对比图。从图 4.90(a)中可以看出,当缺陷能级 从 0.5 eV 增加到 0.85 eV 时,阈值电压向漂移程度变大,但当缺陷能级从 0.85 eV 增 加到 1.2 eV 时,可以发现器件阈值电压漂移程度反而减小;图 4.90(b)中器件饱 和输出电流随缺陷能级变化的趋势与阈值电压一样,在缺陷能级为 0.85 eV 时 饱和输出电流下降最多。这是因为随着缺陷能级的增大,缺陷位置越靠近材料 禁带中央,处于该位置的缺陷对电子的捕获能力稍弱。

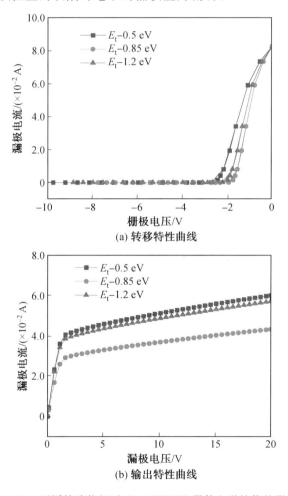

图 4.90　不同缺陷能级对 GaN HEMT 器件电学性能的影响

4.3.3 多尺度缺陷演化模拟

从入射粒子与靶材相互作用的 MC 模拟出发,结合 MD 方法与 KMC 方法,对 P 掺杂的 n 型 Si 材料进行了辐照效应的多尺度模拟。首先,通过 MC 方法模拟入射粒子与硅材料之间的相互作用来获得靶材中的 PKA 信息,对器件进行网格划分并处理划分后的网格内的 PKA 信息。然后,根据划分后网格中的 PKA 信息,对每个网格中能量大于 15 eV 和能量小于 100 000 eV 的 PKA 进行能量区间的统计划分并制作能谱。再以每个能量区间的能量端点值的平均值作为该能量区间的 PKA 代表能量值,以每个能量区间中包含的 PKA 数目占整个网格的 PKA 数目的比例作为该网格中能产生该代表能量 PKA 的概率。统计所有的 PKA 代表能量值及其对应的概率,绘制网格中 PKA 能谱的信息。最后,根据 MC 模拟完成后材料所划分的网格中的 PKA 信息,对能量在 15 eV 到 100 000 eV 范围内的 PKA 进行统计划分并制作能谱(图 4.91)。在保持入射深度一样的前提下,不同入射粒子产生的 PKA 能谱是有明显差异的。如 B 和 C 这类原子质量较轻的粒子产生的低能 PKA 比例要高于 Ge 和 Sn 这类原子质量较重的粒子,高能 PKA 的比例则与之相反。此外,伴随着原子质量的增加,辐射粒子产生的低能 PKA 占比逐渐降低而高能 PKA 占比逐渐升高。这种现象说明,分析辐照效应时,从 PKA 能谱出发,结合 PKA 概率考虑是十分必要的。

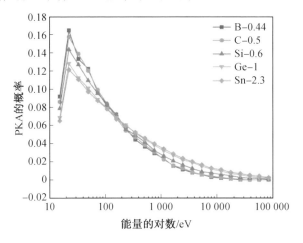

图 4.91 不同辐照源布拉格峰处 PKA 能谱

4.3.4 单粒子效应

本节讨论的重点是单粒子效应及其类型。不同类型的单粒子效应定义和首字母缩写词一直随着时间不断变化。不同的标准、文献和测试报告,可能对相同

效果的单粒子效应使用不同的名称,或者对同一个单粒子效应缩写词使用不同
的定义。

鉴于瞬态高剂量率与单粒子效应的相似性,在本节中也包括了剂量率效应。
瞬态剂量率效应,如由核武器爆炸引起的,它会产生高强度的伽马辐射和中子脉
冲。这种高通量电离辐射对整体电子器件辐照会产生光电流,可对芯片电源造
成致命冲击。剂量率效应与单粒子效应类似,但由于整体器件或仪器单机都会
受到辐射,在一次事件中可能会有几种不同的单粒子效应。

无论是受到空间自然环境还是地面加速环境的影响,都假设入射到电子器
件上的粒子在空间和时间上都是随机到达的。单位时间内通过单位面积的粒子
称为入射粒子通量,单位是粒子数/cm² · s⁻¹。对通量进行时间积分,即为累积
通量,单位为粒子数/cm²。事件独立发生的随机过程,比如粒子到达时间,称为
泊松过程。在数学上,t 个时间单位内发生 k 个事件的概率可以用泊松分布来描
述。该分布由 λ 参数化,假设的恒定率是从在一段时间间隔内观察到的事件的
平均数量得出的。对于单粒子效应,单位为 errors/s 或 errors/day,有

$$P(k;t) = e^{-\lambda t} \frac{(\lambda t)^k}{k!} \tag{4.8}$$

单粒子效应错误率参数 λ 是典型的分析对象,可根据地面加速试验结合空
间环境模型进行在轨错误率预测。这种形式最适合预测单粒子瞬态和翻转,其
中,假设之前的效应不会影响另一个事件的发生。在实际情况中,单粒子效应错
误率参数是根据某个有限时间范围内的平均事件估计的,通常是任务、轨道平
均,或者偶尔是给定时间窗口(例如 5 min)内的平均事件。这些时间尺度与经典
的错误率预测工具配合良好,但可能不是概率分析所寻求的。例如,人们实际上
可能对给定时间窗口或关键操作内出错的概率感兴趣,而不是寻求平均的单粒
子效应错误率。也许人们对强烈依赖于错误率 λ 的多位翻转的概率感兴趣。在
这些情况下,典型的轨道平均预测可能是不够的。

1. 破坏性和非破坏性单粒子效应

非破坏性 SEE 会导致输出或数据状态中的可观察事件被损害,但不会损坏
或破坏实际电子器件本身的结构和材料。在没有存储单位的组合逻辑或模拟电
路中,单粒子中断是暂时的和自我修复的过程。根据定义,一旦去除入射粒子碰
撞结中的多余电荷,电路功能在短时间内就会恢复。在这种情况下,一旦载流子
通过复合和输运清除了非平衡电荷及其影响,就不需要外部输入来恢复电子系
统的初始状态。

当 SEE 发生在数字时序或存储单元中,或具有存储单位的模拟电路(如采样
系统)中,辐射效应引起的电荷中断可改变节点的数据状态。随后对电子器件的
重新写入将清除器件错误状态。但在此之前,器件数据是错误的,并且会在系统

中持续存在。如果在下游电路中读取和使用损坏的数据状态，这种错误可能会导致系统故障。在数字和模拟应用场景中，辐射并没有以任何方式损坏器件本身，只是数据损坏了。因此，非破坏性 SEE 通常被归为"软错误"。

非破坏性 SEE 包括许多不同类型的 SEE，包括单粒子瞬态（Single Event Transient，SET）、单粒子翻转（Single Event Upset，SEU）、单粒子功能中断（Single Event Functional Interrupt，SEFI）和一些单粒子闩锁（SEL）等。其中，对于 SEL 必须有最大电流受到限制，保证潜在或永久性的损伤不会发生。

破坏性 SEE 在输出或数据状态中将引起可观察到的损坏。在这种情况下，实际电子器件本身被损坏或破坏。除了电子器件被永久损坏或损毁，破坏性 SEE 的物理效应与非破坏性 SEE 所引起的物理效应机制相同。因此，破坏性的 SEE 通常被归为"硬错误"。

在某些情况下，电路内的静电电位调制可以通过触发寄生晶体管来引起电流的反馈，这种效应称为单粒子闩锁。如果反馈或寄生电流没有被限制，可引起电流过大，对电路造成物理性的损坏。当器件电场超过临界水平时，特别是在高压应用中，可能会发生其他破坏性 SEE，如单粒子栅穿（Single Event Gate Rupture，SEGR）和单粒子烧毁（Single Event Burnout，SEB）。这种影响是无法恢复的，因此将对应用程序构成致命威胁。这类 SEE 通常是通过避免使用具有潜在破坏性单粒子的电子器件、将器件的工作参数降低到安全水平以下，或通过证明该器件对其应用领域的风险最小等方式来处理的。计算 SEE 错误率或者在这种情况下的失败概率，只有在器件不太可能经历破坏性事件，从而带来可接受的风险时才有意义。

2. 基础单粒子瞬态

SET 是高能离子入射电子器件时不可避免的 SEE，除非入射离子没有达到器件的衬底有源区。入射离子沿其径迹由于电离效应会留下高密度的过剩电子－空穴对（载流子）。对于产生的这种非平衡载流子，存在两种恢复机制：载流子复合（电子与空穴复合时会消除多余的电荷）和载流子输运。

考虑一种不现实的极端情况，在该情况下辐射诱导产生的多余电子和空穴完全静止，并在它们产生的位置被困住。复合过程会迅速消除多余的电荷。当一个电子和一个空穴处于相同的物理区域并且它们的动量相似或相同时，空穴会很快俘获电子。由于电子的负电荷和空穴的正电荷相互抵消，因此每个复合效应都逐渐去除过剩电荷。这个过程会一直持续下去，直到所有多余的电荷都重新复合，材料载流子的平衡重新恢复。

在材料中有力作用在载流子上时，载流子可以移动输运。载流子输运的难易程度由它们的迁移率和材料载体属性决定。载流子的运动由两种基本的输运机制支配:漂移和扩散。在扩散过程中,载流子局部浓度梯度,促使载流子从浓度较高的区域扩散到浓度较低的区域,就像清水中的一滴墨水(墨水滴代表入射离子产生的过量电荷分布)。最终,浓厚的墨滴分散在整个水体积中。在漂移的情况下,输运的驱动力是局部电场,阳极(负端)吸引带正电荷的空穴,阴极(正端)吸引负电荷的电子。

　　无论入射离子与物质交互作用区域是否存在器件的敏感有源区,材料中载流子平衡的恢复都会发生。如果入射粒子作用在远离有源区的衬底深处,衬底也会进行电荷收集,但不会对电子器件造成损伤。在电子器件中,扩散和漂移会产生电荷瞬变。若辐射所产生的过剩电荷远离器件敏感部位,对电子器件的功能完全没有影响,因此 SEE 可忽略。另外,如果粒子通过器件有源区附近或穿过器件有源体积,部分或全部产生的过剩电荷会被收集起来,并对电子器件的性能或功能造成严重破坏。

　　SEE 的类型取决于辐射感生电荷脉冲在电路布线、工艺及偏置中的响应,最终导致非破坏性 SEE 或破坏性 SEE。非破坏性 SEE 会破坏数据状态,但不会永久影响器件功能;而破坏性 SEE 会破坏数据状态并永久损坏器件功能。图 4.92给出了 SET 在 SEE 中的作用,SET 是基础,所有 SEE 都是从 SET 衍生出来。实际产生的 SEE 类型与入射粒子 LET、径迹、能量,以及器件布局、偏置、电极层数和设计细节密切相关。

图 4.92　单粒子效应类型及分类

　　反向偏置结是电子器件中对辐射诱导电荷最敏感的部位。事实上,固态辐射探测器是反向偏置的大面积二极管。它们通常还包括低掺杂的外延层,以最大的耗尽体积提高电荷收集效率。反向偏置二极管是一种很好的辐射探测器,原因有二:注入粒子产生的任何过量电荷都会产生显著影响,这是由于典型的反向电流很小,换言之,改变结电压不需要太多的收集电荷;大多数粒子都会产生大于二极管额定反向偏置电流的瞬态电流。

　　当反向偏置时,PN 结处形成较大的耗尽区,存在较高的电场,特别是能够在电子和空穴复合之前有效地分离,在 PN 结处获得最大的电荷收集量。图 4.93给出了不同阶段的器件反向偏置 N＋/P 结中入射粒子诱发过剩载流子复合和收集状态。N+相对于P衬底是接正电位的。在电离辐射开始时,在入射粒子的尾部中留下一个圆柱形轨迹,该轨迹包含了具有亚微米半径的非平衡高浓度的电子一空穴对(图4.93(a))。当产生的电荷轨迹穿过或接近耗尽区时,载流子被结区电场迅速分离,正偏置的N+区吸引电子和空穴向P衬底排斥。

注入到N+区上的过剩电子在该区产生大的电流/电压瞬态脉冲。该过程的一个显著特征是将电位场扭曲成漏斗形状,且通过耗尽区电场更深地延伸到衬底中,极大地提高了漂移的收集效率(图4.93(b))。漏斗的大小是衬底掺杂的函数,漏斗失真随着衬底掺杂的减少而增加。这一快速收集阶段可在几纳秒内完成,随后是一个较慢的电荷收集阶段,扩散开始主导收集过程(图4.93(c))。当电子以较长的时间尺度(数百纳秒)扩散到耗尽区时,额外的电荷被收集,直到所有多余的载流子被收集、复合或扩散,最后结区重新达到平衡。

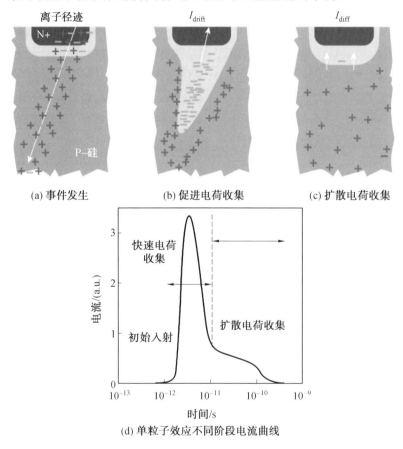

(a) 事件发生　　　(b) 促进电荷收集　　　(c) 扩散电荷收集

(d) 单粒子效应不同阶段电流曲线

图4.93　反向偏置N+/P结中高能粒子通过结时产生的电流瞬态脉冲

图4.93(d)给出了这三个阶段发生电荷收集所产生的相应电流脉冲。对于

大多数电子器件,特别是基于 CMOS 工艺的数字电路,辐射诱导电荷距结区越远,收集的电荷量就越小,引发单粒子效应的概率就越低。对于相对成熟的工艺技术,阱深、掩埋层和结区面积较大,扩散收集对单粒子效应类型和严重程度可能起重要作用,有时甚至占主导地位。

虽然图 4.93 的例子显示了 N+/P 结,但基本的电荷收集和传输也发生在反偏 P+/N 结中。在反向偏置的 P+/N 结中,入射粒子产生的过量电荷过程是相同的,但由漂移引起的收集电荷方向是相反的。P+ 极保持接地或负电位状态,空穴通过结区耗尽层的漂移传输向 P+ 区移动,而电子则被排斥向相反方向。在两种类型的反向偏置 PN 结中都会出现单粒子效应,但 N+/P 结通常会收集更多电荷。在具有相同面积的二极管中,反向偏置的 N+/P 结结构比 P+/N 结结构对辐射更敏感。需要注意的是,CMOS 工艺中的寄生双极放大,可能导致在 N 阱中形成的 P+/N 结产生过剩电荷收集。

在集成电路中,单结或单节点不是孤立的,而是紧密相连的复杂的"节点海洋"的一部分。虽然这些节点本身可能是电隔离的,但每个入射粒子都会产生几十微米到几百微米的过剩空间电荷分布。因此,单个粒子的入射可能会影响多个节点的载流子输运状态。节点之间的电荷共享会极大地影响各个节点收集获取的电荷量,以及这些收集到的电荷如何映射到单粒子效应中。在一些情况下,电荷共享实际上可以阻止单粒子效应的发生,因为入射粒子辐射诱导的初始电荷被消散在多个节点之间,过剩电荷被无损坏地分配,而不是被单个节点作为大得多的事件收集。在有些情况下,如果电路中几个节点同时被击中,可诱发单粒子效应,而如果仅击中一个节点则不会发生单粒子效应。

3. 数字和模拟电路单粒子瞬态

前面介绍了 SET 的基本定义,现在来考虑数字和模拟电路系统中 SET 的区别。入射粒子的 LET 值在很大程度上决定了 SET 的大小和持续时间,较高的 LET 值通常会产生更高密度的局部电荷干扰,因此产生更大的 SET。较高 LET 值的 SET 倾向于产生更大的电压漂移,并且具有更长的持续时间。

无论是空间还是地面上的自然辐射环境,都是低 LET 时事件率高,高 LET 时事件率低。因此,在任何时间间隔内,发生小 SET 的概率高,而大 LET 的概率会降低。图 4.94 给出了在数字逻辑中产生并通过数字逻辑传播的 SET,称为数字单粒子瞬态(Digital Single Event Transient,DSET)。DSET 出现在组合逻辑(INV、BUFF、NOR、NAND、XOR 等组成简单控制逻辑或处理器核心逻辑的组件)中,或者它可以在时钟序中出现并传播。事件发生在组合逻辑并作为时序逻辑的输入进行传播,在下一个时钟中将锁存该事件。在时钟序中的大事件 DSET 可导致轨—轨时钟故障,可错误地对该时钟序驱动的任何或所有组件计时。

DSET 在各个阶段的传播可能表现为狭窄脉冲。每个阶段都将衰减和/或加宽 DSET。许多 SET 将低于数字电路的电压阈值,它们将迅速衰减,不会影响电路的性能和功能;而一些较大的 SET 将导致虚假的数字信号。

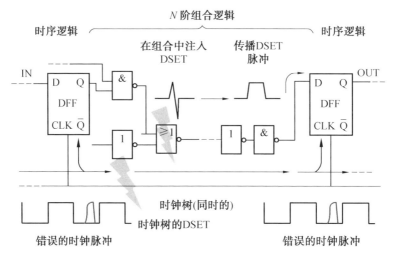

图 4.94　入射粒子诱发的 DSET

图 4.95 所示为低 LET 和高 LET 引起的 DSET 模拟仿真,图中给出了 DSET 衰减和传播示例。衰减的或未被时序或存储单元捕获的 DSET 对电路系统可靠性没有影响。在时序或存储单元中捕获的 DSET 转换为持久错误,并且无法与出现在时序单元本身中的 SEU 区分。在时序单元中捕获的错误可能会损坏下游数据。图 4.95(a)中的 DSET 衰减很快,不可能被下游时序单元捕获;图 4.95(b)中的 DSET 瞬态信号在多个逻辑节点上的传播没有变化。

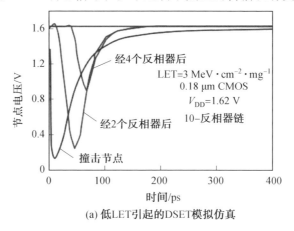

(a) 低LET引起的DSET模拟仿真

图 4.95　低 LET 和高 LET 引起的 DSET 模拟仿真

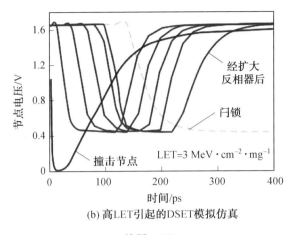

(b) 高LET引起的DSET模拟仿真

续图 4.95

在下游时序逻辑或存储器中捕获 DSET 需满足以下三个条件：

①入射粒子必须产生能够在电路中传播的单粒子瞬态。

②必须有一条有效的逻辑路径，DSET 可通过该路径传播到锁存器或另一个存储单元。

③当 DSET 脉冲到达时序或存储单元时，必须具有足够的电压幅度以容纳错误输入，且要具备足够的宽度（在同步逻辑中，DSET 必须在有效的时间内到达锁存器）。

由于时钟边沿的数量随着时钟频率的增加而增加，因此 DSET 被捕获为下游时序单元中 SEU 的概率随频率线性增加。当先进的数字电路发生电压调整（工作电压降低）时，产生可传播的轨－轨信号所需的注入电荷较少。因此，更先进的高速工艺技术器件，对 DSET 引起的 SEU 更敏感，因为 SEU 出现概率和传播的能力随着新技术节点的增加而增加。DSET 脉冲越宽，落入下游时序单元建立时间和保持时间内的概率就越大。

DSET 导致电路捕获错误值的另一种方式是它们出现在时钟树上。如果它们大到足以在时钟上造成满量程瞬变，则 DSET 可能会导致错误的上升沿或下降沿。当数据输入无效时，这些错误的上升沿或下降沿会错误地在时序电路计时到建立时间和保持时间之外。在这种情况下，DSET 可通过对时序单元内时钟输入或捕获一个无效数据输入来间接诱发 SEU。仅在 LET 较高时才会出现此模式，因为时钟树通常具有更高的电容（由于它们具有多个分布式节点）。若给定粒子大小，对于较大的节点电容，任何收集的电荷都会导致较小的电压瞬变。

在模拟电路中，SET 通常被称为模拟单粒子瞬态（Analog Single Event Transient，ASET）。在放大器和比较器等模拟单元或电路中，ASET 会对器件的输出造成短暂的瞬态干扰。图4.96显示了几个不同位置的 ASET 及其对放大器

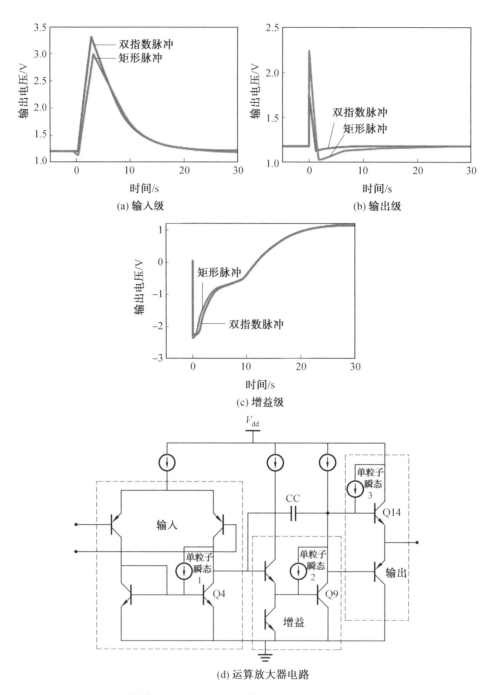

(a) 输入级

(b) 输出级

(c) 增益级

(d) 运算放大器电路

图 4.96　辐射感应电荷分别注入运算放大器的输入级、增益级和输出级
并在输出上产生 ASET 的模拟仿真

电压输出的影响。ASET 的持续时间、形状和大小在很大程度上取决于粒子击中放大器的哪个部位。许多模拟电路都是为抵抗短持续时间的脉冲而设计的，因此只需忽略或过滤信号中的许多 ASET 即可。即使在具有类似存储器的采样保持电路的模拟系统中，当电容器处于保持模式时，ASET 会在采样电容器上产生错误的电压电平，导致错误的采样值。然而，写入采样保持电路的下一个正确样本将清除错误，因此损坏将只影响单个样本，该样本可以被过滤掉。

SET 导致系统可靠性问题的另一个原因是电源设备。虽然大多数 SET 都是无损 SEE，但它们确实会影响系统可靠性。如果 SET 发生在关键时间点，它可能会对高可靠性应用产生更严重的影响。电源组件中的 ASET 和 DSET 都有可能导致问题。例如，功率晶体管输出级中的 ASET 以特定电流和指定电压向负载提供输出电流，可能会导致功率输出出现脉冲。

虽然可以容忍小的脉冲（特别是如图 4.97 所示的 ASET 欠冲），但一些昂贵的间隔均衡现场可编程门阵列（FPGA）要求最大过冲/欠冲小于 5%。功率器件输出上的大幅度（>5%）过冲是十分严重的问题，因为它们会在下游电路中造成永久性损坏（电气过应力），而大幅度过冲可能导致下游系统中的数据损坏和/或重置。

电源控制器的数字控制逻辑中的 DSET 也可能导致问题。例如，逻辑中的 DSET 导致 P_{GOOD} 信号（当输出有效时反馈给电源器件绑定的电子器件的一种信号）掉电时，即使电源本身仍在目标电平内运行，也会导致连接到电源总线的下游器件复位。图 4.97 给出了这样的 DSET 事例。在这种情况下，因为电源输出工作正常，所以在 P_{GOOD} 上过滤掉这个狭窄 DSET，可以防止它对下游电子器件产生影响。

4. 单粒子翻转

当辐射发生在诸如动态或静态随机存取存储器（DRAM 或 SRAM）、锁存器或触发器的数字存储单元节点内时，将产生称为单粒子翻转（SEU）的持久错误。SEU 对电路系统的影响取决于单粒子错误的类型及其位置。由于错误状态在用新数据覆盖之前一直存在，因此 SEU 是影响数字系统可靠性的潜在"定时炸弹"。因为错误数据将用于下游处理，而不需要系统"知道"数据是坏的，所以若系统的可靠性要求很高，则需要使用额外的电路和额外的码位来检测或纠正这样的错误。SEU 是持久的数据损坏，但电路本身没有被损坏。

图 4.98 给出了基于紧凑型单管单电容（1T-1C）技术设计的商用 DRAM 器件。电容器的存储节点上电压（电荷）存在与否，定义了存储在 DRAM 位单元中的二进制数据状态。在读（R）或写（W）操作期间，通过用字线（Word Line，WL）导通晶体管来访问存储电容器。在晶体管打开的情况下，电荷可以在位线（Bit

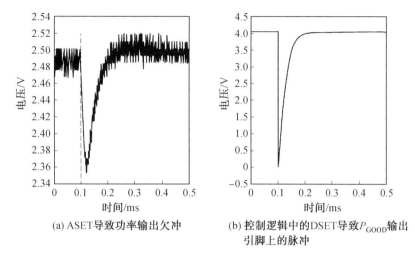

(a) ASET导致功率输出欠冲　(b) 控制逻辑中的DSET导致P_{GOOD}输出
引脚上的脉冲

图 4.97　电源器件的重离子辐照试验过程中产生的两种情况

Line,BL)和存储电容器之间自由传播。单个位单元的数据状态(电荷状态)由称为感测放大器的差分放大器确定。在 R 或刷新操作期间,感测放大器测量连接到单元电容器的 BL 和预充电到电源电压一半的参考 BL 之间的电压差。因此,如果电容器处于充满电状态,则 BL 的电压将高于其参考电平;如果电容器处于未充电状态,则 BL 的电压将低于其参考电平。

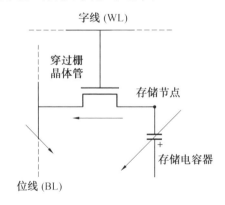

图 4.98　1T－1C DRAM 位单元示意图(彩图见附录)

　　一旦读出完成,感测放大器将 BL 驱动到 0 V 或电源电压,代表它在电容器中检测到的数据状态。感测放大器的这种信号再生对于保持 DRAM 位的刷新至关重要。位单元只是一个简单的电容器,如果不定期刷新,充满电的电容器最终会放电。对 DRAM 位单元进行优化,使得下一刷新周期总是在感测裕度大幅降低之前很久出现。任何导致从放电数据状态到增强电荷耗尽的干扰都有可能造成位错误,因为存储电容器没有再生路径。在 DRAM 阵列中发生单粒子效应可能会引入电荷,从而破坏被击中的位单元。图 4.98 中的红线显示了 DRAM 中 SEU 可能发生的位置。粒子撞击可能发生在 DRAM 阵列中的三个主要位置,并导致 SEU。SEU 最有可能是由电容器单元内部或附近的单次粒子辐射引起的,因为阵列中的所有单元基本上都是敏感的,它们构成了 DRAM 区域的大部分面积。

入射粒子对 DRAM 最可能的影响是耗尽一个充满电荷的区域。相反,完全放电状态通常收集的电荷要少得多,因为电场强度很小。这种类型单元 SEU 更倾向于一种数据状态。对于多数 DRAM 器件,充满电的存储节点代表"1"数据状态,SEU 测试结果更倾向于导致"1"数据状态故障。当入射粒子沿着硅表面横穿栅极下面的漏区和源区,创建一条瞬时导电通道,且该通道连接到 BL(通常预充电到地电位),并将电荷从存储节点排出,构成了 SEU 的第二个可能来源。这种情况需要特定的粒子入射路径,很少发生。

当 BL 在实际感测 R 循环期间处于悬浮状态时,在连接到 BL 的多个扩散区域中的电荷收集,也会诱发 SEU。典型的 DRAM 器件在单个 BL 上会放置 64 位或更多位单元。空间在轨服役过程中,发生这种事件的概率很高,因为任何一个连接 BL 的存取晶体管漏极,或入射感测放大器的粒子,都可成为电荷采集点。然而,在短暂的感应时间内发生单粒子事件意味着,它更有可能是入射粒子直接撞击存储电容器造成的,而不是 SEU。然而,入射粒子对 BL、感测放大器撞击产生的 SEU 与操作频率成正比,因为更高的频率(较短的周期时间)下,在总存储器周期时间中读出所占的比例更大。

由于 SRAM 器件的位单元中设计了有源反馈,因此 SRAM 中的翻转过程不同于 DRAM 中的翻转过程。图 4.99 所示的存储模式下的 6T SRAM 位单元包括两个传输晶体管,在读/写操作期间允许将 BL 连接到存储单元。两个传输晶体管(由 WL 信号激活)通常处于关闭状态(高阻抗),并且处于存储模式时用于隔离 SRAM 位单元。实际提供数据存储的 SRAM 位单元,包括由两个 P 型 MOS 晶体管(P1 和 P2)和两个 N 型 MOS 晶体管(N1 和 N2)形成的两个交叉耦合反相器。图 4.99 左上角中一个反相器的输出驱动另一反相器的输入。只要通电,反馈环路就会保持锁定此配置的数据状态。如果数据状态"1"存储在左侧,则根据定义,相反的状态或"0"状态存储在右侧。因此,在左侧 PMOS 中,P1 导通,如来自 V_{DD} 的红色电流箭头方向所示,使左侧存储节点保持高电平,同时还确保 NMOS N2 导通,将右侧存储节点保持在低电平。

将右侧节点下拉至 0 V 可确保左侧 PMOS P1 栅极为低电平。PMOS 保持在打开状态,保持左侧节点拉高。假设一个高能粒子穿过存储"1"数据状态的节点附近,沿着粒子轨迹的尾迹会产生大量的电子-空穴对,电场会将它们中的很大一部分分离和传输。在这种情况下,电子将被反向偏置的漏极节点在 N1 处收

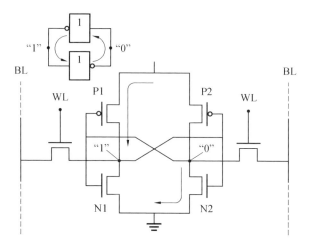

图 4.99   存储模式下的 6T SRAM 位单元(彩图见附录)

集,导致左节点的存储电压迅速下降。当节点电压下降时,左 PMOS P1 空穴电流将开始补偿。在单元本身翻转到相反的数据状态之前,PMOS 是否能够提供足够的电流来补偿由粒子引起的电流,将决定 SRAM 位是否翻转。

当左边的节点电压下降时,右边的 PMOS P2 开始打开,而右边的 NMOS 开始关闭,并将倾向于关闭左边的 PMOS P1,同时打开左边的 NMOS N1,实际上会进一步下拉左边节点的电压。如果来自左侧 PMOS 的空穴电流不能在左侧节点降至某个临界低压值以下之前消耗过剩电荷,则将发生切换,并导致 SEU。

SRAM 位单元内的两个区域对入射粒子撞击期间注入的电荷最敏感。对于存储"1"态的一侧,N1 晶体管漏极对电子收集;而对于存储"0"态的一侧,P2 晶体管漏极对空穴收集。两个因素决定 SRAM 位单元对 SEU 的健壮性或弱点:晶体管的驱动强度(主要由沟道宽度决定)和位单元的固有开关速度(由寄生晶体管和固有晶体管驱动决定)。较高的驱动强度意味着较大的恢复电流,可中和入射粒子撞击产生的注入过量电荷。降低 SRAM 位单元的开关速度,使上拉/下拉晶体管有更多时间来补偿注入的电荷。提高驱动强度和降低开关速度都能提高 SRAM 单元的抗辐射能力。然而,现在追求的是降低功耗、同时提高密度和速度,这样使 SRAM 位单元具有更弱的驱动能力和更快的切换速度,致使 SRAM 对 SEU 的敏感性增加。

无论是在 DRAM、SRAM 中,还是在一组邻近的顺序门(寄存器、输入/输出缓冲器)中,在单个存储器位单位单元造成数据状态翻转的 SEU,称为单位翻转(SBU),而一次较大的单粒子事件能够同时翻转数据字中的多个位,称为多位翻转(MBU)。多单元反转(MCU)指在相邻存储单元中,各存储单元相邻位处于翻转状态。图 4.100 给出了 SBU 和 MBU(MCU)两个阵列的内存映射。若入射粒子的 LET 值更大，紧密间隔的节点之间的电荷将共享，可能会扰乱多个相邻的存储位。即使是较低 LET 粒子，若入射轨迹接近表面、入射角度低(平行于硅表面)，也可能在几个敏感区域沉积电荷，导致 MBU。

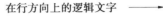

在行方向上的逻辑文字

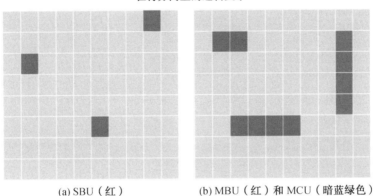

(a) SBU（红）　　　　(b) MBU（红）和 MCU（暗蓝绿色）

图 4.100　SBU 和 MBU(MCU)阵列的内存映射(彩图见附录)

在空间辐射环境中，由高 LET 值离子(不是质子或电子)诱发 MBU 的可能性要大得多。因此地球辐射环境下的大部分 MBU 是由高能中子造成的，而不是低 LET 的 α 粒子。由于单个粒子会引发 MBU，因此 MBU 故障模式将是连续的，并遵循粒子轨迹。但是，在数据状态敏感度不同的电子系统或电路中，可能会出现一些不连续的故障模式。最近使用的 MCU 是一个更通用的术语，与单个粒子故障的总比特数有关，而与位的排列逻辑无关，MBU 仅考虑逻辑字内的多个位故障。

从可靠性的角度来看，哪些位被翻转是可检测和/或可纠正的，以及可导致实际故障的，有很大不同。如果多位故障发生在实际字的存储方向(在本例中为行)，可能会导致抗单粒子冗余解决方案失效。MBU 通常是由高能粒子和/或高 LET 值粒子引起的，这些比引起 SBU 的辐射粒子要罕见得多。对于商用 DRAM 器件，观察到的 MBU 错误率为 SBU 错误率的 5%～10%；对于商用 SRAM 器件，观察到的 MBU 错误率为 SBU 错误率的 5%～15%。

如果没有外围的逻辑互联电路，计算机离散嵌入式 SRAM 和 DRAM 毫无用处。虽然时序逻辑器件对 SEU 的敏感度低于 SRAM，但它也会发生 SEU。时序逻辑单元包括锁存器和触发器，它们在电路系统单粒子事件信号进入或离开微处理器之前保存系统事件信号和缓冲数据，并与基于多个输入执行逻辑运算的组合单元连接。这些器件的 SEU 敏感度及其对电路系统的影响较难量化，因为它们的易受攻击期(它们实际在系统中执行关键操作，而不是简单地等待)随电路设计、操作频率和执行算法的变化很大。

锁存器在本质上类似于 SRAM 单元,因为它们使用交叉耦合的反相器来存储数据状态。对紧凑和高速锁存器的需求使其对 SEU 敏感性与 SRAM 位单元相当。触发器本质上更抗 SEU,因为它们通常由两级组成,输出级中的 SEU 被发送,而从级中的 SEU 不会被发送到输出段。锁存器,特别是采用较大晶体管(较大扇出)设计的触发器,可以更容易地补偿辐射粒子诱导产生的过剩电荷,并且通常对 SEU 更稳固。图 4.101 所示为时序逻辑中的入射粒子产生数字系统中的持久 SEU(错误位可向下游传输,并可影响器件状态或被写入存储器)。特别令人担忧的是时序逻辑中的 SEU 发生在高可靠性要求的系统中。在高可靠性要求系统中,其存储器已通过纠错进行保护,其中外围逻辑故障率可能是主要的可靠性故障机制。

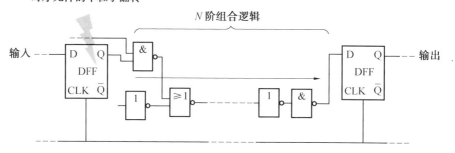

图 4.101 时序逻辑中的入射粒子产生数字系统中的持久 SEU

5. 单粒子功能中断

随着电子器件单元密度、计算能力和复杂程度的增加,它们在辐射环境中经历的故障模式数量和种类也在增加。随着复杂性的增加,器件发生故障的方式也越来越多。单粒子功能中断(SEFI)是一种非破坏性单粒子效应(SEE)。当 SEU 的翻转位在关键寄存器系统中时,例如那些控制 FPGA、DRAM、SRAM、非易失性闪存、微控制器和处理器中的操作、模式或执行程序的寄存器中,均可能会出现 SEFI。

如果控制寄存器中的 SEU 错误地启动内置自检序列,触发系统复位,或者某些其他模式导致集成电路(IC)丧失功能或错误执行,则会发生 SEFI。与 SEU 相比,SEFI 对产品故障率和可用性的影响要大得多。每个 SEFI 都会导致直接的产品故障,这与典型的存储器/逻辑 SEU 相反,典型的存储器/逻辑 SEU 可能会也可能不会影响最终操作,具体取决于算法、数据敏感度等。

当 SEFI 出现在 DRAM 或 SRAM 阵列中(独立或嵌入处理器中)时,翻转通常是用于行或列解码、多路复用等的控制逻辑中的一个位,这涉及在读/写操作期间移动数据。SEFI 将导致许多位的丢失,通常在内存映射中显示为整个块、带、行或列位失败,存储器中 SEFI 故障模式示意图如图 4.102 所示,图中给出了存储器冗余电路中的 SEFI。控制逻辑中损坏的单个位会导致错误行为,从而导致存储器阵列中的许多故障(翻转位)—SEFI 通常表现为块、行或列的区段,具体取决于受影响的逻辑。存储器阵列中包括冗余行或列,以抵消制造缺陷对成品率的影响。生产测试期间发现坏位时,可以将地址重新路由到冗余行或列。因此,缺陷被有效地从存储器中移除,因为无论何时出现地址,它都被重新路由到全功能行/列。该地址重路由通常存储在测试时熔断的熔丝中。上电时,熔丝值被读入冗余锁存器。在操作期间,锁存值在寻址期间使用。任何冗余锁存器中的 SEU 将导致寻址原始行/列损伤。除了行/列中一个或多个位有缺陷外,该行/列上的其他位的值是不正确的,因为当锁存器具有正确的值时,它们从未在先前的访问中被写入。解决该问题的唯一方法是重启电源,以便使用正确的值更新冗余锁存器。数字系统中的大多数 SEFI 需要一定程度的外部干预(重启或断电重置)来恢复系统正常。

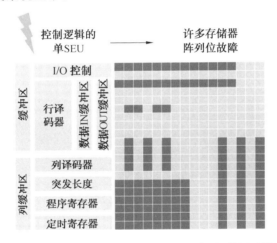

图 4.102　存储器中 SEFI 故障模式的示意图(彩图见附录)

6. 单粒子闩锁

单粒子闩锁(SEL)是一种潜在可发生灾难性损伤的 SEE。出现/产生该 SEE 时,会在电源和地之间产生低阻抗通道,并在 SEE 事件触发后会一直保持不变。一旦发生 SEL 效应,高电流状态将一直保持,直到断电或器件损坏。对于 CMOS 和 BiCMOS 硅体块工艺技术的电子器件制造商来说,SEL 是一个众所周知的可靠性问题。

针对 CMOS 工艺技术,抗 SEL 最好的方式是减小阳极到阴极间距、减少电极接触(tap)数和增大 tap 面积(LN＋、LP＋)。发生 SEL 效应期间,入射粒子诱导产生的电荷在皮秒时间范围内一次全部产生,进而在器件内产生浓度非常高的电子和空穴。可见,与阳极/阴极上的外部电压瞬变相比,SEL 初始触发条件往往更恶劣。因此,器件具备良好的闭锁性能是必要的,但不足以保证器件拥有良好的抗 SEL 性能。换句话说,如果一个电子器件的闭锁性能很差,它的 SEL 性能就会很差;但如果一个电子器件不会发生闭锁情况,那么它仍然需要用重粒子辐照进行测试评估,以确定它是否具有可接受的抗 SEL 性能。

CMOS 电路寄生 BJT 和 SEL 过程初级典型电阻横截面如图 4.103 所示,图中给出了 CMOS 工艺技术中能够产生闩锁效应的寄生双极晶体管(BJT)。P−epi/P−衬底、N 阱和 P＋接触(阳极)分别构成了寄生垂直 PNP BJT 的集电区、基区和发射区。同样地,N 阱、P−外延/P−衬底和 N＋接触(阴极)分别构成寄生横向 NPN BJT 的集电区、基区和发射区。BJT 的偏置属性由入射粒子辐射诱导电荷,阱和衬底的扩展电阻,以及阳极、阴极和电源电压共同决定。如果受到触发,寄生 BJT 会形成再生反馈回路,在电源和地之间产生低阻抗通道。假设该结构具有足够高的增益,再生反馈可以保持高电流状态,该回路将发生闩锁效应,并且只能通过断电和关闭寄生 BJT 来消除影响。

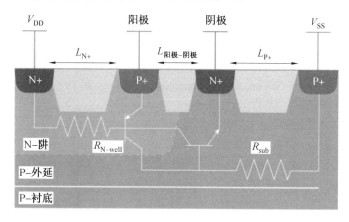

图 4.103　CMOS 电路寄生 BJT 和 SEL 过程初级典型电阻
横截面(深灰色区是浅沟槽隔离)(彩图见附录)

当入射粒子辐射诱导的过量载流子开启垂直 PNP NJT 或横向 NPN BJT 时,寄生 BJT 被触发。这个过程可发生在几个不同的阶段。首先,多余的辐射诱导注入电荷通过漂移输运,空穴电流和电子电流以相反的方向流向阱和衬底。注入电流在阱和衬底扩展电阻上产生压降。阱和衬底的电阻率、阱深、入射粒子位置到电极的距离决定了压降的大小。如果阱或衬底中的压降大到足以正向偏置寄生 BJT 的发射结,则至少会有一个 BJT 导通,并会突然放大另一个寄生 BJT 中的注入电流。一旦第二个 BJT 的发射结开启,就会在第一个 BJT 中注入电流。在该情况下,正反馈回路启动,在该回路中,每个寄生 BJT 可相互馈送。

当满足以下四个条件时,这种闩锁效应才能持续进行:

①两个寄生 BJT 的发射结变为正向偏置。

②寄生 BJT 的电流增益积大于 1。

③电源产生的电流大于维持回路电流。

④工作电压 V_{DD} 高于维持回路电压。

正常和闩锁状态 PNPN 器件的 $I-V$ 特性曲线如图 4.104 所示。注入电流会导致阳极电压增加,当一个 BJT 被正偏(V_H 达到触发电压),就会在再生环路中打开第二个 BJT;当保持在高电流水平时,阳极电压下降。PNPN 结构有三种截然不同的行为模式。在工作电压范围内的低工作电流是正常工作区域(1)的特征。在正常工作状态下,两个寄生 BJT 的发射结可被反向偏置至发生击穿的最大电压。一旦触发闭锁或 SEL,器件就会迅速进入高电流/低电压状态(3),该状态由 $I-V$ 曲线和负载线的交点确定(负载线由电源和器件之间的阻抗定义)。连接这两个模式的负电阻区(2)表示激活寄生 BJT 提供的增益。保持电压 V_H 是能够维持稳态 SEL 条件的最小电压。如果工作电压超过 V_H,则触发的 SEL 将一直持续到器件断电。

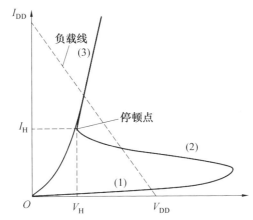

图 4.104　正常和闩锁状态 PNPN 器件的 $I-V$ 特性曲线

影响寄生 BJT 开启灵敏度的主要物理因素是入射粒子类型、LET 值和入射轨迹。这些因素决定了入射粒子在器件敏感区域内产生的过剩电荷量及其空间分布。具有较高 LET 值的入射粒子将向敏感区注入更多的电荷,从而提高 SEL 损伤敏感度,因为较大的感应电流等同于较高的感应电压,从而增加发射结电压以启动 BJT 导通的可能性。单粒子闭锁/SEL 损伤敏感性还取决于衬底和阱掺杂状态,入射位置到 tap 距离,实际工作电压和环境温度。衬底和阱掺杂越低、阻抗越高,启动寄生晶体管正向偏置条件所需的电荷就越少。同样,最近 tap 与入射粒子之间的距离越大,阱阻抗越大,BJT 就越容易开启。增加工作电压会使所有电阻的电压更高,触发 BJT 所需的电荷就变少,产生 SEL 效应就更容易。在较高温度下工作,有两种影响会增加 SEL 的可能性和严重性:①随着温度的升高,正偏发射结所需的电压下降,启动寄生 BJT 所需的电荷变少;②双极增益或 β 随温度升高而增加,因此 BJT 的开启速度会更快(增益越高,电流越大),BJT 将具有更高的增益,进而增加了入射粒子诱发持续闭锁效应的可能性。

从可靠性的角度来讲,在任何情况下发生 SEL 效应都是极其不利的,即使被认为是非破坏性的 SEE,并且没有出现永久性损坏。至少,电路会失去功能,需要关闭电源才能摆脱闩锁状态。在极端情况下,SEL 会感应出具有高增益和极低阻抗的寄生结构,从而产生完全摧毁器件的高电流。

通常,金属化层中的这种电迁移损伤会导致灾难性的故障。在高可靠性要求且没有抗 SEL 解决方案的应用场景中,添加外部电路可以检测 SEL 的发生(借助于监控器件的电源电流,该电流随着 SEL 效应发生而显著增加),并快速启动掉电复位,将对器件的损害降至最低。这种方法的挑战之一是确定所需的电源电流检测水平,以及电源复位前如何最大限度地减少 SEL 持续的时间。此外,表面上看不具破坏性的 SEL 仅持续很短时间也会造成潜在损伤。潜在损伤表现为器件结构损伤,几乎没有电学上可观察到的参数信号,只能通过微观表面分析才能检测到。观察到的潜在损伤主要是电迁移伪影,挤压、熔化形成的金属桥和独立的微裂纹。图 4.105 给出了显示三个伪影缺陷示例,由图可见,SEL 引起的潜在缺陷被认为是非破坏性的,但显示出电迁移损伤的典型迹象,即金属挤压、桥形成(保持两半电连接)、颗粒的局部变形和隔离的破裂。根据 SEL 后的电参数测试可知,存在该缺陷时器件的性能和功能完全正常。这些微小的潜在缺陷不会导致器件失效,但它们确实代表着潜在的危险,因为损坏可能会降低器件的预期寿命。

对 SEL 效应不具备免疫能力的器件,在 SEL 效应发生后,如果使用外部电路进行了电源重置,最好进行物理故障分析,以确保不会发生潜在损坏。SEL 的潜在损害主要是电迁移挑战,主要取决于电路的金属化互联布局和设计。潜在的 SEL 损害与其说取决于工艺技术,不如说取决于实际的器件设计。

7. 单粒子栅穿(SEGR)和单粒子烧毁(SEB)

功率晶体管通常用于功率开关电路的输出级,其设计目的是在导通状态下传导大电流,在关断状态下承受较大的电压。它们可以是金属氧化物半导体场效应晶体管或 BJT,取决于具体应用场景。垂直双扩散 MOSFET(Vertical Double−diffused MOSFET,VDMOS)和绝缘栅双极晶体管(IGBT)是常用的两种功率晶体管。图 4.106 是电源用 VDMOS 和 IGBT 器件横截面。VDMOS 器

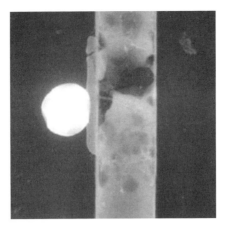

图 4.105　显示三个伪影缺陷示例

件可以在高电压下,将相对较大的电流从顶端源极输运到衬底的漏极。VDMOS 的高电流能力是通过较大的 N＋源/衬底面积(通常由多个较小的器件并联)实现的;而高电压能力是通过轻掺杂的 N－外延层漂移区实现的,该漂移区可以在不击穿的情况下维持较大的源漏电场。

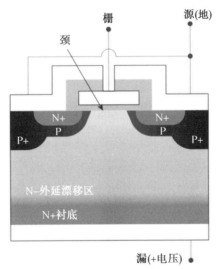

图 4.106　电源用 VDMOS 和 IGBT 器件横截面

　　栅极接地时,N 型颈部区(neck 区)两侧的沟道处于累积关闭状态。当向该结构施加正的栅极电压时,两个沟道区进入反型区,使得来自两个源区的电子电流能够横向流过颈区新形成的 N 型沟道,使器件处于导通状态。当漏极到源极电压正偏时,注入颈区的电子随后通过 N 漂移区垂直向下输运到漏极。通过优化 VDMOS 的掺杂,可使漏极击穿电压能够足够大。为减少漏极导通电阻,应使漂移区的厚度尽可能小。

　　大多数功率器件对低核电荷数（Z）、低 LET 值的入射粒子免疫性强，这些粒子诱导产生的电荷不足以在 VDMOS 器件中诱发 SEE。并且在多数情况下，即使具有更高 LET 值的入射粒子也仅会对 VDMOS 器件诱发短暂的干扰和输出瞬变。然而，在某些情况下，当功率 VDMOS 器件处于关断状态时，高 LET 值的入射粒子击穿功率 VDMOS 器件，将产生足够多的电荷，可诱发 SEB 和 SEGR 两种破坏性 SEE。

　　当入射粒子穿过 P 体沟道区、N＋源区下的 P 体和靠近 P 体的颈部区，可引发 SEB。SEB 类似于 SEL，不同之处在于，发生 SEB 效应时只有一个寄生双极晶体管被打开。如果入射粒子的 LET 值足够高，入射粒子诱导产生的过量电荷会引起电压下降。该电压降会正向偏置寄生 NPN 晶体管的发射结，该晶体管由 IGBT MOSFET 的 DMOS 功率晶体管的 N＋源区、P 基区和 N 漂移区构成，如图 4.107 所示。这种寄生 BJT 极大地增加了电流流量。

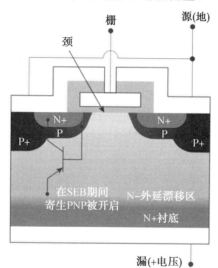

图 4.107　一种带有寄生 BJT 的 DMOSFET 在重粒子轰击时会引起 SEB

　　如果 VDMOS 器件处于足够高的漏偏压，且器件临近发生雪崩载流子倍增，此时高能入射粒子撞击，则寄生 NPN BJT 会发生二次击穿，导致 VDMOS 器件发生局部熔化等灾难性故障。模拟研究表明，当入射粒子发生在靠近两个沟道区的颈部区域时，VDMOS 对 SEB 的敏感度最高。SEB 效应与源漏电压密切相关，因为低于特定电压（雪崩倍增被关闭），寄生 BJT 的开启将是一个瞬时过程，会在 BJT 关闭之前持续几纳秒。如果没有雪崩倍增过程提供的额外载流子注入，BJT 将迅速关闭，器件不会遭受灾难性的 SEB。图 4.108 阐释了这种行为。图中比较了二极管、MOSFET 和 IGBT 在两种电压下对重粒子入射的响应：一种电压低于雪崩倍增阈值,另一种电压高于阈值电压。在两种电压下,所有器件都被驱动到持续的高电流 SEB 模式。即使一个短暂的过程也可能造成潜在的损害,就像非破坏性的 SEL 一样。雪崩倍增为寄生 BJT 提供再生反馈,驱动高得多的电流电平,从而迅速损坏器件。

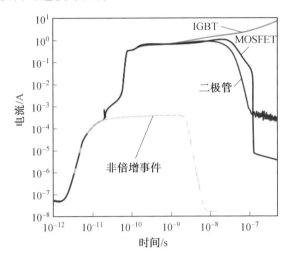

图 4.108　VDMOS、二极管和 IGBT 在雪崩倍增阈值
电压范围的重粒子入射的响应

与 SEB 效应一样,只有 VDMOS 器件处于关闭状态,当重粒子击中器件的颈部时,才会出现 SEGR 效应。粒子沉积的能量在氧化物和硅中均会产生高密度的过剩电子—空穴对。在漏极和接地端有正偏压或栅电极上有负偏压的情况下,电场的漂移作用将硅中多余的电子和空穴分开。空穴向上输运,并在硅/二氧化硅(Si/SiO_2)界面上积累;而电子则向衬底的漏极端输运,如图 4.109 和图 4.110 所示。

硅/二氧化硅界面处空穴正电荷的增加,会在栅氧化层的另一侧产生相等的镜像电子负电荷,从而进一步增加氧化层两端的电场。入射粒子辐射诱发的空穴进一步收集支撑了界面处的空穴电荷分布和积累。在接地电位下,氧化物下面积累的空穴向 P 体区横向扩展。由于辐射粒子诱导的电荷注入和收集机制比过剩电荷消耗机制(传输、复合)快,因此栅氧化层上会在很短的时间内产生显著的电压瞬变。

如果感应氧化物电场的大小超过本征击穿强度,氧化物将被击穿,导致栅极与衬底短路。模拟仿真和试验研究均已证明,在更高的温度下工作会导致更高的氧化电场,从而增加发生 SEGR 的可能性。氧化层电场增加,是因为高温下载流子迁移率降低,减缓了积累的空穴电荷从颈区向外的传输。针对纵向结构功率器件的研究也表明,垂直入射的粒子撞击最有可能导致 SEGR,而横向功率器

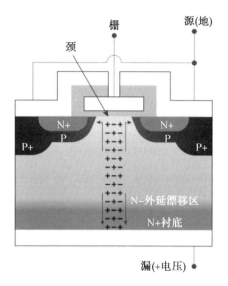

图 4.109 DMOSFET 器件在重粒子撞击期间收集过剩
空穴,空穴积累最终导致栅氧化层击穿

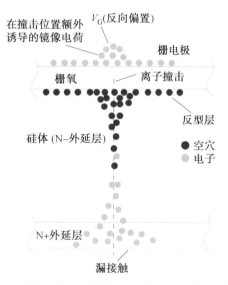

图 4.110 在灾难性的 SEGR 期间栅氧化层下面的空穴积累和
镜像电荷驱使栅极电场超过击穿电场

件可能表现出不同的行为。当 VDMOS 器件处于关断状态时,SEB 和 SEGR 均
由漏极到源极电压及栅极到源极电压驱动。在这两种情况下,偏置电压越高,就
越容易诱发 SEB 或 SEGR。

8. 瞬时高剂量率效应（HDR）

瞬时高剂量率环境（也称为瞬时伽马（Gamma）剂量率环境）是一种非常特殊的瞬态辐射环境，由核装置爆炸产生，可在非常短的时间间隔（微秒到毫秒）内发射高剂量的伽马射线和 X 射线。剂量和剂量率都是距零点距离的函数，辐射强度随距零点的距离按反平方（$1/r^2$）增加而下降。此外，大气对爆发的辐射有一定的吸收作用，因此随着距离的增加，大气吸收也会导致辐射通量减少。然而，在核爆炸后的短时间内，电子元器件对瞬时高剂量率效应的敏感性比高的总剂量更令人关注。与在空间或地面环境中经历的典型单一粒子（单一和局部粒子）形成鲜明对比的是，瞬时高剂量率环境是全局性的，瞬时辐射同时影响电子系统或集成电路中的每个器件。

针对电子器件而言，瞬时高剂量率环境的主要作用是产生全局性电离损伤，在全部元器件和元器件的全部 PN 结中感生出瞬态电流（光电流）。瞬时高剂量率感生瞬态光电流与元器件 PN 结漏电流方向相同，并基于剂量率的不同会引起电子器件三种响应：

①电子器件继续正常运行，并在整个过程中毫发无损。

②电子器件会受到干扰，部分或全部功能会丧失，但想在过程中幸存下来，只需重置即可。

③当瞬时高剂量率触发 SEL、SEB 或 SEGR 时，元器件将遭受灾难性破坏。瞬时高剂量率产生的光电流由器件结区大小、伽马能谱和通量，以及电路中吸收多余瞬时电流的动态能力所决定。

与单个重粒子入射产生的 SEE 不同，瞬时高剂量率产生的电荷密度不是关键特征，因为伽马光子的有效 LET 非常低。在硅中每个吸收的 3.6 eV 或更高能量的光子，能够产生一个电子—空穴对，所有元器件的结将同时产生光电流瞬变。收集体积较小的器件 PN 结产生较小的光电流，而较大的结会产生较大的光电流。元器件在较高电压下工作，会增加反向偏置结的耗尽宽度，导致电荷收集体积增大进而致使光电流值增加。

除了在器件 PN 结中直接产生光电流外，寄生双极器件还可以产生二次光电流。通常在中等或更高的剂量率下，寄生双极器件由于瞬时光电流的注入而产生正向偏置。电子器件的瞬时剂量率响应既取决于它们的结构和设计，也在很大程度上取决于器件所承受的有效剂量率。根据瞬时剂量率的不同，已有研究观察到了各种不同的翻转和失效模式。任何器件都有一个潜在的翻转剂量率阈值，超过这个阈值就会开始出现功能错误（可以通过最大剂量率试验评估）。当剂量率进一步增加到临界阈值以上时，越来越大的感生光电流会影响更多的电路；最终，在非常高的瞬时剂量率下，元器件或电子系统可能会失效。

瞬发剂量率辐照引起的 SRAM 失效如图 4.111 所示,图中给出了 SRAM 器件位图的瞬时高剂量率效应特性,随着剂量率从上到下增加,失效模式会有所不同。剂量率显示在每个图的右上角,其中 1.0 是起始剂量率。每个位图都是在暴露于单次瞬时剂量率后从 SRAM 器件获得。每次试验后,SRAM 器件都会被重置,并在下次试验时提高剂量率。随着瞬时剂量率的增加,能够看到与传统 SEE 相似的局部故障;随着剂量率进一步增加,器件上越来越大的区域会被破坏。由于芯片制造工艺和设计的差异,SBU 并不是完全不相关的,而是连接到具有较低 Q 值 Q_{crit} 的位区域。当剂量率增加到一定程度时,相关的故障开始发生,同时电源电压下降,影响下游特定分支的位图。这种效应被称为轨道跨度坍塌,所观测到的 SEU 与特定的功率节点相关,并与高瞬态光电流引起的 V_{DD} 下降直接相关。轨道跨度坍塌是数字工艺技术中最主要的翘曲机制之一。存储器阵列电压分布的模拟如图 4.112 所示,辐照诱导光电流瞬间会拉低 V_{DD},图中显示了三种不同条件下存储器阵列内的空间电压分布,反映了瞬时剂量率辐照时的轨道跨度坍塌规律。

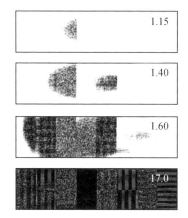

图 4.111　瞬发剂量率辐照引起的 SRAM 失效

图 4.112(a)显示了未辐照电子器件的 V_{DD}。正如预期的那样,它具有均匀的电压分布,所有位单元都偏置在相同的 V_{DD} 值。图 4.112(b)和图 4.112(c)的曲线图分别显示了 $1\times10^9\,rad(Si)/s$ 和 $3\times10^9\,rad(Si)/s$ 两种不同剂量率辐照下的 V_{DD} 分布。随着剂量率的增加,电压下降程度增加,最终,阵列中的所有位都会因为感应电压裕度缺乏而失效。

由于瞬时剂量率效应是一种瞬时伽马脉冲,只要不触发破坏性效应,一旦光电流和引起的轨道跨度坍塌恢复,电子器件就会恢复正常工作。在数字系统中,出现故障的位需要用有效数据重写,但器件本身不会被损坏,并且在重置后将正常工作。唯一的例外是,如果接收到的总剂量太高,会导致永久性的功能故障或触发破坏性的 SEE。

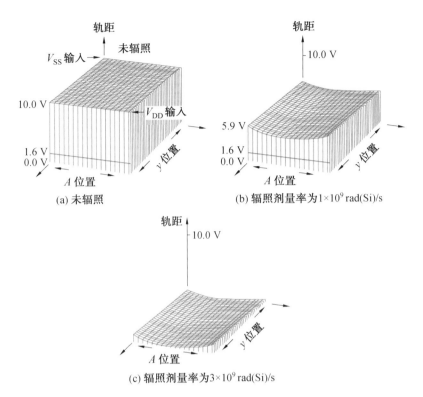

(a) 未辐照　　　　　　　　　　　　(b) 辐照剂量率为 1×10^9 rad(Si)/s

(c) 辐照剂量率为 3×10^9 rad(Si)/s

图 4.112　存储器阵列电压分布的模拟

9. 协同效应

目前国内外研究的辐射效应主要集中在单一效应上,然而器件在空间中同一时间内会受到多种辐照效应的影响,研究不同效应之间的相互作用也是至关重要的。下面介绍位移与单粒子效应协同、总剂量与单粒子协同效应。以 GaN HEMT 器件为例,引入位移缺陷,并进行单粒子仿真,图 4.113 是缺陷能级设置为价带以上 0.84 eV 时,缺陷浓度分别为 5×10^{16} cm^{-2}、8×10^{16} cm^{-2}、1×10^{17} cm^{-2} 时 GaN HEMT 器件单粒子烧毁情况对比图。从图 4.113 中可以看出,在漏压设置为 224 V 时,未引入缺陷的原始器件并未发生单粒子烧毁,而相同的漏极电压下,引入了 1×10^{17} cm^{-2} 的缺陷浓度时发生单粒子烧毁;缺陷浓度为 5×10^{16} cm^{-2}、8×10^{16} cm^{-2} 的器件漏极电流最终也并未回归初始状态,而是分别停留在 5.6×10^{-4} A 和 8.3×10^{-4} A,即二者均已发生单粒子烧毁,烧毁时漏极电压分别为 246 V 和 233 V,以上结果说明位移辐照在器件内部引入的位移缺陷会导致器件抗单粒子性能下降,且随着缺陷浓度增大,器件发生单粒子烧毁时漏极电流增大,发生烧毁时漏极电压减小,即器件抗单粒子烧毁性能退化,导致器件更容易发生单粒子烧毁。其原因是位移损伤缺陷浓度越高,GaN 和 AlGaN 材料价带中获得足够能量的电子能够发生隧穿的概率也越大,即更多的电子能够进入导带成为载流子,造成漏极瞬态电流的增大,说明位移效应会更容易导致单粒子烧毁的发生。

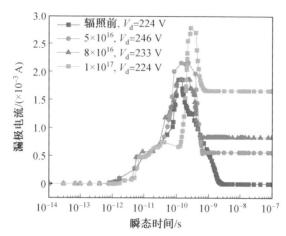

图 4.113　不同缺陷浓度对 GaN HEMT 器件单粒子烧毁的影响

为了研究位移辐照在 GaN HEMT 器件内引入不同能级的缺陷对器件发生单粒子烧毁下现象的影响,分别设置缺陷能级为 0.5 eV、0.85 eV、1.2 eV,缺陷浓度统一设置为 1×10^{17} cm^{-2}。图 4.114 是三种情况下单粒子烧毁对比图。从图中可以得知,随着缺陷能级的增大,单粒子烧毁时漏极电压减小,GaN HEMT 器件发生单粒子烧毁时漏极电流增大,说明器件抗单粒子烧毁性能随着缺陷能级的增大而下降。这是因为当位移辐照引入的缺陷能级越大,该能级位置越接近 GaN 材料的近代中间位置,当电子获得足够的能量后,越靠近禁带中间位置的缺陷能级对辅助电子从价带隧穿到导带的效果越明显。

以 SiC MOSFET 器件为例,引入氧化物电荷,模拟总剂量效应的影响,并进行单粒子仿真。如图 4.115 所示,在相同的较低偏置电压、LET 值以及相同位置的情况下,漏极电流和器件温度随时间的变化。由图 4.115 可知,在 1 ps 之前,随着时间的增加,电流与温度无明显变化。这是因为重离子入射后,尚未产生大量的电子-空穴对;在 1 ps 到 3 ps 之间,重离子入射产生了大量的电子-空穴对,导致电流迅速上升,温度迅速升高;3 ps 之后,电流迅速下降,而温度继续上升,表明电子空穴开始复合,并产生大量的热,导致器件的晶格温度上升;在 100 ps 左右,温度到达峰值,然后温度随时间开始下降。通过对比有无氧化物电荷的电流与温度的曲线,可以发现当存在氧化物电荷时,器件的电流变化与温度变化基本与无氧化物的情况下一致,但存在氧化物电荷时,漏极电流在 10 ps 左右上升幅度要高于无氧化物电荷的时候,并且存在氧化物电荷时,晶格温度已经超过临界温度。说明总剂量效应会更容易导致单粒子烧毁的发生。

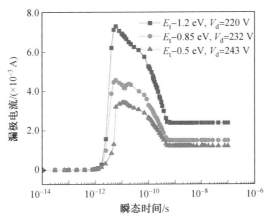

图 4.114　不同缺陷能级对 GaN HEMT 器件单粒子烧毁的影响

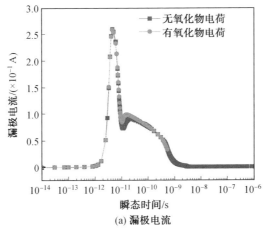

(a) 漏极电流

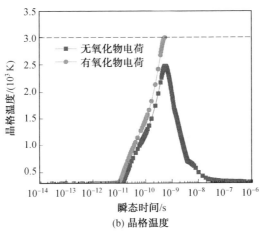

(b) 晶格温度

图 4.115　氧化物电荷对 SiC MOSFET 单粒子烧毁的影响

4.4　电离和位移吸收剂量计算

入射带电粒子与靶材料原子的交互作用涉及核阻止本领$(-\mathrm{d}E/\mathrm{d}X)_n$和电子阻止本领$(-\mathrm{d}E/\mathrm{d}X)_e$。相应地,所产生的辐射损伤效应分为位移效应与电离效应。辐射吸收剂量的计算实际上是对入射粒子在靶材料中沉积能量的量化表征。位移效应和电离效应所涉及的入射粒子在靶材料中沉积能量的方式不同,因此吸收剂量计算的基本参数有所区别。对于电离辐射,计算辐射吸收剂量的基本参数是入射粒子在靶材料中的线性能量传递(LET);而位移辐射计算的基本参数为非电离能量损失(NIEL)。因此,在计算带电粒子辐射吸收剂量时,需要针对电离效应与位移效应分别进行。

4.4.1　简单结构吸收剂量计算

1.带电粒子剂量计算公式

(1)单能粒子电离辐射吸收剂量。

通常,将电离辐射吸收剂量计算分成单能粒子辐射和能谱粒子辐射两种情况。单能粒子辐射吸收剂量计算是进行能谱粒子辐射计算的基础。在单能粒子辐射情况下,视入射粒子能量高低,又分穿透辐射与未穿透辐射两种情况。

①穿透辐射。

辐射吸收剂量是表征空间粒子与航天器材料交互作用的参量。辐射吸收剂量的传统定义是在粒子穿透靶材(符合薄靶模型)的条件下,单位质量物质所吸收的辐射能量,单位为 Gy 或 rad(1 Gy = 1 J/kg;1 rad = 100 erg/g;1 Gy = 100 rad)。 粒子辐射薄靶模型如图 4.116 所示。所需满足的条件为$x_0 \ll \{a,b\}$,$x_0 \ll R(E_0)$,$L(E_0) = \mathrm{const}(x)$ 及 $l = x_0 \cos \theta$。其中,x_0 为靶材厚度;a 和 b 分别为靶材长度与宽度;E_0 为粒子的能量;R 为粒子在靶材中的射程;L 为粒子在靶材中的线性能量传递,即 LET;l 为粒子在靶材中的路径长度;θ 为粒子辐射角。当满足薄靶模型条件时,线性能量传递为常数(不随粒子入射深度 x 变化),因此吸收剂量可由下式计算:

$$D = \frac{\Delta E}{m} = \frac{L \cdot \rho x_0 / \cos \theta \cdot \Phi S \cos \theta}{\rho \cdot x_0 \cdot S} = L\Phi \tag{4.9}$$

式中,D 为吸收剂量;m 为靶材质量;ρ 为靶材料密度;Φ 为粒子辐照注量;S 为粒子辐照面积,其余参数含义同上。

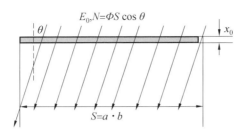

图 4.116　粒子辐射薄靶模型

② 未穿透辐射。

单能粒子电离辐射时,若粒子能量较低未能穿透靶材而只在表层造成损伤,则粒子在靶材料中的 LET 随粒子入射深度变化,即 $\text{LET} \neq \mathrm{const}(x)$。这种情况难于用式(4.9)计算吸收剂量。参照吸收剂量的传统定义,可利用下式计算单能粒子未穿透辐射平均吸收剂量:

$$D = \frac{\Phi \cdot E}{\rho \cdot R} = \frac{\varphi \cdot E \cdot t}{\rho \cdot R} \tag{4.10}$$

式中,Φ 为粒子辐照注量;E 为单个入射粒子能量;ρ 为靶材料的密度;R 为粒子在靶材中的射程;φ 为粒子辐照通量;t 为辐照时间。

实际上,未穿透辐射时,由于粒子的 LET 随深度变化,计算结果应为吸收剂量沿靶材深度的分布曲线。为此,需要进行分层计算,使每个分层的厚度都满足薄靶模型要求。单能粒子未穿透辐射时,吸收剂量应为各个分层吸收剂量之和,即按下式计算:

$$D \approx \Phi \cdot \sum_i (\text{LET})_i \tag{4.11}$$

式中,i 为靶材按厚度的分层数;$(\text{LET})_i$ 为各分层的 LET;Φ 为入射粒子辐照注量。为了计算入射粒子在各分层中的 LET,需要通过 MC 方法模拟入射粒子的传输过程,建立 $(-\mathrm{d}E/\mathrm{d}X)$ 随入射深度 X 的变化曲线。根据各个分层所对应的深度,便可求得相应的 $(\text{LET})_i$ 值。

(2) 电离辐射吸收剂量。

空间带电粒子具有宽能谱特征。不同能量粒子的通量和射程均有很大差别,使得空间带电粒子辐射吸收剂量计算较为复杂。空间能谱范围内的粒子辐射可能出现穿透辐射与未穿透辐射两种情况共存的局面。若所有空间带电粒子都能穿透靶材,可参照式(4.1)按下式计算电离辐射吸收剂量:

$$D = k \int_{E_{\min}}^{E_{\max}} \text{LET}(E) \cdot \Phi(E) \mathrm{d}E \tag{4.12}$$

式中,吸收剂量 D 的单位为 rad;$\text{LET}(E)$ 为某能量为 E 的粒子在靶材料中的

LET,即 $\mathrm{LET}(E) = \dfrac{1}{\rho}\left(-\dfrac{\mathrm{d}E}{\mathrm{d}x}\right)$;$\Phi(E)$ 为某能量为 E 的粒子的辐照注量(或称微分注量),即 $\Phi(E) = \varphi(E) \cdot t$;$k$ 为量纲转化系数,$k = 1.6 \times 10^{-8}(\mathrm{rad} \cdot \mathrm{g}/\mathrm{MeV})$。

若具有能谱的粒子辐射出现未穿透的情况,可将吸收剂量计算公式改写为

$$D = \frac{t}{\rho}\int_{E_{\min}}^{E_{\max}} \varphi(E)\left(-\frac{\mathrm{d}E}{\mathrm{d}x}\right)_E \mathrm{d}E \qquad (4.13)$$

式中,$\varphi(E)$ 为轨道上粒子微分通量能谱;$\left(-\dfrac{\mathrm{d}E}{\mathrm{d}x}\right)_E$ 为某能量为 E 的粒子在靶材料中的电离辐射能量损失;ρ 为靶材料密度;t 为辐照时间。在具体计算过程中,还需要考虑辐射粒子的种类。轨道上存在地球辐射带、银河宇宙线及太阳宇宙线三类辐射粒子源。

式(4.13)主要由 $\mathrm{LET}(E) = \dfrac{1}{\rho}\left(-\dfrac{\mathrm{d}E}{\mathrm{d}x}\right)$ 与 $\Phi(E) = \varphi(E) \cdot t$ 两部分组成。后者可基于轨道上带电粒子能谱与在轨任务时长求得,关键在于计算 $\dfrac{1}{\rho}\left(-\dfrac{\mathrm{d}E}{\mathrm{d}x}\right)$。为简化计算过程,可利用下式针对具有能量 E 的粒子辐射,计算单位辐照注量在靶材厚度 d 产生的吸收剂量:

$$D'(E, d) = 1.6 \times 10^{-8} \times \frac{1}{\rho}\left(-\frac{\mathrm{d}E}{\mathrm{d}x}\right) \qquad (4.14)$$

式中,1.6×10^{-8} 为量纲转化系数,单位为 $\mathrm{rad} \cdot \mathrm{g}/\mathrm{MeV}$。

这种算法的优点是能够将单位面积上单个粒子辐射吸收剂量的求解,直接与粒子在靶材料中的能量损失 $\left(-\dfrac{\mathrm{d}E}{\mathrm{d}x}\right)$ 相联系。入射粒子在靶材料中的能量损失 $\left(-\dfrac{\mathrm{d}E}{\mathrm{d}x}\right)$ 与入射深度 X 的关系曲线,可通过 MC 方法或已有计算程序建立。借助于所建立的 $\left(-\dfrac{\mathrm{d}E}{\mathrm{d}x}\right) - x$ 关系曲线,便可直接对式(4.14)求解。因此,通过式(4.14),可以简化式(4.13)的积分求解过程,便于得到空间粒子连续能谱条件下电离辐射吸收剂量的数值积分解。

针对空间带电粒子能谱条件,计算不同能量粒子在靶材某一深度 d 处产生电离辐射吸收剂量的公式如下:

$$D(d) = \sum_E \Phi(E) \cdot D'(E, d) \cdot \Delta E \qquad (4.15)$$

式中,$D(d)$ 为空间能谱粒子辐照在暴露材料或器件深度 d 处产生的吸收剂量;$\Phi(E)$ 为具有能量 E 的空间粒子的辐照微分注量;$D'(E, d)$ 为单位辐照注量条件下具有能量 E 的粒子在暴露材料或器件深度 d 处的电离辐射吸收剂量。

（3）位移辐射吸收剂量。

对于位移辐射吸收剂量而言，计算空间带电粒子产生位移辐射吸收剂量的方法为

$$D = k \int_{E_{\min}}^{E_{\max}} \mathrm{NIEL}(E) \cdot \Phi(E) \mathrm{d}E \tag{4.16}$$

式中，D 为吸收剂量，单位为 rad；$\mathrm{NIEL}(E)$ 为某能量为 E 的粒子在靶材料中的非电离辐射能量损失；$\Phi(E)$ 为某能量为 E 的粒子的辐照注量，即 $\Phi(E) = \varphi(E) \cdot t$；$k$ 为量纲转化系数，$k = 1.6 \times 10^{-8} (\mathrm{rad} \cdot \mathrm{g/MeV})$。

2. ERETCAD_RAD 软件在一维平板结构中的应用

基于 ERETCAD_RAD 软件，可以便捷地计算空间带电粒子电离辐射在靶材料中的吸收剂量。图 4.117～4.119 给出了 ERETCAD_RAD 软件分别针对入射电子、二次轫致辐射光子及入射质子的计算结果（防护层为 Al 板，剂量计算点为 Si（薄靶））。计算时均假设入射电子和质子在 4π 立体角内为各向同性。对于每种辐射（电子、轫致光子及质子），均分别给出两组关系曲线。一组曲线为不同 Al 防护层厚度条件下，Si 的电离辐射吸收剂量与入射粒子能量的关系；另一组曲线为不同入射粒子能量条件下，Si 的电离辐射吸收剂量与 Al 防护层厚度的关系。图 4.117～4.119 中纵坐标均为防护层后 Si 的吸收剂量，归一化为单位入射粒子注量条件下的吸收剂量。

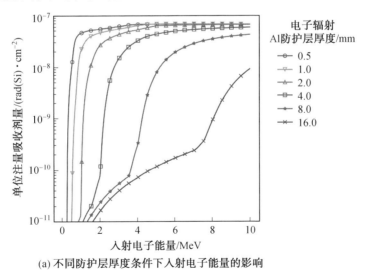

(a) 不同防护层厚度条件下入射电子能量的影响

图 4.117　半无限厚 Al 板防护时电子辐射吸收剂量深度分布

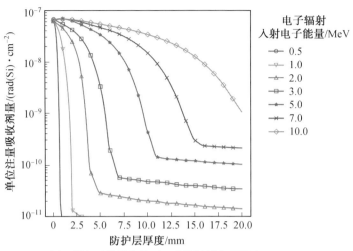

(b) 不同入射电子能量条件下 Al 防护层厚度的影响

续图 4.117

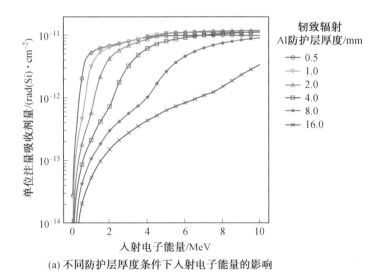

(a) 不同防护层厚度条件下入射电子能量的影响

图 4.118　半无限厚 Al 板防护时轫致辐射吸收剂量深度分布

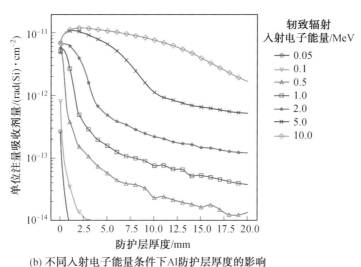

(b) 不同入射电子能量条件下Al防护层厚度的影响

续图 4.118

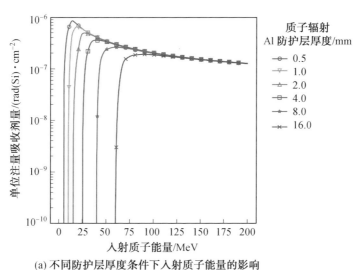

(a) 不同防护层厚度条件下入射质子能量的影响

图 4.119　半无限厚 Al 板防护时质子辐射吸收剂量深度分布

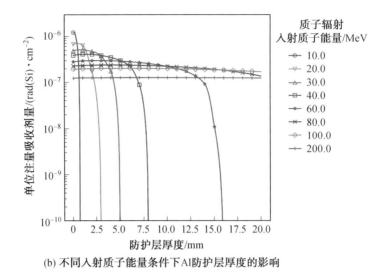

(b) 不同入射质子能量条件下Al防护层厚度的影响

续图 4.119

3. SHIELDOSE 程序算法与应用

空间带电粒子电离辐射在靶材料中的吸收剂量常采用 SHIELDOSE 程序计算。图 4.120 所示为 SHIELDOSE 程序中三种基本防护层模型，防护层为 Al，剂量计算点为 Si(薄靶)。这种防护构形与航天器上电子器件的实际防护情况相符合，针对该特定防护构形，所计算的电离辐射吸收剂量与 Al 防护层深度或厚度的关系曲线称为剂量深度分布，作为表征空间电离辐射环境对航天器影响的特征曲线。若入射粒子是质子，仅需考虑质子辐射本身的影响；而对于电子，除考虑其本身辐射的能量沉积外，还要考虑二次韧致辐射光子的作用。对于球形防护层，应计算球体中心的电离辐射吸收剂量。该中心点被等厚度 Al 防护层所屏蔽，粒子从空间各个方向入射。对于有限厚度平板防护层，计算经过有限厚度 Al 防护层后 Si(薄靶)的吸收剂量，粒子仅从一侧表面入射。对于半无限厚平板防护层，计算条件与有限厚度防护层时相类似，差别只是假设靶材在另一侧方向的厚度为无限大。

SHIELDOSE 程序是在 Seltzer 所建立的数据集基础上建立的，包含单位辐照注量条件下的电离辐射吸收剂量与粒子能量及 Al 防护层深度的关系。入射粒子能谱在防护层某一深度的总吸收剂量，可在考虑每种能量粒子通量和辐照时间的基础上，通过对各种能量粒子辐射的贡献求和获得。Seltzer 首先于 1979 年应用 ETRAN 程序模拟了电子和韧致辐射光子的输运，并在各向同性入射不同能量电子条件下，计算了半无限厚平板 Al 防护层不同深度的吸收剂量 $D(x, E)$。利用所得到的 $D(x,E)$ 数据集，可针对任一给定的空间粒子能谱，计算各防

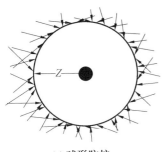
(a) 球形防护

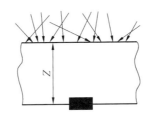
(b) 有限厚度平板防护

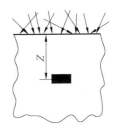
(c) 半无限厚平板防护

图 4.120　SHIELDOSE 程序中三种基本防护层模型

护层深度 x 条件下不同能量粒子总的电离辐射吸收剂量,得到该能谱条件下的辐射吸收剂量-深度分布曲线。质子电离辐射时,$D(x,E)$ 数据集是在"直线路径连续慢化"近似条件下计算得到的。

　　实际上,防护层的几何结构会影响辐射吸收剂量的计算结果。在平板防护层条件下,辐射粒子从一侧入射时,不垂直于表面的入射粒子在防护层内输运路径较长,使计算的防护层后吸收剂量偏低。采用平板防护层模型的好处是有利于提高 MC 方法的计算效率。选用球形防护层时,来自各方向的入射粒子均以最短路径到达球心,所受到的屏蔽作用较小,吸收剂量计算结果偏高。在航天器轨道辐射环境效应初期评估阶段,通常采用球形防护模型。从半无限厚平板防护模型向球形防护模型转化时,可由下式计算吸收剂量:

$$D_{\mathrm{sp}}(Z) = 2D_{\mathrm{pl}}(Z) \cdot \left(1 - \frac{\mathrm{dlog}\,D}{\mathrm{dlog}\,Z}\right) \tag{4.17}$$

式中,D_{sp} 为球形防护层球心处吸收剂量;D_{pl} 为半无限厚平板防护层后的吸收剂量;Z 为防护球半径或平板防护层深度;对数的导数之比是拟合 $\log D_{\mathrm{pl}}(Z)$ 的一种数学方法。工程上,通常采用球形防护模型计算航天器内电离辐射吸收剂量深度分布。

　　采用 SHIELDOSE 程序,并结合轨道带电粒子能谱计算吸收剂量-深度分布曲线,已经成为航天器轨道辐射环境效应评价的基本方法。工程上,将针对轨道辐射环境条件所计算的硅薄靶吸收剂量与 Al 防护层厚度的关系,称为轨道吸收剂量-深度分布。图 4.121 为 LEO 轨道(1 000 km,28.5°)Si 靶年吸收剂量与球形 Al 防护层厚度关系曲线(SHIELDOSE 程序,太阳低年)。图中分别给出了不同种类辐射粒子对总吸收剂量的贡献。LEO 轨道的辐射环境主要是辐射带质子辐照,而辐射带电子及其所诱发的轫致辐射强度较小。防护层厚度大于 2 mm 时,辐射带质子对吸收剂量起主导作用。太阳耀斑产生的能量粒子因地磁场屏蔽难于进入 LEO 轨道。在 Al 防护层厚度大于 4 mm 后,辐射带质子辐射的吸收剂量变化趋缓,说明进一步增加防护层厚度效果不大。

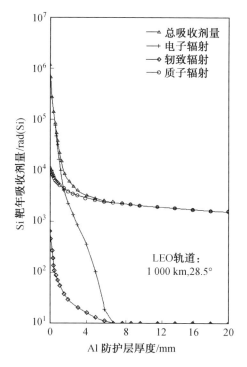

图 4.121　LEO 轨道(1 000 km,28.5°)Si 靶年吸收剂量与球形
Al 防护层厚度关系曲线(SHIELDOSE 程序,太阳低年)

图 4.122 为 GEO 轨道 Si 靶年吸收剂量与球形 Al 防护层厚度关系曲线(SHIELDOSE 程序,太阳高年)。GEO 轨道辐射环境的特点是超越了质子辐射带,而暴露于以电子辐射为主的环境之中。防护层厚度小于 6 mm 时,吸收剂量主要受辐射带电子辐射控制。电子辐射所诱发的韧致辐射衰降错误率较低,因此吸收剂量随防护层厚度增加下降缓慢。太阳质子对吸收剂量的贡献是通过一次异常大的太阳耀斑事件所实现的。由于韧致辐射和太阳质子辐射的吸收剂量均随防护层厚度增加变化趋缓,将防护层厚度增加到 7 mm 以上的有效性不大。通常,其他轨道的吸收剂量－深度分布曲线是以上两种情况综合的结果。如对大椭圆轨道和极轨道而言,会遭遇内辐射带质子和外辐射带电子辐射,并可部分受到太阳质子辐射,需要对辐射吸收剂量进行综合计算。

4. 防护材料对辐射吸收剂量的影响

在工程上,多采用等效 Al 球防护模型估算航天器舱内器件的辐射吸收剂量。这需要借助防护层材料密度校正,将所有防护材料的厚度转化为等效 Al 厚度。然而,这种转化需要假定"质量厚度"相同时,所有材料的辐射透过系数(Transmission Coefficient)相等,在实际计算中,特别是计算电子辐射吸收剂量

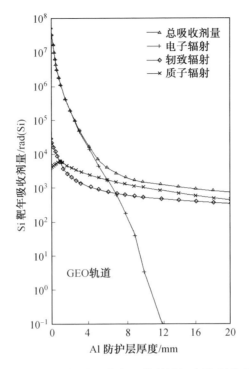

图 4.122　GEO 轨道 Si 靶年吸收剂量与球形 Al 防护层
厚度关系曲线(SHIELDOSE 程序,太阳高年)

时,会出现偏差。

　　在辐射带电子是主要电离辐射源的轨道(如 GEO 轨道),建议采用多层结构防护模式,即通过一组不同材料的平板结构进行辐射屏蔽。原因在于电子辐射产生很强的散射效应,并与材料的原子序数有关。在相同质量厚度条件下,高原子序数材料的平板防护令电子能够穿过的数量较小,而低原子序数材料的平板防护效果则相反。图 4.123 给出了几种材料的入射电子背散射系数与防护材料原子序数的关系。由图可见,Pb 的背散射系数为 Al 的 5～10 倍。这将使入射电子能量损失与靶材料质量密度的关系受到破坏。图 4.124 为 GEO 轨道 7 年条件下防护层后 Si 器件吸收剂量与 Al 和 Pb 防护层厚度的关系。在防护层厚度<1 g/cm^2 时,Pb 的防护效果优于 Al;但在防护层厚度>1 g/cm^{-2} 后,韧致辐射效应使 Al 的防护效果显著优于 Pb。这种材料的原子序数对防护效果的影响不适用于质子辐照,原因在于质子具有较大的质量,难于诱发韧致辐射效应。上述情况表明,采用复合层板防护有利于提高防护效果。由于韧致辐射主要发生在防护层深处并与材料的原子序数有关,如以 Pb 为外层、Al 为内层,会有利于发挥 Pb 对电子辐射屏蔽能力强与 Al 具有较低韧致辐射产率两方面优势。实践中,许多防护结构均可通过不同屏蔽材料的匹配得到良好的辐射防护效果。

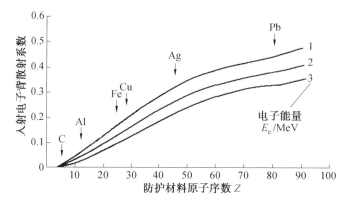

图 4.123　入射电子背散射系数与防护材料原子序数的关系(电子能量 E_e 分别为 1 MeV、2 MeV 和 3 MeV)

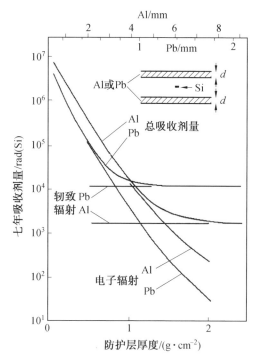

图 4.124　GEO 轨道 7 年条件下防护层后 Si 器件吸收剂量与防护层厚度关系(防护材料为 Al 和 Pb)

5. 常用计算软件

航天器在轨辐射吸收剂量计算过程比较复杂,涉及轨道能谱、防护层结构及粒子传输等多种因素,宜通过计算机程序计算。计算软件分两类,一类是基于 MC 方法的计算软件,计算精确度高,但计算量大、耗时;另一类是基于

SHIELDOSE 方法的软件,工程上比较适用。

(1)SPENVIS 软件系统。

SPENVIS 全称为 ESA Space Environment Information System,由比利时空间研究所负责管理和运行。该系统集成了各种较成熟的空间环境及效应分析软件,供网上在线运行使用。采用 ESA 开发的轨道计算软件能够定义各种轨道,所应用的辐射带模式有 AP－8 和 AE－8 模式(NASA),CRESSPRO 和 CRESSELE 模式(美国空军研究实验室),以及 ESA 在 1998 年应用 SAMPEX、CRRES/MEA 和 AZUR 等卫星探测数据开发的辐射带质子和电子模式。太阳质子模式有 JPL－86、JPL－91 和 SOLPRO 模式;宇宙线模式为 CREME 模式(美国海军研究实验室)。应用 SHIELDOSE 和 SHIELDOSE－2 程序,可计算电离辐射吸收剂量。对于太阳电池辐射损伤,可应用 EQFRUX 和 EQFRUXGA 程序计算。按照 Dale 等人提出的方法计算非电离能量损失(NIEL)。通过与欧洲空间标准合作组织(ECSS)合作,逐渐增加新的模式与功能,如引入俄罗斯国立莫斯科大学的太阳宇宙线模式和银河宇宙线模式等。目前正在考虑将 MC 程序与辐射防护结构分析相结合,以便能够针对复杂结构的任意一点计算辐射吸收剂量。

(2)NOVICE 软件包。

该软件用于分析航天器三维结构模型的辐射效应,也可用于其他与航天活动无关的辐射传输和防护分析。输入条件包括:①分析对象的几何模型,涉及形状、尺寸及材料等;②辐射源的空间分布,对空间粒子辐射设定为各向同性;③辐射源的能谱,涉及空间电子和质子的积分能谱;④辐射探测器(如电子器件)的空间分布;⑤辐射能量在探测器内的分布,设有各种材料能量沉积的数据库;⑥分析对象的几何模型中所用材料成分与辐射反应数据,可在软件包数据库获得。软件包内设有各种分析处理器。粒子传输分析程序有 SIMGMA、SHIELD、BETA、GCR、SHIELDOSE、SOLAR 及 SOFIP(AE－8/AP－8)。卫星几何模型辐射分析所涉及的程序包括 MCNP、SECTOR 及 ESABASE,并有用于 CATIA、EUCLID、IGES 及 STEP 的 CAD 界面。粒子辐射微分截面数据涉及中子、伽马射线光子、电子、正电子、质子、α 粒子、重离子及宇宙射线。程序可在个人计算机DOS 或 Windows95 模式下运行。

(3)Space Radiation 软件(Space－Radiation Associates,Eugene,Oregon, USA)。

该软件用于对空间粒子辐射所产生的总剂量效应、单粒子事件、太阳电池损伤及电子器件的位移损伤进行预测。所采用的空间环境模式为 AP－8、AE－8、CREME、JPL－91 等。主要计算内容涉及轨道生成、地磁屏蔽及航天器防护(辐射粒子在材料中传输)。所涉及的辐射效应包括单粒子翻转、总剂量效应、位移损伤、太阳电池损伤及生物体等效吸收剂量等。软件采取模块化设计,包括环境计算模块、剂量－深度分布计算模块、简单箱体屏蔽计算程序及单粒子翻转计算模块。输出格式包括曲线、图表及绘制图。

(4)GEANT－4 软件包。

GEANT－4 软件包是用于高能物理领域的探测器（靶材）模拟分析，是一种MC 程序。该软件包的名称为 Geometry And Tracking，由欧洲高能物理研究所主持开发。在软件设计上，考虑了空间粒子、宇宙线、重离子及核辐射等应用，能够针对多种辐射物理学过程构建模型，如非稳态粒子衰变及电磁辐射等。软件包设有一整套有用的工具包，包括随机数发生器、物理学常数、同位素/元素/化合物定义及事件发生器接口等。针对空间辐射效应进行分析的专用模块，正在欧空局的英国范堡罗国防评估研究机构（Defence Evaluation Research Agency Farnborough，UK）开发。

(5)COSRAD 软件包。

COSRAD 软件包由俄罗斯国立莫斯科大学核物理研究所研发，用于预测航天器在轨长期（大于 1 年）飞行过程中辐射环境变化产生的效应。该软件包可计算地球辐射带质子和电子、银河宇宙线粒子及太阳宇宙线粒子的轨道平均通量谱，以及可能的最高通量谱。采用经过俄罗斯卫星探测数据修正的 AP－8 和AE－8 模式，计算辐射带质子能谱和电子能谱。对银河宇宙线粒子和太阳宇宙线粒子能谱，均采用相应的 Nymmik 模式计算。采用等效 Al 球防护模型计算防护层后能谱与 LET 谱，以及 Si 器件的吸收剂量与 Al 防护层厚度的关系。计算时，考虑了宇宙线高能质子与防护层作用产生的二次质子流和中子流的影响。

(6) ERETCAD_RAD 软件。

ERETCAD_RAD 软件是极端环境辐射效应技术计算机辅助设计（ERETCAD）软件的一部分，由哈尔滨工业大学研发。ERETCAD_RAD 可以实现材料、器件和整星空间环境辐射效应一体化仿真。根据仿真算法和几何结构的特点，ERETCAD_RAD 软件可以分为四个模块，即一维蒙特卡洛模块、三维蒙特卡洛模块、反向蒙特卡洛模块和射线追踪分析模块。ERETCAD_RAD 软件包括正向蒙特卡洛、反向蒙特卡洛和射线追踪等多种模拟方法，可以导入或自建几何结构模型，包括一维层状结构和真实航天器结构，能够实现总电离剂量、非电离剂量、单粒子效应、线性能量转移、非离子化能量损失、粒子注量、等效剂量、剂量当量、内部充电等多种仿真分析功能。ERETCAD_RAD 的功能性和灵活性使其可以满足不同用户的要求，既可以进行快速工程评估，也可以精确计算辐射效应。

4.4.2　防护层后吸收剂量计算

1.基本思路

航天器防护层后吸收剂量计算属于穿透辐射问题。通常航天器舱内电子器件对空间带电粒子辐射的敏感区域很薄,易于满足薄靶模型条件。如前所述,空间带电粒子穿透辐射时,可计算电离辐射吸收剂量。但应注意的是,入射粒子的微分注量－能量谱应为空间粒子穿过防护层后的能谱。入射粒子微分注量能谱 $\Phi(E)$ 可通过下式转换为在靶材料中的线性能量传递谱 $\Phi(L)$:

$$\Phi(L) = \int_{E_{\min}}^{E_{\max}} \left[\frac{\mathrm{d}L(E)}{\mathrm{d}E} \right]^{-1} \cdot \Phi(E) \tag{4.18}$$

基于式(4.18),空间带电粒子辐射在防护层后靶材料中的吸收剂量可由下式计算:

$$D = k \sum_i \int_{E_{\min}}^{E_{\max}} L_i(E) \cdot \Phi_i(E) \cdot \mathrm{d}E = k \sum_i \int_{L_{\min}}^{L_{\max}} L \cdot \Phi_i(L) \cdot \mathrm{d}L \tag{4.19}$$

式中, $L_i(E)$ 为具有能量 E 的某种粒子在防护层后靶材(如 Si 器件)中的线性能量传递; $\Phi_i(E)$ 为某种空间粒子穿过防护层后的微分注量能谱; $\Phi_i(L)$ 为穿过防护层的某种粒子对靶材辐射的线性能量传递谱; i 为空间辐射粒子的种类; k 为量纲转换系数。

在计算空间带电粒子穿过防护层后的微分注量能谱 $\Phi(E)$ 时,只计算射程大于防护层厚度的粒子能谱。粒子射程小于防护层厚度时,其能谱被防护层屏蔽。由此可以认为,射程大于防护层厚度的粒子穿过防护层后通量不变,而只是能量有所降低,即

$$E = E_0 - \int_0^t \left(\frac{\mathrm{d}E}{\mathrm{d}x} \bigg|_{E_0} \right) \mathrm{d}x \tag{4.20}$$

式中, E_0 为空间粒子的原始能量; E 为粒子穿过防护层后的能量; $\dfrac{\mathrm{d}E}{\mathrm{d}x}\bigg|_{E_0}$ 为具有能量 E_0 的空间粒子在防护层内的线性能量传递; t 为防护层厚度。若防护层厚度较大,还应考虑入射的空间带电粒子在防护层内产生二次辐射效应的影响,如轫致辐射与二次中子辐射等。在防护层内发生的二次辐射效应对穿过防护层后的能谱及吸收剂量计算会有一定的贡献。

在工程上,通常采用 SHIELDOSE 程序,按照等效 Al 球防护模型计算防护层后带电粒子电离辐射吸收剂量,给出航天器舱内硅器件吸收剂量与 Al 防护层厚度的关系。

2. 计算方法

空间带电粒子辐射在航天器防护层后的吸收剂量计算是一个比较复杂的问题,所涉及的主要计算过程如下:

(1)基于空间带电粒子辐射环境模式及相关程序,针对给定轨道和航天器在轨时间计算不同种类带电粒子的微分注量－能量谱。计算时可先算出飞行时间为 1 年的能谱曲线,再视实际飞行时间得到所需的能谱曲线。对地球辐射带、银河宇宙线和太阳宇宙线的能谱需要分别计算。

(2)基于防护层模型及相关程序,计算空间带电粒子穿过不同厚度 Al 防护层后的微分注量－能量谱。对地球辐射带电子和质子、银河宇宙线粒子及太阳宇宙线粒子需分别进行计算。许多情况下,对拟评价航天器的实际防护结构不一定充分了解,可针对不同的 Al 防护层厚度计算,如 0.01、0.1、1、10 及 100(单位:g/cm^2)。

(3)在不同厚度 Al 防护层后粒子微分注量－能量谱的基础上,利用式(4.18)计算入射粒子在航天器舱内 Si 器件中的线性能量传递谱。计算时需考虑原子序数为 1～92 的各元素离子的贡献。

(4)在不同厚度 Al 防护层后 Si 器件中空间粒子线性能量传递谱的基础上,利用式(4.19)计算吸收剂量。

3.计算举例

按照上述计算方法并采用 ERETCAD_RAD 软件,分别针对几种典型轨道计算了不同种类带电粒子在球形 Al 防护条件下的微分能谱、线性能量传递谱及吸收剂量与防护层厚度的关系。假设航天器在轨飞行 10 年,所得计算结果如下:

(1)不同种类带电粒子在 36 000 km HEO 轨道的微分累积通量－能量谱(10 年),如图 4.125 所示。辐射粒子涉及地球辐射带质子和电子、银河宇宙线质子及太阳宇宙线质子。图 4.125 中,REB、GCR 和 SCR 分别表示地球辐射带、银河宇宙线及太阳宇宙线。

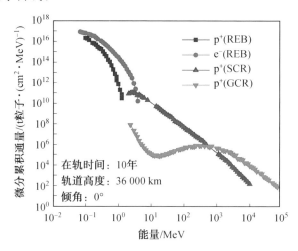

图 4.125 36 000 km HEO 轨道质子和电子的微分累积通量－能量谱

(2)不同种类辐照粒子在几种厚度球形 Al 防护层后的微分注量－能量谱,如图 4.126 和图 4.127 所示。两图给出了针对几种轨道的计算结果,其中球形

Al 防护层的厚度取为 0.01 g/cm^2 和 1 g/cm^2。计算时,考虑了高能电子辐射在防护层中的轫致辐射效应及高能质子在防护层中产生二次质子的影响。

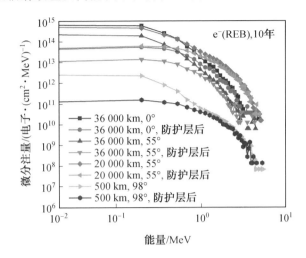

图 4.126　不同轨道辐射带电子在球形 Al 防护层后的
微分注量－能量谱(0.1 g/cm^2)(彩图见附录)

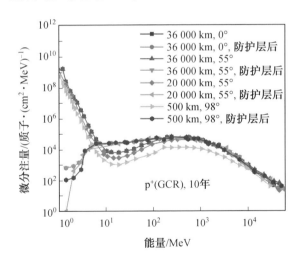

图 4.127　不同轨道银河宇宙线质子在球形 Al 防护层后的
微分注量－能量谱(1 g/cm^2)(彩图见附录)

(3)球形 Al 防护层对不同空间能量粒子的线性能量传递谱,如图 4.128 和图 4.129 所示,其中球形 Al 防护层的厚度均为 0.01 g/cm^2。图 4.128 和图 4.129中给出了 36 000 km、0°和 500 km、98°两种轨道条件下,分别针对银河宇宙线质子和太阳质子的 LET 谱的计算结果。

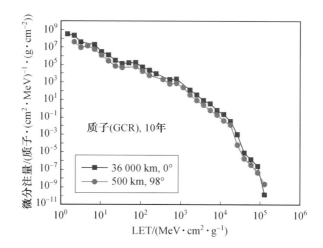

图 4.128　球形 Al 防护时不同轨道银河宇宙线质子的线性能量传递谱(0.1 g/cm²)

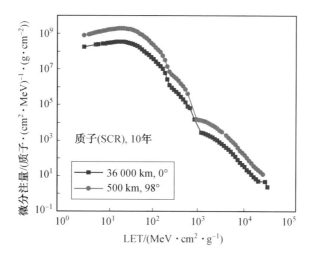

图 4.129　球形 Al 防护时不同轨道太阳质子的线性能量传递谱(0.1 g/cm²)

(4)GEO 轨道条件下空间能量粒子辐射在防护层后的吸收剂量与球形 Al 防护层厚度的关系如图 4.130 所示,球形 Al 防护层的厚度为 0.01～100 g/cm²,防护层后的靶材为 Si 器件。

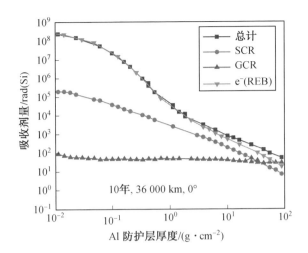

图 4.130 GEO 轨道条件下空间能量粒子在防护层后的吸收剂量与球形 Al 防护层厚度的关系

4.4.3 复杂结构吸收剂量计算

1. 基本思路

针对航天器复杂结构建立空间带电粒子辐射吸收剂量计算方法具有十分重要的意义。航天器不但形状复杂,而且其防护层结构分布不均匀。采用简单的等厚度球形防护模型,只能大体上估算舱内材料或器件所受到的带电粒子辐射吸收剂量,而难于满足航天器在轨寿命预测的要求。为了预测航天器在轨寿命,需要对航天器任意单元表面所承受的空间带电粒子辐射吸收剂量进行较为精确的计算。

计算三维复杂结构的空间粒子辐射吸收剂量时,应首先视工程需要选定计算部位(尺度为亚微米级),并以此部位为中心沿立体角计算不同迹线方向上防护层的等效 Al 厚度。计算时所选取的迹线方向和数量视航天器结构的不均匀程度而定。一种方法是根据防护结构的等效 Al 厚度分布特点,在立体角范围内分成若干个扇形区域分别进行计算;另一种方法是将立体角大量均匀剖分,并沿各个迹线方向分别计算单元立体角范围内防护层的等效 Al 厚度。显然,剖分数量越多,计算结果越精确,但计算量增大。通常,可将立体角剖分数量控制在10 000以内。每个单元立体角均对应一个微小的扇形区域,具有相同的等效 Al 厚度。

对于各剖分迹线方向或立体角扇形区域的辐射吸收剂量计算,可根据 SHIELDOSE 程序按等效球形 Al 防护模型进行。最后,将所有迹线方向上辐射吸收剂量的计算结果相加,即为所选定计算部位或单元表面的辐射吸收剂量。

依此类推,便可求得复杂结构航天器任一部位所承受的辐射吸收剂量。这种分析方法称为扇形分析(sectoring),具体计算过程如下:

(1)利用过 3D 建模软件,构建航天器三维结构模型。

(2)选定计算部位或单元表面,进行立体角剖分或立体角扇形区域划分,并分别沿各迹线方向计算防护层等效 Al 厚度。

(3)基于 SHIELDOSE 程序按等效 Al 球防护模型,分别沿剖分迹线方向计算辐射吸收剂量。计算时应将空间视为各向同性,入射的粒子能谱转化为单一入射迹线方向的能谱。

(4)将所有单迹线方向上的辐射吸收剂量计算结果相加,求得所选定计算部位或单元表面的辐射吸收剂量。

(5)重复上述过程,求得航天器各单元表面或计算部位的吸收剂量。

2. 计算方法

在针对复杂结构航天器任意一点计算吸收剂量时,需要将整个 4π 空间的入射粒子通量转化为各单元立体角或特定迹线方向上的粒子通量。若以所选定的计算点为球心,可通过极角 θ 和方位角 λ 对立体角进行剖分,如图 4.131 所示。在空间范围内,极角 θ 的范围为 $0 \sim \pi$;方位角 λ 的范围为 $0 \sim 2\pi$。通过依次对极角 θ 和方位角 λ 进行大量剖分,便可将 4π 立体角剖分成几千乃至上万个单元。空间粒子在某一特定迹线方向上的通量可用相应单元立体角范围内的通量表征。

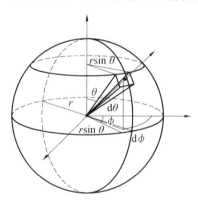

图 4.131 立体角剖分示意图

从选定的计算点沿剖分立体角各迹线方向的防护层等效 Al 厚度 t_i 可由下式计算:

$$t_j = \sum_{j=1}^{M} t_j \cdot \frac{\rho_j}{2.7} \tag{4.21}$$

式中,t_j 和 ρ_j 分别为 j 剖分迹线方向上航天器某一防护层的厚度与材料密度;M 为 j 剖分方向上具有不同材料密度的防护层数。航天器任一点的总辐射吸收剂

量 D 为

$$D = \sum_{i=1}^{n} d(t_i) \cdot \frac{\Omega_i}{4\pi} \qquad (4.22)$$

式中，$d(t_i)$ 是以 t_i 为半径的 Al 防护层球心的吸收剂量，可按 SHIELDOSE 程序与入射粒子能谱计算；n 为针对计算点剖分立体角的迹线数；Ω_i 为 i 迹线对应的单元立体角。

基于以上公式，可按下述步骤计算复杂结构航天器上任意一点或单元表面的吸收剂量：

①以该点或单元表面为球心进行立体角剖分；

②按照入射粒子能谱求解各单元立体角范围内的粒子通量和注量；

③通过 SHIELDOSE 程序，沿各剖分迹线方向（如图 4.122 中箭头所示）计算防护结构等效 Al 厚度，并计算各单元立体角范围内的辐射吸收剂量；

④将各单元立体角范围内的吸收剂量相加，最终得到所要求解部位的吸收剂量。

卫星舱内任意部位受空间带电粒子辐射吸收剂量计算示意图如图 4.132 所示。

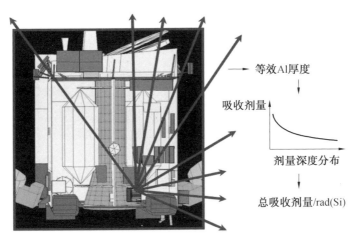

图 4.132　卫星舱内任意部位受空间带电粒子辐射吸收剂量计算示意图

3. 计算软件

上述扇形分析方法是计算复杂结构航天器任意一点或单元表面所受空间带电粒子辐射吸收剂量的有效方法。至今已形成的工程计算软件如下：

（1）DOSRAD 软件。

航天器的结构模型可通过各种简单几何形状单元加以构建，并由 UNIRAD 系统中的 SHIELDOSE 程序自动调取吸收剂量—深度分布曲线。同其他扇形分析方法类似,通过大量迹线剖分以计算点为中心的立体角,并穿越各种防护结构,计算各单元立体角范围内总的等效 Al 厚度。针对单元立体角,依据等效球形 Al 球防护模型计算剂量—深度分布曲线,求得相应的吸收剂量。通过对各单元立体角的吸收剂量计算结果求和,得到计算点的吸收剂量。复杂结构航天器各点的吸收剂量均可通过上述过程求得。该软件继承了 ESABASE 软件系统对航天器结构可视化和计算结果 3D 显示的功能。

(2)SIGMA 软件。

该软件的基本计算过程与 DOSRAD 软件相同。原有的 SIGMA/B 程序对复杂结构定义比较困难,要借助于表面耦合二次方程,并需要对孔洞进行定义。SIGMA Ⅱ 程序改进了几何结构定义方法,对孔洞不再需要专门定义,便于工程应用。

4.5 单粒子效应仿真

4.5.1 基础理论

单粒子在轨错误率通常是不可测量的,必须通过试验表征和数理建模相结合进行错误率预测(图 4.133)。由于不能完全在地面上再现高能粒子环境,因此预测是一项必要的途径。随着时间的推移,已经发展了各种单粒子效应仿真预测方法,但大多仿真方法都有其自身的局限性。航天器在轨运行过程中,会受到来自空间银河宇宙线等背景辐射、太阳粒子事件和地球附近或具有显著磁层天体(木星)俘获粒子的辐射。银河系宇宙线(GCR)包括人工模拟复制的极端高能粒子。对于高能带电粒子辐射环境,粒子通量几乎是各向同性的,环境模型可以针对航天器轨道给出最坏情况(峰值)、平均值和特定轨道段的粒子通量和能量。地面加速器用于模拟空间辐射环境,以便对电子器件的抗辐射能力进行表征。最常见的做法是在一系列辐射源中对器件进行单能量的宽束辐照。在样本有限的情况下,使用简单的模型来替代概率,并对数据进行内插和外推。

1. 能量沉积

当高能粒子在材料中运动时,它们通过电子和核的交互作用将能量传递给材料。器件中入射粒子的电子阻止示意图如图 4.134 所示,该图说明了一个入射粒子通过电子阻止而失去能量。上述过程中,入射粒子与靶材中的电子发生多次非弹性交互作用。对于半导体材料,能量激发电子进入导带,沿着入射轨迹产生电子—空穴对。在整个入射轨迹上,表现为入射粒子能量损失和停止的连

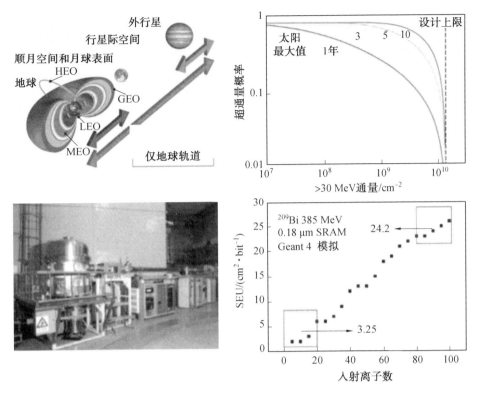

图 4.133　单粒子效应错误率预测示意图

续性过程,可以用能量损失错误率 dE/dx(MeV·cm)表示。对于给定的材料,归一化到目标密度,即粒子线性能量传递密度(LET)单位为 MeV·cm^2·mg^{-1}。这种表示令能量沉积成为一个可预测的过程,可以通过按入射离子原子序数、能量和靶材元素表征。SRIM 程序可用于这样的能量损失仿真。

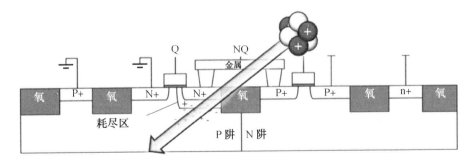

图 4.134　器件中入射粒子的电子阻止示意图

在某些情况下,高能粒子(离子、质子或中子)与器件中的原子核会发生交互作用(图 4.135)。当这种情况发生时,碰撞可能是弹性的或非弹性的,弹性碰撞时初级粒子可以将它的一些能量转移到反冲核,反冲核又移动产生电荷载流子。非弹性碰撞时原子核可能分裂成两个或更多粒子,分裂将遵循许多通道中的任何一个,产生新的原子核和次级粒子,次级粒子从反应位点移动并沿多条轨道产生电荷载流子。在任何情况下,次级粒子都能够比初级粒子产生更大的 dE/dx 值,以更大能力对周围材料造成电离损伤,此即是高能质子引起电离效应的机制。

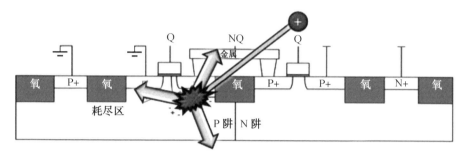

图 4.135　器件中入射粒子的核阻止示意图

在辐照试验中,入射离子与靶材交互作用截面用于表征交互作用概率,可通过入射粒子数和产生的效应来表征,即效应次数与粒子入射注量(cm^{-2})的比值,因此俘获截面的单位为 cm^2。此概念已扩展至单粒子效应,其中交互作用会导致单粒子翻转、闩锁、烧毁等效应,交互作用截面的试验测量如图 4.136 所示。通过计算考察单粒子效应,可以测量 SEE 俘获截面。俘获截面通常表示为 σ。然而,作为一个测量值,它也经常受到不确定性的影响。质子俘获截面作为能量的函数进行测量;而重离子俘获截面通常作为 LET 的函数进行测量。当测量的俘获截面是许多不同粒子的结果时,俘获截面的单位可以归一化为 cm^2/bit。

这种方法可以很容易地测定器件敏感区域,但应注意该值实际上是一个概率。高能质子 SEE 俘获截面就是一个合适的例子。在这种情况下,入射质子必须撞击目标原子核才能产生足够的电荷,电荷相互撞击会导致 SEE。交互作用也包括同时发生的事件,例如一个初级粒子同时撞击两个电路节点,甚至可能需要数字电路处于特定操作状态才能观察到效果,因此测量到交互概率也取决于电路所处状态。显然,交互作用截面不一定是几何截面,反映的是概率事件。

尽管大多数情况下,重离子单粒子错误率模拟仿真用粒子的 LET 值表征,但 LET 并不能唯一地描述入射粒子的作用方式。将空间辐射环境中不同类型带电粒子分布简化为 LET 分布,会丢失有关粒子能量和质量的信息。以铁和氮离子为例,这两种离子在不同能量段有的 LET 值的重叠。在重叠区域,氮的能量低于 10 MeV/u,铁的 LET 范围为 $1\sim26$ MeV·cm^2·mg^{-1},与氮相当的 LET 值只能在非常高的能量下实现。如果将空间辐射环境中的粒子绘制为其在

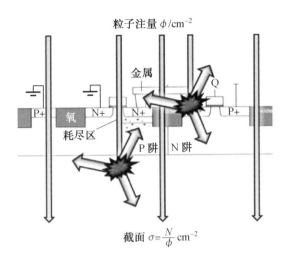

图 4.136　交互作用截面的试验测量

LET 上的百分比组成(图 4.137),很明显,铁占主导地位,几乎在整个 LET 范围内占据 50%的银河宇宙射线注量,使其成为电子器件的主要研究目标。

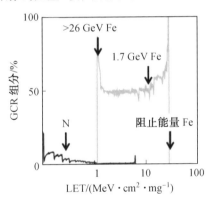

图 4.137　GCR 环境中 LET 值范围

在大多数单粒子效应错误率模拟仿真中,假设入射粒子的 LET 值决定了一个特定的俘获截面,这样就可以用地面加速器中可用的粒子,作为整个空间辐射环境中带电粒子的替代品进行试验。一般情况下,加速器可将粒子加速到几十 MeV/u,但只覆盖了空间辐射环境中的一小部分能量。加速试验能量与空间环境的比较如图 4.138 所示,图中给出了空间辐射环境中覆盖的相应能量部分。空间环境中 LET=1.2 MeV·cm²·mg⁻¹的大多数粒子是 78 GeV Fe 离子。作为地面测试的模拟辐射源,加速器设备可产生 210 MeV 的 N 离子。第二个关键数据点是 LET=27 MeV·cm²·mg⁻¹。在空间辐射环境中,Fe 离子在这个 LET 上构成了一个很大的注量。但由于射程有限且分散,在地面上实现较难,可以用 1.3 GeV Kr 作为具有类似 LET 的替代品。在这两个例子中,地面模拟试验能量和空间环境中经历的能量之间存在很大差异,离子能量对 SEE 有很大影响,需要重点关注。

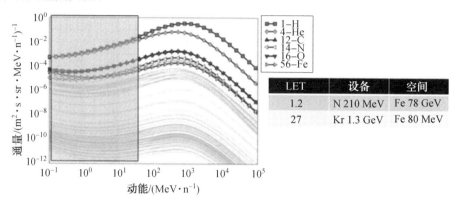

图 4.138　加速试验能量与空间环境的比较(彩图见附录)

2.电荷收集效应和单粒子翻转

一旦电离辐射在器件中产生了过剩自由载流子,它们就会以如下空穴和电子的半导体电流方程进行漂移和扩散:

$$J_n = q\mu_n n E_x + q D_n \frac{d_n}{d_x} \tag{4.23}$$

$$J_p = q\mu_n n E_x + q D_n \frac{d_p}{d_x} \tag{4.24}$$

电子和空穴的总电流密度(分别为 J_n 和 J_p)是漂移和扩散分量组合的结果。载流子漂移是由局部电场 E 对该电荷施加的力引起的,并且与单位电荷(q)、载流子的迁移率(μ)和载流子浓度(n 或 p)的乘积成正比。扩散分量也与在一维方向上的电荷量、扩散系数、D、$\frac{d_n}{d_x}$ 或 $\frac{d_p}{d_x}$ 的梯度成正比。

入射离子径迹及其对电荷收集效应的影响如图 4.139 所示,图中包含了单个器件节点的电离和电荷收集过程。在本示例中,电极是与低电阻、高掺杂区域的一个物理接触,且在掺杂界面处形成冶金结(即 PN 结)。图中节点表示与电路中的其他器件(如晶体管)的电接触点。如果电离发生于由反向偏置结(或内建电场)形成的电场附近,电势线被扭曲进入衬底或漏斗状的区域,电荷收集效应将被增强,导致载流子数量大幅增加。电离产生的载流子在电场的作用下在结处迅速移动,并且由于电离和电荷运动产生载流子浓度梯度,载流子可能会由结区域扩散到电场区域。利用计算机技术辅助设计(TCAD),可以模拟仿真关于单粒子效应的电荷传输过程。

电离效应产生的过剩电荷可能会影响关键的电路节点。在节点上的电荷收

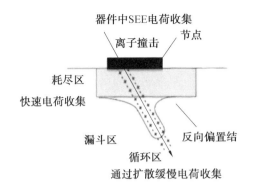

图 4.139　入射离子径迹及其对电荷收集效应的影响

集的错误率形成感应电流。感应电流可以充分改变该节点处的电压,以导致单粒子翻转(SEU)。图 4.140 是静态随机存取存储器(SRAM)的一个简单示例。图4.140(a)为 N 沟道金属氧化物半导体(NMOS)晶体管附近的离子通道。NMOS 节点处的电流流量会影响电路的节点电位。如果辐射感应电流超过了 PMOS 晶体管在 V_{BL} 线上恢复电位的能力范围,就会发生 SEU。在这个结构中 SEU 的发生与电荷的生成、PMOS 晶体管的恢复能力以及电路第二段的反馈时间密切相关。在 SRAM 器件中,SEU 的细节已经得到了广泛的研究。

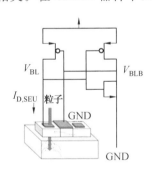

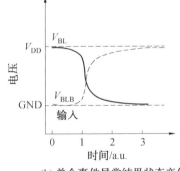

(a)在SRAM单元NMOS附近电离损伤的简化图　　　　(b)单个事件异常结果状态变化

图 4.140　SRAM 辐射电离感生电荷收集效应的一个简单示例

3. 单粒子翻转错误率仿真

(1)重离子带电粒子。

本书涉及的直接电离都是指来自外部或内部环境的辐射粒子对材料和器件的直接电离作用;而间接电离是指核散射或核反应过程产生二次粒子导致的电离作用。例如,质子本身的 LET 值相对较小,是弱电离粒子。然而,它们可能与器件敏感区内的硅或其他元素发生核反应,产生大量的具有高 LET 值的反冲离子。因此,在大多数情况下,质子导致的单粒子翻转是次级粒子间接电离的结果。

矩形平行六面体(RPP)或弦长模型,最常用于预测空间环境中重离子直接电离产生的 SEU 错误率。在 RPP 模型中,假设在器件中一个敏感区域(SV)有边界,具有矩形的平行六面体,如果离子在该敏感区产生足够的电荷,就会发生 SEU。假设离子的阻止本领在 SV 内的路径上是恒定的,则产生的电荷是 LET 和通过 SV 的弦长的乘积。本质上讲,RPP 是对电离敏感的电路或器件敏感区微观截面的定义。RPP 特征尺寸包括长度 L、宽度 W 和深度 D(图 4.141)。在图 4.141 中,单个晶体管的漏极处的电荷收集说明了这是一个近似的 SV 位置。从试验的角度来看,不需要局限于晶体管节点,甚至可以是不同的电源器件。使用 SEU 截面的试验数据来确定 SV 的参数,在此基础上使用该参数进行 SEU 错误仿真预测。因此,不需要验证特定的敏感区位置或机制。当然,如果要重点分析物理上的合理性与试验确定的参数表征之间的差异,那么模型的有效性将受到质疑。

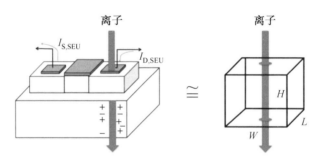

图 4.141　敏感体积模型与器件中的能量沉积和辐射诱导电荷有关

假设入射离子或入射离子的 LET 在 SV 的边界上是已知的,并且 LET 在体积内的径迹长度恒定,对于任何穿过 SV 的入射粒子,在敏感体积中产生的总电荷 Q_{coll} 是 LET 和穿过它径迹长度的乘积。如果 Q_{coll} 超过器件单粒子翻转的临界电量 Q_{crit},则将发生单粒子翻转。Q_{crit} 可以从试验测量值或电路模拟中提取。Q_{crit} 与敏感区的电容和恢复驱动能力密切相关。可由 Q_{crit} 推导出单粒子翻转的错误率,即

$$R = \frac{A}{4} \int_{l_{min}}^{l_{max}} F\left(\frac{Q_{crit}}{l}\right) p_c(l)\,dl \qquad (4.25)$$

式中,l_{max} 和 l_{min} 分别表示导致单粒子翻转的最大径迹长度和最小径迹长度;F 是粒子的积分通量,是 LET 随 Q_{crit} 和 l 比值变化的函数;p_c 是径迹长度为 l 的单粒子错误率;A 是 RPP 的表面积。

当 RPP 在各向同性的环境下时,$p_c(l)$ 中的径迹长度分布的推导并不简单。图 4.142 是体积为 $2 \times 2 \times 1 (\mu m^3)$ 的 RPP 中径迹长度的差分概率分布,图中 $c(s)$

表示差分长度概率。

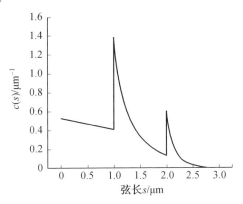

图 4.142 体积为 $2 \times 2 \times 1 (\mu m^3)$ 的 RPP 中径迹长度的差分概率分布

根据定义,由于 RPP 模型假设环境对单粒子效应错误率的贡献完全由离子的 LET 决定,因此需要确定航天器目标服役环境的辐射粒子的 LET 谱。为说明粒子能谱与 LET 谱之间的关系,可使用计算程序将空间辐射环境中的辐射粒子能谱转换为等效 LET 值的阻止本领曲线,如图 4.143 所示。

RPP 参数可由重离子宽束辐照试验测试来确定。目前存在各种适合进行 SEU 测试的加速器设备,每一个加速器都可以为测试器件提供一个准均匀分布的高能准直离子束。SEU 截面 σ_{seu} 是在 LET 值有效的范围内测量的。有效截面为

$$\sigma_{SEU, LET_{eff}} = \frac{N}{\Phi t \cos \theta} \tag{4.26}$$

式中,N 是记录的出现错误的次数;Φ 是垂直于粒子束方向的单位区域的粒子束通量;θ 是受试器件表面法向量与离子束方向之间形成的角度;n 是比特数的归一化量(一般与 N 组合使用);t 是辐照时间;LET_{eff} 是倾角 θ 的函数,随着通过 RPP 的路径长度的增加而变化。粒子的固有 LET(LET_0)与倾斜角之间的关系为

$$LET_{eff} = \frac{LET_0}{\cos \theta} \tag{4.27}$$

图 4.134 给出了不同重离子入射角度条件下 SEU 截面与 LET 的函数关系。Weibull 函数通常用于描述表征 SEU 截面的曲线,即

$$\sigma(LET; \sigma_{sat}, L_0, s, W) = \begin{cases} \sigma_{sat} \left[1 - e^{\left(\frac{L_0 - LET}{W} \right)^s} \right], & LET \geqslant L_0 \\ 0, & LET \leqslant L_0 \end{cases} \tag{4.28}$$

式中,σ_{sat} 是饱和截面;L_0 是当发生 SEU 时的 LET 阈值;w 和 s 是基于经验的拟合参数。Weibull 函数拟合的典型例子如图 4.144 所示。

SEU 错误率对 LET 截面的依赖性通常与 RPP 模型假设不一致,对于固定

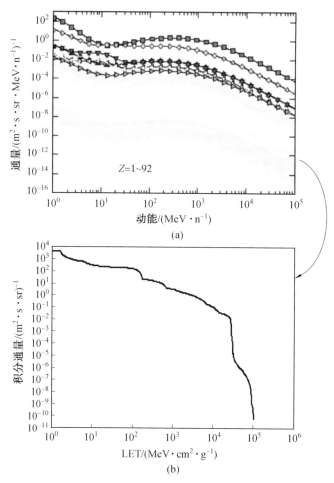

图 4.143　使用 CREME96 程序计算的太阳低年银河宇宙线
能谱到 LET 谱的转换示意图

弦长 D 和 Q_{crit}，RPP 模型可仿真预测网格点上的阶跃函数（其中 LET 已转换为单位路径长度生成的电荷数量），$D \cdot \text{LET} = Q_{crit}$。对于非阶跃响应的 SEU 截面，由于 LET_0 的选择复杂化，因此确定 Q_{crit} 更加复杂。

　　针对 RPP 模型的一个主要改进方法是积分 RPP 模型（IRPP）。它保留了 RPP 模型的所有假设，除了 Q_{crit} 的限制。假设截面曲线表示了所有独立电路/器件微观截面的累积分布，则每个敏感区域在几何上可以认为是等价的。事实上 IRPP 模型是目前预测 SEU 错误率的标准模型。

　　沿入射离子电离轨迹方向的等电位场线的扭曲，增强了载流子向电路节点的输运状态，等电位线的重新排列使其形状类似于一个漏斗。人们提出了将有效 LET 值和地面辐照试验测试得到的 SEU 截面转化为有效截面的方法。例

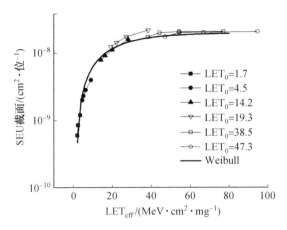

图 4.144　不同重离子入射角度条件下 SEU 截面与 LET 的函数关系

如,下式所描述的变换:

$$L_{eff} = \frac{h + \cos\theta s_f}{h + s_f} \frac{L}{\cos\theta} \tag{4.29}$$

式中,h 是敏感区深度;θ 是表面法线与粒子入射方向之间的夹角;L 是粒子的本征 LET 值;s_f 是漏斗深度(漏斗效应如图 4.139 所示)。客观上讲,漏斗效应明显增加了电荷收集的深度。

在 SEU 效应的研究早期,为研究相同 LET 值但不同类型和能量的入射粒子,一般需设定入射粒子径迹的几何结构。入射离子具有更高的能量和更大的电离能力,会导致更多的能量被转移到靶材电子上,又会增加激发前相对于离子径迹方向的影响范围。虽然离子 LET 值是单位径迹长度上电离能量损失,但 LET 本身并不包含关于离子在径向分布上的能量沉积信息。已有研究中,人们尝试对入射离子径迹的影响进行建模,对热化载流子的径向分布进行评估,并且大多数时候是将预测值置于敏感区,并将结果集成到一些被广泛接受的概率预测和建模技术中。

如之前所讨论的,RPP 模型已经基本扩展应用于更详细的机制,如电荷漏斗和离子径迹结构的影响,并且用于分析单个电路敏感度对整个芯片的影响。人们对 RPP 模型及类似仿真计算值与在轨测量的单粒子翻转错误率进行了大量对比,比较结果支持 RPP 模型假设的有效性。然而,最近的研究同样发现,现有的 RPP 模型对某些器件和 SEU 机制的仿真存在着不足,特别是针对更小 Q_{crit} 和更高封装密度的器件,故有人对其确信度提出质疑。

线性能量传递密度 LET 可作为测试 SEU 截面的特征值。研究人员推测,对于某些器件还需要考虑 LET 以外的因素。能量损失过程不仅包括电子阻止本领,还包括核库仑和核反应(弹性/非弹性)过程,这些间接电离作用过程也可能导致 SEU。这种效应的实例之一是如图 4.145 所示的 523 MeV 的 Ne 离子辐照试验结果。Ne 离子垂直于靶材表面入射,在经典的阻止本领近似中,每个 Ne 离子在敏感区内的路径长度上应产生大约 35 fC 的电荷。然而一定比例入射粒子产生的电荷会超过预期平均电荷的一个数量级。尽管与直接电离过程相比发生的概率很小,但对于 LET 诱导电荷以外的临界电荷,共同确定了 SEU 的概率和错误率(图 4.146),硅表面钨存在条件下 25 MeV/u ^{20}Ne 的分裂示意图如图 4.147 所示。实际上,对于标准的 RPP 模型,只使用了直接的 LET 值。在超过大约 35 fC 的临界电荷后,RPP 模型仿真预测不会出现单粒子错误,但是对于某些器件,当临界电荷超过 1 pC 时还是检测到了 SEU 效应。

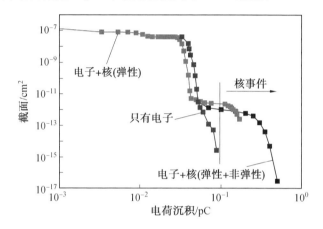

图 4.145　基于 ERETCAD_RAD 软件仿真的 523 MeV 氖(Ne)离子入射在表层含有钨的长方体硅材料的能量沉积分布

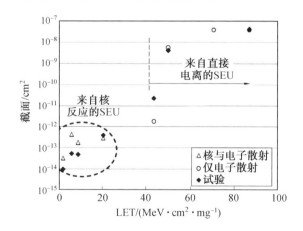

图 4.146　核反应对宏观单粒子效应截面曲线的影响

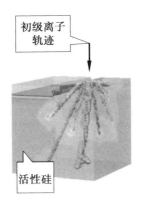

图 4.147　硅表面钨存在条件下 25 MeV/u ^{20}Ne 的分裂示意图

RPP 模型假设单个敏感区足以描述宏观的 SEU 响应,而在其中产生的电荷通过 Q_{crit} 关系决定了电路响应。激光研究和微束分析表明,在任何给定节点上收集的电荷量是关于该节点的离子入射位置的函数。此外,如果电路错误只通过在多个晶体管的能量沉积,或从单个位置到多个器件的电荷扩散而发生,则 RPP 模型在物理上是不具备有效性的。

(2)高能质子和中子。

相对于原子序数较高的离子,质子在整个有效能量范围内的 LET 值的峰值和平均值均较小。然而,在 LEO 轨道中,地球磁层会捕获产生高通量质子。质子诱发的 SEU 主要通过间接电离过程实现,其发生概率相对较低,质子的通量高可能是 LEO 轨道 SEU 的主导因素。太阳活动增加时也可以观察到质子通量的增加。当高能质子进入到地球大气层时,通量衰减,但大气中的中子却一直以较高的通量存在。地球大气层中高能质子和中子的比例为 1%～10%,具体取决于粒子能量和海拔高度。中子不会直接电离靶材物质,但可能以取代离子或以类似于高能质子的方式进行核反应。

目前有两种方法可以模拟仿真空间辐射环境中的质子诱发 SEU 效应错误率:①质子 SEU 能量截面曲线和轨道环境质子能谱耦合仿真计算;②将轨道环境质子能谱简化为 LET 谱,应用类似 RPP 模型仿真。在应用第一种仿真方法时,质子 SEU 截面以类似于重离子的方式测量和计算,尽管对应的是质子能量而非 LET,即

$$\sigma_{p,\text{SEU}}(E_i) = \frac{N}{\Phi(E_i)tn} \tag{4.30}$$

横截面通常适用于一个或者两个参数的 Bendel 方程,双参数函数如下式所示:

$$\sigma_{p,\text{SEU}}(E) = \left(\frac{B}{A}\right)^{14}(1 - e^{-0.18Y^{0.5}})^4 \tag{4.31}$$

拟合函数 $\sigma_{p,\text{SEU}}(E)$ 与轨道环境的质子能谱相结合,通过下式计算出质子的在轨 SEU 错误率:

$$Y = \left(\frac{18}{A}\right)^{0.5} (E - A) \tag{4.32}$$

$$\text{Rate} = \int_\Omega \mathrm{d}\Omega \int_{E_0}^{E_{\text{max}}} \sigma_p(E) \frac{\Phi_p(E)}{\mathrm{d}E} \mathrm{d}E \tag{4.33}$$

质子 SEU 误差率是由所有方向上通量 Ω 的积分,和从阈值能量 E_0 到环境中的最大能量 E_{max} 的粒子微分通量 $\dfrac{\mathrm{d}\Phi}{\mathrm{d}E}$ 的能量积分决定的。此外,还可以基于粒子输运程序,如 CUPID 和 GEANT4,计算生成 LET 谱。一旦计算出了正确的质子 LET 谱,质子 SEU 的计算则可以类似于 RPP 模型的方式进行。

宇宙射线的中子能量在几个 MeV 到 GeV 的能量范围内,通过类似于质子的间接电离过程导致 SEU。这些中子起源于银河宇宙射线与地球大气中物质的交互作用。大气和地面中子诱发 SEU 最早记录于 20 世纪 80 年代末。波音公司和 IBM 进行了一项联合研究,展示了采用专门航空电子设备测试平台针对在飞机飞行过程中大气中子诱导的 SEU 效应开展的相关试验。当必须保证可靠性要求时,大气中子诱导 SEU 的测试评估是商业器件认证的一部分。目前,主要有三种宇宙射线中子诱导 SEU 的仿真计算方法:突发错误率方法(Burst Generation Toote,BGR)、单能质子测试和宽能谱中子测试。后两种方法之所以被称为测试,是因为它们在本质上完全是经验性的。预测航空电子设备和地面系统中 SEU 的脉冲产生率的方法首先由 Ziegler 和 Lanford 提出。BGR 方法提供了中子(或质子)与 Si 反应的粒子碰撞导致的 RPP 敏感区内超过 Q_{crit} 的预测值。BGR 错误率计算如下式所示:

$$\text{Rate}_{\text{BGR}} = C \sum_i t \Delta \sigma_i \int \text{BGR}(E, 0.23t \cdot \text{LET}_i) \frac{\mathrm{d}J}{\mathrm{d}E} \mathrm{d}E \tag{4.34}$$

式中,C 是电荷收集效率;t 是敏感区厚度;$\Delta\sigma_i$ 是 i_{th} 和 $(i-1)_{\text{th}}$ 重离子截面之间的差值;LET 是反冲粒子 i 在该点的 LET;J 是粒子通量。对能谱中的所有粒子能量 E 进行积分。被积函数中的 BGR 函数是质子或中子的能量 E 超过临界电荷的错误率(由 $0.23t \cdot \text{LET}$ 给出)。BGR 方法早期提出的时候是一种将直接电离截面和二次粒子诱发的电路响应驱动机制相关联的方法。

地面和大气中的中子错误率可以通过测量单能质子的 SEU 截面来确定。单能质子比中子更容易产生 SEU,因为它们是带电的,可以被电磁作用过滤和聚焦。假设中子和质子的 SEU 截面与靶材物质的原子核交互作用的方式相似,在相同的能量下可认为是相等的。将数据拟合到合适的函数,利用式(4.33)进行计算。

预测宇宙射线中子诱发 SEU 错误率的另一种经验方法是直接测量白光中

子源的错误率。高能质子对钨靶入射会产生中子,其相对能谱与地球大气中的能谱相似。加速器白光中子能谱与大气中子能谱比较(12 km,比例系数 1.5×10^5)如图 4.148 所示。与单能质子测试相比,这种方法的好处是,它不需要对中子和质子的反冲离子分布的等效性进行任何限制性假设,加速器中子与大气中子通量可通过适当比例系数调节(如距地面 12 km 高度的系数约为 1.5×10^5)。已有研究表明,与使用单能质子的 SEU 错误率计算方法相比,该方法与预测值的一致性较好。

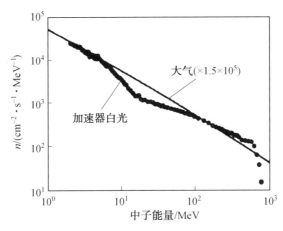

图 4.148 加速器白光中子能谱与大气中子能谱比较(12 km,比例系数 1.5×10^5)

常规上,对于预测质子和中子诱发的 SEU 错误率,第一步是假设反冲离子的分布是各向同性的,且与能量无关。因此,质子或中子的轨迹与器件敏感区是不直接相关的,这隐含在单一参数和双参数 Bendel 拟合模型中,以及单能质子辐照地面模拟测试方法中。各向同性 SEU 响应的假设在技术上是不正确的。质子测试结果表明,针对某些器件工艺技术条件,SEU 响应与质子能量和入射角度强相关,如在绝缘体上硅(SOI)和蓝宝石(SOS)衬底的存储器上,图 4.149 给出了较低能量质子入射角度与 SEU 截面的关系,图中 DUT 表示被辐照试验设备。在这种情况下,试验者可以选择单向 SEU 截面,并将其用于保守估算,或尝试生成一个差分 SEU 截面(在一系列的固体角度下)可以用于计算对环境光谱的错误率。无论哪种情况,试验者都无法在没有测量值的情况下量化各向同性响应,或对其有任何合理的期望。

为了通过单能质子试验预测宇宙射线中子的 SEU 率,必须假设质子和中子与靶材器件的核交互作用方式是相似的。对于 p_{SEU} 阈值高于 20 MeV 的电子器件,该近似理论满足要求。通过比较不同类型 CMOS 器件的质子截面和中子截面,发现对中子尾部(中子产生过程的伪影)进行正确的校正后,Q_{crit} 在 4～70 fC 范围内的器件(采用 0.18～0.5 μm 技术)的质子和中子截面在 2～20 MeV 的能

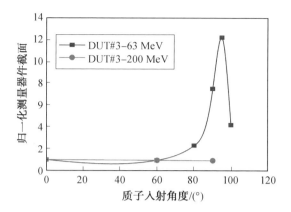

图 4.149 基于 ERETCAD_RAD 软件仿真的较低能量质子入射角度与 SEU 截面的关系曲线

量范围内吻合得很好。

在低能状态下,质子和中子的等价假设是无效的,根据下式对库仑力的简单计算,可知质子大约需要 4 MeV 的能量,以克服与质子入射时硅原子核对质子的排斥力:

$$E \approx 1.1 \cdot \frac{Z_1 Z_2}{A_1^{\frac{1}{3}} + A_2^{\frac{1}{3}}} = \frac{1.1 \times 14}{1 + 28^{\frac{1}{3}}} \approx 4 \,(\text{MeV}) \tag{4.35}$$

在这种情况下,硅对质子和中子显然不会以相同的方式交互作用,人们仍然在考虑二者的差异对总体的影响以及能否仅通过单能质子测试预测 SEU 率。

对于临界电荷非常低的器件,库仑散射和任何能量下入射质子的能量损失都可能导致直接电离进而导致 SEU,并且等效模型可能会在更大的能量范围上失效。该领域的研究工作仍在进行中,对试验人员和空间环境中 SEU 错误率预测的过程提出了技术挑战。迄今为止,已经在具有很小 Q_{crit}(1 fC)的逻辑器件中观察到质子直接电离现象。

(3)热中子及 α 粒子。

在地面高度上,热中子(约 26 MeV)的分布十分丰富,可以在常见材料(如混凝土、水或地球本身)中找到。这些热中子可能被半导体材料中某些元素俘获而引起 SEU 效应。这些反应以材料中硼元素与中子反应,形成 Li 和 α 反冲离子最为常见。在该过程中,中子被 ^{10}B 俘获发生核反应,产生高能的 α 粒子和 Li 反冲离子,即 ^{10}B(n, α)Li。该反应的反应截面相对较高,并且 Li(约 0.84 MeV)和 α 粒子(约 1.47 MeV)以 180°的角度发射,从反应的角度来看可能会在超过几微米的尺度内引发 SEU 效应。^{10}B 是硼的自然存在同位素,相对于所有硼同位素而言,其自然丰度约为 20%。

硼广泛用于硼磷硅玻璃(Boro Phospho Silicate Glass,BPSG)的制造。BPSG 是一种常用的材料,可用于半导体工艺中的钝化/平面化工艺,并且与有源区非常接近。^{10}B(n,α)Li 反应中的 Li 和 α 粒子,在硅中产生的最大电荷分别约为 37 fC 和 65 fC。因此,自 1990 年始,随着电路临界电荷变小,热中子诱发 SEU 效应日益受到关注。对可靠性的持久关注促使许多器件制造商放弃使用 BPSG。硼也用作硅材料的 P 型掺杂剂,在源/漏注入区的浓度约为 10^{21} cm^{-3},与 BPSG 的浓度相当。最近的研究表明,^{10}B 注入及热中子俘获诱发 SEU 的可能性,成为硅器件可靠性领域的一大威胁。热中子诱发 SEU 错误率需利用合适的热中子源测试评估。该测试方法简单,可以直接计算 SEU 错误率。

早在 May 和 Woods 的开创性工作中,就预言由杂质元素的同位素衰变产生的 α 粒子可诱导 SEU 效应,该问题一直作为商业器件领域的可靠性问题。α 粒子可由管芯封装材料、焊料或管芯制造工艺涉及的其他材料诱导产生。这些材料中常见的包括铀、钍和铅,是产生 α 粒子的来源。最新封装技术进展需连接更多的管脚分布,这就要在活性硅结构内部和周围使用焊料键合。其中,随键合至有源器件距离的减小,这些结构对 SEU 的敏感性会增加。固态电子器件技术协会(Joint Electron Device Engineering Council,JEDEC)标准 JESD89A 中概述了针对 α 粒子测试电子器件的标准。可通过 α 粒子放射源(通常为^{241}Am、^{232}Th 或^{238}U)对不带封装的芯片进行直接辐照来确定错误率,该错误率是放射源活度的函数。

芯片上 α 粒子的总体错误率的一般表达式为

$$\text{Rate}_a = A_{\text{cell}} N_{\text{cell}} \Phi_{\text{oa}} S \qquad (4.36)$$

式中,A_{cell}是单位单元(如 DRAM)的面积;N_{cell}是设备中单元的数量;Φ_{oa}是从源表面发射的 α 粒子的通量;S 是灵敏度因子,由下式计算:

$$S \equiv \frac{A_{\text{stro}}}{A_{\text{cell}}} \int_0^\infty \sigma_{\text{a}}(E;Q_c) N(E) \text{d}E \qquad (4.37)$$

A_{stor}被假定为整个漏极/源极扩散节点区域。计算 S 的积分是利用归一化能谱 $N(E)$和该能量处的截面 σ_{a} 计算的,难点在于确定 $\sigma_{\text{a}}(E;Q_c)$,可使用 MC 模拟来进行估算。

α 放射源本质上是各向同性的,常见能量大约为 1~10 MeV。尽管能量较高的 α 粒子在硅中的入射射程可能高达 70 μm,但最多的入射粒子分布在 5 MeV 左右,且射程小于 30 μm。空气、钝化层和封装材料的存在会极大改变电路有源区和周围的 α 粒子输运过程。将试验测量值与 SEU 错误率相关联的一个关键问题是,如何将放射源的活度和 α 粒子能谱与电子器件中活化元素的活度和 α 粒子能谱相关联。现代封装技术中潜在的活化粒子活度水平可能非常低 (0.001 cm^{-2} · hr^{-1}),这不仅难以量化,且很难估算 α 粒子能谱。

4. 影响电荷收集和电路响应的因素

时至今日,人们已开始研究重离子 SEU 横截面曲线结构的机理。Petersen

等人针对三类器件(晶体管、单元和芯片级)单粒子响应的研究思路/方法仍适用,具体考察:①临界电荷的变化;②收集电荷的变化;③敏感区域的变化。器件单元内单粒子效应敏感性变化是由单个单元上 SEU 灵敏度的局部差异引起的,这可能由单元内多个晶体管的电荷收集或单个晶体管表面上的不灵敏性变化所致。例如,在 SOI 工艺中的寄生双极增益引起效应的不敏感。在 SOI NMOS 晶体管上的入射位置与电荷收集曲线如图 4.150(a)所示,单粒子翻转截面曲线如图 4.150(b)所示。电荷扩散会影响在电路节点处收集电荷的效率。由此可推出,远离电荷收集节点的入射粒子撞击将导致收集的电荷减少(忽略漂移效应和可能的寄生机制)。大量试验研究结果表明,电路单粒子效应的灵敏度是入射粒子入射位置的函数。器件单元间单粒子效应敏感性变化,是由两个原本设计相同的单元之间的 SEU 灵敏度差异所致,而这种差异是由管芯表面的工艺差异引起的。

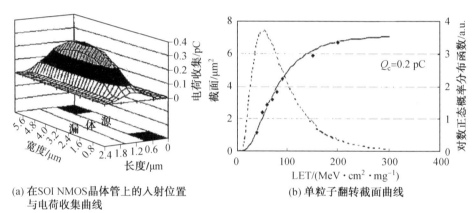

(a) 在SOI NMOS晶体管上的入射位置
　　与电荷收集曲线

(b) 单粒子翻转截面曲线

图 4.150　在 SOI NMOS 晶体管上的入射位置与电荷收集曲线和单粒子翻转截面曲线

假设重离子 SEU 横截面曲线的形状仅由单元内的变化引起,这对于计算单粒子翻转率特别方便。在单粒子翻转率仿真计算中,可以考虑相等尺寸敏感体积的临界电荷分布。例如,IRPP 模型通过假设拟合到单粒子翻转横截面数据的 Weibull 分布函数(或对数正态分布函数),来代表临界电荷的累积密度函数,间接地解释了单元小区间的变化。IRPP 方法仅保留了一个几何实体,即敏感体积,其尺寸在单元之间不变,也不需要在分布的每个点上重新计算弦长分布。

(1)单粒子多节点效应。

单个粒子(及其反冲产物)可通过电荷共享(如扩散)或来自多个区域中的局部电离而影响多个晶体管。这是单粒子翻转对某些电路的要求,尤其是那些被设计为不受单粒子翻转影响的电路。Velazco 等人提出了一个结论性的建议,即电荷共享机制需作为抗辐射电路中的抗单粒子翻转机制(双互锁单元或数字图像校正增强（Digital Image Correction Enhancement，DICE）设计），证明了大量电荷注入会导致多个节点受到单个电离粒子翻转的影响。多节点单粒子翻转过程如图 4.151(a)所示。在这种假设情况下，仅当 OUTA（输出 A）和 OUTB（输出 B）都被驱动为逻辑零状态时，数据链的状态才会翻转。这只有在单个粒子同时通过 A 和 B 晶体管附近时才能实现。其结果是在 4π 上产生高度定向的单粒子翻转响应，该响应在最靠近两个敏感节点的线段方向上达到峰值。图 4.151(b)显示了具有这种机制的重离子单粒子翻转横截面曲线。由于有效的 LET 并没有唯一定义单粒子翻转横截面和可能进行 Weibull 拟合的潜在边界（使用 IRPP 方法），因此无法使用单体积方法。通过在多个 PMOS 晶体管的 N 阱中电荷沉积，激活寄生传导路径，便可观察到类似的机制，这也有助于增加 N−PMOS 电荷共享的可能性。

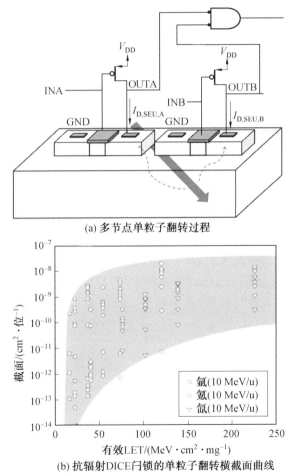

(a) 多节点单粒子翻转过程

(b) 抗辐射 DICE 闩锁的单粒子翻转横截面曲线

图 4.151　多节点单粒子翻转过程和抗辐射 DICE 闩锁的单粒子翻转横截面曲线

Edmunds 提出了一种用于模拟 DICE 电路的重离子响应的多体积解析解，但它仅限于两个节点组。同样，Fulkerson 等人已使用多体积概念的形式得出 SOI 器件在轨单粒子翻转错误率的解析解。Warren 等人证明了在 DICE 电路中，允许在晶体管的多个组合之间进行耦合以准确建模具有多个 Q_{crit} 组合的重离子响应的必要性。

（2）单粒子多位效应。

无论在地面和空间辐射环境中，多位翻转都是一个问题。当单个辐射量改变多个位的状态时（如静态随机存取存储器（SRAM）、动态随机存取存储器（DRAM）等），就会发生这种情况。如果初级或次级粒子具有足够大的射程，则它们可以通过多个位或单元的有源区。从几何和电荷输运的角度来看，光刻技术和制造技术的进步而引起的特征尺寸减小以及填充密度增加，增加了多位翻转的可能性。由于在测试、建模、错误率预测以及高可靠性系统等方面存在困难，因此多位翻转值得特别关注。在所有类型电离辐射的试验测试中（中子、质子、重离子和 α 粒子），以及在航天器在轨运行中都观察到了多位翻转现象。

通过使用错误检测和校正（Error Detection and Correction，EDAC）方法，或简并的信号路径三重模块冗余（Triple Modular Redundancy，TMR），可以检测并校正单个位错误。但是，当它们在多位阵列中单个出现时，多位翻转更难检测。因此，多位翻转不仅在器件和电路方面引发问题，在芯片方面也导致问题。尽管可以使用 EDAC 电路来纠正单个字节中的两位或更多错误，但它也会在芯片面积、访问时间和擦除率等方面增加很大成本。在先进的 CMOS 器件中已经报告了来自单个粒子诱发的 13 个错误。多位翻转灵敏度通常与入射粒子的方向有关，这使测试环节和多位翻转错误率预测都变得复杂。

Martin 和 Edmunds 等人推导了估算多位单粒子翻转错误率的分析方法，其中前者考虑了法向入射离子引起两位翻转的离子轨道半径，而后者则为两个任意分布的 RPP 模型提供了通用的数学框架，两种模型都不能推广到任意数量的单元。鉴于空间模式的复杂性，有关粒子－器件取向的依赖性研究还需进一步加强。

（3）电路效应。

临界电荷的概念在空间和地面单粒子错误率模拟仿真预测模型中普遍引用，尽管其使用存在两个主要问题：①像电荷输运一样，任何电路的物理响应在某种程度上都取决于时间；②由于电路由多个晶体管组成，因此存在许多电路节点，根据单粒子效应发生时电路的状态，这些节点对电荷收集的敏感性不尽相同。测得的单粒子翻转横截面是所有过程发生响应的平均值，了解和量化单粒子翻转响应可能会因电路的动态而变得复杂。此外，对于大型电路设计（如中央处理器（Central Processing Unit，CPU）、图形处理器（Gaphics Processing Unit，

GPU)和现场可编程门阵列(Field Programmable Gate Array,FPGA))的试验人员来说,识别何时发生单粒子翻转可能是一项挑战。如果制造商要求提高抗单粒子翻转性能,则会使设计过程变得十分复杂。

为了利用单晶体管和双晶体管电荷收集模型,来加强对单粒子翻转的分析,研究人员使用了电路和逻辑仿真。电路仿真(如 SPICE)本质上是模拟可用于跟踪瞬态信号的传播(如由单个粒子引入的瞬态信号),并识别单粒子翻转的电路机制。当单粒子翻转响应的复杂度超过单粒子翻转或单位翻转的复杂度,并且信号传播的细节(如组合逻辑)非常重要时,通常会使用电路仿真。对于组合逻辑,人们还提出了将电路属性(如电容)与故障注入的高级逻辑描述相结合的混合方法。已有报道针对大规模 FPGA 和 CPU 的组合逻辑和时序逻辑,开发了可用于分析单粒子翻转传播的故障注入技术。电路、混合或逻辑的仿真器不能直接用于单粒子翻转错误率计算,因为它们除了基于所评估技术的节点区域的粗略计算外,并不直接包含关于内部故障发生概率的信息。

5. 小结

RPP 模型建立了单一的固定剂量区的概念,该区域确定了入射粒子撞击在硅中产生的电荷量。RPP 尺寸是在入射粒子束角度(相对于器件)和 LET 单粒子翻转横截面的试验测量中确定的。IRPP 模型是基于单一敏感体积的概念,但包括一个概率分布函数,该函数定义了在几何上相同单元格数组上的 Q_{crit} 概率。概率分布也是在宽束重离子试验过程中确定。RPP 模型没有捕获到单粒子翻转截面与粒子撞击位置的区间或晶体管间距的水平依赖性。对于单粒子翻转错误率计算,RPP 和 IRPP 模型取决于单个矩形体积中的解析弦长概率函数,其中弦长代表入射粒子通过该体积的路径,并假设该路径上有恒定的 LET 值。

RPP 模型及其拓展的 IRPP 模型不适用于预测在多个晶体管上同时产生和收集电荷以扰乱电路的单粒子翻转率。该类机制呈现可产生重离子单粒子翻转的横截面数据,这些数据对入射方向表现出强烈的角度依赖性。

对于除行星际空间之外的其他环境,单粒子翻转率预测和建模需要测试在该环境中或部分环境中的被测器件的响应。这些环境包括地球辐射带质子,以及地球大气中子和 α 粒子。所用方法(如 Bendel 单能质子测试和 JESD89A)是经验性的,并且在粒子类型之间是不相交的。高能质子单粒子效应测试受加速器的限制,并且对于预测高能中子单粒子翻转而言,其近似值在 25 MeV 以下的范围内有效。

4.5.2　蒙特卡洛基础

Weller 等提出了一个通用的单粒子错误率计算公式,即

$$R_t(\boldsymbol{\xi}, t) = R_{ext}(\boldsymbol{\xi}, t) + R_{int}(\boldsymbol{\xi}, t) \tag{4.38}$$

式中, R_t 为总粒子错误率, 等于从器件外部或模拟边界进入的初级粒子 R_{ext} 和从内部进入的粒子 R_{int} 之和。

外部的初级粒子包括重离子、中子和质子; 内部粒子源于放射性衰变的物质。总粒子错误率由给定时间 t 和系统配置 ξ 决定。

R_{ext} 的计算公式如下:

$$R_{ext}(\boldsymbol{\xi}, t) = \sum_z \int_E dE \int d\Omega \oint dA [-\hat{n}(\boldsymbol{x}) \cdot \hat{\boldsymbol{u}}] \int_{-\infty}^t dt' \cdot$$
$$\Phi(z, E, \hat{\boldsymbol{u}}, \boldsymbol{x}, t') p_e(z, E, \hat{\boldsymbol{u}}, \boldsymbol{x}, t'; \boldsymbol{\xi}, t) \tag{4.39}$$

每个粒子都起源于球体表面, 如图 4.152 所示。也就是说, 粒子的源头始于球体表面, 它可以终止于表面上的另外一点, 也可以终止于其中的某个点。单位向量 $\hat{\boldsymbol{u}}$ 和位置向量 $\boldsymbol{x}$ 描述了每个粒子在球体表面上的位置和方向 (为简单起见, 显示为球体)。Heaviside 函数要求仅考虑球体内部方向的粒子 (从球体原点到其表面的矢量为负值)。除了位置和方向外, 微分粒子通量是粒子类型 z 和能量 E 的函数, 其在过去和当前时间之间 t 内, 每单位时间 (p_e) 具有一定的概率产生效应 (如单粒子翻转), ξ 表示向量, 该向量描述了所得 p_e 的系统内部配置 (如时钟状态、节点电压和 Q_{crit} 等)。针对每个粒子, 对其能量 $E(z)$, 在球体表面的位置 $\boldsymbol{x}$、dA 以及 $\boldsymbol{x}$ 的所有方向的立体角 Ω 进行积分。重复该过程, 并对环境体系中的所有种类 z 求和。

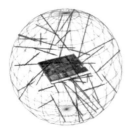
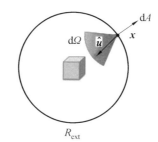
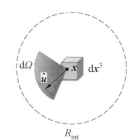

(a) 球体体积的概念   (b) 一般错误率方程中的参数

图 4.152   球体体积的概念和一般错误率方程中的参数

内部粒子错误率为

$$R_{int}(\boldsymbol{\xi}, t) = \sum_z \int_E dE \int d\Omega \int_S d\boldsymbol{x}^3 \int_{-\infty}^t dt' G(z, E, \hat{\boldsymbol{u}}, \boldsymbol{x}, t') p_e(z, E, \hat{\boldsymbol{u}}, \boldsymbol{x}, t'; \boldsymbol{\xi}, t) \tag{4.40}$$

其保持与外部粒子错误率相同的属性, 但是引入了一个新函数 G, 该函数描述了相关体积 S 中辐射源的发射属性。粒子的方向相对于球体表面不受限制, 因此不需要 Heaviside 函数。

式(4.38)～(4.40)对于描述预测环境(包括测试设施)中单粒子翻转率的过程是有效的,这取决于正确的积分范围(如 Ω、S、E 和 z)。效应描述(在本例中是单粒子翻转)完全包含在 p_e 中。一般错误率方程的解析解很难确定,除非在最简单的应用中,否则不可能确定。正是这个原因,蒙特卡洛(MC)积分被应用于通过在积分域上采样和在模拟过程中生成轨迹预测来求解 R_t。

1. 蒙特卡洛积分

蒙特卡洛积分是确定复杂函数积分的有力工具,它克服了描述的过程生成解析解的困难。在实际计算中,使用蒙特卡洛积分法得出故障率的近似值,如式(4.38)～(4.40)中的积分。本节介绍蒙特卡洛积分的基本过程以及模拟辐射环境所需的最小随机化技术。一维积分 I 定义如下:

$$I = \int f(x)\,\mathrm{d}x \tag{4.41}$$

一维积分的函数期望值 $\langle g(x) \rangle$ 定义如下:

$$\langle g(x) \rangle = \frac{\int g(x)p(x)\,\mathrm{d}x}{\int p(x)\,\mathrm{d}x} \tag{4.42}$$

定义 $g(x)$ 如下:

$$g(x) \equiv \frac{f(x)}{p(x)} \tag{4.43}$$

将结果代入式(4.42),可得

$$\left\langle \frac{f(x)}{p(x)} \right\rangle = \frac{\int \dfrac{f(x)}{p(x)}p(x)\,\mathrm{d}x}{\int p(x)\,\mathrm{d}x} = \frac{\int f(x)\,\mathrm{d}x}{\int p(x)\,\mathrm{d}x} \tag{4.44}$$

假设 $p(x)$ 被归一化为

$$\int p(x)\,\mathrm{d}x = 1 \tag{4.45}$$

发现式(4.41)给出的积分定义是 $f(x)$ 与 $p(x)$ 之比的期望值,即

$$\left\langle \frac{f(x)}{p(x)} \right\rangle = \int \frac{f(x)}{p(x)}p(x)\,\mathrm{d}x = \int f(x)\,\mathrm{d}x \tag{4.46}$$

式(4.46)对于计算 I 并不是马上可以用的,需要通过在积分域上取 N 个随机变量 X_i 的样本来形成 $\left\langle \dfrac{f(x)}{p(x)} \right\rangle$,即

$$\left\langle \frac{f(x)}{p(x)} \right\rangle = \int f(x)\,\mathrm{d}x \approx \frac{1}{N}\sum_{i=1}^{N} \frac{f(X_i)}{p(X_i)} \tag{4.47}$$

根据下式定义权重 $w(X_i)$:

$$w(X_i) \equiv \frac{1}{p(X_i)} \qquad (4.48)$$

将结果代入式(4.46),得到 I 的解析解的蒙特卡洛估计值 $\tilde{I}$ 的表达式,即

$$\tilde{I} \approx \frac{1}{N} \sum_{i=1}^{N} w(X_i) f(X_i) \qquad (4.49)$$

对于独立不相关变量的 k 维积分,可以将式(4.49)推广为

$$\int dx_1 \int dx_2 \cdots \int dx_k (x_1, x_2, \cdots, x_k) \approx \frac{1}{N} \sum_{i=1}^{N} f(X_{i,1}, X_{i,2}, \cdots, X_{i,k}) \prod_{j=1}^{k} w_j(X_{i,j}) \qquad (4.50)$$

其中,每个函数 f_j 在其定义域中的唯一一点 $X_{i,j}$ 处采样,然后乘描述它的概率密度函数的相应权重 $w_j(X_{i,j})$。该结果是将蒙特卡洛模拟应用到单粒子错误率预测及上述常规一般错误率方程求解的关键环节。

数值积分的方差可以用下式近似:

$$\mathrm{Var}[I] \approx \frac{1}{N^2} \sum_{i=1}^{N} \mathrm{Var}[w_i, f(X_i)] = \frac{1}{N^2} \sum_{i=1}^{N} \mathrm{Var}[w_i] = \frac{1}{N^2} \sum_{i=1}^{N} w_i^2 \quad (4.51)$$

标准误差可以用下式近似:

$$\mathrm{stderr}(I) = \sqrt{\mathrm{Var}[I]} \approx \frac{1}{N} \sqrt{\sum_{i=1}^{N} w_i^2} \qquad (4.52)$$

2.随机变量抽样

为了使用蒙特卡洛方法生成积分的估计,需要确定一种合适的方法来选择积分中包含的随机变量。

(1)变量的线性抽样和变换。

考虑下式中所示的基本积分:

$$\int_a^b f(x) \, dx \qquad (4.53)$$

独立随机变量 X 是在 $[a,b]$ 之间随机选择的,与选择相关的概率是下式中定义域宽度的倒数:

$$\frac{1}{w(x)} = p(x) = \begin{cases} \dfrac{1}{b-a}, & x \in [a,b] \\ 0, & \text{其他} \end{cases} \qquad (4.54)$$

可通过在定义域上随机选择 N 个随机变量 X 的值来近似积分,即

$$\int_a^b f(x) \, dx = \langle f(x) w(x) \rangle \approx \frac{b-a}{N} \sum_{i=1}^{N} f(X_i) \qquad (4.55)$$

在定义域上均匀选择 X 的方法是在区间 $[0,1]$ 上按下式选取:

$$X(u) = a + (b-a) * u, \quad u \in [0,1] \qquad (4.56)$$

大多数编程语言都对区间 $[0,1]$ 进行随机选择。根据式(4.56)得到

$$u(x)=\frac{\int_a^x p(x)\mathrm{d}x}{\int_a^b p(x)\mathrm{d}x}=\frac{b-a}{b-a}\frac{x-a}{b-a}=\frac{x-a}{b-a} \tag{4.57}$$

式(4.56)中 $X(u)$ 是由 X 的累积密度函数反演生成的分位数函数。在这个及随后的例子中,反演过程是微不足道的,因为累积密度函数在定义域上单调递增。

在三维空间,积分变量的变换由下式给出:

$$\int_{x(u)}f(x)\mathrm{d}x=\int_u f[x(u)]\,|\,\widetilde{\boldsymbol{J}}\,|\,\mathrm{d}u \tag{4.58}$$

式中, $|\,\widetilde{\boldsymbol{J}}\,|$ 是雅可比矩阵的行列式,有

$$|\,\widetilde{\boldsymbol{J}}\,|=\begin{vmatrix} \dfrac{\partial x_1}{\partial u_1} & \cdots & \dfrac{\partial x_1}{\partial u_j} \\ \vdots & & \vdots \\ \dfrac{\partial x_i}{\partial u_1} & \cdots & \dfrac{\partial x_i}{\partial u_j} \end{vmatrix} \tag{4.59}$$

$f(x)$ 的积分到新定义域 $u\in[0,1]$ 的变换由下式给出:

$$\frac{\mathrm{d}x}{\mathrm{d}u}=b-a \tag{4.60}$$

$$x(u)=a+(b-a)u$$

$$\int_a^b f(x)\mathrm{d}x=\int_0^1 f[x(u)]\frac{\mathrm{d}x}{\mathrm{d}u}\mathrm{d}u=(b-a)\int_0^1 f[x(u)]\mathrm{d}u \tag{4.61}$$

积分的蒙特卡洛近似由下式给出:

$$(b-a)\int_0^1 f[x(u)]\mathrm{d}u\approx\frac{b-a}{N}\sum_{i=1}^N f[x(U_i)] \tag{4.62}$$

其中,常数权重已经从总和中取出。

(2) 对数抽样。

可以用对数来选择 $[a,b]$ 上自变量 x 的值,当需要更接近 a 的抽样时就是这种情况。例如,在抽样 LET 值光谱中,通过增加选择具有较低 LET 值的离子的概率,可以令每个样品的方差大幅度减少。这种偏置对权重 w 的计算有影响,如下式所示:

$$u(x)=\frac{\int_{\ln(a)}^{\ln(x)}\mathrm{d}x}{\int_{\ln(a)}^{\ln(b)}\mathrm{d}x}=\frac{\ln\dfrac{x}{a}}{\ln\dfrac{b}{a}} \tag{4.63}$$

$u(x)$ 的逆由下式给出:

$$x(u) = a\left(\frac{b}{a}\right)^u \tag{4.64}$$

x 相对于 u 的导数,也定义为权重 $w(u)$,由下式给出:

$$\frac{\mathrm{d}x}{\mathrm{d}u} = a\left(\frac{b}{a}\right)^u \ln\frac{b}{a} \tag{4.65}$$

积分的最终表达式由下式给出:

$$a \cdot \ln\frac{b}{a}\int_0^1 f[x(u)]\left(\frac{b}{a}\right)^u \mathrm{d}u \approx \frac{a \cdot \ln\frac{b}{a}}{N}\sum_{i=1}^N \left(\frac{b}{a}\right)U_i f[x(U_i)] \tag{4.66}$$

或者使用加权符号表示,即

$$I \approx \frac{1}{N}\sum_{i=1}^N f[x(U_i)]w(U_i) \tag{4.67}$$

其中

$$w(u) = a\left(\frac{b}{a}\right)^u \ln\frac{b}{a}$$

与 x 上的均匀采样不同,x 对 u 均匀采样中的对数采样产生的权重不是常数,而是 u 的函数。这样,较大的 u 将获得更大的权重,较小的 u 将会赋予较小的权重,这在直观上是合理的,因为抽样函数会产生更大的样本密度 x,更接近于式(4.64)。

(3) 圆盘内部取点。

宽束离子源的特性以及各向同性的环境(一旦选择了方向),可以看作是任意选择的圆盘表面上的均匀定向通量。圆盘的半径可以通过多种方式定义,但最常见和最方便的方法是完全包含目标对象的半径。因此,为了模拟宽光束和各向同性的环境,必须建立一种机制,用于随机拾取圆盘表面上的点,并评估在这些点处的函数。假设 θ 和 r' 是独立的,则运算公式为

$$\int_0^{2\pi}\int_0^r f(r',\theta)r'\mathrm{d}r'\mathrm{d}\theta \tag{4.68}$$

由式(4.68)可得

$$\int_0^1\int_0^1 f[r'(u_1),\theta(u_2)]r'(u)\frac{\mathrm{d}r'}{\mathrm{d}u_1}\frac{\mathrm{d}\theta}{\mathrm{d}u_2}\mathrm{d}u_1\mathrm{d}u_2 \tag{4.69}$$

θ 的变换以通常使用的方式进行,并得到

$$\theta(u) = 2\pi \cdot u, \quad u \in [0,1]$$

$$\frac{\mathrm{d}\theta}{\mathrm{d}u} = 2\pi \tag{4.70}$$

径向分量的变换需要多加注意,因为微分元素依赖于 r',即

$$u(r') = \frac{\int_0^{r'} r' \mathrm{d}r'}{\int_0^{r} r' \mathrm{d}r'} \tag{4.71}$$

$$r'(u) = r\sqrt{u}$$

其解由下式给出：

$$r'\left(\frac{\mathrm{d}r'}{\mathrm{d}u}\right) = \frac{1}{2} r\sqrt{u}\, r u^{-\frac{1}{2}} = \frac{1}{2} r^2 \tag{4.72}$$

将式(4.72)和式(4.70)代入式(4.68)可得到下式中的连续解：

$$\int_0^1 \int_0^1 f[r'(u_1), \theta(u_2)] r'(u)\, \frac{\mathrm{d}r'}{\mathrm{d}u_1}\, \frac{\mathrm{d}\theta}{\mathrm{d}u_2} \mathrm{d}u_1 \mathrm{d}u_2$$

$$= \pi r^2 \int_0^1 \int_0^1 f[r'(u_1), \theta(u_2)] \mathrm{d}u_1 \mathrm{d}u_2 \tag{4.73}$$

以及下式中的蒙特卡洛近似：

$$I \approx \frac{\pi r^2}{N} \sum_{i=1}^{N} f[r'(U_i), \theta(U_i)] \tag{4.74}$$

（4）球体表面上取点。

各向同性环境的方向分量包括对球体上的点均匀抽样，方向由将所选点连接到球体原点的向量定义，没有径向分量，因为只是简单地定义方向。球面上函数的积分方程由下式给出：

$$\int_0^\pi \int_0^{2\pi} f(\theta, \varphi) \sin\theta \mathrm{d}\varphi \mathrm{d}\theta \tag{4.75}$$

在 $[0,1]$ 上实现均匀随机变量的转换，即

$$\int_0^1 \int_0^1 f[\theta(u_1), \varphi(u_2)] \sin[\theta(u_1)]\, \frac{\mathrm{d}\theta}{\mathrm{d}u_1}\, \frac{\mathrm{d}\varphi}{\mathrm{d}u_2} \mathrm{d}u_1 \mathrm{d}u_2 \tag{4.76}$$

φ 和 θ 的变换分别由以下两式给出：

$$\begin{cases} \varphi(u_2) = 2\pi u_2 \\ \dfrac{\mathrm{d}\varphi}{\mathrm{d}u_2} = 2\pi \end{cases} \tag{4.77}$$

$$\begin{cases} \theta(u_1) = \arccos(1 - 2u_1) \\ \sin\theta\, \dfrac{\mathrm{d}\theta}{\mathrm{d}u_1} = \dfrac{2\sin[\arccos(1 - 2u_1)]}{\sqrt{1 - (1 - 2u_1)^2}} = 2 \end{cases} \tag{4.78}$$

将式(4.77)和式(4.78)代入式(4.76)，得到如下积分表达式：

$$\int_0^1 \int_0^1 f[\theta(u_1), \varphi(u_2)] \sin[\theta(u_1)]\, \frac{\mathrm{d}\theta}{\mathrm{d}u_1}\, \frac{\mathrm{d}\varphi}{\mathrm{d}u_2} \mathrm{d}u_1 \mathrm{d}u_2 = 4\pi \int_0^1 \int_0^1 f[\theta(u_1), \varphi(u_2)] \mathrm{d}u_1 \mathrm{d}u_2$$

$$\tag{4.79}$$

蒙特卡洛近似为

$$I \approx \frac{4\pi}{N} \sum_{i=1}^{N} f\left[\theta(U_{1,i}), \varphi(U_{2,i})\right] \tag{4.80}$$

3. 直方图法(粒子概率的度量)

对于给定的探测器或敏感体积,直方图是研究能量空间粒子频率分布的有效方法。它们由能量空间中有限数量的线性或对数分布的能量仓构成。由下式描述的函数被称为 binning 函数:

$$b_i(E; E_i^-, E_i^+) = \begin{cases} \dfrac{1}{\Delta E_i}, & E \in [E_i^-, E_i^+) \\ 0, & \text{其他} \end{cases} \tag{4.81}$$

该函数用于直方图的第 i 个区间,其中 E_i^- 和 E_i^+ 是区间的上限和下限。

binning 函数的期望值由下式给出:

$$\langle b(E) \rangle = \int p(E) b(E) \mathrm{d}E = \lim_{\varepsilon \to 0} \frac{1}{\Delta E} \int_{E^-}^{E^+ - \varepsilon} p(E) \mathrm{d}E \tag{4.82}$$

上式为了表述方便,去掉了指数,并假设在最高能量范围(即所有能量都包含在某个 b_i 时)内 $P(E)$ 是 1。式(4.82)可以简化为

$$\langle b(E) \rangle = \lim_{\varepsilon \to 0} \frac{1}{\Delta E} \left[P(E^+ - \varepsilon) - P(E^-) \right] = \frac{1}{\Delta E} \left[P(E^+) - P(E^-) \right] \tag{4.83}$$

式中,$P(E)$ 是 E 处的累积密度函数。

取 $\Delta E \to 0$ 的极限,可得到粒子发生在 E^-,$p(E^-)$ 的概率,也就是概率 $p(E)$,即

$$\lim_{\Delta E \to 0} \langle b(E) \rangle = \lim_{\Delta E \to 0} \frac{1}{\Delta E} \left[P(E^- + \Delta E) - P(E^-) \right] = P'(E^-) = p(E^-) = p(E) \tag{4.84}$$

结果表明,binning 函数在极小的能量仓宽度的限制下,简化为对粒子在 E 发生的概率描述。

在离散情况下,能量仓内发生的累积概率之差($P_2 - P_1$)可由下式近似计算:

$$P_2(E) - P_1(E) \approx \frac{1}{N_t} \sum_{j=1}^{N_t} w_j \left[H(\hat{E}_j - E^-) - H(\hat{E}_j - E^+) \right]$$

$$\approx \frac{1}{N_t} \sum_{j=1}^{N_t} w_j \Pi_{E^-, E^+}(\hat{E}_j) \tag{4.85}$$

式中,N_t 事件的求和取 j;H 为 Heaviside 函数;w_j 为第 j 个抽样变量 $\hat{E}_j$ 的权重;Boxcar 函数 Π 表示了两个 Heaviside 函数的差。对于相邻的能量仓(例如,在 b_i 和 b_{i+1} 的边界处),Heaviside 函数将在两者之间平均分配 w_i。

将式(4.85)的结果代入式(4.83),得到如下式所示的 binning 函数(式

(4.81))的估计量 $\tilde{p}_i$：

$$\langle b_i(E) \rangle \approx \tilde{p}_i = \frac{1}{\Delta E_i N_t} \sum_{j=1}^{N_t} w_j \Pi_{E_i^-, E_i^+}(\hat{E}_j) \qquad (4.86)$$

有效范围内的总直方图函数（包括所有能量或预定的能量范围）由 $\gamma(E)$ 给出，即

$$\gamma(E) = \sum_{i=1}^{N_{bins}} c_i(E)\tilde{p}_i$$
$$c_i(E) = \Pi_{E_i^-, E_i^+}(E) \qquad (4.87)$$

同样，Boxcar 函数选择包含 E 的能量仓。在上述式子中，没有对能量仓边缘进行显式处理。在式（4.87）中，该函数将返回 E 值等同于能量仓边缘的相邻能量仓的平均值。

已经表明，式（4.87）提供了粒子落在该能量仓范围（E^-, E^+）内概率的估计。误差率和单个粒子横截面是根据满足或超过最低条件的粒子总数的概率估计值计算的，如 $Q_{coll} \geqslant Q_{crit}$，或者保留最小能量仓的概念，$E_{dep} \geqslant E_c$。粒子落在能量仓概率取决于独立变量（如能量、时间等），其没有被一般错误率方程的积分所包含，直方图是式（4.39）和式（4.40）中对 p_e 的估计。

超过临界能量 E_c 的所有粒子的累积概率在连续的情况下可表示为

$$P(E \geqslant E_c) = \int_{E_c}^{E_{max}} p(E)\mathrm{d}E \qquad (4.88)$$

在直方图离散的情况下，反向积分近似为

$$\tilde{P}(E_c) = \sum_{j=i(E_c)}^{\infty} w_j \Delta E_j \qquad (4.89)$$

其即从 $E = E_c$ 至最大能量 E_{max} 对应的能量仓的权重 w_j 相加后再乘其宽度 ΔE。

对于跟踪单个敏感体积中的能量损失的情况，直方图是蒙特卡洛模拟器中的首选方法（如 CREME－MC）。但是，如果模拟有多个 Q_{crit}，或多个敏感体积组之间的重合要求，直方图逻辑的构建和直方图结果的分析可能会存在很大挑战，因为直方图组之间目前没有保持重合。

4.5.1 中介绍了基于弦长 RPP 模型的概率分布。虽然 RPP 模型中采用的解是解析解，但也可以用蒙特卡洛方法估计它们。对于这个例子，模拟了各向同性环境中 LET=1.0 MeV·cm^{-2}/mg 的粒子。RPP 尺寸为 $5 \times 10 \times 15(\mu m^3)$，产生了 5 000 个样本，它们的能量累积在 100 个能量仓中，范围 0～5 MeV。对于相同的 RPP 维数，也计算了由 Bendel 导出的解析解。为了直接比较 Bendel 和蒙特卡洛模拟的计算结果，只有那些撞击 RPP 表面的粒子被列在粒子总数 N_t 中。这是十分必要的，因为 Bendel 计算是假设所有粒子都撞击 RPP 表面，而蒙特卡洛模拟是从包含 RPP 的球体发射粒子。

在 $5 \times 10 \times 15(\mu \mathrm{m}^3)$ 的 RPP 模型中的连续性和蒙特卡洛抽样能量概率分布如图 4.153 所示。对于样本数量而言,较大的能量仓数会产生显著分散的解析解。连续性和蒙特卡洛抽样反向积分概率如图 4.154 所示。通过观察,蒙特卡洛计算之间的反向积分概率显示出明显较小的分散。

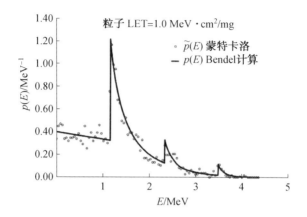

图 4.153　在 $5 \times 10 \times 15(\mu \mathrm{m}^3)$ 的 RPP 模型中的连续性和蒙特卡洛抽样能量概率分布

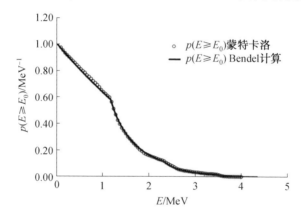

图 4.154　连续性和蒙特卡洛抽样反向积分概率
注:Bendel 弦长已转换为能量($0.225 \mathrm{~MeV}/\mu\mathrm{m}$)

直方图法提供了式(4.39)和式(4.40)中概率项的离散化描述。误差率的计算是从临界能量(仓)到最大能量(仓)的 $p_{\mathrm{hist}}(E)\mathrm{d}E$ 的积分,或 $p_i \Delta E_i$ 的总和。根据积分域(如误差率或横截面),p_e 的单位可以是 s^{-1} 或 Area^{-1}。

直方图法提供了一种途径,用于生成作为敏感体积区域内的能量或能量的函数的单粒子翻转概率分布函数。导出所有应用的直方图并不重要,例如那些只需要最终误差率的应用。

4. 错误率和横截面计算

前面几节阐述了构成蒙特卡洛过程和随机化技术基础的基本程序。随机化过程的要求决定了项目的选择,以综合描述单粒子翻转率或单粒子翻转截面的一般表达式,见表 4.5。蒙特卡洛模拟计算的积分和方差估计的一般公式为

$$I \approx \frac{1}{N} \sum_{i=1}^{N} f[x_1(U_{i,1}), x_2(U_{i,2}), \cdots, x_k(U_{i,k}); \xi] \prod_{j=1}^{k} w_j \tag{4.90}$$

$$\mathrm{Var}[I] \approx \frac{1}{N^2} \sum_{i=1}^{N} \sum_{i=1}^{N} f[x_1(U_{i,1}), x_2(U_{i,2}), \cdots, x_k(U_{i,k}); \xi] \prod_{j=1}^{k} w_j^2 \tag{4.91}$$

其中,假设 f 返回 1 或 0。目的是找到一个合适的 f 表达式,该表达式捕获正在研究的过程,并将其转换为给定状态的有效误差条件 ξ(如电路、探测器、体积等)。这个例子中,ξ 被假设为常数,但是在一般意义上,它可以是时间或位置的函数。

对于从微分 LET 值光谱进行线性抽样的情况,其错误率方程采用式(4.92)的形式:

$$R \approx \frac{4\pi^2 r^2 (\mathrm{LET}_{\max} - \mathrm{LET}_{\min})}{N} \sum_{i=1}^{N} f[x(U_{\mathrm{pos},i}), \mathrm{LET}(U_{\mathrm{LET},i}); \xi] \Phi[\mathrm{LET}(U_{\mathrm{LET},i})] \tag{4.92}$$

式中,Φ 是选定 LET 值下的微分粒子通量;$\mathrm{LET}_{\max}$ 和 $\mathrm{LET}_{\min}$ 是光谱中 LET 值的最大和最小范围。假设是在 LET 值(4.56)的范围内进行线性抽样。如果采样频谱被反转(四分位函数),则适用于下式:

$$R \approx \frac{4\pi^2 r^2 \Phi_0}{N} \sum_{i=1}^{N} f[x(U_{\mathrm{pos},i}), \mathrm{LET}(U_{\mathrm{LET},i}); \xi] w_i(U_{\mathrm{LET},i}) \tag{4.93}$$

其中

$$\Phi_0 = \int_{\mathrm{LET}_{\min}}^{\mathrm{LET}_{\max}} \Phi(\mathrm{LET}) \mathrm{d}(\mathrm{LET})$$

无论选择哪种抽样方法,样条法或插值法查找函数必须根据 LET 值确定 Φ,反之亦然。

在宽波束模拟的情况下,在单位球面上没有随机化,并且只假设一个固定的 LET 值。单向宽波束情况的一般方程如下式所示:

$$\sigma_{\mathrm{seu|LET}} \approx \frac{\pi r^2}{N} \sum_{i=1}^{N} f[x(U_{\mathrm{pos},i}), \mathrm{LET}(U_{\mathrm{LET},i}); \xi] \tag{4.94}$$

下式显示了单个敏感体积和粒子函数 f 描述的 Q_{crit} 简单情况:

$$f(P_1, P_2, \mathrm{LET}) = \begin{cases} 1, & s(P_1, P_2) \cdot \mathrm{LET} \geqslant Q_{\mathrm{crit}} \\ 0, & s(P_1, P_2) \cdot \mathrm{LET} \leqslant Q_{\mathrm{crit}} \end{cases} \tag{4.95}$$

式中,s 是通过球体表面上的点 P_1 和 P_2,并通过适当方式确定的弦长(从圆盘和球体上的初始位置和方向计算)。

误差率和横截面的解析解的其余部分则是描述 $f(P_1,P_2,\mathrm{LET};\xi)$。

表 4.5　随机化的项目

符号	描述	表达式	权重
θ_s	球体	$\arccos(1-2u)$	2
ϕ_s	球体	$2\pi u$	2π
θ_d	盘状	$2\pi u$	2π
r_d	盘状	$r\sqrt{u}$	$\dfrac{1}{2}r^2$
LET	Lin.	$L_{\min}+(L_{\max}-L_{\min})u$	$L_{\max}-L_{\min}$
LET	Log.	$L_{\min}\left(\dfrac{L_{\max}}{L_{\min}}\right)^u$	$L_{\min}\dfrac{L_{\max}}{L_{\min}}^u\cdot\ln\dfrac{L_{\max}}{L_{\min}}$

5. 多敏感体积模型

在 RPP 模型中,假设离子沉积的能量、电路节点收集的电荷和单粒子翻转截面之间的关系用单一剂量区来描述,它不能捕捉其内部电荷收集效率的变化。例如,图 4.155 给出了包含硅衬底上方有源 N^+ 扩散区的收集电荷与入射粒子撞击位置的函数关系。入射粒子的 LET 值为 $0.1\ \mathrm{pC}/\mu m$,其电荷收集过程由 TCAD 分析。掺杂区域与电极相连,通过这个结电荷被收集。如果假设 RPP 模型反映了电荷收集区域的范围,RPP 模型是以收集节点为中心的单个收集区域,在本例中其深度为 $0.75\ \mu m$。

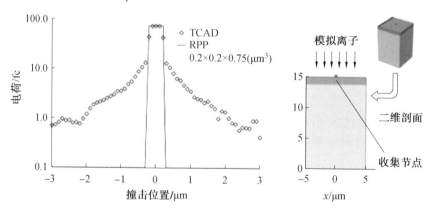

图 4.155　电荷收集随垂直入射位置的变化

当 $Q_{\mathrm{crit}}\geqslant 80\ \mathrm{fC}$ 时,在 $\mathrm{LET}\approx 10\ \mathrm{MeV\cdot cm^2/mg}$ 或 $0.10\ \mathrm{pC}/\mu m$ 处的 σ_{SEU} 约为 $0.04\ \mu m^2$。然而,对于 $Q_{\mathrm{crit}}<10\ \mathrm{fC}$,在正常入射和相同的 LET 下,RPP 仍然预测单粒子翻转的截面面积为 $0.04\ \mu m^2$,而实际单粒子翻转截面面积将随着物

理区域变化而变得敏感。当然,可以通过增加横向 RPP 维数来近似这个区域的响应,但是这将在较低的 LET 值下过盈预测横截面。虽然可以获得固定 LET 值的单点解,但是单体积 RPP 模型不能精确地捕捉收集体积的尺寸(即单粒子翻转截面)对粒子 LET 的函数依赖性。

为进一步说明这个问题,图 4.156 给出了单粒子翻转横截面曲线,其中假设模型为 $0.2 \times 0.2 \times 0.75 (\mu m^3)$ RPP,所得 Q_{crit} 范围如图 4.156 所示。单一 RPP 模型预测在 $Q_{coll} \geqslant Q_{crit}$ 处点的 σ_{SEU} 会突然上升,但是除了满足 Q_{crit} 条件的点外,σ_{SEU} 对 LET 值没有函数依赖性。这与通常的辐照试验观测结果不一致,这些试验结果表明 σ_{SEU} 随 LET 值的变化是连续的,通常是单调递增的。

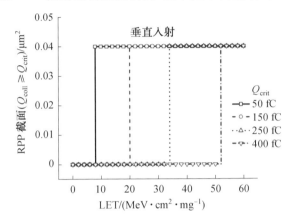

图 4.156　单粒子翻转横截面曲线

器件或电路单粒子翻转敏感截面,随着入射离子的阻止本领增大而增大。研究表明,随着器件沉积电荷的增加,收集电荷近似呈线性增加,这也解释了单粒子翻转截面或 σ_{SEU} 的增加。更准确地讲,在给定的 LET 值下,收集到的电荷量随 LET 值的变化是近似线性的。

对单个 RPP 电荷收集区域限制的一个解决方案是结合附加的 RPP 模型,其具有单独的收集效率,并放置在适当的相对位置,以近似单个晶体管收集的总电荷。立体空间上反映在体积的相对位置和大小,收集的电荷相对于产生电荷的大小由各自的效率决定。通过使用蒙特卡洛方法可近似解决多重敏感体积(Sensitive Volume,SV)模型中弦长分布的数值解的确定问题。

多灵敏体积模型的数学描述如下:

$$Q_{coll} = \sum_{i=1}^{N} \alpha_i Q_{gen,i} + \sum_{i=1}^{N} \sum_{j=1}^{N} \gamma_{ij} Q_{gen,i} Q_{gen,j} + \cdots \tag{4.96}$$

式中,Q_{coll} 是单粒子事件的收集电荷;$Q_{gen,i}$ 是在该体积中产生的电荷;α 为一阶效率参数,γ 为二阶效率参数。求和值取描述晶体管或器件节点的体积总数 N。

$Q_{gen,i}$ 的每个值都是进入单个体积的一个或多个离子的阻止本领、体积大小以及离子进入和通过(或停止)体积时的位置和方向的函数。这里应认识到 Q_{coll} 是针对单个事件的,但多个粒子可能对收集到的总电荷有贡献。该说法并不矛盾,因为单个粒子可能会到达器件,与材料发生某种形式的交互作用,并产生多个次级粒子。因此,该事件指的是源自预定辐射环境的单个粒子,该环境可能产生也可能不产生多个次级电离物质。

在本节的其余部分,只考虑对式(4.96)的一阶贡献,多敏感体积概念被视为存储在体积集中的加权能量的线性总和,即

$$Q_{coll} = \sum_{i=1}^{N} \alpha_i Q_{dep,i} \tag{4.97}$$

在需要相邻异质结之间耦合(例如单粒子闩锁)以产生测量效果的情况下,或者在简单的电荷收集的情况下,非线性项可用于解释 Q_{coll} 和 Q_{gen} 或者 LET 之间关系中的非线性。

传统的 RPP 模型是式(4.97)中最简单的情况,包含一个灵敏的长方体体积,其效率 α_1 等于单位 1。体积内的离子产生的电荷(以弦长 LET 乘积的形式)直接转化为收集的电荷,即

$$Q_{coll} = \alpha_1 Q_{dep,1} = Q_{dep} \tag{4.98}$$

式(4.96)为高度灵活的模型,描述入射离子的能量损失与晶体管节点收集电荷之间的关系。增加的灵活性引入了随体积数量而扩展的额外自由度,并使确定敏感体积参数的过程复杂化。例如,每个体积可以由最小和最大顶点以及相应的体积效率来描述,每个体积总共有 7 个自由度。利用半导体中已知的电荷输运作为电荷产生和收集节点位置的函数,来约束敏感的体积参数是有益的。这项工作的其余部分将强调嵌套的物理排列,以描述从衬底收集电荷的过程。

(1)嵌套敏感体积。

嵌套敏感体积是一种独特的构型,其中每个体积的大小和位置都完全包含在下一个更大的体积中。它们不需要以同心方式排列,并且可以共享面和边。嵌套构型特别有用,因为它是将硅衬底中的电荷扩散过程近似到收集节点的简便方式,该收集节点通常位于单个点或几何面处,例如源极/漏极结边界的平面。

该构型直观上引起关注处在于,它将电荷收集效率描述为到收集节点的距离的函数,其中距离节点较远的点相对于距离节点较近的点,其收集效率更低。图 4.157 所示为一个敏感体积的嵌套构型的概念示意图。由于各个体积内的电荷以线性方式组合,并且每个电荷定义为相互独立,因此 Q_{coll} 等于加权弦长的和(最终乘 LET),其中权重是电荷收集效率参数 α。其结果是如图 4.157 左侧所示的合成图像。β 项是对特定空间区域内的净效率的描述,该净效率是由该区域内的所有敏感体积组合产生的。重要的是要强调 β 是半导体中的点(或区域)的电

荷收集的实际效率。β 的使用源于敏感体积是实心立方体而不是立方体壳体的几何约束。图 4.157 是离子在通过体积集时不停止、不改变方向或其 LET 没有明显变化的情况的展示。这不是模型的固有限制，而是所绘制的插图的限制。

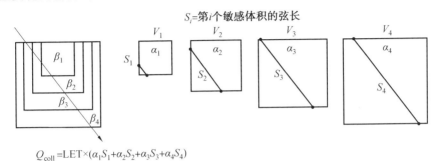

$$Q_{\text{coll}} = \text{LET} \times (\alpha_1 S_1 + \alpha_2 S_2 + \alpha_3 S_3 + \alpha_4 S_4)$$

图 4.157 敏感体积的嵌套构型的概念示意图（1）

图 4.158 所示为另一个敏感体积的嵌套构型的概念示意图。在二维投影中，最里面的区域 V_1 在 Δx 和 $+x$ 之间延伸，并且完全包含在 $V_2 \sim V_4$ 中。在此图中，α 不会随着相对于嵌套体积集质心距离的减小而单调增加。然而，净剩或累积收集效率 β 已由所有 α 的组合确定的错误率增加。以这种方式，对于在敏感体积组中心附近产生的电荷段，求和结果最大，而对于节点远端产生的电荷，求和结果最小。β_i 是指不包含 V_{i+1} 或 V_{i-1} 的区域 V_i 内从 i 到 N 的所有效率 α_i 的总和，它是由敏感体积的独立线性组合产生的区域内的有效效率的量化表征。嵌套敏感体积布置为敏感体积的放置和大小提供了一般约束。但是，仅在此级别上，从技术上讲，它不会减少模型中的自由度数。

（2）参数化嵌套敏感体积。

在某些情况下，需要将嵌套体积组参数化，即定义多体积组内每个体积的参数之间的函数关系。参数化方法减少了校准阶段所需的总体参数空间，尽管它可能会引入不可接受的限制，该限制具体取决于所分析的构型的应用和几何形状。

在本章剩余部分中用来参数化嵌套敏感体积模型的示例函数由下式给出：

$$\beta(x) = \beta_0 e^{-\left(\frac{x}{m}\right)^s} \tag{4.99}$$

式中，β_0 是最内层体积的最大累积收集效率，其随着距节点中心的距离（x）的增加而降低。为简单起见，假设距离为 0，s 和 m 是拟合参数。β_0 出现在最内层体积定义的区域内，因为它是由所有体积共享的区域。

因为每个敏感体积代表空间中的离散区域（和唯一的 α），而不是连续的解，所以式（4.99）也必须被划分成离散定义的区域。每个体积的 x、y 或 z 上的范围可以分别由线性或对数网格函数来描述，如

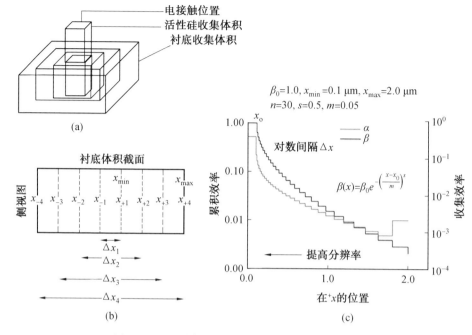

图 4.158　敏感体积的嵌套构型的概念示意图（2）

$$^{\pm}x(i) = \pm 1 \cdot \left[x_{\min} + (i-1) \frac{x_{\max} - x_{\min}}{n-1} \right], \quad i = 1, 2, \cdots, n \quad (4.100)$$

$$^{\pm}x(i) = \pm x_{\min} \left(\sqrt[n-1]{\frac{x_{\max}}{x_{\min}}} \right)^{i-1}, \quad i = 1, 2, \cdots, n \quad (4.101)$$

在这些方程中，假定体积以 $(0,0,0)$ 点为中心。图 4.158 中显示了一个示例，其中嵌套体积组被标记为衬底收集体积。每个体积 i 具有由 $\Delta x(i)$ 给出的宽度，该宽度是该体积的正范围和负范围之间的差，即

$$\Delta x(i) = {}^{+}x(i) - {}^{-}x(i), \quad i = 1, 2, \cdots, n \quad (4.102)$$

相对于中心位置的最内侧和最外侧体积 ± 范围分别由 $x_{\min}$ 和 $x_{\max}$ 给出。然后，离散形式的累积收集效率 $\beta(i)$ 由下式给出：

$$\beta(i) = \beta_0 e^{-\left(\frac{\Delta x_i - \Delta x_1}{2m} \right)^s} \quad (4.103)$$

根据该累积收集效率再由下式计算出 α_i：

$$\alpha_i = \begin{cases} \beta_i - \beta_{i+1}, & x \geq x_0 \\ \beta_i - \beta_{i-1}, & x < x_0 \end{cases} \quad (4.104)$$

图 4.158 还包含假设的敏感体积组的 α 和 β 的示例图（图中显示的参数）。注意，该图仅示出了 x 的正值，但实际体积在负 x 方向上分布均匀。在 V_0 的界限内的效率（以 x_0 或者 $x_{\min}$ 表示）是单位恒定值（单位 1），并且在超过 $x_{\min}$ 后开始下降。线性网格和对数网格都显示了体积的间距。体积数 n 仅增加连续效率函

数的分辨率,并不随 x 的增加而改变 β 的下降率。请注意,位于 $\approx 2.0\ \mu\text{m}$ 的最后一个体积的 α 显著增加,因为最外层的体积 α 被定义为等于 β(该区域中没有重叠体积)。

图 4.158 还显示了硅收集敏感区域。这是包含在隔离氧化物中的高于衬底水平的硅区域,是包含嵌入区的区域,该嵌入区定义晶体管或收集节点。如果需要(例如,在对 NMOS 中的寄生双极条件建模的情况下),硅收集敏感区域可以进一步划分为其自己的嵌套组。硅收集敏感体积内的效率通常高于衬底中的效率,因为该体积最接近电荷收集结或晶体管节点。后续分析都对每个晶体管使用至少一个硅收集敏感体积,因为所有制造工艺都是在体硅 CMOS 上进行的。在 SOI 的情况下,人们将仅使用硅收集敏感体积。式(4.99)和式(4.103)仅显示一维。在三维中,m 和 s 不能在嵌套体积构型中独立变化,但是,可以通过更改最小值和最大值来选择 x 和 y 的不同范围。这可以压缩或扩展相对于 x 在这些方向上的效率。图 4.159 所示为敏感体积的嵌套构型图,显示了选择备用 z 构型的示例案例。图中 x、y 和 z 范围不同于固定的 s 和 m,最外面的体积在 $\pm x$ 中延伸到 $\pm 4.0\ \mu\text{m}$,但没有显示,因为累积收集效率 $<0.01\%$。此外,衬底体积已在 $+z$ 方向平移,以便在其最高表面共面。这是该项工作中使用的典型布置,因为最上面的平面表示到硅敏感区的界面,最终是电荷收集节点。根据实际应用的不同,可以以任何所需的方式转换整个体积组。

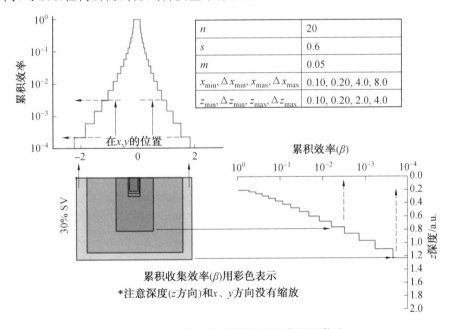

n	20
s	0.6
m	0.05
$x_{min}, \Delta x_{min}, x_{max}, \Delta x_{max}$	0.10, 0.20, 4.0, 8.0
$z_{min}, \Delta z_{min}, z_{max}, \Delta z_{max}$	0.10, 0.20, 2.0, 4.0

图 4.159　敏感体积的嵌套构型图(彩图见附录)

在空间中没有体积重叠的构型中,可以为每个维度(例如,x、y、z)给出 s 和 m 的唯一值,并为每个体积给定 $\beta=\alpha$。当然,尽管相对于 TCAD 模拟或试验测量可以实现更高的保真度,但增加这些自由度会使拟合过程变得复杂。

(3)多个敏感体积组。

出于定义的需要,敏感体积组定义为给定器件节点上收集的电荷的所有敏感体积的聚合,通常包括衬底体积和硅收集敏感体积。多个敏感体积组是敏感体积组的阵列(具有任意数量和位置)。无论在嵌套构型中描述多个敏感体积、在单个 RPP 的限制情况下还是在某些其他适当的特定问题的描述中,描述单个节点处的收集的集合不能物理地表示由多个收集节点上同时的电荷收集引起的电路级效应。这些影响对 SEU 模型和抗辐射电路的错误率预测具有重要意义,并且随着半导体制造技术的进步,特征尺寸和封装密度不断减小,将变得更加重要。

对于多节点电荷收集对 SEU 错误率有重要贡献的器件和电路的建模,建议的解决方案是将敏感体积组分配给正在研究的电路内的每个晶体管节点,然后根据从组中收集的电荷之间的关系来描述 SEU 响应。

6.电荷收集的 TCAD 模拟和校准

单节点电荷收集是指在单个器件或电路节点从入射离子通道收集的电荷。相对于多节点电荷收集,它需要单独处理,因为它假定传输过程的属性独立于也可能收集电荷的相邻器件。例如,RPP 模型假设单个电荷收集节点,代表在重离子宽束辐照测试中看到的响应,并且单个节点收集的电荷足以扰乱电路。

(1)P 型阱中的单 N$^+$ 节点。

首先建立标准掺杂硅衬底上单个 $0.40\ \mu m \times 0.40\ \mu m$ 硅敏感区的 TCAD 模型,该衬底包含用于研究离子入射 N$^+$ 节点中电荷收集(结深度 40 nm)。N 扩散区相对于 P 阱和衬底节点的偏置为 1.2 V。单个 N－扩散三维 TCAD 模型如图 4.160 所示,图中显示了敏感区域中心的三维构型和剖切面。在垂直于 z 平面(即 $y=0$ 处的 x,z 平面)的方向上将硅敏感区一分为二,对三维器件进行 TCAD 模拟,分别模拟了相对于 TCAD 构型表面 0°(垂直)、±45°和 90°入射时的 SEU 响应。

以扩散区中心$(x,y=0,0)$为中心对称构造了一个包含 30 个嵌套体积($n=30$)的多敏感体模型,顶面与 TCAD 表面共面($z=15.0\ \mu m$)。$\alpha=1.0$ 时包括包围硅敏感区的附加的非嵌套体积。除非另有说明,否则假设硅敏感区(位于衬底上方)的收集效率为 1。嵌套衬底体积根据式(4.99)参数化。由于构型的对称性,敏感体积宽度在 x 和 y 维(表面平面)上是相等的。最外层体积的最大垂直深度(Z)固定为 $4.0\ \mu m$。在该范围内,为敏感的体积边界选择了线性间距。

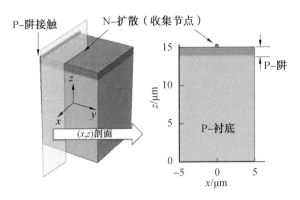

图 4.160　单个 N−扩散三维 TCAD 模型

一个基于弦长的蒙特卡洛模拟器，使用前述技术来估计沉积电荷作为入射角的函数。此外，模拟器在 s、m 和 β_0 空间上随机搜索，直到找到 TCAD 结果和预测的弦长之间的最小相对误差。在此应用中，模拟器计算了多敏感体积模型特定实例内的离子射线段长度，该模型的 s、m 和 β_0 参数是随机生成的。从包含 TCAD 结果的数据库中确定每个仿真的射线位置、方向和 LET。对 TCAD 的 Q_{Coll} 与每个离子位置、方向和 LET 的 Q_{Coll} 之间的相对误差进行累积，直到满足最小误差条件。在 10 000 次后续试验中没有找到更好的解决方案时，定义了最小误差。显然，这不是一个严格的最小值确定，但足以说明模型。

对于该构型，拟合参数 m 和 s 分别为 0.06 和 0.48。最大累积底物效率 β 为 0.44。单扩散 TCAD 模型的多个敏感体积参数的位置、大小和效率如图 4.161 所示，该 TCAD 模型具有一个硅敏感区体积和 30 个嵌套衬底体积。请注意，尽管指定的最大 SV 深度为 4.0 μm 时，TCAD 模型符合得很好，但优化过程中已将衬底表面（体积♯23）2.5 μm 范围内的收集效率降低了两个数量级。90% 的电荷收集发生在衬底的顶部 1.0 μm（体积♯8），大约相当于 P−注入的深度。

对于 0.01 $pC/\mu m$、0.10 $pC/\mu m$ 和 0.20 $pC/\mu m$ 的 LET 的正常入射离子，最小化径迹和 TCAD 模拟的结果如图 4.162 所示，图中给出了多个 LET 下单个节点正常入射时 TCAD（空心标记）和嵌套敏感体积（SV 线）的预测。请注意，收集的电荷量在每个入射位置的 LET 范围内近似为线性。拟合程序能够以与位置和 LET 上的电模拟一致的方式来拟合模型参数。图 4.163 包含 45° 入射和掠入射（90°）一定深度范围内，对衬底的 TCAD 和射线追踪结果。角度模拟相对于器件节点和从零位置偏移是不对称的。产生偏移的原因是粒子从器件表面上方的 z 位置发射，并在与敏感体积相交之前横向移动。

在单一扩散区的情况下，嵌套多敏感体模型的参数化实现适合作为在一定入射位置、角度和 LET 范围内 Q_{dep} 和 Q_{coll} 之间的传递函数。注意，包括表示硅敏感区中收集的单独体积的嵌套敏感体积模型适用于其中收集的电荷关于单个点

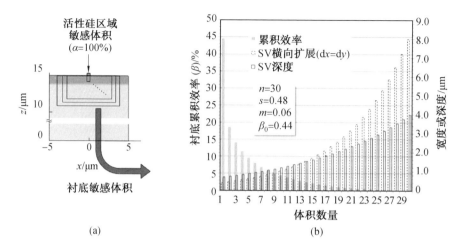

(a)　　　　　　　　　(b)

图 4.161　单扩散 TCAD 模型的多个敏感体积参数的位置、大小和效率

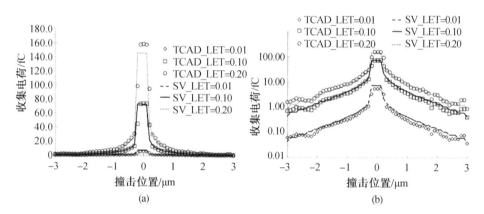

(a)　　　　　　　　　(b)

图 4.162　多个 LET 下单个节点正常入射时 TCAD(空心标记)和嵌套敏感体积(SV 线)的预测

(或平面)对称的构型。

　　单个 NMOS 器件的 TCAD 模型如图 4.164 所示。器件的长度和宽度分别为 80 nm 和 200 nm。该构型还包含表示相邻 N 阱的区域。添加 N 阱的目的是研究其与 NMOS 器件之间耦合的可能影响。在所有模拟中,N 阱接触和 NMOS 漏极相对于 NMOS 源极、P 阱衬底接触的偏置为 1.2 V。

　　电荷收集是通过在单粒子感应电流瞬变期间对漏电流进行积分来计算的,并用于建立射线跟踪模拟器使用的入射方向、位置、LET 和收集电荷数据库。该数据库包括 825 次 TCAD 模拟,包括沿 x 轴和 y 轴的垂直入射(相对于器件表面)、掠入射(90°)和 ±45° 入射,利用了所有的入射位置。图 4.164 中标记了在收集的电荷的后续曲线图中所示的作为走向位置的函数的平面(例如,$(y,z)_{norm}$、$(y,z)_n$、$(y,z)_g$ 等)。类似于 N＋ 单节点情况的方式指定衬底嵌套敏感体积组,

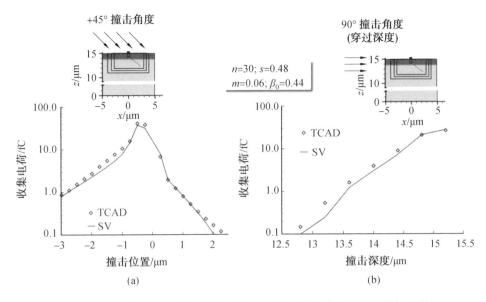

图 4.163 45°和 90°入射的 TCAD(空心标记)和敏感体积预测(实线)比较

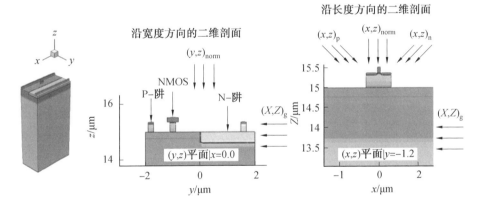

图 4.164 单个 NMOS 器件的 TCAD 模型

该衬底嵌套敏感体积组包含 30 个线性间隔(嵌套)体积和以漏极节点为中心的活性硅内的单位效率的单个体积。

因为 TCAD 构型间的不对称性,在确定最佳 SV 构型的过程中,允许 y 方向 (朝向 N 阱边界)上的体积范围独立于 x 方向上的范围而变化。Z 的体积范围也允许在固定的最内侧深度 $0.10~\mu m$ 和随机评估的最大值之间变化。

图 4.165 所示为针对 $0.1~pC/\mu m$ 的单节点 NMOS 器件,TCAD 生成随入射位置变化的收集电荷的空间分布(自上而下视图),图中给出了 Q_{coll} 随垂直于 TCAD 模型表面的入射位置和敏感体的子集而变化的示例图。请注意,最强烈的电荷收集区域是针对 NMOS 的漏极节点中的击穿。电荷收集相对于 P 阱接

触带方向存在一定的不对称性。这是由于相邻的 N 阱边界(未示出,在 $y=0.0$ 处平行于 P 阱接触带运行)以及 P 阱接触之间的耦合。对于误差最小化过程中确定的 s 和 m 参数,相对于活性硅/衬底界面的最大垂直范围为 1.98 μm。重要的是要认识到,这并不意味着大量的电荷收集发生在最大深度,因为穿过给定参数空间的过程将最外层体积的 α 驱动到 x 方向上衰减参数 s 和 m 确定的值。因此,z 方向上的 α 的值由放置在 $z_{\min}$ 和 $z_{\max}$ 之间的体积的数量间接确定。

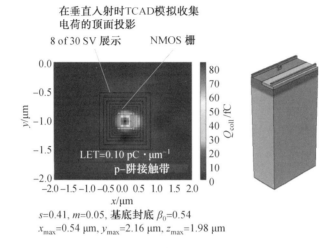

在垂直入射时TCAD模拟收集
电荷的顶面投影
8 of 30 SV 展示
NMOS 栅
0.0
−0.5
−1.0
−1.5
−2.0
y/μm
LET=0.10 pC · μm⁻¹
p−阱接触带
−2.0 −1.5 −1.0 −0.5 0.0 0.5 1.0 1.5 2.0
x/μm
80
70
60
50
40
30
20
10
0
Q_coll /fC
s=0.41, m=0.05, 基底封底 β₀=0.54
x_max=0.54 μm, y_max=2.16 μm, z_max=1.98 μm

图 4.165 针对 0.1 pC/μm 的单节点 NMOS 器件 TCAD 生成的随入射位置变化的收集电荷的空间分布(自上而下视图)

图 4.166 所示为 0.1 pC/μm LET 的选定 NMOS TCAD 和获取的 SV 电荷收集曲线,图中包含通过 NMOS 器件的一组选定剖切面的校准嵌套敏感体积构型和 TCAD 结果的概要(方向和平面在图 4.164 中标有标签)。NMOS 漏极节点和 N 阱之间的电荷耦合效应在 $(y,z)_{\text{norm}}$ 和 $(y,z)_{\text{g}}$ 的图中是明显的。以漏极节点为中心的简单嵌套敏感体积组不足以获取此效果。在这种情况下,耦合被认为对电路的 SEU 响应至关重要,应该在观察到影响的区域放置额外的体积。

图 4.166 和用于生成曲线图提取的敏感体积集基于 TCAD 仿真和基于计算的敏感体积之间的相对误差最小化。值得注意的是,对于绝对误差的最小化将提供有利于最高 Q_{coll} 值的权重。考虑到嵌套敏感体积模型是电荷收集过程结果的近似值,如果 SEU 阈值在最终比率计算中更重要,则可以选择在最敏感的区域(如 NMOS 漏极)以牺牲相对低效区域的保真度为代价来提高模型整体保真度。正如在构建任何模型中的情形一样,最佳方法的确定取决于所处理问题的性质。

(2)多节点电荷采集。

相邻晶体管之间的电荷耦合(或电荷共享)是一种电荷收集机制。通过该机

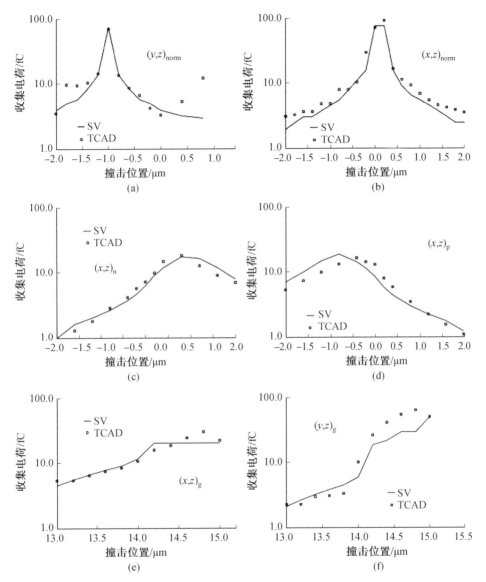

图 4.166　0.1 pC/μm LET 的选定 NMOS TCAD 和获取的 SV 电荷收集曲线

制,多个节点由于相对接近而同时从单个离子撞击中收集电荷。随着堆积密度的增加和特征尺寸的减小,这个问题在 SEU 建模和错误率预测中会变得更加明显。

①多个 N＋扩散触点。

有人用多重敏感体积模型近似计算三个 N＋扩散区的收集电荷。包含相关剖切面的 3 节点 NMOS 结构的 TCAD 模型如图 4.167 所示,其构造方式与单扩散器件相同,但是,添加了两个额外的扩散区域。扩散层大小为 $0.40\ \mu m \times 0.40\ \mu m$,由 $0.40\ \mu m$ 的氧化物隔开。

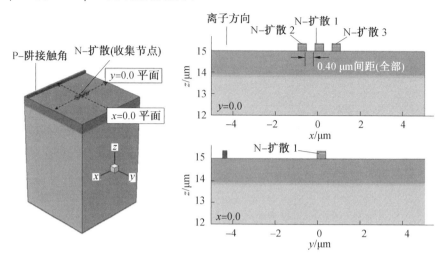

图 4.167　包含相关剖切面的 3 节点 NMOS 结构的 TCAD 模型

模拟中为每个晶体管节点分配了一个敏感体积组。也就是说,有三组截然不同的多重敏感体积。每个体积组包含 31 个体积(30 个衬底＋1 个活性硅),其中收集的总电荷由加权产生的电荷的线性和近似。然而,由于电荷并不是所有体积组的总和,而是针对每组单独跟踪,因此针对单个离子入射为每个晶体管节点计算单独收集的电荷。

使用由式(4.99)～(4.104)描述的参数,每个体积组受与单个 N＋情况相同的 m、s 和 Δx 的值约束。通过试验测试了 $0.10\ pC/\mu m$ 的单个 LET,三个节点的 TCAD 和嵌套敏感体积预测值,如图 4.168 所示。

图 4.168 表明,在本例中,电荷共享对于电荷收集过程来说是一个错误的名称。对于同一组敏感体积参数(每组具有与单节点实例相同的参数集合),3 节点扩散模型与 1 节点实例(通过目测)的一致性很好地支持了这一结论。电荷共享意味着在给定体积元素(非敏感体积)内产生的任意数量的电荷在两个或更多节点之间分配。然而,可能更合理情形的是,在本例中,外部体积的相对较低的效率表明相邻结构之间的交互作用很小。这不一定在所有情况下都是正确的,特别是在较大的 LET 值或寄生机制增强节点间耦合的情况下。

②多个 NMOS 晶体管。

通过建立一个由三个 NMOS 晶体管组成的 TCAD 模型(每个晶体管的尺寸与单个 NMOS 晶体管的尺寸相同),可检验单离子入射对多个 NMOS 器件的电荷收集。三管 NMOS 器件的 TCAD 模型如图 4.169 所示。在单个 NMOS 示例

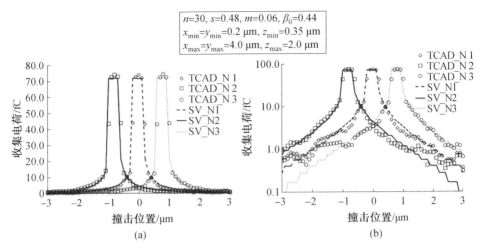

$n=30$, $s=0.48$, $m=0.06$, $\beta_0=0.44$
$x_{min}=y_{min}=0.2$ μm, $z_{min}=0.35$ μm
$x_{max}=y_{max}=4.0$ μm, $z_{max}=2.0$ μm

图 4.168　三个节点的 TCAD 和嵌套敏感体积预测

中,步进分辨率 0.40 μm 不能解决硅敏感区电荷收集效率可能的变化。在这项研究中,对垂直入射的 LET 为 0.10 pC/μm 的离子进行了 TCAD 模拟,沿 x 和 y 方向的步进分辨率为 0.20 μm。沿晶体管长度(x)方向将模拟保证多次入射的更精细的步长大小。

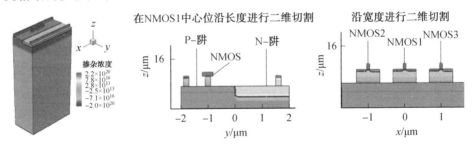

图 4.169　三管 NMOS 器件的 TCAD 模型(彩图见附录)

　　如图 4.170 所示,在每个 NMOS 晶体管的硅敏感区使用两个敏感体积,衬底敏感体积的中心沿漏极节点方向偏移。在误差最小化计算中,选择源极接触下敏感体积效率作为自由参数,同时选择衬底 s 和 m 作为自由参数。在本例中,固定并使用了取自单个 NMOS 参数的参数子集,具体而言,$z_{max}=1.98$ μm,$y_{max}=2.16$ μm,衬底 $\beta_0=0.45$。

　　s 和 m 的最佳拟合值分别为 0.36 和 0.03,源极硅收集敏感体积 β_0 为 0.54。TCAD 模拟结果和敏感体积分别如图 4.171 和图 4.172 所示。三个 NMOS 器件在 $y=-1.0$ 处沿 x 轴的电荷收集分布(由 TCAD 预测并使用 MSV 模型拟合)如图 4.171 所示,N1、N2 和 N3 的中心分别位于 0.0 μm、-1.0 μm 和 $+1.0$ μm。将活性硅体分成两个不同的区域,有助于捕捉到模拟中观察到的影响作用,并在

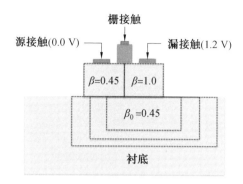

图 4.170 针对 4－NMOS 模型在单个 NMOS 中进行硅敏感体积的划分

电荷收集效率较高的区域提高了模型的精度。

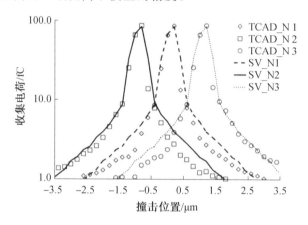

图 4.171 三个 NMOS 器件在 $y=-1.0$ 处沿 x 轴的电荷
收集分布（由 TCAD 预测并使用 MSV 模型拟合）

与单个 NMOS 器件的情况一样,嵌套体积模型和 TCAD 结果之间的误差对于 N 型阱中的入射最为明显,三个 NMOS 器件在 $x=0.0$ 处沿 y 轴的电荷收集分布（由 TCAD 预测并使用 MSV 模型拟合）如图 4.172 所示。在这两个 NMOS 研究范例中,中心（仅扩散）嵌套体积模型和所选择的描述效率衰减随收集节点距离变化的方程的精度对耦合到 N 型阱的模型不够准确。

7. 多敏感体积模型的应用

（1）直方图和概率。

直方图是基于事件标准的事件发生频率的度量。当适当归一化时,直方图变成所需自变量（如收集的电荷 Q_{coll}）的概率密度函数。图 4.173 显示了从光线跟踪计算导出的单个 N＋扩散垂直入射下的宽束曝光模拟的计算进程的一个例子。自变量是收集电荷,由敏感体积模型和 500 000 个事件的离子参数计算得

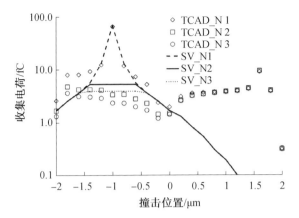

图 4.172　三个 NMOS 器件在 $x=0.0$ 处沿 y 轴的电荷收集分布（由 TCAD 预测并使用 MSV 模型拟合）

出。本例中的随机化参数是垂直于设备表面平面发射粒子的位置。

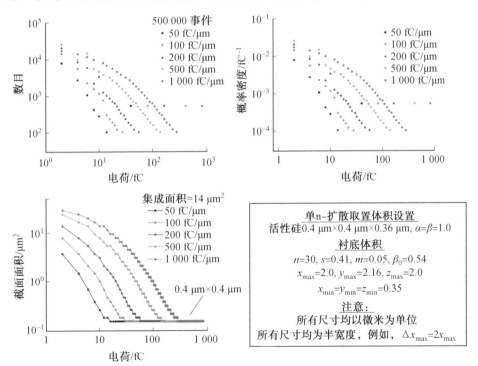

图 4.173　利用单扩散 NMOS 体积从原始计数分布到截面计算进程（彩图见附录）

将频率分布归一化为直方图的条宽（以电荷为单位）和总事件计数（500 000），可得到概率密度函数。50～100 fC/μm 的离子 LET 有五个系列，这种分布是与第一章中描述的路径长度概率分布函数等效的多敏感体积模型，但按电荷而不是弦长进行缩放。应注意到,在每个系列中都有一个离群值,其对应于对硅收集敏感体积的离子撞击的相对较小的概率。收集电荷相对值较低时的连续分布代表衬底嵌套体积。

当反向积分并缩放到积分区域时,直方图产生事件的累积概率,因此该事件的收集电荷等于或大于在该点收集的电荷。反积分过程是有用的,因为它适用于 $Q_{coll} \geqslant Q_{crit}$ 的简单单粒子翻转要求。具体来说,人们感兴趣的是所有事件超过临界电荷的概率。积分面积是圆的总面积,该圆由球体的投影产生,该球体将目标几何体内切到离子路径方向的平面上。请注意,每个系列中的最小横截面对应于活性硅敏感体积的总表面法线面积($0.16~\mu m^2$)。因此,利用给定的 Q_{crit}、合适的敏感体积模型和适当的随机化算法,可以计算出 SEU 截面曲线。

(2)SEU 截面曲线。

前面描述了基于给定的敏感体积模型和随机化过程,作为收集电荷的函数来生成直方图和横截面的历程。在实际应用中,将截面(在给定收集电荷的情况下)确定为离子的 LET 的函数是有用的。这个过程很自然地遵循图 4.173 所示的分析,其中的变化趋势基于采取了一系列 Q_{coll} 的 LET。校准的灵敏体积模型的一系列收集电荷的横截面曲线如图 4.174 所示(对于 N+扩散)。

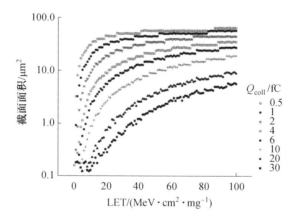

图 4.174　校准的灵敏体积模型的一系列收集电荷的横截面曲线(彩图见附录)

如果有人将 Q_{coll} 解释为 Q_{crit},很明显,这种方法可以用来产生所描述的重离子宽束截面曲线。当然,预测的保真度取决于对 Q_{crit} 的准确了解,Q_{crit} 本身是 SEU 响应的适当量度,以及所构建的灵敏体积模型充分近似潜在的电荷输运过程。定性上讲,用这种方法预测的截面曲线形状与试验测得的截面积曲线形状有很大的相似之处。此外,曲线形状源于产生的电荷和收集的电荷之间的空间关系的函数,这是 SEU 响应中的晶格内变化的一种体现。

在某些情况下,生成直方图作为计算 SEU 截面的中间路径是不切实际的

（或不需要的）。当多个晶体管必须同时收集电荷以引起 SEU 时，就是这种情况。考虑到前面描述的 3N＋扩散模型，如果任何两个或所有节点之间需要重合以满足 SEU 条件，则利用直方图逐个事件地跟踪该相关性在计算上是困难的，并且将该形式的数据简化为有意义的横截面曲线是不必要的。

4.5.3　基于物理学的辐射粒子输运

空间环境单粒子辐射率预测的基本模型是将外部辐射环境简化为粒子通量作为 LET 的模型。显而易见，因为这属于辐射与材料的交互作用，所以基于空间辐射环境的错误率预测的假设如下：

（1）粒子的 LET 单独定义了材料中电荷产生的错误率。

（2）粒子的能量损失沿着固定的轨迹是连续的。

（3）粒子的 LET 在器件的敏感区域是恒定的。

（4）垂直于其方向的电离空间范围相对于敏感区域较小。

上述假设的修正已应用于弦模型，例如 HICUP－TS 模型处理轨道结构。但这通常不是常用的 SEE 错误率计算算法的一部分，其本质上还是依靠经验。此外，虽然空间环境高能物质的 LET 是恒定的这一假设一般来说是正确的，但和许多地面试验设施相关的重离子能量却不是这样。在某些情况下，入射离子束的 LET 约等于敏感区域中的 LET；而在另一些情况下，在确定器件对给定 LET 的响应是正确的之前，必须进行计算，以计算穿过线路后端材料的传输后的 LET，例如，使用 SRIM 程序。

请注意，以上列表专门针对高能（高穿透性）重离子（$Z > 1$）。在低地球轨道上，SEE 错误率的主要贡献者可能是来自地球辐射带的高能质子。与重离子不同的是，在大多数装置中，质子的 LET 不足以引起 SEE。但是质子和目标物质之间的核反应会产生次级粒子，这些次级粒子无论是来自集体的还是来自单个物质的，都可能会沉积能量，从而引起误差。如前所述，需要单独的建模和试验方法来估计这种贡献。在地球和大气环境中，高能中子引起 SEE 的方式与高能质子相似。

总之，以前处理辐射环境本身的方法包括尽可能多地去除详细的辐射传输物理过程，以使错误率计算的解析成为可能。因此，不同的环境、粒子类型和事件机制需要不同的简化假设，故需要不同的事件错误率预测模型。基于物理的模拟器可以用来解决一些限制，比如更深层次的粒子传输和能量沉积的物理过程。材料中能量沉积的随机性质自然适合蒙特卡洛模拟。通过将能量损失物理学与前面章节中描述的蒙特卡洛响应方法相结合，可以生成一个完整的框架，用于在单一模拟环境中执行 SEE 分析和错误率预测。

1. Geant4 程序

最大和最广泛使用的基于物理的传输代码之一是 Geant4 程序。Geant4 是一个模拟粒子通过物质的工具包。它集成了一个完整的功能范围，包括跟踪、几何、物理模型和点击。所提供的物理过程涵盖了一个全面的范畴，包括电磁、强子和光学过程，以及大量长寿命粒子、材料和元素，能量范围很广，在某些情况下从 250 eV 开始，一直延伸到 TeV 能量范围。它的设计和构造旨在展示所使用的物理模型，处理复杂的几何图形，并使其易于适应不同应用场合。该工具包是全球物理学家和软件工程师通力合作的结晶。它是利用软件工程和面向对象技术开发的，并用 C++编程语言实现，在粒子物理、核物理、加速器设计、空间工程和医学物理等领域有着广泛的应用。

Geant4 是蒙特卡洛辐射能量沉积（蒙特卡洛程序）工具、CREME－MC 的蒙特卡洛部分和欧洲航天局的 SPENSVIS 网站中使用的基本传输代码。在空间和地面应用中，可以找到许多将 Geant4 应用于 SEE 错误率预测和分析问题的案例。虽然这项工作的其余部分将试图尽可能全面地处理所有独立的应用程序，但它不能也不会涵盖所有涉及蒙特卡洛辐射传输的代码、方法和应用程序。

2. 使用基本要点

在基于物理学的粒子传输中，必须为所分析的问题选择正确的输运模型。在 Geant4 库中，这种选择过程可能比较困难，尤其是对那些不太熟悉核物理的人来说。自然倾向于选择所有可用的模型，涵盖所有能量范围、所有粒子类型以及它们与目标材料的所有可能交互作用。虽然这种方法有一些优点，但人们很快就会意识到，可能有多种模型涵盖了相同的能量机制，每种模型都有自己的计算交互作用的方法。

模型至少应该能够产生最基本的物理特性，如电子阻止本领。简而言之，要选择一组最小的模型集，允许在给定的能量下估算给定材料中一次离子的 LET。一般来说，这被称为电磁或电磁模型。虽然用户在 Geant4 中可以使用各种选项，但它们共有一些基本属性。

（1）能量损失是一个随机过程。模拟器将通过使粒子穿过感兴趣的结构来传播粒子，其中每个点之间的距离是采样长度，采样长度是电子产生截面（对于电磁模型）和材料边界的函数。产生截面是电离粒子和材料特性的函数。

（2）能量损失是通过真正的二次电子（δ射线）产生和平均连续分量之间的分配来实现的。在大多数情况下，跟踪离子通过材料时产生的每个离散电子在计算上是不必要的。通过对损失进行划分，选择一个 δ射线能量点，在该能量点之下，假定电子轨迹是弦状的；在该能量点之上，产生并跟踪一个实际的电子。一个很小的分区能量值在观察敏感的紧密封装设备时可能是有用的。

（3）电离电荷粒子每一路径长度的总能量损失是 δ 射线产生和连续分量损失的能量之和。

$$\frac{\Delta E}{\Delta x}=\frac{-1}{\Delta x}\left(\sum E_{c}+\sum E_{\delta}\right) \tag{4.105}$$

电磁过程能量损失的示意图如图 4.175 所示，分为连续和离散的 δ 射线事件，其中一片材料的厚度为 x，并通过一系列连续的轨道段 E_{cand} 和离散的 δ 射线产生事件 E_{δ} 沉积能量。该段离子能量转移的平均错误率由式（4.105）给出。鉴于允许的唯一能量损失机制是电磁（不包括核－核库仑散射），因此 LET 等于每条路径长度的平均能量转移量。必须认识到，在这个描述能量损失和沉积的模型中，并不是真正地将所有的能量转移给电子，而是将一些转移的能量分配给离散的电子，一些分配给连续的弦状部分。在没有 δ 射线产生的极限情况下，该模型与熟悉的弦长计算几乎相同。

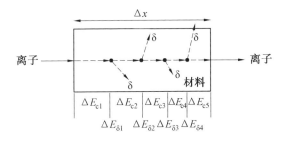

图 4.175　电磁过程能量损失的示意图

如果希望包括核反应或其他物理过程，那么输运问题就变得更加复杂。在这种情况下，核反应截面成为平均交互作用长度的一部分，也就是步进过程的一部分。这意味着，不仅考虑了电磁交互作用的截面，还包括了影响整个截面的新过程。请记住，这不是 SEU 截面，而是辐射量子与材料交互作用的概率。在产生次级产品（包括 δ 射线）的每一点，模拟器将它们添加到跟踪表中，并将它们完整地传播，直到它们离开模拟边界或停止。

从最终的结果看，核反应产物可以改变离子的最终能量沉积分布。也就是说，它可以在一个离子接一个离子的基础上产生一个不同于其平均值 LET 的明显的阻止能力。从 SEU 截面或错误率计算的角度来看，这可能会使离子系综的峰值能量损失远远超过通过 LET 弦长计算得到的值。辐射效应界最熟悉的例子是高能质子，它的阻止能力相对于高 Z 质子相当小，在典型装置的 SEU 错误率和截面中占主导地位，但它的核反应成分却不常见。

RPP 模型中的关键假设之一：离子－电子（基本电磁停止）是主要的能量损失机制，它可能是预定环境中给定部分 SEU 的主要机制。然而，如果 SEU 错误率是过程组合的结果，如在整个空间环境中（质子和重离子），准确预估最终错误率的唯一方法是包括核过程的。所以,这里再次强调,在模拟中选取何种物理模型的关键取决于所研究问题的性质。在某些情况下,只需要基本的电磁过程,而在其他情况下,必须选择更丰富的电磁过程。

3. 输出结果

基于物理的模拟器能够根据用户的需求和提取信息的能力产生几乎无限丰富的输出集。根据工作目标,关注输出结果,这对于理解模拟器提供的信息及如何将其用于 SEU 横截面和错误率预测是足够的。具体过程如下:

(1)给定静态条件(入射方向、离子数量、敏感体积参数等)。

(2)从一组概率分布(粒子位置、能谱等)中随机采样。

(3)开始模拟。

(4)对随机变量的适当值进行采样,建立初始条件。

(5)粒子从初始条件开始传播,直到它和所有粒子退出模拟区域或停止。

(6)将用户定义的一个或多个敏感体积中储存的能量列表。

(7)以列表的形式记录体积或探测器中存储的质量和能量,或者将其放入直方图中。

(8)重复该过程,直到满足终止标准(例如,已经传播了 N 个粒子)。

粒子输运的一种输出形式是加权频率数据(或图),但不是概率分布。该区别将用一个例子来说明。图 4.176 所示为逆向集成和归一化直方图,图中显示了模拟直方图的演变,从最左边一列的一个事件开始,到最右边一列的 40 个事件。图中,上面一行显示了粒子种类的直方图和整体横截面,下面一行只包含带有误差线的整体横截面,展示了随着模拟的进行,该图是如何生成的。该图的顶行包含三个直方图,分别位于 $N=1$、6 和 40 点,其中 N 是事件号。在这幅图中,第一个事件在敏感体积中沉积了 5 A 的能量,因此模拟器在标记为 5 的容器中放置了 1 的事件计数。到第 6 次事件结束时(b1),在 2、5、7 和 8 处至少有一个能量沉积事件,三个事件的总值为 5。到第 40 次事件时,分布变得更加复杂,最可能的能量沉积为 5。

图 4.176 中(a1)、(b1)和(c1)的实线在(a2)、(b2)和(c2)中显示得更清楚,它们通常被称为积分截面图,实际上是一个反向求和的过程,即

$$\sigma(E_i) \approx \frac{K}{N} \sum_{j=i}^{\infty} w_j \tag{4.106}$$

式中,σ 是横截面;E_i 是第 i 个能量箱;K 是比例常数;N 是模拟器运行的事件总数;w_j 是第 j 个事件的权重。该方程简单地说明了总横截面作为 E_i 的函数是在或高于该能量的事件的总权重(或在这种情况下的数量)的总和。请注意,由于这种形式的直方图没有被归一化为面元宽度,因此没有必要在求和中将其相乘。

在图 4.176 所示的例子中,每个事件的权重都是 1,比例因子也是 1。没有大

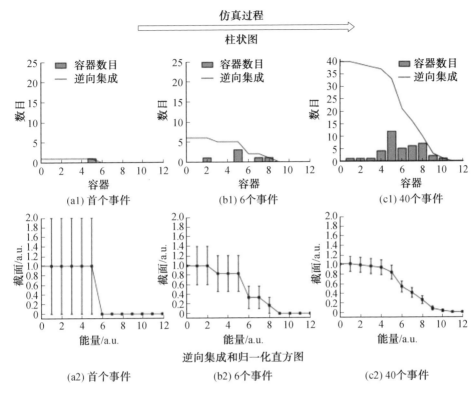

图 4.176　逆向集成和归一化直方图

于 10 的事件,因此总和在箱值 10 之外为零。如果 SEU 阈值为零,那么直方图中的每个事件都会产生一个 SEU。如果 SEU 阈值的箱值为 6,那么大约 50% 的事件会导致 SEU。实际上,当 $K=1$ 时,式(4.106)的反向求和只是 1 减去直方图的累积分布函数。事实上,K 是模拟几何的函数,并且可以容易地看出,对于横截面,它必须具有平方面积的单位(如 cm^2)。

图 4.176 中的(a2)、(b2)和(c2)也显示了标准误差的估计值,误差条位于每个仓位中心。方差运算符(标准误差的平方)是线性的,可以通过对方差的每个估计求和来计算一个参数的多个独立估计的总方差。即

$$\mathrm{stderr}[\sigma(E_i)] \approx \sqrt{\sum_{j=i}^{\infty} \mathrm{stderr}^2[\sigma(E_j)]} \qquad (4.107)$$

其中,第 i 个面元处横截面的标准误差是每个面元处 σ 的所有标准误差之和的平方根。换句话说,就像对式(4.106)的反向积分所做的那样,只需将位于以 i 为中心的面元处或上方的面元中的所有误差相加。

此时自然要问的问题是,每个包含 $\sigma(E_j)$ 的网格的标准是多少?同样地,它只是 j 仓中所有事件方差和的平方根,即

$$\text{stderr}[\sigma(E_i)] \approx \frac{K}{N} \sqrt{\sum_{j=i}^{\infty} \left(\sum_k w_k^2 \right)_j} \qquad (4.108)$$

式中,k 是 j 仓中的一个单个事件;w_k^2 是每个事件权重的平方。

可以预见即使符号被整理出来,概念变得非常简单,符号本身也非常麻烦。再次声明,为清楚起见,模拟器运行一个单一的事件,该事件沉积了一定的能量 E,并且有一个权重 w_k,然后将 w_k 放入 E 对应的箱中。当模拟完成时,第 j 个箱包含能量落在该箱范围内的所有 w_k 的总和。方差箱同样包含所有 w_k^2 的和。这些累加的结果产生直方图。每个仓 E_i 的反向求和过程,是从 E_i 到最上面一个仓的所有 w 和 w^2 的和或 E_∞。它只不过是把数字加起来,或者在这种情况下,加上权重。

当 k 个事件中的每一个事件的权重 w_k 为 1 时,式(4.108)简化为

$$\text{stderr}[\sigma(E_i)] \approx \frac{K}{N} \sqrt{\sum_{j=i}^{\infty} \left[\sum_k (1)^2 \right]_j} = \frac{K}{N} \sqrt{\sum_{j=i}^{\infty} w_j} \qquad (4.109)$$

这就是图 4.166 所示例子的情况。标准误差是所有仓 j 中等于或大于 i 的事件总数 k_j 的比例平方根。总表达式再次由 $\frac{K}{N}$ 归一化。虽然从 w_k 中提取了 K 作为公共因子,但是总和仍然是沉积能量大于或等于某个能量值 E_i 的所有事件权重的平方。同样地,在每个 w_j 为 0 或 1 的情况下,$w_j = w_j^2$。

因此,在估计横截面等参数及其统计误差时,只需要一个直方图,其中包含仓中心的位置 E_i,每个仓中的权重之和 $\sum (w_k)_i$,和每个仓中权重的平方和 $\sum (w_k^2)_i$,按 $\frac{K}{N}$ 缩放。结果表明,这是模拟的直方图输出所能提供的。它还提供了一个反向积分输出,其值已被适当归一化。图 4.166 的原始数据见表 4.6。

表 4.6　图 4.166 的原始数据

数据	N = 1			N = 40		
	—	$\sigma(E_i)$	$\text{stderr}(\sigma_i)$	—	$\sigma(E_i)$	$\text{stderr}(\sigma_i)$
E_i	$\sum w_k$	$\frac{K}{N} \sum w_j$	$\frac{K}{N} \sqrt{\sum w_j^2}$	$\sum w_k$	$\frac{K}{N} \sum w_j$	$\frac{K}{N} \sqrt{\sum w_j^2}$
0	0	1	1	0	1	0.16
1	0	1	1	1	1	0.16
2	0	1	1	1	0.98	0.16
3	0	1	1	1	0.95	0.16
4	0	1	1	4	0.93	0.15

续表4.6

数据	N = 1			N = 40		
	—	$\sigma(E_i)$	stderr(σ_i)	—	$\sigma(E_i)$	stderr(σ_i)
5	1	1	1	12	0.83	0.14
6	0	0	0	6	0.53	0.2
7	0	0	0	7	0.4	0.1
8	0	0	0	7	0.25	0.08
9	0	0	0	2	0.08	0.04
10	0	0	0	1	0.03	0.03
11	0	0	0	0	0	0
12	0	0	0	0	0	0

注意,方差列中的和是权重的和,因为每个权重是统一的,1s(比例标度(scaling),因子为1)的平方和等于1s的和。K 是 1,N 是事件数。k 上的和(第 2 列)是给定箱子中的总权重,而 j 上的和(第 3 列和第 4 列)是所有箱子 $i \sim \infty$ 的权重。

4.5.4　SRAM 器件单粒子效应仿真

1. 器件及电路分析

在本节中,将探讨多敏感体响应模型在基于物理的传输模拟中,对静态随机存取存储器(SRAM)单粒子效应的应用。与基于弦长的 RPP 模型模拟仿真不同,基于物理的模型可以获取高能粒子在材料中能量损失的详细机制;TCAD 模拟用于识别敏感区的位置和范围。通过对 SEU 截面测量的检验和最小化试验数据的预测截面误差,来估计每个体积的精确效率(α)和范围。TCAD 分析结合使用 SPICE 的电路级模拟,作为敏感体积配置和模拟器内有效错误条件定义的基础。本节说明了单响应模型(多体积)与基于物理的辐射传输软件相结合的效果。

所分析的器件是在 0.25 μm 体积 CMOS 工艺上制作的 4 Mbit、6 晶体管 SRAM。为了建立适用于 SRAM 电路的多敏感体模型,分别采用 SPICE 和 TCAD 从电路和器件两个层面详细研究了器件的电荷收集动力学。这些分析提供了电路的空间灵敏度(模型内变化)以及对一系列 LET 离子的灵敏度的测量。

为了确定 SRAM 单元的敏感区域,并在较小程度上验证试验确定的 LET 阈值 LET_{TH},利用栅极漏极短路(半导体)(Grid-Drain Short(Seniconductors),

TCAD)对整个 SRAM 单元进行了详细的模拟。研究结果可用于指导后续辐射输运模拟中敏感体模型的几何布局和尺寸。SRAM 单元是使用供应商提供的 GDSII 文件布局构建的。SRAM 单元(包括接入晶体管)的三维图像如图 4.177 所示,图中深蓝色区域表示 P 型掺杂,红色区域表示 N 型掺杂,沟槽区域反映了省略的 STI,凸起区域是多晶硅栅极。为了减轻器件模拟的计算负担,用 SPICE 级元件代替了局部互连和大部分多晶硅。在单粒子事件模拟之前,通过偏置适当的节点(如 V_{DD})来生成初始条件。SEU 模拟是通过在模型的整个表面上以正入射的方式光栅化一个粒子来进行的。在总共 88 个走向位置,x 和 y 尺寸的台阶均为 $0.25~\mu m$。在 $1.0\sim6.0~\text{MeV}\cdot\text{cm}^2/\text{mg}$ 的范围内重复每个光栅集。在电离事件后,当位线上的最终电压状态导致一个与初始状态相反的状态时,会产生有效的错误状态。TCAD 导出的 SEU 横截面见表 4.7,表中总结了图 4.178 所示三种情况下的净敏感区。

图 4.177　SRAM 单元的三维图像(彩图见附录)

表 4.7　TCAD 导出的 SEU 横截面

电源电压/V	LET/$(\text{MeV}\cdot\text{cm}^2\cdot\text{mg}^{-1})$	$\sigma_{SEU}/\mu m^2$
2.0	1.0	0.00
2.0	2.0	0.75
1.4	6.0	1.63

　　电路级模拟可以提供对翻转机制的深入了解,以及对临界电荷(Q_c)的估计。对于 SRAM,供应商提供的标称 SPICE 模型分别用于逆变器内的 PMOS 和 NMOS。用于 SEU 模拟的 $0.25~\mu m$ SRAM 电路示意图如图 4.179 所示。其中,利用 TCAD 模拟中的电流脉冲模拟了重离子撞击。

　　与全单元级 TCAD 模拟不同,用于电流脉冲的 TCAD 模拟是解耦 MOSFET 器件(无电路连接)。TCAD 电流曲线适合于双指数电流脉冲,如图 4.180 中 LET 为 $2.0~\text{MeV}\cdot\text{cm}^2\cdot\text{mg}^{-1}$ 的示例情况所示。在所有的模拟中都使用了负载晶体管的电流分布,并且在每种情况下,净收集电荷都在 TCAD 模拟结果的 1% 以内。NMOS-SEU 首先出现在 $2.0~\text{MeV}\cdot\text{cm}^2\cdot\text{mg}^{-1}$,PMOS-SEU 首先出现在 $3.0~\text{MeV}\cdot\text{cm}^2\cdot\text{mg}^{-1}$。这与试验结果非常一致,其中 LET_{th}

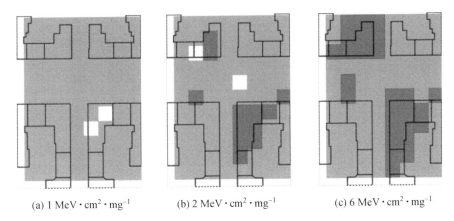

|(a) 1 MeV·cm²·mg⁻¹|(b) 2 MeV·cm²·mg⁻¹|(c) 6 MeV·cm²·mg⁻¹|

图 4.178　$V_{DD}=2.0$ V 时,不同 LET 值下 SRAM 的 SEU(红色)敏感的区域(彩图见附录)

为 $1.5 \sim 2.0$ MeV · cm² · mg⁻¹,具体取决于确定阈值的方法。

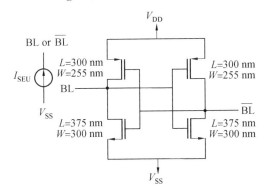

图 4.179　用于 SEU 模拟的 $0.25~\mu m$ SRAM 电路示意图

2. 重离子试验及仿真

为了使 SV 能够用于将能量沉积和近似电荷收集制成表格,需要一种放置 SV 的材料或模型。对于 SRAM,从布局信息和扫描电子显微镜(SEM)横截面生成完整的三维实体模型(图 4.181)。从空间和成分的角度来看,器件实际所用每一种材料都得到了精确的表达。虽然这样的目标真实性对于重离子模拟来说并不是必需的,但是对于模型扩展到更复杂的环境(如高能中子和低能 α 粒子)是必需的。

对于本章所描述的分析,使用了一种半经验方法来校准重离子 SEU 试验测量的灵敏体积效率(α)。敏感体的物理位置受到固体模型(氧化物隔离、结深等)特性的限制,并且调整电荷收集效率以产生与试验测试一致的模拟 SEU 截面。蒙特卡洛程序可用于模拟重离子宽束条件,试验中只调用了标准屏蔽物理模块。标准屏蔽模型包含电子阻止本领计算的基本电磁过程。

按照表 4.8 所示粒子种类和能量测量了横截面,辐照试验中,需去除器件封

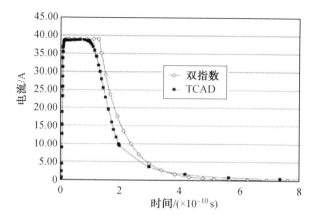

图 4.180　NMOS 晶体管上 2.0 MeV · cm² · mg⁻¹ LET 的
TCAD 电流分布和相应的 SPICE 双指数拟合

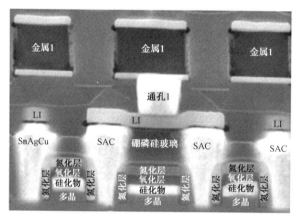

SEM 截面图

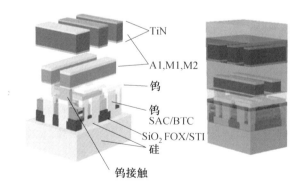

图 4.181　SRAM 的 SEM 横截面和 CAD 模型

装,露出芯片表面进行测试。器件在静态时钟配置下辐照到用户指定的束流密度,然后将单个位的状态下载到评估软件,对全盘、全零和全一逻辑配置进行辐照。调整束流注量以保证在给定曝光帧中最多有 1% 的 SRAM 位被打乱。相对于束流方向和器件表面,辐照角分别为 0°、45° 和 60°。

表 4.8　重离子种类及特征参数

离子	能量/MeV	LET/(MeV · cm² · mg⁻¹)
⁷Li	56	0.375
¹¹B	84	1.07
¹²C	99	1.44
⁷F	140	3.38
³⁵Cl	210	11.4
⁵⁸Ni	265	26.6

图 4.182、图 4.183 和图 4.184 分别示出了 1.4 V、1.5 V 和 2.0 V 电源电压下的重离子 SEU 截面。电源电压对 SEU 性能最显著的影响是阈值 LET 随电压的降低而降低。图 4.185 包含作为存储在 SRAM 中的逻辑模式的函数的 SEU 截面。作为逻辑状态的函数,没有观察到 SEU 横截面的变化。

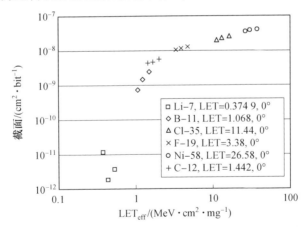

图 4.182　1.4 V 电源电压下的重离子 SEU 截面

可采用嵌套敏感体结构跟踪基底的能量损失。在硅敏感区域内放置单独的体积。对于 SRAM,敏感区域的位置是通过检查布局和工艺以及 TCAD 模拟结果来确定的。电荷收集和能量损失只在硅区进行监测。绝缘边界(如 STI、栅极氧化物)、结边界(如源极栅极、漏极栅极或阱注入)确定了横向和纵向范围。衬底敏感区位于硅敏感区中心下方,根据需要横向延伸以匹配重离子截面。

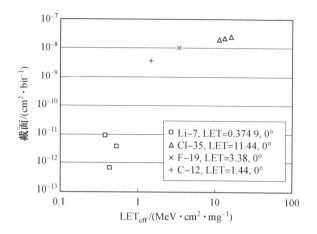

图 4.183 1.5 V 电源电压下的重离子 SEU 截面

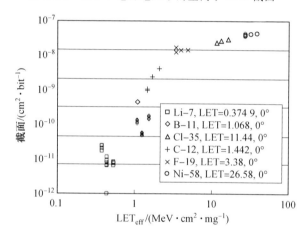

图 4.184 2.0 V 电源电压下的重离子 SEU 截面

12 个敏感体(图 4.186)用于描述给定逻辑配置中电路的敏感区域。基板体积在 STI 下方延伸 0.2 μm。通过对 TCAD 模拟结果的对比分析,发现 α 的最大值出现在关态晶体管漏极的活性硅区。对于 STI 下方和远离晶体管漏极的区域,效率则低得多。SRAM 示例参数设置见表 4.9。根据 1.5 V 和 2.0 V 的数据,适当调整基底体积大小和效率,可揭示试验重离子 SEU 数据的差异(未显示)。

NMOS 和 PMOS 晶体管的有源硅区中敏感体的定位如图 4.187 所示,图中显示 NMOS 和 PMOS 晶体管的临界电荷 Q_{DD} 在 $V_{DD}=1.4$ V 时分别为 4.7 fC 和 6.9 fC。为了产生组合单元能量沉积直方图,降低了 PMOS 晶体管的效率,从而产生了 4.7 fC($\frac{4.7}{6.9}\approx 0.68$)的 PMOS 有效 Q_{crit}。换言之,当所有加权能量损失之

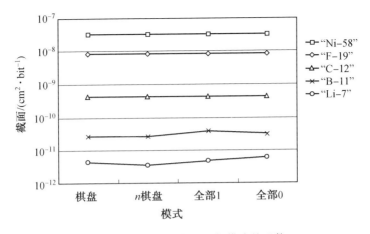

图 4.185   SEU 截面作为逻辑模式的函数

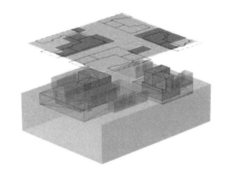

图 4.186   根据 TCAD 和微束结果确定的硅敏感区和
衬底(红色)以及敏感区(绿色)(彩图见附录)

和所收集的总电荷超过 4.7 fC 时,将出现 SEU 情况。

当不产生能量沉积直方图时,NMOS 和 PMOS 器件的加权收集电荷可分别根据 4.7 fC 和 6.9 fC 的 Q_{crit} 进行评估。直方图分析特别适用于检查减小的 Q_{crit} 或 Q_{crit} 中的不确定性对横截面或错误率的影响。否则,对于每个粒子事件分别处理 NMOS 和 PMOS 器件是可以接受的。

对于简单的设备,例如 SRAM,这种方法是有效的。对于包含更复杂 SEU 机制和更高密度晶体管计数的设备,除非从计算上无法实现,否则从直方图确定横截面和误差是不必要的负担。在这项研究中,在使用直方图法和通过与 $Q_{crit,p}$ 和 $Q_{crit,n}$ 的直接比较来确定个体的有效 SEU 事件方面没有观察到差异。通过模拟对比,证明了多敏感体积模型、描述它们的参数和虚拟化过程的有效性,试验重离子横截面和校准模型(垂直入射,$V_{DD}=1.4$ V)如图4.188所示。请注意,选择用于 SRAM 分析和校准的粒子种类源自在 SRAM 上进行的重离子试验的粒子种类(表 4.8)。

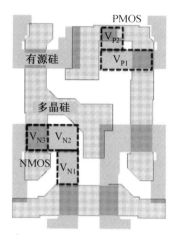

*V_{N2}和V_{N3}重叠(NMOS沟道区)

图4.187　NMOS和PMOS晶体管的活性硅区中敏感体的定位

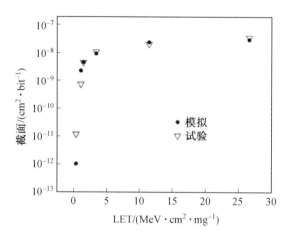

图4.188　试验重离子横截面和校准模型(垂直入射,$V_{DD}=1.4$ V)

表4.9　1.4 V时SRAM的敏感体积参数

SV	α	面积/μm^2	深度/μm	晶体管	描述
V_{N1}	0.75	0.12	0.30	NMOS	活性硅
V_{N2}	0.75	0.27	0.30	NMOS	活性硅
V_{N3}	0.15	0.11	0.30	NMOS	活性硅
V_{NS1}	0.50	0.72	0.20	NMOS	衬底
V_{NS2}	0.10	1.03	0.20	NMOS	衬底
V_{NS3}	0.20	1.73	0.20	NMOS	衬底

续表4.9

SV	α	面积/μm^2	深度/μm	晶体管	描述
V_{P1}	1.00	0.15	0.30	PMOS	活性硅
V_{P1}	1.00	0.11	0.30	PMOS	活性硅
V_{PS1}	0.15	0.52	0.20	PMOS	衬底
V_{PS2}	0.10	0.70	0.20	PMOS	衬底
V_{PS3}	0.10	0.86	0.20	PMOS	衬底
V_{PS3}	0.20	1.25	0.20	PMOS	衬底

3. 高能质子及中子试验与仿真

SRAM 的单能高能质子辐照试验能量为 230 MeV,在 SEU 测试中逐渐降低到最小能量 27 MeV。SRAM 器件以网格(交替 1 s 和 0 s)模式配置,并以连续读回操作模式辐照。在用重离子敏感体积模型测定模拟截面时,使用了重离子校准中相同的敏感体积参数和临界电荷要求。重要的是要认识到,虽然重离子模拟通常对过程细节不敏感,适当的模拟质子和中子 SEU 需要捕捉工艺前端(Front End of the Line,FEOL)和后端(Back End of the Line,BEOL)的材料和几何细节。如图 4.181 所示,CAD 模型包含此细节。实体模型的大小被扩展到可同时捕获 4 个 SRAM 单元,并且 4 位阵列被复制到一个 16×16 位阵列中。此外,在每个边界处添加 4 个虚拟单元(那些不包含敏感体积,且不包括在 σ_{SEU} 的每比特归一化中的单元),以允许在监测区域之外产生二次粒子并减少潜在的边缘效应。质子和中子模拟的物理模型见表 4.10。

表 4.10　质子和中子模拟的物理模型

名称	注解
标准屏蔽	电子阻止和屏蔽库仑散射
核子非弹性	二进制级联,高强度中介(<20 MeV)
弧子弹性	核弹性
弧子非弹性	核非弹性
离子非弹性	离子-离子核反应($Z>1$)
PiK(π 介子和 K 介子)非弹性	介子和中介子的产生

图 4.189 显示了 1.4 V 电源电压下预测和测量的质子诱发 SEU 截面。模拟的能量范围从 27 MeV 降低到 5 MeV 的试验最小值以下,这是没有预测 SEU 的最高能量。试验结果与仿真结果的良好一致性证明了利用物理仿真和单一模

型捕获 SRAM 电路 SEU 响应的有效性。

测试的装置截面是一个包含四个显著因素的函数：入射物质的总弹性和非弹性截面，非弹性碰撞产生的二次物质的角度分布和类型，与反应和敏感体积放置有关的合成物质的阻止能力和范围，以及电路响应。特别要认识到，在这一点上，重离子和质子的反应与用于预测它们的模型是统一到一个模拟结构。

值得注意的是，在图 4.189 的截面中，模拟的 σ_{pSEU} 在大约 25 MeV 时显示峰值。实测数据表明 σ_{pSEU} 升高，但由于试验限制而未得到解决。此前曾报道过这种峰值。总的 28Si(p,X) 截面表明在大约相同的质子能量下有一个峰值。

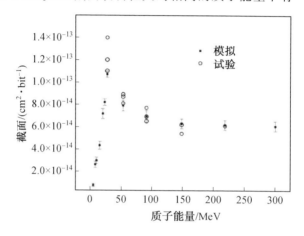

图 4.189　1.4 V 电源电压下模拟和试验测量的质子诱发 SEU 截面

在质子辐照情况下，用重离子模型测定了模拟的中子截面。然而，没有单能中子数据可用于比较模拟结果。1.4 V 电源电压下模拟质子和中子 SEU 截面的比较如图 4.190 所示。系统来说，中子截面大约高出 10%。该预测与 Lambert 等人进行的分析一致，其中，在超过 10 fC 的硅事件中，质子与中子的生产截面之比也约为 10%，尽管它的辐射剂量率设置并不等同于此处针对 SRAM 提出的配置。

阈值附近模拟质子和中子截面的比较如图 4.191 所示。中子 SEU 的能量阈值低于质子，这与质子的库仑效应是一致的。这也有助于根据 JESD89A 中描述的方法单独使用质子数据预测软错误率。

使用 JESD 89A 中概述的纽约市高能中子环境的方法计算软错误率，完整的纽约市（NYC）中子谱和高能范围说明如图 4.192 所示。下式重新给出了计算方法：

$$R = 3.8 \times 10^{18} \frac{\text{FIT}}{\text{MBIT} \cdot \text{s}} \Big[\sum_{i=0}^{n} \Phi(E_i)\sigma(E_i)\Delta E \Big] \tag{4.110}$$

式中，R 是每比特秒的误差率；Φ 是离散谱第 i 个槽中的中子通量（$\text{cm}^{-2} \cdot \text{s}^{-1}$ ·

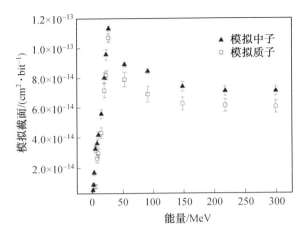

图 4.190　1.4 V 电源电压下模拟质子和中子 SEU 截面的比较

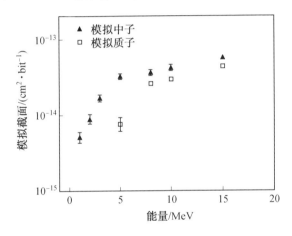

图 4.191　阈值附近模拟质子和中子截面的比较

MeV^{-1});$\sigma(E_i)$ 是该能量下的横截面(cm^2/bit);ΔE 是盒子的宽度,单位为能量 (MeV);n 是指环境光谱中能量箱的总数。对于该计算,使用了能量点之间的插值截面。对于超出测量值的能量,假设截面在最后一个数据点饱和(因此,截面在高能下不会降至零)。平均 12% 的差异主要是由于缺乏低能横截面试验数据(最小 27 MeV),因此,从整个能量范围内的模拟横截面得出的错误率被认为更准确。

计算软错误率的另一种方法是在 ICE House 中子辐射设施中进行测试,并利用 JESD89A 进行讨论。ICE House 的中子谱模拟了通量大得多的自然环境的中子谱(图 4.193)。通过模拟,可以评估离散质子截面预测误差率和 ICE House 设施辐照预测误差率的有效性。计算得到的 ICE House 中子拟合率为 920 fit/Mbit。

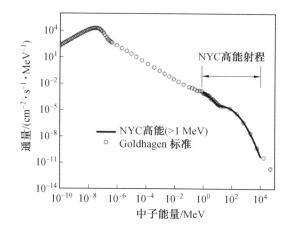

图 4.192　完整的 NYC 中子谱和高能范围说明

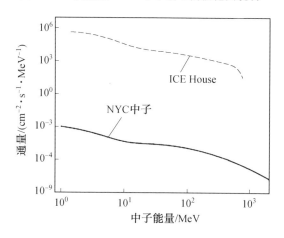

图 4.193　海平面中子通量与 ICE House 中子谱的比较

通过对已知中子谱进行采样来估计地面误差率中高能中子分量的最高保真度方法。通过选择图 4.193 所示的海平面 NYC 中子谱,在蒙特卡洛程序 SRAM 模型上执行该程序。束流方向与器件表面垂直,粒子的初始位置是在表面上方随机选择的。计算出高能中子的误差率为 1 240 fit/Mbit。从试验和模拟计算出的中子拟合率如图 4.194 所示。

4. 其他源辐照试验与仿真

由于 $^{10}B(n,\alpha)^7Li$ 俘获和衰变过程,热中子代表了含有大量 ^{10}B 的过程的可靠性问题。如图 4.181 所示,本节中评估的 SRAM 包含一个 BPSG 平面化层,该层与前面描述的敏感体非常接近。估算热中子引起的单粒子错误率是确定总运行 SEU 的必要步骤。

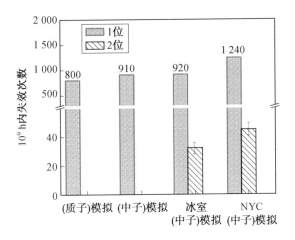

图 4.194　从试验和模拟计算出的中子拟合率

　　为了进行模拟,SRAM 被暴露在 1×10^9 个正常入射的单能中子中,使用 BPSG,在蒙特卡洛程序中 ^{11}B 同位素纯度分别为 80%(天然)、95% 和 99%。蒙特卡洛程序中引用了标准物理列表(表 4.10)。粒子随机分布在 SRAM 表面。对于每个入射中子,敏感体积中的净收集电荷以通常方式制成表格(由图 4.186 所示的 SV 集确定)。截面 σ 由下式根据能量沉积直方图计算得出:

$$\sigma(E_{\text{coll}}) = \frac{A \sum\limits_{i(E > E_{\text{coll}})}^{\infty} N(E_i)}{\sum\limits_{i=0}^{\infty} N(E_i)} \qquad (4.111)$$

以通常方式进行反向积分和归一化,确定平均电荷超过 Q_{coll} 的事件的总和,并乘以总辐照表面积或随机化面积 a。正如图 4.195 所示,自然 ^{10}B/^{11}B 和净 ^{11}B 横截面案例作为方程中的收集电荷,为清晰起见,没有误差线。相应的热中子软误差截面为 $(6.15 \pm 0.05) \times 10^{-13}$ cm^2/bit,其中误差仅来自计数统计,试验值为 $4.5 \pm 0.5 \times 10^{-13}$ cm^2/bit,与模拟结果相差约 $35 \pm 15\%$。

　　给定图 4.195 中的横截面曲线和典型的大气热中子通量为 4 cm^{-2} · h^{-1},图 4.196 显示了收集电荷范围内的软错误率。图中还包括使用 95% 和 99% 纯化的 ^{11}B BPSG 对 SER 的影响。对于天然硼的情况,预测的 SER 率为 2 600 FIT/Mbit,净化到 95% 和 99% 的 ^{11}B 在 $V_{\text{DD}} = 1.4$ V 时分别将 SER 降低到 700 FIT/Mbit 和 150 FIT/Mbit。将电源电压增加到 2.0 V 将使 SER 降低到约 700 FIT/Mbit(对于天然同位素比率)。

　　相对于前面描述的环境,α—SEU 仿真提出了一个独特的建模挑战。放射性衰变产生的 α 粒子相对于高能弱交互作用粒子的射程较短。提出的解决方案是在 CAD 对象本身内建立发射模型,使用辐射传输代码适当降低薄膜和厚膜源的

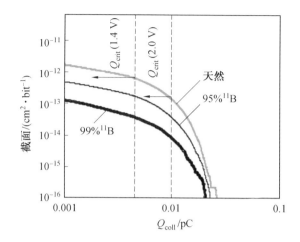

图 4.195　^{10}B/^{11}B 天然存在和纯化成分的热中子截面与临界电荷的函数关系

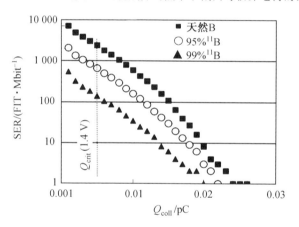

图 4.196　作为 Q_{crit} 函数的预测软错误率,显示了 BPSG 中 95% 和 99% 的 ^{11}B 纯化率

发射光谱。这种方法不同于辐射从 CAD 模型外部到达的其他环境。α 发射膜和 SRAM 模型如图 4.197 所示(请注意,该图用于镅源,但与用于钍的结构相同)。

　　α 粒子是从器件模型本身发出的,但在试验情况下,源和被测设备(Device Under Test,DUT)之间的分离距离比实体 CAD 模型的厚度大一个数量级。具体来说,试验空气腔厚度用于确定 SEU 横截面的尺寸为 15 mm,但单个 CAD 设备的尺寸约为 10 s/μm。

　　CAD 模型中产生的高宽高比(长而薄)是不可接受的,因为大多数发射的粒子将直接离开结构。如图 4.197 所示,解决方案是用正确的化学计量比模拟一层密度为 1 大气压和 15 μm 厚的 1 000 倍的空气。对于 15 μm 以外的试验情况,使用 15 μm 的相同 CAD 厚度,但调整空气密度以模拟增加或减少距离的效果。

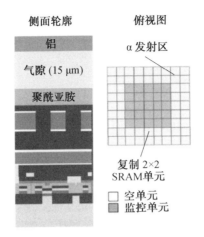

图 4.197　SRAM 实体模型和模拟发射位置(^{241}Am 箔)的侧视图和俯视图

在试验和模拟之间空气腔厚度的缩放引入了到达活性硅表面的 α 粒子入射角(以及由此产生的能量)的差异。为了克服这个问题,4 位 SRAM 的基本 CAD 模型、空气腔和发射源被复制 1 024 次。α 粒子从整个复制阵列中的源膜(厚或薄)发射。但是,只有位于阵列中心的一部分设备可监测到 SEU 发生,但仍精确捕获到了掠入射的 α 粒子的减速。此外,在 CAD 模型钝化层的活性硅表面放置剂量测定体积,跨越所有 SEU 监测模型的范围,并用于计算 α 粒子到达(无论是否发生 SEU)。"剂量测定体积"确定单个 SRAM 单元承受的 α 发射源的活性,并使用该区域中计数的粒子总数来计算源注量。因此,在模拟中,用于确定 SEU 截面的事件总数是到"剂量测定区域"的命中数,而不是从箔发射的粒子总数。

镅源箔模拟的目的在于证明 α−SEU 截面能够用蒙特卡洛模拟来建模,该蒙特卡洛模拟使用重离子校准的敏感体模型,该模型与薄箔源的 SEU 截面测量结果一致。该辐射源为 Eckert&Ziegler 制造,由 ^{241}Am 沉积在直径为 20 mm 的薄铝箔表面。该放射源的活度为 300 nCi(居里)。铝箔顶部和底部表面的放射性活度为 $1.1×10^4$ decay/s(放射性活度单位表示每秒的衰变数),芯片表面方向上的放射性活度是 $5.5×10^3$ decay/s。通过与 α 放射源保持 15 mm 的间距,提高了芯片表面接收剂量(活度)的均匀性。

^{241}Am 薄膜放射源是通过设置一层铝膜来实现的。该薄膜源发射出 5.5 MeV的 α 粒子。平面中的发射位置在铝箔的横向范围上是随机的,并且相对于铝箔表面的发射深度在表面和固定的最大深度之间随机选择(如图 4.197 中图例所示),且方向在 4π 范围内随机均匀分布。以实际使用的镅放射源进行的放射源的活度模拟如图 4.198 所示,试验测定的最大发射深度为 0.5～0.75 μm,这与铝箔供应商所描述的多孔箔制造工艺是一致的。

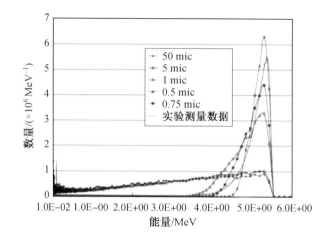

图 4.198　以实际使用的镅放射源进行的放射源的活度模拟（彩图见附录）

使用 ^{241}Am 源针对 SRAM 器件进行了一系列的试验和模拟，以验证所提出的 α 粒子模拟方法。使用 4 Mbit 的 SRAM 进行 SEU 测试，放射源到 DUT 的间距大约为 5 mm、10 mm 和 15 mm，被放置在 760 torr、350 torr 以及 0.1 torr 的钟形罩中。使用图 4.197 所示的实体模型作为敏感体的目标进行模拟，模拟参数来自电路模拟、TCAD 建模和重离子束校准。α 粒子从铝箔的底部随机发射（方向如图 4.197 所示），最大发射深度为 0.6 μm。

模拟中的发射角度范围（$\pm\theta_{\max}$）是 α 粒子到达芯片表面的最大角度，如图 4.199 所示，该角度由试验装置的几何形状确定。严格的限制是必要的（蒙特卡洛程序中），因为 CAD 模型使用 15 μm 而不是 15 mm 的空气间隙。15 mm 的气隙、6×6 mm 的芯片尺寸以及 20 mm 直径的铝箔片限定了入射 α 粒子的角度范围。如果不对发射角度施加严格的限制，蒙特卡洛程序模型将错误地包含掠入射的 α 粒子。

将放射源的活度与静态随机存取存储器的错误率联系起来的一个复杂的因子是芯片表面的俘获效率（ξ），如图 4.199(b) 所示，它是铝箔片距离的函数。简言之，发射的 α 粒子只有一小部分到达芯片，人们必须知道这一效率因子，才能计算作为放射源活度函数的单粒子翻转率。Baumann 等人在文献中详细讨论了这一问题。在该工作中，使用了单独的蒙特卡洛模拟来计算效率因子，把效率因子定义为从箔片发射的粒子数目与通过芯片表面的粒子数目之比。^{241}Am 模拟参数见表 4.11。

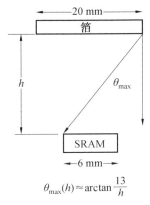

$$\theta_{\max}(h) \approx \arctan\frac{13}{h}$$

(a) ^{241}Am α 模型的最大发射角的示意图

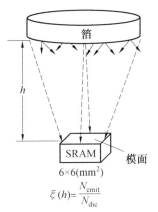

$$\xi(h) = \frac{N_{\text{emit}}}{N_{\text{die}}}$$

(b) 俘获效率计算的示意图

图 4.199　^{241}Am α 模型的最大发射角和俘获效率计算的示意图

表 4.11　^{241}Am 模拟参数

间距/mm	$\theta_{\max}/(°)$	$\xi/\%$
15	41	0.66
10	52	1.4
5	69	2.6

芯片级(4 Mbit)的单粒子翻转率根据下式计算：

$$\text{SER}_{\text{sim}} = \frac{N_{\text{SEU}}}{N_{\text{DR}}} \cdot \xi \cdot A_{\text{S}} \cdot \frac{4}{S_{\text{bit}}} \tag{4.112}$$

式中,N_{SEU} 是有效 SEU 的数量；N_{DR} 是"剂量区域"中的计数数目(即照射到被监测状态的 SRAM 的 α 粒子数量)；ξ 是表 4.11 中定义的效率因子；A_{S} 是放射源的活度；S_{bit} 是包含在"剂量区域"内的比特数。4 Mbit 的 SRAM 在 300 nCi 镅源辐照下的软错误率(气隙厚度的函数)如图 4.200 所示,每组均对应于给定的大气压(以 torr 为单位),在距离和环境压强方面显示了良好的一致性。

上述模拟方法应用于厚膜^{232}Th 放射源。尽管在空间和角度上发射的随机化情况类似于图 4.197 所描述的情况,放射源的特性为合理定义 α 粒子辐射能量和丰度带来了另一个挑战。这是因为钍源是从处于长期稳定平衡状态的固体钍中提取的,因此发射光谱不是随着薄板厚度不同而衰减的单能光谱(就像镅源的情况),而是由^{232}Th 子产物的多个发射能量产生的多种光谱和退化。

发射能量问题的解决方案是通过代数技术定义衰减链序列的解析解来确定,该方法建立在了解衰变序列、子产物及其寿命以及每种类别的发射能量的基础上。注意,这种方法会产生一种线性谱,这种线性谱以每种产物的丰度和活度

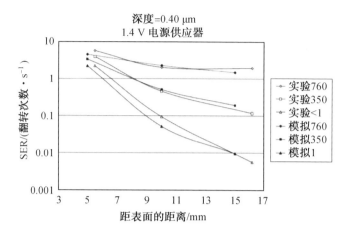

图 4.200 4 Mbit 的 SRAM 在 300 nCi 锔源辐照下的软错误率(气隙厚度的函数)(彩图见附录)

作为平衡时间的函数来进行加权。由 50 年平衡时间产生的线谱生成的厚膜发射光谱如图 4.201 所示,该图模拟了长期平衡状态下的 ^{232}Th 源的活度。金钝化的目的是俘获由放射源或探测器钝化材料引起的退化,图中给出了各种 ^{232}Th 衰变产物的峰。在这 50 年间,放射源主要处于长期平衡状态,也就是说,随着时间的增加,其组成不会发生显著变化。

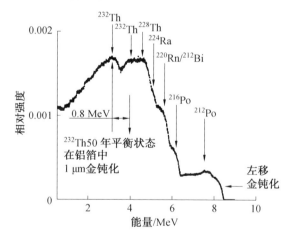

图 4.201 由 50 年平衡时间产生的线谱生成的厚膜发射光谱

对 ^{232}Th 厚源进行了模拟预测和试验测试的对比。与锔源试验不同的是,在放射源和被测设备之间放置了不同厚度的聚酰亚胺减缓层,并测量了每个厚度的截面,结果如图 4.202 所示。在聚酰亚胺厚度每增加一次的截面减少率上,试验曲线和模拟曲线都表现出很好的一致性;数量级上也有较好的一致性,在评估的条件范围内相差不到 25%。

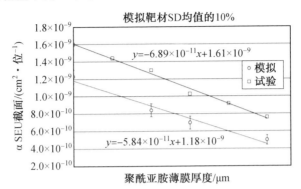

图 4.202　通过模拟和试验测量的手段了 SRAM 上聚酰亚胺
薄膜减缓膜厚度对 α 粒子 SEU 截面的影响（放射源活度被校准
到供应商提供的 ^{232}Th 厚源）

钍放射源和镅放射源模拟的关键区别在于 α 粒子的能量分布和放射源活度（A_s）的测量。钍衰变链包含几个小于 1 MeV 的 β 射线发射通道。尽管在"剂量体积"中使用 1 MeV 的截止值来排除单粒子翻转，根据供应商提供的活度测量在此范围内的 α 粒子数目，但没有确定是否可由低于 1 MeV 的 α 粒子引起 SEU。简而言之，目前还不清楚存在误差的放射源是否是由于使用模拟器进行的剂量测定和试验方法的差异造成的，这些差异导致了放射源活度数量级的错误。

本章参考文献

[1] BIETENHOLZ W. Cosmic rays and the search for alorentz invariance violation[J]. Physics Reports，2011，505(5):145-185.

[2] CHENETTED L，DIETRICH W F. The solar flare heavy ion environment for single-event upsets：A summary of observations over the last solar cycle，1973-1983[J]. IEEE Transactions on Nuclear Science，1984，31(6):1217-1222.

[3] ADAMS J H，GELMAN A. The effects of solar flares on single event upset rates[J]. IEEE Transactions on Nuclear Science，1984，31(6):1212-1216.

[4] STASSINOPOULOS E G. World maps of Constant B，L，and flux contours[M]. Washington：NASA Special Publication，1970.

[5] FRENCH A P，TAYLOR E F，BROWN L S. An introduction to quantum physics[J]. Norton，1978，47(1):18-23.

[6] GAYOU，OLIVIER. Measurement and detection of radiation.[J]. Medical

Physics，2012，39(7)：4618.

[7] KEVIN M W. Monte carlo based single-event effect and soft-error rate prediction methods [C]. Vanderbilt University，IEEE NSREC Short Course，2012.

[8] SELTZER S M. Electron，electron-bremsstrahlung and proton depth-dose data for space shielding applications [J]. IEEE Trans. Nud. Sci. ，1979，26 (6)：4896-4904.

[9] RODBELL K P，HEIDEL D F，TANG H H K，et al. Low-energy proton-induced single-event-upsets in 65 nm Node，silicon-on-insulator，latches and memory cells[J]. IEEE Transactions on Nuclear Science，2007，54 (6)：2474-2479.

[10] HAMM R N，TURNER J E，WRIGHT H A，et al. Heavy-ion track structure in silicon[J]. IEEE Transactions on Nuclear Science，1979，26 (6)：4892-4895.

[11] STAPOR W J，MCDONALD P T，KNUDSON A R，et al. Charge collection in silicon for ions of different energy but same linear energy transfer (LET)[J]. Nuclear Science IEEE Transactions on，1988，35 (6)：1585-1590.

[12] MURAT M，AKKERMAN A，BARAK J. Electron and ion tracks in silicon：spatial and temporal evolution[J]. IEEE Transactions on Nuclear Science，2009，55(6)：3046-3054.

[13] YANEY D S，NELSON J T，VANSKIKE L L. Alpha-particle tracks in silicon and their effect on dynamic MOS RAM reliability[J]. IEEE Transactions on Electron Devices，1979，26(1)：10-16.

[14] KELLER J W，SCHAEFFER N M. Radiation shielding for space vehicles [J]. Electrical Engineering，1960，79(12)：1049-1054.

[15] FAN W C，DRUMM C R，ROESKE S B，et al. Shielding considerations for satellite microelectronics[J]. IEEE Transactions on Nuclear Science，1996，43(6)：2790-2796.

[16] OLDHAM T R，MCLEAN F B. Total ionizing dose effects in MOS oxides and devices[J]. IEEE Transactions on Nuclearence，2003，50(3)：483-499.

[17] SCHWANK J R，SHANEYFELT M R，FLEETWOOD D M，et al. Radiationeffects in MOS oxides[J]. IEEE Transactions on Nuclear Science，2008，55(4)：1833-1853.

[18] WU A，SCHRIMPF R D，PEASE R L，et al. Radiation-induced gain deg-

radation in lateral PNP BJTs with lightly and heavily doped emitters[J]. IEEE Transactions on Nuclear Science，2002，44(6):1914-1921.

[19] PEASE R L，SCHRIMPF R D，FLEETWOOD D M. ELDRS in bipolar linear circuits: areview[J]. IEEE Transactions on Nuclear Science，2009，56(4):1894-1908.

[20] PEASE R L. Total ionizing dose effects in bipolar devices and circuits[J]. IEEE Transactions on Nuclear Science，2003，50(3):539-551.

[21] JOHNSTON A H，RAX B G，LEE C I. Enhanced damage in linear bipolar integrated circuits at low dose rate[J]. IEEE Transactions on Nuclear Science，1996，42(6):1650-1659.

[22] TITUS J L，EMILY D. Enhanced low dose rate sensitivity (ELDRS) of linear circuits in a space environment[J]. IEEE Transactions on Nuclear Science，1999，46(6):1608-1615.

[23] SCHWANK J R，SHANEYFELT M R，FLEETWOOD D M，et al. Radiation effects in MOS oxides[J]. IEEE Transactions on Nuclear Science，2008，55(4):1833-1853.

[24] JOHNSTON A H，SWIFT G M. Total dose effects in conventional bipolar transistors and linear integrated circuits[J]. IEEE Transactions on Nuclear Science，1994，41(6):2427-2436.

[25] JUN I. Effects of secondary particles on the total dose and the displacement damage in space proton environments[J]. Nuclear Science IEEE Transactions on，2001，48(1):162-175.

[26] LINT V，AJ V，LEADON E R，et al. Energy Dependence of displacement effects in semiconductors [J]. Nuclear Science，IEEE Transactions on，1972，19(6): 181-185.

[27] JUN I，XAPSOS M A，MESSENGER S R，et al. Proton nonionizing energy loss (NIEL) for device applications[J]. IEEE Transactions on Nuclear Science，2003，50(6):1924-1928.

[28] SROUR J R，PALKO J W. Displacement damage effects in irradiated semiconductor devices[J]. IEEE Transactions on Nuclear Science，2013，60(3 Part2):1740-1766.

[29] SROUR J R，MARSHALL C J，MARSHALL P W. Review of displacement damage effects in silicon devices[J]. IEEE Transactions on Nuclear Science，2003，50(3):653-670.

[30] INGUIMBERT C，MESSENGER S. Equivalent displacement damage dose for on-orbit space applications[J]. IEEE Transactions on Nuclear

Science，2013，59(6):3117-3125.

[31] BARNABY H J，SCHRIMPF R D，STERNBERG A L，et al. Proton radiation response mechanisms in bipolar analog circuits[J]. IEEE Transactions on Nuclear Science，2002，48(6):2074-2080.

[32] RAX B G，JOHNSTON A H. Displacement damage in bipolar linear integrated circuits[J]. IEEE Transactions on Nuclear Science，1999，46 (6):1660-1665.

[33] HSIEH M C，MURLEY C R，OBRIEN R R，et al. A field-funneling effect on the collection of alpha-particle-generated carriers in silicon devices[J]. Electron Device Letters，IEEE，1981，2(4):103-105.

[34] BAZE M P，BUCHNER S P. Attenuation of single event induced pulses in CMOS combinational logic[J]. IEEE Transactions on Nuclear Science，1997，44(6):2217-2223.

[35] NARASIMHAM B，BHUVA B L，SCHRIMPF R D，et al. Characterization of digital single event transient pulse-widths in 130-nm and 90-nm CMOS Technologies[J]. IEEE Transactions on Nuclear Science，2007，54(6):2506-2511.

[36] MASSENGILL L W，TUINENGA P W. Single-event transient pulse propagation in digital CMOS[J]. IEEE Transactions on Nuclear Science，2008,55:2861-2871.

[37] DODD P E，SHANEYFELT M R，FELIX J A，et al. Production and propagation of single-event transients in high-speed digital logic ICs[J]. IEEE Transactions on Nuclear Science，2004，51(6):3278-3284.

[38] MASSENGILL L W. Cosmic and terrestrial single-event radiation effects in dynamicrandom access memories [J]. Nuclear Science IEEE Transactions on，1996，43(2):576-593.

[39] WROBEL F，PALAU J M，CALVET M C，et al. Incidence of multi-particle events on softerror rates caused by n-Si nuclear reactions[J]. Nuclear Science IEEE Transactions on，2000，47(6):2580-2585.

[40] SATOH S，TOSAKA Y，WENDER S A. Geometric effect of multiple-bit soft errors induced by cosmic ray neutrons on DRAM's[J]. IEEE Electron Device Letters，2000，21(6):310-312.

[41] SEIFERT N，TAM N. Timing vulnerability factors of sequentials[J]. IEEE Transactions on Device & Materials Reliability，2004，4(3):516-522.

[42] DODDS N A，HUTSON J M，PELLISH J，et al. Selection of well

contact densities for latchup-immune minimal-area ICs［J］. Nuclear Science，IEEE Transactions on，2010，57(6)：3575-3581.

［43］DODD P E，SHANEYFELT M R，SCHWANK J R，et al. Neutron-in-ducedlatchup in SRAMs at ground level［C］. 41st Annual IEEE International Reliability Physics Symposium，2003：51-55.

［44］BECKER H N，MIYAHIRA T F，JOHNSTON A H. Latent damage in CMOS devices from single-event latchup［J］. IEEE Transactions on Nuclear Science，2002，49(6)：3009-3015.

［45］DACHS C，ROUBAUD F，PALAU J M，et al. Evidence of the ion's impact position effect on SEB in N-channel power MOSFETs［J］. IEEE Transactions on Nuclear Science，2002，41(6)：2167-2171.

［46］KAINDL W，SOELKNER G. Cosmic radiation-induced failure mechanism of high voltage IGBT［C］//Santa Barbara：International Symposium on Power Semiconductor Devices ＆Ics. IEEE，2005：199-202.

［47］ALLENSPACH M，MOURET I，TITUS J L，et al. Single-event gate-rupture in power MOSFETs：prediction of breakdown biases and evaluation of oxide thickness dependence［J］. Nuclear Science IEEE Transactions on，1995，42(6)：1922-1927.

［48］MOURET I，ALLENSPACH M，SCHRIMPF R D，et al. Temperature and angular dependence of substrate response in SEGR［power MOSFET］［J］. IEEE Transactions on Nuclear Science，2002，41(6)：2216-2221.

［49］MASSENGILL L W，DIEHL-NAGLE S E. Transient radiation upset simulations of CMOS memory circuits［J］. IEEE Transactions on Nuclear Science，2007，31(6)：1337-1343.

［50］MAVIS D G，ALEXANDER D R，DINGER G L. A chip-level modeling approach for rail span collapse and survivability analyses［J］. IEEE Transactions on Nuclear Science，1989，36(6)：2239-2246.

［51］GARDIC F，MUSSEAU O，FLAMENT O，et al. Analysis of local and global transient effects in a CMOS SRAM［J］. IEEE Trans. Nucl. Sci，1996，43(3)：899-906.

［52］MICHAEL X. A brief history of space climatology：from the big bang to the present［J］，IEEE Transactions on Nuclear Science，2019，66(1)：17.

［53］ROBERT B，KIRBY K. Radiation handbook for electronics［M］. Dallas City：Texas Instruments Publisher，2017.

名词索引

附录 部分彩图

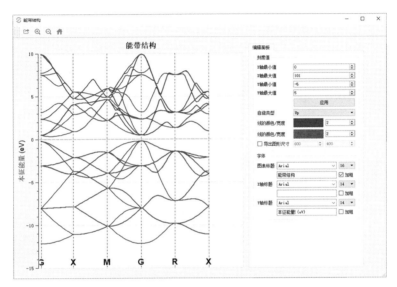

图 2.14

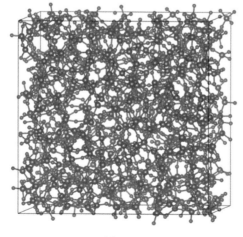

图 2.56

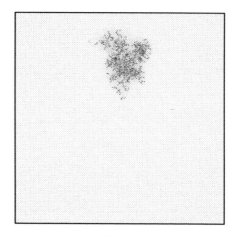

图 2.58

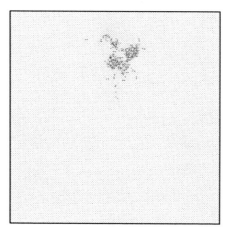

图 2.59

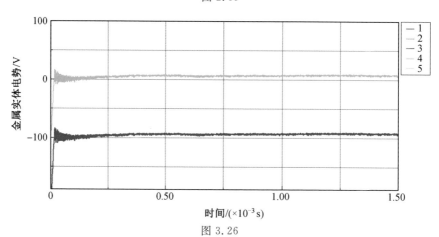

图 3.26

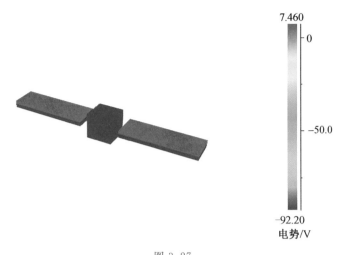

图 3.27

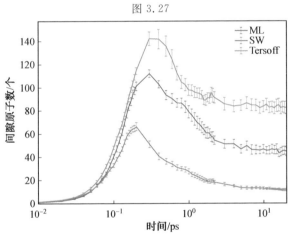

图 3.29

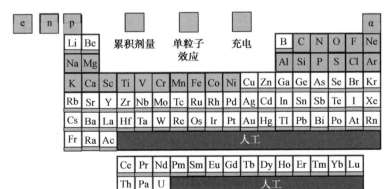

图 4.7

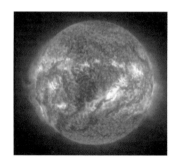

(a) 可见光   (b) 紫外光

图 4.9

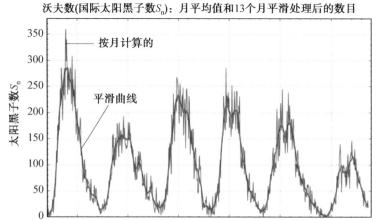

图 4.10

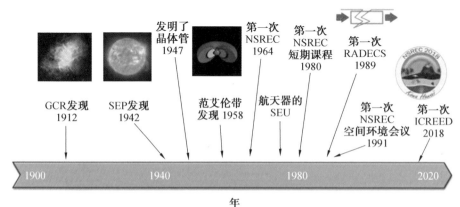

图 4.11

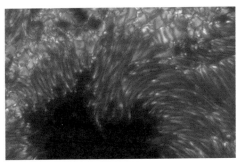

图 4.21

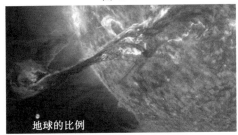

地球的比例

图 4.22

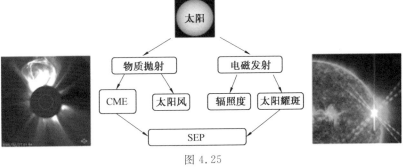

图 4.25

图 4.26

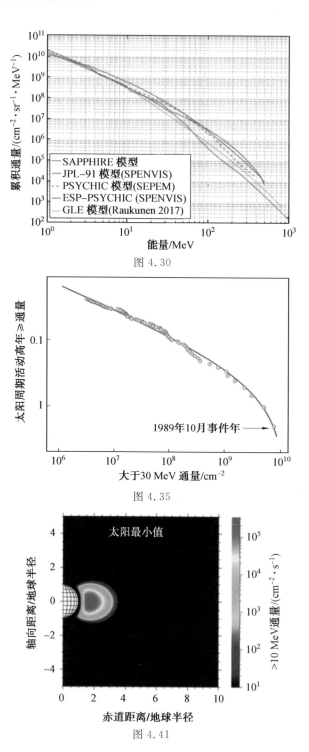

图 4.30

图 4.35

图 4.41

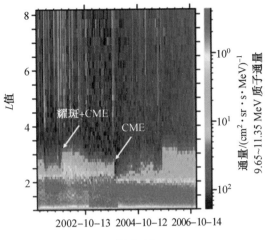

图 4.43

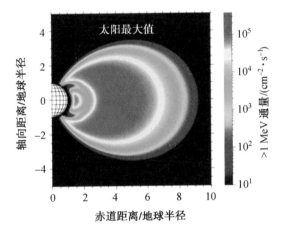

图 4.45

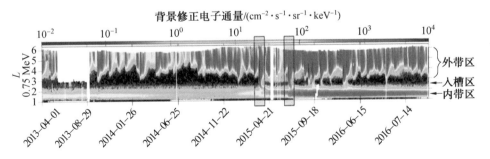

图 4.48

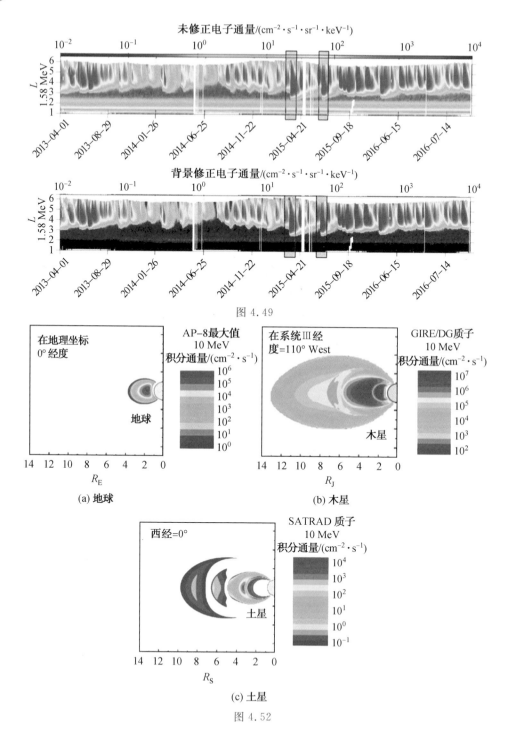

未修正电子通量/(cm⁻²·s⁻¹·sr⁻¹·keV⁻¹)

背景修正电子通量/(cm⁻²·s⁻¹·sr⁻¹·keV⁻¹)

图 4.49

(a) 地球

(b) 木星

(c) 土星

图 4.52

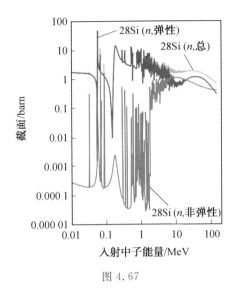

图 4.67

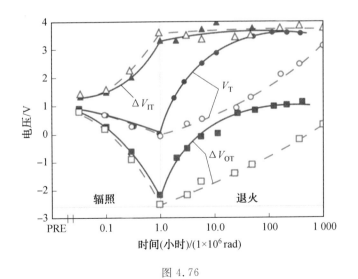

图 4.76

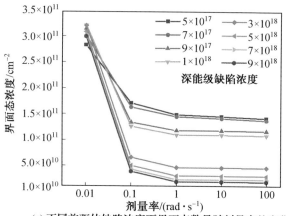

(c) 不同前驱体缺陷浓度下界面态数量随剂量率的变化关系

图 4.79

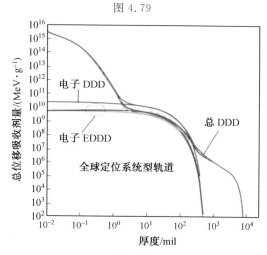

图 4.86

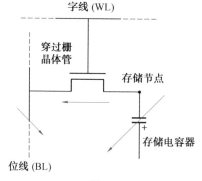

图 4.98

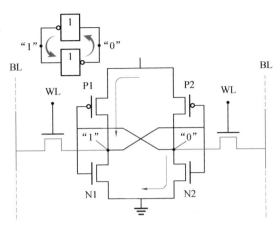

图 4.99

在行方向上的逻辑文字 ⟶

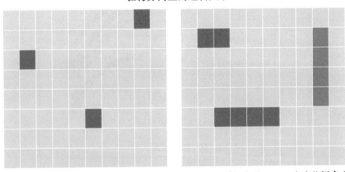

(a) SBU（红）　　　　(b) MBU（红）和 MCU（暗蓝绿色）

图 4.100

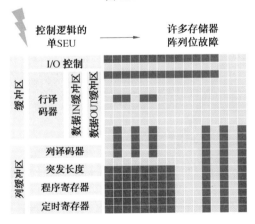

图 4.102

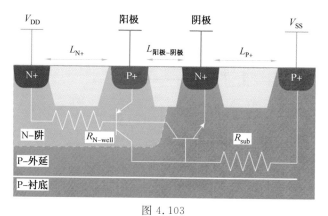

图 4.103

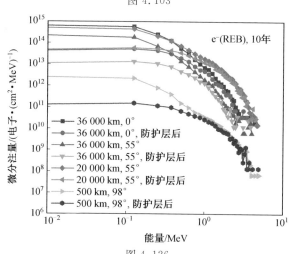

图 4.126

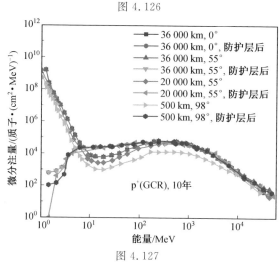

图 4.127

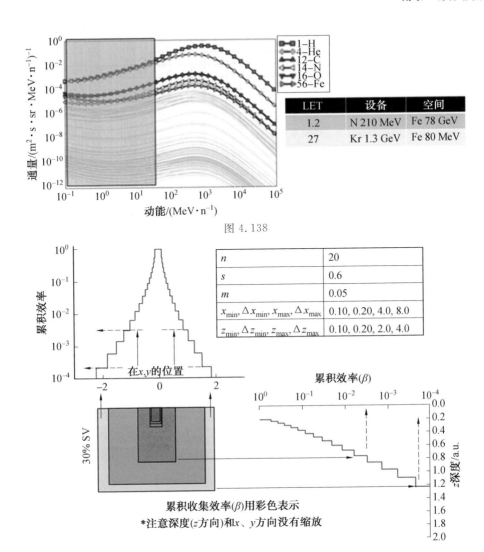

LET	设备	空间
1.2	N 210 MeV	Fe 78 GeV
27	Kr 1.3 GeV	Fe 80 MeV

图 4.138

n	20
s	0.6
m	0.05
$x_{min}, \triangle x_{min}, x_{max}, \triangle x_{max}$	0.10, 0.20, 4.0, 8.0
$z_{min}, \triangle z_{min}, z_{max}, \triangle z_{max}$	0.10, 0.20, 2.0, 4.0

累积收集效率(β)用彩色表示
*注意深度(z方向)和x、y方向没有缩放

图 4.159

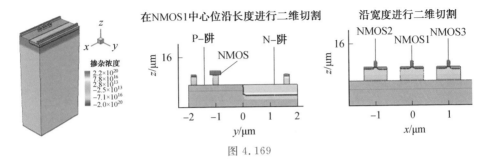

图 4.169

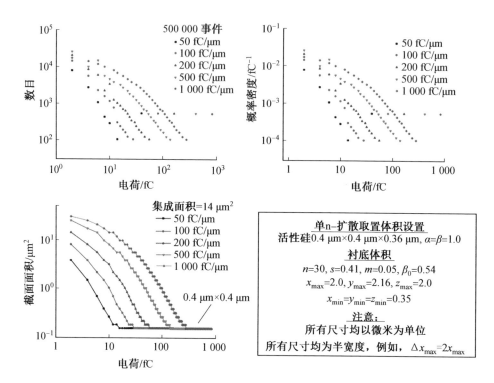

图 4.173

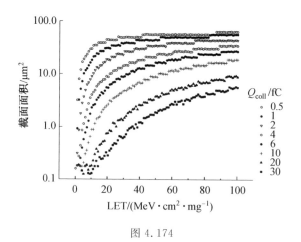

图 4.174

图 4.177

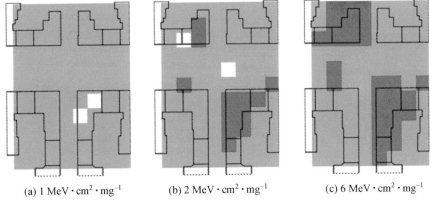

(a) 1 MeV·cm²·mg⁻¹　　(b) 2 MeV·cm²·mg⁻¹　　(c) 6 MeV·cm²·mg⁻¹

图 4.178

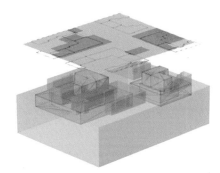

图 4.186

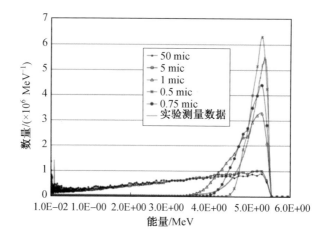

图 4.198

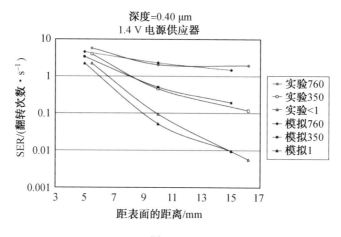

图 4.200